中国地质调查局"全国重要地质遗迹调查"资助项目（DD20160329）

湖北省学术著作出版专项资金资助项目

中国重要地质遗迹系列丛书

河北省重要地质遗迹

HEBEI SHENG ZHONGYAO DIZHI YIJI

张兆祎　徐永利　赵保强　等编著

中国地质大学出版社
ZHONGGUO DIZHI DAXUE CHUBANSHE

内容提要

本书是全国重要地质遗迹调查成果之一,全面展示了河北省重要地质遗迹类型、分布及特征,从构造地质演化和地貌形成与演变过程两个视角,系统解读了地质遗迹(景观)形成的物质条件及其成因,在总结地质遗迹时空分布特征与规律的基础上,对全省重要地质遗迹进行了自然区划,对其典型性、稀有性、完整性等科学价值、美学价值、科普价值和旅游开发价值等进行了评述,采取单因素和综合两种方式对全省重要地质遗迹进行评价,提出了保护与开发利用建议,为有效保护合理开发地质遗迹(景观)资源提供了科学依据。

本书内容丰富资料翔实,可供从事地质遗迹保护与开发、地质公园建设和管理、地质旅游研学开发等工作人员使用,也可作为科研和相关院校师生的参考书。

图书在版编目(CIP)数据

河北省重要地质遗迹/张兆祎等编著. —武汉:中国地质大学出版社,2020.9
(中国重要地质遗迹系列丛书)
ISBN 978-7-5625-4826-3

Ⅰ. ①河…
Ⅱ. ①张…
Ⅲ. ①区域地质-研究-河北
Ⅳ. ①P562.22

中国版本图书馆 CIP 数据核字(2020)第 161131 号

| 河北省重要地质遗迹 | 张兆祎 徐永利 赵保强 等编著 |

| 责任编辑:韦有福 陈琪 | 选题策划:毕克成 张旭 唐然坤 张瑞生 | 责任校对:周旭 |

出版发行:中国地质大学出版社(武汉市洪山区鲁磨路388号) 邮编:430074
电 话:(027)67883511 传 真:(027)67883580 E-mail:cbb@cug.edu.cn
经 销:全国新华书店 http://cugp.cug.edu.cn

开本:880毫米×1 230毫米 1/16 字数:935千字 印张:29.5
版次:2020年9月第1版 印次:2020年9月第1次印刷
印刷:武汉中远印务有限公司

ISBN 978-7-5625-4826-3 定价:398.00元

如有印装质量问题请与印刷厂联系调换

《河北省重要地质遗迹》
编辑委员会

名誉主任：裴晓东　汪　瑾　彭朝晖

主　　任：李胜利

编　　委：（按姓氏汉语拼音排序）

　　　　　陈志彬　陈　宁　李胜利　刘国强
　　　　　裴晓东　彭朝晖　秦振宇　荣桂林
　　　　　孙云涛　田小伟　汪　瑾　王　成

科学顾问：董　颖　苏德晨　曹晓娟

主　　编：张兆祎

编　　撰：张兆祎　徐永利　赵保强　王克冰
　　　　　耿晓磊　杨红宾　李　锋　刘军波

前 言

地球年龄约45.67亿年,她在漫长的演化和发展历史中,经历了复杂的地质作用过程,所形成的地质现象被称为地质遗迹。它凝结了大自然亿万年的神奇造化,记载了丰富的地球历史实物信息,是最重要、最珍贵的自然遗产。这些分布于地球浅表系统、我们触目可及的地质遗迹,是目前研究探索地球奥秘及其演化进程和方向的主要对象,它的价值不可限量。

在加拿大阿卡斯塔河中的小岛上,保留着地球最古老的岩石之一,即阿卡斯塔片麻岩,是目前已知地球上最古老的、有确切年龄的岩石,为4.2~4.0Ga。中国最古老岩石发现于华北陆块冀东—辽宁地区的太古宙片麻岩中,同位素年龄约3.8Ga,大概在3.5Ga时开始出露地表,是华北古陆块上最早的陆地,被称为华北古陆核。华北古陆块是我国出露面积最大、不同时代地质体出露最为齐全的早前寒武纪基底,河北位于其核心位置。燕山地区的迁西-迁安穹隆(古—中太古代片麻岩与曹庄岩组构成的迁西古陆核)、古老的板块活动证据东湾子-遵化新太古代蛇绿岩、太行山区阜平隆起和赞皇隆起的核心区等,这些呈岛状出露的太古宙地质体,经历了多期强烈、复杂的变质变形作用改造,不少地质体的内涵还不十分清楚,时代尚未确证。是否还存在更古老的陆核(近年在冀东地区发现大量3.8~3.55Ga的古老碎屑锆石年龄信息)、古老陆壳(2.7Ga、2.9Ga及更古老地质体)的物质组成与演化、TTG(初始陆壳)的成因等还不明确;对新太古代蛇绿岩的识别,是关于太古宙是否存在与现代大洋相似的洋壳以及是否存在俯冲机制等问题的关键,尚有质疑和分歧;古元古代的构造格局(2.45~2.3Ga静寂期的构造背景)还有待揭示;板块构造是从什么时候开始的、古元古代是否存在统一的克拉通基底、早前寒武纪的构造演化等,许多重要的地球科学问题存在着多种不同认识和分歧。这表明对这些古老地质体(地质遗迹)的研究还有巨大的发展空间,研究这些古老的地质遗迹对揭示地球早期演化、探讨和完善早期板块构造,以及研究华北克拉通在全球超大陆中的位置具有深远的重要意义。

中、新元古代,古老的华北陆块发生裂解,从辽西到河北省的燕山、太行山一带为陆缘裂谷裂陷海盆,也被称为燕辽裂陷槽。天津蓟县和河北遵化一带是燕辽裂陷槽的沉降中心,中、新元古代地层厚度巨大,发育完整,基本未经变质,不仅保存着丰富的地质、古生物信息,而且赋存着许多固体矿产和潜在的油气资源,是中国北方中、新元古代地层发育的经典地区,天津蓟县剖面为其标准剖面,反映中、新元古代构造演化的许多重要构造遗迹(青龙上升、滦县上升、蔚县上升等),以及最古老的海底黑烟筒构造、古地震等地质遗迹均在河北省域内发现和命名。

古生代的寒武纪—奥陶纪时期,河北省中南部与华北大部成为一个大海盆,以碳酸盐沉积为主,是建筑用水泥灰岩的重要产出层位。这一时期海相生物大爆发,古生物化石类地质遗迹丰富。河北与整个华北一样缺失志留纪、泥盆纪、早石炭世的沉积和火山建造记录,但这一时期位于河北省北部的华北陆块北缘为一陆缘岩浆弧带,保存有记录这一时期岩浆活动的地质遗迹。晚石炭世—中三叠世,尚义-赤城断裂以南大部由初期海陆交互环境转为河湖环境,形成众多含煤盆地,其中蕴含了丰富的古植物化石遗迹,也是河北省重要的能源矿产地和未来潜在的清洁能源基地。

大家熟知的中生代,不仅仅是恐龙称霸的时代,在130~120Ma年前的早白垩世,也是陆地生态系统演化的关键时期,类似现代的生态格局形式开始初现。这一时期在河北省北部和辽宁省西部地区生物繁盛,同时火山活动也异常活跃,大面积强烈的火山喷发使得一些生物被火山毒气瞬间闷死,并被火山灰迅速掩埋而成为了化石。超常的保存状况使得这里的化石种类极其丰富,许多生物被定格在死亡的瞬间,形成的化石栩栩如生,20世纪初被地质学家发现,称之为热河生物群。现在这里已成为一个世界级的化石宝库,为我们保存了1亿多年前生命的起源、繁盛与灭绝的演化历史,被喻为中生代的庞贝城。特别是近年,在冀北丰宁一带一些重要的热河生物群化石被陆续发现,如"河北丰宁鸟""华美金凤鸟""阿氏燕兽"等。其中"华美金凤鸟"是世界上迄今所发现的最原始的初鸟类,处于初鸟类谱系树的基部,比众所周知的始祖鸟还略微原始,在研究鸟类起源、鸟类飞行起源、恐龙-鸟类的系统关系等方面具有重要的科学意义。《中国科学报》2015年5月11日报道,中科院古脊椎动物与古人类研究所王敏等,在河北省丰宁四岔口盆地距今约130Ma的花吉营组中,发现世界上迄今最古老的名为"弥曼始今鸟(*Archaeornithura meemannae*)"的今鸟型类化石,将现代鸟类的起源时间向前推进了至少500万年。此前,世界上最古老的今鸟型类化石发现于热河生物群的义县组,距今约125Ma。这些发现对于了解现代地球生态系统中主要生物类群的起源(如鸟类和被子植物)和早期演化(如哺乳动物、访花和外寄生昆虫),了解现代陆地生态系统的孕育和产生等都具有极其重要的价值。除了鸟类、恐龙,热河生物群包括许多其他门类,如哺乳动物、鱼类、两栖类、龟鳖类、无脊椎动物、植物等。正如中国科学院院士、中科院古脊椎动物与古人类研究所所长周忠和所说:热河生物群延续了大约20Ma,奇特的古老生物,加上罕见的生物多样性,构成我们认识中生代晚期地球陆地生态系统的一个重要窗口。

新生代,喜马拉雅运动塑造了河北大地的山川湖海。在新生代晚期,这里壮美的山川成为人类最早栖息的乐园之一。约2.5Ma前新近纪末和第四纪初,在喜马拉雅造山运动最强一幕的影响下,发生强烈的断块运动,山体迅速抬升,盆地大幅度下降。彼时,河北省阳原—蔚县一带的泥河湾盆地积水成湖,从早更新世初到晚更新世早中期,历时200多万年,形成了巨厚的河湖相沉积物,不仅成为研究中国北方第四系的标准地层剖面,同时埋藏着丰富的人类早期演化文化遗存、原始材料与信息,发现的遗址有百万年前、数十万年前、几万年前、1万年前的,是中国第四纪地质学、古人类学、旧石器考古学的圣地。在中国目前已经发现的25处距今100万年以上的早期人类文化遗存中,泥河湾遗址群就占了21处。特别是2001年马圈沟遗址的发掘,首次发现了距今约200万年前人类进餐的遗迹,把中国乃至亚洲人类历史推进至距今200多万年前,此研究价值可与世界公认的人类起源地——东非的奥杜维峡谷相媲美。自古以来,人类就对自身的起源,对他们所生存的这个神秘而又不时充满威胁的世界怀有一股强烈的好奇心。泥河湾这些远古人类给我们留下的丰富史前文化遗产,为探索人类发源地提供了更广阔的空间和科学依据,被中外古人类学家称为"人类祖先的东方故乡和家园""可能是除非洲以外另一个人类的老家",对"人类非洲起源单一论"提出了挑战。随着不断的发现和研究的深入,也许会成为我们重新认识人类自身起源的一把钥匙。

独特的大地构造位置也造就了河北独具特色、丰富多彩、类型齐全的地貌景观类地质遗迹。大自然对河北情有独钟,赐予了这里类型齐备的地貌景观。从高原到平原,从山地到盆地,从丘陵到沙漠,从湖泊到海洋,凡所应有,无所不有。壮丽的坝上高原有逶迤多姿的塞罕坝(高原丘陵、湖群、河源湿地与沙漠)和蜿蜒壮阔的草原天路(穿行在波状起伏的汉诺坝唐县期夷平面上,是唐县期准平原面经后期构造运动被抬高、切割后的面貌),雄伟的太行山中有秀美的喀斯特(岩溶)地貌景观(誉为北方小桂林的平山县天桂山等),河北平原上有年轻的火山地貌(海兴县马骝山等),海岸地貌丰富多彩(潟湖、湿地、贝壳堤、黄金海岸沙如金),更有嶂石岩地貌(命名地在赞皇县西部嶂石岩)、大理岩构造峰林地貌(涞源白石山)、丹霞地貌(我国北方丹霞地貌的代表,如承德磬槌峰、赤城四十里长嵯等)等独特的地貌景观,构造峡谷集群分布(邢台大峡谷、涞水野三坡百里峡等)、层状(多级夷平面)地貌发育完整,可以说河北是中国地貌类型最为齐备的省份。这些地貌类地质遗迹构成河北省旅游景观的重要基础,是生态环境的重要组成部分,同时极具科研和观赏价值。以地学角度看风景,在展示河北大地优美的地貌景观类地质遗迹的同时,我们尽可能地科学解读这些地貌景观的形成方式、演化过程和未来趋势,"点化"大河之北的青山绿水。

"纸上得来终觉浅,绝知此事要躬行",希望人们在游山玩水之中能够科学认识这些地质遗迹(景观),走进地质世界。优美神奇的大自然可以陶冶情操,启发灵感,也希望更多的人在畅游地质奇观的时候,多保留一些好奇心、求知欲、探索精神与勇气。古希腊数学家、哲学家毕达哥拉斯曾说:最优秀的人类则献身于发现生活本身的意义和目的。他们设法揭示自然的奥秘,热爱知识……。人们把这叫毕达哥拉斯情怀。这个情怀源于探索未知的好奇心,来源于揭示奥秘的求知欲。哪一位能准确预知自己的思考将为人类文明带来怎样巨大的贡献呢?

本书由张兆祎统编、修改、定稿。其中第一章由张兆祎编写;第二章第一节由张兆祎编写,第二节由张兆祎、杨红宾编写;第三章第一、三、四节由赵保强编写,第二节由王克冰编写,第五节由耿晓磊编写,张兆祎、杨红宾编写了第三章部分内容;第四章第一、二、三、四节由王克冰编写,第五、六节由耿晓磊编写,第七节由徐永利、王克冰编写,第八、九、十节由徐永利编写,张兆祎、李锋、刘军波编写了第四章部分内容;第五章第一节由张兆祎编写,第二节由徐永利、张兆祎编写;第六章、第七章由张兆祎编写。编稿图及插图制作由耿晓磊、赵保强、徐永利、王克冰、李锋、王川、柴泉、张云鹏、韩亚彬、毕立、张欣然等完成。

从对河北省重要地质遗迹进行调查、研究到本书编撰完成持续5年多,期间又开展了县域地质遗迹及旅游地质调查、北方首个地质文化村的选址建设等相关工作,让我们又更加全面和深入地认识了河北的地质遗迹资源,补充、修正和重新评价了部分地质遗迹。在地质遗迹调查、研究和本书的编撰过程中,得到自然资源部中国地质调查局"古生物化石与地质遗迹调查"工程首席专家董颖教授、中国地质环境监测院曹晓娟博士的真情帮助和指导;与国土资源首席科学传播专家、中国地质科学院苏德辰教授就太行山地区的地质遗迹进行过探讨,受益匪浅;与河北省地矿局李春生副局长、赵国通处长等,到贵州等地就旅游地质等进行过考察、学习,并数次聆听他们对河北省旅游地质工作的建议,收获颇多;原河北省海洋局总工肖桂珍(教授级高工)提供了许多河北省的重要地质遗迹资料,成为了我们工作的基础;河北省地质调查院裴晓东、李胜利两任院长和彭朝晖副院长等领导,对本书的编写和出版给予了持续的关心与支持,张玉宝教授级高工为项目前期准备做了大量工作……凡所予以过我们些许指点与帮助,在此都衷心地感谢你们!

中国地质调查局地质环境监测院、河北省自然资源厅、河北省海洋局、河北省林业和草原局、河北省地矿局、中国地质科学院环境地质水文地质研究所、河北省科学院地理科学研究所、河北省地矿局第三地质大队、河北省地矿局第四地质大队、河北省地矿局第九地质大队、河北省区域地质调查院、河北省水文工程地质勘查院、河北省遥感中心、河北省自然资源厅资料馆、河北省地矿局资料馆、河北省地质博物馆、河北地质大学博物馆、中国地质图书馆等提供了大量资料,中国地质大学出版社对本书的编辑出版给予了多方面的支持,在此一并表示衷心的感谢!

限于作者水平有限,本书错误和遗漏之处在所难免,敬请批评指正。

张兆祎

2020年2月

目　录

第一章　河北省自然地理与人文历史 …………………………………………………………… (1)

第一节　现代自然地理 ………………………………………………………………………… (3)
一、地理位置 ……………………………………………………………………………… (3)
二、行政区划 ……………………………………………………………………………… (4)
三、地形地貌 ……………………………………………………………………………… (5)
四、海洋资源 ……………………………………………………………………………… (5)
五、水系 …………………………………………………………………………………… (16)
六、气候 …………………………………………………………………………………… (18)

第二节　人文历史 ……………………………………………………………………………… (18)
一、历史时期行政区沿革 ………………………………………………………………… (18)
二、独特的人文历史 ……………………………………………………………………… (19)

第三节　古地理与古文明 ……………………………………………………………………… (25)
一、冀北山间盆地更新世古湖泊与史前古文明 ………………………………………… (25)
二、太行山东麓冲积扇群与历史时期古文明 …………………………………………… (28)

第二章　地质遗迹形成的地学背景 …………………………………………………………… (31)

第一节　区域地貌演化与地质遗迹的形成 …………………………………………………… (33)
一、独特的地貌格局与位置 ……………………………………………………………… (33)
二、区域地貌特征 ………………………………………………………………………… (35)
三、区域地貌格局的形成及演化过程 …………………………………………………… (41)
四、坝体的隆升与坝上高原地貌的形成 ………………………………………………… (44)
五、太行山的隆升与夷平面的解体及其特色地貌的形成 ……………………………… (47)
六、河北平原的形成与渤海的出现 ……………………………………………………… (54)

第二节　区域构造演化与地质遗迹的形成 …………………………………………………… (60)
一、太古宙—古元古代陆块的形成、克拉通化与地质遗迹 …………………………… (60)
二、中新元古代陆块裂陷、拼合统一结晶基底形成与地质遗迹 ……………………… (66)
三、古生代构造演化与地质遗迹 ………………………………………………………… (71)
四、中生代构造演化与地质遗迹 ………………………………………………………… (76)
五、新生代构造演化与地质遗迹 ………………………………………………………… (81)

第三章　基础地质类地质遗迹分述 …………………………………………………………… (85)

第一节　重要地层剖面 ………………………………………………………………………… (87)
一、层型(典型)剖面 ……………………………………………………………………… (87)

二、地质事件剖面 ……………………………………………………………………………（114）
　第二节　重要岩石剖面 …………………………………………………………………………（119）
　　一、太古宙岩石剖面——陆核的形成与地壳多阶段生长 …………………………………（120）
　　二、新太古代末期岩石剖面——华北初步克拉通化 ………………………………………（123）
　　三、古元古代岩石剖面——从陆内裂解到最终克拉通化的完成 …………………………（125）
　　四、中、新元古代岩石剖面——一拉到底的中—新元古代 ………………………………（127）
　　五、古生代岩石剖面——消失的古亚洲洋 …………………………………………………（131）
　　六、中生代岩石剖面——被破坏的华北克拉通 ……………………………………………（133）
　　七、新生代岩石剖面——大陆裂谷与玄武岩 ………………………………………………（135）
　第三节　重要地质构造行迹 ……………………………………………………………………（137）
　　一、不整合界面与构造运动 …………………………………………………………………（139）
　　二、褶皱与变形 ………………………………………………………………………………（147）
　　三、重要断裂与大型推覆构造 ………………………………………………………………（152）
　　四、蛇绿岩——板块运动的证据 ……………………………………………………………（162）
　　五、古海底"黑烟囱"构造 …………………………………………………………………（164）
　第四节　重要化石及古人类遗存 ………………………………………………………………（166）
　　一、重要化石及古生物遗迹 …………………………………………………………………（166）
　　二、晚侏罗世燕辽生物群 ……………………………………………………………………（185）
　　三、早白垩世热河生物群化石 ………………………………………………………………（187）
　　四、第四纪古人类与古文化遗存 ……………………………………………………………（193）
　　五、泥河湾动物群化石产地及古人类（古文化）遗址群 …………………………………（197）
　第五节　重要岩矿石、宝石产地及矿业遗址 …………………………………………………（203）
　　一、典型矿床露头 ……………………………………………………………………………（204）
　　二、典型矿物岩石命名地 ……………………………………………………………………（218）
　　三、矿业遗址 …………………………………………………………………………………（221）

第四章　地貌景观与地质灾害类地质遗迹分述 …………………………………………（225）

　第一节　喀斯特地貌景观 ………………………………………………………………………（227）
　　一、独特的大理岩构造峰林地貌 ……………………………………………………………（228）
　　二、喀斯特峰丛 ………………………………………………………………………………（230）
　　三、喀斯特溶洞景观 …………………………………………………………………………（234）
　　四、喀斯特穿洞景观 …………………………………………………………………………（240）
　　五、喀斯特峡谷景观 …………………………………………………………………………（242）
　第二节　碎屑岩地貌景观 ………………………………………………………………………（248）
　　一、嶂石岩地貌 ………………………………………………………………………………（248）
　　二、丹霞地貌 …………………………………………………………………………………（256）
　第三节　变质岩地貌景观 ………………………………………………………………………（260）
　第四节　侵入岩地貌景观 ………………………………………………………………………（266）
　第五节　火山岩地貌景观 ………………………………………………………………………（276）
　　一、十山九无头——火山机构地貌 …………………………………………………………（279）
　　二、火山熔岩地貌 ……………………………………………………………………………（284）
　　三、火山碎屑岩地貌 …………………………………………………………………………（289）

第六节　构造地貌景观 (291)
一、会飞的山峰——飞来峰 (292)
二、山地夷平面、山麓剥蚀面和山地溶蚀面 (295)
三、峡谷 (303)
四、断层崖和断层三角面 (305)

第七节　古冰川遗迹、古湖泊-古河道及沙漠地貌 (306)
一、古冰川遗迹 (306)
二、古湖泊及古河道地貌 (313)
三、沙漠地貌 (325)

第八节　水体地貌景观 (327)
一、河流(景观带) (327)
二、坝上高原湖泊和湿地 (329)
三、燕山-太行山山地河流湿地 (336)
四、河北平原湖泊、潭和湿地 (338)
五、瀑布 (345)
六、泉 (348)

第九节　海岸地貌景观 (354)
一、海蚀地貌 (355)
二、海积地貌 (355)

第十节　地震与地质灾害遗迹 (364)
一、地震遗迹 (365)
二、地质灾害遗迹 (369)

第五章　地质遗迹分类与评价 (371)

第一节　地质遗迹分类 (373)
一、国内外地质遗迹分类方法 (373)
二、河北省地质遗迹分类 (377)
三、对河北省地质遗迹分类中部分问题的说明 (379)

第二节　地质遗迹评价 (381)
一、评价原则 (382)
二、评价依据及标准 (382)
三、评价方法 (383)
四、定级标准 (384)
五、评价结果 (384)

第六章　地质遗迹区划与空间分布特征 (387)

第一节　区划原则与方法 (389)
一、地质遗迹自然区划原则 (389)
二、地质遗迹区划方法 (389)

第二节　地质遗迹自然区划 (390)
一、内蒙古高原南缘(坝上高原)地质遗迹区(Ⅰ) (393)
二、阴山-燕山地质遗迹区(Ⅱ) (395)

三、太行山地质遗迹区(Ⅲ) ……………………………………………………………… (398)
四、华北(河北)平原地质遗迹区(Ⅳ) …………………………………………………… (399)
第三节　地质遗迹空间分布特征 …………………………………………………………… (400)

第七章　地质遗迹保护与利用 …………………………………………………………… (405)

第一节　河北省地质遗迹保护现状 ………………………………………………………… (407)
一、地质公园 ………………………………………………………………………………… (407)
二、矿山公园 ………………………………………………………………………………… (410)
三、自然保护区(含地质遗迹自然保护区) ……………………………………………… (411)
四、森林公园、风景名胜区、湿地公园中的地质遗迹 …………………………………… (418)
第二节　地质遗迹保护规划建议 …………………………………………………………… (419)
一、地质遗迹保护规划的原则和方法 …………………………………………………… (419)
二、地质遗迹分级、分区保护规划建议 …………………………………………………… (420)
三、地质遗迹分类保护建议 ………………………………………………………………… (426)
第三节　地质遗迹开发与利用建议 ………………………………………………………… (428)
一、河北省世界级地质遗迹的开发利用 ………………………………………………… (428)
二、河北省地质公园、矿山公园的发展与开发利用 …………………………………… (430)
三、引导推广创建地质文化村(镇) ……………………………………………………… (432)

主要参考文献 …………………………………………………………………………………… (434)

附表 ……………………………………………………………………………………………… (449)

第一章 河北省自然地理与人文历史

HEBEI SHENG ZIRAN DILI YU RENWEN LISHI

第一节　现代自然地理

一、地理位置

在中国东部沿海地带,黄河下游的华北大平原北部,有一块古老、壮丽而神奇的土地,这就是河北省。它因位于黄河下游以北而得名。

河北,简称冀,省会石家庄市,在战国时期大部分属于赵国和燕国,所以河北又被称为燕赵之地。河北省位于东经113°27′—119°50′,北纬36°05′—42°40′,地处华北,漳河以北,东临渤海,内环京津,北部是燕山与坝上高原(内蒙古高原南缘),东部为渤海湾,西侧为太行山,环抱之中是开阔的华北平原。在中国所有的省份中,河北省是邻省(直辖市、自治区)最多的省份之一,共有7个,它内环北京市、天津市,西隔太行山脉与山西省毗连,西北部、北部与内蒙古自治区接壤,东北部与辽宁省相连,东南部与山东省相交,南部与河南省毗邻(图1-1、图1-2)。

图1-1　河北省地理位置示意图
(制图/刘昊冰)

图1-2　河北省与周边省份地缘关系示意图
(制图/大地理馆)

河北省的最北端在承德市围场县北部的大光顶子山附近,最南端在邯郸市临漳县户口村南部,最西端在保定市涉县西沟村西部,最东端在秦皇岛市山海关海滨冀辽交界处。南北长750km,东西宽650km,面积$18.88×10^4 km^2$。河北省的几何中心在保定市北部与北京市交界处,坐标东经116°08′16″,北纬39°29′05″,具体位置在河北保定的涿州东北10km处。几何中心紧邻京津,地理区位关系独具特色。

依山面水,山海具备,平原广阔,是河北省的地理优势。山有林木、花果与矿藏的奉献,海有水产、海盐与航运的便利,广袤的平原可以提供衣食之源,使河北成为适合人类生活和生产的得天独厚的"福地"。

二、行政区划

河北省常住总人口 7 519.52 万人(2017 年),所辖 11 个地级市(图 1-3),2 个省直管市(其中 47 个市辖区、20 个县级市、95 个县、6 个自治县)共有 1 970 个乡镇,50 201 个村。

图 1-3　河北省行政区划示意图

三、地形地貌

中国的地势是西高东低，呈阶梯状由西向东逐级下降。河北省的地势特征与全国的基本相似，西北高、东南低，海拔高度差别很大。河北省有三大地貌单元，最北部属于高原，是内蒙古高原的东南边缘部分，俗称"坝上高原"，平均海拔 1 200～1 500m，面积 $1.60×10^4 km^2$，占全省总面积的 8.5%；北部东西方向延伸的燕山山脉和西部东北-西南方向延伸的太行山脉构成河北省的山地，包括中山山地区、低山山地区、丘陵地区和山间盆地 4 种地貌类型，海拔多在 2 000m 以下，高于 2 000m 的孤峰类有 10 余座，其中小五台山高达 2 882m，为全省最高峰，总面积约有 $9.01×10^4 km^2$，占全省地表总面积的 48.1%；太行山以东和燕山以南为广阔的平原，是华北平原的一部分，海拔多在 50m 以下，按其成因可分为山前冲洪积平原、中部冲湖积平原和滨海平原 3 种地貌类型，总面积约为 $8.16×10^4 km^2$，占全省地表总面积的 43.4%（图 1-4）。

在地球陆地上，地表形态有高原、山地、丘陵、盆地和平原 5 种类型。这些地表类型在河北省都有分布，而且河北省是全国唯一的全部拥有上述 5 种类型并且沿海的省份。在河北大地上，各类典型的地貌几乎都能见到，除了河流侵蚀和堆积而形成的河谷、冲积扇、洪积扇等地貌十分普遍，典型的构造地貌有火山遗迹、熔岩台地、断块地貌等。此外河北省还存在黄土地貌、丹霞地貌、嶂石岩地貌、海岸地貌、湖沼地貌，以及古岩溶地貌、古冰川地貌等。多姿多彩、特征鲜明的地形地貌使得河北的自然景观丰富奇丽，风光旖旎。同时，这种复杂的地形地貌使得自然地理要素组合类型多样，有利于开展多种经营，发展区域特色经济，北部的张家口、承德地处华北平原与内蒙古高原的过渡地带，以此为界，北方游牧，南方农耕（图 1-5～图 1-14）。

四、海洋资源

河北省东临渤海，连通世界上最大的大洋——太平洋，同内陆省份相比，具有海洋资源优势。沿海地区有秦皇岛、唐山、沧州三市，有抚宁、昌黎、乐亭、滦南、唐海、海兴六县和黄骅市，有丰南区、山海关区、海港区、北戴河区、秦皇岛经济技术开发区、京唐港经济技术开发区、黄骅港经济技术开发区，以及中捷和南大港两个县级农场。

河北省海岸线长 487km，海岸带总面积 11 379.88km²（其中陆地面积 3 756.38km²，潮间带面积 1 167.9km²，浅海面积 6 455.6km²）。河北省的海岸线被天津市分为南、北两段，北段为秦皇岛市和唐山市沿海岸段，南段为沧州市沿海岸段。海岸性质差异明显，秦皇岛市沿海岸段主要为砂质海岸，其中有约 20km 为岩质海岸；唐山市沿海岸段大清河口以东多为粉砂质海岸，大清河口以西及沧州市沿海岸段主要为淤泥质海岸（图 1-15）。

河北省海岛形成的历史较短，年龄老的也只有 1 000a 左右。海岛多由泥沙、贝壳构成，因而动态变化较大，它的数目、面积每年都有变化。20 世纪 70 年代以来，有过 3 次调查。按照高潮线陆域面积在 500 m² 以上的岛屿数量计，1975 年国务院、中央军委公布的河北省海岛数量为 75 个，1986 年河北省测绘局公布的数量为 107 个（其中北段 84 个，南段 23 个），1989 年河北省海岛资源综合调查队实地调查结果为 132 个（其中北段 95 个，南段 37 个），岛岸线长 199km，海岛面积 8.43km²。海岛主要分布在滦河三角洲平原外侧沿岸和大口河河口附近海域。海岛面积普遍较小，大于 1km² 的只有两个。就地理位置和组合状况来看，河北省海岛有大蒲河口诸岛、滦河口诸岛、曹妃甸诸岛和大口河口诸岛；就地貌形态、物质组成及结构来看，有 6 种类型，即离岸沙坝岛、蚀余岛、河口沙坝岛、贝壳岛、河沙嘴岛和人工岛。

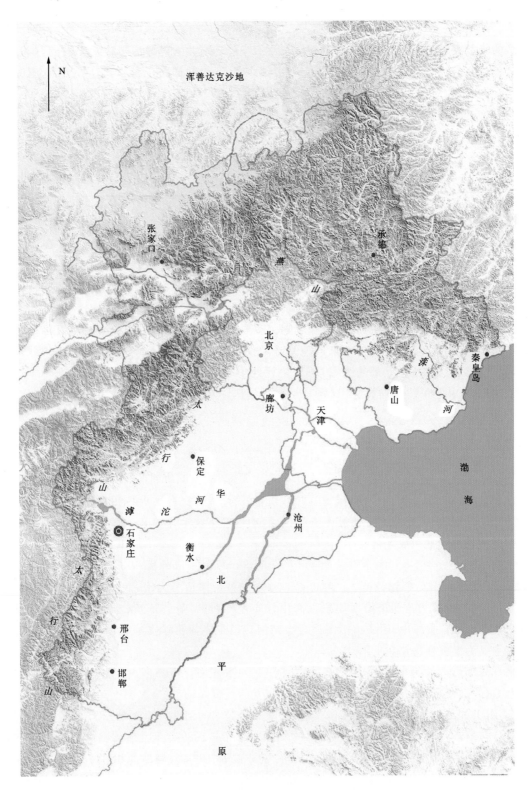

图 1-4 河北省地形地貌图（制图/刘昊冰）

a.张北县玄武岩台地上的风电

b.草原天路的西端，万全县野狐岭。1220年，道教领袖丘处机受成吉思汗之邀西行途经野狐岭时，叹曰："登高南望，俯视太行诸山，晴岚可爱，北顾但寒沙衰草，中原之风，自此隔绝矣。"

c.草原天路东段崇礼县桦皮岭秋色

图1-5 内蒙古高原南缘——坝上风貌（一）

d. 夏季坝上的张北草原上九曲回环的曲流河

e. 秋季的围场塞罕坝（摄影/孙阁）

f. 坝上之秋满是一片塞外风光（摄影/雪域咖啡）

g. 冬天的坝上纷外妖娆，最美丽的颜色莫过于洁白

图 1-6　内蒙古高原南缘——坝上风貌(二)

坝上位于华北平原与内蒙古高原过渡地带的河北北部。如果到张家口市的尚义、崇礼一带或是承德市的丰宁、围场一线，抬眼北望，就会发现一个巨大的山体横亘东西，像是一条绵延的"大坝"。那条"大坝"正是内蒙古高原的南缘。浩瀚林海，无边草原，清澈溪流，蓝天白云，浓郁的满蒙民族风情，构成了坝上高原独特的自然和人文景观。在河北省最北端围场满族蒙古族自治县坝上拥有华北地区最大的一片人工林场——塞罕坝国家森林公园，广袤宏阔的森林和草原令人叹为观止。

a. 冬日里，站在小五台山西台上眺望其他四台（摄影/李盼威）

b. 小五台山上的亚高山草甸（摄影/李盼威）

c. 夏季的小五台美景（摄影/李占峰）

d. 夏季的小五台山上美丽的山脊线

图 1-7　河北最高处——小五台山

小五台山有5个台顶，其中东台海拔2 882m，为河北最高锋。小五台山的5个台顶，是白垩纪末至始新世早期（距今70～33.8Ma）形成的准平原，后期地壳运动将准平原解体、抬升到山地顶部变成了山地夷平面，是残留的老年期垄状夷平面或台状夷平面，称为北台期夷平面（以邻近的山西省五台山的北台为代表命名），为华北第一级夷平面，是河北最高处，也是河北仅存的地貌年龄最老的地方

a. 西甸子梁

b. 通往空中草原的马蹄梁

图 1-8　河北第二阶梯——空中草原（西甸子梁和马蹄梁）

蔚县西南和涞源县与山西省交界处，突兀拔地而起一片高山草甸，称作西甸子梁，海拔 2 158m，面积 36km²，因其四周陡峻、顶部平坦而被冠以"空中草原"之称，它形成于渐新世（距今 33.8~23.03Ma）的塬状准平原性质的溶蚀面，面上还保留着残峰和波立谷。它和马蹄梁均为残存的壮—老年期夷平面，是地貌学上甸子梁期夷平面的命名地，为华北第二级夷平面

图1-9 河北海拔最高的村子——茶山村

小五台山脚下的茶山村海拔1 950m,是河北海拔最高的村庄,坐落在华北第二级夷平面——甸子梁期夷平面上,散落的岩石朝向一致,应是外力搬运而至,很可能是第四纪古冰川留下的遗迹

a.涞水县野三坡拒马河畔,山体抬升,流水切割,体现了地貌景观形成中的两种代表性因素 (摄影/周治国)

b.野三坡以"雄、险、奇、幽"著称,龙门天关峡谷的花岗岩石壁上(断层崖),留有历代边关将士的石刻达20余处

c.涞源县白石山因山体遍布白色大理石而得名,以全国唯一世界罕见的大理岩构造峰林景观而著称。奇峰如簇,峭崖深谷,险峻壮观,具"奇、雄、险、幻、秀"五大特点,可谓"太行山似海,波澜壮天地。山峡十九转,奇峰当面立"

图1-10 太行山北段——以碳酸盐岩地貌和花岗岩地貌景观为特色(一)

d.涞源县内的太行山上古长城与花岗岩柱状节理形成的巨石阵（摄影/李占峰）

e.易县狼牙山，由巨厚层燧石条带白云岩构成的狼牙状峰丛地貌，奇峰林立，峥嵘险峻。抗日战争时期狼牙山五壮士的故事就发生在这里（摄影/陈晓东）

f.春暖花开的5月，阜平县神仙山上的山花与冰瀑相伴（资料来源：阜平县文化和旅游局）

g.太行深处有古树有人家——阜平县吴王口乡（摄影/张兆祎）

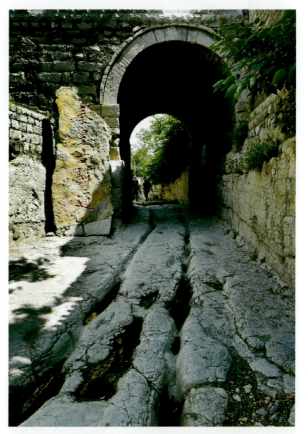

i.太行八陉之一的井陉古驿道（摄影/赵海江）

井陉县城东，关山环立之间的秦皇古驿道，是目前中国仅存的、最古老的古代陆路交通道路实物，是太行八陉的代表之一。在4.5亿年前的奥陶纪灰岩上留下了2 000年前的车辙印迹，仿佛可以看到当年这里车水马龙的繁华景象，是秦始皇车同轨历史的佐证。秦始皇统一中国后，为了方便管理国家，修筑了以咸阳为中心的驿道，规定车辆上两个轮子的距离一律改为六尺，叫作"车同轨"。井陉古驿道就是当时的主干线上的重要一段。据史料记载，公元前210年，秦始皇第五次出巡病死在邢台沙丘宫，灵车绕道北行，"遂从井陉抵九原"，走的就是井陉

h.太行深处的古村落——阜平县大台乡（摄影/张兆祎）

图1-11 太行山北段——以碳酸盐岩地貌和花岗岩地貌景观为特色（二）

a.嶂石岩地貌之丹崖长墙雪后景色

b.一米崖——嶂石岩地貌之一

c.构成嶂石岩地貌的中元古代长城系砂岩中的层理与层面构造

d.邢台大峡谷

e.邢台峡谷群由24条峡谷构成,"狭长、陡峻、深幽、赤红、集群"是邢台峡谷群的五大特点,它也因此成为八百里太行山的一大奇观,被誉为"太行奇峡"

图1-12 太行山中段——以碎屑岩地貌为特色(中元古代红色砂岩形成的嶂石岩、长崖和峡谷地貌景观)

a.燕山（狭义燕山）主峰雾灵山秋色（摄影/谢敏金）

b.长城把最精彩的一段留给了河北，"万里长城，金山独秀"。滦平境内燕山之巅蜿蜒起伏的金山岭长城（摄影/周万萍）

c.矗立于燕山怀抱中的承德小布达拉宫，可体验到高原清迈的感受

d.春季燕山南麓丘陵及鳞次栉比的梯田（摄影/张东全）

e.燕山南麓群山掩映下的遵化清东陵（摄影/王珊）

图1-13 燕山风貌

燕山是华北平原的北方屏障，是内蒙古高原和东北地区进入华北平原的必经之地，也是农耕文明与游牧文明的交错地带，昔日为山戎、契丹、女真、奚族故地，今天汉、满、蒙古、朝鲜等民族在此生活。沿着燕山主脊修建的明长城是万里长城最精华的部分。燕山以花岗岩为骨架，是著名的燕山运动命名地，出露有华北最古老的陆核之一

第一章 河北省自然地理与人文历史

a.太行山东麓与河北平原衔接的丘陵地带（摄影/张鼎立）

b.阳原县泥河湾盆地的黄土古韵（摄影/刘禹平）

c.邢台附近太行山前黄土台地上的古村、梯田（摄影/李自岐）

d.怀来县燕山北麓存在着一片沙漠

e.一马平川的河北平原（邯郸市磁县附近）（摄影/田瑞夫）

f.千年古运穿过河北平原（沧州市吴桥附近）（摄影/田瑞夫）

g.河北平原中部雄安新区白洋淀风光

h.河北平原中南部的衡水湖

i.碣石山上远眺，山岛耸峙，远处可隐约见渤海（摄影/董立龙）

j.李大钊的故乡——冀东平原上的乐亭县大黑坨村（摄影/刘江涛）

图 1-14　河北省多姿多彩的地貌景观

图 1-15 河北省 3 个重要港口在渤海湾的位置

河北省沿海地区处于环渤海经济圈的中心地带，是全国 5 个重点海洋开发区之一，海洋生物、港口、原盐、石油、旅游等海洋资源丰富，气候环境适宜，海洋灾害少，是发展海水养殖、盐和盐化工、港口运输、滨海旅游等产业的优良地带，适合进行各种形式的综合开发，具有发展海洋经济的巨大潜力。目前主要海洋产业是水产、交通运输、修造船、原盐、盐化工、石油和旅游（图 1-16）。

五、水系

河北省河流众多，长度在 18km 以上、1 000km 以下的就达 300 多条。省内河流大都发源或流经燕山、冀北山地和太行山山区，下游有的合流入海，有的单独入海，还有因地形流入湖泊而不外流的。主要河流从南到北依次有漳卫南运河、子牙河、大清河、永定河、潮白河、蓟运河、滦河等，分属海河、滦河、内陆河、辽河 4 个水系。其中海河水系最大，滦河水系次之。

海河水系位于本省的中、南部地区，面积达 125 389km^2。该水系为一扇状水系，海河干流很短，并位于天津市，境内的北运、永定、大清、子牙、南运河等河流为其支流，均汇入海河，流经天津至塘沽入海。该水系最显著的特点，一是河道进入平原后坡度平缓，二是河道善淤善徙，三是上游河道的来水远大于下游海河的泄量，每逢汛期，河道洪水暴涨暴落，宣泄不及时，则时常为害。此外，由于各河上游地区植被覆盖率低，水土流失严重，洪水含沙量大，致使河道淤积，河床抬高，成为半地上河或地上悬河，尤以漳河、滹沱河、永定河为最，历史上均有过"小黄河"之称。就永定河而言，官厅站多年平均输沙量 6 030×10^{4}t，河流含沙量多年平均为 67.8kg/m^3，仅次于黄河。另外，潮白、蓟运河位于滦河西南，也作为海河水系，但单独入海。

a.万里长城东端的山海关老龙头深入渤海之中

b.秦皇岛北戴河海滩

c.乐亭县姜各庄镇滦河入海口（摄影/刘江涛）

d.乐亭县月坨岛，被评为中国最美的八座小岛之一，因离岸较远，岛上灌木丛生，野花遍地，几百种鸟儿在这里栖息

e.空中鸟瞰唐山市曹妃甸港口电力园区"前港后厂"（摄影/毕景志）

f.沧州市渤海新区黄骅港煤炭港区（摄影/赵海江）

图 1-16　河北省海岸及海岛风貌

滦河水系位于冀东地区，长 888km，面积达 45 870km²，源于丰宁满族自治县，北流内蒙古自治区后又折回省境，东南行至潘家口穿越长城，经罗家屯峡谷进入冀东平原后于昌黎、乐亭入海。滦河在山区为沙卵石河床，宽 500～1 000m，进入平原后为沙质河床，河床宽 2 000～3 000m，平均年输沙量 2 010×10⁴m³。滦河水量丰沛，水质好，多年平均径流量 45×10⁸m³，沿途汇入支流 500 余条，其中较大支流有洒河、黑河、横河、清河、长河、沙河、白洋河、青龙河等。此外，还有冀东沿海一些河流，主要有陡河、沙河、小青龙河、沂河、洋河、石河等，这些河流源短流急，直接入海。由于这些河流独立分散，习惯上划为滦河水系。

内陆河水系位于张家口坝上高原,面积达 11 656 km²,均为间歇性小河流,多流入安固里淖和察汗淖等内陆湖泊。

辽河水系位于省境东北部,面积达 4 413 km²。河流分别发源于承德地区围场及平泉县北部的坝上高原和燕山北麓,主要有阴河、乌拉岱河、老哈河等。该水系水浅流急,下游均流入辽宁省汇入辽河。

六、气候

河北省位于亚欧大陆东岸,地处中纬度地区,跨越中温带和南温带,气候类型属于温带半湿润半干旱大陆性季风气候:春季干燥少雨,风沙较大;夏季炎热潮湿,雨量集中;秋季昼暖夜凉,时间短促;冬季寒冷干燥,雨雪稀少。全省年平均气温在 4～13℃之间,1 月－4～2℃,7 月 20～27℃,大体西北高、东南低,各地的气温年较差、日较差都较大,全年无霜期 110～220 d。全省年平均降水量分布很不均匀,年变化率也很大。省内年平均降水量为 350～800 mm,降水多集中在夏季,占全年降水量的 60%～80%。除了受大气环流影响外,降水还受海陆位置及地形地貌的影响,造成地区降水分布不均。东南部多于西北部,沿海地带多于内陆地区。坝上及西北山区,受夏季风影响较弱,例如张家口市康保县、阳原县,降水量在 400 mm 以下,为河北省较干旱地区;燕山南麓、太行山东侧为夏季风迎风坡,形成省内多雨地区,例如唐山市遵化、迁西县一带,降水量可达到 800 mm,为全省之最。

第二节 人文历史

一、历史时期行政区沿革

中国历史悠久,经历了众多的朝代,历朝历代的行政区划和政区名称变化很大。历史上河北省所在区域的行政区名称和行政区划也随着改朝换代而多有变化。

中国最早的区域地理著作《禹贡》把全国划分为"九州",这里的"州"不是行政区划,而是地理区域。"九州"中头一个就是冀州。今河北省大部分地方属于"九州"中的冀州。中国有确切纪年的朝代是公元前 21 世纪开始的夏朝。夏朝之后是商朝,商朝曾在今河北邢台西南部建都。

春秋战国时期,河北是燕赵争雄之地。今河北平原北部属于当时的燕国;河北平原南部先是属于晋国,后主要属于赵国。中部还有少数民族狄人建立的中山王国。因此,历史上"幽燕"(平原北部曾属于幽州)指河北平原北部,"燕赵"指整个河北平原。

秦统一中国后,实行郡县制,把全国分为三十六郡,后增至四十郡。其中在河北省内陆续设置了上谷、渔阳、右北平、广阳、邯郸、巨鹿、代、恒山八郡。今河北平原北部、长城以南地区,主要属于当时的右北平、渔阳、上谷郡;河北平原中、南部地区分属于巨鹿、邯郸郡。

汉朝初期采用郡国并行制,后将全国分为十三部州刺史(又称十三州),从此,至唐朝"州"成为地方的最高行政单位。今河北平原北部、长城以南地区,属于幽州刺史部,河北平原中、南部地区属于冀州刺史部,张家口地区北部为匈奴、乌桓活动的地区。幽州、冀州作为地方最高一级行政区划历魏、晋、南北朝而不改。东晋时,今河北省属"五胡十六国"中的后赵、前燕、后燕所据之地。

隋朝初,改州、郡、县三级制为州、县二级制,分全国为"九州",以州直接辖县。其中冀州包括原幽州、冀州、并州和司州黄河以北地区(今辽西、河北、山西及河南的黄河以北地区)。后又改州为郡,以郡直接辖县。今河北省分属北平、恒山等十四郡。从此冀州、幽州作为一级政区之名消失于史籍。

唐朝初年,实行道、州、县三级制,将全国划分为十道,后增至十五道。其中河北道包括今辽西、河北、山西及河南东北、山东西北的黄河以北地区,因它位于黄河以北而得名。今河北省主要属河北道(小部属河东道和关内道)。"河北"一词作为大行政区的名称,始于唐太宗贞观元年(公元627年)。唐代设立河北道,构成今河北省的基本版图,也是今河北省名之源。

宋金时期,河北路继承河北道,后又拆分河北西路、河北东路。北宋晚期短暂统治京津冀北部,在京津地区增设燕山府路。金朝继承北宋原有行政设置,名称略改。

元朝统一中国后,始创省制,除京城周围地区直隶中书省外,其他地方设置十一行中书省。

明清时期,河北是京畿腹地,华夏首省。明代设立北直隶省,永乐元年,建北京于顺天府,北直隶后改称京师,今河北域遂为京师之地,奠定了今天河北版图的轮廓。清代原北直隶省改为直隶省,今河北镜域在清代主要属直隶省。

近现代,河北版图变化频繁,但大的格局未变,最终成了今天的模样。

二、独特的人文历史

河北"头"枕燕山,"脚"踩黄河,东临渤海,西依太行,气势盎然。在这里,海洋、湖泊、河流、湿地、山脉、高原、盆地、平原等地貌应有尽有,多样的地质地理背景和优越的自然地理环境为中华民族始祖的诞生和中华文明的孕育提供了可能,造就了河北源远流长、可歌可泣的历史,留下了美丽动人的故事和各式各样的文物古迹。苏秉琦先生对中国历史基本框架的构思"超百万年的文化根系,上万年的文明起步,五千年古国,两千年中华统一实体",在这片河北宝地,禹贡九州之首的冀州,均可以发现最具典型意义的历史遗存。特别是拥有泥河湾——东方人类从这里走来,涿鹿——中华文明从这里走来,西柏坡——新中国从这里走来三张金色名片。这些活生生的历史遗存讲述着我们祖先的过去,启示着中华民族伟大复兴的未来。

1. 东方人类从这里走来

泥河湾遗址群(图1-17)位于张家口市阳原县桑干河畔和蔚县北部,因具有国际地质考古界公认的第四纪标准地层,还有大量出土的哺乳动物化石及旧石器文物而闻名于世。1924年西方学者巴尔博在这里发现大量古生物化石并命名为泥河湾层,它的科学价值被确认后,就一直吸引着世界人类学、考古学研究者的目光,成为国内外学术界瞩目的科考基地。目前在该盆地东西长82km、南北宽27km的桑干河两岸区域内,已发现考古遗址150多处,其中逾百万年的遗址近40处,出土了数万件古人类化石、动物化石和各种石器,几乎记录了从旧石器时代至新石器时代发展演变的全过程。它的年代之久远、分布之密集、遗存之丰富,在我国首屈一指,在世界上也不多见,被誉为"东方的奥杜维峡谷"。

泥河湾是世界上旧石器考古文化序列最为完美的地区,最早的文化遗存在距今200万年前后。以年代地层学研究结果为例,有科学数据如下:马圈沟遗址第七文化层距今176万年、第六文化层距今175万年、第五文化层距今174万年、第四文化层距今169万年、第三文化层距今166万年、第二文化层距今164万年、第一文化层距今155万年,小长梁遗址距今136万年,半山遗址距今132万年,飞梁遗址距今120万年,东谷坨遗址距今110万年,岑家湾遗址距今110万年,马梁遗址距今78万年,后沟遗址距今39万年,东坡遗址距今32万年,侯家窑遗址距今10万年,板井子遗址距今7万年,新庙庄遗址距今4~3万年,油房遗址距今2万年,西白马营遗址距今1.8万年,二道梁遗址距今1.8万年,于家沟、马鞍山和姜家梁遗址距今1.5~0.5万年。

a.太阳照耀在桑干河上——泥河湾所处的桑干河谷（摄影/冰峰）

b.泥河湾国家级自然保护区

c.泥河湾博物馆全国规模最大的旧石器专题博物馆

d.泥河湾博物馆

e.阳原县泥河湾国家考古遗址公园

图 1-17 东方人类故乡——泥河湾

泥河湾已成为我国北方旧石器时代考古学、第四纪地质学、古哺乳动物学的科学代名词。泥河湾的发现把亚洲文化的起源推进至 200 万年前，完美记录了人类从旧石器时代到新石器时代发展演变的全过程，可能是除非洲以外另一个人类的老家，对"人类非洲起源单一论"提出了挑战。因此，许多科学家将泥河湾看成是世界上唯一能与东非奥杜维峡谷相媲美的旧石器考古圣地

  这些文化遗存清晰地架构起泥河湾的考古文化序列，勾画出这里旧石器文化发展的脉络。泥河湾旧石器文化突出的特征是具有中国北方风格的小石器文化遗存都表现出了强烈的继承性和发展性，反映出一脉相承的厚重历史和文化品格，具有极强的文化连续性。直至旧石器时代晚期，距今 2 万年前后，才出现了以油房、二道梁遗址和籍箕滩、虎头梁遗址群为代表的细石器工艺技术，逐渐取代了在盆地内延续 200 万年的小石器工艺。因此，如果仅仅从文化的连续性考虑，我们可以骄傲地说：

世界看中国,中国看泥河湾。

泥河湾层是世界范围内研究第四纪地质、地层和动物群用于对比的标尺。20世纪初叶,正是第四纪地质学、地层学和哺乳动物学的考察与发掘拉开了泥河湾盆地科学研究的序幕。泥河湾层如同一部浩瀚的科学巨著,包含并记录下这里200多万年来发生的自然的和人类的发展演替的史诗,诸如第四纪地质学、地层学、古生物学、古地理学、古气候学、古人类学和旧石器考古学等方方面面的科学信息,无穷无尽,成果斐然。泥河湾盆地生物地层学研究的主要贡献,从根本上确立了泥河湾层的科学价值和国际地位,使之成为中国北方第四纪标准地层,进而成为世界各地第四纪及哺乳动物研究对比的标杆,最终和欧洲意大利的维拉方一样,成为学界公认的世界标准地层。

泥河湾遗址群的发现,为探索人类发源地提供了更广阔的空间和科学依据,被中外考古学家称为"人类祖先的东方故乡和家园"。泥河湾盆地埋藏着丰富的人类早期演化的文化遗存的原始材料与信息,可能是除非洲以外另一个人类的老家,对"人类非洲起源单一论"提出了挑战。同时近百年来,世界各国的科学家为发现泥河湾第四纪标准地层和推动泥河湾的科学地位做了长期的工作。因此,科学家们把泥河湾称为世界人类文化的宝库,中国第四纪地质学、古人类学、旧石器考古学的圣地,中国的奥杜维峡谷,东方人类的故乡。

泥河湾盆地旧石器时代文化遗址分布广泛而又密集,从旧石器时代早期、中期和晚期都有所分布,时间上距今200万年前到距今1万年前,成为世界上古人类文化遗址分布最为密集的地区及旧石器文化最为连贯、考古序列最为完整的地区。泥河湾不仅是东方人类的发祥地之一,更是世界知名的第四纪标准地层,完全具备成为世界文化与自然遗产的条件。

2. 中华文明从这里走来

河北省是中华民族的发祥地之一。早在5 000多年前,中华民族的三大始祖黄帝、炎帝和蚩尤就在河北由征战到融合,开创了中华文明史。当中华民族的历史长河步入5 000年前后的新石器时代中期时,通过有着各自源头的多种文化的碰撞、交流和融合,发生了前所未有的革命,形成了真正意义上多元一体的中华民族政体,中华五千年文明诞生了。张家口一带(包含阳原、蔚县、涿鹿、怀来、宣化等地)成为中国古文明形成与发展的重心地区,被苏秉琦先生誉为多种文化交流的"三岔口"和北方与中原文化交流的"双向通道"。

传说在4 000多年以前,中国的长江流域和黄河流域居住着许多氏族部落,其中最著名的是黄帝部落、炎帝部落和蚩尤部落。这3个部落在相互交往的过程中,曾在今河北省西北部一带,发生过数次大的战争。炎帝部落从渭河流域进入黄河中游以后,与蚩尤部落发生了长期的冲突。炎帝被蚩尤打败后,逃到了今河北省西北部,投靠黄帝部落。后来,这两个部落联合起来,与蚩尤在涿鹿大战一场,蚩尤战败被杀。这就是史书上有名的"涿鹿之战"。打败蚩尤以后,炎帝部落要争做霸主,与黄帝部落又发生了大冲突。炎帝和黄帝这两个部落,在阪泉(今河北省怀来一带)又大战一场,结果炎帝被打败,归顺了黄帝部落。后来,这支统一于黄帝部落的后裔就从河北一带向南发展,进入黄河流域,定居中原,经过长期的共同生活、互相融合,形成了中国中原地区的远古居民,奠定了后来华夏族的历史基础。由于黄帝部落的力量比较强大,更由于黄帝是各族共同推崇的始祖,所以原始社会的许多发明创造都被集中到黄帝时期,记在黄帝的名下,黄帝成为中原文化的代表。中原地区不同祖先的居民,都自认为是黄帝的子孙。春秋以后,这些居民自称为华夏族,到汉朝以后称为汉族。后世的汉族人把黄帝尊称为自己的祖先,自称是"炎黄子孙"。"赫赫始祖,吾华肇造。胄衍祀绵,岳峨河浩……懿维我祖,命世之英。涿鹿奋战,区宇以宁"之句,出自抗日战争前夕毛泽东和朱德的《祭黄帝文》,他们对涿鹿在中国文明史所起的作用给予了极高的评价,并以此激励民众,团结抗日,驱逐鞑虏,还我中华的决心和斗志;也表达出中华民族传统美德在黄帝时期已经形成,在涿鹿发生的战争,奠定了中华民族多元一体的国家政体(图1-18)。

a.黄帝城遗址文化旅游区

b.黄帝城（史书上记载的涿鹿故城）遗址
位于涿鹿县矾山镇三堡村北的黄土台地上，残存的城墙从城外看仍然有十几米高，城墙上整齐地排列着夯筑城墙时固定夹板的插孔，城墙底部宽有10多米，顶部宽约3m。古城呈正方体，城墙间长宽有500多米

c.黄帝泉
位于黄帝城东的坡上，当地人管坡叫阪，古名阪泉，其源于5 000m深处的地下岩泉水，水自平地涌出，冬不结冰，夏不生腐，久旱不枯竭，天涝不外溢，正如史书上说的"平地涌潾，聚而不溢"

图1-18 中华民族的发祥地之一——涿鹿

《史纪·五帝本纪》描述"五帝"时期，黄帝、炎帝、蚩尤3个部落之间发生一场战争，这是我国最早记载的一场具体战争，战争分为4次战役，前三次是黄帝与炎帝战于阪泉，后一次是黄帝与蚩尤战于涿鹿，就是今天河北省的涿鹿县。史书记载和当地群众一代代传说而流传下来的黄帝、炎帝和蚩尤三祖在涿鹿境内进行的战争、建立的城郭等至今仍有迹可循，均有遗址为证。目前所考证的遗址遗迹有28处，分别为黄帝城、黄帝泉、桥山、蚩尤寨、蚩尤城、蚩尤泉、蚩尤坟、蚩尤祠、阪泉、涿水、釜山、定车台、炎帝庙、温泉行宫、涿鹿山、涿鹿之野、八卦村等。这些遗址遗迹分布在涿鹿县矾山镇附近，在众多遗址遗迹中，最具代表性的当属黄帝城、黄帝泉、蚩尤寨。如今的涿鹿还有许多太史公提到的古地名。这些遗迹是历史留在河北大地上的烙印，是中华民族五千年历史的见证

  西周初年(公元前11世纪)，周武王的弟弟周公旦营建洛邑(今河南省洛阳市)，认为中原居四方之中，是天下中心，故称为"中土"，而居住在中原地区的又是华夏族，所以又把该地区称为"中华"。后来，华夏族和其他各族不断融合，活动范围不断扩大，高度发展的华夏族文化逐渐扩展到全国各地，"中华"便逐渐成为代表整个中国的名称，"炎黄子孙"也随之带有更广泛的含义。中华民族融合和形成的初期，与河北这块古老的土地及其居民有着密切的联系；中原文化的形成和发展，河北这块土地上的祖先做出过自己的贡献。正是在河北西北部，黄帝进行了大范围的统一活动，举行了政治大会

盟,即司马迁所说的黄帝"合符釜山"(釜山即历山,在今涿鹿县)。此次政治大会盟办了最重要的3件事:其一,推黄帝为天下共主,中华民族首次有了天下公认的领袖和统治者;其二,确定了中华民族共同认可的图腾——龙,龙是中华民族大融合、大一统、大团结的标志;其三,定都涿鹿。从此,这里形成了以民族大融合、万邦大统一为本源的"中华合符文化",奠定了中华民族的根基。

3. 新中国从这里走来

解放战争时期,党中央在河北平山县西柏坡指挥了震惊中外的"三大战役",奏响了解放全中国的号角,并召开了著名的"七届二中全会",因此可以说西柏坡成为走向新中国的新起点。解放石家庄是中国革命由农村包围城市,最后夺取全国胜利的转折点。

石家庄市平山县中部的西柏坡原本是个只有百十来户人家的普通山村。1947年5月,中共中央工委选定这个地方,1948年5月,中共中央、中国人民解放军总部移驻这里,使之成为中国共产党领导全国人民和人民解放军与国民党军队进行战略大决战、创建新中国的指挥中心,成为当时中国革命的领导中心。由于是"解放全中国的最后一个农村指挥所"(周恩来语),"中国命运定于此村"(朱穆之语),西柏坡以其独特的贡献而彪炳于史册。作家阎涛的纪实文学《东行漫记》一经问世,它的副题"新中国从这里走来"迅速被人们所接受,成为西柏坡最亮丽的标志。中共中央在西柏坡之时,中国革命正处在伟大的历史转折时期,也是中国共产党在民主革命过程中最成功、最辉煌的时期。在这里,党中央指挥了震惊中外的辽沈、淮海、平津三大战役,共歼灭和改编国民党军队154万余人,取得了解放战争的决定性胜利。在西柏坡,中共七届二中全会胜利召开,中共中央制定了党在夺取全国胜利后的基本路线和政策,描绘出新中国的壮丽蓝图,为实现党的工作重心从农村到城市、从战争到建设的转变,为从新民主主义向社会主义过渡做了政治上、思想上和理论上必要而充分的准备。中共中央在西柏坡的时间并不长,但在中国革命史上却留下了灿烂篇章,迎来了如旭日东升的新中国。西柏坡也因此像井冈山、延安一样,成了中国革命的圣地。

现在,西柏坡中共中央旧址是全国重点文物保护单位、全国著名革命纪念地、全国百个爱国主义教育示范基地之一。当时西柏坡被中共中央工委选为驻地,有政治、经济、地理等多方面原因。政治上,平山县革命发动较早,群众基础较好。平山县是晋察冀边区的模范县,西柏坡是个模范村。经济上,平山县农业经济较为发达,沿滹沱河两岸特别是北岸的西柏坡村一带,依山傍水,滩地肥沃,稻麦两熟,聂荣臻元帅曾这样说过:"平山县可称得上是我们晋察冀边区的乌克兰。"较发达的农业经济,有利于保障军民的经济供给,为党中央驻地提供物质基础。在地理环境方面,西柏坡宏观上西倚太行山脉,东临冀中平原,距华北重镇石家庄仅90km,进可攻,退可守;微观上,西柏坡位于一个马蹄形山坳里,三面环山,一面向水,交通方便,易守难攻,既便于同外界联系,又便于保密和安全,村后正好有一座小山,有利于挖洞防空。因此西柏坡被选为解放全中国、筹备新中国的指挥中心。

虽然战争结束了,但是作为革命圣地的西柏坡并没有被人们忘记。如今,西柏坡已成为全国著名的五大革命圣地之一,西柏坡纪念馆已成为全国著名的爱国主义教育和革命传统教育基地。随着红色旅游的不断升温,西柏坡依据其独特的历史意义和较为便捷的交通,成为许多红色旅游的游客首选之地(图1-19)。

a. 西柏坡纪念馆

b. 西柏坡中共中央旧址（无人机拍摄/邢广利）

c. 西柏坡中共中央旧址（老照片）

d. 西柏坡毛泽东旧居

e. 西柏坡纪念馆内的领袖群像

f. 1949年3月23—25日，中共中央从西柏坡到达北平示意图（河北省委党史研究室供图）

图1-19　新中国从这里走来——西柏坡

第三节 古地理与古文明

一、冀北山间盆地更新世古湖泊与史前古文明

第四纪时期,全球海陆分布格局与现代基本一致,但强烈的新构造运动使陆地表面形态产生巨大的起伏变化。全球气候转冷进入地球发展史上的又一个大冰期,气候与环境发生了以冰期与间冰期交替出现为特征的频繁、迅速的变化,使得陆地上的广大地区经历了冰川的洗礼和反复作用,也正是在这一时期,人类出现并演变、进化为现代人。

人类的起源和繁衍是古人类及其文化对自然环境相适应的结果,与人类关系密切的是古气候环境、自然地理环境、水介质环境和生物环境,特别是远古文明的起源地的自然条件要足够优越。

在河北省西北部与山西省东北部展布着一系列北东-南西向的山间盆地,这些盆地受北东向雁列式剪切断裂控制,造成断陷盆地与地垒山地相间的地貌格局,被地质学家称为汾渭地堑系断陷盆地。一些大地构造学家对我国东部新生代大地构造的研究认为:松辽平原—渤海—华北平原为新生代次生主动裂谷,汾河-渭河地堑、银川盆地-河套盆地为被动裂谷,位于桑干河及其支流壶流河河谷的泥河湾盆地为汾渭裂谷的东北端。泥河湾盆地随着汾渭地堑的形成而形成,上新世后期这里出现了盆地雏形,距今250多万年前的新近纪末和第四纪初,在喜马拉雅造山运动最强烈一幕的影响下,发生了强烈的断块运动,山体迅速抬升,盆地大幅度下降积水成湖,开创了更新世历史上的大湖时期(图1-20、图1-21)。

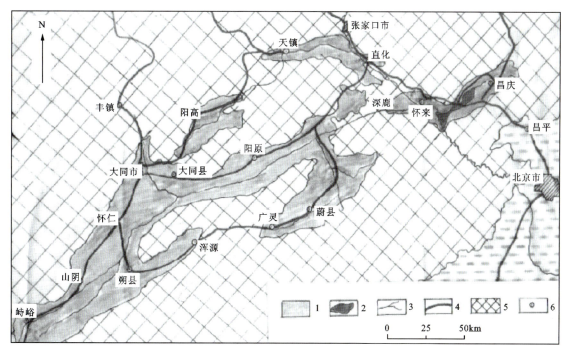

图1-20　中更新世末期(距今12.8万年前)华北北部湖泊分布示意图(据袁宝印等,2015)
1.中更新世后期古湖最大范围;2.现代官厅水库;3.现代河流;4.道路;5.山地;6.城镇

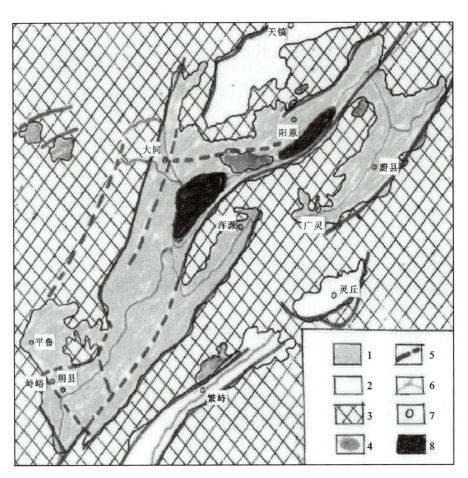

图 1-21　泥河湾古湖范围简图(据袁宝印等,2009)

1.中更新世后期古湖最大范围;2.泥河湾古湖外围的盆地;3.山地;4.玄武岩;5.断裂;6.河流;
7.城镇;8.上新世后期泥河湾古湖范围

　　这个环境为古人类的诞生提供了条件,尤其是大同-蔚县-阳原构成面积约 9 000km² 的泥河湾盆地。研究资料表明,早更新世至晚更新世早、中期,泥河湾盆地一直处于河流、湖泊环境下,形成了巨厚的河湖相沉积物(图 1-22、图 1-23)。晚更新世以后,湖水收缩,泥河湾大湖可能被分割成若干个小湖,中间河流纵横。晚更新世晚期,当各个小湖完全消失时,厚度不均的马兰黄土直接覆盖于泥河湾层之上,桑干河贯穿整个盆地,河流阶地堆积普遍形成于河流两岸。这些沉积物中,特别是泥河湾层湖相堆积从早更新世初,到晚更新世早中期,历时二三百万年之久,蕴藏丰富的早期古人类遗迹。

　　无论是远古时期的泥河湾古湖,还是几经变迁至今仍存在的桑干河,这片土地上从来不缺少水源,这就满足了古文明产生的前提条件。泥河湾盆地的这些早期文化遗址均为旷野类型,集中出现于泥河湾湖东隅河流发育的滨岸地带,与位于非洲坦桑尼亚奥杜维峡谷有十分相似的古地理环境。史前人类多生活于一个森林茂密、水体遍布的温湿环境,早期过着边采集边狩猎的生活。泥河湾是一个山间浅水湖泊,湖岸就是群山,那里原始森林茫茫,生机盎然,远古人类依山而居,主要是为了狩猎和采集果类;湖滨平地靠近水源,能够满足人类的生活用水需求,有利于生存。

　　虽然进入第四纪地球整体气候变冷,期间经历了若干个冰期和间冰期,研究表明,这些冷期相对它前、后时期气温要更低,而实际较早的冷期气温还未必低于现代。葛肖虹等(2010)研究认为从上新世到第四纪晚更新世,高山环绕的泥河湾盆地一直与华北冲积平原保持着近于同一水准面。古黄河北支故道很可能自西向东从大青山南古河套盆地经泥河湾等盆地沿白河向东注入渤海,它们现在的

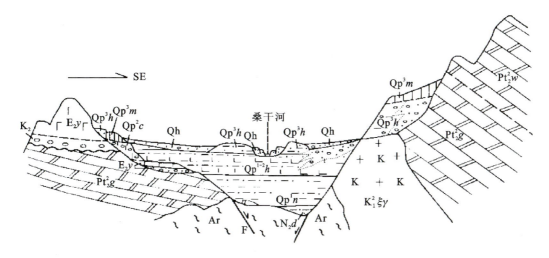

图 1-22　泥河湾盆地构造模式图(据闵隆瑞等,2006 修改)

Qh.全新世冲洪积物;Qp_3^3m.更新世晚期马兰组;Qp^2c.更新世中期赤城组;Qp^3h.更新世晚期郝家台组上部;$Qp^{1-2}h$.更新世早中期郝家台组中下部;Qp^1n.更新世早期泥河湾组;N_2d.上新世晚期稻地组;E_2y.始新世蔚县组;K_2.晚白垩世南天门组;Pt_2^2w.蓟县纪雾迷山组;Pt_2^2g.蓟县纪高于庄组;Ar.太古宙变质岩;$K_1^2\xi\gamma$.早白垩世中期正长花岗岩;F.控盆正断层

图 1-23　泥河湾小长梁沟谷中的更新世湖相地层露头(摄影/赵伟斌)

泥河湾盆地里晚新生代地层发育,地层露头醒目壮观,泥河湾标准地层记录了新近纪晚期至第四纪地球演化和古生物、人类进化的历史,受到国内外地质学家和考古专家的极大关注

千米海拔是晚更新世末快速隆升造成的。这说明泥河湾盆地在更新世的多数时期,气候条件适宜古人类生存。考古发现证明,在人类产生之前,古湖地区就生存着鱼类、三趾马、泥河湾剑齿虎、云杉、冷杉等丰富的动植物。由此来看,泥河湾在远古时期自然条件优越,其时南方炎热多雨,且多沼泽瘴气,

北方又气候寒冷。那时的泥河湾纬度适中,气候既不炎热也不寒冷,在整个更新世时期,泥河湾盆地的自然生态环境优越,为远古人类的生息与繁衍提供了先决条件。

泥河湾蕴藏着世界东方人类及其文化发生、繁衍、发展的完整轨迹,已经成为世界探索人类起源及其演变的经典地区。人类可能不仅起源于东非的奥杜维峡谷,也有可能起源于中国的泥河湾。

自古以来,人类就对自身的起源及他们所生存的这个神秘而又不时充满威胁的世界怀有一种强烈的好奇心。他们知道自己的祖先生活在这片土地上,而子孙后代也将在他们死后继续生活下去。即使是科学技术发达的现今,我们对世界史前历史的了解也尚处于婴儿期。泥河湾这些远古人类给我们留下的丰富史前文化遗产,是人类学探索的一个课题,随着不断的发现和研究的深入,也许会成为我们重新认识人类自身起源的一把钥匙。

【人类非洲起源说】目前世界上研究古人类起源的多数科学家(特别是西方科学家)认为人类无一例外都是从热带非洲繁衍而来,在那里,最晚在 300 万年前(可能还要更早)出现了第一批会制作工具的人,而在 700~500 万年前,我们与人类最密切的黑猩猩分道扬镳。也是在热带非洲,早在距今 20 万年前,完全意义上的现代人出现了。而到了距今 6 万年前,已经完全拥有智力能力的现代人——智人,也就是我们,终于走出非洲传播到世界各地的每个角落。哈佛大学生物学家斯蒂芬·杰·古尔德曾断言,所有人类都是从进化树上的同一根非洲枝繁衍而来的。

二、太行山东麓冲积扇群与历史时期古文明

今天的河北平原上城市星罗棋布,人口密集。不过,在历史早期,河北省最繁荣的聚落主要集中在平原西缘的太行山山前冲积扇上,形成了一个狭长的古文明走廊。这个走廊是河北地区最重要的历史文明发祥地,从商代到东汉时期,在长达 1 800 余年的岁月里,在如今河北省的范围之内,曾出现过 110 个方国、王国、诸侯国。商邢都、燕下都、古中山王城、赵邯郸王城、曹魏至北朝时期的邺城……名城荟萃,古都云集。如此盛景,在全国各省市自治区中,河北省独树一帜!

最早注意到这条神奇走廊的是一位出生在河北枣强的历史地理学家侯仁之。他在 1949 年完成的英文博士论文《北平历史地理》中,开创性地提出了"古代太行山东麓大道"的概念,指出"那些可以上溯到早期历史阶段的商、周两代的县城。无一例外地,它们全部沿着大平原西部边缘地带集中分布……古代大平原上最早兴起的重要城市都相继在这条大道经过的狭长地带上诞生。在这些重要的城市中,商代后期重要的都城殷、战国时期赵国都城邯郸、周代早期的地方政治中心邢台和定县,以及燕国都城蓟城,尤为著名。"

为什么众多名城、古都沿着太行山东麓密集涌现?海河水系发源于地势第二阶梯的黄土高原或内蒙古高原南缘,条条支流横切太行山脉后进入第三阶梯的华北平原,在太行山和燕山山前地带形成了一连串冲积扇。从空中垂直俯瞰,平原上的海河水系图犹如一把巨大的扇子,一条支流就是一根扇骨,每根扇骨对应一座古代城市或渡口,它们集中分布于山前地带。历史时期河流中下游的平原则是沼泽密布、河流改道频繁,特别是在历史早期,黄河在华北平原频繁变动(图 1-24),所以人类活动的中心在地势较高的太行山东麓的山前冲积扇附近,除了发源于山地的东流水系的一些交叉地点容易泛滥外,这里地势较高,水土条件适宜,一般不易受到难以驯服的以汹汹黄河为主的水患威胁。冲积扇的中下部往往蕴含着丰富而稳定的地下水资源,泉水从冲积扇地势低洼的边缘区域渗出,造就了宜居的绿洲,对于古人来说颇为安全且易于开发。另外,气候上偏南的夏季季风夹裹着暖湿气流向大陆吹拂时,受到太行山脉阻挡而抬升凝结,在山前形成一条多雨带;偏北的冬季季风南下时,环抱的山脉则抵御了部分严寒,使得山麓地带的温度略高于开阔地带。良好的自然资源禀赋让这里成为早期的文明发祥之地。这跟考古发现的也非常吻合,历史可以追溯至商周时期的城市,它们多沿着河北平原西缘地带集中分布,形成了纵贯南北、与太行山平行的走廊。

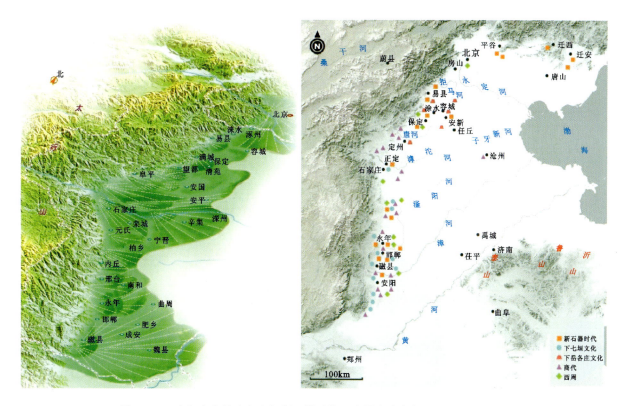

图 1-24　太行山东麓冲积扇与新石器时代至商周遗址分布图（制图/地理公社）

通过黄河下游河道变迁地图（图 1-25），可以看到山东、河南，以及皖北、苏北地区的平原，都在黄河泛滥区域，黄河河道的限制逼迫人类尽可能远离洪水，靠近山麓地带，而幸运地能够不受灾害侵袭的地方，主要在今河北省内的太行山前冲积扇上。4 000～5 000 年前，今天津一带当然无法形成聚落，因为这里当时还是潮间带。张翠莲结合谭其骧先生《西汉以前的黄河下游河道》一文资料指出：战

图 1-25　历史时期黄河下游河道及渤海海岸线变迁图（制图/悟空问答）

国以前黄河流经河北平原注入渤海,因而古人主要生活在东抵太行山麓、西至黄河这一宽70~120km的狭长地域。也在太行山东麓形成衔接南北、控扼东西的交通枢纽,成为兵家必争之地。南北方向上,从洛阳渡过黄河,再沿太行山东麓北上抵达幽蓟地区,进而藉由古北口、喜峰口等关隘与塞外游牧经济区交流,是最便捷的,反之亦然。即使到了近代,这条相对干燥的陆上交通线以及它所串联起来的经济重镇都有着不容忽视的地位,第一条贯穿南北的铁路大动脉京汉线就选址于太行山东麓。侯仁之先生将这条拥有众多都城的地带的交通大动脉称为"古代太行山东麓大道",他又将平汉铁路北段称为"古代大道的现代版"(图1-26)。这条故道沿着气势雄伟的太行山—燕山山麓发展起来,与山脉平行,起自大平原的中西部——中华文明首先在那里发展起来。它不仅是河北走廊,更是国家走廊。

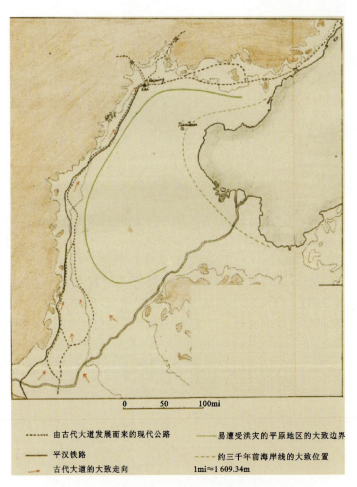

图1-26 太行山东麓交通要道分布图(据侯仁之,2013)

第二章 地质遗迹形成的地学背景

DIZHI YIJI XINGCHENG DE DIXUE BEIJING

地质遗迹是指在地球演化的漫长地质历史时期中,由于各种地质作用形成、发展并遗留下来的具有观赏价值和重大科学研究价值的地表行迹,是大自然赐予人类不可再生的地质自然遗产。它记载着地球沧海桑田的变幻,是大自然上亿年留下的"记忆"。作为珍贵的不可再生的地质自然遗产,它们是地球沧桑巨变的最好见证,是研究地球变化变迁过程、地理环境和生物多样性的重要依据,也是寻找矿产资源踪迹、勘验与追寻生命起源的线索。它的主要类型包括重要的观赏和重要科学价值的地质地貌景观;重要价值的地质剖面和构造行迹;重要价值的古人类遗址、古生物化石遗迹;特殊价值的矿物、岩石及其他典型产地;特殊意义的水体资源;典型的地质灾害遗迹等地质遗迹。它具有不可再生性、地域整体性、不可复制性、不可移植性、复杂多样性及多科学性等特点。

河北省地质地理条件复杂,地质遗迹类型齐全,人文史迹资源丰富、禀赋独特。这些地质遗迹的形成有其独特的地质演化历程。

第一节　区域地貌演化与地质遗迹的形成

一、独特的地貌格局与位置

河北地貌在平面上以渤海为中心呈半圆形分布,外圆是北北东向的太行山地(包括小五台山等)和东西向的燕山山地(包括冀北山地等),内圆是北东向的冀中南平原和东西向的冀东平原。无论在东西方向上,还是南北方向上,垂直剖面均呈阶梯状向渤海盆地下降。这种环渤海分布的阶梯状地貌格局,对气候、降水、土壤、植被等其他自然要素的分异及农牧业分布均具有强烈的控制作用。

河北北部的坝上地区位于内蒙古高原的南缘;西部太行山区(包括小五台山等)属于山陕黄土高原的东缘;东北部的燕山地区多是海拔1 000m以下的低山-丘陵,与辽宁省西部(辽西走廊)的低山丘陵对接;东部的渤海是半封闭的内陆浅海,通过黄海与西太平洋连接;中南部平原与黄河以南、淮河以北平原一样,在历史时期都曾经是黄河洪积-冲积泛滥平原。当时海河水系尚未形成,漳河、滹沱河、沙河、唐河等都是黄河的支流,从1448年开始,河北平原才彻底脱离黄河的影响,成为海河、滦河和单独入海河流的洪积-冲积平原。

根据吴忱(2008a)对华北地貌特征的总结,可以看出河北地貌在中国地貌格局中的位置及特点如下(图2-1)。

(1)位于东西方向"四大地貌阶梯"中的"第二、三阶梯"。东亚大陆地貌在东西方向上具有四大地貌阶梯,自西而东分别是海拔5 000~6 000m的青藏高原、海拔1 000~2 000m的云贵高原和黄土高原、海拔-100~100m的平原和大陆架、海拔-3 000m以下的西太平洋盆地。河北地貌中的坝上高原和燕山-太行山山地、平原和渤海海域分别属于上述四大地貌阶梯中的第二、三阶梯。

(2)位于我国南北方向"三隆-两拗构造"中的"北拗"。按照李四光的纬向构造观点,中国自南而北的纬向构造分别是南岭隆起带、秦岭隆起带和阴山隆起带,以及3个隆起带之间的两个拗陷带。河北地貌正处于北部秦岭隆起带和阴山隆起带中间的拗陷带——北拗中。

(3)位于我国东南-西北方向"七大地貌波"中的"第一隆起带"与"第二沉降带"。按照李四光地质力学对新华夏系构造的划分,东亚大陆自西而东有鄂尔多斯-四川盆地第一沉降带、大兴安岭-太行山-武陵山第一隆起带、松辽-华北-江汉平原第二沉降带、辽东半岛山东半岛第二隆起带、黄海-苏北第三坳陷带、福建-岭南第三隆起带、东海第四沉降带。河北地貌中的坝上高原和燕山-太行山山地、平原和渤海分别属于上述"三隆-四坳"地貌波中的"第一隆起带"与"第二沉降带"。

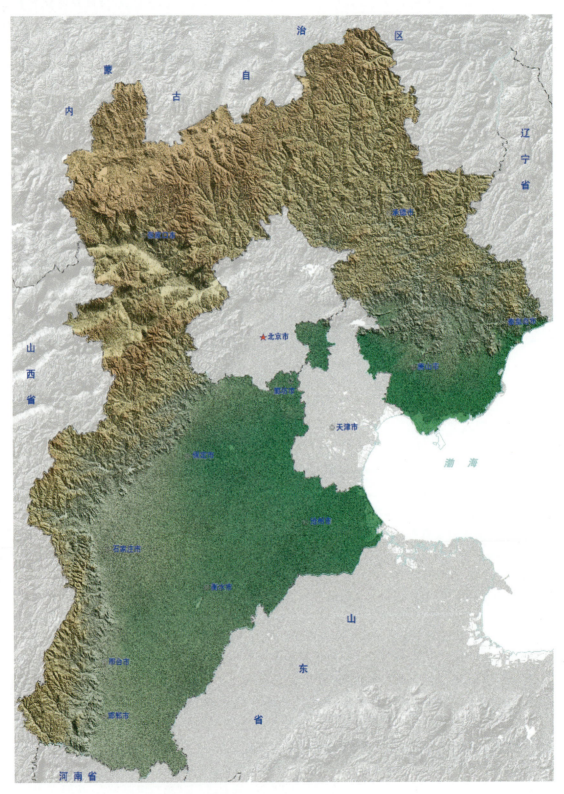

图 2-1　河北省地形地貌图（DEM 数据）［据《中国区域地质志（河北志）》，2017］

二、区域地貌特征

河北地貌类型齐全,成因多样,跨时久远,相互衔接,除极高山地貌和冰川地貌以外,全国有的地貌,河北省内基本都有,而且分布也有一定规律,有的还具有典型性。河北省陆地地貌由西北到东南可分为内蒙古(坝上)高原区、华北中低山区(太行山-燕山山地)、华北(河北)平原区3个二级地貌单元。海底地貌为渤海盆地。河北省第四纪地貌宏观特征见图2-1,由北西至南东剖面特征见图2-2。

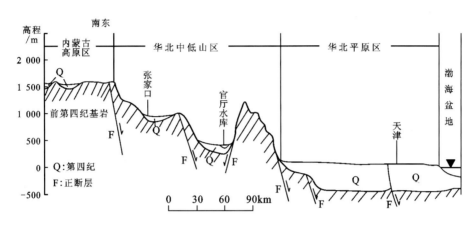

图2-2 河北省第四纪地质及地貌综合剖面图[据《中国区域地质志(河北志)》,2017]

1. 内蒙古高原南缘(坝上高原)

内蒙古高原区位于河北省的北部,属于内蒙古高原的南缘(河北俗称坝上高原)。坝上高原地势高耸,平均海拔高度在1 500m以上,但高原表面起伏较小,相对高差50~360m,呈现"远看是山,近看是川"的景象。坝上高原分布着湖、淖、滩、梁,有广阔的天然草场,是畜牧业的重要基地。这里一年四季风光变幻,尤其是夏秋时节,天蓝、云白、草绿、水清,加上浓浓的蒙古族风情,成为人们度假旅游的好去处。

内蒙古高原区四级地貌单元包括侵蚀-剥蚀(高位)丘陵、玄武岩台地与堆积盆地3种类型。侵蚀-剥蚀(高位)丘陵主要分布在康保和丰宁一带,由变质岩、火山岩、沉积岩组成,山脊圆滑、山顶浑圆,山体坡度小,河谷平缓开阔,横剖面为宽阔平坦的"U"形谷,大多河流发展已进入晚期或死亡期,为老年形曲流河,多滞留水淖或沼泽湿地。玄武岩台地主要分布在张北、尚义南部,沟谷稀疏宽浅,台面平坦,由玄武岩组成,微向北缓倾。台面上分布有10多个火山口小盆,有的内部积水成湖,直径60~200m,高15~25m。堆积盆地主要分布在张北中北部—沽源、围场御道口一带,盆地形态不规则,主要受北东向隐伏断裂控制,盆地内季节性水淖密布,兼有基岩残丘点缀其中。盆地内有水淖(如安固里淖)、残丘、冰川终碛堤、古冰楔、融冻褶皱等微地貌。

坝缘山地总体向北西缓倾斜,坝缘主脊以北的河流为涓涓细流,流淌在高原面上,切割深度小于50m,新近纪末期山麓准平原的地势依然保留。主脊以南的河流在第四纪时期强烈切割,河流溯源侵蚀已切穿坝缘山地分水岭,形成了一级风口。另外在坝缘山地的脊上还保留有第四纪以前的残留古河谷,它们共同为西伯利亚冷气团的南下提供了良好的通道。沿着坝缘上蜿蜒而又和缓起伏的草原天路行走,可欣赏到坝上坝下流水向背、景色截然的地貌景观。

2. 华北（河北）中低山区

华北中低山区即太行山-燕山山地。该地貌单元位于本区中北部、西南部地区，主要属于太行山（含小五台山）、燕山山地，北部少量属于阴山山地。区内不同地段平均海拔高度在300m、750m及1 000m以上，相对高差在200~1 000m之间。地表起伏较大，河谷纵横深切，山岭叠嶂，多悬崖陡壁，最高山峰是太行山北端的小五台山（海拔2 882m），气候北部较干冷，中部和西部较温和。以海拔高度的差异可分为中山、低山（或中低山）与丘陵3个三级地貌单元，整体以侵剥-蚀地貌为主，间夹堆积地貌。河流从不同方向汇流于平原地区。

1）太行山地貌主要特征

太行山是中国东部地区的重要山脉，也是华北平原与黄土高原的重要地理分界线，位于北京、河北、河南和山西四省市之间，在地形上处于第二阶梯东缘。北起北京市西山，南至濒临黄河的王屋山，西接黄土高原，东邻华北平原，东西宽50~150km，南北长约700km，总体上呈北东—南西方向展布。太行山山势北高南低、东陡西缓，地理上通常以滹沱河、漳河为界分为北、中、南3段。北段是多条北东走向的斜列式山脉，最北端在北京市西山北端南口附近与燕山山脉斜交，中南段呈南北走向（图2-3）。太行山的东坡急促短陡，为断层构造，相对高度差达1 500~2 000m，山前发育洪水冲积而形成的扇形地貌以及小型的冲积平原。西坡较为徐缓绵长。当置身于华北平原向西望去，远处横亘着苍茫的太行山，宛若一条青色的巨龙匍匐在天际之间，气势恢弘，蔚为壮观。

太行山区是中国革命根据地之一，晋冀鲁豫边区、晋察冀边区、黄崖洞、西柏坡……红色旅游资源十分丰富。破袭日军"囚笼政策"的百团大战在太行山上拉开抗日救国的浩荡篇章。烽火硝烟的峥嵘岁月里，无数太行儿女挺身而出，留下了许多艰苦奋斗的记忆、浴血战斗的风采和宝贵的精神财富。

太行山区（含小五台山）位于河北省内西南部（图2-3），属于太行山的中段和北段，山体呈北北东走向，北起京、冀交界的永定河，南至冀、豫界河漳河，西与山西省接壤，东至京广线。高、中山地貌主要分布在西北部，有许多2 000m以上的山峰，其中小五台山海拔为2 882m，是河北省最高峰。太行山向南部、东南部逐渐降低到200m以下，属于中低山和丘陵地貌。太行山山间还分布有断陷盆地，较大的盆地有涉县盆地、武安盆地、井陉盆地、涞源盆地等。若干河流流经或发源太行山区，如漳河、滹沱河、拒马河、永定河等，成为海河水系的主要水源，它们下切太行山脉形成峡谷，构成晋冀之间的交通要道，自古便有"太行八陉"之说。太行山地处我国黄土高原的东缘，黄土分布普遍，在长期的侵蚀作用之下，形成特殊的黄土地貌。

太行山地貌在宏观上具有峰谷交错、谷深沟险、长崖长脊发育的特点。在剖面上呈阶梯状，崖台叠置，缓坡与崖壁交替出现，通常在峡谷下部为深切的河谷或嶂谷，在中部峡谷较为宽阔，两侧地形缓坡之上为陡峭的山坡，高耸的崖壁，即断崖、长崖。山高谷深的太行山主脊上常见平缓的台地或平台以及长脊、长墙，山坡陡峻，急流瀑布发育，有山地夷平面残留，登顶远望山岭绵延起伏，一望无际。吴忱等（2001）认为太行山地区的风景地貌，无论是由何种岩石组成或位于何地，都由3种地貌类型组成：一是深切的河谷，即地貌学中的"V"形谷和嶂谷；二是高耸的山地及其顶部的平台，即地貌学中的山地及山地夷平面；三是山地与谷源之间陡峻的山坡，即地貌学中的断崖、陡崖和陡坡。

2）燕山地貌主要特征

燕山山脉横亘于河北北部，呈东西走向，地势西北高、东南低，北缓南陡，沟谷狭窄，地表破碎，雨裂冲沟众多，因岩性复杂多样，形成千姿百态的奇峰异石。燕山山脉范围有广义与狭义之分，广义燕山系指坝上高原以南、河北平原以北、白河谷地以东、山海关以西的山地，位于北纬39°40′—42°10′，东经115°45′—119°50′。狭义则指上述范围内承德（窄岭、波罗诺、中关、大杖子一线）以南的山地。本书中所指燕山为广义上的燕山。

侵蚀-剥蚀中山主要在燕山山地中部零星分布，海拔1 000~2 000m，少数山峰2 000~2 200m，如

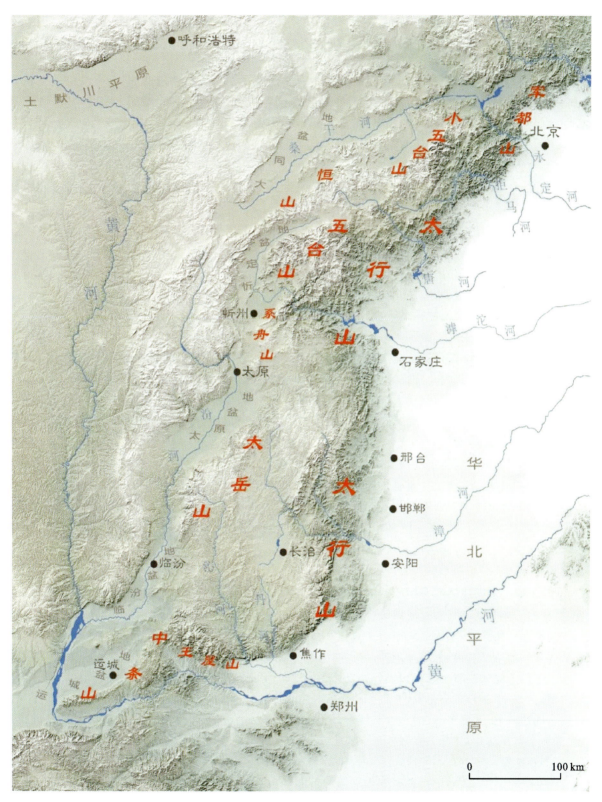

图 2-3　太行山(含小五台山)地理位置(制图/地理公社)

东猴顶(广义燕山主峰东猴顶2 293m)、云雾山、雾灵山(狭义燕山主峰雾灵山海拔2 116m)、都山、响山等。这里主要由中新元古代碎屑岩与中、新生代岩浆岩或火山岩构成,以斜升或穹升为主,山顶已无较好的山地夷平面保存,仅有茆状山地夷平面呈孤峰形式残存(如雾灵山、都山等)。山体切割比较破碎,但山脊还连成一体,保持着分水岭状态。

低山、丘陵分布在侵蚀剥蚀中山两侧(燕山大背斜的两翼)。北侧(燕山北麓)为坝缘山地南侧丰宁、隆化一线以南至兴隆、青龙一线以北地区,以海拔500~1 000m的低山为主,切割深度小于500m,主要由中生代火山岩,少数为太古宙变质岩,晚古生代砂、泥岩构成。南侧(燕山南麓)以丘陵为主,遵化、迁西、青龙一线有少量低山,主要由太古宙变质岩、中新元古代碎屑岩、早古生代碳酸盐岩构成,以外力为主导的第三级山地夷平面保存不太好的侵蚀-剥蚀低山丘陵。

燕山山地中还分布有众多谷地和盆地,如承德、平泉、滦平、兴隆、宽城等谷地与遵化、迁西等盆地,是燕山山脉中主要农耕地区。

3. 华北(河北)平原区

华北平原区位于华北平原的北部,海拔高度在0~100m之间,以3°~5°的倾角向渤海缓倾,整体地势平坦,内部间有洼地和缓岗,并有河流穿流其间。太行山及燕山山前平原多系冲洪积扇,然后逐渐过渡为湖洼低地,中部为冲积平原,东部为冲海积(三角洲)平原。

1) 山前平原冲洪积扇

河北平原与山地交接位置是断裂构造分布带,随着山地抬升,山区侵蚀物质最先堆积到平原的是山前洪积-冲积扇。自北向南有滦河、潮白河、永定河、滹沱河、漳河等,这些河流变迁频繁,在山前形成一系列的冲洪积扇。特别是在太行山前冲洪积扇发育典型,靠近山前尚残留(出露)着众多的老(晚更新世)洪积扇群,它的大部分被新的(全新世)洪积-冲积扇切割覆盖,山前冲积扇与洪积扇之间均呈切割-叠置关系(图2-4)。受山区不断隆起、平原不断下降的影响,特别是太行山山前断裂带等阶梯状断裂的影响,冲积扇的摆点(即扇顶)长期随之东移,形成串珠状冲洪积扇群,新老扇体的交叠,新扇前移。全新世早期河流切割了晚更新世洪积扇,在洪积扇的前缘以下地区又堆积了新的冲积扇,由于该冲积扇大多被全新世中期以后的堆积物覆盖,所以现多埋藏在地下。而全新世晚期河流又切割了洪积扇,在内洪积扇前缘以下地区堆积了地面上能看得见的全新世晚期冲积扇。冲洪积扇上河流变迁频繁,遗留有众多的古河床高地(如正定园博园滹沱河全新世早期高地古河道)。

2) 湖洼低地

河北平原上的湖洼低地多形成于两种以上物质来源相交地带。这些洼地的特点是平而浅,呈盘形或不规则的形状。据它所处地貌位置和成因不同,主要有扇前和扇间洼地,如河北平原南部的宁晋泊、大陆泽和永年洼,河北平原北部的文安洼和黄庄洼;浅湖沼泽洼地,如河北平原中部的白洋淀、东淀;沿海潟湖洼地,如昌黎七里海潟湖、唐山曹妃甸区唐海湿地等。由于河流泥沙淤积和人类活动影响,潟湖多已消失或在缩小之中。根据吴忱礼等(1978)河北平原中有历史记载以来的洼地就有30多处,主要分布在中部与东部。近30年前还保留有白洋淀、文安洼、北大港、南大港、青甸洼、大黄铺洼、黄庄洼、油葫芦泊、七里海、草泊、东淀、贾口洼、大浪淀、千顷洼、宁晋泊、大陆泽、永年洼等。目前,除白洋淀和个别洼淀外,其余大部分处于干涸状态。

3) 冲积平原

冲积平原位于山前冲洪积扇平原和滨海三角洲平原之间,由于蓟运河、海河、古黄河及其支流等河道的往复迁徙和河流泛滥冲积而成。

4) 滨海三角洲(冲海积)平原

历史时期黄河摆荡于海河和淮河之间,入海口普遍发育三角洲促使海岸外延,黄河改道以后,原三角洲经潮波侵蚀,岸线略有后退,并发育砂堤或贝壳堤。至今渤海湾岸残存的4条贝壳堤(黄骅张

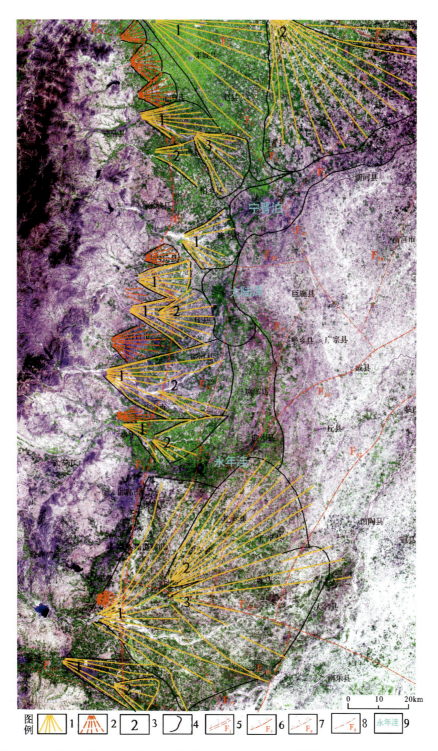

图 2-4 太行山中段山前冲洪积扇、扇缘-扇间洼地分布遥感影像解译图（据张兆祎等，2017b）

1.全新世冲洪积扇；2.老（晚更新世）冲洪积扇；3.全新世冲洪积扇期次；4.冲洪积扇界线及平原区二级单元分界线；5.太行山山前断裂带位置及编号；6.隐伏大断裂位置及编号；7.隐伏一般正断裂位置及编号；8.隐伏性质不明断裂位置及编号；9.洼地名称

任县—隆尧县—新河一带的宁晋泊、大陆泽和永年洼等洼地，分布在漳河冲积扇与滹沱河冲积扇之间及太行山前小型山前洪积扇的前缘地带。洼地分布在北北东向断裂与北西或北西西向断裂的交会部位，或被二者围限的新生代坳陷中，它的长轴方向均为北北东向，同时河道的密集区与洼地的分部一致。洼地及河道密集区的分布不仅仅是地貌堆积的结果，它们沿北北东方向分布和排列绝非偶然，说明基底坳陷和断裂构造的新构造运动不仅控制了洼地的分布，亦控制了河流的流向与河道的分布

巨河古贝壳堤海积地貌），都是代表着不同时期三角洲平原发展的历史见证。公元前602年以前的禹河（黄河）曾经流经河北平原，在天津附近入海，当时河口多为分流，三角洲范围较大，由于后期海河沉积物广泛覆盖，黄河三角洲在这里已无遗迹可寻。在沧州黄骅沿海一带的三角洲，形成于公元前602年黄河的第一次改道，黄河经盐山至黄骅入海，至今地面上还遗留有古河道高地，距今3 800~3 000年的第三条贝壳堤多被黄河冲积物所掩埋（叶青超，1989），如图2-5所示。

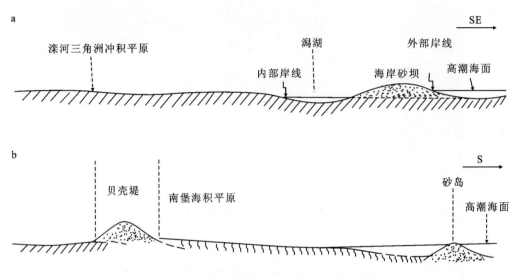

图2-5　滦河三角洲冲积平原与南堡海积平原地貌综合图面（据王颖等，2007）

4. 海底地貌

河北省位于渤海盆地西部。渤海主要由5部分组成，分别为辽东湾，渤海湾，莱州湾，三湾围绕着渤中洼地以及渤海海峡，总体呈"三湾一峡一盆地"的地貌格局（徐晓达等，2014）。河北所属的渤海湾位于渤海西部，东部以河北的大清河口与山东半岛北岸的老黄河口连线为界，渤海湾内的海底地形由湾顶向渤海中央倾斜，湾内水深较浅，通常小于20m。渤海二级地貌类型较单一，属于一个大陆架浅海盆地，三级地貌可分为潮滩、水下侵蚀-堆积岸坡、陆架堆积平原、陆架侵蚀-堆积平原、海湾平原、现代潮流沙脊群、现代潮流沙席、古湖沼洼地。在河北省海域分布有潮滩、水下侵蚀-堆积岸坡、陆架堆积平原、海湾平原、古湖沼洼地等地貌，以下介绍几种常见地貌。

1) 潮滩

潮滩广泛分布在近岸区，沉积物以细粒的泥质物为主。潮间带及潮下带的岸坡非常平缓，又因处在低波能、中潮差的区域，在风、波浪、潮汐和海流的共同作用下，海底再悬浮的物质与入海径流携带的细粒物质沉降，形成了泥质潮坪沉积。

2) 水下侵蚀-堆积岸坡

水下岸坡分为侵蚀型、侵蚀-堆积型和堆积型型。渤海海域水下岸坡基本位于15m水深以浅的海域，其中侵蚀型岸坡主要分布在渤海湾北部秦皇岛老龙头一带，如秦皇岛山海关老龙头变质岩海蚀地貌，主要是海侵时期水下侵蚀形成，由基岩海岸经强潮流侵蚀而成，属海洋动力辐聚的高能侵蚀岸坡；侵蚀-堆积岸坡主要分布在北戴河一带，如形成秦皇岛北戴河鸽子窝-联峰山变质岩海蚀地貌及沙质海积地貌，主要是海侵时期（即高海平面时）水下侵蚀-堆积形成，岸坡宽度变化较大，坡度可高达0°20′，下限水深20~40m。沉积物主要源于沿岸中小河流和沿岸侵蚀物质；堆积岸坡是区域内分布范围最广的水下岸坡区，广泛分布在河北省唐山及沧州沿海，岸线平直，岸坡宽10~40km。受堆积作用影响，岸坡地势平坦，坡度小于0°03′，坡脚水深一般为5~10m。堆积岸坡地貌过程以堆积作用为主，发育岸段往往也是淤泥质海岸和潮滩发育岸段，由沿岸大河黄河、海河、滦河、辽河、六股河等提供丰富的物质来源，大量入海泥沙随沿岸流扩散、淤积而成，沉积物较细，多为泥质粉砂。

3）陆架堆积平原

在渤海的中央盆地发育有陆架堆积平原，大致相当于渤中坳陷的位置，面积约 30 000 km²，呈三角形延伸，与辽东湾、渤海湾以及莱州湾三湾相接，并通过渤海海峡南部与北黄海相接。除渤海海峡附近之外，海底都极为平坦，沉积物以细砂为主，受黄河物质扩散影响显著。本区水深 20～30 m，是一个北窄南宽，近似三角形的盆地，盆地中部低洼、东北部稍高。从地貌上讲，渤海中央盆地是一个浅海堆积平原。

4）海湾平原

渤海湾位于渤海西部，大部分地区为海湾平原，水深 5～20 m，水下地形平坦单调，坡度较小，为 0.16‰，海底地形整体自西南向东北倾斜。该区沉积物以粉砂、砂质粉砂为主，分布于渤海湾的大部分海区，中间还分布着斑状的砂质泥和泥质砂以及少量的粉砂质砂。只有北部曹妃甸以南水深较大，有一水深 30 m 左右的深槽，即自渤海湾北上的潮流通道，向西凹入弧形浅水海湾平原，构造上与沿岸地区为同一坳陷区，构造线为东西向，目前仍处于下沉过程中（图 2-6）。目前利用该深槽建成了曹妃甸港（20～30）×10⁴ t 级码头泊位，已成为利用海岸环境的天然优势，选建深水海港之范例。本区由于蓟运河、海河、黄河等大量泥沙输入，形成了宽广的海湾堆积平原。

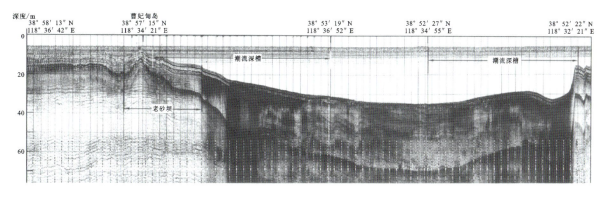

图 2-6　曹妃甸与相邻深海槽地震剖面（据王颖等，2007）

这个由渤海湾北上潮流通道造就的深海槽，直通渤海西岸的唐山曹妃甸，依此建成的曹妃甸港，可使 30×10⁴ t 巨轮从渤海湾进出广阔的太平洋

5）古湖沼洼地

渤海陆架存在碟状洼地，地形平坦，保留较明显的低洼轮廓。在全新世海相层下，属晚更新世末期或全新世早期的埋藏湖沼沉积。位于渤海湾东北部曹妃甸以南的海域，深度也超 30 m，面积约为 500 km²，处于近东西走向的大型古河谷通道中。古湖沼洼地的全新世现代沉积层都很薄，地貌形态基本保留了晚更新世低海面时期的原貌。沉积物以具水平层理的黑色黏土及细粉砂为主。

三、区域地貌格局的形成及演化过程

1. 燕山运动奠定区域地貌轮廓的基础（现代地貌形成的起点）

河北所处的华北及邻区经过燕山运动与相关的构造热事件，至白垩纪末期形成了复杂的古盆岭构造-地貌格局，与周缘下辽河、大兴安岭、阴山等邻区在构造-地貌特征上并没有显著区别（吴珍汉等,2001)(图2-7)。区域构造以近北北东向为主,少量断裂呈近东西向或北西向。受北北东向主干断裂所控制,大部分断陷盆地呈北北东向,如张家口-赤峰火山沉积盆地,北京-保定-石家庄、围场-阜新-义县、沈阳-营口、松辽盆地等断陷盆地。地貌上,这些断陷盆地多为湖泊、沼泽或平原,隆起带可能大部分为古山脉。整个中生代至新生代早期,中国的地势东高西低,与现代地势迥然相反(邓乃恭等,1996)。中国在喜马拉雅期发生了强烈构造-热事件,西部地壳因挤压而不断增厚,东部地壳因伸展而不断减薄,导致东、西部构造-地貌发生规律性演化,逐步形成现今构造-地貌格局。河北省的地貌格局和特征是中国地貌的缩影,白垩纪的造山地貌经过燕山期末地壳运动的改造与古新世长期的风化剥蚀,大部分地区被显著夷平。根据吴忱等(1996,1999)对华北山地地貌发育历史研究和徐杰等(2001)对渤海湾盆地与太行山之间盆-山构造耦合关系研究的结果,在95~65Ma的白垩纪晚期,华北及邻近地区遭受过强烈剥蚀夷平,普遍准平原化,最后形成广泛分布的北台期准平原,内部相对高差最大约200m,形成新生代早期区域性准平原。此后,新生代裂陷作用使准平原裂离解体,断陷下沉为盆地,断块隆升成山区,从而开始了河北及其邻区现代构造-地貌发育的历史。现今近东西向展布的燕山山脉、北北东向展布的太行山及坝的隆起,华北平原和渤海等产生的现代构造-地貌景观,是经过新生代长期复杂的地质构造发展演化过程而逐步形成的。

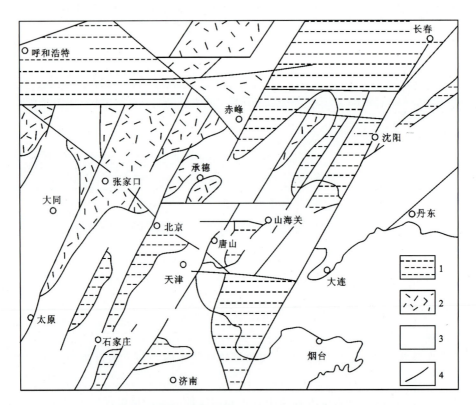

图2-7 河北及周边区燕山晚期白垩纪古构造-地貌示意图(据吴珍汉等,2001)

1.断陷盆地湖沼相沉积;2.火山沉积区;3.隆起剥蚀区 4.主要断裂

图中断陷盆地湖沼相沉积对应地貌上的湖泊、沼泽或平原,隆起带可能大部分为古山脉

【准平原】各种外动力地质作用对地面进行剥蚀与堆积的过程中形成的一个起伏和缓、宽谷残丘相间的近似平原的地形,是一个广大地区的构造长期稳定地貌发育成熟的产物,因此标志着一个重要而巨大的地貌发育阶段。戴维斯认为,这种地形是侵蚀旋回老年期的典型代表,它的形成过程是在地壳相对稳定的条件下,河谷受河流侧蚀作用而逐渐展宽,山坡因风化作用和流水冲刷而高度降低,坡度变缓。因此,我们把这种外动力地质作用的过程称为准平原化作用。

【夷平面】准平原被后期地壳运动抬升到山地顶部或残留在山坡,称作山地夷平面,若地面下沉后常被掩埋于地下而成埋藏夷平面。山地夷平面是农牧业、城镇工厂和道路的主要利用地,有些矿产(如古砂矿,与风化壳有关的铝土矿、镍矿)也分布在夷平面上。

2. 喜马拉雅运动与现代地貌格局的形成

始新世(55.8～33.8Ma)冀北、冀东、石家庄以西至太原—大同(古太行山)、大兴安岭、辽西与辽东地区处于隆升剥蚀状态,对应于古山脉地貌。东南部的渤海湾地区发育较强烈的不均匀裂陷作用,形成规模不等的裂谷盆地,北北东向的古盆地与古隆起带相间分布,构成华北渤海湾-下辽河裂谷系。

裂陷初期(49～45Ma),在华北渤海湾-下辽河裂谷系发育强烈的玄武岩喷发事件,遍布平原地区的北京坳陷、黄骅坳陷、渤海湾及冀中坳陷局部形成厚达1 000m的玄武岩层。之后,断陷湖盆沉积了厚达数千米的河湖相沉积物(图2-8a)。

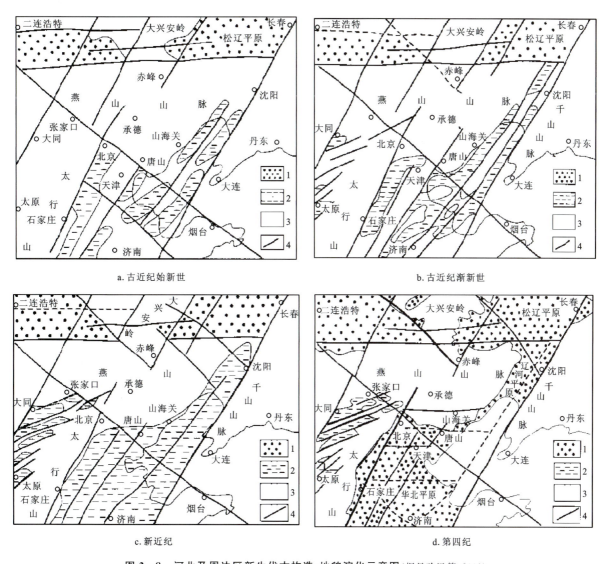

图2-8 河北及周边区新生代古构造-地貌演化示意图(据吴珍汉等,2001)

1. 弱坳陷区河湖相沉积;2. 断陷盆地湖沼相沉积;3. 隆起剥蚀区;4. 主要断裂

隆起带对应于古山脉,断陷盆地大部分对应于深断陷湖盆或沼泽,弱坳陷区对应于平原

渐新世（33.8~23.03Ma），华北-渤海湾-下辽河裂谷系裂陷的范围明显增大，导致渤海湾—下辽河地区由一些孤立的中小型盆地发展成一个面积巨大的断陷盆地，盆地内部有一些规模不等的隆起带；汾渭裂谷系裂陷范围向北扩大，开始形成太原盆地与大同盆地等裂谷盆地的雏形（吴珍汉等，2001）。渐新世末，发生了整个喜马拉雅期中最为强烈的构造运动，有称华北运动，同样是以26Ma的岩浆侵入活动拉开序幕的，在万全小麻坪等地出现二辉橄榄岩侵入体，它标志着前一旋回的结束，新旋回的开始。随之而来的又是强烈而广泛的岩浆喷发活动——玄武岩的喷溢，在冀北的张北高原（包括沽源）、围场棋盘山地区和内蒙古自治区赤峰等地区形成了著名的汉诺坝玄武岩，即张北汉诺坝渐新世—中新世玄武岩岩石剖面；万全大麻坪橄榄石（宝石）就赋存在汉诺坝玄武岩岩浆从上地幔带来的橄榄岩包裹体之中。在平原区的冀中坳陷、黄骅坳陷和渤海湾坳也有分布（图2-8b）。而且在主要断陷盆地形成区域性不整合，在隆起区发生剥蚀夷平作用，从而形成新生代中期区域性夷平面。

新近纪（23.03~2.588Ma），华北-渤海湾-下辽河裂谷系的裂陷范围进一步扩大，河湖与沼泽相沉积覆盖了整个华北、渤海湾与下辽河地区，裂陷中心沉积地层的厚度达1 000~3 500m（图2-8c）；汾渭裂谷系进一步向北北东方向扩展，在河北省北部形成阳原、蔚县、怀来、涿鹿等裂陷盆地。在盆地裂陷的同时，周缘山脉快速隆升，逐步形成燕山与太行山等山脉。

第四纪（2.588Ma至今），华北-渤海湾-下辽河裂谷系总体转化为沉积速率较小的坳陷盆地，仅部分地区发生较快速的断陷事件（吴珍汉等，2001），如渤海湾坳陷、邢衡坳陷等；汾渭裂谷系主要盆地的裂陷范围趋于增大，如阳原、蔚县一带的泥河湾盆地；太行山与燕山发生不均匀快速隆升，形成现今盆-岭相间分布的构造-地貌格局（图2-8d）。

四、坝体的隆升与坝上高原地貌的形成

1. 坝体的隆升

在地质构造上河北坝上高原南侧以尚义-平泉深断裂为界，东南侧被上黄旗-乌龙沟深断裂限定，总体为一巨大断块。断块升降运动是新生代构造运动的主要类型，断裂活动和火山喷发占有重要地位。大地构造背景和新生代构造运动的性质控制了坝上、坝下两大地貌单元的分异及坝体的形成与演化（图2-9）。

邓乃恭等（1996）认为，整个中生代至新生代早期，中国地势东高西低，与现代地势迥然相反。本区不同时代地层、侵入岩分布特征表明，中生代时期坝缘南及南东侧地势较高，北及北西侧地势较低，是一种南（东）隆北（西）坳的格局。

始新世早、中期（55.8~42Ma）发生的喜马拉雅运动第一幕奏响了坝体抬升的序曲。首先是坝缘断裂复活（尚义-平泉深断裂西段、上黄旗-乌龙沟深断裂北段）、岩浆喷发，随后发生断块垂直升降运动，使坝缘以北及北西地区缓慢抬升，早期形成的北台期准平原面被抬高、切割。该期构造运动活动时间短且相对较弱，坝上、坝下地形分异不明显。始新世中晚期—渐新世（42~23Ma），地壳运动微弱，全区再度遭受风化夷平，形成甸子梁期准平原面。目前坝上高原丘陵的顶部山脊线（如沽源草原天路2号线位置）可能是甸子梁期夷平面被风化剥蚀后留下的痕迹。

渐新世末—中新世（23~5.3Ma）为喜马拉雅运动最为强烈而广泛的阶段——喜马拉雅运动第二幕，基本造就了中国地貌骨架的雏形。此次构造运动使本区及邻区发生了强烈的基性岩浆喷发和大面积的垂直升降运动，坝上、坝下分区展现雏形。该时期岩浆喷发范围广、规模大、持续时间长，受东西向尚义-平泉深断裂和北东向上黄旗-乌龙沟深断裂控制，以裂隙式喷发为主，主要分布于坝缘以北的尚义—张北和围场御道口—姜家店一线的坝缘两侧，形成了著名的汉诺坝玄武岩（张北汉诺坝渐新世—中新世玄武岩岩石剖面）。汉诺坝玄武岩的喷出受陆块内部下切至上地幔的深断裂控制，近似大

图 2-9 坝上玄武岩台地与侵蚀-剥蚀（高位）丘陵（据河北省自然资源厅资料修改）

陆断裂-裂谷环境（邱家骧等，1986），岩浆来源于上地幔（45～72km）（冯家麟等，1982），崇礼接砂坝渐新世—中新世橄榄岩深源包体熔岩塞，是研究汉诺坝玄武岩岩浆来源的重要火山机构类地质遗迹。深部岩浆活动是造成坝上地区持续抬升的动力来源，这一过程可能一直持续到上新世末期。

中新世晚期，坝上、坝下两大断块沿北东向坝缘深断裂发生差异性垂直升降运动，坝上地区以中等速率上升，渐新世形成甸子梁期准平原面被抬高、切割，逐渐解体。中新世末—上新世，本区又处于一个以风化剥蚀为主的相对宁静时期，形成了第三级（唐县期）准平原面。如著名的张北草原天路就穿行在波状起伏的汉诺坝唐县期塬状夷平面上，是唐县期准平原面经后期构造运动被抬高、切割后的面貌。

第四纪更新世初，喜马拉雅运动第三幕拉开帷幕，这次运动波及范围广、间歇性明显，尤其是中更新世及晚更新世运动突出，坝上地区在整体上升的基础上发生了阶段性强烈上升，与坝下形成明显的地貌分异。坝上地区在整体上升的基础上局部坳陷，形成高原湖泊和多级河流阶地，如康保康巴诺尔、尚义大营盘察汗淖尔、张北大西湾安固里淖、张北二泉井张飞淖、张北二泉井黄盖淖、围场塞罕坝滦河源高原湖群（桃山湖、泰丰湖、七星湖、月亮湖）等。晚更新世晚期，坝缘地带发生了强烈的掀斜作用，坝上地区从坝缘向北西发生缓倾斜，形成了差异显著的坝坎。从此，坝上、坝下水流相背。

全新世（11.7ka）以来至今，坝上地区整体缓慢上升，剥蚀、堆积作用占主导地位，长期的削高填低作用形成了今天坝上高平坦荡的地貌景观。

2.玄武岩台地地貌的形成

玄武岩属基性火山熔岩，岩浆黏性小，流动速度快，在泛流过程中对古地形具有填平补齐的作用，形成玄武岩熔岩被，构成玄武岩平台。由于沟谷下切，玄武岩平台被分割成大小不等、形态各异，最大者面积60～70km²，一般在20km²左右。平台面宽阔平坦，高于谷底150～250m，从坝缘极目远眺，波伏起伏，十分壮观。平台上大部分为耕地，上部分积水成淖，绿草茵茵，满目苍翠，给人以敞阔宏伟之感（图2-10、图2-11）。

图 2-10 张北县草原天路附近的玄武岩台地地貌

图 2-11 位于坝缘的玄武岩台地地貌(镜向南)

由于河流下切,玄武岩被分割成大小不等、形态各异。该切割谷上部"U"形谷主要形成于第四纪(2.588Ma)之前,第四纪之后河流不发育,仅在下部形成短浅而狭窄的"V"形谷

3.坝上高原盆地的形成

坝上高原盆地的形成和发展与新生代特别是第四纪以来的间歇性、差异性地壳升降运动特点相关,间歇性表现在本区发育一系列层状构造-地貌,差异性则表现在抬升过程中整个坝上高原并不是均衡抬升,而是造成隆起和坳陷相间排列。从坝缘至北部依次形成:坝缘一线强烈掀斜、抬升区,张北—沽源—围场御道口一带高原坳陷盆地,太仆寺旗—康保—化德近东西向隆起带。现代坝上高原面的主体是上新世末期和第四纪初期形成的准平原面,第四纪以来被整体抬升为海拔 1 500m 左右的高原。东西向和北东向的断裂构造控制的第四纪隆起和相对沉陷,制约着坝上高原内部地貌分异的基本格局。这个过程中东西向的尚义-平泉深断裂(构造地质遗迹)、康保-围场深断裂(构造地质遗

迹)和北东向张北-沽源大断裂(构造地质遗迹)的同时活动起主导作用。其中受张北-沽源大断裂(构造地质遗迹)等高原内部一系列北东向断裂带控制,在坝上中部沿张北—沽源、围场御道口一线形成了一系列呈北东向雁列式展布的高原盆地。在盆地内形成封闭式内陆水系,则河流短浅。盆地表面地势平坦,但总的趋势是南高北低(图2-12)。

图2-12 坝上玄武岩台地与高原盆地

五、太行山的隆升与夷平面的解体及其特色地貌的形成

1. 太行山的隆升与形成

太行山的隆升与形成属于典型的大陆(陆块)内造山。从大地构造位置来看,太行山位于华北板块中部,东部为华北裂谷带,西部为汾渭地堑系,南部以西安-郑州-徐州转换带为界,它的东南缘呈桌状隆起(张蒙等,2014)(图2-13)。中、新生代以来受西南侧和东侧的特提斯构造域与濒太平洋构造域的控制,晚侏罗世华北陆块多向汇聚,在陆块边缘形成了多个方向逆冲推覆构造。

中生代早白垩世晚期,太行山东部的华北裂谷带由挤压体制转变为伸展体制形成了大量的断陷盆地,而西部仍处于挤压构造应力场下,此时太行山隆起于两者之间,开始出现一系列小山包,形成太行山的雏形。在65～55Ma的白垩纪末期至古新世,太行山地区的地壳比较稳定,地面以侵蚀、剥蚀为主,中生代燕山运动形成的山地均被侵蚀、剥蚀降低,最后全山地被夷平为准平原(吴忱,2001)。

虽然太行山在新生代之前也经历过多次隆升,但现今的太行山主体是新生代以来形成的。太行山北段被认为从白垩纪以来就处于隆升体系下,而太行山南缘地区新生代以前一直保持着克拉通构造环境,基本上未遭受强烈构造变形的影响,新生代以来才发生断陷隆升,逐渐与华北平原地区分离开来。

始新世早、中期(55.8～42Ma),喜马拉雅造山运动第一幕开始,太行山所处的华北地区位于西太平洋边缘岛弧弧后地区,受到濒太平洋构造域构造活动的影响,主要处于北西-西东方向的拉张应力场中。太行山北部以小五台山和山西省五台山为中心的地区抬升为山地(估计为海拔数百米高的山脉)。古新世末形成的准平原构成了山地的顶部而成为山地夷平面,至今仍残留在山西五台山和河北省小五台山的顶部(蔚县小五台山北台期梁状夷平面),被科学家命名为北台期夷平面。在40～24Ma的始新世晚期至渐新世,地壳的构造又趋于宁静,在外力的侵蚀、剥蚀作用下,五台山、小五台山周围的山地又一次夷为准平原(确切地说叫山麓剥蚀面),当时的河北省内可能只有小五台山、茶山(蔚县

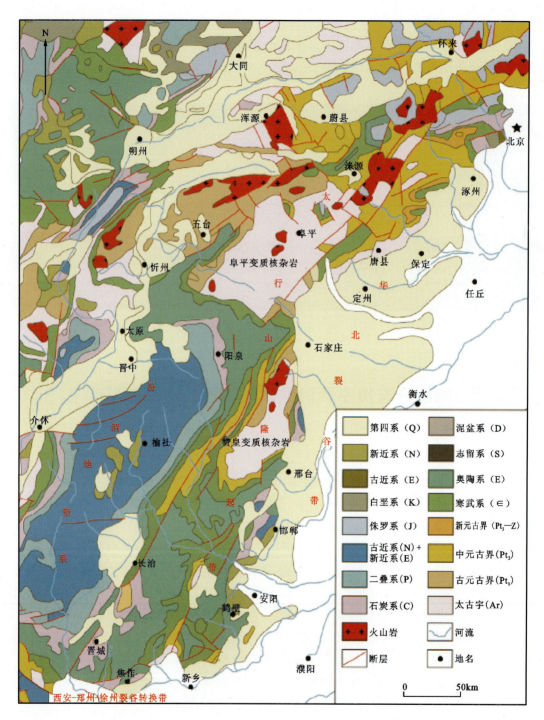

图 2-13 太行山地区地质简图(据乔秀夫等,2001)

茶山北台期峁状夷平面)等几个小山丘,其他地区均为宽广而波状起伏的准平原。可以说河北省山地目前的地貌形态都是此后发育形成的。

中新世早、中期(23.03~11.6Ma),喜马拉雅造山运动第二幕开始,太行山地区又一次抬升(有学者估计当时的山脉海拔高度近1000m)。渐新世末期形成的山麓剥蚀面成为了五台山、小五台山周围山地的山顶面,这就是至今仍在蔚县甸子梁[蔚县西甸子梁(空中草原)甸子梁期(太行期)塬状夷平面]、阜平县驼梁和百草坨[阜平百草坨—驼梁甸子梁期(太行期)墚状夷平面]、平山县天桂山等山地顶部残留的海拔 1 500~2 200m 的夷平面，其中以蔚县西甸子梁最为典型，吴忱(1976)发现并将其命名为甸子梁期夷平面(现在已开发为蔚县空中草原旅游区)，但也有学者称太行期。中新世晚期至上新世早期(11.6~3.6Ma)，地壳的构造运动又转为宁静，太行山地区被侵蚀、剥蚀成低缓的丘陵，丘陵之间镶嵌着宽浅的河谷，在山麓地区则是剥蚀面(形成唐县期准平原面或山麓剥蚀面)。这一时期，山西地堑系、太行山南北缘以及太行山内部山间盆地开始形成(曹现志等，2013)，如图 2-14 所示。

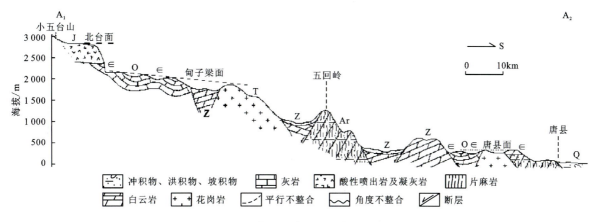

图 2-14　太行山北部山地夷平面分布图(据张丽云等，2011)

构造-地貌上，太行山地区主要有三级夷平面残存，分别是海拔 2 500m 以上的高中山山顶面、海拔 1 100~2 200m 以上的中山山顶面、海拔 350~1 400m 以上的低山、丘陵。《河北地貌景观与旅游》(2011)道：它不仅是河北第一高峰，也是河北地貌年龄最古老的山地。它保存了河北山地地貌演化的最完整记录。山顶保存了距今 60.2Ma 的北台期山顶夷平面，山腰保存了距今 31.96Ma 的甸子梁期山腰夷平面，山麓保存了距今 4.85Ma 的唐县期山麓剥蚀面，完整地记录了中生代以来河北省山地地貌的演化发育历史，是河北省山地地貌演化的活化石

在 3~2Ma 的上新世末至第四纪初，喜马拉雅造山运动进入了第三幕，即新构造运动。太行山地区又一次抬升，前述的丘陵、宽谷和山麓剥蚀面构成了今日太行山山前地带低山-丘陵的顶部，在中山区成为沟谷谷底，较大的沟谷均具有盘状宽谷面，并常见"U"形谷。以保存在唐县西部、海拔 400m 左右的丘陵面最为典型(唐县狼山唐县期夷平面)，被命名为唐县期夷平面。

吴忱等(1999)通过对太行山地区深切河谷的研究，认为现今太行山主要是上新世末(2.6Ma)以后隆升的，隆升速率为 0.44~0.60 mm/a，隆升高度为 1 100~1 500m。孟元库等(2015)根据山西沁水盆地磷灰石裂变径迹证据，认为现今太行山是新近纪以来隆升的，快速隆升期为上新世以后，抬升速度为 0.18 mm/a，抬升高度为 4 000m。总的来说，太行山在新生代经历了多期次的隆升、剥蚀夷平过程而形成现今的断块隆起山脉。

地质学家对太行山的隆升机制与时代进行了一系列的研究，现在一般认为太行山的隆升与华北克拉通的减薄存在较大的联系，但是更加精确的隆升机制与时代还需要地质学家进一步的研究。

2. 夷平面的解体与太行山阶梯状地貌的形成

与我国西部大山一峰绝顶、高大雄浑不同，太行山展现出群峰竞秀、表里河山的特质。太行山海拔 2 000 多米的山峰连绵，构成了我国东部一条少见的巍峨山脊线。这里动植物资源丰富，至今还有华北豹这样处于食物链顶端的猫科动物出没。

河北省内的太行山主脊，沿张家口市蔚县南部小五台山、茶山、甸子梁，保定涞源县白石山和阜平县西部晋冀交界的百草坨、驼梁，石家庄市平山县西北部钟灵毓秀的天桂山、赞皇县西部嶂石岩(黄庵垴)，至邢台市西部进入山西省内。在太行山主脊上分布着众多的塬状山顶面、墚状山顶面、峁状山顶面等微地貌。构成太行山主脊的这些山顶面在地貌学上是华北地区最高的两级夷平面——北台期夷

平面和甸子梁期夷平面的残存。太行山东麓山前地带或山间盆地的低山-丘陵顶部、中山区的"U"形盘状宽谷面,构成太行山区第三级夷平面——唐县期夷平面。由于第四纪以来北北东向(太行山地)和北东东向(冀西北山地)断裂构造的影响,这些夷平面均发生了地堑式或阶梯状的块状解体(吴忱,2008b)。现在,第一级北台期夷平面仅在太行山北段海拔2 500m以上的高、中山顶部呈墚状面(如蔚县小五台山北台期墚状夷平面)或峁状面(如蔚县茶山北台期峁状夷平面)残存。第二级甸子梁期夷平面位于中山顶部,在太行山的北段(蔚县西甸子梁夷平面为塬状保存最好,阜平县的百草坨、驼梁和平山县天桂山为墚状夷平面)、中段(赞皇县嶂石岩黄庵垴甸子梁期峁状夷平面)和南段分别为海拔2 200m、1 700m和1 100m左右。第三级唐县面分别为海拔1 400m、1 000m和400m(图2-15),3个地貌面之间分别是古近纪和新近纪切割谷。切割在新近纪末期剥蚀面的第四纪谷地中,又有不同时期形成的不同高度的阶地面和水平溶洞。不同发育阶段的夷平面层叠置又相互衔接,从而形成太行山壮观的阶梯状地貌景观(图2-16)。

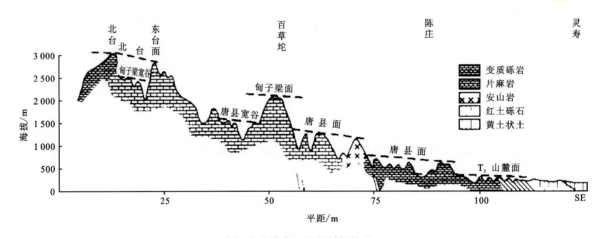

图2-15 太行山山地夷平面断裂解体图(据吴忱,2008a)

3. 太行山峡谷地貌的形成

峡谷是在新构造运动迅速抬升和流水下切侵蚀作用下形成的谷地,是一种两壁狭长且陡峭、深度大于宽度的地貌景观。太行山气势恢弘、险峻秀美,但它魂魄精华却藏匿于太行峡谷中,太行山的峡谷之所以不凡,不在于单单某一段峡谷,而在于它拥有国内外罕见的峡谷群。自南向北河南境内有青天河、八里沟,山西省内有太行山大峡谷群,河北省内有邢台大峡谷和野三坡百里峡等太行峡谷。太行山峡谷具有切割深、落差大,山雄势壮,众多峡谷两侧由长崖断壁围限的地貌特点。万丈深渊、千尺瀑布,将山的静态美与水的动态美融为一体。

在太行山峡谷地貌的形成过程中,断裂构造起着决定性的主导控制作用。河流下切、流水侵蚀以及重力坍塌作用是峡谷等地貌形成的直接原因。太行山在断块式掀斜隆升过程中,在伸展作用为主导的应力背景下,形成了不同方向的断层及不均匀分布的劈理带和密集节理带,由近南北向和近东西向两组方向组成的棋盘格式区域性节理一起控制着地貌的形成(樊克锋等,2006)。峡谷主要沿着断裂构造或节理裂隙发育,早期为宽数千米或数万米的盘状宽谷,之后形成数百米或数千米的"U"形宽谷。盘状宽谷和"U"形宽谷继续受到侵蚀,则形成谷壁陡峭宽度在200~300m之间的"V"形峡谷。因此,太行山地区的河谷形态主要是在盘状谷上发育的"U"形谷,大多峡谷发育位置在"U"形谷的谷底,横剖面表现为"U"形谷和"V"形谷嵌套的特征(贾丽云等,2014)(图2-17)。

图 2-16 太行山的阶梯状崖墙地貌

太行山脊东翼多发育形如刀削的陡崖,崖面陡直,绝壁千仞,其一崖通顶或分为三级,中间隔以台栈,形如一面大墙矗立山巅

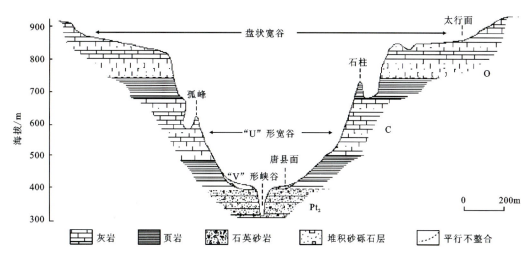

图 2-17 太行山峡谷横切面示意图(据贾丽云等,2014)

不同期次的夷平面在形成后受到河流切割,发育不同程度的峡谷,它的分布和规模受到河流及断裂的控制。盘状宽谷的谷底常为甸子梁面(太行面),"U"形谷的谷底常为唐县面,上新世末至第四纪以来切割唐县面的是深度为数十米至数百米的"V"形峡谷,至今太行山地仍在上升,河流仍在下切,"V"形峡谷中的地貌继续在雕塑

太行山隆起带和华北裂谷带的掀斜抬升和坳陷活动,形成了由东向西、由平原到山地的巨大地貌反差,为外力塑造地貌提供了条件。这种持续的差异升降运动造成的地形比高的持续扩大,为地表水流的进一步侵蚀及造貌能力提供了前提条件,使得水流的向下切蚀能力进一步加强,从而形成一系列巍巍壮观的峡谷景观地貌(图2-18),如邢台贺家坪邢台大峡谷(峡谷群)是此类地质遗迹的典型代表。较大的地形高差也是造成垮塌、滑塌的重要因素,众多的崖墙即因河谷深切,岩层失稳沿断层(或节理、裂隙)垮塌而形成(图2-19)。

a.野三坡百里峡景区形象逼真的"金线悬针"系岩壁上的张节理缝隙(据宋志敏等,2005)　　b.野三坡百里峡嶂谷(据宋志敏等,2005)

图2-18　野三坡百里峡的峡谷景观

野三坡西南部的百里峡由海棠峪、十悬峡、蝎子沟3条峡谷组成,全长52.5km,因此得名百里峡。它是沿构造线冲蚀形成的嶂谷,峡谷蜿蜒曲折,峻峭巍峨,多种构造节理及奇特的拟态地貌景观令人心旷神怡。谷中悬崖拱立的"天生桥"、形象逼真的"金线悬针"、直冲苍穹的"一线天"都是天地的惊世之作

在太行山北段广泛发育一种隘谷、嶂谷地貌,如蔚县飞狐峪大峡谷、涞水野三坡百里峡等是此类地质遗迹的典型代表(图2-20),就是人们习称的"一线天"。太行山北段,特别是沿上黄旗-乌龙沟深断裂有大量中生代侵入岩的侵位和断裂活动造成周边沉积地层垂直节理发育。隘谷、嶂谷的形成主要受控于垂直节理的分布,在垂直裂隙比较发育的岩石中,特别是灰岩、白云岩等可溶性岩石中,河水侵蚀与溶蚀的共同作用,易形成河谷较窄、谷壁陡直的嶂谷。如太行山北部的野三坡百里峡构造——冲蚀嶂谷峭壁高差150~200m,主要由3条分裂嶂谷组成,总长52.5km(梁定益等,2005),嶂谷的形成受控于垂直节理。李颖等(2009)研究发现该区的地层具有双层结构,上部为雾迷山组燧石条带白

a.峡谷多沿构造节理、裂隙发育，它的初期是一种深窄的隘谷，谷形挺直，两坡壁立，谷底平坦
（从左至右分别代表了隘谷的不同发展阶段）

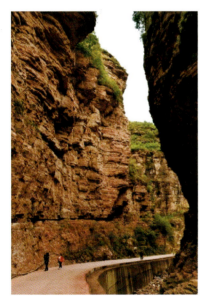 

b.隘谷进一步发展则成为宽阔的障谷
（图为长嘴峡）

c.隘谷和障谷进一步发展则成为谷壁陡峭的峡谷，此类峡谷多呈"V"字形

图 2-19 邢台峡谷群中多姿多彩的峡谷景观

邢台峡谷群位于邢台县西南路罗镇贺家坪村，具有狭长、陡峻、深幽、赤红、集群五大特点，被称为"太行奇峡"。峡谷受北西向和北东向两组节理控制，峡谷主要方向也为北西向和北东向。太行山地区发育隘谷、嶂谷地段大多存在"双层地质结构"，上部为层面近水平的古老的沉积岩，下部为年轻的岩浆岩，后期岩浆侵入作用可在上覆地层中形成近垂直的张节理。第四纪以来，这里在外力作用下，包括寒冻风化和流水的冲蚀、侧蚀等，造就了形态各异的峡谷景观

云岩，下部为燕山期闪长玢岩，在白石山、嶂石岩等地也发现早期沉积岩受到后期岩浆岩的侵入，因此该地区垂直节理的发育受到区内广泛分布的中生代侵入岩影响。

图 2-20　太行八陉之一的飞狐陉为构造-冲蚀障谷

六、河北平原的形成与渤海的出现

1. 河北平原所处环渤海湾盆地的形成

新生代以来，东亚地区环太平洋带构造作用强烈，太平洋陆块向亚欧陆块的俯冲，导致了大陆内部地区的裂谷作用，在伸展构造作用下中生代形成的华北高原彻底垮塌，造成太行山、燕山的强烈隆升和华北平原的大幅度坳陷。位于华北平原北部的渤海海域及河北平原所处环渤海平原（盆地），是在古近纪—新近纪基底构造的背景下形成和演化的，在形成上具有统一性。在渤海湾盆地发育过程中，阶段性沉降与周围山区间歇性抬升彼此相辅相成，它们具有统一的形成机制和同一动力学过程（徐杰等，2001）。

古近纪，郯庐断裂南段的沂沭裂谷消亡，挤压隆起，而渤海-下辽河段继之为裂谷扩张活动，形成了以渤海为中心的裂谷系。渤海裂谷系的形成，主要是地幔上隆、郯庐断裂和与之平行发育的沧东断裂，太行山山前断裂以及伴随的北西向断裂等的共同活动，形成了以郯庐断裂为东界、太行山山前断裂（构造地质遗迹）为西界，自东而西系列隆、陷相间的复杂裂谷系。古近纪时地壳在北西-南东向水平拉张作用下，沿一些北北东—北东向的区域性中生代逆断裂如太行山山前断裂带、沧东断裂、营口-潍坊断裂带等拉张滑脱，使华北准平原裂离、解体，同时还产生了一系列新的断裂，先后控制 60 多个互不串通的断陷盆地（坳陷），其中绝大多数是单侧断陷（半地堑）（徐杰等，2001）。它们往往沿区域性断裂呈带状分布而为断陷带，如下辽河坳陷-渤中坳陷-济阳坳陷、黄骅坳陷、冀中坳陷-临清坳陷等，间隔以大兴、沧县等隆起，从而形成多凹多凸、多坳多隆的复式盆-岭构造系统（图 2-21）。河北平原所处环渤海平原是丘陵与盆地相间的地貌景观,平原上湖泊众多、湖水幽深,在湿热气候条件下,形成以湖积、冲湖积、冲积为主的巨厚细粒堆积物。

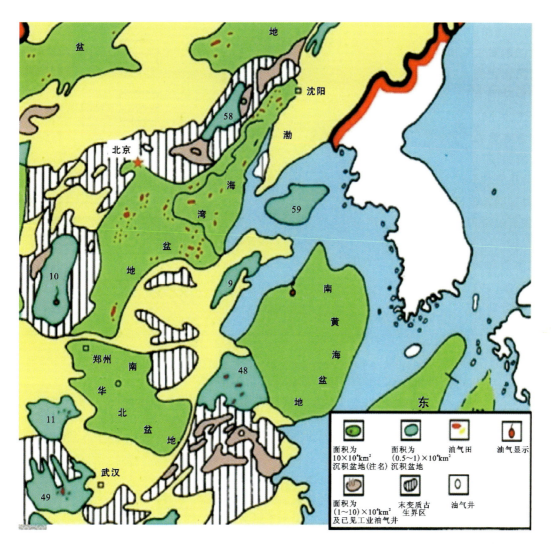

图 2-21　环渤海平原(盆地)位置及油气田分布

(据梁光河科学网博客,http://blog.sciencenet.cn/blog-1074480-1058806.html.)

渤海地质构造上属于渤海湾盆地,该盆地巨大,是中国重要含油盆地之一,它包含了位于河北省的华北油田、冀东油田及周边的渤海油田、胜利油田、辽河油田、中原油田和大港油田。盆地沉积地质演化研究表明,渤海湾盆地的裂解从最西南部开始,逐渐向东北方向开裂,盆地沉积中心也是从西南到东北迁移(索艳慧等,2011)。石油的生储盖组合也是从南往北迁移,南部的坳陷成油早,北部的坳陷成油晚。也就是说,这个撕裂过程也是一个石油天然气形成过程。

新近纪以来,渤海裂谷系主要表现为周边山地隆起和河北平原所处渤海湾盆地(裂陷区)整体下沉。在古近纪盆-岭构造之上叠加发育了统一的大型坳陷盆地,新近纪地层形成了对不同构造单元的超覆,演化成新近纪末期的准平原地貌景观(图2-22),这一时期统一的环渤海平原地貌初步形成,奠定了渤海陆架和环渤海平原的古地貌雏形,并在第四纪进一步形成定格。这一时期郯庐断裂的主体部分仍卷入在渤海裂谷系的活动之中,控制着渤海湾盆地新近纪—第四纪以渤海为中心的沉降活动。

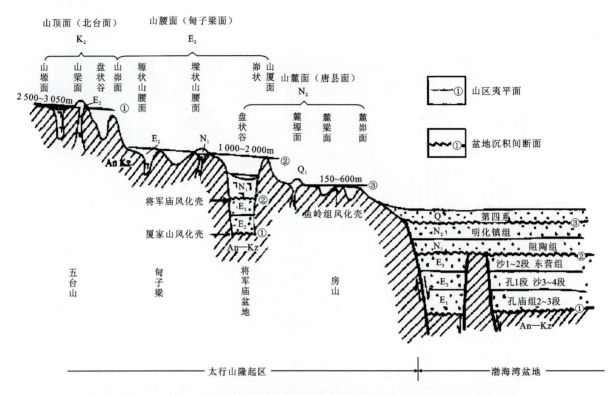

图 2-23 太行山间歇性隆升与渤海湾盆地发育关系图（据吴忱等,1999；徐杰等,2001）
①台期面；②甸子梁期面；③唐县期面

山地抬升和盆地沉降、山地剥蚀与盆地堆积是一个对立统一的地质作用过程。太行山区层状结构的构造-地貌,反映了其新生代间歇性抬升形成过程与渤海湾盆地发育的阶段性沉降彼此对应、相辅相成的盆-山耦合过程。山地上升是下切剥蚀时期,在相邻的盆地为粗粒物质充填期；山地抬升减弱以至停止,为侧蚀拓宽、夷平期,相邻盆地相应变稳定,是细粒物质堆积期

2. 河北平原地貌的塑造

第四纪以来,河流在平原地貌形成过程中起到了极为重要的作用。

流经河北平原主要河流有滦河、蓟运河、潮白河、北运河、永定河、滹沱河、大清河、子牙河、漳河等。这些河流在历史上多次改道,尤其是黄河改道频繁,如大名刘堤口-黄金堤（汉代）黄河古堤、衡水老盐河（宋代）黄河故道、滏阳河（曲周段）黄河故道等,是古黄河流经河北平原的古河道类地质遗迹,这些对平原地貌的形成起了重要作用。现在越来越多的证据表明,2 500a前后的晚全新世初期,河北平原有过一次快速的堆积过程,表现在山区河流普遍切割形成了第Ⅰ级阶地；山前平原堆积了大型冲积扇及泛滥平原,致使中全新世河北平原中、东部的统一沼泽洼地被分解成3个大洼地群（吴忱,1992）。如隆尧南王庄宁晋泊古湖泊、邯郸大陆泽古湖泊及宁晋泊等,是反映河北平原古环境变迁的重要地质遗迹。从而把大部分沼泽洼地和新石器文化埋没,这就是史书中记载的"大陆既作"的时期。战国、秦文化也随之由山前洪积扇向冲积扇乃至冲积平原延伸,有的甚至沿古河道高地到达了滨海地区(吴忱等,1998)（图2-23）。

3. 渤海的形成与海岸变迁

渤海湾盆地是一个中、新生代盆地,位于华北克拉面的东部陆块上,是华北克拉通破坏的中心区域(李三忠等,2010)。郯庐断裂由鲁中进入莱州湾,通过渤海东部湾伸向下辽河平原,是一条规模巨大的岩石圈断裂,是一大陆裂谷带(薄景山,1996)。渤海的形成受裂谷的控制,而裂谷的形成、发育和

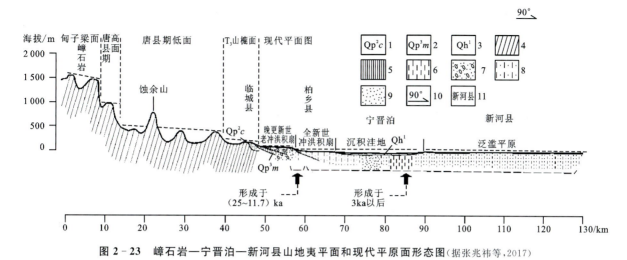

图 2-23　嶂石岩—宁晋泊—新河县山地夷平面和现代平原面形态图(据张兆祎等,2017)
1.中更新世赤城组;2.晚更新世马兰组;3.全新世湖积;4.基岩;5.黄土;6.黏土;
7.砂砾石;8.黏土质粉砂;9.粉砂质黏土;10.方位;11.地名

图左端是著名的国家级地质公园与旅游风景区嶂石岩,构造上位于赞皇隆起(复背斜)的西翼,主要由中元古代长城系常州沟组和串岭沟组滨海—浅海相的石英砂岩组成,上覆占生代寒武纪灰岩,构成了太行山中段的主脊。顶面将奥陶纪灰岩侵蚀掉,斜截并夷平了寒武纪灰岩,所以顶面比较平缓,宽 50～100m,最宽处达 150m。沿太行山脊南北方向延伸达数千米,为垛状面。据吴忱(2007),面上仍残留有古近纪第一岩溶期的喀斯特地貌——落水洞和溶蚀穴。嶂石岩地貌3个特征之一的"顶平",在此时形成。中层海拔 800～1 700m 是新近纪形成的切割谷及宽谷-山麓剥蚀面。其中,海拔 1 000～1 700m 是新近纪早期形成的切割谷,嶂石岩地貌的典型代表——阶梯状长崖,即嶂石岩地貌3个特征之一的"坡陡"形成于此时;海拔 800～1 000m 是新近纪中新世形成的唐县期宽谷-山麓剥蚀面(唐县高面)。太行山前众多的冲洪积扇主要形成于 25～11.7ka 前的晚更新世末次冰盛期,而中东部平原现代地貌主要是晚全新世(距今约 3 000a)以来塑造的

演化又是郯庐断裂发展史中的重要一节(图 2-24)。

第四纪气候从新近纪末期的湿热变为以干冷为主的冷暖交替周期性变化气候特征。在新近纪古地理的背景基础上,周边山体继续上升,并遭受侵蚀、剥蚀作用,平原进一步沉降,部分准平原开始解体。早更新世早中期,冀鲁平原与下辽河平原连在一起,为统一的平原,现今之渤海尚不存在。渤海地区在陆架发育之前,庙岛群岛古隆起曾作为重要屏障阻挡了西北太平洋海水的入侵,同时保存了巨量的未能外泄的湖水。由于这一屏障的存在,这一时期也称为"渤海古湖",随之发育了厚层的河湖相沉积(李培英等,2008)。关于早期渤海海侵发生的次数、时代尚无明确定论,目前具有较好年代学控制的最早海侵开始年龄接近或落入古地磁 Jaramillo 正极性亚时(易亮等,2016)。古地磁 Jaramillo 正极性亚时对应的地质年代为 1 072～988ka,也就是说在距今约 100 万年的早更新世末期,随着庙岛陆桥的断裂古湖外泄,海水进入,渤海才显露雏形。同时期在河北沧州(海兴小山玄武岩)、赵县、山东无棣及蓬莱山前地带有火山堆积(图 2-25)。

在环渤海岩石地层和年代地层对比的基础上,易亮等(2016)推测渤海盆地自上新世以来经历了3个主要演化阶段,约 3.7Ma 之前,盆地快速沉降,表现以河流、冲洪积相堆积为主;3.7～0.3Ma,盆地沉降较为稳定,表现为"渤海古湖"发育,庙岛古隆起相对地势较高;约 0.3Ma 以来,伴随着庙岛古隆起的解体,"渤海古湖"消失,渤海陆架开始形成。此后,渤海地区的区域环境过程和海平面变化与全球变化趋于一致(李建芬等,2015;刘艳霞等,2015)。

20 世纪 60 年代以来,渤海地区的数千个研究和勘探钻孔较为全面地揭示了区域地质构造、水文过程、资源状况。其中晚第四纪以来的海侵研究成果最为丰富,这些研究均在沉积学上证实了晚第四纪3次主要海侵事件的广泛存在(黄骅张巨河古贝壳堤海积地貌地质遗迹是晚第四纪渤海海侵留下

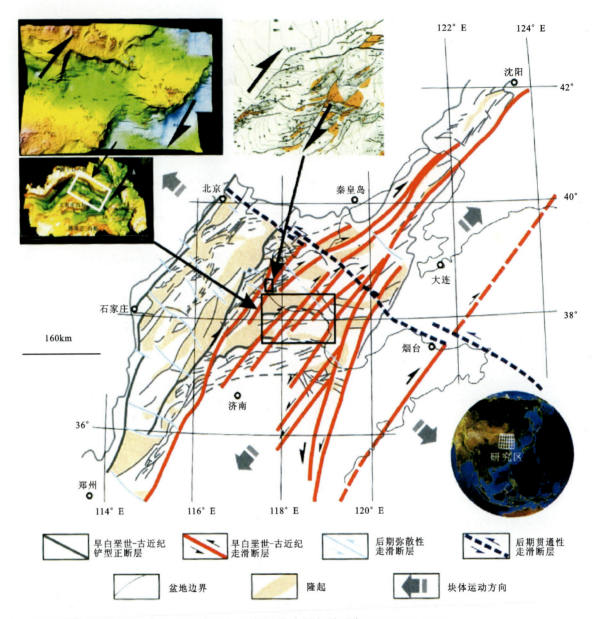

图 2-24 渤海湾盆地新生代走滑断裂系统(据李三忠等,2010)

的重要证据之一),并划分了3次主要海侵事件的可能影响范围,其中第二次海侵的影响范围是最大的(图2-26)。

晚更新世气候变化剧烈,由初期的温暖变为中期的寒冷,至晚期又有偏暖波动,此时形成了两次大规模的海侵,渤海基本形成现今之规模。至晚更新世末期,气候再度寒冷,造成了洋面大幅度下降,海岸标高曾达到-150m,这一事件对我国东海大陆架产生了深刻的影响,我国大陆架大部分裸露水面。致使现今渤海海底、辽东半岛、庙岛群岛等地形成了黄土类土堆积。此时渤海又变为远离海岸的内陆海盆。全新世气候由冷变暖,洋面迅速回升扩大,原来的平原腹地又毗邻海岸,形成与现今相似的渤海。

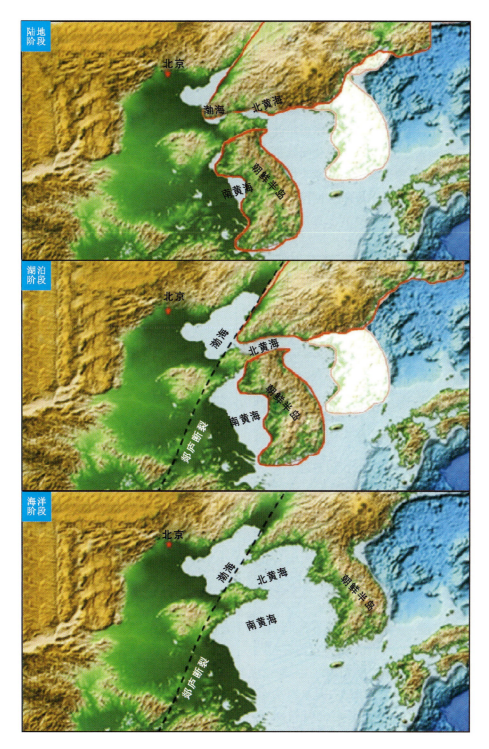

图 2-25　陆内裂谷作用与黄海渤海的形成

（据梁光河科学网博客，http://blog.sciencenet.cn/blog-1074480-1058806.html，修改）

目前多数地质学者认为黄海渤海是陆内裂谷作用形成的，在地质史上经历了从陆地—湖泊—海洋的沧桑演变。在黄海渤海形成之前，那里本是一块陆地（陆地中间原来已存在几个小的盆地，称为残留盆地），后来随着郯庐断裂带的走滑运动和朝鲜半岛从华北的裂离，黄海渤海才形成了两个封闭的湖泊，随着朝鲜半岛进一步的裂离，黄海和渤海才和太平洋连通，形成今天我们看到的海洋。

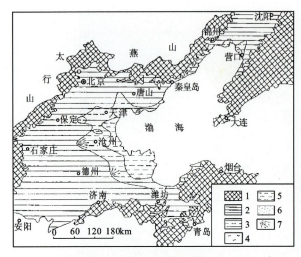
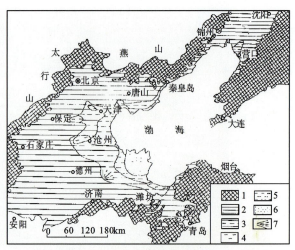
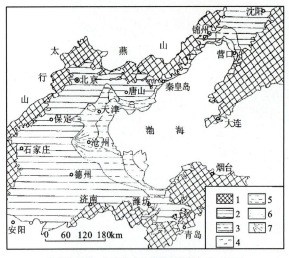
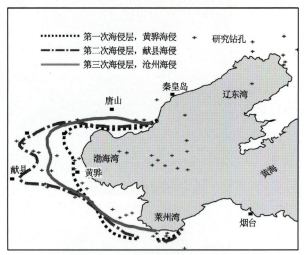

a. 渤海地区第三次海侵古地理图（据段永侯，2000）
1.山区；2.冲积平原；3.滨海平原；4.潟湖；5.滨海；6.浅海；7.三角洲

b. 渤海地区第二次海侵古地理图（据段永侯，2000）
1.山区；2.冲积平原；3.滨海平原；4.潟湖；5.滨海；6.浅海；7.三角洲

c. 渤海地区第一次海侵古地理图（据段永侯，2000）
1.山区；2.冲积平原；3.滨海平原；4.潟湖；5.滨海；6.浅海；7.三角洲

d. 渤海地区晚第四纪3次主要海侵事件的影响范围
（据Wang qiang,et al,1986；Zhao singling,1986改绘）

图 2-26 渤海地区晚第四纪3次主要海侵事件

渤海的雏形出现于中更新世，形成于晚更新世，至全新世由于气候变暖，洋面迅速回升，才形成现今的渤海。自第四纪以来本区海侵达七八次，其中距今150ka以来形成的3个海侵层分布连续、广泛，化石含量丰富

第二节 区域构造演化与地质遗迹的形成

一、太古宙—古元古代陆块的形成、克拉通化与地质遗迹

华北克拉通是中国规模最大的克拉通，也是全球存在大于3.8Ga岩石的少数地区之一（Liu et al, 1992；Song et al, 1996；Wan et al, 2005, 2012），具有3.8Ga以上的演化历史，大于2.6Ga岩石在华北克拉通广泛存在（图2-27），是全球最古老陆块之一，中国最古老的克拉通，地球早期各阶段演化的

重大地质事件几乎都被记录(Zhai and Santosh,2011),河北处于其核心位置。人类迄今对地球诞生早期阶段的情况了解甚微,这些地球早期活动的地质遗迹是揭开地球形成过程秘密的金钥匙,对研究地球早期发展演化具有重要意义。

图 2-27 初生地球的陆块、岩浆海分布
(据 http://www.hudsonfla.com/westprehistory.htm)

1. 早期陆核的出现与微陆块形成

板块构造理论认为,地球形成初期,导致地球形成核、幔、壳结构的重力分异作用和导致板块运动的热对流机制就已存在了。地球开始形成后,由于上述两种作用的结果,早期陆壳物质在长期演化历史中形成面积较小的稳定陆壳区块,被称为陆核。随后经过巨量陆壳增生,围绕着古老陆核形成了相对较大的微陆块。

在太古宙和古太古代,华北可能处于一个全面活动的构造体制,但已存在一些古陆核(硅铝质原始大陆地质体)(徐杰等,2015)。多数研究者倾向于华北克拉通在古太古代已开始形成陆核,目前的研究表明华北存在6～7个大于3.3Ga的太古宙早期古陆核(图2-28)。其中分布于冀东迁西曹庄—黄白峪一带的迁西古陆核,是华北陆块上最古老的古陆核之一,由中太古代一套含铬云母的石英岩、条带状铁矿(BIF)和斜长角闪岩以及透辉大理岩等变质表壳岩(曹庄岩组)构成,含有约3.8Ga的碎屑锆石(因此推测冀东地区还可能存在冥古宙晚期—太古宙早期的古老陆壳岩石),被3.3～2.5Ga的英云闪长片麻岩—花岗片麻岩侵入。早期陆核的成因虽存在争议,但陆壳是由小到大、多阶段生长的过程是明确的。太古宙的陆壳增生一般认为是围绕着古老陆核形成微陆块(翟明国,2019)。中太古代末期的迁西运动(2.9～2.7Ga),是一次广泛的陆壳增生时间,主要的岩石类型是高钠的长英质片麻岩(TTG),其次是镁铁质—超镁铁质火山岩,在冀东和冀北一带使围绕古陆核形成的迁西群、桑干群等地层普遍遭受麻粒岩相和角闪岩相的变质作用,形成一系列的片麻岩穹隆(迁西东荒峪紫苏花岗片麻岩-混合花岗岩穹隆、迁安孟庄紫苏花岗片麻岩穹隆、青龙安子岭紫苏花岗片麻岩-混合花岗岩穹隆等),构成微陆块(迁怀陆块)。宋会侠等(2018)研究认为,太行山中段赞皇杂岩中的条带状英云闪长质片麻岩,具有典型的太古宙高铝TTG岩石的特征,形成于(2 702±13)Ma,成因可能与俯冲板片的部分熔融有关,原岩在2 870Ma左右从亏损地幔分异出来的基性岩石。对条带状英云闪长岩的锆石

Hf同位素分析,$\varepsilon_{Hf}(t)$位于亏损地幔线和球粒陨石均一库之间,对应的两阶段Hf模式年龄(t_{DM2})变化范围在2 984～2 801Ma之间。对于锆石的Hf模式年龄,两阶段模式年龄更能反映真实的壳幔分异时代(吴福元等,2007)。这表明该英云闪长质片麻岩的原岩来自于新生地壳,华北克拉通中太古代晚期—新太古代早期发生了大规模的陆壳增生,再次证明了约2.7Ga是华北克拉通一个重要的陆壳增生期,约2.7Ga的岩浆事件在华北克拉通内部及边缘广泛存在。陆壳增生大多被推测与超级地幔柱事件相关。

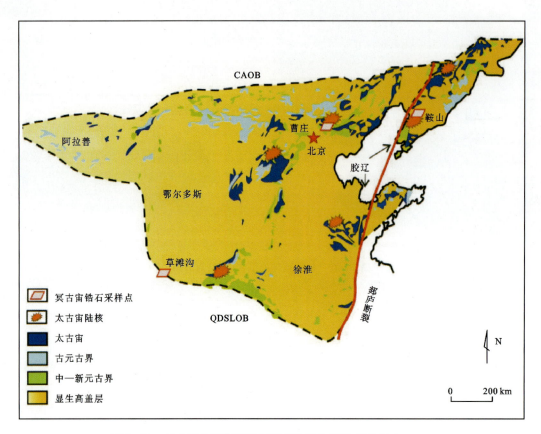

图2-28　华北克拉通前寒武纪岩石出露示意图(据翟明国,2019)

这些陆核是各自独立形成的,在拼贴到一起以前彼此之间没有任何联系。因此太古宙早期的演化史就是这些陆核形成和会聚(拼贴)的历史(胡桂明等,1998)。这些陆核在不同的时代有不同规模的拼接,从而形成较大的陆块,如冀东麻粒岩地体可能是由曹庄、迁安和遵化等不同时代的地体拼贴而成的(沈其韩等,1992)(图2-29)。

2. 微陆块拼合与克拉通化

地质学家将长期稳定、未经构造活动或变形的、具有一定规模的地壳部分,称为克拉通。克拉通化是大陆地壳的地质构造由强烈活动转化为稳定过程的地质作用,由此形成大尺度的长期稳定的地壳构造单元,即形成克拉通的过程。20世纪末和21世纪初,对华北克拉通的早前寒武纪岩石组合、构造样式、变质作用演化、岩石成因和同位素年代学等方面的研究取得了长足的进展。现在大多数地质学者认为,华北克拉通是由一系列微陆块(或地体)沿着造山带拼(缝)合而成,即微陆块间彼此发生拼合、逐渐增生形成大陆。但对微陆块的划分、数量及其构造框架,微陆块如何拼合、克拉通化的过程和时间等方面尚有许多不同的认识,提出了一系列不同的构造演化模式。

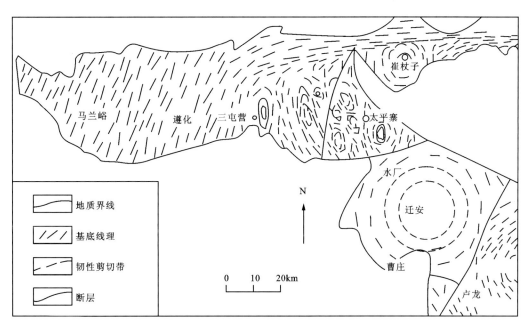

图 2-29 冀东早前寒武纪地质示意图(据翟明国,2001)

近年来,多数学者通过研究认为华北克拉通前寒武纪基底存在一条纵穿河北省太行山及燕山地区的近南北向的中部碰撞造山带,留下众多前寒武纪的地质遗迹,如新太古代阜平岩群、赞皇岩群和古元古代甘陶河群地层层型剖面和大量的太古宙 TTG 岩石剖面等。由于它的特殊位置,这些记录了华北克拉通早期陆壳的生长规律和稳定化过程、陆块拼合扩展与裂解的构造过程地质遗迹逐渐被广泛关注。许多早前寒武纪的研究工作是围绕这些地质遗迹展开的,取得了一系列的研究成果,但对于中部碰撞带的组成、性质、碰撞拼合的时代、形成过程等一些关键问题仍存在巨大的争议。这些争议又影响对华北克拉通的最终形成时限与演化过程的进一步认识,目前有两种主要观点:一是认为华北克拉通发生了多期陆壳增生事件,经历了两期克拉通化,到太古宙末(2.5Ga 前)出现稳定大陆(超级克拉通),即东部陆块和西部陆块以遵化-赞皇的混杂岩-造山带杂岩带为界在(2.5Ga)拼合形成华北克拉通,古元古代经历了大陆俯冲-碰撞-抬升的完整造山过程,最后于 19~18Ga 前完成二次克拉通化;二是认为华北克拉通在太古宙不存在一个统一结晶基底,华北克拉通由东、西陆块沿着克拉通中部出露的含有高压麻粒岩的古元古代造山带在古元古代末(约 1.85Ga)拼合形成。

(1)太古宙末期完成初始克拉通化,古元古代陆块块裂陷、拼合形成统一结晶基底。

对华北克拉通形成的众多相互抵触的演化模式中,多数研究者倾向于华北克拉通在古太古代已开始形成初始陆核,而后陆核在不同的时代有不同规模的增生和拼贴形成较大的陆块(翟明国,2001),到新太古代末期华北克拉通已具雏形,完成了初始克拉通化,代表性观点有以下几个方面。

中国地质科学院万渝生等(2015a)根据古老岩石和锆石的空间分布,在华北克拉通划分出 3 个古老陆块(>2.6 Ga),即东部陆块块、南部陆块块和中部陆块块(图 2-30)。其中,东部陆块块主要包括河北省冀东和辽宁鞍本、山东鲁西和胶东等地区,中部陆块块主要包括河北赞皇、阜平、张家口、承德和山西恒山等地区。华北克拉通迄今所发现古老岩石和锆石几乎都分布在这 3 个陆块块中。通过 Nd-Hf 同位素研究,认为华北克拉通与其他克拉通类似,最重要的陆壳形成增生时间为中太古代晚期—新太古代早期,但最强烈广泛的构造热事件存在于新太古代晚期,又与其他许多克拉通不同。新太古代陆壳迅猛增生可能表明全球构造体制发生了重大转换,陆块构造已起作用,而这又可能与地球由热向冷的状态改变有关。

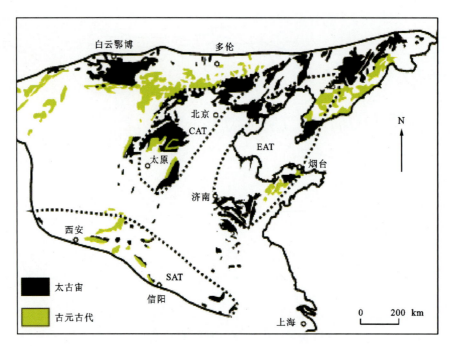

图 2-30 华北克拉通陆块块(>2.6Ga)分布图(据 Wan et al,2015)
EAT.东部陆块块；SAT.南部陆块块；CAT.中部陆块块

翟明国(2019)认为,新太古代晚期(2.6~2.5Ga)是华北陆块演化最重要的时期,这个时期有较多的火山作用与沉积作用,形成 2.7~2.6Ga 和 2.5Ga 绿岩带(东湾子-遵化蛇绿岩带)(图 2-31a),绿岩带形成与古洋壳向大陆块俯冲有关,最后导致陆-弧碰撞及块体旋转而拼合在一起(图 2-31c)。微陆块拼合导致的新太古代末期克拉通化,主要标志有 3 个,即大量壳熔花岗岩、岩墙群和盖层沉积岩。冀东曹庄一带的橄榄辉长岩-碱性岩共生岩墙,其中有两个锆石离子探针 U-Pb 年龄为 2.504Ga 和 2.516Ga,共生的超镁铁质与碱性岩墙指示在太古宙末期,华北克拉通的岩石圈已经相当厚并且稳定。在华北核部冀东出露的浅变质火山-沉积岩(青龙群)火山岩具有陆内裂谷的双峰式特征,形成时代应在区域高级变质作用之后,代表华北新太古代末期克拉通化之后的盖层沉积。华北克拉通最终完成的时期大约是 2.45Ga。

华北自太古宙末期假设有一个拼合微陆块事件形成现代规模后(Zhai M G and Santosh M,2011),也被假设在古元古代早期发生裂解,经历了裂谷—俯冲—碰撞过程,推测与哥伦比亚超大陆的形成有关(翟明国,2014a)。

新太古代末期全球克拉通化之后,地球演化历史上出现了长达 0.2~0.15Ga 的静寂期,没有火山活动,没有构造活动(Condie K C et al,2001)。翟明国(2019)、白瑾(1993)等已经假设了华北克拉通初始的陆块构造,即在太古宙克拉通化之后,又经过古元古代早期[2.5(2.45)~2.35(2.3)Ga]的构造静寂期,华北克拉通发生了一次基底残留洋盆与陆内的拉伸-破裂事件,随后在 1.95~1.9Ga 期间,经历了一次挤压构造事件,导致裂陷盆地的闭合,形成晋豫(包括河北省南部赞皇一带)、丰镇(包括河北省北部怀安一带)和胶辽 3 个活动带,它们在分布状态、变形与变质方面,类似于现代陆-陆碰撞型的造山带(翟明国等,2011),造成克拉通中部迁怀陆块以及北部的集宁陆块和东部的胶辽陆块等在碰撞以及碰撞后基底掀翻,使下地壳岩石抬升,出露地表的下地壳由高级变质杂岩代表(翟明国,2009)。反映了古元古代裂谷盆地—俯冲—碰撞(活动带)的构造演化。古元古代活动带显示了陆块构造雏形的特点,在机理上类似,在规模上不同,是以早前寒武纪垂直为主的构造机制向陆块构造转变的重要阶段(翟明国,2013)。

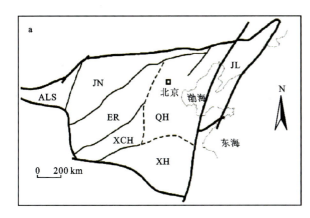

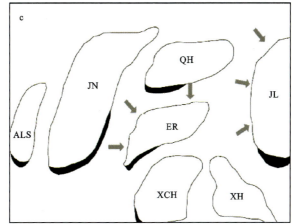

图 2-31　华北微陆块克拉通化(据翟明国，2019)

微陆块：ALS.阿拉善；JN.集宁；JL.胶辽；XH.徐淮；ER.鄂尔多斯；QH.迁淮；XCH.许昌

a.华北克拉通7个太古宙微陆块；b.绿岩带——高级区构造格局；c.微陆块拼合过程

(2)太古宙不存在统一结晶基底，古元古代通过复杂拼合过程最终完成克拉通化。

另一种重要观点认为，华北克拉通东部、中部和西部在基底岩石组成、构造样式、变质作用演化和同位素年龄等方面均存在明显差别。这些差别显示华北克拉通在太古宙不存在一个统一结晶基底，从华北克拉通的演化规律判断，可能是2.5Ga左右陆核/微陆块不断增大、拼贴增生，块体数目逐渐在减少(李三忠等，2015)。这些陆块在古元古代通过复杂的拼合过程，形成统一的结晶基底，最终完成克拉通化。如，赵国春等(2002，2006)把华北克拉通基底分为3个太古宙微陆块(东部陆块、阴山陆块和鄂尔多斯陆块)和3个古元古代活动带(孔兹岩带、华北中部造山带和胶辽吉带)。其中鄂尔多斯陆块和阴山陆块在约1.95Ga沿东西向孔兹岩带碰撞对接形成西部陆块，然后西部陆块与东部陆块在约1.85Ga沿南北向华北中部造山带碰撞拼合形成华北克拉通统一的结晶基底(图2-32、图2-33)。

Faure等(2007)和Trap等(2012)认为存在一个老的陆块——阜平陆块，位于东部陆块和西部陆块之间，三者之间被"太行洋"和"吕梁洋"隔开。"太行洋"于约2.1Ga闭合，导致东部陆块和阜平陆块沿着太行缝合带聚合；而"吕梁洋"的闭合发生在1.9～1.8Ga，导致东部陆块和西部陆块之间沿着华北中部缝合带最终的聚合，并认为古元古代的两次碰撞事件均是向西俯冲并碰撞的。

王荃(2012)认为，华北克拉通是我国最古老的陆壳核心，它由燕辽陆块、晋冀造山带和蒙陕陆块以及阴山裂谷带4个地体构成。古元古代末期，即1.85Ga，这里发生巨大而统一的碰撞事件导致前三者的构造拼接和克拉通的最终固结。

图 2-32　华北克拉通基底构造单元划分（据赵国春等，2006）

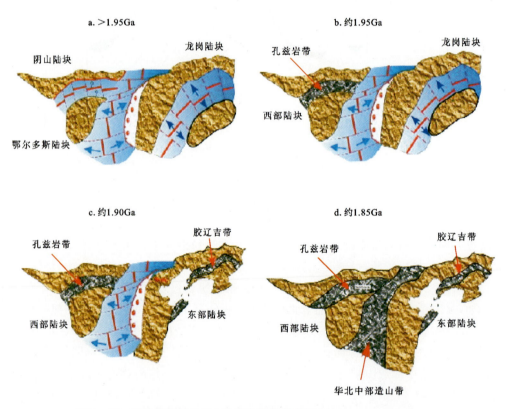

图 2-33　华北克拉通古元古代构造演化模式图（据 Zhao et al，2012 修改）

二、中新元古代陆块裂陷、拼合统一结晶基底形成与地质遗迹

经历了古元古代晚期的区域性变质事件（吕梁运动），基底变质岩系整体抬升至地表之后，出现的第一个夷平面标志着华北陆块的刚性基底（陆块本体）已经形成。华北陆块成为全球哥伦比亚超大陆

的一部分(Zhao G et al,2003;Rogers J J W et al,2003)。古元古代末,华北陆块南、北边缘处于伸展构造环境并形成许多裂谷盆地,裂谷系可大致分为南、北两个在地表没有完全连接的裂陷槽和北缘、东缘各一个裂谷带(翟明国等,2014b,2019)(图2-34)。华北陆块北部的裂陷槽称为燕辽裂陷槽,主体发育于河北省燕山—太行山和辽西地区,主要由中新元古代长城系、蓟县系和青白口系组成,为一套巨厚的碎屑岩和碳酸盐岩组合,地层厚度达9 000余米(陈晋镳等,1980;和政军等,2000)。天津蓟县和河北省遵化一带是燕辽裂陷槽的沉降中心,中新元古代地层厚度巨大,发育完整,基本未经变质,不仅保存着丰富的地质、古生物信息,而且赋存着许多固体矿产和潜在的油气资源,是中国北方中新元古代地层发育的经典地区,蓟县剖面为其标准剖面,但河北省内分布是该剖面的次层型剖面,如赞皇县赵家庄组剖面,宽城县安达石乡崖门子的长城系、蓟县纪高于庄组、杨庄组、雾迷山组地层剖面,宽城化皮溜子乡三道河的蓟县纪洪水庄组、铁岭组剖面,涞水紫石口的青白口纪龙山组、景儿峪组剖面,有区域对比意义,是河北省重要的地层剖面地质遗迹。另外,反映中新元古代构造演化的许多重要构造事件(青龙上升、滦县上升、蔚县上升等),及最古老的海底黑烟囱构造等地质遗迹均在河北省域内命名和发现。

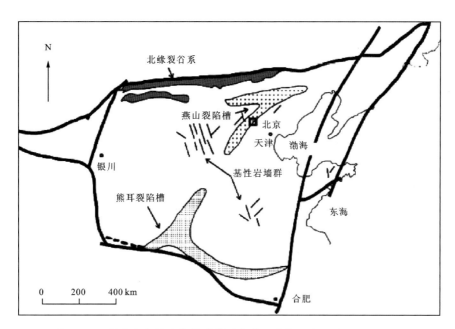

图2-34 华北中新元古代的裂谷及岩墙群分布示意图(据翟明国,2019)

进入21世纪以来,对燕辽地区中新元古代地质的研究成果显著,在华北中新元古代的构造演化及其与该时期全球的构造关系等研究有许多新认识(图2-35)。

乔秀夫等(2014)研究,北京密云环斑花岗岩侵位时间为1 700Ma,代表燕山-太行山裂陷槽裂解的起始时间,也即燕山地区长城纪常州沟组底界年龄。1 600Ma代表燕山-太行山裂陷槽闭合的年龄,也是华北陆块始自1 800Ma伸展裂解作用的最终结束时期。1 600Ma是新的陆表海盆地发展的起始时间,是重要的华北陆块构造转换的时期。在燕山-太行山地区作为裂陷槽的阶段应仅限于1 700~1 600Ma,即长城纪常州沟组、串岭沟组、团山子组与大红峪组。这个阶段的沉积记录、火成岩活动记录、古构造、古地形等符合裂谷、裂陷槽的特征。裂陷槽中的沉积(长城系)代表华北陆块上底部较年轻的盖层。1 600~1 400Ma发展成陆表海,即蓟县纪高于庄组——铁岭组系以陆表海为主要特征的盆地。经1 400Ma的芹峪古大陆(乔秀夫,1976)于1 400~1 300Ma(下马岭组沉积时期)转换为弧后深水盆地(图2-36)。

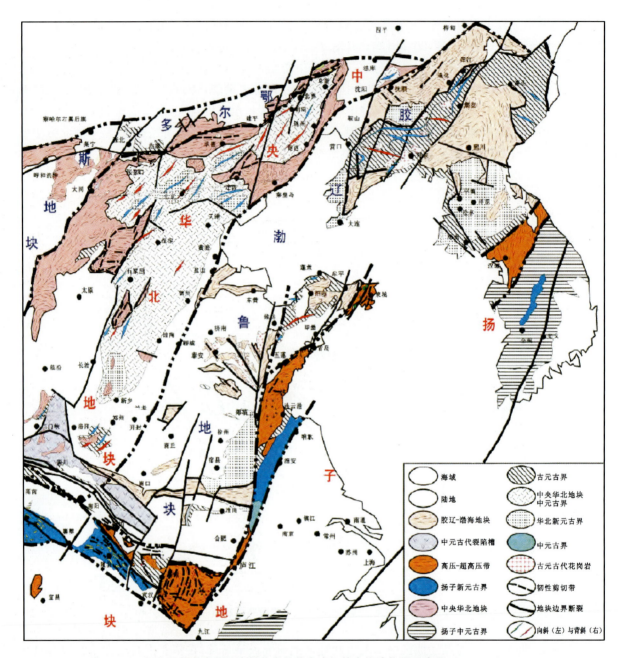

图 2-35　河北及邻区中新元古界分布及前寒武纪基底构造格局示意图(据李三忠等,2015)

潘建国等(2013)研究认为,吕梁运动使华北陆块发生克拉通化,并且华北陆块成为哥伦比亚超大陆的一部分(图 2-37a)。自约 1 800Ma 开始,华北陆块北缘发生地壳伸展,在陆块北缘形成裂谷盆地(图 2-37b)。大陆裂谷的形成和发展与哥伦比亚超大陆的初始裂解有关。随着大陆进一步伸展和洋壳的形成,华北陆块北缘逐步向被动大陆边缘演化(图 2-37c)。被动大陆边缘构造环境相对稳定,浅海沉积体系总体呈面状分布,形成以滨岸和陆棚环境为主的碳酸盐岩和细碎屑岩沉积体系,如高于庄组、杨庄组、雾迷山组、洪水庄组和铁岭组(图 2-37d)。在铁岭组沉积后,华北陆块北缘可能演化为活动大陆边缘(图 2-37e)。弧后发生挤压和抬升("芹峪抬升")很可能与洋壳低角度俯冲有关,从而导致铁岭组发生抬升和剥蚀。在下马岭组沉积时期,洋壳可能发生了高角度俯冲,从而导致弧后地区以伸展构造为特征,并形成下马岭组深水富含有机质的细粒碎屑岩系(图 2-37f)。下马岭组沉积后的

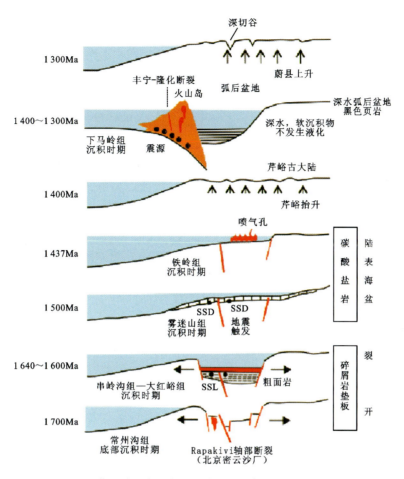

图 2-36 燕山地区中元古代盆地演化示意图（据乔秀夫等，2014）

抬升（"蔚县上升"）可能与华北陆块与相邻地体之间碰撞有关（图 2-37g），对应于罗迪尼亚（Rodinia）超大陆的形成期。华北陆块自 900Ma 又开始裂解（图 2-37h），并造成新元古代青白口系龙山组的超覆沉积和景儿峪组潮坪-浅海碳酸盐岩台地的形成，此次伸展与罗迪尼亚超级大陆的裂解有关。

翟明国（2014b，2019）认为，华北陆块自古元古代末至新元古代，记录的都是伸展过程，经历了多期裂谷事件，但是期间没有块体拼合的构造事件记录。在 1.8～0.8Ga 间，进入了"地球中年调整期"，处于"一拉到底"的构造背景和地质状态，多期裂谷表现为中—新元古代的多个地层超群（系）沉积。华北克拉通与相邻大陆分离时间对应于大红峪组—高于庄组沉积时间，结束后开始蓟县系沉积，为 1 600Ma 或为古—中元古代接替时间，也大致对应于哥伦比亚超大陆裂解的时间。中—新元古代（5.4～1.8Ga）有 4 期岩浆活动的出现，伴随裂谷沉积的 4 期岩浆活动都是陆内岩浆活动，表现出壳幔的相互作用，以及深部地壳与壳幔结构的复杂调整。这指示华北克拉通在古元古代末至新元古代可能经历了一个多期、持续的裂谷事件，并有一些与大陆裂谷和非造山岩浆有关的成矿记录。如位于华北陆块北缘的承德大庙斜长岩杂岩体是中国唯一的岩体型斜长岩，赵太平等（2004）从杂岩体主要组成岩石——苏长岩、纹长二长岩中选取锆石用单颗粒锆石同位素稀释法，获得结晶年龄分别为（1 693±7）Ma 和（1 715±6）Ma，Zhao 等（2009）分别测定了杂岩体中苏长岩和纹长二长岩的年龄为（1 742±17）Ma 和（1 739±14）Ma，记录了中元古代早期重大事件岩浆活动，由于岩的分异作用，赋存有铁-钛-磷矿床，形成了河北省著名的"大庙式"铁矿、"黑山式"铁矿及高寺台铬铁矿等内生黑色金属矿产资源。

另外，与燕山地区的中上元古界不同，河北省南部（石家庄以南）的太行山区在长城纪常州组之下

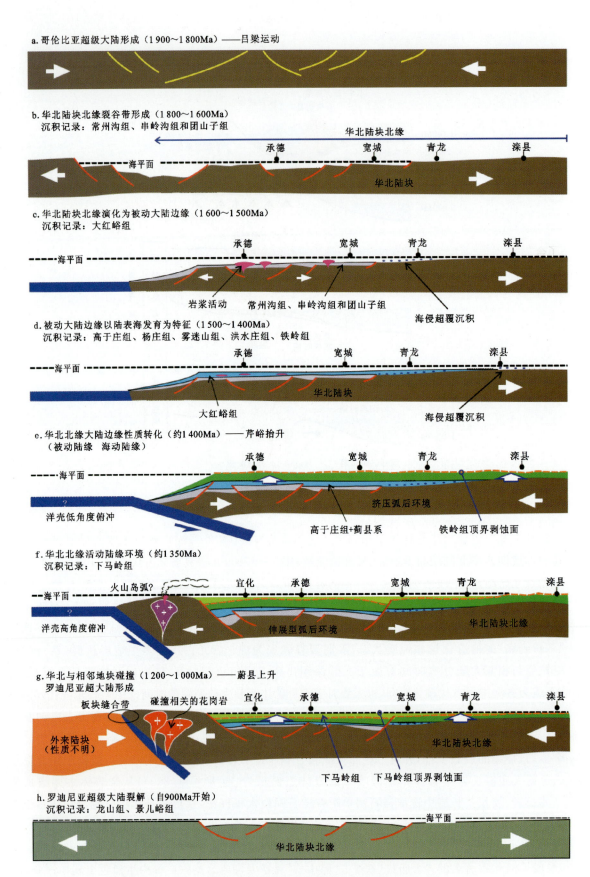

图 2-37　华北陆块北缘中新元古代构造演化示意图(据曲永强等，2010)

还沉积了赵家庄组,说明在大规模燕辽裂陷槽形成之前,河北省南部已有初始裂陷槽形成,海侵可能来自豫西方向,与华北陆块南部的熊耳裂陷槽相关,因为熊耳裂陷槽的形成最早,起始时间以约1 780Ma的熊耳群火山岩为代表,推测燕辽裂陷槽的形成时代略晚于熊耳裂陷槽(翟明国,2014a)。

河北省北部区(康保—围场)在中元古代为华北陆块北缘裂谷的一部分,在长城纪形成大陆-陆缘裂谷裂陷海盆地,由化德群毛忽庆组形成,中元古代晚期至末期处于相对较稳定的发展状态,有化德群北流图组、戈家营组及三夏天组形成的。进入新元古代早期(青白口纪)该区处于整体上升状态,缺失沉积记录。

中—新元古代地层沉积过程中形成了丰富的岩石矿产类地质遗迹和古构造遗迹。在串岭沟期沉积了金属矿产"宣龙式"铁矿,宣化庞家堡赤铁矿是该时期重要的岩石矿产类地质遗迹;在高于庄期沉积了金属矿产"高板河式"硫铁铅锌矿,不仅是该时期的重要地质矿产资源,兴隆高板河中元古代古海底黑烟囱构造,还记录了中元古代古老的海底构造活动遗迹,更具科学研究价值和意义;在下马岭期沉积了金属矿产"麻黄峪式"铁矿,是该时期的重要地质矿产资源。

中—新元古代地层中赋存着丰富的叠层石等古老的化石遗迹,叠层石的形成是特殊沉积环境和生物共同作用的结果,在它形成的发展过程中,记录了地质历史中环境和生物的演化,因此是地球上古老生命活动的证据。它是在合适的沉积环境中生物作用下,主要通过对沉积物的捕捉和黏附、微生物的钙化以及碳酸盐岩的原地沉淀作用而形成,因此表明沉积环境的作用和条件对叠层石的形成具有重要影响。

三、古生代构造演化与地质遗迹

发生在元古代末的重大构造事件——蓟县运动(也称蓟县上升),结束了华北陆块裂陷阶段,转入差异性升降阶段,在1 320~515Ma经历了长达约800 Ma的沉积间断期(赵越等,2017),导致华北陆块全域缺失新元古代晚期至早古生代寒武纪初期的沉积,为华北陆块第二个夷平期。蓟县运动也完成了陆块构造演化史上两大阶段的转变,即由中、新元古代裂陷-沉降、非全域似盖层沉积阶段,转化为早古生代全域同步沉降、稳定的面式盖层沉降阶段(段吉业等,2002)。

1.寒武纪—中奥陶世

早古生代,华北克拉通主要被洋盆所围限,北侧以古亚洲洋与西伯利亚陆块群相隔,南侧以北祁连洋、秦岭洋与柴达木、扬子等陆块相隔。这些洋盆在早古生代经历了扩张—俯冲消减—关闭的开合旋回,使华北陆块相应经历了离散—会聚—碰撞作用过程(张渝昌,1997;郑和荣等,2008)。在中寒武世冈瓦纳超大陆聚合的峰期后,华北克拉通可能受控于这一事件的地球深部过程,它的边缘于中—新元古代地层或变质基底岩系之上开始出现海相沉积地层(赵越等,2017)。河北省北部所处的华北陆块北缘隆起带与北部盆地整体处于上升状态,缺失各类建造记录。燕山地区首先受到来自边缘的海侵,沉积了昌平组,以出现含沥青质的灰岩为鲜明共有的特征,标志着蓟县运动进行的构造转换彻底完成。中寒武世昌平组与新元古代早期(青白口纪)景儿峪组之间的平行不整合界面是蓟县运动(上升)的典型代表。在此后的寒武纪—奥陶纪,华北陆块内部总体构造稳定,进入稳定同步沉降、内有弱差异升降的克拉通盆地沉积阶段,处于陆表海的稳定环境。馒头期至中奥陶世马家沟期,海相沉积地层的分布范围明显扩大到几乎整个华北克拉通,主体为一套潟湖-浅海陆棚碎屑岩、碳酸盐岩沉积建造,以连续沉积为特征,此时整个陆块才有了统一的稳定盖层(图2-38)。三山子期在河北省南部有短暂隆升-剥蚀期(怀远运动),形成区域性平行不整合面,怀远运动的发生代表了早古生代下部沉积旋回的完成。区域上怀远运动是秦祁海槽陆块长期不断向华北陆块俯冲挤压的结果,使整个华北陆块南缘隆起成陆,南高北底,河北省处于当时隆升陆块的北缘。

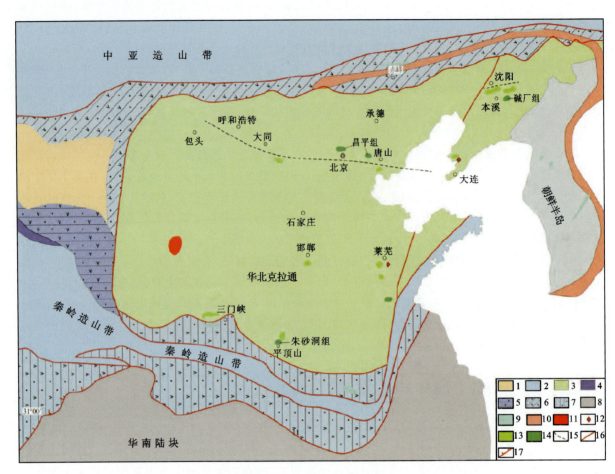

图 2-38 华北克拉通寒武纪—中奥陶世古地理图(据潘桂棠等,2014 修改)

1.克拉通隆起;2.洋盆;3.碳酸盐岩台地;4.陆缘岩浆弧;5.弧后盆地;6.被动陆缘盆地;7.陆缘坳陷盆地;8.华南陆块;9.志留系;10.推测志留系沉积物;11.钾盐;12.约470Ma金伯利岩;13.峰峰组(上奥陶统);14.下寒武统;15.峰峰组北部边界(上奥陶统);16.断裂;17.坳陷盆地边缘断裂

　　冀东地区的唐山—秦皇岛抚宁柳江盆地一带,寒武纪—中奥陶世地层发育,保存较完整。唐山古冶寒武纪凤山组(凤山阶建阶剖面)、唐山古冶赵各庄奥陶纪冶里组、亮甲山组、北庵庄组、马家沟组2个正层型剖面;抚宁亮甲山早奥陶世亮甲山组命名剖面、唐山古冶赵各庄寒武纪第二世昌平组,唐山古冶赵各庄寒武纪馒头组、张夏组,唐山古冶赵各庄寒武纪芙蓉世崮山组、炒米店组3个次层型剖面。在太行山中段有井陉北良都芙蓉世—早奥陶世三山子组次层型剖面、邯郸峰峰矿区中奥陶世峰峰组正层型剖面等。这些层型(典型)剖面类地质遗迹对研究寒武纪—奥陶纪构造演化和区域地层对比具有重要意义。

　　早古生代,河北所处的华北陆块生物区称为华北生物区,为热带生物群组合,它在寒武纪是以具有少量三叶虫和小壳动物、无古杯类和高肌类为特征的;奥陶纪生物群是以发育珠角石类,含少量三叶虫为特征的(殷鸿福等,1988),说明中朝陆块在早古生代时期都处在赤道附近地区(万天丰,2006)。承德下板城、兴隆北马圈子、抚宁驻操营、涞源留家庄是重要的寒武纪—奥陶纪古动物化石产地;井陉良都、抚宁石门寨是早奥陶世笔石化石产地;邯郸峰峰矿区中奥陶世峰峰期头足类、腕足类化石产地;邯郸磁县虎皮垴中奥陶世(峰峰组)牙形虫、角石和螺类化石丰富。

2. 晚奥陶世—早石炭世

在马家沟组沉积之后,华北陆块以洋盆俯冲消减、陆块会聚-碰撞、发育活动边缘弧盆体系、克拉通内部区域隆升为主要特点(周小进等,2010),包括河北中南部在内的华北陆块内部发生了大规模海退及区域性抬升,古地理面貌发生重大变化(图2-39),缺失奥陶纪晚期到早石炭世末期的火山与沉积建造记录,区域称加里东运动。加里东运动规模大、时间长,在华北地区影响广泛,表现为秦祁海槽和兴蒙海槽从南北两个方向向华北陆块俯冲挤压,使华北陆块整体抬升,沉积间断。

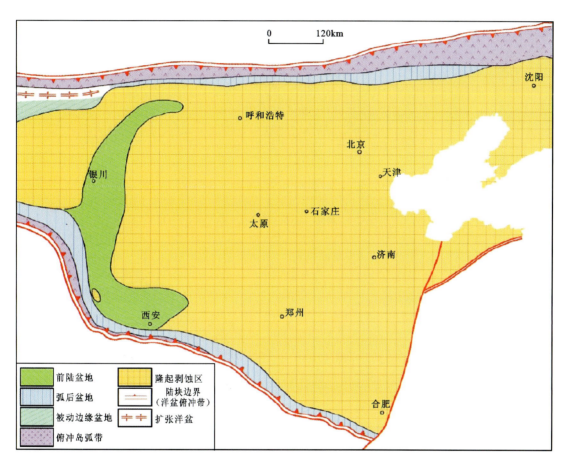

图 2-39　华北地区晚奥陶世—志留纪盆地原型(据周小进等,2010)

河北省北部尚义-隆化区域断裂以北地区属华北陆块北缘,尚义-大庙岩浆岩带中有早志留世超基性侵入岩零星分布,岩性主要为蛇纹岩、辉石岩,岩石系列属钙性,成因类型为"M"形;在尚义-隆化区域断裂的西端断裂带内可见早泥盆世形成的拉张型构造岩类,近期发现有泥盆纪碱性岩为主的侵入岩,显示泥盆纪岩浆活动可能形成于伸展构造环境。华北陆块北缘泥盆纪的岩浆活动可能与这一时期弧-陆碰撞的伸展作用相关(赵越等,2010)。

3. 晚石炭世—二叠纪

晚奥陶世至早石炭世,华北陆块处于整体抬升遭受剥蚀的状态,经历了大约1亿年的风化夷平作用后,整体已经准平原化。晚古生代,华北克拉通的盆地演化建立在加里东末期统一大陆基础上(图2-40)。

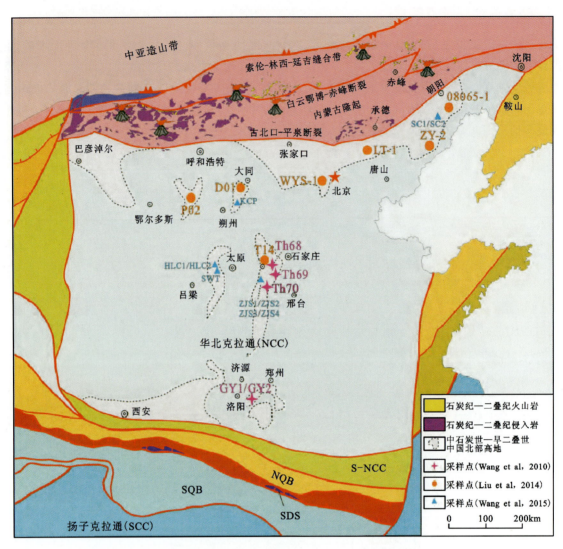

图 2-40 华北克拉通晚古生代古地理及铝土矿采样点示意图(据赵越等,2017)

晚石炭世—中二叠世,华北陆块总体处在北聚南张的区域构造背景下,北部受到古亚洲洋持续俯冲消减-关闭带来的大陆会聚-碰撞挤压效应,南部则受到古特提斯扩张带来的大陆边缘裂解作用(周小进等,2010),华北陆块整体向北运动的同时,伴随着以沉降为主的构造运动,加之全球海平面上升的影响,从晚石炭世起华北陆块内部(尚义-隆化区域断裂以南地区)开始大面积接受沉积,先后发育了 $C_2—P_2$ 海陆交互相大型含煤坳陷盆地和 $P_3—T_2$ 大型内陆坳陷盆地(图 2-41)。平泉山湾子晚二叠世孙家沟组地层层型剖面、武安紫山二叠纪地层次层型剖面是该时期形成的重要层型(典型)剖面类地质遗迹。

该区晚石炭世开始广泛接受浅海相沉积,并很快向海陆交互相、陆相沉积转变,到二叠纪则主要是陆相沉积。沉积了晚石炭世本溪组至中晚二叠世上石盒子组,为一套海陆交互转河湖相碎屑岩含煤建造,底部局部夹有风化沉积型铁矿透镜体及铝土矿。这一时期华北陆块处于低纬度下的湿热气候,是地球上植物大繁盛时期,又处于稳定的构造环境,具有成煤和存煤的良好条件,成为我国最有利的成煤时期(桑树勋等,2001)。其中晚石炭世—晚二叠世太原组为区内重要的含煤地层,重要的煤矿产地有峰峰煤矿、井径煤矿、营子煤矿、开滦煤矿等。著名的河北开滦国家矿山公园就是依托该时期形成的矿产地质遗迹建设的。丰宁南部小型弧后盆地中有中二叠世云雾山组形成,为一套中性、酸性火山岩建造,丰宁西部酸性隐爆-侵入角砾岩发育,形成了牛圈式银(金)矿,是该时期的重要贵金属矿产资源。

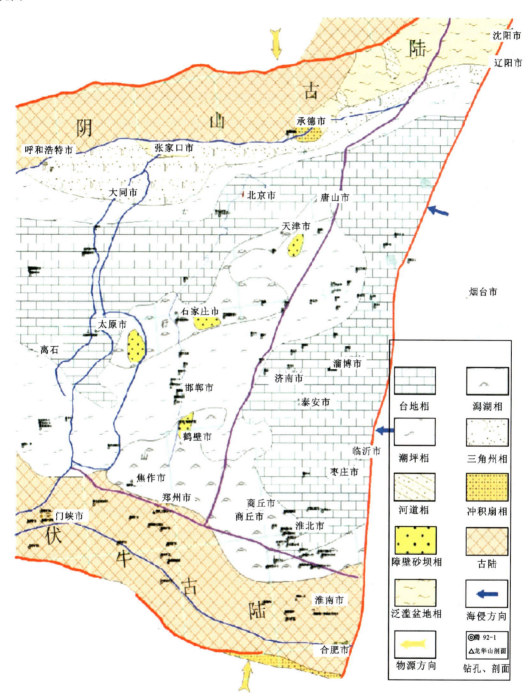

图 2-41　晚石炭世最大海泛面沉积期岩相古地理图(据吕大炜等,2009)

晚石炭世早期,随着全球海平面的上升,华北克拉通陆块为陆表海所淹盖,沉积表明海侵的方向是由东北的辽宁地区,沿着阴山陆块地势低洼地区向盆地中心侵入,海侵主要发生在辽宁、渤海湾地区以及南部的临沂、两淮地区,形成的沉积相带具南北分带、东西展布特色。河北省大部分表现为浅海半深海环境

晚古生代华北克拉通大地构造最显著的变化是其北缘活动大陆边缘的出现。至少从早石炭世晚期开始,古亚洲洋向南俯冲在华北陆块之下(图 2-42),华北陆块北缘演变为安第斯型活动大陆边缘,并导致了华北克拉通上石炭统底部"G"铝土矿的沉积(赵越等,2017)。尚义-隆化区域断裂以北地区

处于华北陆块北缘隆起带,承担着陆缘岩浆弧的角色,发育大量早石炭世晚期—中二叠世的片麻状闪长岩-花岗闪长岩侵入岩这些侵入岩。另外它还包括少量辉长岩及英云闪长岩,呈东西向展布,具有钙碱性或高钾钙碱性、准铝质或弱过铝质岩石地球化学特征,被认为代表了与安第斯型活动大陆边缘俯冲相关的岩浆活动(王惠初等,2007;马旭等,2012)。北部地区为裂谷海相盆地转为弧前海相盆地,由滨浅海碎屑岩、碳酸盐岩(康保三面井早二叠世三面井组正层型剖面)及基性、中性、酸性火山岩组成。在康保—围场一线,形成于大陆边缘造山带岩浆弧前盆地中二叠世额里图组,岩石组合为安山岩及粗面岩等。三面井组与化德群之间的微角度不整合界面的形成,正是青白口纪—晚石炭世整体隆起和古亚洲洋陆块向华北克拉通俯冲挤压的结果。区域称海西构造运动,为近南北向挤压构造环境。

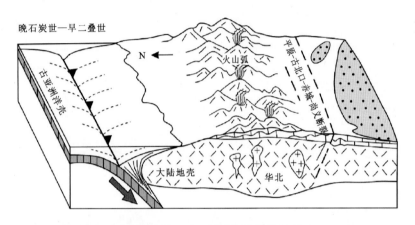

图 2-42　华北陆块北缘晚石炭世—早二叠世构造演化示意图(据赵越等,2010修改)

晚石炭世—早二叠世,古亚洲洋陆块向华北陆块俯冲,在华北陆块边缘发育了安第斯型活动大陆边缘及火山弧。火山物质经风力及水力搬运,沉积于其南部沉积盆地中,形成了华北石炭纪—二叠纪地层中广泛发育的凝灰岩层。弧形花岗质侵入岩于15~18km深度侵位。在河北省北部及内蒙古隆起上可能发育了大量中上元古界、下古生界,现大多已被剥蚀殆尽

石炭纪植物世界开始大繁盛,森林茂密、湖沼遍布。石炭纪—二叠纪地层不仅是重要的煤系地层,还含丰富的植物群、蜓类、腕足类、珊瑚和爬行类、鱼类等。唐山古冶狼尾沟晚石炭世古植物化石产地、抚宁石门寨二叠纪古植物化石产地、武安市紫山晚二叠世华夏植物群化石产地、临城祁村晚二叠世蜓科和珊瑚化石产地等,是研究石炭纪—二叠纪古生物演化和古环境的重要古生物化石类地质遗迹。

四、中生代构造演化与地质遗迹

1. 三叠纪构造演化与重要层型剖面、岩石剖面、构造剖面类地质遗迹

三叠纪时期,华北陆块南侧的秦祁古海洋和北侧的古亚洲洋均已关闭,但陆块南、北两侧受到的碰撞挤压作用并未终止,使得一些近东西向的断裂、逆冲断裂和韧性剪切带重新活动,两缘的地壳增厚导致深部地壳重熔形成了后碰撞花岗岩(罗镇宽等,2003)(图2-43)。

早中三叠纪(252~235Ma),华北陆块北缘隆起带仍处于隆起状态,它以北地区的弧前盆地已隆起消亡,缺失火山岩建造与沉积建造的记录。在华北陆块北缘隆起带及其两侧附近仍有大量侵入岩形成,如冀东的都山花岗岩、柏杖子花岗岩、丰宁的撒岱沟门花岗岩等,标志着陆缘岩浆弧带在印支旋回形成。这些侵入岩均为中性、中酸性及酸性,具有造山型单峰式岩浆岩的特点,地球化学特征显示,早三叠世挤压强烈为同碰撞期(主造山期),中三叠世早期挤压减弱为后碰撞期(造山晚期)。在陆块内部,早中三叠世,承袭二叠纪盆地继续接受陆相沉积,继承了内陆盆地的沉积特特征,南部继承性盆

第二章 地质遗迹形成的地学背景

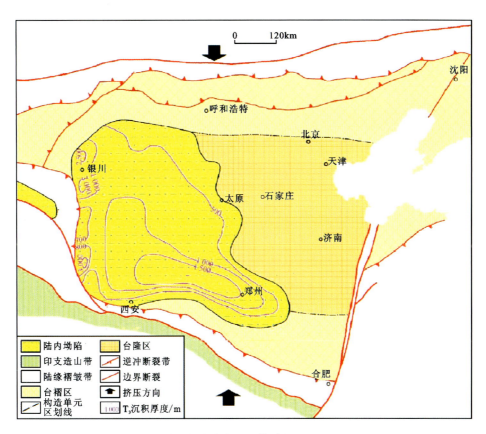

图 2-43 华北地区印支晚期(T_3)构造纲要图(据周小进等,2010)

晚三叠世,南秦岭-大别造山带的崛起,使华北克拉通处于南、北两侧造山带对向挤压的背景下,并在紧靠造山带山前发育近东西走向的褶皱带,同时克拉通中、东部地区(河北省所处渤海湾及周缘地区)发生区域隆升

地中有早三叠世刘家沟组、和尚沟组,中三叠世二马营组(承德下板城中三叠世二马营组;承德武家厂晚三叠世杏石口组次层型剖面;平泉松树台早三叠世刘家沟组、和尚沟组 3 个次层型剖面地质遗迹)形成,为一套陆相碎屑岩建造。平泉黄杖子榆树沟中三叠世二马营组与晚三叠世杏石口组角度不整合面是印支早期构造活动的重要证据。

晚三叠世进入燕山旋回较早阶段(235～200Ma),地幔软流圈经过印支晚期的稳定调整过渡后又进入了近南北向(北北西—南南东向)反向对流状态,引发了近南北向(北北西—南南东向)伸展拉张运动,多数前期断裂复活作张性差异活动,使前期形成的岩石圈发生裂解,开始新的改造与再造。该时期华北陆块中东部发生区域隆升,仅在一些陆内裂陷盆地或继承性盆地中有杏石口组下部形成,为一套山麓冲洪积扇相夹湖相碎屑岩建造。在断裂带、韧性变形带中有拉张型构造岩形成,区内发育较多的侵入岩,形成与分布明显受张性断裂活动控制。侵入岩由超基性、基性、中酸性及酸性岩组成(赤城小张家口晚三叠世辉石岩、平泉光头山晚三叠世碱性花岗岩、青龙都山晚三叠世复式花岗杂岩等重要岩石剖面类地质遗迹),具有非造山型双峰式侵入岩的特点。这表明晚三叠世早期本区处于非造山的拉张构造环境。承德鹰手营子逆冲推覆构造、承德悖锣树东山晚三叠世杏口山组与早侏罗世南大龄组微角度不整合接触遗迹是印支晚期构造活动的重要证据,标志着一个新的构造演化旋回——燕山旋回的开始。

2.侏罗纪—白垩纪构造演化与重要层型剖面、岩石剖面、构造剖面类地质遗迹

燕山期,太平洋陆块相对欧亚陆块的运动已经开始起动(图2-44)。由于太平洋伊泽奈崎(Izanaqi)陆块向北西—北方向(Maruyama S and Isono T,1986)亚洲大陆下的斜冲,华北陆块东部受到主要是北东方向的压扭性剪切分力,由近东西向构造体制转向北东—北北东向构造体制,形成了陆块东部隆起带和坳陷盆地相间的构造格局(李俊建等,2010)。

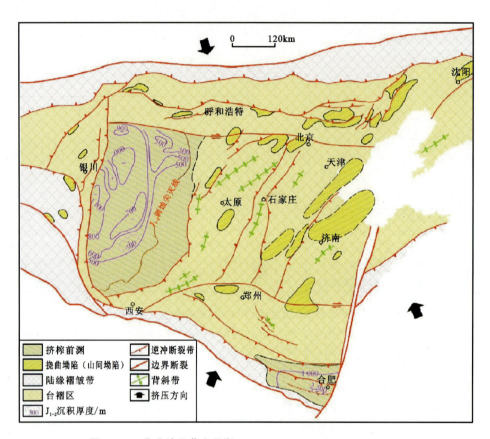

图2-44 华北地区燕山早期(J_{1-2})构造纲要图(据周小进等,2010)

早中侏罗世,不仅继承了晚三叠世以来的南北挤压构造背景,还受到来自东南太平洋陆块俯冲带来的挤压影响,使华北克拉通处于三面挤压环境,褶皱变形向克拉通内部扩展,表现为大规模的褶皱造山与挠曲成盆,同时克拉通内部构造开始分化,呈东西分区(以吕梁山为分界线)、南北分块(大致以北纬35°和40°基底断裂带为分界线)的构造变形格局

侏罗纪(200~145Ma)早侏罗世时期,太平洋陆块向北西华北陆块之下逐步挤压俯冲,进而使本区进入了北西—南东向挤压板内造山的初期阶段——始动阶段,整体处于收缩隆起状态。区内大部分断裂,尤其是北东向与北北东向区域断裂复活或新生作压性逆冲活动(如形成赤城万泉寺飞来峰和下花园鸡鸣山飞来峰等)。该时期在一些陆内挤压继承性盆地与新生挤压坳陷上叠性盆地中有南大岭组(承德武家厂早侏罗世南大岭组地层次层型剖面)、下花园组(下花园崔家庄早侏罗世下花园组地层正层型剖面)形成。南大岭组主要由基性、中性及酸性火山岩组成,局部夹有沉积岩层;下花园组为一套河湖相碎屑岩含煤建造,发育少量侵入岩,由基性、中性及酸性岩组成,火山岩与侵入岩均具有造山型单峰式岩浆岩的特点。中侏罗世时期,随着太平洋洋脊扩张带的扩张幅度与洋脊扩张带以西的太平洋陆块俯冲幅度的加大,本区进入了板内造山加强期,断裂与岩浆活动不断加强;在陆内挤压继承性盆地与新生挤压坳陷上叠性盆地中有九龙山组(下花园贾家庄中侏罗世九龙山组地层次层型剖面)、髫髻山组(承德小郭杖子侏罗纪髫髻山组地层次层型剖面)下部形成。九龙山组为一套河湖相碎

屑岩建造,局部有中酸性火山岩夹层;髫髻山组下部主要由基性、中性火山岩组成,局部夹有沉积岩层。在分布上髫髻山组要广于南大岭组,该时期区内发育较多的侵入岩,由中性与酸性岩组成。中侏罗世本区的火山活动与岩浆侵入活动均在不断加强,火山岩与侵入岩均具有造山型单峰式岩浆岩的特点。晚侏罗世随着太平洋洋脊扩张带的扩张幅度与洋脊扩张带以西的太平洋陆块俯冲幅度的进一步加剧,本区进入了板内造山激化期。此期褶皱运动加强,断裂活动强烈,尤其是逆冲推覆运动极为发育;在陆内挤压继承性盆地与新生挤压坳陷上叠性盆地中有髫髻山组上部、土城子组(赤城雕鹗晚侏罗世土城子组地层次层型剖面)形成;髫髻山组上部主要由中性和酸性火山岩组成,局部夹有沉积岩层;土城子组为一套河湖相碎屑岩建造,局部有中酸性火山岩夹层。区内侵入岩发育(形成青龙肖营子早侏罗世闪长岩-正长花岗岩、兴隆王坪石中侏罗世正长花岗岩、涉县符山中侏罗世角闪闪长岩等重要岩石剖面类地质遗迹),由基性、中性、酸性岩组成,火山岩与侵入岩均具有造山型单峰式岩浆岩的特点(图2-45)。

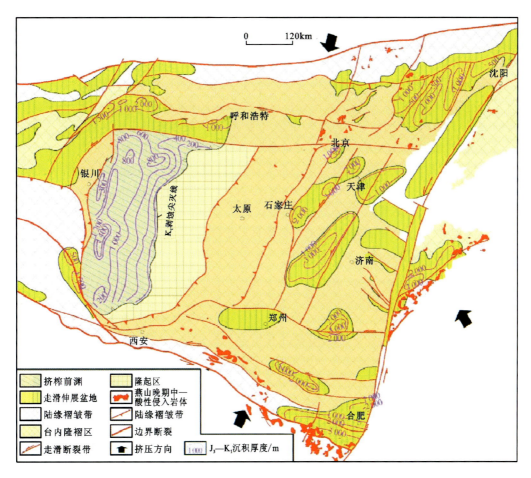

图2-45 华北地区燕山中晚期(J_3—K_1)构造纲要图(据周小进等,2010)

晚侏罗世—早白垩世,受中国南—东南缘新特提斯洋(怒江带和长乐-南澳带)关闭与陆块碰撞造山影响,中国处于北、南、东三面挤压环境,大陆内部块体间发生陆陆俯冲,并因块体间的扭动而产生排斥走滑效应。在上述背景下,华北克拉通内部呈西挤东滑的构造面貌,进一步强化或改造了早、中侏罗世构造分块和变形格局

白垩纪(145~65Ma),早白垩世早期,随着太平洋洋脊扩张带的扩张幅度与洋脊扩张带以西的太平洋陆块俯冲幅度的达到顶峰状态,本区进入了板内造山鼎盛期,断裂与岩浆活动最为强烈,太平洋陆块的俯冲挤压方向由侏罗纪时期的北西向转为北西西向,从而使区域上呈北东—南西向展布的主构造线(侏罗纪)转为呈北北东—南南西向展布的主构造线(早白垩世);该时期在一大批陆内挤压继

承性盆地与新生挤压坳陷上叠性盆地中有张家口组（崇礼红泥湾—元宝山早白垩世张家口组地层正层型剖面）形成，主要由中性、酸性及偏碱性火山岩组成，局部有沉积夹层，分布范围急剧扩大，在中生代地层中占居首位，说明张家口期的火山活动最为强烈。区内侵入岩（涿鹿大河南早白垩世石英二长岩、怀来大海坨早白垩世二长花岗岩、丰宁窟隆山早白垩世石英二长岩、滦平千层背早白垩世碱性花岗岩、涞源王安镇早白垩世碱性花岗岩、武安矿山村早白垩世闪长岩-二长岩、永年洪山早白垩世正长岩是这一时期形成的重要岩石剖面类地质遗迹）也非常发育，由基性、中性及酸性岩组成，火山岩与侵入岩均具有造山型单峰式岩浆岩的特点，整体表明本区在早白垩世早期处于板内或陆内造山最为强烈的阶段——鼎盛期。早白垩世中期，随着太平洋洋脊扩张带的扩张幅度与洋脊扩张带以西的太平洋陆块俯冲幅度开始减小，本区也进入了板内造山相对减弱期，断裂与岩浆活动仍较强烈，在陆内挤压继承性盆地中有大北沟组（滦平西台早白垩世九佛堂组层次层型剖面）、义县组（滦平张家沟早白垩世义县组层正层型剖面、义县阶建阶剖面）及九佛堂组（滦平榆树早白垩世大北沟组正层型剖面、大北沟阶建阶剖面）形成；大北沟组与九佛堂组以河湖相碎屑岩建造为主，有少量中酸性火山岩夹层，局部见油页岩夹层；义县组主要由中性、酸性及偏碱性火山岩组成，局部有沉积夹层，其分布范围上急剧减小，说明该阶段火山活动急剧减弱；区内侵入岩异常发育，由基性、中性、酸性及偏碱性岩组成，显示了本区在早白垩世中期火山活动进入了晚期（急剧减弱期）而岩浆侵入活动进入了高峰期的岩浆活动特点，火山岩与侵入岩均具有造山型单峰式岩浆岩的特点，处于板内或陆内造山减弱阶段。早白垩世晚期—晚白垩世早期，随着太平洋洋脊扩张带扩张及其以西太平洋陆块俯冲趋于停止，本区进入了板内后造山调整阶段，火山活动完全停止，但有岩浆侵入活动，在少数陆内挤压继承性盆地中有早白垩世晚期青石砬组（丰宁外沟门早白垩世青石砬组正层型剖面）与晚白垩世早期南天门组（万全黄家堡晚白垩世南天门组正层型剖面）形成；青石砬组与南天门组为一套河湖相碎屑岩建造，局部含煤，受早白垩世中期挤压运动的影响，岩浆侵入活动仍在继续，侵入岩均由偏碱性、碱性岩组成，具有过渡型岩浆岩的特点。晚白垩世晚期，随着太平洋洋脊扩张带扩张与洋脊扩张带以西太平洋陆块俯冲的完全停止，进入了后造山的稳定过渡阶段，该时期河北省整体处于隆起状态，缺失各类建造记录。至此，整个燕山构造运动旋回演化结束。

3. 中生代侏罗纪—白垩纪重要化石（恐龙与热河生物群）类地质遗迹的形成

中生代是裸子植物、爬行类动物盛行的时代，也是个承上启下的时代，为新生代演化奠定了基础。

侏罗纪是恐龙的鼎盛时期，在三叠纪出现并开始发展的恐龙在侏罗纪迅速成为地球的统治者。各类恐龙构成一幅千姿百态的龙的世界。当时除了陆上身体巨大的迷惑龙、梁龙、腕龙等，水中的鱼龙和飞行的翼龙等也开始发展和进化。河北省侏罗纪化石丰富，除了青龙木头凳盆地晚侏罗世燕辽生物群化石产地、宣化堰家沟聂氏宣化龙化石产地、赤城县古子房硅化木化石产地等典型恐龙及植物化石产地外，还有大量的蜥脚类和鸟臀类及兽脚类等足迹化石。

早白垩世是陆地生态系统演化的关键时期，类似现代的生态格局形式开始初现。这一时期在河北省北部和辽宁西部地区生物繁盛，同时火山活动也异常活跃，大面积强烈的火山喷发使得一些生物被火山毒气瞬间闷死，并被火山灰迅速掩埋而成为了化石，超常的保存状况使得这里的化石种类极其丰富，许多生物被定格在死亡的瞬间，化石栩栩如生，20世纪初被地质学家发现，称之为热河生物群。在冀北地区20多个大小不同的中生代盆地中已发现热河生物群化石点100余处。该生物群主要集中在丰宁—围场一带，丰宁有森吉图-四岔口、花吉营、马家窝铺、凤山、西土窑（华美金凤鸟发现地）5处早白垩世热河生物群化石产地；围场山湾子、西龙头、半截塔、清泉4处早白垩世热河生物群化石产地。另外隆化张三营、承德高寺台、滦平滦平镇、平泉茅兰沟、沽源小厂和青龙木头凳等中生代盆地的早白垩纪地层中也赋存有重要早白垩世热河生物群化石。滦平井早白垩世九佛堂组是滦平龙化石产地。现在这里已成为一个世界级的化石宝库，为我们保存了1亿多年前生命的起源、繁盛与灭绝的演化历史,被喻称为中生代的庞贝城。

近年,在河北省一些白垩纪盆地中陆续发现许多重要的恐龙化石,如万全黄家堡是晚白垩世鸟龙类、鸭嘴龙类爬行动物化石,万全洗马林镇是晚白垩世鸭嘴龙科化石,秦皇岛市卢龙县燕河营镇发现晚白垩世恐龙化石,为白垩纪末期恐龙由巅峰走向完全灭绝的古环境演化研究提供了重要实物信息。

除了鸟类、恐龙,热河生物群包括许多其他门类,如哺乳动物、鱼类、两栖类、龟鳖类、无脊椎动物、植物等。正如中国科学院院士、中科院古脊椎动物与古人类研究所所长周忠和所说"热河生物群延续了大约 2 000 万年,奇特的古老生物加上罕见的生物多样性,构成了认识中生代晚期地球陆地生态系统的一个重要窗口。"

五、新生代构造演化与地质遗迹

由于受乌兰巴托-鄂霍次克海裂谷带扩张与太平洋萎缩、印度陆块与青藏高原俯冲碰撞的影响,从始新世初期开始(喜马拉雅早期),河北省整体处于不均衡单向(由北西西向南东东)伸展拉张运动状态,浅部与地表多数区域断裂复活作张性运动,太行山-燕山山前区域断裂开始较强烈活动,同时一些断陷盆地、坳陷盆地及华北盆地初步形成,各盆地中有相应建造形成。该时期内蒙古高原南缘(坝上高原)地区基本仍处于隆起状态,缺失建造记录;在太行山-燕山山间地区的新生断陷与坳陷盆地中有始新世西坡里组(曲阳西坡里始新世西坡里组地层正层型剖面)形成;在华北盆地区有始新世孔店组、沙河街组四段(下段)形成,以河湖相碎屑岩建造为主(含油、含盐),夹有基性、碱性火山岩层。火山岩类具有非造山型双峰式岩浆岩的特点,表明本区已处于较强的单向伸展拉张运动构造环境。

渐新世—上新世时期(喜马拉雅中期)和渐新世—中新世(33.8~5.3Ma),浅部与地表大多数区域断裂复活作强烈张性运动,各断陷盆地或裂谷盆地、坳陷盆地进一步发展,各盆地中有相应建造形成,岩浆活动强烈。河北省整体处于不均衡单向伸展拉张运动的激化期。该时期在内蒙古(坝上)高原南缘盆地区的盆地中有开地坊组、汉诺坝组(张北汉诺坝渐新世—中新世玄武岩岩石剖面)形成;在太行山-燕山山间盆地区的盆地中有灵山组(曲阳西坡里渐新世灵山组地层正层型剖面)、蔚县组(阳原灰泉堡渐新世蔚县组地层正层型剖面)、雪花山组(井陉雪花山渐新世玄武岩岩石剖面)及少量超基性与基性侵入岩形成;在华北盆地区有沙河街组一段至三段、东营组及馆陶组形成。开地坊组、灵山组为一套河湖相碎屑岩建造,开地坊组中夹有褐煤层;汉诺坝组与雪花山组以基性、碱性火山岩为主,间夹河湖相碎屑岩层;沙河街组一段至三段、东营组及馆陶组为一套河湖相碎屑岩含煤(含油、含盐)建造,夹有基性、碱性火山岩层,部分地段火山岩较多较厚;火山岩及侵入岩具有非造山型双峰式岩浆岩的特点,该时期本区处于相对最为强烈单向拉张活动的激化状态。上新世时期,河北省整体处于不均衡单向伸展拉张运动的相对减弱发展阶段,该时期在内蒙古(坝上)高原南缘盆地区中有石匣组形成,在太行山-燕山山间盆地区的盆地中有石匣组(阳原红崖上新世石匣组地层正层型剖面)、稻地组形成,为一套河湖相碎屑岩建造;在华北盆地区有明化镇组形成,为一套河湖相碎屑岩含煤建造,反映了该时期以干热为主间夹相对温暖潮湿的气候条件。该时期无火山与岩浆侵入活动,河北省整体处于单向拉张运动减弱的相对稳定状态。

经过渐新世—上新世(33.8~2.588Ma)喜马拉雅中期旋回的发展演化,本区内蒙古(坝上)高原南缘、太行山-燕山山脉山地(华北中低山区)、华北平原总体地貌格局基本形成。

第四纪(2.588Ma至今)(喜马拉雅晚期)以来,本区进入了不均衡较强拉张运动发展阶段(图2-46)。更新世早期,在内蒙古(坝上)高原南缘盆地区处于相对隆起状态,仅局部可见泥河湾组河湖相细碎屑岩沉积建造。在太行山-燕山山间盆地区的盆地中有泥河湾组(阳原台儿沟早更新世泥河湾组地层正层型剖面;泥河湾阶建阶剖面阳原下沙沟早更新世泥河湾组地层次层型剖面)、郝家台组下部形成,为一套河湖相碎屑沉积建造,个别盆地中间夹海相沉积层;在华北盆地区是一套以河湖相为主的碎屑沉

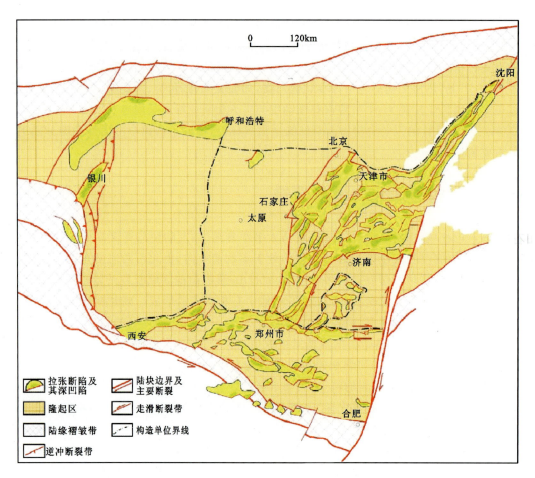

图 2-46 华北地区喜马拉雅期（E_{2-3}）构造纲要图（据周小进等，2010）

喜马拉雅期华北克拉通总体呈西抬东降的构造格局。古近纪中、晚期，东部渤海湾—南华北地区广泛发育拉张断陷盆地，在郯庐断裂带左侧发育了北北东—北东东向呈"S"形展布的渤海湾拉张断陷盆地群，形成冀中、黄骅、济阳、临清-东濮、渤中、下辽河6个坳陷区，它们由多个呈东断西超或北断南超为主的半地堑组成；另一方面，古近纪断陷完全改变了先前 J_3—K_1 期的构造格局，由于区域应力场的转变，形成了展布方向不同的新的控凹正断层，两期盆地在空间上的错位叠加，使古生界形成了新的分割网络和差异升降的块隆-块坳格局

积建造，中部间夹海相沉积层；在渤海与黄海盆区开始有海相沉积建造形成。更新世中期，在内蒙古（坝上）高原南缘盆地区和太行山-燕山山间盆地区的盆地中有赤城组（赤城扬水站中更新世赤城组地层正层型剖面）形成；在华北盆地区是一套以河湖相为主的碎屑岩沉积建造，局部间夹海相沉积层；在渤海与黄海盆地区也有相应的海相沉积建造形成。更新世晚期，在内蒙古（坝上）高原南缘盆地区及太行山-燕山山间盆地区的盆地中有郝家台组上部（阳原-蔚县盆地）、马兰组（平山下宅晚更新世马兰组下段砾石层典型剖面）、迁安组（迁安爪村晚更新世迁安组地层正层型剖面）形成，为一套陆相碎屑岩沉积建造；在华北盆地区有以河湖相为主间夹海相的碎屑岩沉积建造，并伴有玄武质火山岩建造（小山玄武岩）；在渤海与黄海盆区也有相应的海相沉积建造形成，该时期形成的火山岩具有非造山型岩浆岩的特点。全新世，在内蒙古（坝上）高原南缘盆地区及太行山-燕山山间盆地区的盆地中与沟谷低洼地带有陆相碎屑岩沉积建造形成；在华北盆地区为一套河湖相夹海相碎屑沉积建造；在渤海与黄海盆区也有相应的海相沉积建造形成。该时期，尤其是近几百年以来因人类农业、工业等飞速发展造成的环境与空气污染，对气候的变化也有较大的影响。仅有各类沉积建造形成，它的分布范围也相对变小，似趋于隆起稳定状态，但由于岩石圈热能的不断释放（新构造运动）、地震的不断发生，表明现今

本区整体仍然处于不均衡较强的单向拉张运动状态。

总之,65Ma以来的新生代,山地和高原隆升及气候变迁,形成的火山活动、地震、多级夷平面、活断层、湖盆演化(水体)、冰川、丹霞等,形形色色的山岳地貌与脊椎动物化石等是距离我们人类最近、保留最为完整、最为壮观的地质遗迹。根据不同科学的研究结论来看,形成河北省的重要地貌景观类地质遗迹的构造事件应是喜马拉雅运动。在古近纪和新近纪构造格架的基础上,内蒙古(坝上)高原与华北中低山区(太行山-燕山山地)继续不均衡上升,华北平原沉降区继续扩大,形成不同高程的地貌单元,再通过第四纪时期的新构造演化,河北省现代高原、山地、平原与海盆地貌景观进一步定格(详见本章第一节)。

河北从更新世早期(约2Ma的泥河湾早期)开始出现了古人类活动与文化演化的遗迹,如阳原泥河湾动物群化石产地及古人类(古文化)遗址群。更新世中期后又陆续出现了与北京猿人同期(约0.5Ma)的古人类遗址(赤城南沟岭中更新世周口店动物群化石与之同期)、更新世晚期的山顶洞人(约18ka)(玉田石庄晚更新世山顶洞动物群化石产地及旧石器时代文化遗址,迁安小河庄晚更新世迁安组大象门牙化石,迁安爪村晚更新世迁安组原始牛-赤鹿动物群化石,迁安杨家坡晚更新世迁安组水牛角化石等是这一时期形成的)、全新世早中期的半坡人(8~6ka)、全新世中期的张北人(张北大囫囵和康保满德堂晚更新世—中全新世哺乳动物化石及古人类文化遗址)(张北或坝上高原古人类遗迹群形成于5ka左右)等,总之到全新世中期与晚期进入了古人类与现代人类发展的高潮期。

第三章 基础地质类地质遗迹分述

JICHU DIZHILEI DIZHI YIJI FENSHU

第一节　重要地层剖面

地层剖面是地质工作的基础。典型地层剖面中储存着大量的极其珍贵的地球科学信息，它是研究地球历史时期古环境、古地理、古气候、古生物、古构造、古地磁和地球演变、生物进化等的"大地史书"，更是建立年代地层单位的标准。地层剖面是不可再生的国家财富（王泽九等，2016），是打开我们脚下大地认知之门的钥匙。

一、层型（典型）剖面

河北省地质、地理条件复杂，区内太行山、燕山及坝上高原区由太古宙到新生代的基岩构成，保留了类型多样、数量众多的典型地层剖面，记录了许多重大的地质事件。河北省既有可与华北乃至中国和国际上进行地层对比的层型剖面，又有发育完整、连续长达数千米、记录某段重要地质历史篇章的典型剖面，更有多个可为地质历史演化阶段提供重要地质证据、区域地质对比、特殊意义的剖面层段。根据初步筛选结果，河北省具有保护价值的剖面多达70处，其中世界级2处，国家级16处，省级52处（图3-1）。

【地层】具有某种共同特征或属性的层层岩石组合。一般是指沉积岩和喷出火山岩，能以明显界面或经研究后推论的某种解释性界面与相邻的岩层和岩石体相区分。特征相同的地层往往会形成特定的地貌景观，因此地层是研究岩石地貌景观的重要依据。

【层型】已命名的地层单位或地层界线的原始或后来被指定作为对比标准的地层剖面或界线。在特定的岩层序列内，层型代表一个特定的间隔或一个特定的点位，它构成了定义和识别该地层单位或确定地层界线的标准。这个特定的间隔就是地层单位的单位层型，特定的点就是界线层型。

【正层型】在提出一个地层单位或界线时所指定的原始层型。

【次层型】在原指定的正层型之后提出的一个层型，旨在将该地层单位或界线的认识扩展到其他地区。

1. 太古宙—古元古代重要层型（典型）剖面

人类迄今对地球诞生早期阶段的情况了解甚微，而古老岩石则是研究地球早期形成的唯一物质，因此说古老岩石具有极其重要的科研价值，是揭开地球形成过程秘密的金钥匙（赵永纯等，2007）。地球的形成及早期演化是地球科学中最富挑战性的前沿研究课题之一，地球上不小于3.8Ga岩石的分布极为局限，仅在格陵兰、南极、北美和我国冀东、鞍山等地区发现（王惠初等，2011），尽管这些岩石出露面积不大，但提供了不可多得的早期地壳演化信息，对研究地球早期历史具有重要的意义。

河北省太古宙广泛出露于冀东、阜平、赞皇等地，有从古太古代到新太古代较连续的地质记录（表3-1），出露于冀北的桑干岩群、崇礼下岩群、崇礼上岩群；出露于冀东的曹庄岩组、迁西岩群、滦县岩群、双山子岩群；出露于冀西—冀南的阜平岩群、五台岩群、甘陶河群……以河北省内地名命名的种种岩层皆为北方地区的典型剖面，像一本本史书，记载着燕赵大地山海变迁的往事。

残存于冀东迁安一带出露面积不大的曹庄岩组，是我国迄今所发现的最老地层之一，为探讨华北

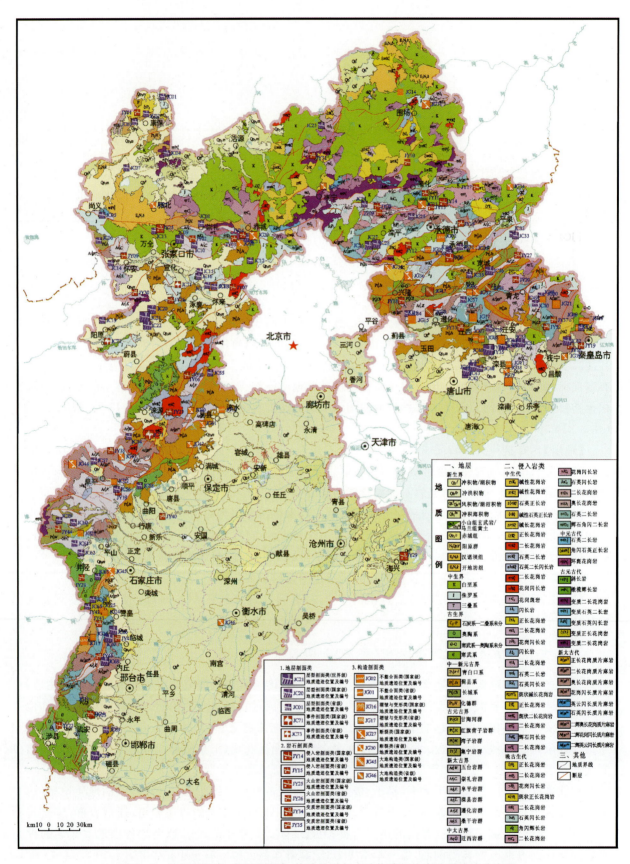

图 3-1 地层剖面类、岩石剖面类、构造地质与大地构造行迹类地质遗迹分布图

第三章 基础地质类地质遗迹分述

陆块及全球古太古代陆壳的形成与演化提供了十分重要的线索和信息。中太古代迁西岩群水厂岩组是冀东地区最重要的含铁岩系。新太古代是华北克拉通陆壳形成增生的最重要时期,这与全球其他主要克拉通一致。新太古代陆壳迅猛增生可能表明全球构造体制发生了重大转换,陆块构造已起作用(万渝生等,2015)。

表 3-1 河北省太古宙—古元古代地层剖面类重要地质遗迹名录

序号	编号	地层时代	遗迹名称	等级	意义
1	JC65	古元古代	井陉南嵩亭古元古代甘陶河群嵩亭组地层正层型剖面	省级	具重要的地层对比意义
2	JC64		井陉测鱼古元古代甘陶河群南寺掌组、南寺组地层正层型剖面	省级	具重要的地层对比意义
3	JC67		临城官都古元古代官都群地层正层型剖面	国家级	具重要的地层对比意义
4	JC04		康保万隆店古元古代红旗营子岩群东井子岩组代表性剖面	省级	具重要的地层对比意义
5	JC08		崇礼太平庄古元古代红旗营子岩群太平庄岩组地层代表性剖面	省级	具重要的地层对比意义
6	JC59		平山占路崖古元古代湾子岩群地层代表性剖面	省级	具重要的地层对比意义
7	JC06		尚义沙卜窑古元古代集宁岩群下白窑岩组地层代表性剖面	省级	具重要的地层对比意义
8	JC54	新太古代	涞源龙家庄新太古代五台岩群上堡岩组、龙家庄岩组地层代表性剖面	省级	具重要的地层对比意义
9	JC57		阜平北辛庄新太古代五台岩群板峪口岩组地层代表性剖面	省级	具重要的地层对比意义
10	JC48		青龙王杖子新太古代朱杖子岩群梓罗台岩组地层代表性剖面	省级	具重要的地层对比意义
11	JC50		青龙鲁杖子新太古代朱杖子岩群张家沟岩组地层典型剖面	省级	具重要的地层对比意义
12	JC49		青龙小狮子沟新太古代双山子群岩组地层代表性剖面	省级	具重要的地层对比意义
13	JC24		丰宁团榆树新太古代崇礼上岩群艾家沟岩组地层代表性剖面	省级	具重要的地层对比意义
14	JC25		滦平小营新太古代崇礼上岩群杨营岩组地层代表性剖面	省级	具重要的地层对比意义
15	JC68		内丘大和庄新太古代赞皇岩群地层正层型剖面	国家级	具重要的地层对比意义
16	JC60		平山元坊新太古代阜平岩群元坊岩组地层正层型剖面	省级	具重要的地层对比意义
17	JC61		平山刘家南沟新太古代阜平岩群城子沟岩组地层正层型剖面	省级	具重要的地层对比意义
18	JC56		阜平叠卜安村新太古代阜平岩群叠卜安岩组地层正层型剖面	省级	具重要的地层对比意义
19	JC51		卢龙大英窝新太古代滦县岩群大英窝岩组地层代表性剖面	国家级	具重要的地层对比意义
20	JC52		抚宁北석河新太古代滦县岩群阳山岩组地层代表性剖面	国家级	具重要的地层对比意义
21	JC34		兴隆三道沟新太古代遵化岩群马兰峪岩组地层代表性剖面	省级	具重要的地层对比意义
22	JC37		迁西东营新太古代遵化岩群滦阳岩组地层代表性剖面	省级	具重要的地层对比意义
23	JC05		尚义黄土窑新太古代崇礼下岩群黄土窑岩组地层代表性剖面	省级	具重要的地层对比意义
24	JC10		崇礼谷咀子新太古代崇礼下岩群谷咀子岩组地层代表性剖面	省级	具重要的地层对比意义
25	JC38	中太古代	迁安黄官营—六道沟中太古代迁西岩群平林镇岩组地层代表性剖面	省级	具重要的地层对比意义
26	JC39		迁安水厂中太古代迁西岩群水厂岩组地层代表性剖面	省级	具重要的地层对比意义
27	JC14		怀安瓦沟台中太古代桑干岩群地层代表性剖面	省级	具重要的地层对比意义
28	JC40	古太古代	迁安黄柏峪古太古代曹庄岩组地层代表性剖面	世界级	是我国至今所发现的最老层位,是我国古太古代古陆核的代表,具有极其重要的科研价值

古元古代在新太古代末期第一次克拉通化之后，出现了长达 0.2～0.15Ga 的静寂期，没有火山活动，没有构造活动，使得 2.5Ga 作为太古宙与元古宙的分界年龄具有划时代的意义。之后华北克拉通经历了一次基底陆块的拉伸-裂谷事件(2.3～1.95Ga)(翟明国,2011)，形成多个陆内裂谷盆地。随后在 2.0～1.97Ga，经历了一次挤压构造事件(吕梁运动)，导致了陆内盆地的闭合，最终完成了第二次克拉通化。主要的火山-沉积岩系分布在克拉通的东部、西北部和中部形成晋豫、胶辽和丰镇 3 个活动带，它们在分布状态、变形与变质方面，类似于现代陆-陆碰撞型的造山带(翟明国,2011)，河北省范围内代表性地层主要有冀西北—内蒙古地区的丰镇带集宁岩群、红旗营子岩群(原红旗营岩群中属于古元古代的部分)，以及化德群等，太行山地区晋豫带的湾子岩群、甘陶河群等。它们都是双峰式火山-沉积建造，经历了中—低级变质作用(局部麻粒岩相)，反映了由裂谷盆地—俯冲—碰撞的构造演化历史，可能代表了规模有限的初始陆块构造(翟明国,2011)。

1)初始古陆核——迁安市黄柏峪古太古代曹庄岩组地层典型剖面

曹庄岩组主要分布于迁安市的杏山、老爷门东山、黄柏峪、迁西曹庄等地(图 3-2、图 3-3)，其中以迁安市黄柏峪古太古代曹庄岩组地层典型剖面为代表，岩石类型主要有斜长角闪岩、黑云斜长片麻岩、条带状磁铁石英岩、铬云母石英岩、不纯大理岩等，是最古老矿床——条带状铁建造铁矿床(BIF)的主要赋矿层位(图 3-4)。华北克拉通最古老的锆石出现在曹庄岩组中，其中铬云母石英岩中的碎屑锆石年龄为 3 880～3 550Ma(初航等,2016)。

图 3-2 黄柏峪"地球岩石鼻祖"

曹庄岩组是我国至今所发现的最老层位之一，也是我国古太古代古陆核的代表，由于新太古代的岩浆侵位，使变质表壳岩分布不连续，甚至以大小不等的包体形式残存于新太古代中期英云闪长质片麻岩和晚期红色花岗质片麻岩之间或其中。尽管这些岩石露头面积较小，但提供了不可多得的早期地壳演化信息，对中国乃至世界的地球早期历史研究具有重要的意义(王惠初等,2011)。

关于曹庄岩组形成年龄至今没有统一的认识，根据斜长角闪岩全岩 Sm-Nd 等时线年龄，曹庄岩

第三章 基础地质类地质遗迹分述

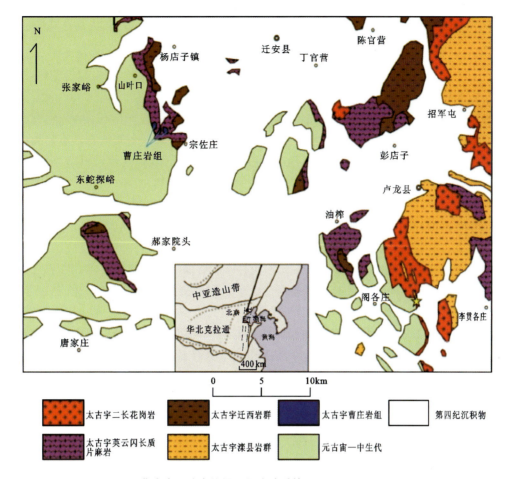

图 3-3 曹庄岩组分布位置及周边地质简图（据初航等，2016）

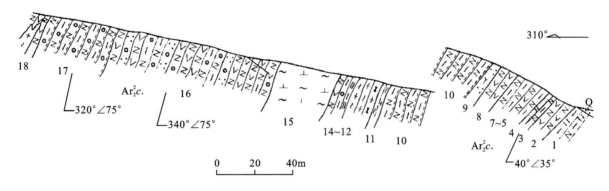

图 3-4 迁安市黄柏峪古太古代曹庄岩组地层典型剖面

1.黑云斜长变粒岩，夹有几厘米宽的斜长角闪岩薄层；2.斜长角闪岩；3.黑云斜长变粒岩；4.白云母（铬云母）石英岩；5.黑云斜长变粒岩；6.斜长角闪岩、含黑云角闪岩夹几厘米宽的角闪磁铁石英岩，成韵律发育；7.黑云斜长变粒岩（片麻岩），上部夹几十厘米宽的长石石英岩；8.纹层状斜长角闪岩；9.含夕线石石英岩；10.黑云斜长片麻岩夹透镜状斜长角闪岩；11.糜棱岩化变质花岗岩；12.绿泥阳起透闪岩、透闪绿泥片岩、透辉斜长变粒岩等钙硅酸盐岩组合；13.二云片岩与石榴黑云片岩；14.碎裂岩化斜长角闪岩；15.变质闪长岩；16.黑云斜长角闪岩、石榴黑云斜长变粒岩夹石榴石英岩、石榴斜长角闪岩、透镜状磁铁石英岩；17.石榴黑云斜长片麻岩夹扁豆状斜长角闪岩；18.斜长角闪岩，穿插有变质黑云二长花岗岩

Q.马兰组棕黄色含砾砂质黏土；$Ar_2^2c.$ 曹庄岩组，该剖面位于迁安-迁西国家地质公园内，下部为夕线黑云斜长片麻岩夹石榴石英岩，中部为黑云斜长片麻岩夹斜长角闪岩，上部为角闪黑云片岩、黑云片岩、斜长角闪岩及磁铁石英岩

组形成于约 3.5Ga。然而,由于测试样品包括了不同类型的斜长角闪岩,该年龄的可靠性有待于进一步确定(刘敦一等,2007)。王松山等(1986)根据斜长角闪岩 $^{40}Ar/^{39}Ar$ 测年,曹庄岩组早期结晶年龄约为 3.6Ga;万渝生等(2015)根据最年轻碎屑锆石和变质锆石年龄,限定曹庄岩组形成于 3.4~2.5Ga 之间,而不是以往认为的 3.5Ga(Liu et al,2013a;Nutman et al,2014)。综合以上资料,本节认为该岩组形成于古太古代中期,为 3.4Ga 左右,后期发生变质。

另外,早期的工作在铬云母石英岩中发现大量 3.88~3.55Ga 碎屑锆石,近些年,在石榴黑云片麻岩和副变质斜长角闪岩中发现大量 3.8~3.4Ga 碎屑锆石和 2.5Ga 变质锆石。不同类型变质碎屑沉积岩中都存在大量 3.88~3.4Ga 碎屑锆石,表明其物源区很近(万渝生等,2015),极大地增大了在冀东发现 3.8Ga 陆壳岩石的可能性。

目前,迁安黄柏峪地区已经成为中国前寒武纪研究的一块前沿阵地,包括中科院院士、西北大学教授张国伟在内的许多著名地质学家都对该区开展过地质研究工作,发表了许多学术论文,通过对这一地区的研究,中国前寒武纪的研究工作已走在了世界的前列。

2) 华北克拉通拉伸裂谷——井陉县古元古代甘陶河群地层正层型剖面

井陉县古元古代甘陶河群地层正层型剖面位于井陉县测鱼乡多峪沟口—杨庄一带,与上覆中元古代长城系、下伏赞皇群均为角度不整合接触,为一套厚层的浅变质表壳岩,形成于陆内裂谷环境。区域上甘陶河群主要分布于甘陶河流域和赞皇、内丘两县的西部地区,是华北克拉通前寒武纪典型地层之一,自下而上分为南寺掌组、南寺组、蒿亭组 3 组。井陉县甘陶河群正层型剖面仅包含南寺掌组、南寺组。南寺掌组下部为一套变砾岩、变长石砂岩,上部为一套变玄武岩、熔结角砾岩、绿泥片岩、绢云石英片岩;南寺组为一套长石石英砂岩、变玄武岩、白云岩和板岩。岩石受风化作用常形成风动石等砂岩地貌(图 3-5、图 3-6)。

图 3-5 石家庄封龙山一带甘陶河群变长石石英砂岩经风化作用形成的"金龟石"(摄影/方广)

图 3-6 石家庄封龙山一带甘陶河群变长石石英砂岩经风化作用形成的风动石(摄影/北海龙吟)

通常认为甘陶河群可与五台山地区的滹沱群对比(图 3-7),初始沉积时代约为 2.5Ga,杨崇辉等(2018)通过大量的年代学资料认为滹沱群的底界年龄可能放在 2.18Ga 更为合适,甘陶河群可能较滹沱群开始沉积的时代稍晚一些,沉积时代为 2.1~1.95Ga。

华北克拉通 2.2~1.9Ga 这一阶段的地层除孔兹岩系外,通常为变质火山-沉积岩系,且火山岩基本都具有双峰式火山岩特征,表明它们应该形成于伸展环境,但对伸展的机制还存在裂谷与弧后盆地的争议,杨崇辉等(2018)根据甘陶河群中碎屑物质组成特征、碎屑锆石年龄分布特征和区域上 2.2~2.0Ga 岩浆事件的性质,推断甘陶河群形成于古元古代中期裂谷环境。本书倾向于甘陶河群形成于陆内裂谷环境,反映了华北克拉通可能从 2.2Ga 开始经历了强烈的伸展活动,最终导致了原有基底的裂解。

第三章 基础地质类地质遗迹分述

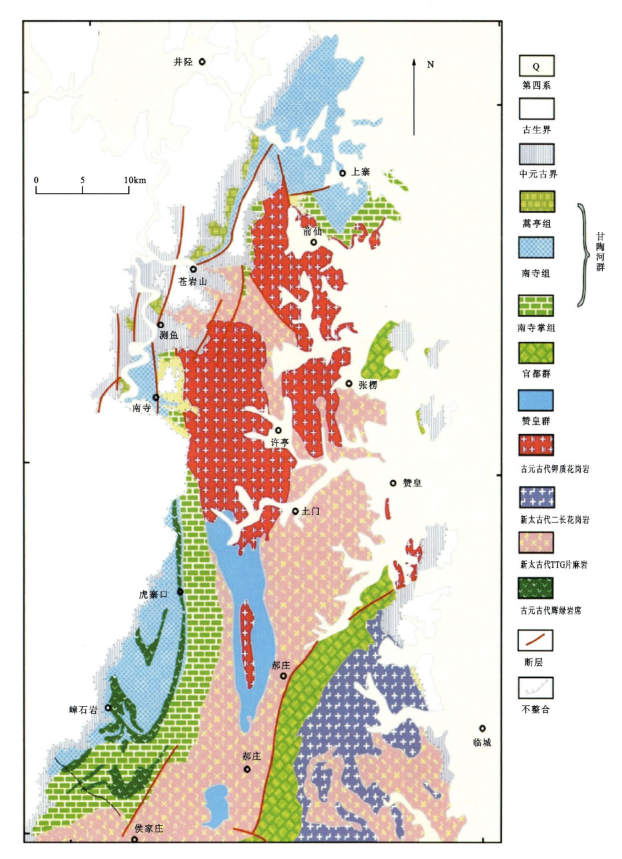

图 3-7 甘陶河群地质简图（据杨崇辉等，2018）

2. 中—新元古代重要层型（典型）剖面

中—新元古代地层主要出露燕辽裂谷（图3-8）内，地层出露全，厚度大，接触关系清楚，是我国北方地层研究最早和研究程度最高的地区之一，自下而上可划分为中元古代长城纪赵家庄组、常州沟组、串岭沟组、大红峪组，蓟县纪高于庄组、杨庄组、雾迷山组、洪水庄组、铁岭组，待建纪下马岭组，新元古代青白口纪龙山组、景儿峪组。其中，著名的"宣龙式"铁矿发育在串岭沟组的下部，具有特殊的鲕状和肾状构造，代表了形成环境的水体条件具有周期性变化的特征；下马岭组分布有沥青砂岩古油藏，是我国迄今所发现的最古老的油藏。

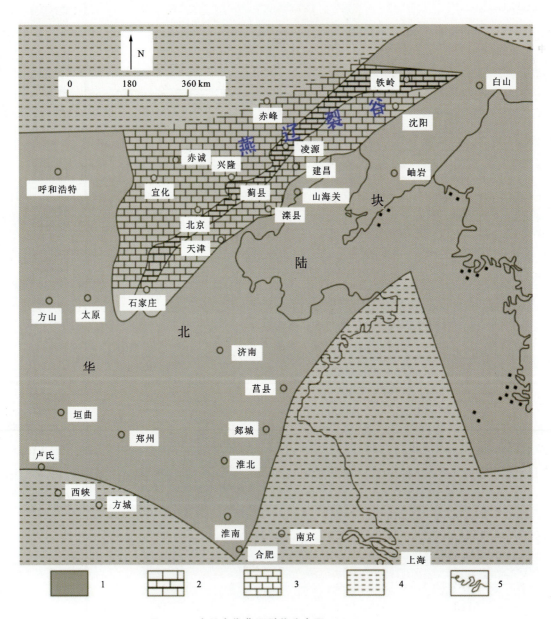

图3-8 中元古代燕辽裂谷分布图（据赵贵生，2011）

1.陆地；2.含锰、铅深水碳酸盐岩沉积与大红峪期火山喷发；3.肩部浅海碳酸盐岩；4.外海碳酸盐岩沉积；5.现代海岸线我国以天津蓟县剖面作为中—新元古代的标准剖面,自下而上分为长城系(1 800～1 400Ma)、蓟县系(1 400～1 000Ma)和青白口系(1 000～800Ma),并作为正式的年代地层单位。但随着近几年取得一系列最新高精度测年数据,华北陆块的中—新元古代地层年代表重新建立(表3-2)。

表3-2 中元古代年代地层划分对比表(据耿元生,2014)

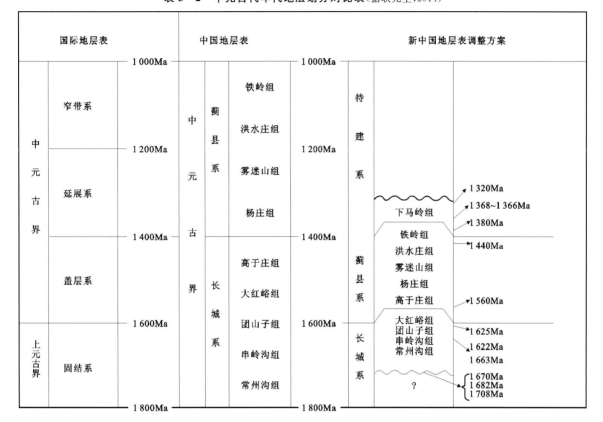

一直以来我国以1 800Ma长城系的底界作为古元古代与中元古代划分的界线,但是与国际普遍采用的1 600Ma有较大的差距。近年的研究表明,与长城系对应的长城纪底界年龄并不是1 800Ma,和政军在北京密云地区的环斑花岗岩中,获得了最小约1 682±20Ma的锆石年龄数据,由于它侵入到太古宙中,又被长城系底界的常州沟组覆盖,因此判断长城系底界年龄应小于1 682Ma。随后越来越多的数据表明,长城系的底界年龄应小于1 670Ma,很可能接近1 650Ma。

根据新的资料,全国地层委员会前寒武纪分委员会经过讨论建议,将1 650Ma作为长城系的底界,与国际的划分更加接近,更便于与国际地层进行对比。但这样的划分出现了另一个问题,作为年代地层长城系的底界不超过1.8Ga,而作为岩石地层单位的长城系目前底界年龄在1.65Ga左右,也就是说1.8～1.65Ga的岩石地层单位还缺失,需要寻找合适的地层剖面进行补充。

中上元古界次层型剖面多位于宽城一带(表3-3),并且以宽城为沉积中心,向盆地边缘地层厚度逐渐变薄,不同地层之间的接触关系明显,是研究高于庄组与大红峪组、杨庄组与高于庄组不整合关系的有利地段。

表 3-3 河北省中—新元古代地层剖面类重要地质遗迹名录表

序号	编号	地层时代		遗迹名称	等级	意义	构造位置
1	JC55	新元古代	青白口纪	涞水紫石口青白口纪景儿峪组地层次层型剖面	省级	具重要的地层对比意义	燕辽裂谷
2	JC18			怀来龙凤山青白口纪龙山组地层次层型剖面	省级	具重要的地层对比意义	
3	JC17	中元古代	待建纪	怀来赵家山中元古代下马岭组地层次层型剖面	省级	具重要的地层对比意义,分布有中国最古老的油藏	
4	JC35		蓟县纪	宽城三道河蓟县纪洪水庄组、铁岭组地层次层型剖面	省级	具重要的地层对比意义	
5	JC36			宽城崖门子长城纪、蓟县纪地层次层型剖面	国家级	具重要的地层对比意义,为我国发育溶洞的最古老地层	
6	JC66		长城纪	赞皇赵家庄中元古代赵家庄组地层正层型剖面	国家级	具重要的地层对比及研究意义	
7	JC03			康保三夏天中元古代三夏天组地层正层型剖面	省级	具重要的地层对比意义	华北克拉通北缘
8	JC02			康保戈家营中元古代戈家营组地层正层型剖面	省级	具重要的地层对比意义	

长城纪地层次层型剖面位于宽城崖门子一带(表 3-3),长城系自下而上由常州沟组、串岭沟组、团山子组和大红峪组组成,主要为一套浅海碎屑岩和碳酸盐岩组合,分布范围广,沉积厚度大于 2 600m。

长城纪常州沟组角度不整合于新太古代片麻岩之上(图 3-9),岩性以粗碎屑岩为主,下部含砾粗碎屑岩中单向斜层理十分发育,这是古河流沉积的标志,上部为石英岩状砂岩夹砂岩或砂质页岩,形成于滨海沙滩环境。串岭沟组以黑色、灰绿色含砂质条带的粉砂质页岩为特征,底部为鲕状、豆状、肾状赤铁矿组成的"宣龙式"铁矿。串岭沟组自下而上可划分为 3 段:一段主要为铁质石英岩、紫红色粉砂岩、石英岩、粉砂质泥岩;二段下部为深灰色厚层含铁石英岩状砂岩,顶部为碳质页岩和海绿石页

a.元氏县南佐一带石英砂岩中板状斜层理　　　　b.元氏县南佐一带常州沟组砂岩中波痕

图 3-9　常州沟组下部砂岩中发育斜层理及波痕,多形成于河流环境(据张兆祎等,2017a)

岩;三段由灰白色厚层长石石英岩、粉砂岩、泥晶白云岩、碳质页岩和粉砂岩组成。团山子组与下伏串岭沟组为连续沉积,岩性以含铁白云岩、粉砂质微晶白云岩为主,其次为砂岩和粉砂质页岩,地层稳定(图3-10、图3-11)。团山子组为燕辽裂谷的第一期碳酸盐岩沉积,岩性以厚层含铁白云岩、淡红色薄层白云岩为主;大红峪组为一套石英岩状砂岩、长石石英砂岩、白云岩夹火山岩的岩石组合,火山岩以富钾粗面岩和钾质玄武岩为主,主要分布于平谷—蓟县—滦县一带,表明在团山子期—大红峪期随着裂陷作用的进一步发展,至大红峪中期火山喷发和裂陷作用达到高峰,之后裂谷迅速消亡。从区域看,燕辽裂谷的夭折是由于华北陆块北缘中元古代的第一次拼合造成的。与此同时,在燕山地区造成陆壳的不均衡抬升(即青龙上升),表现为高于庄组平行不整合与大红峪组之上(黄学光,2006)。

图3-10 张家口庞家堡地区串岭沟组底部肾状赤铁矿野外照片(据李志红等,2012)

图3-11 宣化刘家窑串岭沟组赤铁矿底板砂岩发育对称浪成波痕(据赵宇,2016)

鲕状赤铁矿底板中粗粒石英砂岩层面上发育对称浪成波痕,可以用来指示地层的顶底面,是以波浪作用为主的水体向以潮汐作用为主的水体转化标志,反映海水变浅

蓟县纪次层型剖面位于宽城崖门子、三道河一带,自下而上由高于庄组、杨庄组、雾迷山组、洪水庄组和铁岭组组成,厚度达6 000m左右,下部为碳酸盐岩,上部为一套页岩、泥质白云岩和砂岩组合(图3-12)。

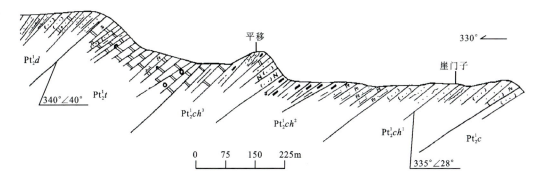

图3-12 宽城县崖门子串岭沟组—团山子组次层型剖面[据《中国区域地质志(河北志)》,2017]

Pt_2^1c.常州沟组;$Pt_2^1ch^1$.串岭沟组一段;$Pt_2^1ch^2$.串岭沟组二段;$Pt_2^1ch^3$.串岭沟组三段;Pt_2^1t.团山子组;Pt_2^1d.大红峪组

自高于庄组开始,海域范围便趋于稳定,由高于庄组的海域范围也奠定了蓟县纪杨庄组、雾迷山组的海域范围。海水并未完全退出,继而转入高于庄期更大规模的海侵(黄学光,2006),表现为高于庄组为一套以碳酸盐岩占绝对优势(95%以上)的地层,该组与下伏大红峪组及上覆杨庄组均为平行

不整合接触关系,自下而上可划分为4段。一段主要为灰色薄层—中厚层粉泥晶白云岩、深灰色叠层石白云岩;二段为深灰色、灰褐色含锰白云岩;三段下部为灰色、灰黑色厚层内碎屑泥晶白云岩、浅灰薄层及灰黑色厚层条带状泥晶白云岩;四段为深黑色、深灰色中厚泥质白云岩、灰色(微红色)巨厚层角砾岩、白云质灰岩。含有丰富的叠层石(图3-13)。杨庄组为一套醒目红色或红白相间潟湖相泥质岩沉积,受前一阶段裂谷裂陷作用时隐时现的影响,沉积盆地不均衡升降(即滦县上升)。该组与下伏高于庄组呈平行不整合接触,自下而上可划分为两段。一段以灰白色中厚层含燧石结核泥晶白云岩为主,夹紫红色或灰白色白云质泥灰岩(泥灰质白云岩);二段为紫红色薄—中厚层状含砂、泥质白云岩与灰白色中厚层状泥晶白云岩互层,下部偶夹薄层砂岩,上部夹燧石结核白云岩(图3-14、图3-15)。雾迷山组继承了潟湖受颤动性下沉的特点,形成了巨厚的以微生物白云岩为主的十分发育的韵律沉积,多种特征性的滑动构造发育。洪水庄组为碎屑岩沉积,铁岭组顶部普遍发育红土型风化壳与铁矿层,指示在铁岭组上覆地层沉积前华北陆块北缘曾发生过抬升和经历了风化剥蚀(芹峪上升)。

图3-13 井陉县吴家窑一带高于庄组含燧石团块、条带白云岩,燧石团块呈同心圆状
(据张兆祎等,2017a)

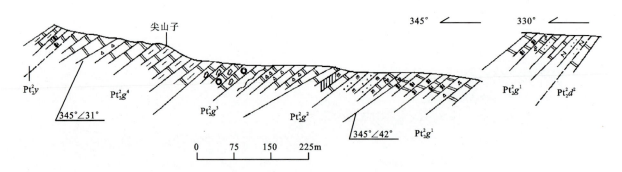

图3-14 宽城县崖门子高于庄组次层型剖面[据《中国区域地质志(河北志)》,2017]
$Pt_2^2d^2$.大红峪组二段;$Pt_2^2g^1$.高于庄组一段;$Pt_2^2g^2$.高于庄组二段;$Pt_2^2g^3$.高于庄组三段;$Pt_2^2g^4$.高于庄组四段;Pt_2^2y.杨庄组

待建纪地层次层型剖面位于怀来县赵家山一带,主要为下马岭组,发育特殊的黑色页岩夹有多层凝灰岩,底部见有赤(褐)铁矿扁豆体,与下伏铁岭组和上覆龙山组均为平行不整合接触(图3-16)。燕山地区冀北坳陷中,该组分布有沥青砂岩古油藏,形成于1400~1327Ma,是我国迄今所发现的最古老的油藏(刘岩等,2011)。另外,下马岭组底部普遍发育菱铁矿,指示当时的水体环境为碱性弱还原环境。在还原富铁的环境中如果有H_2S存在,将会有大量的黄铁矿等硫化物形成。下马岭组中大量原生菱铁矿的存在和硫化物的匮乏,说明当时的古海水贫O、S,富Fe(朱祥坤等,2013)。

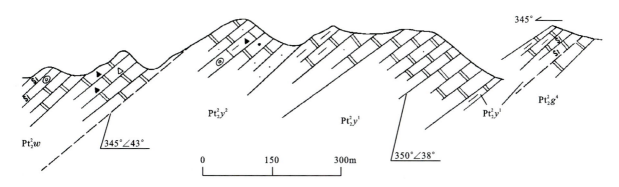

图 3-15 宽城县崖门子杨庄组次层型剖面[据《中国区域地质志（河北志）》，2017]

$Pt_2^2g^4$.高于庄组四段；$Pt_2^2y^1$.杨庄组一段；$Pt_2^2y^2$.杨庄组二段；Pt_2^2w.雾迷山组

a.下马岭组底部风化壳及铁质胶结的碎石角砾岩，具底砾岩性质，反映其与铁岭组为平行不整合接触关系

b.下马岭组底部可见赤（褐）铁矿扁豆体，指示当时的水体环境为碱性弱还原的环境

图 3-16 下马岭组底部砾岩及风化壳

长城纪团山子组、大红峪组上部与蓟县纪高于庄组下部、雾迷山组、铁岭组均富含丰富的叠层石和藻类化石。另外，雾迷山组还发现有微体古生物真核及原核藻类化石。

地貌上常州沟组、雾迷山组常构成峰林并发育有峡谷。串岭沟组与常州沟组砂岩常形成嶂石岩地貌。高于庄组碳酸盐岩地层中发育溶洞。

另外，中元古代的伸展裂解构造诱发强地震。串岭沟组、高于庄组及雾迷山组中保留有丰富的地震灾变事件记录（图 3-17，图 3-18），如各种软沉积物液化变形（液化砂岩脉）；碳酸盐岩中的泥亮晶脉、灰岩墙、液化角砾岩，水塑性变形，各种卷曲构造、环形层、层内粒序断层以及碳酸盐岩成岩初期的脆性变形等（乔秀夫等，2007）。

3. 早古生代重要地层剖面

河北省是东北、华北地区早古生代地层的标准地区，历来被中外地质学家所瞩目。以河北省内地名命名的早奥陶世冶里组、亮甲山组，中奥陶世马家沟组正层型剖面，位于唐山古冶赵各庄晚寒武世馒头组、张夏组、崮山组、炒米店组地层次层型剖面等（表 3-4，表 3-5），代表了华北陆块寒武纪、奥陶纪的总体沉积特征，具有重要的地层对比研究价值。

早古生代地层广泛分布于燕山和太行山地区，总厚为 816～2 093m，以浅海相沉积为主体，夹部分

图 3-17 迁安红峪山庄高于庄组形成的岩溶溶洞（图片据迁安旅游）

图 3-18 狼牙山雾迷山组峰林地貌（图片据易县旅游）

陆源碎屑岩。沉积-构造古地理格局的地理总趋势是东深西浅（段吉业等，2002）。该时期脊椎动物的祖先和各种各样的无脊椎动物在短时间内大量出现，被人们称为"寒武纪生命大爆发"，是生命演化史上最重要的一个篇章。另外，早古生代地层中广泛发育的碳酸盐岩作为潜在油气储集层，是深层油气勘探的重点区域和研究热点。早古生代层序格架及其充填样式的研究，对于指导潜山油气藏和潜山内幕油气藏勘探具有重要的理论与现实意义（肖飞等，2017）。

表 3-4 河北省早古生代地层剖面类重要地质遗迹名录

序号	编号	地层时代		遗迹名称	等级	意义
1	JC70	早古生代	奥陶纪	邯郸峰峰矿区中奥陶世峰峰组地层正层型剖面	国家级	北方层型代表,具地层对比意义
2	JC53			抚宁亮甲山早奥陶世亮甲山组地层命名剖面	省级	有重要的地层对比意义
3	JC45			唐山古冶赵各庄奥陶纪冶里组、亮甲山组、北庵庄组、马家沟组地层正层型剖面	国家级	奥陶系北方层型代表,具地层对比意义
4	JC63		寒武纪	井陉北良都芙蓉世—早奥陶世三山子组地层次层型剖面	省级	具有重要的地层对比、研究价值
5	JC47			唐山古冶赵各庄寒武纪芙蓉世崮山组、炒米店组地层次层型剖面	省级	具有重要的地层对比、研究价值
6	JC46			唐山古冶赵各庄寒武纪馒头组、张夏组地层次层型剖面	省级	具有重要的地层对比、研究价值
7	JC43			唐山古冶寒武纪凤山组地层层型剖面(凤山阶建阶剖面)	国家级	具有重要的地层对比、研究价值
8	JC44			唐山古冶赵各庄寒武纪第二世昌平组地层次层型剖面	省级	具有重要的地层对比、研究价值

表 3-5 河北省早古生代地层划分表

燕山一带		太行山一带	
C_2	本溪组	C_2	本溪组
			峰峰组
O_2	马家沟组	O_2	马家沟组
	北庵庄组		北庵庄组
O_1	亮甲山组	O_1	三山子组
	冶里组		
ϵ_4	炒米店组	ϵ_4	炒米店组
	崮山组		崮山组
ϵ_3	张夏组	ϵ_3	张夏组
	馒头组		馒头组
ϵ_2	昌平组	ϵ_2	
Pt_3^1	景儿峪组	Pt_3^2	高于庄组

1)唐山古冶晚寒武世凤山组地层正层型剖面(凤山阶建阶剖面)

唐山古冶晚寒武世凤山组地层正层型剖面位于古冶区陡河水库附近的魏山,地层发育完整,化石丰富,岩石组合为灰色薄层至中厚层泥质灰岩、灰岩,夹有黄绿色、灰紫色页岩及灰色竹叶状灰岩(图 3-19),相当于岩石地层炒米店组上部,整个华北岩性变化不大;在华北南部和西部周边地区常相变为白云岩,成为三山子组的一部分;在辽宁、山东尚有很特殊的大涡卷状的薄层灰岩,因为特殊而易于辨别;其他地区相对性的岩石地层单位有新疆霍城的果子沟上部、柯坪的阿瓦塔格群上部,安徽泾县的唐村组,浙赣地区的西阳山组上部,湘西凤凰一带的沈家湾组,湖北宜昌三游洞组上部,贵州沿河毛田组和遵义娄山关群上部,云南麻栗坡博菜田组和保山地区保山组等(项礼文等,2008)。

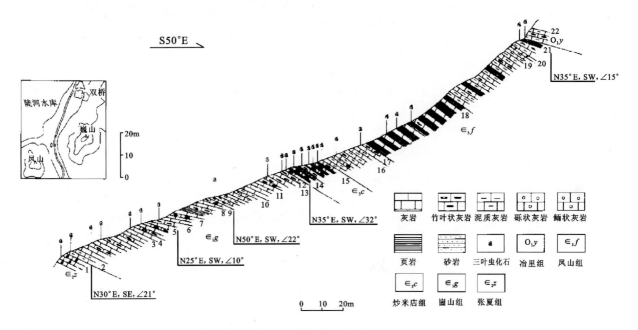

图 3-19 唐山市古冶区双桥巍山凤山阶建阶剖面(据项礼文等,2008)

凤山期为牙形石的重要进化阶段,在凤山期之前主要是以副牙形石类为主,而凤山期以开始具有原始的真牙形石类的代表和出现复合型牙形石 Cordylodus,并且牙形石 Cordylodus proavus 带几乎是世界性广泛分布的,可以与我国辽宁、吉林、河北、山东、江苏、湖南,加拿大纽芬兰,美国西部,伊朗,哈萨克斯坦,澳大利亚进行同名的牙形石带直接对比,因此凤山期具有重要的地层对比、研究价值。

2)唐山古冶赵各庄奥陶纪冶里组、亮甲山组、北俺庄组、马家沟组地层正层型剖面

唐山古冶赵各庄奥陶纪冶里组、亮甲山组、北俺庄组、马家沟组地层正层型剖面位于唐山市古冶区赵各庄长山一带,地层接触关系清楚、层序完整、化石丰富,含有丰富的矿产资源(图 3-20)。它的沉积层序代表了中朝陆块奥陶纪的总体沉积特征,是华北地区乃至中国及国际上奥陶纪地层划分与对比的唯一标准,因此具有重要的研究价值(武红梅等,2011)。

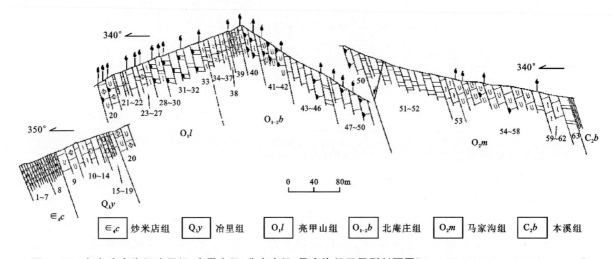

图 3-20 赵各庄奥陶纪冶里组、亮甲山组、北庵庄组、马家沟组正层型剖面图[据《中国区域地质志(河北志)》,2017]

河北省奥陶纪地层分布较为广泛,北起平泉、南至邯郸西部山区均有出露,岩性以灰岩和白云质灰岩为主,各地岩性基本相似,代表稳定的浅海环境;局部地区如太行山地区早奥陶世处于潮上蒸发环境,形成广泛的膏盐沉积。

冶里组主要由灰色厚层、中厚层状灰岩夹少量砾屑灰岩及少量很薄的黄绿色页岩组成,形成于浅海陆棚环境,除三叶虫、牙形石等继续繁盛外,又出现了头足类和浮游生物笔石(图3-21)。

a.冶里组下部灰色巨厚层豹皮状泥晶灰岩,含黄铁矿结核及燧石结核

b.冶里组上部中厚层泥质条纹灰岩,夹暗绿色页岩

c.古冶双桥一带冶里组中上部砾屑灰岩

图3-21　古冶双桥一带冶里组岩性特征(据赵保强等,2019)

亮甲山组分布范围与冶里组一致,为一套含燧石结核、条带的灰岩及白云岩,夹少量砾屑灰岩的岩石组合,古生物群以头足类最为繁盛,牙形石分布较为普遍。该组下部为含燧石结核灰岩,上部为含燧石结核白云岩,说明早期阶段为正常海洋沉积环境,晚期阶段地壳抬升(怀远运动),海水变浅咸化,为潟湖沉积环境(图3-22)。

a.亮甲山组浅灰色中厚层含燧石白云岩

b.亮甲山组白云岩,风化面发育刀砍纹

图3-22　古冶长山一带亮甲山组岩性特征(据赵保强等,2019)

北庵庄组是怀远运动后地壳重新下降海侵而沉积的碳酸盐岩组合。在区域性剥蚀面(怀远运动面)之上,沉积一层薄层或页片状白云岩(如唐山、抚宁、易县、沫水、井陉、临城等地),或角砾状白云岩(如卢龙、曲阳等地),或含砾石英砂岩(如武安、磁县等地),这种现象代表海侵初期潟湖沉积环境。随后水体不断加深,沉积物主要为厚层—巨厚层状灰岩加少量钙质白云岩,具水平纹层和缝合线(图3-23)。

马家沟组下部沉积物主要为黄褐色—杂色角砾状灰岩、白云岩等,上部主要为灰色厚层—巨厚层状灰岩夹少量白云岩,含较多头足类、牙形刺等化石,表明马家沟组初期海水变浅,之后水体不断加深。

a.北庵庄组底部角砾状泥晶钙质白云岩　　b.北庵庄组底部薄层白云岩　　c.马家沟组底部厚层角砾岩

图3-23　古冶鸽子洞北庵庄组和马家沟组岩性特征(据赵保强等,2019)

4.晚古生代重要地层剖面

河北省晚古生代地层出露不多,主要沿山麓与平原之间分布,是重要的煤系地层,由海陆交替相到湖沼、河流相的碎屑岩以及很少量的灰岩夹煤层组成,含丰富的植物群、腕足类、珊瑚类、爬行类、鱼类等。

华北地区自晚奥陶世至中石炭世,地壳一直处于上升状态,经历了长期风化剥蚀,直到中、晚石炭世地壳缓慢沉降,海水才开始重新侵入接受沉积,故本区和其他地区一样,缺失早石炭世地层。中石炭世本溪组直接覆盖于中奥陶世的侵蚀面上。

河北省晚古生代石炭系和二叠系是华北晚古生代含煤盆地的重要组成部分,含煤区分布于冀北隆起带以南的省域。晚石炭世本溪组为一套海陆交互相含煤沉积;二叠纪已基本脱离海洋环境,局部地区遭受短期海泛影响,自下而上可划分为三面井组、太原组、山西组、下石盒子组、上石盒子组、孙家沟组,为一套河湖相、沼泽相含煤碎屑岩沉积,其正层型剖面多位于山西省,次层型剖面位于唐山、邯郸地区(表3-6)。

表3-6　河北省晚古生代地层剖面类重要地质遗迹名录

序号	编号	地层时代		遗迹名称	等级	意义
1	JC33	晚古生代	二叠纪	平泉山湾子晚二叠世孙家沟组地层次层型剖面	省级	具地层对比意义
2	JC69			武安紫山二叠纪地层次层型剖面	省级	具有重要的地层对比、研究价值
3	JC01			康保三面井早二叠世三面井组地层正层型剖面	省级	具有重要的地层对比、研究价值
4	JC42		石炭纪	唐山古冶狼尾沟晚石炭世本溪组地层次层型剖面	省级	具地层对比意义

5.中生代重要地层剖面

中生代三叠纪继承了晚二叠世的古地理轮廓,主要出露于冀北的广大地区,除上部为河湖相煤系沉积外,主要为河流相红色砂泥岩地层。由于二叠纪生物大灭绝事件的深远影响,三叠纪数百万年之后生物才开始真正复苏,并且在三叠纪晚期出现了恐龙和早期哺乳动物,生物界的面貌与二叠纪相比有了显著变化。另外,三叠纪代表性地层刘家沟组、和尚沟组、二马营组、杏石口组次层型剖面均位于河北省,具有重要的地层对比意义。

侏罗纪—白垩纪时期,河北省处于西太平洋活动大陆边缘,是我国中生代陆相火山-沉积地层最为发育和典型的地区之一。侏罗纪—白垩纪地层主要出露于冀北地区,侏罗纪地层自下而上主要有南大岭组、下花园组、九龙山组、髫髻山组、土城子组(表3-7),其中髫髻山组火山岩代表了燕山期大规模火山喷发的开始,也代表了中国东部乃至东亚环太平洋构造域发展阶段的开始,前人对燕山地区髫髻山组火山岩进行了大量的定年研究工作,但是对它开始和结束的时代意见并不一致,而冀北承德盆地的髫髻山组火成岩为研究这一问题的较为理想的地点(刘健等,2006)。

表3-7 中生代岩石地层划分表

白垩系	上统		K_2n		南天门组
	下统	热河群	$K_1^c q$		青石砬组
			$K_1^b y$	$K_1^b j$	义县组 / 九佛堂组
			$K_1^b d$		大北沟组
			$K_1^a z$		张家口组
侏罗系	上统	后城群	$J_3 t$		土城子组
	中统		$J_{2-3} t$		髫髻山组
			$J_2 j$		九龙山组
	下统	门头沟群	$J_1 x$		下花园组
			$J_1 n$		南大岭组
三叠系	上统		$T_3 x$		杏石口组
	中统		$T_2 e$		二马营组
	下统	石千峰群	$T_1 h$		和尚沟组
			$T_1 l$		刘家沟组
上二叠统			$P_3 s$		孙家沟组

白垩纪地层自下而上主要有大北沟组、义县组、九佛堂组、青石砬组、南天门组,发育我国著名的热河生物群化石。大北沟组、义县组建阶剖面位于河北省承德滦平一带,并且冀北承德地区是著名的热河生物群发祥地和最早命名地,是探讨鸟类、哺乳类和被子植物起源的重要地区。

河北省中生代具有保护价值的剖面有13处,其中国家级3处,省级10处(表3-8)。

1)崇礼红泥湾—元宝山早白垩世张家口组地层正层型剖面

早白垩世张家口组地层正层型剖面位于河北省张家口市崇礼区红泥湾—元宝山一带(图3-24),地层组内岩性可分性好,喷发韵律较清晰,岩石组合特征可以与大兴安岭满克头鄂博组、玛尼吐组和白音高老组做对比。

河北省张家口组广泛分布于冀北地区,总体呈北东—北北东向展布。岩石组合以流纹质熔结凝灰岩、流纹岩和石英粗面岩为主,间夹安山岩、粗安岩和少量紫红色砂砾岩层,有些地方底部常见有厚数十米或百米的砾岩、含砾粗砂岩。张家口组火山碎屑岩堆积之后,经历了一个稳定的剥蚀阶段,气候条件也发生了大的转变,由干热的红色地层转变到温湿的早白垩世热河群灰绿色火山-沉积地层,因此张家口组的研究对于研究华北陆块古地理环境、古气候变化具有重要意义。另外,张家口组还赋存沸石、珍珠岩、松脂岩、黑曜岩等非金属矿产。

表 3-8 河北省中生代地层剖面类重要地质遗迹名录

序号	编号	地层时代		遗迹名称	等级	意义
1	JC13	中生代	白垩纪	万全黄家堡晚白垩世南天门组地层正层型剖面	省级	具重要的地层对比及科研意义
2	JC27			滦平西台早白垩世九佛堂组地层次层型剖面	省级	具重要的地层对比意义
3	JC26			滦平张家沟早白垩世义县组地层正层型剖面（义县阶建阶剖面）	国家级	具重要的地层对比及科研意义
4	JC28			滦平榆树下早白垩世大北沟组地层正层型剖面（大北沟阶建阶剖面）	国家级	具重要的地层对比及科研意义
5	JC23			丰宁外沟门早白垩世青石砬组地层正层型剖面	省级	具重要的地层对比及科研意义
6	JC09			崇礼红泥湾—元宝山早白垩世张家口组地层正层型剖面	国家级	具重要的地层对比及科研意义
7	JC12		侏罗纪	赤城雕鹗晚侏罗世土城子组地层次层型剖面	省级	是冀北—辽西地区一个大的区域地层对比"标志层"，具科研、地层对比意义
8	JC29			承德小郭杖子侏罗纪髫髻山组地层次层型剖面	省级	具重要的地层对比意义
9	JC16			下花园贾家庄中侏罗世九龙山组地层次层型剖面	省级	具重要的地层对比意义
10	JC15			下花园崔家庄早侏罗世下花园组地层正层型剖面	省级	具重要的地层对比及科研意义
11	JC31		三叠纪	承德武家厂晚三叠世杏石口组、早侏罗世南大岭组地层次层型剖面	省级	具重要的地层对比意义
12	JC30			承德下板城中三叠世二马营组地层次层型剖面	省级	具重要的地层对比意义
13	JC32			平泉松树台早三叠世刘家沟组、和尚沟组地层次层型剖面	省级	具重要的地层对比意义

图 3-24 张家口组剖面远眺

在燕山地区，近东西走向展布的中、晚侏罗世髫髻山组火山岩和土城子组地层，被北东走向展布的张家口组火山岩不整合覆盖（河北省地质局，1989）。这一不整合被认为是该区燕山主造山幕的标志，代表中国东部构造带从近东西走向彻底转变成北东走向的转折点（任纪舜等，1990，1996，1999），故张家口组时代的研究对确定从印支旋回开始的中国东部构造格局大改组、动力体系大转换的最终完成时代具有重要的意义。

2）赤城县雕鹗晚侏罗世土城子组地层次层型剖面

河北省内土城子组主要分布于冀北地区，其正层型剖面位于辽宁省，次层型剖面位于河北省赤城县雕鹗乡羊倌村，沉积物主要为暗紫色—紫褐色砾岩、含砾粗砂岩、砂岩夹紫红色、砖红色、灰绿色粉砂岩、页岩及泥岩（图3-25），生物化石稀少。顶部与早白垩世张家口组或早白垩世义县组角度不整合接触，大多数残存盆地中土城子组底部平行不整合（或整合）于髫髻山组之上（图3-26）。

a.雕鹗石头堡地区土城子组中下部细砂岩发育波纹层理、水平层理，火山岩层下部的泥岩具有明显烘烤边，表明其在湖相沉积体系中发育多层火山岩夹层

b.后城镇土城子组下段上部泥岩与粉砂岩、细砂岩互层，细砂岩中发育波状层理

c.中部发育有砾岩、含砾粗砂岩透镜体，横向尖灭，b、c为水下河道沉积，属滨浅湖沉积相

d.宣化南部里口泉村土城子组中部粉砂岩与砂岩、粗砂岩互层，中间夹有砾岩透镜体，砾岩中也夹有细砂岩、粗砂岩透镜体，应属心滩沉积

e.宣化南部里口泉村土城子组底部泥岩与细砾岩互层

f.含砾粗砂岩、细砾岩底部具冲刷构造

g、h.后城盆地土城子组中下部含砾粗砂岩、粗砂岩中发育大型槽状交错层理，斜层理

i.单个旋回较厚的砾岩层为1~4m，往往在横向上尖灭于细砂岩、泥岩中，表明其应属于辫状河冲积平原沉积体

图3-25 土城子组沉积构造照片（据刘晓波等，2016）

该组层位稳定，岩性标志明显，是冀北—辽西地区一个大的区域地层对比标志层，有"承德砾岩""热河红层"之称（赵佩心，1988）。土城子组以紫红色粗碎屑沉积岩为特征，是形成丹霞地貌的母岩，例如承德的"棒槌山""双塔山""鸡冠山"及赤城一带的"四十里长嵯"等景观（图3-27）。

晚中生代，中国东北部进入陆内演化阶段，发育一系列裂谷盆地，火山活动频繁。土城子组作为这一时期重要的盆地充填建造，主要分布在华北北缘阴山—燕山地区，为一套炎热、干旱气候条件下形成的典型陆相红层。

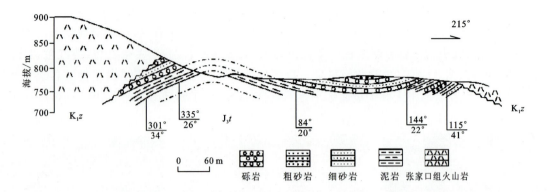

图 3-26 赤城雕鹗镇尤庄土城子组与张家口组角度不整合示意图(据刘晓波等,2016)
K_1z.张家口组;J_3t.土城子组

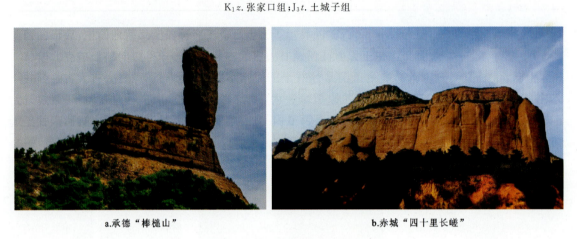

a.承德"棒槌山"　　　　　　　　　　　b.赤城"四十里长嵯"

图 3-27 土城子组形成的奇特地貌景观

土城子组从燕山运动提出时就曾进行过广泛的研究,曾被作为燕山运动"B幕"划分的标志(翁文灏,1927)。在确定东亚大地构造体制由挤压向伸展转折、陆相侏罗系与白垩系界线、热河生物群时代等重大地质问题的研究中,土城子组扮演着极为重要的角色,已成为人们关注的热点(孙立新等,2007)。地质学家们经过多年的研究对华北地区侏罗纪地质状况具有了一定的资料积累,并对华北地区侏罗纪构造演化具有了清晰的认识。由于盆地充填地层结构的差异,各盆地充填形式千差万别,因此土城子组在沉积背景、时代归属、盆地性质等方面还存在很大的争议。许欢等(2014)针对目前土城子组时代不定的现状,结合近些年来已发表的土城子组同位素年代学数据,将土城子组年龄限定在154～137Ma。

另外,古亚洲洋闭合之后,整个中国北方逐渐抬升,特别是在中国东北部,形成了盆山高地的古地理格局。在这些高山盆地中发育有两个晚中生代重要的生物群,即中—晚侏罗世燕辽生物群和早白垩世热河生物群,且二者在晚侏罗世—早白垩世发生演替。并且,在早白垩世最早期热河生物群出现之前,燕辽生物群中90%以上生物已消亡。研究表明,燕辽生物群和热河生物群的过渡时间正好与土城子组形成时间相一致。因此,土城子组时代的厘定对于生物群演化研究具有重要意义(许欢等,2014)。

3)滦平县榆树下早白垩世大北沟组地层正层型剖面(大北沟阶建阶剖面)

滦平盆地榆树下剖面位于河北省承德市滦平县火斗山乡张家沟门村榆树下。该剖面大北沟组出露完全、沉积连续、化石丰富,是我国为数不多的保存相对完整的侏罗系—白垩系过渡地层(图3-28),是建立我国陆相下白垩统阶的单位层型和研究早期热河生物群的起源与演化的重要层位(图3-29)。

a.大北沟组与下伏张家口组为整合接触，张家口组以顶部凝灰质碎屑岩（沉积岩）的出现为标志与大北沟组分界

b.大北沟组与上覆大店子组为整合解除关系。大店子组底部沉积物粒度较粗，为土黄色含砾粗砂岩，具平行层理

c.大北沟组一段与二段界线

d.大北沟组二段中部的灰白色、浅黄色火山灰层

e.大北沟组二段部分宏观岩石序列特征

f.大北沟组二段与三段界线

g.大北沟组三段灰黑色泥岩

h.大北沟组三段浅灰绿色泥质粉砂岩

图3-28 滦平榆树下剖面重要地层界线及特殊岩性照片（据覃祚焕等，2017）

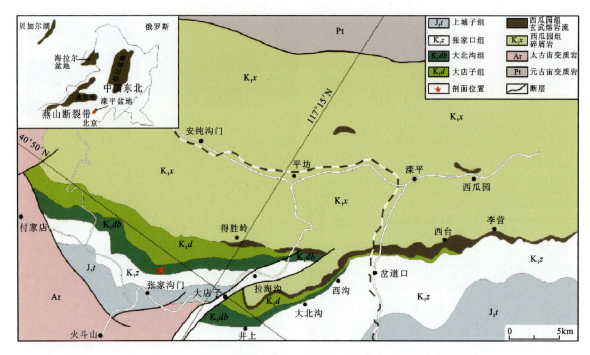

图 3-29 榆树下剖面地理位置及地质简图（据覃祚焕等，2017）

河北省内大北沟组主要分布于丰宁、隆化、围场、滦平和尚义等地，为一套以沉积岩为主夹少量火山岩为特征的岩石组合。岩性主要为灰绿色、灰白色凝灰质砾岩、砂岩、凝灰质粉砂岩、页岩及泥灰岩，夹火山岩，含热河生物群化石。

在东北亚地区中、北部，包括中国大兴安岭地区的中北段、上黑龙江坳陷，俄罗斯的东外贝加尔地区，与大北沟组、张家口组相当的地层往往因为大都被森林、草原覆盖，露头不佳，剖面出露不全，难以掌握有关地层的全貌，在地层划分与对比上常出现差错，甚至有把地层上、下倒置的情况。因此，大北沟组地层正层型剖面及大北沟阶的建立及其生物带、亚带的划分，可为大区域上相关地层的划分对比树立标志，尤其是对生物亚组合的辨认，为相关地层的精确划分与对比提供了重要参照。

6. 新生代地层剖面

晚白垩世晚期，太平洋洋脊扩张带扩张与洋脊扩张带以西太平洋陆块俯冲完全停止，本区进入了后造山的稳定过渡阶段。该时期本区整体处于隆起状态，缺失新生代古新世时期地层记录。

新生代始新世—第四纪，本区处于不均衡伸展拉张构造环境，是高原、山脉山地、平原、海盆等现代地貌的形成阶段。河北省新生代地层分布广泛，约占总面积的60%，主要分布于河北平原、坝上高原以及太行山和燕山的山前地带，零星见于山间盆地和河谷地带。

古近系—新近系主要隐伏于平原之下，在高原和山区有少量出露，是我国北方研究最早、最详细的地区之一，在内蒙古高原南缘及太行山、燕山一带出露，主要有蔚县组、西坡里组、灵山组、开地坊组、石匣组、稻地组等，正层型剖面均位于省内，均有重要的地层对比意义。

区内第四纪泥河湾组、郝家台组、赤城组、迁安组地层剖面皆为正层型剖面（表 3-9），具有重要的地层对比意义。其中，泥河湾组是我国研究最早和最具代表性的岩石地层单位，位于张家口阳原县的台儿沟第四纪地层剖面为国际地质考古界公认的第四纪标准地层。

1）阳原县红崖上新世石匣组地层正层型剖面

石匣组主要分布在坝上地区的康保、尚义和坝下的阳原-蔚县盆地、怀来-延庆盆地及邢台、磁县等地，出露位置由山顶到盆地，高低均有，代表了唐县期夷平作用，是地壳稳定时期的产物。

表 3-9 河北省新生代地层剖面类重要地质遗迹名录

序号	编号	地层时代		遗迹名称	等级	意义
1	JC62	新生代	第四纪	平山下宅晚更新世马兰组下段砾石层	省级	具地层对比意义
2	JC41			迁安爪村晚更新世迁安组地层正层型剖面	国家级	具有重要地层对比以及研究意义
3	JC11			赤城扬水站中更新世赤城组地层正层型剖面	国家级	对研究更新世中期古地理、古气候具有重要的意义
4	JC21			阳原台儿沟早更新世泥河湾组地层正层型剖面（泥河湾阶建阶剖面）	世界级	第四纪初期标准剖面，第四纪与新近纪界线参考剖面，古地磁界线剖面，具有极为重要的地层对比及科研意义。
5	JC20			阳原下沙沟早更新世泥河湾组地层次层型剖面	国家级	具地层对比和科研意义
6	JC22		古近纪—新近纪	阳原红崖上新世石匣组地层正层型剖面	国家级	具地层对比和科研意义
7	JC07			张北开地坊渐新世—中新世开地坊组地层正层型剖面	省级	具地层对比和科研意义
8	JC58			曲阳西坡里始新世西坡里组、渐新世灵山组地层正层型剖面	省级	具地层对比和科研意义
9	JC19			阳原灰泉堡渐新世蔚县组地层正层型剖面	省级	具地层对比和科研意义

石匣组地层正层型剖面位于河北省阳原县南辛庄乡红石崖村南乱石圪垯沟—水磨房，主要为一套半固结黏土岩、砂质黏土岩、粉砂质黏土岩（三趾马层），呈深红色、绛红色，黏土含量高，含有锰质斑点和具有铁锰质薄膜（Fe^{3+}、Mn^{4+}）的钙质结核，岩性特征与长江以南地区全新世红土相似，说明形成于热带、亚热带湿热条件，是强烈的化学风化和生物风化作用的产物（王行军等，2005），具科研、地层对比价值（图 3-30、图 3-31）。

图 3-30 阳原县红崖上新世石匣组地层正层型剖面位置

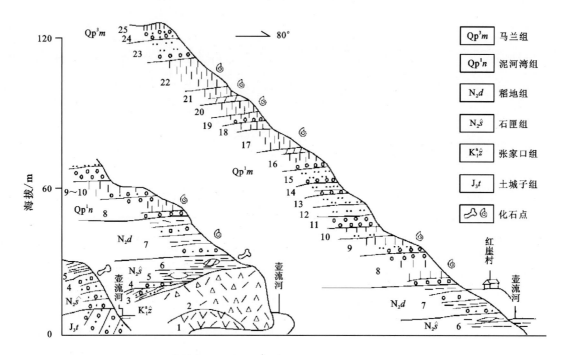

图 3-31　阳原县红崖村南石匣组—泥河湾组剖面图［据《中国区域地质志(河北志)》，2017］

另外，河北区域地质调查队和河北地质学院(1977)先后在张北县两面井乡十五号、小奔红村及王油房西北等地石匣组绛红色黏土中分别采到古脊椎动物化石，经中国科学院古脊椎动物与古人类研究所鉴定研究认为属三趾马动物群，且该三趾马动物群属森林-草原混合型，可与华北保德期红土对比(王行军等，2005)。

2)阳原县台儿沟早更新世泥河湾组地层正层型剖面(泥河湾阶建阶剖面)

泥河湾组分布于桑干河流域阳原盆地及壶流河中、下游的蔚县盆地内，是一套晚新生代河湖相地层，这套地层出露厚度较大、连续性较好、内含丰富的生物化石和古人类文化遗物。1948年第十八届国际地质大会建议将泥河湾组中哺乳动物化石群与欧洲维拉方层中动物群对比。从此，泥河湾组被视为我国北方第四纪早更新世的代表性地层，深受中外地质学家的关注(闵隆瑞等，2007)。泥河湾组作为中国北方的第四纪早期标准地层，记录着我国北方晚新生代以来的地球演化、生物和人类进化的历史，是研究我国北方晚新生代地质历史的天然实验室和自然博物馆，是大自然赋予人类不可再生的地质瑰宝——地质迹遗。

阳原盆地、蔚县盆地与山西北部的大同盆地在第四纪时期曾一度为一个统一的大型盆地，称为泥河湾盆地。泥河湾盆地位于汾渭裂谷系的东北端(图3-32)，是裂谷系的重要组成部分。古近纪初恒山—大同一带发育软流圈上涌柱，导致岩浆喷发和地壳变薄，距今25～24Ma，阳原—石匣一带开始沉陷形成盆地，上新世末至早更新世为盆地沉陷最盛时期，泥河湾古湖形成。距今2.0～0.8Ma，该地区为温和的温带气候环境，有的时段为亚热带气候，同时火山喷发的火山灰和风成沉积为盆地土壤提供了丰富的矿物质养分，湖泊周边地区动植物繁盛，为早期古人类在此栖息提供了必要的条件(袁宝印等，2009)。

阳原县台儿沟早更新世泥河湾组地层正层型剖面(泥河湾阶建阶剖面)位于阳原盆地东部的壶流河与桑干河交汇地带(图3-33)，以河湖相地层为主，地层连续性好，内含丰富的哺乳动物化石和微体化石带，由于流水侵蚀形成大范围出露，天然剖面随处可见，最大出露厚度超过140m，是世界知名的晚新生代地层、古生物、古人类、考古、古地理等多学科研究的最佳地带。自1924年英国地质学家

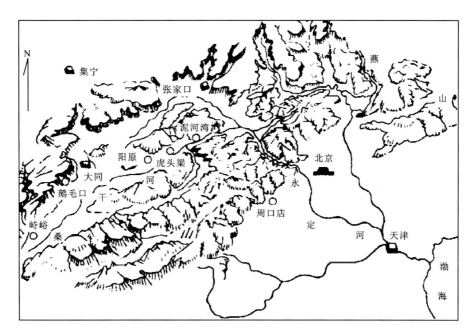

图 3-32　泥河湾盆地地理位置示意图（据盖培等，1977）

盆地狭长，以山地、丘陵、河谷及盆地的相间分布为特征，形成于中更新世末期的桑干河发源于山西省宁武县管涔山，由西而东贯穿盆地，将盆地内厚度不一的泥河湾层冲蚀切割成沟壑万千的壮观景象，也将深藏于地下的古老人类遗存展现在世人面前，从而奠定将泥河湾盆地作为旧石器考古圣地的基础

巴尔博（Barbour）首先命名泥河湾层以来，先后有 24 个国家和地区的有关专家在该区进行了大量的考查与研究，发现的哺乳类、鱼类、软体、微体、孢粉、叠层石等动植物化石种类，发掘旧石器时代遗址多处，地层、沉积环境、年代学研究成果甚丰，科学价值和社会价值中外闻名（牛平山等，2004），被冠以"旧石器考古胜地""人类的又一个老家""研究远古人类的百科全书""东亚地区人类文明的起源地"等诸多美名。

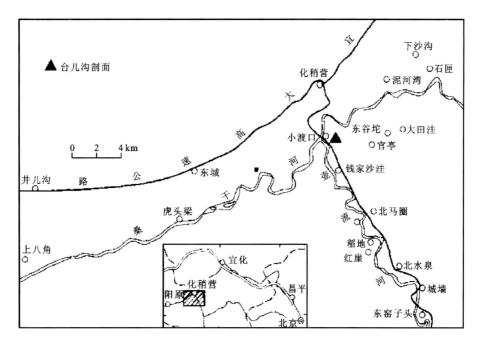

图 3-33　台儿沟组剖面位置（据张宗祜等，2008）

台儿沟层型剖面不仅在阳原县桑干河泥河湾盆地内具有代表性（图3-34），且在邻近区域内具有可对比性，与国内同期岩石地层单位对比的有三了门组中、下部和元谋组等；与国际同期年代地层单位对比的有欧洲维拉弗朗期中、晚期，被视为中国的第四纪初期标准剖面。同时它也是我国北方第四纪泥河湾组建阶剖面、第四系与新近系界线参考剖面、古地磁界线剖面，具有极为重要的地层对比意义。

图3-34　阳原县台儿沟早更新世泥河湾组地层正层型剖面（泥河湾阶建阶剖面）

3）赤城县扬水站中更新世赤城组地层层型剖面

赤城组主要分布于怀来、延庆盆地山麓地带沟谷中，在太行山中南段临城和沙河南岸、井陉等地也有零星出露。

赤城县扬水站中更新世赤城组地层层型剖面位于赤城县南沟岭白河Ⅱ级阶地上，主要由一套冲洪积的浅红色、红黄色含钙核的黏土、粉砂质黏土和砂砾层组成（图3-35、图3-36）。前人称之为红黄土或老黄土，由于它的颜色分析其中含有一定量的Fe^{3+}，黏土干时较为坚硬，呈较小的碎块状（8～10mm），湿时黏性程度较高，具有一定的可塑性。岩性特征与长江以南地区的红黄壤土相似，形成于亚热带—温带温湿气候条件，属于化学风化、生物风化作用的产物。该组中下部棕红色黏土中可见哺乳动物化石，经中国科学院古脊椎动物与古人类研究所鉴定为 *Dicerorhinus mercki*（梅氏犀）、*Palaeoloxodon* sp. 或 *Elephas* sp.（古菱齿象或亚洲象），均为周口店动物群的主要分子，属森林-草原型（王行军等，2005）。

赤城组正层型剖面不仅在冀西北坝上地区具有代表性，且在邻近区域内与山西省离石组、内蒙古自治区赤峰黄土、辽宁省上三家子组遗迹背景地区周口店组均具有可对比性，对研究中更新世古地理、古气候具有重要的意义。

二、地质事件剖面

地质事件是地史演化过程中，不同于正常地质历史发展的突发性或灾变性，或具有特殊意义的地质记录。从时间概念的角度来说，地质事件是瞬时性变革，或者是极短促的一段过程，或者是一个过程的开始或者结束。按等级划分，有全球性的、区域性的、地方性的地质事件。一般来说，生物的群集绝灭、缺氧事件和冲击事件等都是全球性的或大区域性的地质事件；重力流事件、地震事件及风暴事件等则往往是突发性的幕式沉积作用，常常带有区域性或地区性的色彩；仅构造事件及构造热事件（含火山喷发与岩浆侵位）具有长期的、渐进的形成过程，是地球内在因素决定的，它们在区域地质的发展演化进程中起着十分重要的作用。

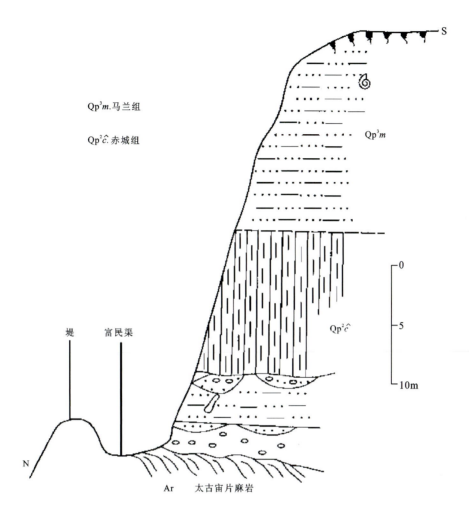

图 3-35　赤城县南沟岭杨水站更新世中期赤城组剖面图

图 3-36　赤城县扬水站中更新世赤城组地层层型剖面

河北省的地层发育较为齐全,从太古宙至今漫长的地质岁月中,经历了多种复杂的地质事件,并在地质记录中留下了深刻的烙印。气候事件形成省内太行山中南段、燕山地区零星分布的第四纪冰川,有丰宁喇嘛山古冰川遗迹、顺平白银坨古冰川遗迹、城冰山梁冰蚀夷平面等;生物事件有二叠纪—

三叠纪之交显生宙最大的一次生物集群灭绝事件及白垩纪末恐龙灭绝事件等；风暴事件主要为寒武纪、奥陶纪地层中的碳酸盐风暴岩及其有关的堆积物；火山事件有古元古代南寺掌组四段变玄武岩，中元古代大红峪组富钾玄武岩，中生代张家口组流纹岩、流纹质熔结凝灰岩，髫髻山组安山岩、粗安岩，新生代雪花山玄武岩、汉诺坝玄武岩以及第四纪小山玄武岩等；古地震事件主要有分布于中元古代地层的古地震震积岩、崩积楔等。这些地质事件对河北地质特征与地壳的形成演化有着重要的影响，铸成了当今河北丰富多彩的地质景观。第四纪冰川事件、生物大灭绝事件以及火山事件等，分别在冰川地貌、重要化石、岩石剖面等章节介绍，本章节重点对古地震进行介绍。

地震是地球"脉搏的跳动"，火山喷发是地球"呼吸活动"，在人类历史中已有多次惊心动魄的地震记载，我们这一代人也亲身经历过地震的颤动，可以设想在元古宙至十几亿年之间，地震甚至大地震肯定很多，只是在地层和沉积岩中所能辨认的记录不多，我们把这种存于全新世及其之前古老地层的地震记录称之为古地震，也就是史前地震。

古地震的研究不可能直接解决现代地震预报问题，但它是地史中地球动力学与地史学研究的重要内容，是揭示一个地区地史与构造发展中的渐变与突发的灾变史，它可以从更长的地史时间尺度提供一个地区的地震活动性。如在中国北方建立的震旦纪古郯庐地震带、中元古代的燕辽地震带，至今仍是一个继承性地震活动带

自20世纪80年代中国地质学家开始注意地层中的地震灾变记录以来，先后在河北省兴隆—承德—宽城一带发现地震灾变事件的记录，如燕山裂陷槽内元古宙长城纪沉积层中分布着广泛的各种软沉积物液化脉、地震角砾层（图3-37～图3-41）；宽城一带常州沟组砂岩出现层内错动都为正断层，显示地震引发的拉张型同沉积断层活动等。其中，典型古地震遗迹主要有涞源县白石山古地震积岩、张家口市宣化区崞村古地震崩积楔、阳原县六棱山北麓断裂古地震崩积楔等（表3-10）。

图3-37 天津蓟县青山岭串岭沟组液化砂岩脉
（箭头示）（据乔秀夫等，2007）
地震诱发尚未固结的薄层状或透镜状沙层发生液化，向上覆及下伏黑色泥质层液化侵位，形成一系列砂岩脉，该图清楚地显示了砂岩脉源于水平的薄层砂岩

图3-38 天津蓟县团山子村团山子组薄层白云岩中液化白云岩脉（据乔秀夫等，2007）
白云岩液化脉在垂直和平行层面两个方向的特征，液化脉在岩层中呈板状体，含铁质的薄层水平产状白云岩层是液化脉的母岩层（褐红色），向上覆及下伏黑色泥质层液化穿刺并形成板状体白石岩脉，液化脉（箭头示）与薄层水平白云岩连通的。由于液化脉向上层面和下层面两个方向穿刺，与水平的液化母源层在层面上往往形成一种特殊的网状构造

图 3-39　河北涞水野三坡雾迷山组液化白云岩脉与层内阶梯断层（据乔秀夫等，2007）

液化白云岩脉分别向岩层上层面和下层面方向侵位，均与白云岩层相连，表明白云岩脉源于可液化白云岩层。该图右下方为一系列层内微断层，它的形成是由于液化下水导致软沉积物体积压缩，因此在液化作用停止后，软沉积物内部颗粒重新调整形成一系列断层以达到新的平衡。该图中液化白云岩脉侵位及与层内断层的共生，记录了一次古地震诱发沉积物液化的全过程

图 3-40　河北涞水野三坡雾迷山组环形层理
（据乔秀夫等，2007）

环形层是雾迷山组中很醒目的变形构造，发育于纹层白云岩中，横断面呈封闭的同心圆环状层，环形层长轴平行于岩层层面，短轴垂直于层面。Rodriguez-Paseua 等（2000）讨论了环形层的地震成因机制，是由弱地震诱发、整个纹层状软沉积物尚未达到液化程度时的伸展变形。这种环形层在华北奥陶纪纹层灰岩及古近纪纹层砂岩中均有出现

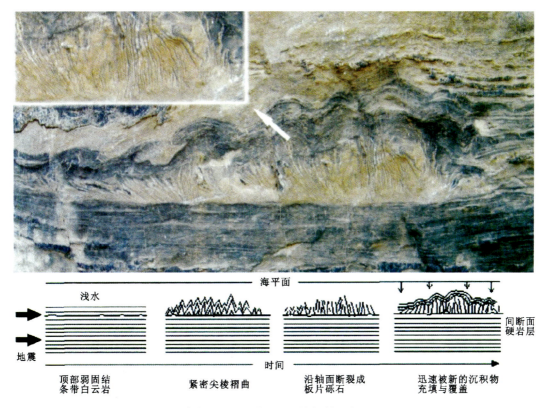

图 3-41　河北涞水野三坡雾迷山组中的板刺砾岩（据乔秀夫等，2007）

板刺砾岩由宋天锐（1988）命名并解释为地震成因，它是雾迷山组条带白云岩层内的一种脆性变形构造，在雾迷山组中广泛存在。上图中侵蚀面之下条带白云岩已成岩固结，地震水平力影响侵蚀面之上的弱固结条带白云岩，形成紧密尖棱褶曲，之后在水平力的继续作用下，沿尖棱褶曲轴面断开，在原地形成板刺构造

表 3-10　河北省古地震亚类重要地质遗迹名录

序号	编号	遗迹名称	形成时代	等级	位置
1	JC73	涞源白石山古地震震积岩	蓟县纪	国家级	保定市涞源县白石山
2	JC71	张家口宣化崞村古地震崩积楔	全新世	省级	张家口市宣化区崞村
3	JC72	阳原六棱山古地震崩积楔	全新世	省级	张家口市阳原县六棱山

涞源县白石山古地震震积岩分布于白石山国家地质公园内。白石山坐落于河北省涞源县内，是山西高原与华北平原接合部太行山脉北端的一座千古名山。沿白石山游览路线，在中元古代蓟县纪雾迷山组（距今 1.4~1.0Ga）的白云岩系中，出露有十分醒目的"巨角砾岩"。梁定益等（2002）称之为"震积岩"或"震动坍塌巨角砾岩"。这是目前中国乃至全世界能够确认的最古老的地震遗迹。白石山"震积岩"（古地震遗迹）的发现，对地质科学研究和科学普及有积极意义，也为白石山旅游事业增添光彩。

白石山地区雾迷山组分为 3 段：第一段为白色厚层状白云石大理岩及燧石条带白云石大理岩；第二段为浅灰色中—厚层状燧石条带大理岩化白云岩及黑色沥青质白云岩；第三段为灰色中—厚层状结晶白云岩与燧石条带白云岩互层，本段在白石山地区未见顶，全组共厚约 1 000m。震积岩出现于雾迷山组第二段地层下部，规模宏大、十分醒目，极不协调地产出于第二段潮坪相碳酸盐岩层序之中，与周围正常沉积岩层形成鲜明的对比。毫无疑问，这是一种突发性的、能量巨大的地质突变事件的产物，是主震期的地震记录，控制白石山"震动坍塌巨角砾岩"的多条同沉积期高角度正断层组成一小型的"堑垒"构造（图 3-42），反映雾迷山期地震活动与伸展-拉张的构造环境有关。

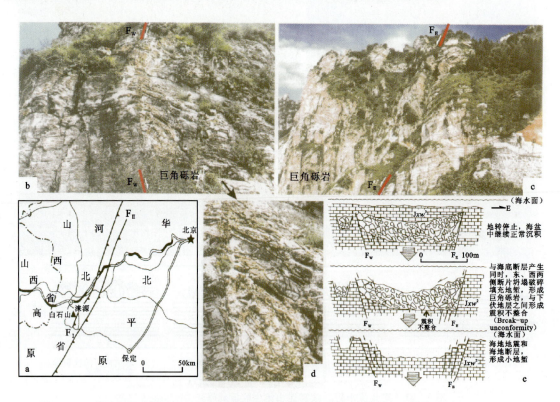

图 3-42　涞源白石山雾迷山组巨角砾岩及震动坍塌巨角砾岩形成过程示意图（据乔秀夫等，2006）

a. 白石山位置；F_I. 乌龙沟-上黄旗断裂；F_{II}. 紫荆关-灵山断裂；b、c. 西断层（F_W）与东断层（F_E）相距 300m，组成巨型地裂缝，填充两岸地震塌陷巨角砾岩；d. 巨角砾岩；e. 巨角砾岩形成过程解释

白石山震动坍塌巨角砾岩及两侧正断层均呈北北东向,这与相距不足10km的北北东向古太行山深断裂带西缘的古乌龙沟-上黄旗断裂有密切联系,很有可能是白石山地区当时已处在古太行山断裂活动影响范围内。

第二节　重要岩石剖面

岩石是指天然产出的具有一定结构构造的矿物集合体,它是组成地壳的物质基础,也是构成地球岩石圈的主要成分。岩石在地球演化过程中扮演着极其重要的角色,它不仅记录了地壳形成演化的各种信息,对于人类认知固体地球具有无法替代的作用,同时也关系到各种矿产资源的寻找与开发问题,对于人类生存和全球经济长期可持续发展具有举足轻重的作用。按照成因,岩石可以分为岩浆岩、沉积岩和变质岩。尽管三大类岩石形成的环境不同,但是在一定的地质条件下可以互相转化(图3-43)。

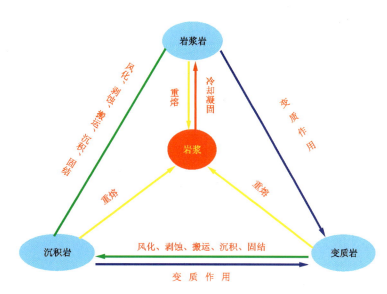

图3-43　三大岩石相互转化关系图

岩浆岩是由高温熔融的岩浆在地表或地下冷凝所形成的岩石,喷出地表的称为火山岩,未喷出地表、在地下冷凝的则称为侵入岩;沉积岩是在地表条件下经风化、剥蚀、搬运、沉积、固结而形成的岩石;变质岩是由先成的岩浆岩、沉积岩或变质岩,由于其所处地质环境的改变经变质作用而形成的岩石

河北省地处华北克拉通的核心位置,几乎完整记录了华北克拉通各构造演化阶段的重大地质事件。本章节从陆核形成与大陆地壳的多阶段生长、华北初步克拉通化、古元古代陆内裂解和最终克拉通化、一拉到底的中—新元古代、消失的古亚洲洋与中亚造山带、华北克拉通破坏、新生代裂谷等重大地质事件及问题出发,来阐述河北省典型岩石剖面的重要性。需要说明的是,由于沉积岩和变质岩是构成地层剖面的岩石基础,因此本章节所涉及的岩石剖面类地质遗迹以岩浆岩为主,包括火山岩、侵入岩以及前寒武纪变质深成岩3种类型。

一、太古宙岩石剖面——陆核的形成与地壳多阶段生长

地球上何时出现初始陆核,它是如何生长并形成稳定大陆的,是地球科学研究的核心内容之一。其中,TTG岩石作为地球上至今所发现的最古老的岩石(图3-44),TTG岩石指的是奥长花岗岩-英云闪长岩-花岗闪长岩,是太古宙高级变质区最为常见的一种深成侵入岩体,它是研究早期陆核物质组成、构造环境、形成演化等地质记录的重要载体。并且,TTG岩石作为构成太古宙克拉通的主体岩石,是太古宙各陆壳增生时期最主要的岩浆岩产物,一般认为TTG岩石的大量出现,代表了大陆地壳的一次生长事件。因此,陆核的形成以及大陆地壳在太古宙的生长过程,很大程度上取决于TTG岩石的形成演化,查明TTG的成因即能揭开大陆地壳的形成演化之谜。

图3-44 世界上最古老的岩石——阿卡斯塔(Acasta)TTG片麻岩

来自加拿大Slave克拉通Acasta地区的TTG片麻岩,是目前地球上所发现的最古老的岩石,岩石类型为条带状英云闪长岩,年龄约4 030Ma。太古宙开始的时间便是从它的出现开始算起。在此之前,它是一段没有岩石记录的时期,该地史阶段称为冥古宙,也被称为地球上的"黑暗时代(Dark Age)"。华北克拉通最古老,也是中国最古老的岩石出露在中国辽宁鞍山地区,约3.8Ga的TTG岩石(英云闪长岩—奥长花岗质片麻岩)已被识别出来

河北省TTG岩石分布广泛,形成时代从古太古代一直持续到新太古代晚期。目前,河北省内古太古代和中太古代TTG岩石主要分布在迁安黄柏峪地区,它的出现证实了冀东地区在中太古代之前曾经是一个古老的陆核;而新太古代TTG岩石可以进一步划分为早期和晚期两个阶段:早期TTG岩石已在阜平、赞皇等地区被发现,晚期TTG岩石几乎在华北每一个太古宙基底岩石都有出露(万渝生等,2017)。该区内代表性的剖面有迁安黄柏峪古太古代—中太古代石英闪长岩、英云闪长岩;阜平东城铺新太古代早期英云闪长岩;怀安瓦窑口新太古代晚期英云闪长岩等(表3-11)。这些TTG岩石剖面形成时代从3.8Ga到2.5Ga几乎连续分布,代表华北克拉通在太古宙连续生长的特点。

表 3-11 太古宙岩石剖面

亚类	序号	编号	遗迹名称	岩石时代	等级
变质岩剖面	1	JY30	怀安瓦窑口新太古代晚期英云闪长质片麻岩	新太古代晚期	省级
	2	JY34	迁安黄柏峪古太古代—中太古代石英闪长岩、英云闪长岩	古太古代—中太古代	国家级
	3	JY39	阜平东城铺新太古代早期英云闪长岩	新太古代早期	省级

1. 迁安黄柏峪古太古代—中太古代石英闪长岩、英云闪长岩

迁安黄柏峪地区的 TTG 岩石是河北省目前发现的最古老的岩石,目前已获得的成岩年龄为 2.9Ga、3.2Ga、3.3Ga 等(万渝生等,2017),表明其形成于古太古代—中太古代。岩石以较大包体的形式残留于新太古代的花岗岩之中,出露面积不足 0.1km²。原岩为石英闪长岩和英云闪长岩,岩石遭受了强烈的变质变形作用,并且局部发生深熔作用改造,但在大多数情况下仍可观察到岩浆岩的外貌特征(图 3-45)。

图 3-45 冀东地区古太古代—中太古代岩石(据万渝生等,2016)

a.3.4Ga 石英闪长质片麻岩;b.3.29Ga 英云闪长质片麻岩;c.约 3.2Ga 英云闪长质片麻岩;
d.2.94Ga 深熔花岗质岩石

迁安黄柏峪地区古太古代—中太古代 TTG 岩石的发现,证实了冀东地区发育中太古代以前的陆壳物质,结合冀东地区发育的中太古代曹庄岩组地层,以及其中发现大量 3.8~3.6Ga 碎屑锆石,可以确定的是,冀东地区中太古代以前的陆壳物质广泛分布,很可能是一古老的陆核(孙会一等,2016),这种认识目前以获得多数研究者的支持。伍家善等(1998)认为华北存在 6~7 个大于 3.3Ga 的太古宙早期的古陆核,并把分布于冀东迁西曹庄—黄柏峪一带的古陆核称作迁西古陆核,它是华北陆块上最古老的古陆核之一。

2. 阜平东城铺新太古代早期英云闪长岩

阜平地区TTG岩石出露广泛,过去大多认为它主要形成于约2.5Ga。路增龙等(2014)在阜平杂岩中厘定出一套约2.7Ga的条带状TTG片麻岩系,出露于阜平县东城铺村一带,岩石类型为黑云斜长片麻岩、角闪斜长片麻岩,岩石新鲜面为灰色,风化后呈灰白色,片麻状、条带状构造,中粒花岗变晶结构(图3-46),原岩主要为英云闪长岩,经历了强烈的变形和深熔改造,形成年龄为(2 669.2±9.7)Ma。岩石属于高铝的TTG岩石,与高硅埃达克岩特征相似,可能是由热的太古宙年轻洋壳俯冲并发生部分熔融所形成的。

图3-46 阜平东城铺地区2.7Ga TTG岩石野外露头特征(据路增龙等,2014)
a.片麻岩露头总体特征;b.片麻岩条带特征;c.黑云斜长片麻岩

阜平东城铺新太古代早期TTG岩石的存在,表明华北克拉通约2.7Ga岩浆热事件可能非常强烈,进一步证实了华北克拉通在新太古代早期(2.7Ga)经历了强烈的陆壳增生,打破了过去认为的太古宙TTG岩石主要形成于新太古代晚期(2.5Ga)的认识。最近几年,2.7Ga的TTG在华北克拉通10余个地区被发现,是近年来华北克拉通早前寒武纪研究的重要进展之一,也为华北克拉通早期岩浆事件与世界范围的岩浆事件对比提供了新的依据。

3. 怀安瓦窑口新太古代晚期英云闪长岩

岩石剖面位于怀安瓦窑口一带,所在位置也是怀安片麻岩地体的中心地带。其中怀安片麻岩地体大部分是英云闪长质片麻岩,其次岩石类型是闪长质片麻岩。两者在空间上密不可分,很多部位显示厚条带状构造。此外,还有辉长岩、磁铁石英岩、夕线石榴片麻岩透镜体零星分布片麻岩中。怀安片麻岩地体几乎全部经历了麻粒岩相变质作用,闪长质片麻岩的形成时代都是2.5Ga,野外关系也显示出密切的共存关系,指示它们是在同一构造背景下形成的,TTG片麻岩是俯冲板片熔融的产物,而闪长质片麻岩可能是板片熔体与地幔楔相互作用之后形成的。

以该岩石剖面为代表的新太古代晚期TTG岩石几乎在华北每一个太古宙基底岩石都有出露,它是华北克拉通太古宙最强烈的岩浆事件。基于此,大部分人认为新太古代晚期是华北克拉通的主要生长阶段,形成奠定了华北克拉通的基本格局(万渝生等,2017)。

【太古宙陆壳主要生长时期之争】华北克拉通是世界上最古老的克拉通之一,代表陆壳生长时期岩浆活动产物的 TTG 岩石在新太古代出现两个峰期:新太古代早期(2.7Ga)和新太古代晚期(2.5Ga)。其中 2.7Ga 岩浆活动是全球性事件,而 2.5Ga 的岩浆活动相对较弱。但从华北克拉通目前的研究来看,情况恰好相反。遍及整个华北克拉通的太古宙 TTG 岩石主要形成于 2.6~2.5Ga,而华北克拉通虽然有大量的 2.7Ga 锆石年龄以及 Nd-Hf 模式年龄记录,但出露的地质体并不多见。因此,大部分人认为新太古代晚期是华北克拉通的主要生长阶段,而万渝生等(2015b)认为新太古代早期岩石记录相对较少与后期陆壳物质遭受破坏有关,新太古代早期可能是陆壳生长的更重要时期。尽管对于这两个阶段孰强孰弱有一定的争论,但无论如何,新太古代无疑是华北克拉通陆壳生长的最重要时期,这与全球其他主要克拉通一致。

二、新太古代末期岩石剖面——华北初步克拉通化

目前,对于华北克拉通基底拼合的时间和过程存在不同认识,较传统的观点认为华北克拉通由 5 个或 7 个微陆块组成,这些微陆块在 2.5Ga 通过弧-陆或陆-陆碰撞形成初步的克拉通,之后于 1.82Ga 最终完成华北克拉通化(白瑾等,1993;伍家善等,1998),或者东部陆块和西部陆块以遵化-赞皇的混杂岩-造山带杂岩带为界在 2.5Ga 拼合形成华北克拉通(Kusky,2004,2018),或者华北克拉通由东、西陆块沿着克拉通中部出露的含有高压麻粒岩的古元古代造山带在约 1.85Ga 拼合形成(Zhao,2000,2011)。这些争议的焦点之一便是华北在太古宙末期是否形成统一的克拉通。因此,对于约 2.5Ga 的岩浆活动性质的研究,无疑会为这些争论的解决提供关键性的证据。

河北省内新太古代晚期岩浆事件除了形成大量 TTG 岩石,另一个显著特点是岩浆活动的末期普遍伴随有钾质花岗岩的侵位,如内丘黄岔钾质花岗岩、赞皇菅等二长花岗岩、秦皇岛钾质花岗岩等 A 型花岗岩。另外,岩浆活动还发育有基性岩墙以及碱性-超镁铁质岩墙,如平山下寺辉绿岩墙、冀东橄榄辉长岩-正长岩岩墙等。这些钾质花岗岩与基性岩墙均形成于伸展构造背景之下,表明此前存在稳定的克拉通基底,也暗示新太古代末期华北克拉通化已经完成(表 3-12)。

表 3-12 新太古代末期岩石剖面

亚类	序号	编号	遗迹名称	岩石时代	等级
变质岩剖面	1	JY32	遵化小关庄新太古代晚期花岗闪长质片麻岩	新太古代晚期	省级
	2	JY35	迁安老爷门新太古代晚期超镁铁质-正长岩岩脉	新太古代晚期	省级
	3	JY36	秦皇岛望海店新太古代晚期钾质花岗岩	新太古代晚期	省级
	4	JY37	秦皇岛界岭口新太古代晚期闪长岩	新太古代晚期	国家级
	5	JY40	平山下寺新太古代晚期变质辉绿岩岩墙群	新太古代晚期	国家级
	6	JY41	赞皇菅等新太古代变质二长-钾长花岗岩	新太古代	省级
	7	JY44	赞皇小觉古元古代晚期变质二长花岗岩	古元古代	省级
	8	JY45	内丘黄岔新太古代晚期钾长花岗岩	新太古代晚期	省级

【A 型花岗岩】为碱性(Alkaline)、贫水(Anhydrous)和非造山(Anorogenic)的花岗岩,以 3 个外文词的首字母"A"命名,构造背景可以是非造山的裂谷环境,也可以是造山后的伸展环境。

1. 平山下寺新太古代晚期辉绿岩墙

岩石剖面位于平山县下寺村一带,基性岩墙广泛分布在新太古代二长花岗质片麻岩和花岗质片麻岩中,多呈边界平直的脉状群体产出(图3-47a)。脉体多顺片麻理产出,部分斜切片麻理,一般宽数十米至数百米不等,长0.3~2.5km,个别可达5km。脉体走向变化较大,总体上受南紫沟-上寨向斜的影响,向斜轴部以西脉体走向多为北西向、北北西向,向斜轴部以东多为北东向。由于遭受后期变形变质作用的改造,局部岩石具片理化、透镜体化,形成石香肠构造及脉褶现象,尤其在构造带内变形和蚀变较为强烈,劈理发育(图3-47b),角闪石蚀变成黑云母形成黑云片岩。岩石类型主要为变质辉绿岩,呈灰绿色,变余辉绿结构,似片麻状构造、片状构造、块状构造,主要由斜长石、角闪石、少量石英和黑云母组成。张兆祎等(2017a)在该岩体中取得U-Pb同位素年龄为(2542±66)Ma,因此认为该岩墙侵入时代为新太古代晚期,岩石学和地球化学特征表明这些岩墙来源于大陆岩石圈地幔。王军鹏(2015)认为新太古宙末期的基性岩墙广泛分布于华北克拉通的中部造山带和东部陆块内,意味着在太古宙末期华北克拉通的岩石圈已经相当厚并且稳定。

a.变质辉绿岩脉侵入新太古代花岗质片麻岩　　　　b.变质辉绿岩脉劈理发育

图3-47　下寺辉绿岩墙野外地质特征(据张兆祎等,2017a)

2. 赞皇菅等新太古代晚期钾长-二长花岗岩

菅等岩体位于临城县西北与赞皇县交界处,为一不规则状的岩体。岩体的南部与TTG片麻岩和王家崇片麻状二长花岗岩为被改造了的侵入关系,二者的片麻理已趋于一致。岩体的西部与古元古代的官都群石英岩直接接触,二者为构造接触关系。岩体总体上以钾长花岗岩为主,局部过渡为二长花岗岩(图3-48a),岩石新鲜面为肉红色,风化后常呈黄褐色—红褐色,具有片麻理和后期片理,结构为典型的中粒半自形柱状、粒状结构,常见粒度较粗的长英质浅色体。岩体表现出典型的侵入岩特征,岩体内见有少量暗色包体(图3-48b)。该岩体以往被视为赞皇群变质地层,时代有新太古代和中太古代之争,但没有明确的年龄依据。后来的1:5万临城幅区域地质调查曾测得锆石U-Pb一致线年龄为2399~2383Ma。杨崇辉等(2011)通过锆石测年给出了(2490±13)Ma的锆石结晶年龄,并认为其形成于由挤压碰撞造山到造山后伸展的过渡环境。该期A型花岗岩在华北克拉通的中部带和东部陆块内广泛出露,陆松年等(2010)认为新太古代晚期华北克拉通广泛出露的A型花岗岩,标志太古宙岩浆演化旋回的结束,开始形成稳定的克拉通。

【太古宙末期A型花岗岩——对太古宙结束时间约束】目前国际上一直以2.5Ga作为太古宙与元古宙的分界年龄,主要依据来自于古元古代和新太古代之间的不整合面的形成时间,但该界线年龄是人为给定了一个整数的年龄值,并无直接的地质证据。实际上,在全球不同地点从太古宙过渡到元

a.营等岩体局部出露为二长花岗岩　　　　　b.二长花岗质麻岩中黑云斜长变粒岩包体

图3-48　营等钾长-二长花岗岩野外地质特征(据张兆祎等,2017a)

古宙并不都在一个统一的时间点,而是穿时的。赵宗溥(1993)认为该期A型花岗岩形成年龄从新太古代晚期一直可延续到2.47Ga,个别可达2.45Ga,岩浆活动明显属于太古宙末期地质演化的组成部分,不能依据它们小于2.5Ga而机械地划为元古宙。因此,陆松年等(2008)建议将太古宙与元古宙的界线大致放在2.47Ga左右,以华北克拉通太古宙末期普遍存在的A型钾质花岗岩的最小年龄为主要标识。

三、古元古代岩石剖面——从陆内裂解到最终克拉通化的完成

在太古宙克拉通化之后,华北克拉通在古元古代早期经历了长达2亿年左右的静寂期,在此期间,很少有岩浆活动的记录(翟明国等,2016)。随后,在古元古代中期,华北克拉通基底出现拉伸—破裂,除表现在克拉通内部发育多个裂陷盆地外,还包括出现A型花岗岩、基性侵入岩以及基性岩墙群等大量岩浆侵入活动。到古元古代晚期,华北陆块发生了著名的吕梁运动,表现为已经裂开的克拉通发生了挤压碰撞,不仅导致裂陷盆地重新闭合,同时带来了巨量的岩浆岩,最终形成统一的华北克拉通基底。

河北省古元古代岩石剖面完整地记录了华北克拉通由裂谷盆地—俯冲—碰撞的构造演化历史。古元古代中期形成的赞皇许亭钾长-二长花岗岩、迁西石门基性岩墙等岩石剖面,具有陆内裂谷的构造背景,反映了华北在新太古代完成初步克拉通化之后,经历了一次强烈的伸展事件。而古元古代晚期的岩浆活动形成的丰宁韩家窝铺花岗岩和赞皇小觉花岗岩,形成于造山阶段的挤压构造背景,是华北陆块在古元古代晚期克拉通化过程中岩浆活动的产物(表3-13)。

表3-13　古元古代岩石剖面

亚类	序号	编号	遗迹名称	岩石时代	等级
变质岩剖面	1	JY31	丰宁韩家窝铺古元古代晚期变质斑状二长花岗岩	古元古代晚期	省级
	2	JY33	迁西石门古元古代中期变质辉绿岩	古元古代	省级
	3	JY38	阜平口子头古元古代变质辉绿岩墙	古元古代	省级
	4	JY42	赞皇许亭古元古代中期变质斑状花岗岩	古元古代	省级
	5	JY43	赞皇娄底古元古代末—中元古代初变质辉绿岩	古元古代末期	国家级
	6	JY44	赞皇小觉古元古代晚期变质二长花岗岩	古元古代	省级

1. 赞皇许亭古元古代中期钾长-二长花岗岩

许亭岩体位于赞皇县西部山区,大致呈南北向延长的椭圆形岩基,面积约 160km²。此外,还有两个较小的岩枝出露于岩体的南部。许亭岩体的东部及南部与新太古代的 TTG 片麻岩和地层为侵入关系,岩体明显切割了片麻岩的条带和片麻理。岩体的西部与古元古代的甘陶河群底部的变质含砾长石砂岩接触,为韧性剪切构造接触。宏观上岩体非常均匀,表现出典型的侵入岩特征,各类包体很少见,边部可见围岩的捕虏体。岩石中片麻理不均匀,主体为弱片麻状-块状构造,多数清晰的片理和片麻理为后期构造所致。岩体成分略有变化,以钾质花岗岩为主,局部过渡为二长花岗岩(图 3-49)。许亭花岗岩的锆石 U-Pb 年龄为(2 090±10)Ma,代表了

图 3-49 许亭钾质花岗岩中二长花岗质片麻岩包体
(据张兆祎等,2014a)

岩体的结晶成岩年龄,岩体形成于拉张裂谷环境,可能是由于岩浆底侵,导致新太古代的 TTG 岩石在 2.1Ga 左右深熔,并有少量古老地壳物质加入所形成。

杨崇辉等(2011)认为华北克拉通中部分布着一系列 2.1Ga 左右的钾质花岗岩,它的特征与许亭花岗岩非常类似,推断它们可能形成于统一的拉张裂谷环境,而不是与陆块俯冲有关的岛弧环境。也就是说2.1Ga之前华北克拉通中部已经存在稳定的大陆地壳了,这从另一方面支持了翟明国等(2007)提出的 2 300~1 950Ma 期间华北克拉通经历了一次基底陆块的拉伸破裂事件的认识,也进一步证明了此前的太古宙末期已经形成稳定的克拉通。

2. 迁西石门古元古代中期斜长角闪岩墙

石门基性岩墙群主要出露于迁西石门村及其以南一带,由若干条岩性相同、走向大体一致的岩墙组成,在西部的红山口和东部的太平镇一带也断续有所分布。岩墙在地貌上多表现为突出的垄状正地形,呈近东西向和北西西向延伸,产状多为近直立,切割围岩片麻理(图 3-50a)。岩墙出露宽度通常为几米到几十米,长度多为几百米,最长的可达 2 500m,岩性为石榴透辉斜长角闪岩(图 3-50b)。石门基性岩墙群形成于 2 162Ma 左右,经历了 1 820Ma 左右的变质。岩墙形成于陆内伸展的初始裂谷环境,源于亏损地幔的部分熔融并经历了结晶分异和低程度的地壳混染。

a.石门岩墙与片麻岩呈侵入接触关系

b.石门岩墙边部岩石特征

图 3-50 石门岩墙野外地质特征(据杨崇辉等,2017)

杨崇辉等(2017)认为迁西石门岩墙年代的确定,可能会为同期基性岩墙的配置关系和古大陆的恢复提供有益线索,而且代表了华北陆块新太古代晚期克拉通化后的一次强烈的伸展事件,可能导致了原有基底发生陆内裂解,但并未拉张到出现典型的洋壳。

3. 平山小觉古元古代晚期变质二长花岗岩

变质二长花岗岩位于平山小觉地区,出露面积约 $155km^2$,以岩株产出为主,局部呈脉状。岩体侵入新太古代元坊岩组、上堡岩组等单位中,接触面极不规则,呈锯齿状参差不齐,并有岩枝岩脉穿入围岩中,岩体边部有大量围岩捕虏体分布,大小不等,形态各异,一般界线清晰,同化混染现象不明显。可见北西向基性岩墙群侵入,岩石经历了绿片岩相变质作用改造。推测本期变质二长花岗岩总体形成于类火山弧边缘挤压环境,属于同造山期 S 型花岗岩。该花岗岩中取得 1 859Ma 的锆石年龄。

该岩体形成于吕梁运动期间,是古元古代末期华北克拉通化过程中的岩浆活动产物。陆松年等(2016)认为 2 060~1 780Ma 是全球哥伦比亚超大陆形成时期,华北克拉通保存了与超大陆形成有关的 1.95~1.85Ga 俯冲与碰撞的造山事件,岩浆活动表现为与弧有关的岩浆岩的侵位以及 S 型花岗岩的形成。

四、中、新元古代岩石剖面——一拉到底的中—新元古代

稳定的华北克拉通从 1.78Ga 开始陆续进入裂解期,除了形成长城群、蓟县群等裂谷沉积地层外,不少岩浆侵入事件也记录了中—新元古代的裂解过程。主要的岩浆事件有 1.78Ga 的基性岩墙群;1.72~1.62Ga 的非造山岩浆活动;1.37~1.32Ga 的镁铁质岩床群以及约 900Ma 的镁铁质岩墙群。以上这几期岩浆事件都是区域性的,且均形成于伸展构造背景之下,期间也未发现与聚合事件有关的岩浆岩,盆地分析也表明期间有多次裂谷盆地形成,也就是说,华北克拉通自 1.8Ga 之后,处于一拉到底的构造环境(翟明国等,2014b)。

河北省很好地保留了中—新元古代岩浆活动记录,各裂解阶段的岩浆活动均有出露,如 1.78Ga 的基性岩墙群广泛出露于河北省太行山的赞皇、阜平地区,形成赞皇楼底变质辉绿岩、阜平扣子头变质辉绿岩等典型基性岩墙群;1.72~1.62Ga 的非造山岩浆活动有承德大庙斜长岩、赤城温泉环斑花岗岩、遵化梁各庄大红峪火山岩,以及韩麻营石英二长岩等;1.37~1.32Ga 的镁铁质岩床群在冀北的平泉、兴隆、宽城、下板城等地均有出露,典型的有承德乌龙矶辉绿岩床;而 0.9Ga 的基性岩墙群出露较少,目前仅在怀安羊窖沟地区有所发现(表 3-14)。

表 3-14 中—新元古代岩石剖面

亚类	序号	编号	遗迹名称	岩石时代	等级
侵入岩	1	JY04	赤城小赵家沟中元古代环斑花岗岩	中元古代	省级
	2	JY05	万全羊窖沟新元古代辉绿岩	新元古代	省级
	3	JY11	隆化韩麻营中元古代石英二长岩	中元古代	省级
	4	JY13	承德高寺台中元古代橄榄岩	中元古代	国家级
	5	JY14	承德大庙中元古代岩体型斜长岩	中元古代	世界级
	6	JY16	承德乌龙矶中元古代下马岭组晚期辉绿岩	中元古代	国家级
火山岩	7	JY26	宣化赵家山中元古代下马岭组钾质凝灰岩	中元古代	省级
	8	JY27	遵化梁各庄中元古代大红峪组富钾粗面岩	中元古代	国家级

1. 赞皇楼底中元古代初期变质辉绿岩墙

该期基性岩墙群是我国规模最大的岩墙群,广泛存在于太行山地区,在河北省赞皇地区称楼底变质辉绿岩,在阜平地区称扣子头变质辉绿岩。岩墙群以北西向为主,成群、成带分布,并具等间距平行排列的特点。单个岩墙一般宽几米至十几米,长度达数千米至几万米,倾角近于直立,与围岩接触部位具冷凝边结构。岩墙侵入古元古代甘陶河群,被长城系覆盖。岩石类型主要为变质辉绿岩和变质辉长辉绿岩,形成于1 780~1 760Ma大陆非造山的拉张构造环境下。

该期岩墙群代表超大陆的初始裂解,也代表这个时期是超大陆的最大范围时期。它的出现不仅暗示有大面积的大陆地壳存在,也是大陆克拉通化完成的标志之一。除此之外,通过基性岩墙群与世界其他克拉通内的岩墙群和裂谷的对比,可以恢复华北克拉通在哥伦比亚超大陆形成时期的古地理位置(图3-51)。

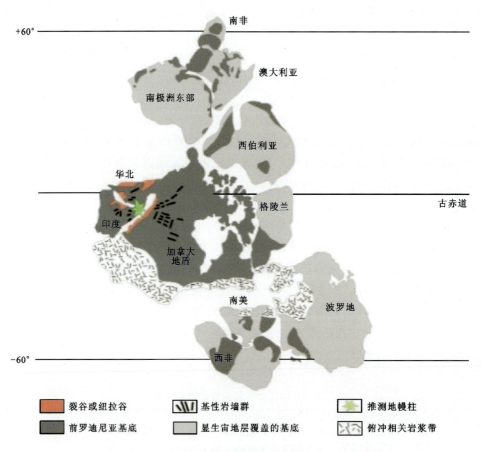

图 3-51 哥伦比亚超大陆裂解初期的超大陆格局(据侯贵廷,2012)

华北克拉通古元古代末—中元古代初的巨型基性岩墙群主要分布在晋冀蒙地区、太行山、五台山、恒山、吕梁山、中条山—嵩山以及鲁西泰山等地。从总体来看,岩墙的产状呈现了以中条—熊耳裂谷为中心,向北放射状或呈同心圆状分布特征。侯贵廷等将华北克拉通、印度克拉通和加拿大地盾的1 850~1 800Ma岩墙群拼合而成一个放射状的大型岩墙群,从而提出在哥伦比亚超大陆模式中,华北克拉通靠近加拿大地盾

【基性岩墙群】是一种伸展构造,是基性岩浆侵位到先存的张性破裂群内的一种构造-岩浆组合,一般伴随着裂谷活动,是裂谷活动初始阶段的产物,一般分布在裂谷边缘或裂谷之间,形成一般认为与地幔柱活动密切相关,是超大陆重建的最佳古地磁研究和对比标志。

2. 承德大庙中元古代斜长杂岩体

大庙斜长岩杂岩体是中国唯一的独立岩体型斜长岩,位于承德市以北的大庙、马营至上苍一带,东西长约40km,南北宽2~9km,出露规模约100km²。杂岩体侵入新太古代晚期杨营岩组,被同期辉石二长岩及后期岩体侵入。这里主要岩石类型为斜长岩(图3-52),还包括少量苏长岩、辉长岩等,相互间呈侵入接触关系。大庙基性杂岩侵入新太古代晚期杨营岩组,被同期辉石二长岩及后期岩体侵入。解广轰(1988)、赵太平等(2004,2015)在岩石中获得(1 693±7)Ma到(1 742±17)Ma等多组年龄值,表明侵位时代应为中元古代早期。岩体侵位时间可能持续20~10Ma,形成于大陆拉张构造环境,物源区位于上地幔,岩浆在上升过程中有地壳物质混染。

图3-52 大庙斜长岩岩石特征

大庙斜长岩体是我国著名的铁矿石产地,蕴藏超亿吨贯入式钒钛磁铁矿,是我国铁、钛、磷和钒矿产的重要来源。矿床属晚期岩浆矿床,形成和分布受尚义—隆化区域断裂控制明显。岩石构造组合为斜长岩、苏长岩。矿体分布于斜长岩体与苏长岩体接触带或斜长岩体、苏长岩体中。矿体呈贯入型、浸染型、复杂贯入式产出。其中苏长岩是钒、钛、磁铁矿的成矿母岩,故有矿源苏长岩之称,呈岩株、岩床产出。斜长岩由4个侵入体组成,面积25km²,呈岩株产出,与苏长岩群居在一起,岩石呈白色—瓷白色,中粗粒结构,局部为似斑状结构,块状、斑杂状、条带状构造,主要矿物成分为斜长石,普遍钠黝帘石化。

3. 赤城温泉中元古代环斑花岗岩

赤城环斑花岗岩出露于赤城县西侧温泉—小赵家沟一带,呈北西向产出,形态不规则,出露面积约50km²。南侧与西侧侵入新太古代崇礼岩群,北侧和东侧被第四系覆盖,发育和分布严格受尚义-赤城深断裂和崇礼-古北口深断裂的控制。岩石呈肉红色,环斑结构及似斑状结构,斑晶为钾长石,呈卵球形,有时具斜长石外环,有时为钾长石、石英、斜长石、黑云母共同组成的外环。刘振杰(2005)、Jiang(2014)在赤城温泉环斑花岗岩中分别获得了(1 721±3)Ma、(1 697±7)Ma的锆石年龄数据,因此确定了温泉环斑花岗岩形成于中元古代早期,相当于长城纪的大红峪时期。温泉环斑花岗岩为A型花岗岩,形成于伸展构造背景之下,来源于太古宙形成的下地壳物质的部分熔融(杨崇辉,2011)。

环斑花岗岩的意义并不仅限于代表了华北克拉通中元古代的一次裂解事件,它对长城系的时代确定也具有重大意义。和政军在北京密云地区的环斑花岗岩中(图3-53),获得了最小约(1 682±20)Ma的锆石年龄数据,由于它侵入到太古宙中,又被常州沟组覆盖,因此判断长城群底界年龄应小于1 682Ma。随后越来越多的数据表明,长城系的底界年龄应小于1 670Ma,很可能接近1 650Ma。这一重要成果使得长城群底界年龄认

图3-53 环斑花岗岩野外特征(摄于北京密云)

知发生重大变化,长期以来我国以1 800Ma的长城系底界作为古元古代与中元古代划分的界线,但是与国际普遍采用的1 600Ma有较大的差距。根据以上新的资料,全国地层委员会前寒武纪分委员会经过讨论建议,将1 650Ma作为长城系的底界,与国际的划分更加接近,更便于与国际地层进行对比。

【环斑花岗岩】是全球范围内典型的古元古代末期—中元古代早期的产物,几乎在每一个大陆都发现有环斑花岗岩体和与其相关的斜长岩体出露。它们总是产出在古老的陆块中,代表非造山岩浆活动的产物。通常它们与张裂构造背景中形成的富钾火山岩相伴生。

4. 承德乌龙矶中元古代中期辉绿岩床

在河北省内的平泉、兴隆、宽城、下板城、怀来等地区均有该期镁铁质岩床群的出露,以承德乌龙矶辉绿岩床为典型。承德乌龙矶中元古代下马岭组内存在3~4层辉绿岩床,可稳定延伸上百千米。岩石地球化学表明,辉绿岩均落在板内玄武岩区域,测年结果表明燕辽地区中元古代沉积地层内大规模辉绿岩床侵位于中元古代中期。

从辽西到冀北的中元古代沉积地层中侵位有大量的辉绿岩床,分布面积超过120 000km^2,累计厚度为50~1 800m。岩床主要侵位的层位为下马岭组、雾迷山组、高于庄组及铁岭组,在串岭沟组及团山子组内也见有少量辉绿岩床。这些岩床的侵位年龄变化于1.33~1.30Ga之间,峰期年龄为1.32Ga,因此,张拴宏等确定在华北克拉通北部燕辽地区存在一个距今1.32Ga左右的基性大火成岩省,并将其命名为"燕辽大火成岩省"。除此之外,它对于下马岭组的精确定年具有重要参考价值,还是华北克拉通从哥伦比亚超大陆发生了最终裂解的标志(图3-54)。

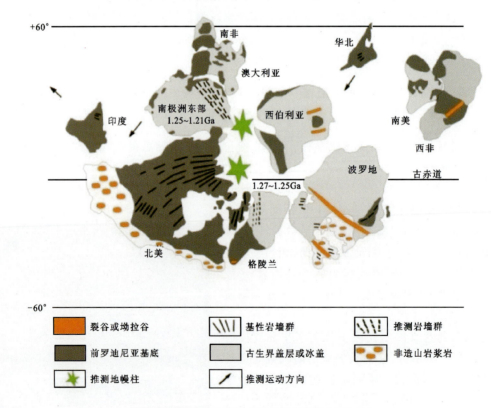

图3-54 哥伦比亚超大陆在中元古代晚期的最终裂解(据侯贵廷,2012)

燕辽基性大火成岩省在形成时代、产状、岩性组成及地球化学特征方面均与北澳大利亚麦克阿瑟盆地内1.32Ga的Derim Derim-Galiwinku基性大火成岩省有着非常明显的亲缘性,不仅时间相同,而且这两个地区中元古代沉积地层也有惊人的相似性。张拴宏(2010)提出,以1.32Ga基性大火成岩省为标志,华北克拉通从哥伦比亚超大陆发生了裂解,燕辽基性大火成岩省与Derim Derim-Galiwinku基性大火成岩省相分离。这一重建方案也得到了前人古地磁结果的支持

五、古生代岩石剖面——消失的古亚洲洋

在西伯利亚与东欧陆块块以南,我国的塔里木与华北陆块块以北,曾存在一个浩瀚的大洋,在地质学上被称作"古亚洲洋"。大约1Ga来,由于古亚洲洋不断消减,最终与华北陆块块碰撞,不仅导致古亚洲洋的消失,还在亚洲中部形成雄伟的中亚造山带。

河北省北部地区属于华北克拉通北缘中段,与中亚造山带东段——兴蒙造山带相毗邻,晚古生代—早中生代岩浆岩在形成时代、岩石组合及空间分布上均受中亚造山带古生代造山作用的影响,具有明显的规律性(图3-55)。因此,冀北地区晚古生代—早中生代岩浆岩带无疑为研究兴蒙造山带以及古亚洲洋构造演化的关系提供了重要依据(张拴宏等,2010)。

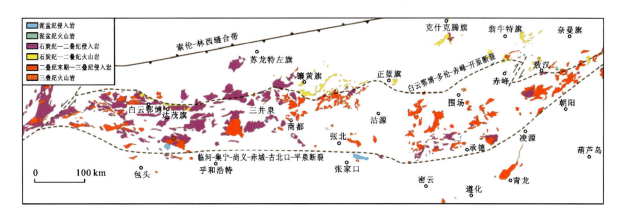

图3-55　华北克拉通北缘晚古生代岩浆岩空间分布示意图(据Zhang et al,2016 修改)

河北省古生代的岩浆活动分为泥盆纪、早石炭世晚期—中二叠世、二叠纪末—三叠纪3个时期。泥盆纪岩浆活动分布范围虽然不大,但在华北陆块北缘自东向西均有分布。泥盆纪侵入岩在岩石组合上以碱性杂岩及碱性花岗岩为主,其次为少量二长闪长岩、基性—超基性杂岩,形成崇礼水泉沟碱性杂岩体、丰宁红石砬辉石岩,以及大庙弧山二长闪长岩。这些岩石具有伸展构造背景的岩浆作用特征,是白乃庙岛弧与华北克拉通北缘在早古生代发生弧-陆碰撞之后的伸展作用产物。早石炭世晚期—中二叠世岩浆活动主要出露在尚义-平泉断裂带以北地区,构成了一条延伸超过1 000km、宽度超过120km、平行于华北克拉通北缘边界的近东西向侵入岩带。侵入岩主要为中酸性岩体,典型代表有大光顶子石英闪长岩、波罗诺石英闪长岩,这些侵入体被认为与古亚洲洋陆块的俯冲有关(表3-15)。二叠纪末期—三叠纪岩浆岩分布范围更大,它的南界可以到达燕山构造带最南端的蓟县盘山及太行山北段的河北涿鹿矾山地区,主要为呈近东西向带状分布的超基性—基性岩,以及大规模的A型花岗岩及碱性岩。如小张家口辉石岩、光头山A型花岗岩体、都山杂岩体等,岩石形成于华北陆块和西伯利亚陆块碰撞之后引发的伸展构造环境之中,对于约束古亚洲洋闭合时限具有重要价值。

1.崇礼水泉沟晚泥盆世碱性杂岩体

水泉沟碱性杂岩体位于崇礼县—赤城县一带,大地构造位置处于华北克拉通北缘中段的崇礼-赤城深大断裂以南。水泉沟碱性杂岩体总体呈近东西向狭长带状出露,东西长约55km,南北宽5～8km,面积约340km²。岩体的西段和中段被晚侏罗世张家口组酸性、中酸性火山熔岩和火山碎屑岩等不整合覆盖,北部、东部和南部分别被红花梁、温泉和上水泉3个燕山期花岗岩所侵入。杂岩体与围岩太古宙桑干群变质岩总体上呈侵入接触关系。岩体内岩石类型比较复杂,但最主要的是正长

岩和二长岩。李长民(2014)利用锆石 U-Pb 年龄测得角闪二长岩结晶年龄为(372.7±2.5)Ma,角闪正长岩结晶年龄为(372.7±2.4)Ma,二者年龄结果一致,表明水泉沟碱性杂岩体形成于晚泥盆世,是富集地幔的偏碱性玄武质岩浆与重熔的变质地壳形成的中酸性岩浆不均匀混合的产物,形成于晚造山阶段的张性构造环境。

表 3-15 古生代岩石剖面

亚类	序号	编号	遗迹名称	岩石时代	等级
侵入岩	1	JY01	康保满德堂晚二叠世二长花岗岩	晚二叠世	省级
	2	JY02	崇礼水泉沟中泥盆世碱性杂岩	中泥盆世	省级
	3	JY08	丰宁红石砬泥盆纪辉石岩	泥盆纪	国家级
	4	JY09	丰宁大光顶—波罗诺晚石炭世石英闪长岩	晚石炭世	省级
	5	JY15	承德大庙孤山泥盆纪二长闪长岩	泥盆纪	省级

张琪琪等(2019)认为冀北泥盆纪岩浆活动的形成与白乃庙岛弧和华北陆块在晚志留世发生弧-陆碰撞后的伸展背景有关。华北陆块北缘泥盆纪岩浆岩带的形成对于认识古生代期间地壳增生过程、方式及古亚洲洋最终闭合时间具有重要科学意义。

2. 丰宁大光顶-波罗诺晚石炭世石英闪长岩

大光顶岩体位于华北克拉通北缘,岩体呈不规则椭圆形,东西向展布,出露面积约为 200km²,侵位于太古宙—古元古代基底片麻岩及混合岩中。岩体主要由石英闪长岩、闪长岩和少量角闪辉长岩组成。岩体变形强烈,片麻状构造发育。前人获得岩体侵位年龄平均为 324~314Ma,形成于晚石炭世。大光顶岩体南部为波罗诺岩体,近东西向展布,出露面积 80~100km²,侵位于太古宙—古元古代片麻岩中。岩体内有明显变形,片麻状构造发育。岩性主要为石英闪长岩,其次为花岗闪长岩、含斜长石的角闪岩、角闪辉长岩等,不同岩性之间为过渡接触关系。在岩体的南部出露基底变质岩,在中酸性岩体的内部也可见变质基性岩的捕虏体。王惠初等(2007)与 Zhang(2007)分别测得石英闪长岩的年龄为(302±4)Ma 和(299±6)Ma;Zhang(2009)测得角闪辉长岩的侵位年龄为(297±1)Ma。

张拴宏等(2010)认为早石炭世晚期—中二叠世岩浆活动发育的构造背景应为安第斯型活动大陆边缘,形成与古亚洲洋陆块向华北陆块的俯冲有关。华北陆块北缘内蒙古隆起大致代表了这一安第斯型活动大陆边缘弧的范围。

3. 赤城小张家口晚三叠世辉石岩

岩石剖面主要分布在赤城小张家口和崇礼四台嘴一带,沿尚义-隆化区域断裂呈东西向带状产出,平面形态呈楔形,长约 11km,宽 150~650m,最宽 1.5km(图 3-56)。岩体侵入于新太古代晚期崇礼上岩群及奥长花岗质片麻岩中,被晚石炭世花岗闪长岩等后期岩体侵入。岩体规模大小不等,产状为岩枝、岩墙等。岩石类型主要为辉石岩和次要的纯橄岩,还有少量透镜状产出的方辉橄榄岩包体。根据近几年来在岩石中获得的锆石 U-Pb 法高精度同

图 3-56 小张家口辉石岩野外地质特征

位素测年数据(220±5)Ma(田伟等,2006),确定它形成时代为晚三叠世的拉张构造环境。

王惠初等(2007)认为古亚洲洋陆块晚古生代向华北克拉通北缘的俯冲作用在晚二叠世末期基本结束,也就是古亚洲洋封闭的上限。所以包括小张家口岩体、平泉光头山 A 型花岗岩在内的冀北基性—超基性岩和同期碱性岩带的形成可能与古亚洲洋的闭合有关,碱性岩形成于华北克拉通北缘引发伸展的构造环境,进而导致岩石圈地幔的部分熔融而形成苦橄质玄武岩浆,并底侵到下地壳位置发生分离结晶作用,先结晶的橄榄石形成纯橄岩,之后形成基性—超基性岩。

六、中生代岩石剖面——被破坏的华北克拉通

燕山运动期间,岩浆活动达到了鼎盛时期,塑造了一幅宏伟壮观的岩浆活动及其演化的地质历史画卷,同时带来了另一个问题,稳定的华北克拉通被破坏了。

关于华北克拉通破坏的研究问题可以追溯到 20 世纪 90 年代,来自古生代的金伯利岩中矿物包裹体资料显示,金伯利岩在形成时岩石圈厚度大约为 200km,然而新生代玄武岩中幔源包裹体则显示此时的岩石圈厚度仅为 80~120km,这表明华北东部发生了百余千米的岩石圈减薄(图 3-57)。除了在厚度上的变化外,华北岩石圈性质和热状态也发生了转变。自 1.8Ga 克拉通化以后,华北一直表现为稳定的克拉通特点,但从中生代以后,华北原有的稳定性质被破坏了。这些破坏和减薄伴随着一系列强烈的构造、岩浆及成矿作用,这在全球极为少见,华北克拉通是目前世界上唯一得到确证的原有巨厚太古宙岩石圈遭受强烈破坏及巨量减薄的克拉通。

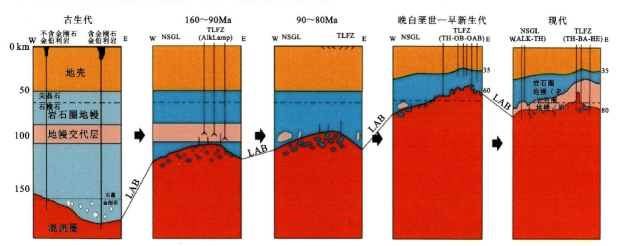

图 3-57　华北克拉通显生宙大陆岩石圈五阶段演化模式(据徐义刚,2009)

TLFZ. 郯庐断裂;NSGL. 南北重力梯度带

从图中可以看出,与古生代岩石圈地幔相比,现代岩石圈地幔已经大幅度减薄

目前对于华北克拉通破坏的时间约束具有较大的争议,部分学者提出,三叠纪或更早时期华北就已存在岩石圈减薄。然而韩宝福等(2004)认为从岩浆作用特点来看,此时段华北地区仍相对稳定,即使有减薄,规模应该非常有限。杨进辉等(2008)认为早白垩世期间华北克拉通大规模破坏,整个华北东部岩石圈强烈减薄。朱日祥(2018)根据华北克拉通岩石圈物理化学性质的转变过程,结合岩浆活动、地壳变形、伸展盆地等标志,通过大量高精度年代学研究,确定了华北克拉通破坏峰期为早白垩世,峰值为 125Ma。在此破坏峰期之后,华北克拉通东部完全丧失了典型克拉通的稳定属性。由于华北克拉通破坏主要集中在东部,因此,对于河北省燕山期岩浆活动的研究,将是理解华北克拉通破坏的关键。

河北省燕山期的岩浆活动极为发育,形成了规模巨大的冀北-太行山岩浆带(表 3-16)。侏罗纪的岩浆活动受伊佐奈岐陆块向北西方向运移、俯冲的影响,形成青龙肖营子、兴隆王坪石等 I 型花岗岩,而在冀南地区发育矿山村、符山、洪山等幔源型花岗岩,这些侵入岩均形成于陆内造山阶段的挤压

构造背景之下。早白垩世早期,在太行山地区发育规模巨大的岩浆岩带,主要有麻棚、赤瓦屋、司各庄、王安镇、大河南、小五台、大海坨、四海和云雾山岩体等。到早白垩世晚期,开始发育由碱性岩组成的过渡型侵入岩,岩浆活动主要分布在冀北地区,包括雾灵山、甲山岩体、东猴顶、千层背、响山、窟窿山等岩体(图3-58)。

表3-16 中生代岩石剖面

亚类	编号	遗迹名称	地质时代	等级
侵入岩	JY03	赤城小张家口晚三叠世辉石岩	晚三叠世	国家级
	JY06	涿鹿大河南早白垩世石英二长岩	早白垩世	省级
	JY07	怀来大海坨早白垩世二长花岗岩	早白垩世	省级
	JY10	丰宁窟窿山早白垩世石英二长岩	早白垩世	省级
	JY12	滦平千层背早白垩世碱性花岗岩	早白垩世	省级
	JY17	平泉光头山晚三叠世碱性花岗岩	晚三叠世	省级
	JY18	兴隆王坪石中侏罗世正长花岗岩	中侏罗世	省级
	JY19	青龙肖营子早侏罗世闪长岩-正长花岗岩	早侏罗世	省级
	JY20	青龙都山晚三叠世复式花岗杂岩	晚三叠世	国家级
	JY21	涞源王安镇早白垩世碱性花岗岩	早白垩世	国家级
	JY22	涉县符山中侏罗世角闪闪长岩	中侏罗世	省级
	JY23	武安矿山村早白垩世闪长岩-二长岩	早白垩世	省级
	JY24	永年洪山早白垩世正长岩	早白垩世	省级

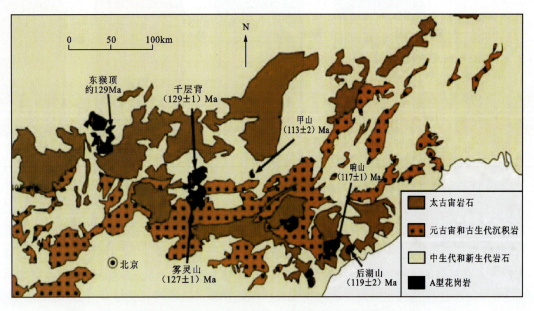

图3-58 华北克拉通北缘早白垩世晚期A型花岗岩分布地质图(据陈春良,2014)

1. 王安镇晚侏罗世—早白垩世杂岩体

王安镇杂岩体南、北两侧侵入于太古宙片麻岩,受紫荆关深大断裂带控制,并被长期活动的上黄旗-乌龙沟深大断裂和紫荆关-灵山深大断裂错动。王安镇杂岩体为同期多阶段侵入的复式岩体,由相继侵入的10多个侵入体组成,大致呈同心环形构造,按照岩石的接触关系和同位素年龄,可划分为3期:早期主要是辉长岩、二长闪长岩,出露于王安镇岩基边部;中期为花岗闪长岩和二长花岗岩,构成王安镇岩基的主体;晚期主要是钾长花岗岩、石英二长岩和石英正长岩。张海东等(2016)在花岗闪长岩和石英闪长岩获得(129±2.7)Ma和(128.3±1.9)Ma结晶年龄,与前人获得的锆石U-Pb年龄相近。这些说明该杂岩体形成于早白垩世,且形成的时间间隔较短。杂岩体形成于下地壳发生大规模拆沉的基础上,随后上涌的软流圈所携带的热促使加厚基性下地壳发生部分熔融,熔融岩浆在上升的过程中发生了角闪石的结晶分异作用。

王安镇杂岩体岩性复杂,岩基中超镁铁质岩出露很少,常兆山(2000)在王安镇杂岩体边部的橄榄辉石角闪石岩中,获得230Ma的年龄数据,表明它形成于晚三叠世,而王安镇岩基主体形成于晚侏罗世—早白垩世时期。因此,翟媛媛(2013)认为在晚三叠世华北克拉通上地幔岩石圈就已经开始出现部分熔融,形成幔源岩浆并沿深大断裂开始侵位了,暗示着华北克拉通破坏早在晚三叠世就已经开始了。

2. 承德甲山早白垩世晚期正长岩

甲山岩体出露于河北省承德县甲山镇附近,大地构造位置为华北克拉通北缘承德向斜西南翼。岩体南北长5km,东西最宽3.8km,平面上为不规则椭圆形,出露面积约14km²,侵位于早侏罗世南大岭组及中侏罗世髽髻山期次安山岩中。岩体由3个同心分布单元组成,从外到内依次为中粗粒含角闪辉石正长岩、粗粒辉石角闪英正长岩、中细粒似斑状含辉石角闪英正长岩(图3-59),三者之间呈涌动型侵入接触关系,其中含辉石角闪英正长岩中含有大量包体。刘源等(2015)提出甲山岩体的锆石U-Pb年龄为111~108Ma,代表岩体的结晶年龄,表明它侵位于早白垩世晚期,岩体形成于造山晚期的岩石圈伸展环境下,为富集的大陆岩石圈地幔部分熔融形成,与地幔上涌有关。

在早白垩世甲山岩体形成过程中,亏损地幔物质的参与指示了软流圈地幔上涌和华北克拉通北缘岩石圈减薄,因此被认为是华北克拉通破坏和岩石圈减薄的产物(孙金风,2009)。并且,从华北克拉通东部广泛发育着一期早白垩世A型花岗岩对比来看,甲山岩体具有最小的年龄,以

图3-59 承德甲山正长岩野外特征

及相对更高的亏损地幔成分,这可能反映了华北克拉通北缘岩石圈在早白垩世晚期减至最薄。

七、新生代岩石剖面——大陆裂谷与玄武岩

进入新生代,在太平洋陆块持续的俯冲挤压作用下,河北省内构造主要处于伸展裂谷环境,具体表现为山区抬升,平原沉降,在冀中平原形成了北北东向的大陆裂谷带,与此同时,沿着裂谷带或区域断裂带出现多期次的火山喷发,形成大规模分布的幔源玄武岩。其中最令人瞩目的有张北汉诺坝玄武岩、海兴小山玄武岩等,是新生代火山活动的代表(表3-17)。

表 3-17 新生代岩石剖面

亚类	序号	编号	遗迹名称	地质时代	等级
火山岩	1	JY25	张北汉诺坝渐新世—中新世玄武岩	渐新世—中新世	国家级
	2	JY28	井陉雪花山渐新世玄武岩	渐新世	国家级
	3	JY29	海兴小山晚更新世玄武岩	晚更新世	国家级

1. 张北汉诺坝渐新世—中新世玄武岩

汉诺坝玄武岩是我国渐新世—中新世的标准地层之一，也是我国新生代裂隙式喷发的典型地区之一。以张北汉诺坝最为典型，故以此命名。除了在河北坝上形成一片广阔无垠的上万平方千米的玄武岩台地外（图 3-60），在河北省太行山的涉县阳邑、井陉雪花山和冀北的阳原、围场等地均有出露。自 20 世纪中叶以来，许多中外地球科学家对汉诺坝玄武岩的地质学、岩石学、矿物学和地球化学进行了深入的研究，取得了丰硕的成果。

a. 火山集块岩 b. 火山弹
c. 火山口熔岩渣锥 d. 玄武岩球状风化

图 3-60 汉诺坝玄武岩野外地质特征（据杨红宾等，2020）

汉诺坝玄武岩以熔岩为主，约占整个玄武岩的 96% 以上（图 3-61）。地层南厚北薄，产状平缓，总体倾向北东，倾角 3°～10°。南部坝缘一带厚度变化较大，以红色氧化顶和气孔产状为标志，玄武岩岩流层次分明，通常有 20 层左右，最多可达 30 层以上（支霞臣等，1992）。汉诺坝玄武岩的 K-Ar 年龄为 27～14Ma（刘若新等，1992；朱炳泉等，1998）。熔岩序列的下部主要由早中新世的碱性玄武岩组成，中部和上部碱性玄武岩与拉斑玄武岩互层，向顶部渐以拉斑玄武岩为主（Zhi et al，1990），为典型的大陆板内玄武岩。杨红宾等（2020）依据火山喷发物质的特征，将它划分为 14 个以上喷发韵律层，火山喷发韵律厚度总体为下部和上部厚大、中部薄的特征，反映了火山作用由强→弱→强的特点，火山岩岩相组合溢流相→喷发相→溢流相→沉积相→溢流相演化。

2. 海兴小山晚更新世玄武岩

海兴小山火山位于沧州市海兴县城东北约 3km 处，是火山堆积物构成的隆丘。岩石类型除橄榄玄武岩、杏仁状玄武岩外,还包括基性凝灰岩、沉凝灰岩、火山角砾岩等。在火山岩附近还可见到混入20%以下火山碎屑的凝灰质沉积物。火山岩集中分布在5个地方,除海兴小山有层凝灰岩和层角砾凝灰岩露出地表外,其余各层火山岩均仅见于钻孔之中。各区火山岩层位比较稳定,分布于第四纪的有4期,新近纪末期也有火山活动,区内大部分地区为第四系松散物覆盖(图3-61)。

图3-61　海兴小山火山岩野外地质特征

前人对于小山火山的研究主要集中在喷发年代上,曾针对凝灰质沉积物进行了古地磁测定,即距今30~20ka。田文法等(1991)根据上下地层^{14}C测年数据推断小山火山最后一次活动发生于全新世初期,距今10ka左右。尹功明等(2013)对碎屑样品进行测年,得到小山火山最后一次活动在晚更新世晚期,平均年龄(41.4±8.6)ka。在小山东、西两侧及山后分别出露的火山凝灰岩地层剖面有清晰的水平层理,对凝灰质沉积物做古地磁测定,距今30~20ka地层年代与晚更新世青县海进时代相当,所以该地质剖面对火山喷发时的古地理环境研究具有重要的科学价值。

第三节　重要地质构造行迹

地质构造行迹是地壳运动过程中留下的各种遗迹,如断层、褶皱、节理以及全球性构造的各种岩石圈陆块、陆块逢合带(蛇绿岩)、裂谷、火山弧、弧后盆地、地堑、地垒等,它们构成地质公园的重要地质遗迹,成为引人关注的地质构造行迹景观旅游资源。

按照陆块构造-地球动力学理论,河北省一级构造单元隶属柴达木-华北陆块,二级构造单元为华北陆块及后期燕山旋回叠加的大兴安岭-太行山板内造山带,是华北克拉通的太古宙古陆核出露区,具有3.4Ga的岩石记录和漫长的地质发展史。

自太古宙至今漫长而跌宕的区域地质发展历史中,本区经历太古宙—古元古代基底与岩石圈形成,中元古代—中三叠世盖层形成及稳定发展,晚三叠世—古新世强烈活动、板内造山,始新世—第四纪高原、山地、平原、海盆与现代地貌形成了各具特色的发展演化阶段。自晚三叠世开始地壳活动进入了构造活化阶段,区内经过印支晚期、燕山和喜马拉雅构造旋回对原有构造格架的改造,尤其是燕山旋回强烈的造山运动使研究区所属的中国东部构造格局发生了翻天覆地的变化,原来主要呈近东西向的构造线逐步转变成北东向、北北东向,形成了一系列北北东向排列的隆起和坳陷,并伴有强烈的盖层褶皱、断裂变形以及邻区大规模的岩浆喷发和侵入活动,造就了许多具有研究价值的地质现象,形成了类型多样的地质构造遗迹(表3-18)。

表3-18 河北省构造分期一览表

构造期	地质时代		构造运动	沉积建造	火山岩建造	侵入岩建造	区域变质作用	构造环境
喜马拉雅期	第四纪	Q	喜马拉雅运动Ⅲ	海陆松散、堆积建造	基性、碱性			陆内裂陷、断陷盆地等,拉张环境
	新近纪	N	喜马拉雅山运动Ⅱ	河湖碎屑岩含煤(油、盐)建造	基性、碱性			
	古近纪	E_3	喜马拉雅山运动Ⅰ			基性、超基性		
		E_2			基性、碱性			
		E_1	燕山运动Ⅳ					大陆整体隆起过渡环境
燕山期	白垩纪	K_2	燕山运动Ⅲ	内陆河湖相碎屑岩建造(局部含煤或含油页岩)		偏碱性、碱性		过渡环境
		K_1^c				偏碱性、碱性		
		K_1^b	燕山运动Ⅱ		中性、酸性、偏碱性	基性、中酸性、偏碱性		陆内挤压继承性和上叠性盆地,陆内或板内造山环境
		K_1^a			基性、中性、酸性	基性、中性、酸性		
	侏罗纪	J_3		内陆河湖相碎屑岩含煤建造与红色碎屑岩建造	基性、中性、酸性	中性、酸性		
		J_2			基性、中性、酸性	基性、中性、酸性		
		J_1	燕山运动Ⅰ		基性、中性、酸性			过渡环境
印支期	三叠纪	T_3^2		山麓冲洪积扇相、湖相碎屑岩建造		偏碱性、碱性		陆内裂陷或继承性盆地,拉张环境
		T_3^1	印支运动			超基性、基性、中酸性、酸性		
		T_2^2				偏碱性、碱性		过渡环境
		T_2^1				中性、酸性		
		T_1		海陆交互转河湖相碎屑岩含煤建造(中南部)		中性、酸性	绿片岩相(北部地区更加明显)	北部:陆缘岩浆弧、弧前盆地;南部:弧后盆地与挤压继承性盆地;整体挤压造山环境
海西期	二叠纪	P_3	海西运动			中性、酸性		
		P_2		滨浅海碎屑岩、碳酸盐岩建造(北部)		中性、酸性		
		P_1			基性、中性、酸性	基性、中性、酸性		
	石炭纪	C_2				基性超基性、中酸性	绿帘角闪岩相-绿片岩相(北部地区更加明显)	整体隆起及陆缘岩浆弧,造山环境
		C_1				中性、酸性		
	泥盆纪	D_3	加里东运动			基性、中性、酸性		
		D_2				碱性		隆起,过渡环境
		D_1				基性—超基性、中酸性		隆起,过渡环境
加里东期	志留纪	S_{2-4}						
		S_1				超基性		
	奥陶纪	O_3	(怀远上升)	潟湖-浅海陆棚碎屑岩、碳酸盐岩建造				继承性裂陷盆地拉张环境
		O_{1-2}						
	寒武纪	$\in_{2-4}$	蓟县上升					
	青白口纪	Qb	蔚县上升			基性偏碱性岩床、岩脉		
晋宁期	待建纪		芹峪上升	潟湖-浅海陆棚碎屑岩、碳酸盐岩建造(南部夹铁质岩)	酸偏碱性			大陆-陆缘裂谷裂陷盆地,拉张环境
	蓟县纪	Jx	滦县上升			偏碱性		
			青龙上升			中酸性、酸性		
	长城纪	Ch			基性、偏碱性	偏碱性		
			吕梁运动			超基性、基性—酸性		
吕梁期	古元古代	Pt_1^3				偏碱性	角闪-绿片岩相	过渡环境
		Pt_1^2		海相碎屑岩夹碳酸盐岩、钙硅酸盐岩建造	基性、中性	基性、中性、酸性		
		Pt_1^1			基性、中性	酸性、偏碱性—碱性	麻粒-绿帘角闪岩相	
五台期	新太古代	晚期 Ar_3^3	五台运动	海相碎屑岩夹硅铁质岩、碳酸盐岩建造	基性、中性、酸性、碱性	基性、中性、酸性、碱性	角闪-绿片岩相	岛弧-陆缘岩浆弧及相关盆地,挤压造山环境
阜平期		中期 Ar_3^2	阜平运动	海相碎屑岩夹硅铁质岩、碳酸盐岩建造	基性、中性、酸性	基性、中酸性、酸性	角闪岩相	
		早期 Ar_3^1	迁西运动					
迁西期	中太古代	Ar_2		海相碎屑岩夹硅铁质岩建造	超基性、基性、中酸性		麻粒-角闪岩相	过渡环境
	古太古代	Ar_1		海相碎屑岩夹硅铁质岩、碳酸盐岩建造	基性			初始大洋-陆缘裂谷,拉张环境

备注:据《中国区域地质志(河北志)》,(2017)修改。

一、不整合界面与构造运动

不整合是区域构造变形的重要表现之一,它表示一个地区的上、下两套地层之间发生了沉积间断和生物演化上的不连续,是地壳运动的一种反映,包括平行不整合(图3-62)和角度不整合(图3-63)。其中角度不整合界面上、下两套岩层间不仅有明显的沉积间断,而且两套岩层以一定的角度相交,反映出这一地区在下伏岩层形成后,曾发生过构造运动和剥蚀作用,且构造运动引起的构造变形已经使得下伏岩层的产状产生掀斜和褶皱。因此一个角度不整合界面代表下伏岩层曾遭受过一次挤压变形,是构造运动最直接的一种表现(肖桂珍等,2007)。

河北省地质史上曾发生过多次构造运动,主要有迁西运动、阜平运动、五台运动、吕梁运动、晋宁运动、加里东运动、海西运动、印支运动、燕山运动、喜马拉雅运动等,在岩层中形成了多个不整合界面(表3-19),透过这些不整合界面,我们可以遥想河北大地的沧海桑田,时空变幻。

图 3-62 平行不整合示意图

平行不整合又称假整合,不整合面上、下两套地层的产状基本保持平行,但因时代不连续,期间存在地层缺失,有反映长期沉积间断和风化剥蚀的剥蚀面存在,剥蚀面上常分布有古风化壳、风化残积矿产,上覆岩层底部由于开始沉积的地形差异较大而常形成底砾岩

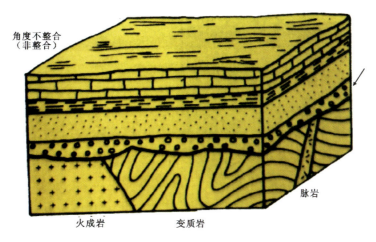

图 3-63 角度不整合示意图

下伏地层形成以后,因受到地壳运动而产生褶皱、断裂、弯曲作用、岩浆侵入等造成地壳上升,遭受风化剥蚀。当地壳再次下沉接受沉积后,形成上覆的新时代地层。上覆新地层和下伏老地层产状完全不同,期间有明显的地层缺失和风化剥蚀现象

表 3-19　河北省不整合面亚类重要地质遗迹名录

序号	编号	遗迹名称	形成或主要活动时代	等级
1	JG01	怀来赵家山青白口纪龙山组与待建纪下马岭组平行不整合接触（蔚县上升）	中元古代待建纪	国家级
2	JG02	承德上板城鸡冠山早白垩世张家口组与晚侏罗世土城子组角度不整合接触面（燕山Ⅱ期）	晚侏罗世	国家级
3	JG03	承德西尤家沟中侏罗世九龙山组与早侏罗世下花园组角度不整合面	早侏罗世	省级
4	JG04	承德悖锣树东山晚三叠世杏口山组与早侏罗世南大龄组微角度不整合接触（燕山Ⅰ期）	晚三叠世	省级
5	JG05	平泉黄杖子榆树沟中三叠世二马营组与晚三叠世杏石口组角度不整合面（印支晚期）	中三叠世	省级
6	JG06	迁西喜峰口中元古代长城纪大红峪组与新太古代栾阳岩组角度不整合面	古元古代	省级
7	JG07	迁西马蹄峪蓟县纪高于庄组与长城纪大红峪组平行不整合接触（青龙上升）	中元古代长城纪	省级
8	JG08	迁安挂云山中元古代常州沟组与中太古代迁西岩群角度不整合面	古元古代	省级
9	JG09	抚宁东部落山中寒武世昌平组和青白口纪景儿峪组平行不整合面（蓟县运动）	新元古代青白口纪	省级
10	JG10	抚宁张崖子青白口纪龙山组和新太古代变质花岗岩角度不整合面	古元古代	省级
11	JG11	滦县桃园中元古代杨庄组与高于庄组平行不整合接触（滦县上升）	中元古代蓟县纪	省级
12	JG12	易县马头待建纪下马岭组与蓟县纪铁岭组平行不整合面（芹峪上升）	中元古代蓟县纪	省级
13	JG13	赞皇嶂石岩中元古代长城系与古元古代甘陶河群角度不整合面（吕梁运动）	古元古代	国家级

1. 迁西运动

迁西运动是中国北方中太古代末期（距今 2.8Ga 前后）一场令人注目的构造运动及构造-热事件，因河北迁西得名。表现为地质体形成塑性流褶、面理和弯隆状褶皱，以角闪岩相-麻粒岩相为主的变质作用和以钠质花岗岩为主的岩浆事件。

迁西运动形成中太古界与上太古界之间的不整合界面，在冀东迁西群出露区由于与其上的单塔子群之间为断层接触，加之广泛的岩浆活动和重熔作用的影响，迄今尚未发现代表迁西运动的角度不整合面，但冀东迁西群强烈的变形事件以及与单塔子群在变形、变质程度上的差异，均显示迁西运动构造-热事件的存在。

2. 阜平运动

阜平运动是太古宙末期（约 2.6Ga）发生于华北地区的构造运动，以五台山—太行地区五台群与下伏阜平群之间的角度不整合关系为代表，上为五台群经受了角闪岩相-绿片岩相变质作用的一套以基性火山岩为主的火山-沉积岩建造及绿岩建造。在燕山地区，由于阜平期构造运动相当的单塔子群与双山子群之间为断层接触，未见不整合出露。

阜平运动在华北陆块各太古宙变质岩区有着较广泛的分布和影响，它使阜平群及更老的上壳岩产生普遍的变形作用与以角闪岩相为主的区域变质作用，并伴有大量花岗岩岩浆侵位。由阜平运动所造成明显的角度不整合界面，除五台山、太行地区之外，还表现在吕梁山区吕梁群与下伏界河口群之间，以及中条山区绛县群与下伏涑水杂岩之间的角度不整合关系（《中国地质学》，1999）。

3. 五台运动不整合面

五台运动不整合面在太行山地区表现为五台山群与甘陶河群之间的角度不整合接触（图3-64），在冀北地区表现为双山子群与朱杖子群之间的角度不整合接触。五台运动发生于新太古代末期（距今2 500Ma前后），命名地位于紧邻河北的山西五台山区。该运动以巨大的规模、强大的挤压力，使已成地体发生复杂的多期褶皱变形，总体上呈现向外挤出的复式背斜。与此同时，在南东向强大挤压力的作用下，将阜平群上部地层强烈置换，改造成规模巨大的斜移逆冲韧性剪切变形带，并使阜平主轴线以西的近东西向褶皱构造发生斜跨叠加变形，把原始东西向线性褶皱改造成一系列穹盆构造（白瑾等，1992）。

a.元氏县北龙池甘陶河群与下伏新太古代变质深成岩角度不整合接触

b.元氏县封龙山南甘陶河群与下伏新太古代变质深成岩角度不整合接触

图3-64 五台运动角度不整合界面（据张兆祎等，2016b）

4. 吕梁运动不整合面

吕梁运动不整合面在华北克拉通上表现为古元古代变质岩系与上覆中新元古代未变质岩系之间的不整合接触。赞皇县嶂石岩中元古代长城系与古元古代甘陶河群角度不整合面作为河北省典型吕梁运动不整合面，分布于赞皇嶂石岩一带。呈狭窄带状分布的古元古代甘陶河群与上覆中元古代长城系形成明显的克拉通盖层与基底的角度不整合接触关系，受吕梁运动影响甘陶河群发生变质、变形，并遭受剥蚀夷平（图3-65），在甘陶河群顶部形成吕梁面底砾岩，这是吕梁运动面的代表层位。

吕梁运动发生于古元古代末期，在华北克拉通前寒武纪演化历史中，该运动是一次具有"分水岭"意义的构造-热事件，之前形成的结晶基底普遍发生变质作用并具强烈的褶皱，而之后形成的盖层则基本未发生变质，且变形轻微（赵太平等，2015）。吕梁运动可分为两幕，距今2 150~2 100Ma为第一幕，形成"层"间褶皱、同斜倒转和韧性剪切带，普遍发生高绿片岩相区域变质。距今1 850~1 700Ma间为吕梁运动第二幕（主幕），形成南北向褶皱，岩浆侵入，北西向张裂隙形成宏伟壮观的北西向岩墙群,普遍发生低绿片岩相区域变质。吕梁运动影响巨大,华北陆块全部上升形成结晶基底,之后持续遭受150Ma的剥蚀夷平,与上部盖层之间普遍形成明显的角度不整合面(河北省地矿局,2006)。

吕梁运动不仅在华北区具有重要地质意义,标志着华北地壳进一步刚性化,华北地区克拉通基底最终形成,而且还可与北美地区重大构造运动哈得逊运动、欧洲卡瑞里运动对比。因此,该运动形成的不整合面是具有世界对比意义的地质遗迹。

5. 中、新元古代(晋宁期)不整合面

中、新元古代地壳处于稳定发展阶段,地壳运动表现为多次上升,主要有青龙上升、滦县上升、芹峪上升、蔚县上升、蓟县上升,分别形成高于庄组与大红峪组间(图3-66)、杨庄组与高于庄组间(图3-67)、下马岭组和铁岭组、龙山组与下马岭组面及寒武纪昌平组与新元古代景儿峪组之间的平行不整合界面。

图3-65 嶂石岩仙人洞东侧吕梁运动不整合面
(据张兆祎等,2014a)

图3-66 井陉一带高于庄组底部砾岩
(据张兆祎等,2016b)
高于庄组底部多见底砾岩,与下伏大红峪组顶部碳酸盐岩呈平行不整合接触(青龙上升)

图3-67 滦县赵百户营杨庄组平行不整合在高于庄组之上(据赵保强等,2019)
(滦县上升)

关于华北陆块北缘中元古界内部和顶面的不整合面形成的原因目前还存在分歧。青龙上升被认为是发生在高于庄组沉积之前的一次构造运动,它造成高于庄组与下伏大红峪组呈区域性假整合接触(朱士兴等,2005),如在太行—五台区可以看到高于庄组超覆在下伏地层之上的现象。黄学光(2007)认为"青龙上升"是盆地基底不均衡升降的表现。在冀东滦县桃园、杨庄组底部发育两层砾岩,陈晋镳等(1980)认为它们代表一种沉积间断,并将其定义为"滦县上升"。洪作民(1984)把辽西地区杨庄组底部的角砾状灰岩也归因构造抬升的结果,并将该构造抬升定义为"杨庄上升",与"滦县上升"相对应。黄学光(2006)认为"滦县上升"造成了当时盆地的不均衡沉降。"芹峪上升"由乔秀夫(1976)命名,认为其代表一次大规模地壳上升过程,造成区域性平行不整合面,并且在局部地区还出现角度不整合。王鸿祯(1999)也认为"芹峪上升"是一次强烈的构造事件。"蔚县运动"发生于下马岭组与上覆龙山组之间,被广泛认为代表一次强烈和长期的地壳抬升过程(杜汝霖等,1980)。

曲永强等(2012)通过对野外数10条实测剖面的观察和测量,认真研究了上述几个不整合面的野外地质特征及其空间变化,认为高于庄组底部不整合面所定义的"青龙上升"并不代表一次区域性构造抬升,它是海平面升降变化的影响,是海侵向更大范围扩展导致高于庄组向盆地边缘不断超覆沉积的结果。杨庄组与高于庄组之间并不存在由构造变形所造成的一个区域不整合面,而是盆地内部存在高地与洼地之分,海平面的升降变化是导致这一间断面形成的原因。铁岭组与下马岭组之间确实存在一个区域性的剥蚀面,而且此次构造抬升影响范围较大,河北省内以怀来县赵家山青白口纪下马岭组与蓟县纪铁岭组平行不整合面为代表。下马岭组与龙山组之间的不整合面广泛存在于燕山地区,并且下马岭组深水环境页岩相突变为龙山组浅水环境砾岩相,可以证实下马岭组沉积后,发生了大规模的抬升运动造成了剥蚀。

距今800Ma前后,新元古代景儿峪末期,华北陆块上升,结束了第一盖层的沉积,经受长期的剥蚀夷平,这场大规模的上升运动在华北称为蓟县运动(蓟县上升),并形成寒武纪昌平与景儿峪组之间的平行不整合界面。元古宙末期至古生代前的构造运动,在中国南方为晋宁运动,在欧洲称作阿森特运动。

抚宁东部落山中寒武世昌平组和青白口纪景儿峪组平行不整合面为河北省蓟县运动形成的典型不整合面。800~540Ma,受蓟县运动影响,华北地区整体抬升,在柳江盆地形成"东部落山",遭受风化剥蚀。"东部落山"持续260Ma,地质遗迹分布在本区东部和西部。蓟县运动使本区与华北地区一样,在新元古代中晚期,缺失了在我国南方广泛存在的南华系、震旦系沉积地层。蓟县运动形成本区的第二个不整合面,下伏岩层为新元古代青白口纪景儿峪组泥灰岩夹薄层紫红色泥岩,上覆岩层为早寒武世昌平组厚层状结晶灰岩。这个不整合面代表了260Ma的时间跨越,若站在不整合面之上,则可一步跨越亿万年。

6. 加里东运动不整合面

460~320Ma,北部兴蒙海洋与南部秦岭海洋的南北对挤,使华北陆块上升,广大地区遭受剥蚀。这场规模大、时间长、在华北地区影响广泛的地壳运动相当欧洲的加里东运动,有的学者称之为晋冀鲁豫运动。加里东运动是一场强烈造山运动,但华北地区表现为没有褶皱和岩浆活动的升降运动,并且缺失了在我国南方广泛存在的中—上奥陶统、志留系、泥盆系和下石炭统沉积地层。

加里东晚期至海西中期期间本区整体上升,不整合面在河北省主要表现为晚石炭世本溪组与中奥陶统之间的平行不整合接触(图3-68)。该不整合面完成了140Ma的时间跨越,上覆岩层为晚石炭世本溪组黄褐色铁质砂岩,底部具砾岩;下伏岩层为早奥陶世马家沟组黄灰色中薄层细晶白云岩,不整合面上可见G层铝土矿或山西式铁矿沉积(河北省国土资源厅,2014)。

7. 海西运动不整合面

中泥盆世至中二叠世,全球发生了规模宏大的地质运动——海西运动,自加里东运动晚期至海西运动中期本区整体隆升,缺失了中—上奥陶统、志留系、泥盆系和下石炭统沉积地层,表现为晚石炭世本溪组与中奥陶统之间的平行不整合接触。海西晚期区内表现为两种性质:康保-围场断裂以北的造山系,构造运动强烈,使兴蒙造山系回返为陆,与南侧陆块连为一体,因断裂以北二叠纪地层不发育,而且分布有限,难以直接观察到内部明显的不整合界面。沿断裂带形成一系列韧性剪切带、推覆断裂和岩浆岩侵入。在康保-围场断裂以南的陆块区,这场运动则没有明显表现,上二叠统与中二叠统为清楚的整合关系。

图 3-68　抚宁双喜岭高地本溪组与马家沟组平行不整合接触

(加里东运动与海西运动不整合面)(据河北省国土资源厅,2014)

8. 印支运动不整合面

晚二叠世至中三叠世之间的构造运动统称为印支运动,它不仅是中国重要的形变期及岩浆期,以及其中若干地段的变质期和成矿期,亦为中国构造格局发生明显转折的时期;在构造发展中起着承前启后的重要作用(谭永杰等,2014)。

印支运动可分为早期、晚期。晚二叠世至中三叠世早期为印支运动早期,区内康保-围场断裂以北仍处于隆起状态,以北地区的弧前盆地已隆起消亡(本区),缺失火山岩建造与沉积建造的记录。南部继承性盆地中由中晚二叠世上石盒子组上部至中三叠世早期二马营组形成的,为一套河湖相碎屑岩含煤建造。

在康保-围场断裂以北及附近仍有大量侵入岩形成,侵入岩均具有造山型单峰式岩浆岩的特点,结合北部的弧前盆地已隆起消亡等分析,该时期本区处于碰撞造山的构造环境。晚二叠世至早三叠世挤压强烈为同碰撞期(主造山期),中三叠世早期挤压减弱为后碰撞期(造山晚期)。

印支晚期(中三叠世晚期),全区以整体隆起为特征,位于晚三叠世杏石口组与下伏地质体之间的角度不整合界面,正是印支早期挤压造山和印支晚期整体隆起的结果。省内以平泉县黄杖子榆树沟中三叠世二马营组与晚三叠世杏石口组角度不整合面为代表。在平泉县下板城盆地边缘榆树沟,可见二马营组与杏石口组产状有 5°～10°的交角,接触面呈凹凸不平状(图 3-69),局部形成小漏斗,且上覆地层中具有下伏地层组分的砾岩。此类不整合是印支期地壳运动存在的最直接证据。

印支运动在南方的表现较北方强烈,它使秦岭海消失,把华北陆块与扬子陆块合并在一起结束了长期存在的南海北陆的古地理格局。因此,印支期是地壳发展新阶段的运动标志,是产生西濒太平洋陆缘活动带与构造岩带的新起点,是我国东部古地理、古构造格架发生巨变的时期(张德生等,2015)。

9. 燕山运动不整合面

燕山运动(晚三叠世—古近纪)是中国东部发生的一次强烈的构造运动,它打破了华北克拉通数

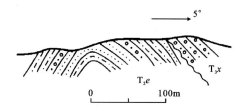

图 3-69　承德黄杖子榆树沟印支运动晚期角度不整合示意图

(据河北省地质矿产局,1989)

$T_2e.$ 中三叠世二马营组(砂岩、泥质粉砂岩);$T_3x.$ 晚三叠世杏山口组(砾岩)

亿年的稳定格局,形成了一系列北东向深大断裂,并引发了剧烈的岩浆活动和褶皱变形,由此产生了燕山、太行山、贺兰山、雪峰山、唐古拉山等绵亘山脉和许多山间断陷盆地,对中国大地构造的发展和地貌轮廓的奠定具有重要意义。这次运动正是以燕山山脉为标准地区,故而得名燕山运动。

本区是受燕山运动影响的典型地区之一。此前在印支运动中隆起的燕山断块山进一步抬升,形成强烈的北北东方向的变形和广泛多期强烈的岩浆活动。燕山运动具有多次构造变动的特点,表现为多个区域性的地层不整合界面,如承德梓椤树东山晚三叠世杏口山组与早侏罗世南大龄组微角度不整合接触、早侏罗世下花园组与上覆中侏罗世九龙口组之间的角度不整合界面(图3-70)、髫髻山组与上覆晚侏罗世土城子组之间的平行不整合界面、土城子组与上覆早白垩世张家口组之间的不整合界面(图3-71)、早白垩世青石砬组与上覆晚白垩世南天门组之间的平行不整合界面,以及晚白垩世与上覆古近系之间的角度不整合界面等。

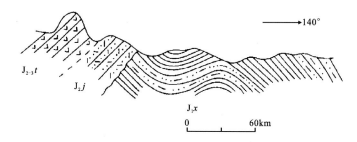

图 3-70　承德县西尤沟村侏罗纪九龙山组与下花园组角度不整合界面示意图(燕山运动中期早阶段)

(据河北省地质矿产局,1989)

$J_1x.$ 下花园组(粉砂质页岩夹碳质页岩);$J_2j.$ 九龙山组(凝灰岩);$J_{2-3}t.$ 髫髻山组(安山岩)

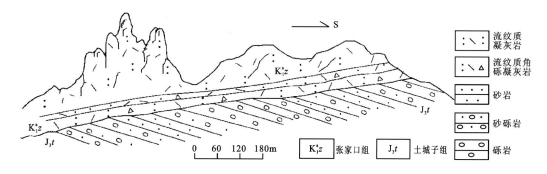

图 3-71　承德鸡冠山张家口组与土城子组角度不整合接触关系素描图(燕山运动中期晚阶段)

(据河北省地质矿产局,2013)

自 1926 年翁文灏提出燕山运动以来(Wong,1926,1927,1929),许多学者相继对燕山运动期次及命名发表过不同的见解。多数学者把燕山运动划分成 1~6 个为数不等的构造幕;少数学者只把燕山运动划分为几个构造阶段(构造期);有的学者则将构造期与构造幕等同起来,它所称的构造期实际上指的是构造幕。本书采用《河北省北京市天津市区域地质志》(2013)的划分方案,依据区域不整合以及有关构造、建造环境的明显变化,将燕山期划分为早、中、晚、末 4 个构造期。

燕山早期(晚三叠世),岩浆侵入活动强烈,晚三叠世早期以双峰式超基性、基性、中酸性、酸性侵入岩为主,晚三叠世晚期主要为偏碱性、碱性侵入岩。该时期承德梓楝树东山晚三叠世杏口山组与早侏罗世南大岭组微角度不整合接触,反映了运动的存在。杏口山组中虽未见到明显的褶皱行迹,但与南大岭组之间的微角度不整合接触关系,仍反映了杏口山组经受了轻微的掀动。

燕山中期(侏罗纪),从早侏罗世逐步开始,欧亚大陆(陆块)外围的太平洋、印度洋、大西洋—北冰洋不断扩张,使欧亚大陆(陆块)逐步处于四面受挤汇聚、整体收缩隆起状态。中侏罗世早期的九龙山组以角度不整合的接触关系超覆在下伏不同时代的地质体之上,这个界面稳定,分布广泛,特征清楚,易于标定,它反映了早侏罗世期间地壳发生过较强烈的变动。晚侏罗世,随着太平洋洋脊扩张带的扩张幅度与洋脊扩张带以西的太平洋陆块俯冲幅度的进一步加大加剧,白垩纪张家口组沉积之前的地层受强烈构造挤压作用形成褶皱,早白垩世张家口组不整合覆盖其上。

燕山晚期(早白垩世—晚白垩世早期),早白垩世早期燕山运动达到了鼎盛时期,断裂与岩浆活动最为强烈,堆积了主要由中性、酸性及偏碱性火山岩组成的张家口组;早白垩世中晚期板内造山相对减弱,逐渐进入调整期,堆积厚达数千米的含油页岩(煤)复陆屑建造和中(基)性火山岩建造,并以含狼鳍鱼为代表的热河生物群发育为特征,早白垩世末期构造运动强度明显减弱,形成的褶皱变形简单,晚白垩世地层不整合覆盖其上(图 3 - 72)。

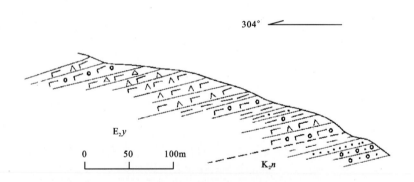

图 3 - 72　始新世蔚县组与下伏晚白垩世南天门组不整合接触
(燕山运动晚期)(据河北省地质矿产局,2013)
E_2y. 蔚县组;K_2n. 南天门组

燕山末期(晚白垩世晚期—古新世),本区整体处于隆起状态,缺失各类建造记录。始新世及其之后的地层与下伏不同地质体之间的角度不整合界面(图 3 - 73),就是该时期整体隆起(主要)和后期(喜马拉雅早期)张性断层活动(次要)使部分地层发生掀斜共同作用的结果。

燕山地区是东亚中生代地质构造发育的典型地区,是燕山运动的命名地,发育有颇具特色的岩浆活动、陆内构造变形、区域不整合面,具有复杂的构造演化历史,是研究大陆动力学问题的良好野外实验室。深入研究燕山地区燕山运动的发生、发展及演化规律,对华北陆块中生代地质演化具有重要意义。

10. 喜马拉雅运动不整合面

新生代以来的造山运动被黄汲清称之为"喜马拉雅运动（Himalaya orogeny）"。这一造山运动因首先在喜马拉雅山区确定而得名。它在亚洲大陆广泛发育，使中生代的特提斯海变成巨大的山脉，更新世的湖泊、河流堆积物隆起高达2 000多米。这一造山作用形成了著名的阿尔卑斯-喜马拉雅造山带，为绵延数千米的纬向山系（贾承造等，2004）。

喜马拉雅期是我国地质构造演化的最新阶段，是我国现今构造-地貌景观的形成时期，始于古近纪开始的构造阶段，是一个与老的构造发展旋回具同等意义的独立构造发展阶段。喜马拉雅期正在发生的地壳运动与地质作用，对自然环境演变、地质灾害发生和区域地壳稳定程度有着重要影响（孙殿卿等，1999）。

图3-73 张北渐新世—中新世汉诺坝组与下伏晚白垩世南天门组微角度不整合接触
（燕山运动末期）

区内新生代喜马拉雅期构造运动十分活跃，在总体拉张的构造环境下，以其间歇性抬升和继承性断裂活动为主导运动形式。构造运动使区内地形不断分化，太行山脉、燕山山脉整体抬升，东南部平原差异性升降，造成了西部山体遭受强烈剥蚀而东部平原接受沉积的完整山麓冲洪积体系，构成了现今盆-岭相间的构造景观。

太行山和燕山由于新生界发育不全，而且分布有限，难以直接观察到内部明显的角度不整合界面。在太行山和燕山东南部华北裂陷盆地，古近纪与新近纪—第四纪坳陷沉积物之间，广泛存在角度不整合关系（崔盛芹等，2013）。此外，伴随着喜马拉雅运动太行山及燕山山脉的不协调隆生作用，它的内部在不同的海拔高度保存有甸子梁期、唐县期两期夷平面。

二、褶皱与变形

褶皱是地壳上最常见的地质构造形态，是构造运动的产物，是地壳构造中最引人注目的地质现象，褶皱的规模相差很大，大褶皱长达几十千米到几百千米，而小褶皱则可在一块手标本上看到，有的甚至需要在显微镜下才能观察到。褶皱的形态千姿百态、复杂多变（表3-20）。

根据地层间的不整合关系可以看出，河北省在长期的地质历史演化中前后经历了10余次褶皱运动。基底褶皱主要分布于冀东、阜平、赞皇等地，经过多期次的叠加变形，褶皱形态变化大，有花岗质岩石改造成为片麻状构造发育的片麻岩穹窿——迁西-迁安市孟庄紫苏花岗片麻岩穹窿，有冀东重要的铁矿储矿构造，如滦县司家营-马城-长凝复向斜等。吕梁运动之后，在古老的刚性变质岩结晶基底的基础上，区内开始盖层沉积，盖层褶皱主要形成于燕山构造期，以宽缓背向斜为主，有呈东西向分布的马兰峪大型箱状复式背斜；有分布在太行山地区，分别以河北省阜平、赞皇基底出露区为核部的两个大型宽缓背斜构造，以及两者之间由中—上元古界、古生界组成的向斜等。这些由地层或岩石所发生的褶皱也常常形成不同的景观造型（图3-74），褶皱指在地壳运动的强大挤压作用下，岩层发生塑性变形，产生的一系列波状弯曲。褶皱的基本单位是褶曲，褶曲有两种基本形态，一种是向斜，另一种是背斜。特别是一些大型的山系，都是由受到强烈褶皱的岩石所组成，形成壮丽多姿的景象。

表 3-20 河北省褶皱亚类重要地质遗迹名录

序号	编号	遗迹名称	形成或主要活动时代	等级	位置
1	JG14	围场小扣花营-石桌子白垩纪复式背向斜	白垩纪	省级	承德市围场满族蒙古族自治县棋盘山小扣花营
2	JG15	遵化马兰峪迁西岩群铁矿层变形包络面（阜平运动）	新太古代中期	省级	唐山市遵化市马兰峪
3	JG16	遵化市马兰峪复式背斜	印支期—燕山期	国家级	唐山市遵化市马兰峪
4	JG17	迁西东荒峪紫苏花岗片麻岩-混合花岗岩穹隆（迁西运动）	中太古代	国家级	唐山市迁西县东荒峪
5	JG18	迁安孟庄紫苏花岗片麻岩穹隆（迁西运动）	中太古代	国家级	唐山市迁安市孟庄
6	JG19	滦县司家营-马城-长凝紧密同斜倒转褶皱（阜平运动）	新太古代中期	国家级	唐山市滦县司家营
7	JG20	青龙双山子-朱杖子新太古代紧密同斜倒转褶皱（五台运动）	新太古代晚期	省级	秦皇岛市青龙满族自治县双山子
8	JG21	青龙安子岭紫苏花岗片麻岩-混合花岗岩穹隆（迁西运动）	中太古代	国家级	秦皇岛市青龙满族自治县安子岭
9	JG22	阜平王林口中新生代阜平隆起	中生代—新生代	省级	保定市阜平县王林口镇
10	JG23	平山大台-西柏坡燕山期宽缓背斜	白垩纪	省级	石家庄市平山市西柏坡
11	JG24	赞皇县土门赞皇隆起	中生代—新生代	省级	石家庄市赞皇县赞皇土门村
12	JG25	赞皇许亭-台虎庄宽缓背斜（燕山运动）	白垩纪	省级	石家庄市赞皇县许亭
13	JG26	临城双石铺古元古代复向斜（吕梁运动）	古元古代晚期	省级	邢台市临城县双石铺乡

图 3-74 秦皇岛吴庄褶皱形成的"九龙壁"

（据河北省国土资源厅，2014）

秦皇岛吴庄一带的岩层经过挤压作用发生塑性变形，形成一系列小褶曲，犹如中华民族传统的吉祥物——龙的样子，故又称为"九龙壁"

1. 迁安孟庄紫苏花岗片麻岩穹隆

穹隆是一种特殊形态的褶皱,平面上地层呈近同心圆状分布,核部出露较老的地层,向外依次变新,岩层从顶部向四周倾斜(图3-75)。它直径长可达数千米至数十千米,也见有规模较小的穹隆,有的穹隆是短轴背斜。河北省较为典型的穹隆主要分布于冀东一带,发育于早前寒武纪变质基底中,多形成于挤压构造环境。

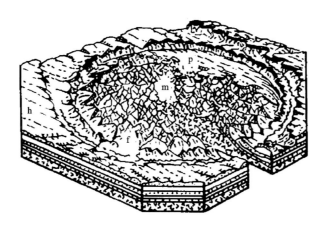

图3-75 穹隆构造示意图
m.岩浆岩山地;f.单面山;p.穹隆中央高原;h.穹隆外围水平岩层

迁安穹隆分布以迁安县城为中心,直径约30km的近圆形范围内。构造单元主体包括卵形穹隆和水厂弧形褶皱束两部分组成。穹隆中心部位的混合花岗岩中,常有富含辉石的各种片麻岩包体,混合岩中也存在重熔再生的紫苏花岗岩和具深熔条带的混合片麻岩。水厂弧形褶皱束围绕穹隆的西缘分布,是一个重要的铁矿储矿构造。它的基本褶皱式样呈同斜箱状,轴面均朝穹隆外侧陡倾的复式箱状褶皱,许多巨大储量的鞍山式铁矿就聚集在"箱底"之中。组成穹隆的岩石为迁西群,至少经历过不同世代的区域变质作用,岩石中片麻理发育,倾角较陡,围绕穹隆核部片麻理呈围斜外倾状分布,显示了穹隆状背形构造的特点。麻粒岩相和紫苏混合花岗岩化的广泛发育,岩石及其结构构造研究表明,迁安穹隆是在物质高度塑性状态和高温高压环境下变形变质作用极为复杂条件下的产物。

2. 遵化马兰峪复式背斜

马兰峪复式背斜位于燕山造山带南缘,西起平谷,东至秦皇岛,整体近东西向,长约110km,核部宽25~30km,为一水平挤压背景下基底结晶岩系与盖层共同卷入纵弯褶皱变形的厚皮式褶皱构造(李海龙等,2008)。背斜核部主要指马兰峪至金厂峪一带的太古宙深变质结晶岩系(图3-76),出露有中国最老的表壳岩,沿复背斜核部分布一系列中生代中酸性岩体。背斜两翼地层基本对称,分别向南、北倾斜,中、新元古代至古生代陆块盖层发育有次一级褶曲,如南翼的东莲花院背斜,构造线方向与背斜轴基本平行,组成一套完整的复式背斜形态。背斜南翼多处可见中元古代长城纪常州沟组底部红褐色石英岩状砂岩角度不整合于太古宙片麻岩之上,北翼由于断层破坏,仅在兴隆之南背斜倾伏端,可见常州沟组底部暗红色砂砾岩角度不整合于太古宙基底岩石之上。

杨付领等(2015)通过对马兰峪复式背斜核部中生代侵入岩体的锆石U-Pb定年分析认为,马兰峪背斜开始形成于印支期,完成于燕山期;另外,侵入岩石地球化学特征表明岩浆来源于上地幔物质底侵引起下地壳部分熔融,反映了燕山地区中生代的构造运动并不仅是地壳表层的构造作用,而是涉及下地壳甚至上地幔的构造运动,它使燕山地区大陆地壳由原来稳定的克拉通状态进入一个构造-岩浆活化的新阶段。

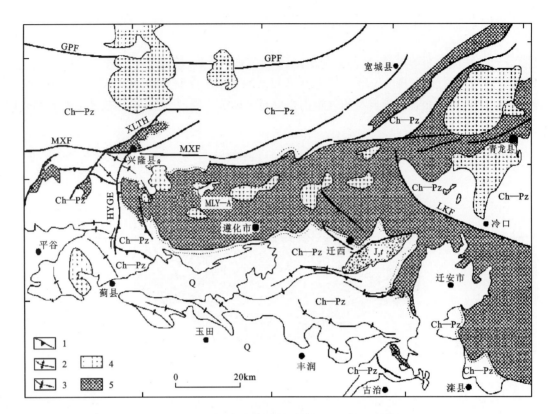

图 3-76　冀东马兰峪复背斜构造简图(据张金江等,2015)

Q.第四系;J₃t.土城子组;Ch—Pz.中元古代－古生代盖层岩系;GPF.古北口平泉断裂;HYGF.黄崖关断裂;
LKF.冷口断裂;MXF.密云－喜峰口断裂;XLTH.兴隆逆冲断层;MLY—A.马兰峪背斜;
1.逆冲断层;2.背斜轴迹;3.向斜轴迹;4.中生代侵入岩;5.太古宙－古元古代结晶体系

3. 太行山区变质核杂岩

变质核杂岩的研究始于 20 世纪 70 年代对美国西部盆-岭地区古近纪和新近纪大规模的大陆伸展构造的研究,指空间上呈穹状或长垣状(平面上近圆形或椭圆形)的由地壳深部由于地壳水平伸展被抽拉上来的强烈变形变质的岩石组成的孤立隆起,周边覆盖未变质或弱变质的层状岩石,二者之间以大型低角度正断层-拆离滑脱隔离为组合体(图 3-77)。

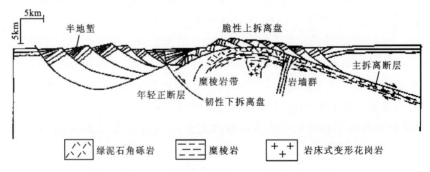

图 3-77　拆离断层和变质核杂岩结构示意图(据 Lister,1989)

太行山地区自燕山运动以来就显示出主轴为北北东向的伸展构造特征,尽管中生代以来曾发生过几次短暂的挤压活动,但总体特征以伸展体制为主,形成了阜平隆起和赞皇隆起两个典型的变质核杂岩组合。

阜平、赞皇变质核杂岩的出露形态为长轴北东向展布的纺锤型，出露面积分别为9 000km²、3 850km²，典型观测地分别位于阜平城南庄乡及赞皇土门一带。两个典型的变质核杂岩均由不同时代（中太古代—古元古代）、不同构造背景下形成的表壳岩，经多期次变形-变质作用固结的褶皱结晶基底岩石组成，并有不同时代的深成岩体和脉岩穿插其间，显示出多期次构造运动所遗留下的复杂构造变形特征，变质杂岩核的外围均以规模不等的拆离构造与不同时代的盖层呈断层接触（图3-78、图3-79）。

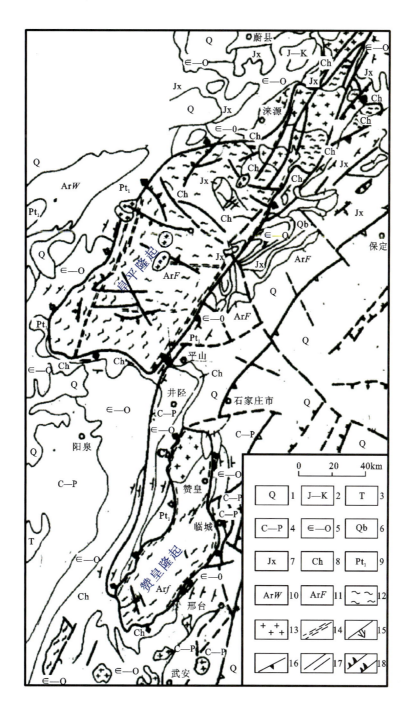

图3-78　太行山地区构造略图（据牛树银等，1994）

1.第四系；2.侏罗系—白垩系；3.三叠系；4.石炭系—二叠系；5.寒武系—奥陶系；6.青白口系；7.蓟县系；8.长城系；9.甘陶河群（滹沱群）；10.五台群；11.阜平群；12.变质杂岩核；13.花岗岩；14.韧性剪切带；15.拆离滑脱带；16.断陷带边界断裂；17.区域性主干断裂、一般断裂；18.正断层、逆断层

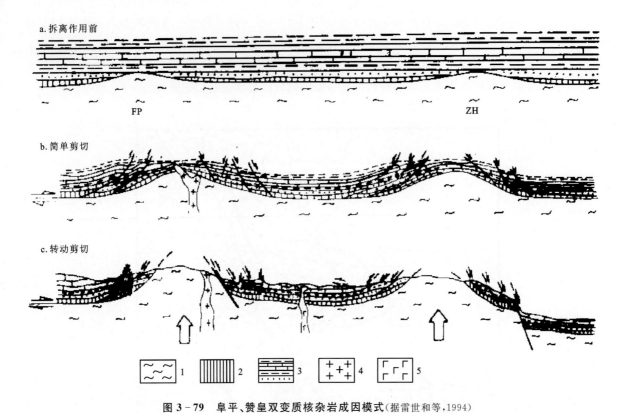

图 3-79 阜平、赞皇双变质核杂岩成因模式（据雷世和等，1994）

1. 太古宙变质杂岩；2. 古元古代变砂砾岩变火山岩；3. 盖层地层；4. 中生代燕山期花岗岩；5. 新生代新近纪玄武岩；
FP. 阜平变质核杂岩；ZH. 赞皇变质核杂岩

a. 五台运动后，阜平和赞皇变质核杂岩都发生了轻微上拱，形成古隆起，古滑脱面就是沿此古隆起面发生的；b. 因下元古界及盖层地层岩石力学性质与太古宙褶皱基底的岩石力学性质差异较大，且又被沉积间断面天然隔开，形成构造薄弱地带，剪切应力易于沿此构造带集中，结果是形成下部的主滑脱构造面，即区域拆离断层；c. 持续的简单剪切作用，导致变质杂岩核构造的形成和发展，同时变质核杂岩的上隆加大了本区的伸展运动

阜平、赞皇两变质杂岩核都具有巨大的隆升幅度。以阜平变质杂岩核为例，核心部位（阜平—大柳树）出露最老地层为阜平群底部的叠卜安岩组。阜平群地层总厚度在 6 669～17 076m 之间（河北省地矿局，1989），其实中间存在大量平卧褶皱，该厚度是地层褶皱叠置厚度。如果甘陶河群（滹沱群）为裂陷槽沉积，如果它分布有限，那么中新元古代、古生代在太行山地区普遍发育有盖层沉积，累计厚度大于 3 500m。燕山运动开始隆升，而今阜平群底部地层已暴露在山顶，上部地层已经全部被剥蚀掉，表明变质杂岩核上升幅度达十几千米。

正因为阜平、赞皇变质核杂岩的强烈隆升和相邻断陷区的大幅度沉降，在变质核杂岩的外围形成了多层次、多变形特征、大距离的拆离滑脱（图 3-80），形成现今更具特色的变质核杂岩构造，与北美盆-岭地区的变质核杂岩构造相比，它具有更古老、更宏大、更复杂、更典型的特征。

三、重要断裂与大型推覆构造

断裂构造是地壳和岩石圈最基本的构造形式。巨大的断裂，在区域构造演化中起着重要的控制作用，常常是岩浆及成矿物质活动通道及赋存场所，与矿产、能源的富集或地震活动有着密切的关系，因而断裂构造历来受到人们的关注。

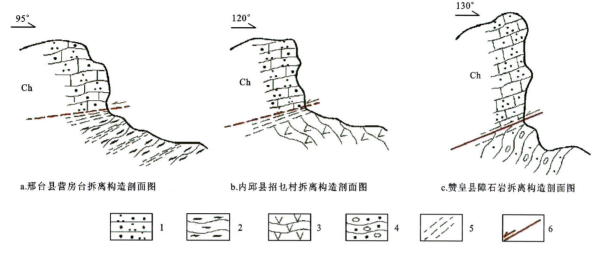

图 3-80 赞皇变质核杂岩西侧拆离滑脱构造（据张兆祎等，2014a）
1.石英砂岩；2.片麻岩；3.变质辉绿岩；4.变质砂砾岩；5.韧性剪切带；6.拆离断层

河北省在地质历史演化过程中经历了多期构造运动，形成了多期次、多层次的断裂（图3-83），这些断裂经历了拉张、剪切、挤压等多样性活动。不同方向、不同期次、不同类型的断裂多交错切割，构成较为复杂的断裂构造格局，将本区分割成一系列大小不等、形状各异的断块体。根据断裂的性质、规模及构造作用特点等，可划分为深（大）断裂、韧性变形带、逆冲推覆构造等。

1. 深（大）断裂

河北省深（大）断裂十分发育，呈北北东向，近东西向、北西向断裂均有分布（图3-81）。北北东向断裂构造在本区占有突出重要的位置，是河北省乃至整个中国东部最重要的构造形式之一，许多重要的岩浆岩带和重要的金属矿床均受到北北东向构造带的控制。在河北省著名的太行山山前断裂是太行山隆起和华北坳陷的天然分界线，上黄旗-乌龙沟断裂是重要的控岩控矿断裂。河北省的西高东低和西隆东坳的现代地形地貌大势同样受到这一组构造的控制。近东西向断裂构造在各种比例尺的区域地质调查过程中东西向断裂带的研究一直受到重视，很多不同级别的构造单元的划分多数是以东西向断裂作为构造单元的分界线（河北省地质矿产局，2006）。现将主要深（大）断裂构造行迹描述如下，余者见表3-21。

【深断裂】切穿硅铝层，深入硅镁层或上地幔，空间延伸上百千米，地球物理场反映明显；经历过长期的发展过程，具有多次继承性活动的特点；对两侧地体发展具有控制意义，一般为Ⅱ级或Ⅱ级以上构造单元的天然分界线。

【大断裂】指介于深断裂与一般断裂之间的一级断裂。它们在发展过程中，亦可具有继承性多次活动的特点；在平面上，也可延伸上百千米，但其切割深度，一般未深入硅镁层，或以地质角度推断较深，而物探依据不足。它们对两侧某些地史断代的发展具有一定的控制意义，往往是Ⅲ级构造单元的分界线。

1）康保-围场深断裂

康保-围场深断裂位于康保南—围场北一带，中部与东、西两端延入邻区，整体呈近东西向呈蛇曲状展布。华北陆块北缘断裂是华北陆块与北部的内蒙陆块的重要地质构造分界线，控制着两个一级构造单元的发展。该深断裂可能形成于新太古代末期，长期活动，沿断裂带发育了大量古生代岩浆岩，同时该断裂也是始新世至中新世汉诺坝组玄武岩地层形成的重要岩浆通道之一。

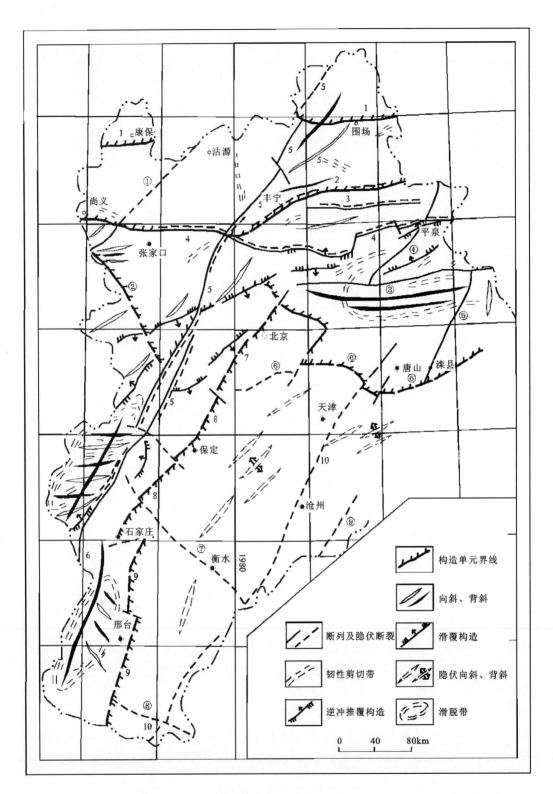

图 3-81　河北省构造纲要图(据《河北省地质矿产环境》，2006 修改)

1.康保-围场断裂；2.丰宁-隆化断裂；3.大庙-娘娘庙断裂；4.尚义-平泉断裂；5.上黄旗-乌龙沟断裂；
6.紫荆关-灵山断裂；7.怀柔-涞水断裂；8.定兴-石家庄断裂；9.邢台-安阳断裂；10.沧州-大名断裂。
①沽源-张北断裂；②马市口-松枝口断裂；③密云-喜峰口断裂；④平坊-桑园断裂；⑤青龙-滦县断裂；
⑥固安-昌黎断裂；⑦无极-衡水断裂；⑧临漳-魏县断裂；⑨海兴-宁津断裂

表 3-21 河北省断裂亚类构造剖面类重要地质遗迹名录

序号	编号	遗迹名称	形成时代	等级	位置
1	JG27	沽源-张北大断裂	古元古代晚期	省级	张家口市张北县城东
2	JG28	赤城大岭堡燕山期逆冲推覆构造	白垩纪	省级	张家口市赤城县大岭堡
3	JG29	尚义-平泉深断裂	新太古代晚期	国家级	张家口市赤城县赤城
4	JG30	上黄旗-乌龙沟深断裂	古元古代	国家级	张家口市涿鹿县大河南村
5	JG31	康保-围场深断裂	新太古代晚期	国家级	承德市围场县劈柴拌东沟
6	JG32	丰宁-隆化深断裂	新太古代晚期	省级	承德市丰宁自治县
7	JG33	大庙-娘娘庙深断裂	新太古代晚期	国家级	承德市双滦区大庙
8	JG34	平坊-桑园大断裂	侏罗纪	省级	承德市平泉市平坊
9	JG35	密云古北口-平泉杨树岭逆冲推覆构造	侏罗纪—白垩纪	省级	承德市兴隆县
10	JG36	承德鹰手营子逆冲推覆构造	侏罗纪—白垩纪	国家级	承德市鹰手营子矿区
11	JG37	密云-喜峰口大断裂	古元古代晚期	省级	唐山市迁西县喜峰口
12	JG38	青龙-滦县大断裂	新太古代晚期	省级	唐山市滦县响堂
13	JG39	固安-昌黎大断裂	晚古生代—中生代	省级	唐山市丰南区唐坊
14	JG40	紫荆关-灵山深断裂	古元古代	省级	保定市易县紫荆关
15	JG41	易县西陵-尧舜口滑覆体	白垩纪	省级	保定市易县西陵-尧舜口
16	JG42	易县狼牙山滑覆构造	白垩纪	省级	保定市满城区与易县交界
17	JG43	阜平神仙山逆冲推覆构造	白垩纪	省级	阜平县大台乡
18	JG44	阜平龙泉关韧性剪切带	新太古代晚期	国家级	阜平县北刘庄村
19	JG45	太行山山前深断裂	新太古代晚期	国家级	石家庄市藁城区丘头
20	JG46	无极-衡水隐伏大断裂	新太古代晚期	省级	衡水市桃城区郑家河沿镇

由于行政区划原因,康保-围场深断裂分为东、西两段,西段在康保附近,根据最新区域地质调查资料,主断裂出露位置与区域地质志叙述的位置有所不同,约向北移 20km,出露在康保县城以北的满德堂附近,在省内长 40km,走向 80°左右,断面近直立。断裂带北侧为中、新生代地层,南侧主要为新太古代、古元古代的地质体,断裂带中韧性剪切带发育,两侧地貌也有差异,断裂北侧丘陵地貌,地势起伏较大;南侧高原台地地貌,地形平缓,地势起伏小。东段在围场附近,长度超过 75km,断裂带显示向南突出的弧形,断裂带内片理化和糜棱岩发育。断裂东段表现为一系列负地形带,控制支流水系,形成沟谷地带,在围场朝阳地一带形成长 50km、宽约 8km 的东西走向构造透镜体(图 3-82)。

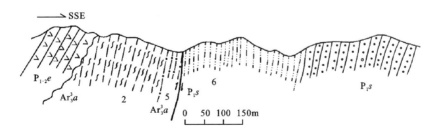

图 3-82 康保-围场区域断裂东段劈柴拌东沟构造剖面图

$P_{1-2}e$.早中二叠世额里图组;P_1s.早二叠世三面井组;Ar_3^3a.新太古代晚期崇礼上岩群艾家沟岩组;2.第二期(五台)角闪岩相变质糜棱岩(眼球状与条带状条纹状构造片麻岩);5.第五期(晋宁期—海西早期)绿片岩相变质糜棱岩;6.第六期或第六期至第七期(海西中期—印支期)绿片岩相变质的糜棱片岩及逆断层

2)太行山山前深断裂

太行山山前深断裂位于太行山脉与华北平原的过渡地带,是华北及我国东部地区一条重要的构造带,地貌特征十分明显,太行山脉主峰由海拔1 000～2 000余米的中山组成,向东华北平原海拔30～50m。在山脉与平原之间为200～500m高的低山缓丘。

区域上该深断裂北起北京怀柔附近,向南经房山和河北的涞水、保定、石家庄、邢台、邯郸,以及河南的安阳、汤阴直至新乡,总体北东—北北东向展布,全长约620km,由黄庄-高丽营、徐水、保定-石家庄、邯郸、汤东和汤西等10多条北东—北北东向断裂组成(图3-83),总体呈北北东向斜列,控制了华北平原西部一系列断陷的形成。

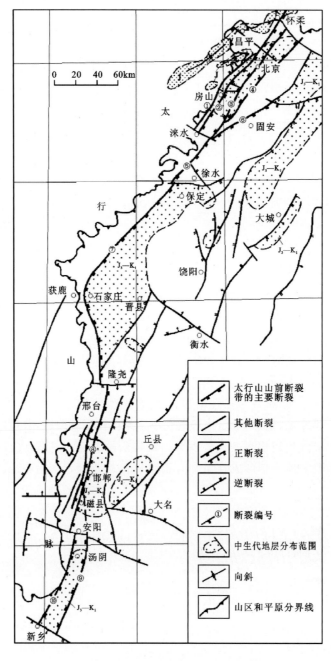

图3-83 太行山山前断裂带区域分布图

(据张兆祎等,2017b)

关于此太行山山前深断裂是否属于深大断裂,尚存在不同的认识,一些研究者认为它属深大断裂带(黄汲清,1980;商宏宽等,1985;河北省地质矿产局,1989;河南省地质矿产局,1989),一些研究者认为它是一条活动断裂带和地震构造带(李绍炳等,1984;江娃利等,1984),也有一些研究者认为它是上地壳中的大型拆离构造,沿它拉张而盆降山隆(徐杰等,2000)。中国地震局地质研究所采用宽频大地电磁法对石家庄南部的深部结构进行探测研究(彦艳等,2011),揭示了太行山山前断裂带深度可达50km 以下的莫霍面。

太行山山前深断裂始于何时众说不一,有认为早在新太古代—古元古代即已出具规模(李兴唐,1980;河北省地质矿产局,1989),也有认为它的雏形开始出现于晚侏罗世,主要形成于古近纪(江娃利等,1984;徐杰等,2000);张兆祎等(2014a,2017b)认为,早在新太古代晚期—古元古代期间该断裂带就(可能)已具一定规模,可能形成于在新太古代晚期的五台运动中,控制了区内赞皇隆起的早期隆升。古元古代是该断裂进一步形成和发展的重要时期,此时已具一定规模,导控了区内含幔源物质成分的火山沉积,具有古裂谷带特征。中新元古代海侵期间,北段在海侵初期表现为西抬东降的差异性活动,迟至大红峪期以后海水开始向西超覆;古生代的两次海侵范围扩大,沿深断裂的古地形差异似已夷平而不明显。根据太行山山前断裂带及其邻区岩相古地理的资料(叶连俊等,1983;河北省地质矿产局,1989;山西省地质矿产局,1989),断裂带两侧地区的岩相古地理和地层分布无明显差异,表明此断裂带在该时期无明显活动;中生代晚侏罗世—早白垩世为该断裂带的强烈变形阶段,在来自南东方向驱动力的强烈挤压下,该断裂带以西盘的大幅度抬升为特点,先褶后断,具褶皱隆起特征。太行山山前断裂带分布的一些地段发育有上侏罗统和下白垩统一般厚(残留)1 000~2 000m,保定—石家庄一带最厚达 4 000 余米,说明它控制了晚侏罗世—早白垩世断陷盆地的沉积。燕山运动中期,随着深断裂带活动的加剧,断裂切割深度已达上地幔,导控了大规模的岩浆侵入活动及火山喷发,形成规模宏伟的北北东向燕山期侵入岩带;新生代期间该断裂带的继承性活动,东带东侧自始新世开始连续大幅度地坳陷,形成了现在我们所看到的地貌景观。

3)紫荆关-灵山深断裂

太行山东侧的重要断裂主要有两条,一条是太行山山前断裂,另一条是山前断裂以西的紫荆关-灵山深断裂,分别简称为东带和西带,其中紫荆关-灵山深断裂位于太行山复式背斜轴部,与太行山山前深断裂约呈平行分布,总体走向为北东 20°~30°,倾角 55°~75°。该断裂北起涞水县岭南台,向南经北龙门、白涧、紫荆关、灵山、井陉,向南西延入邻省山西,省内长约 280km,形态类型属正断层。

紫荆关-灵山深断裂是太行山地区的主体构造,自中生代以来强烈活动,断裂变形以碎裂岩系列构造岩和节理带组合为主要特征,局部出现挠曲和褶皱,由两盘至断裂中心变形强度增大,一般由节理带过渡为碎裂岩带。该断裂不仅规模大、切割深,还具有控岩、导矿作用,控制了太行山岩浆岩及其相关的接触交代型矿床的形成和多金属成矿带的演化,其次级断裂主要是控矿构造,特别是太行山中段的许多重要成矿带都受该断裂控制。其中,该断裂穿过的太行山中部王安镇杂岩区,是河北重要的金属矿产地,有金、铁、钼、铜、锌等多种矿产。

4)尚义-平泉深断裂

该深断裂西起尚义,向东经赤城、古北口、承德至平泉,全长约450km,是一条新太古代就存在的古断裂,并在以后漫长的地壳运动中多次复活,在华北陆块的地质演化中具有独特的地质作用和意义。断裂总体走向近东西向,大体沿北纬41°延伸,在平面展布上,向南微凸出。

尚义至赤城段,断裂两侧均为太古宇,挤压破碎带宽上百米到几千米,小揉皱、糜棱岩化等动力迹象相互混杂,断面陡倾,断层崖发育(图 3-84),倾向或南或北,显示多次活动的复杂性。赤城至黑河段断裂呈单体出现,走向南东 75°,倾向南西,倾角 70°左右,沿线地层主要为侏罗系,最高层位为晚侏罗世土城子组。挤压破碎带宽几百米至 2000m,擦痕面发育,呈现出由南向北逆冲(图 3-85)。黑河至古北口段,走向近东西,断层成群出现,总体面貌为南、北边界断层相背倾斜,两侧的太古宇相对逆

图 3-84 张北县大崖湾一带断层崖

（据杨红宾等，2020）

冲，构成宽约 5km 的强烈挤压带。

古北口向东断裂穿过黄花顶燕山期侵入体之后，被一横向断层向北水平错移了近 20km，在空间上又恢复到了与西段相应的北纬 41°附近，并继续向东延伸。六沟以西断裂南盘的长城系向北逆冲到侏罗系之上，挤压破碎带宽达 200m。六沟至平泉段北盘太古宇向南逆冲到长城系或蓟县系之上，应为古生代末期构造运动的残留迹象，断裂向东延入邻区。

尚义-平泉深断裂对新太古代各群的空间分布、燕山山脉的走向，以及其间各地史断代的沧桑变迁和构造演化，自始至终都具有明显的控制作用（图 3-85）。该深断裂形成于太古宙晚期，古元古代岩浆沿断裂带两侧大规模侵入，吕梁运动以左行剪切的韧性变形为特点。中生代的早、中期断裂的继承性活动剧烈而频繁，部分张性断裂的活动性质随之发生了改变，形成低角度逆冲断层。新生代在喜马拉雅运动中该断层以北地壳抬升，沿断裂带有玄武岩喷发，形成坝上、坝下浑然不同的景观。

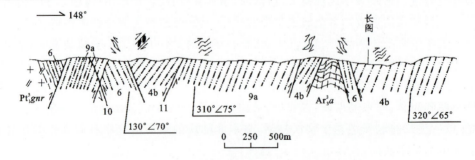

图 3-85 尚义-平泉区域断裂长阁一带构造剖面图

Ar_3^3a. 新太古代晚期崇礼上岩群艾家沟岩组；$Pt_1^3gηγ$. 古元古代晚期变质石榴二长花岗岩；4b. 吕梁晚期绿片岩相变质糜棱岩；6. 海西中期—印支期绿片岩相变质糜棱岩；9a. 燕山期糜棱岩；10. 燕山期逆断层；11. 喜马拉雅期正断层

2. 韧性剪切带

韧性剪切带亦称韧性断层、韧性变形带。它是深部地壳中一个构造薄弱带,通常构成地壳一个线形的热液蚀变带、退变质带、线形构造岩浆岩带,更重要的是韧性变形带是某些矿产,特别是金矿矿床成矿集中区的普遍性控矿构造,是成矿物质的运移通道,研究意义十分重大。

河北省韧性剪切带主要分布于冀东、冀西北及阜平、赞皇变质核杂岩穹隆等基底出露区,不同变质构造相和不同时期韧性变形带的叠加复合关系十分明显,现将较为典型的阜平县北刘庄村龙泉关韧性剪切带介绍如下。

阜平县北刘庄村龙泉关韧性剪切带分布于阜平县龙泉关—红土坡—两界峰以西,总体向西缓倾,长约50km,宽2~14km,走向近南北,是华北克拉通中部带中一条最重要的构造带,为东部阜平杂岩与西部五台杂岩的构造边界,对探讨阜平地区的构造演化具有重大的地质意义,带内岩石具有复杂的纹理构造,以及形成高大陡峻的山体地貌,具有一定的观赏性和稀有性。

北刘庄一带剪切带内岩石为太古宙阜平岩群变质岩,岩性为黑云角闪斜长片麻岩,夹斜长角闪岩,片麻理产状近于水平,多形成无根钩状褶皱(图3-86a),褶皱形态为平卧褶皱,遭受垂直轴面的挤压作用改造。岩石中可见S-C组构,"δ残斑"指示剪切带具有左行剪切滑动的特点(图3-86b)。

a. 无根钩状褶皱　　　　　　　　　　b. "δ残斑"指示左行剪切

图3-86　龙泉关韧性剪切带野外照片(据王克冰等,2019)

3. 逆冲推覆构造

逆冲推覆构造是地壳中广泛发育的重要构造现象,是逆冲断层及其上盘推覆体或逆冲岩席组合而成的区域性构造。逆冲推覆构造是碰撞造山带的基本构造类型,是认识岩石圈陆块构造演化及其地球动力学的窗口。它作为一种重要的控矿构造,是寻找金属、非金属和能源矿产取得突破的关键,因而具有极为重要的经济意义(张开均等,1996)。

河北省逆冲推覆构造发育广泛、形式多样,是最重要的构造现象之一,其中有相当一部分逆冲推覆构造对煤田和金属矿床的勘探产生重要影响,如兴隆鹰手营子煤田、赤城大岭堡铁矿的找矿勘探正是因为对逆冲断层的正确认识,大胆布置钻探工程,才发现了重要的煤矿和铁矿。

1)赤城县大岭堡燕山期逆冲推覆构造

该推覆构造位于赤城县大岭堡、辛窑、田家窑一带,最初由郭常达(1988)发现,这一构造的认识对于大岭堡铁矿勘探产生重要影响。推覆构造带呈北北东向延伸,长约16.5km,自地表向下深度小于500m(图3-87)。主滑动面位于古太古代片麻岩与中元古代长城系白云岩之间,新太古代桑干岩群片麻岩受力发生平卧褶曲后产生断裂，以飞来峰形式由北西而南东推覆于较新的中元古代长城系之上，外来岩席具有推覆体性质兼具重力滑覆色彩，显示先推后滑特征。该推覆构造可明显分出外来系统、鳞片式推覆断层区和原地系统3部分。推覆体运移方向由北西向南东滑移，推覆距离至少有1.5km（河北省地质矿产局，2006）。

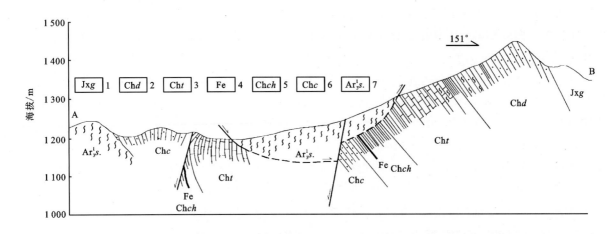

图 3-87　大岭堡逆冲推覆构造（据郭常达，1988）

1.高于庄组；2.大红峪组；3.团山子组；4.铁矿层；5.串岭沟组；6.常州沟组；7.桑干岩群

众所周知，长城纪串岭沟组是著名的铁矿层位，底部常常发育"宣龙式"铁矿矿层。大岭堡一带出露的变质岩系，在推覆构造没有得到认识之前，变质岩理所当然地被认为是"陆块"或"地垒"，也就是说变质岩系是有"根"的，其下不可能存在较之年轻的串岭沟组和铁矿层。因而在铁矿勘探布置中漏掉了一层稳定的铁矿层。该推覆构造的发现和厘定，改变了原有正常层序的认识，推测在变质岩之下很可能存在串岭沟组和赤铁矿层，这样在变质岩之上大胆布置钻探，结果证明在变质岩之下确实发育有平缓的断层，断层之下即发育有大规模的串岭沟组和赤铁矿层，从而大大增加了大岭堡矿区的铁矿储量（河北省地质矿产局，2006）。

2）阜平县神仙山逆冲推覆构造

神仙山逆冲推覆构造分布于阜平与涞源两县交界处的故道—神仙山一带，位于上黄旗-灵山深断裂的北西侧，发育于炭灰铺（或神仙山）火山-沉积盆地（构造盆地）内，区内出露主要地层有长城系、蓟县系、青白口系、寒武系、奥陶系和侏罗系（图 3-88），是太行山中北段燕山中晚期重要构造类型之一。

神仙山逆冲推覆构造由飞来峰、逆冲推覆断裂、外来岩系（推覆体）及原地岩系组成，被后期正断层破坏。整个炭灰铺（或神仙山）构造盆地被后期不规则环形或弧形正断层所围限，根据正断层带内及其附近多有倾角较小的挤压型构造岩残存和邻区太白维山逆冲推覆构造整体被逆冲推覆断裂围限，本区不规则环形或弧形正断层是继承早期逆冲推覆断裂而形成的。结合该地区飞来峰在后部（北部）、中部及前部（南部）均有分布，而且在后部较多及区域地质构造特征综合分析，极有可能整个炭灰铺（或神仙山）构造盆地为一个级别更高、规模更大的复合飞来峰，覆于早前寒武纪变质基底之上（图 3-88），与邻区山西灵丘南太白维山的逆冲推覆构造为同期同一构造系统（图 3-88 右上角示意图），两者相距23.3km，整体具有规模较大、运移距离较远的特点。

神仙山逆冲推覆构造主要形成于燕山中晚期，该时期是区域上燕山期板内造山最为强烈的阶段，也正是神仙山与太白维山逆冲推覆构造的主期形成阶段。受北西—南东向强烈挤压应力的影响，主推覆体与各次级推覆体、各飞来峰在主逆冲推覆断裂面之上由北西向南东不断推覆运移扩展，并最终形成定位，形成独特的构造-地貌，该构造对于研究燕山期构造应力场具有重要意义。

第三章 基础地质类地质遗迹分述

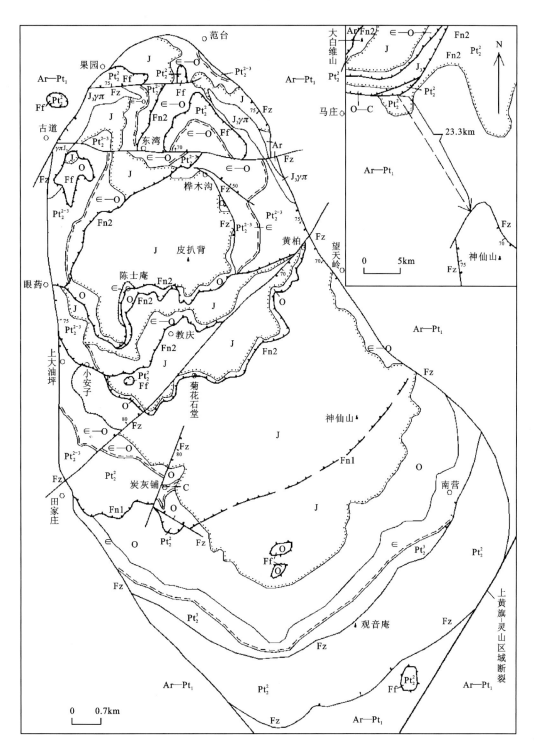

图 3-88 神仙山逆冲推覆构造平面图

图中右上角图为山西灵丘南太白维山逆冲推覆构造与本区神仙山逆冲推覆构造的构造位置与两者关系示意图；J.中晚侏罗世髫髻山组；C.晚石炭世本溪组；O—C.早中奥陶世北庵庄组至晚石炭世本溪组；O.北庵庄组至马家沟组或冶里组、亮甲山组、北庵庄组、马家沟组；∈—O.寒武纪至早奥陶世馒头组、张夏组、崮山组、炒米店组、冶里组；∈.寒武纪馒头组、张夏组、崮山组、炒米店组；Pt_2^2—∈.中元古代中期至寒武纪雾迷山组、角砾层、馒头组、张夏组、崮山组；Pt_2^{2-3}.中元古代中期至晚期雾迷山组、角砾层；Pt_2^2.中元古代中期高于庄组或雾迷山组或高于庄、雾迷山组；$J_3\gamma\pi$.晚侏罗世花岗斑岩；Ar—Pt_1.太古宙至古元古代变质基底；Ar.太古宙变质基底；Ff.飞来峰；Fn1.印支期逆冲推覆断裂；Fn2.燕山中晚期逆冲推覆断裂；Fz.后期正断层

四、蛇绿岩——板块运动的证据

蛇绿岩又称蛇绿岩套,是遗留在现在大陆造山带中的古代大洋岩石圈(壳)残片。一般认为蛇绿岩是具有特征性的岩石组合,由底到顶依次为超镁铁质岩(构造橄榄岩)、堆积辉长岩、席状岩墙杂岩、枕状玄武岩和远洋沉积(李江海等,2001),从形成到定位的过程跨越了板块运动的不同阶段与不同的构造环境,记录着壳-幔系统不同层圈及其相互作用、陆块运动学与动力学的丰富信息(蛇绿岩于地球动力学研究,1996),对恢复古代板块构造格局和了解古代大洋岩石圈的演化具有重要研究意义。

蛇绿岩的存在则是板块运动的证据(黄雄南等,2003),板块构造在什么时候开始,是延续了数十年热度不减的前沿科学问题。最极端的一是认为板块构造在新元古代的800Ma前开始,二是在冥古宙4.3Ga就已启动,多数学者认为在太古宙末期开始启动(赵振华,2017)。蛇绿岩作为古老洋壳留下来的残片,特别是太古宙蛇绿岩的识别,是探讨在太古宙是否存在板块构造以及具体在哪个时代开始有陆块构造的主要依据之一,因此很多年来不少科学家致力于这一研究(翟明国,2012)。

在已发现的蛇绿岩中,年龄分布范围2 000~2Ma,古老者有加拿大魁北克省北部的蛇绿岩(1.988Ga)和芬兰的Jormua蛇绿岩(1.996Ga)(古元古代),年轻者有南智利的Taitao半岛的蛇绿岩(新生代)。蛇绿岩主要分布于冀东一带,是世界上迄今发现的最古老的大洋地壳遗迹之一,主要有宽城东湾子蛇绿岩和遵化毛家厂新太古代蛇绿岩。

1. 东湾子蛇绿岩

东湾子蛇绿岩位于河北省宽城东湾子一带(图3-89),是冀东遵化新太古代构造带内首次识别的蛇绿岩套残片,它具备严格意义上蛇绿岩套层序,从顶部到底部依次为变形枕状熔岩和变沉积岩、席状岩墙杂岩、斜长花岗岩、辉长岩杂岩、镁铁质-超镁铁质杂岩堆积岩、超镁铁质构造岩。其中,席状岩墙杂岩规模巨大,由密集分布的基性岩墙组成,并显示特征的单向冷凝边。岩浆构造及层序指示该蛇绿岩套向西掀斜,并因构造变形使层序重复(李江海,2001)。李江海等根据已有的Sm-Nd全岩等时线年龄认为该蛇绿岩形成于新太古代(约2.5Ga),为世界最古老、最完整,但遭到肢解和变质的蛇绿岩套之一。该蛇绿岩的发现说明华北中部造山带的北段存在洋壳

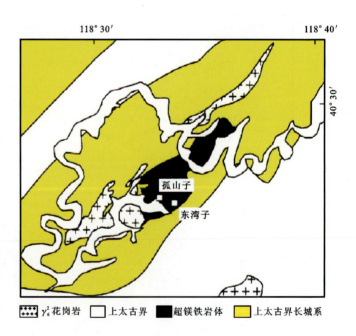

图3-89 东湾子蛇绿岩地质图

记录,连同五台山区已报道的蛇绿岩套残片,成为探索华北中部新太古代造山带内已消失洋壳记录的重要线索,对于认识华北克拉通早期构造演化,以及太古宙陆块构造研究意义重大(李江海,2001)。

但该蛇绿岩自提出以来一直是许多科学争论的热点,张旗(2003)认为东湾子蛇绿岩是否存在地幔橄榄岩还不能确定,并且从岩石组合、产状、地球化学特征等方面予以否定。因此,根据目前的认识,冀东太古宙是否存在蛇绿岩仍然是一个不确定的问题。

2. 遵化毛家厂新太古代蛇绿岩

毛家厂新太古代蛇绿岩分布于遵化北部（图3-90），主要由变质辉绿岩（斜长角闪岩）、层状辉长岩、堆积杂岩、地幔橄榄岩组成，呈构造透镜体散布于新太古代片麻岩中。这些岩石组合与现代蛇绿岩套一致，与强烈剪切变形的片麻岩一起构成典型的蛇绿岩混杂岩。蛇绿岩套中的豆荚状铬铁矿提供了中国存在新太古代蛇绿岩的确切证据。遵化新太古代蛇绿混杂岩带的发现为研究华北克拉通陆块的运动规律提供了有力的证据，证明2.5Ga以前陆块构造运动已经出现（黄雄南等，2003）。

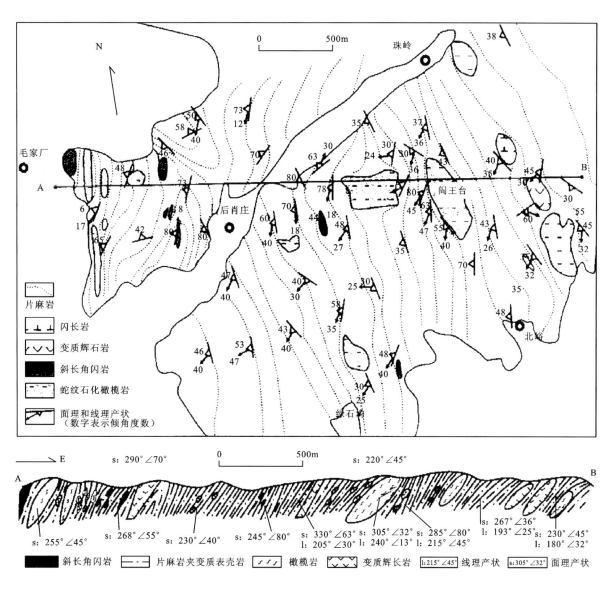

图3-90 遵化北部毛家厂一带地质图和地质剖面（据黄雄南等，2003）

该区片麻岩中有大量的超镁铁岩透镜体，岩石主要为纯橄榄岩、斜辉辉橄岩、橄榄岩、辉石岩和辉闪岩，而橄榄岩等超基性岩内赋存的铬铁矿具有豆荚状铬铁矿的特点。经黄雄南等初步研究，在遵化北部包括含豆荚状铬铁矿纯橄榄岩在内的超镁铁质岩石和镁铁质岩石，以构造透镜体形式出现在强烈剪切变形的片麻岩中，构成一套新太古代的蛇绿（混杂）岩

另外，冀东毛家厂蛇绿岩因造型各异，自然天成，质地坚实，蕴涵丰富，花纹多样，色彩斑斓，已经成为古石研究、观赏与收藏中的上品（图3-91），颇受国内外古石鉴赏收藏家的青睐。

图 3-91　遵化毛家厂蛇绿岩制作而成的工艺品（照片/葵花朵朵）

五、古海底"黑烟囱"构造

"黑烟囱"构造是原始海底冷海水沿着洋壳断裂、裂隙向下渗透,在下渗过程中,氧和矿物脱离海水,并被来自地壳深部的热源加热,淋滤出围岩玄武岩中的多种金属元素（Fe、Zn、Cu、Pb 等）和硫化物,随后海水又沿着裂隙上升喷出,与冷的正常海水混合,由于化学成分和温度的差异,形成浓密的黑烟,最后沉淀堆积成硫化物和硫酸盐组成的硫化物丘体（图 3-92）。

图 3-92　典型黑烟囱及热液生物（据孙美静,1999）

"黑烟囱"名字由来与其形成的现象和表现的外观有关,即热液喷出时形似黑烟,同时形成在其周围的硫化堆积物呈上细下粗的圆筒状

自 1979 年在东太平洋洋隆 21°首次发现高温黑烟囱型热液喷发以来,截至 2018 年,全球海底已发现超过 650 处活动的热液喷口,水深分布范围为 0~4 957m。根据喷出流体的颜色差异,海底热液烟囱一般分为两类:黑烟囱和白烟囱。形成黑烟囱或白烟囱与温度无直接关系,而是与流体的物质组

成有关。一般来说喷口处形成黑色金属硫化物，被称为"黑烟囱"，而喷口形成浅色的石膏和重晶石等硫酸盐矿物、方解石等碳酸盐矿物及二氧化硅，则被称为"白烟囱"（孙美静，1999）。

海底黑烟囱主要分布在洋中脊、火山弧和弧后盆地等地质构造不稳定区域，是海底块状硫化物的特征构造，记录高温流体与冷却海水之间的混合、冷却，以及快速结晶形成硫化物和硫酸盐的过程，是研究地史时期块状硫化物成矿过程、古大洋环境及热液活动的重要样本。通过与陆地上保存的块状硫化对比，可以解释古老矿产的形成过程，指导矿产勘探与开发（范兴利，2013）。另外，古海底黑烟囱周围还可能保留极端环境下形成的生物化石，对于研究生命起源、揭示生命现象具有重大价值。

兴隆县高板河中元古代古海底黑烟囱构造是世界上发现时代最早的海底黑烟囱（李江海等，2003），也是世界上首次发现的前寒武纪完整的古海底黑烟囱构造（范兴利，2013），具有极高的价值。高板河古海底黑烟囱保存于高板河中元古代硫化物矿床中，主要由黄铁矿、闪锌矿、碳酸盐岩及方铅矿等矿物组成，呈柱状、锥状、圆丘状、尖顶状及复合状等形态（图3-93），显示良好的热水通道，一些烟囱顶部还保留明显的喷口以及放射状纹理，记录了海底成矿热水以多种活动方式喷溢。它们形态及其组成与爱尔兰、乌拉尔等地发现的古海底硫化物黑烟囱非常类似，并具保留更大尺度和完整的烟囱构造形态。经研究认为该区黑烟囱发育于地堑深水盆地，与海底同沉积断裂活动密切相关，为大陆裂谷深水盆地喷流成矿提供了直接证据，类似的现代热水成矿曾在红海、希腊、冲绳海槽、东非及贝加尔裂谷有报道（李江海等，2005）。

a. 钝的锥状黑烟囱表面显示热水喷溢放射状纵向纹理

b. 柱状黑烟囱外壁表面纵向纹理记录热水作用，柱体向下部直径逐渐增大，轴部通道同心圈状，被黄铁矿及碳酸盐充填

c. 锥状黑烟囱

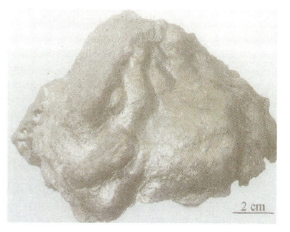

d. 复合形态的黑烟囱，呈圆锥状烟囱及其喷口构造，表面向上收敛，显示热水流动改造形态

图3-93　兴隆县高板河中元古代古海底黑烟囱构造（据李江海等，2005）

我国广泛分布着前寒武纪地层,并且有很多前寒武纪的块状硫化物矿床。因此,高板河中元古代古海底黑烟囱的发现对我国学者研究块状硫化物矿床具有十分重要的意义(范兴利,2013),对揭示海洋奥秘、寻找海洋资源具有重要的科学和经济价值,也为探索地球早期生命起源提供了重要的科学证据。

第四节　重要化石及古人类遗存

在漫长的地质年代里,地球上曾经生活过无数的生物,这些生物死亡后的遗体或是生活时遗留下来的痕迹,许多都被当时的泥沙掩埋起来。在随后的岁月中,这些生物遗体中的有机物质被分解殆尽,坚硬的部分,如外壳、骨骼、枝叶等与包围在周围的沉积物一起经过石化变成了石头,但是它们原来的形态、结构(甚至一些细微的内部构造)依然保留着;同样,那些生物生活时留下的痕迹也可以这样保留下来。我们把这些石化的生物遗体、遗迹就称为化石。

化石是大自然遗留给人类,让后人认识生物及自身演化规律的宝贵财富。化石是保存在岩石中的生物体,它们虽然失去了鲜活的生命,却依然蕴含着生命起源与演化的秘密,为生命起源、演化研究提供了直接证据,是生物演化的历史见证者,也是确定地层时代、恢复古地理、研究古生态环境,以及探讨生物演化与地球环境协同演变的最关键的证据之一(表3-22)。

河北省古生物化石资源类型丰富、分布广泛,区内化石已知物种有上千种之多,从低等的菌藻到复杂的哺乳动物化石及至人类化石,均有代表。河北省有许多重要的化石群及化石产地,如扬名海内外的泥河湾第四纪古动物和古人类化石群产地,完整地记录了人类从旧石器时代向新石器时代发展演变的全过程,被誉为"东方人类的故乡"。冀北的热河生物群化石产地,含有丰富的鱼类、两栖类、爬行类、鸟类、哺乳类化石等。通过对河北省已有古生物化石资料的系统收集整理,截至目前典型古生物化石产地共61处,其中世界级2处,国家级19处,省级40处(图3-94)。

一、重要化石及古生物遗迹

河北省各时代地层发育,从太古宙到新生代,各个时代地层中都不同程度赋存有古生物化石。太古宙地层中发现有原始藻类;元古宇产真核生物和叠层石化石;古生界含三叶虫、头足类、牙形石、腕足类、双壳类、笔石、大植物等化石;中生界产恐龙、昆虫、叶肢介、双壳、腹足、鱼、裸子植物等化石;新生界产哺乳、爬行、两栖、鱼、鸟及被子植物等化石。

1. 太古宙——地球生物起源之初

地球有46亿年的历史了,形成之初所谓混沌初开,天外紫外线与宇宙线辐射强烈,地球炽热、火山熔岩频发,狂风骤雨,闪电交加,沧海陆地巨变(图3-95),导致有机物质的大量催化合成与积累,原始大气圈和水圈形成,是生物化学演化的前夜(管康林,2012)。

太古宙距今约3.8~3.5Ga,地球已不那样炽热和激变了,有利于原始细胞的形成。目前已在南非太古宙翁维瓦特系(onverwachti system)和斯瓦兹兰系(swaziland system)碳质页岩中找到丝状有机化石,视为细菌,距今约3.5Ga。另外,斯瓦兹兰超群和澳洲的瓦拉乌那群(wara woona group)碳酸盐岩中都有层状和柱状的叠层石,距今3.3~3.1Ga。叠层石是蓝藻(即蓝细菌)和其他微生物生命活动的产物,一般被视为光合作用和光合微生物存在的可靠证据(管康林,2012)。蓝藻的光合作用放氧特性造成水陆环境的有机物质增加和大气圈自由氧的缓慢积累。

表 3-22 地质时代与生物进化对照表（据姚明君，2009）

宙	代	纪	世	代号	距今大约年代/Ma	主要生物进化 动物	主要生物进化 植物
显生宙	新生代	第四纪	全新世	Q	1	人类出现	现代植物时代
显生宙	新生代	第四纪	更新世	Q	2.5	人类出现	现代植物时代
显生宙	新生代	新近纪	上新世	N	5	哺乳动物时代	被子植物时代 草原面积扩大、被子植物繁殖
显生宙	新生代	新近纪	中新世	N	24	哺乳动物时代 古猿出现、灵长类出现	被子植物时代 草原面积扩大、被子植物繁殖
显生宙	新生代	古近纪	渐新世	E	37	哺乳动物时代 古猿出现、灵长类出现	被子植物时代 草原面积扩大、被子植物繁殖
显生宙	新生代	古近纪	始新世	E	58	哺乳动物时代	被子植物时代
显生宙	新生代	古近纪	古新世	E	65	哺乳动物时代	被子植物时代
显生宙	中生代	白垩纪		K	137	爬行动物时代 鸟类出现；恐龙繁殖；恐龙、哺乳类出现	裸子植物时代 被子植物出现、裸子植物繁殖
显生宙	中生代	侏罗纪		J	203	爬行动物时代	裸子植物时代
显生宙	中生代	三叠纪		T	251	爬行动物时代	裸子植物时代
显生宙	古生代	二叠纪		P	295	两栖动物时代 爬行类出现、两栖类繁殖	孢子植物时代 裸子植物出现、大规模森林出现、小型森林出现、陆生维管植物
显生宙	古生代	石炭纪		C	355	两栖动物时代	孢子植物时代
显生宙	古生代	泥盆纪		D	408	鱼类时代 陆生无脊椎动物发展和两栖类出现	孢子植物时代
显生宙	古生代	志留纪		S	435	鱼类时代	孢子植物时代
显生宙	古生代	奥陶纪		O	495	海生无脊椎动物时代 带壳运动爆发	孢子植物时代
显生宙	古生代	寒武纪			540	海生无脊椎动物时代	孢子植物时代
元古宙	新元古代	震旦纪		Z	650	海生无脊椎动物时代 软躯体动物爆发	
元古宙	中元古代			Pt	1 000	低等无脊椎动物出现	高级藻类出现、海生藻类出现
元古宙	古元古代			Pt	1 800	低等无脊椎动物出现	高级藻类出现、海生藻类出现
太古宙	新太古代			Ar	2 500	原核生物（细菌、蓝藻）出现（原始生命蛋白质出现）	
太古宙	中太古代			Ar	2 800	原核生物（细菌、蓝藻）出现（原始生命蛋白质出现）	
太古宙	古太古代			Ar	3 200	原核生物（细菌、蓝藻）出现（原始生命蛋白质出现）	
太古宙	始太古代			Ar	3 600 4 600	原核生物（细菌、蓝藻）出现（原始生命蛋白质出现）	

另外，据有些科学家估计，在细胞产生之前可能存在一种没有细胞膜的准生命体，类似于现在的病毒。所以出现在 3.8~3.7Ga 的病毒可能是地球上最早的生命。

2. 元古宙——真核生物起源

元古宙藻类和细菌开始繁盛，是由原核生物向真核生物演化、从单细胞原生动物到多细胞后生动物演化的重要阶段。叠层石始见于太古宙，而古元古代时出现第一个发展高潮。河北省元古宙中保存有微古植物和宏观藻类化石以及丰富的叠层石，一直是研究前寒武纪生物特征和演化的重点。

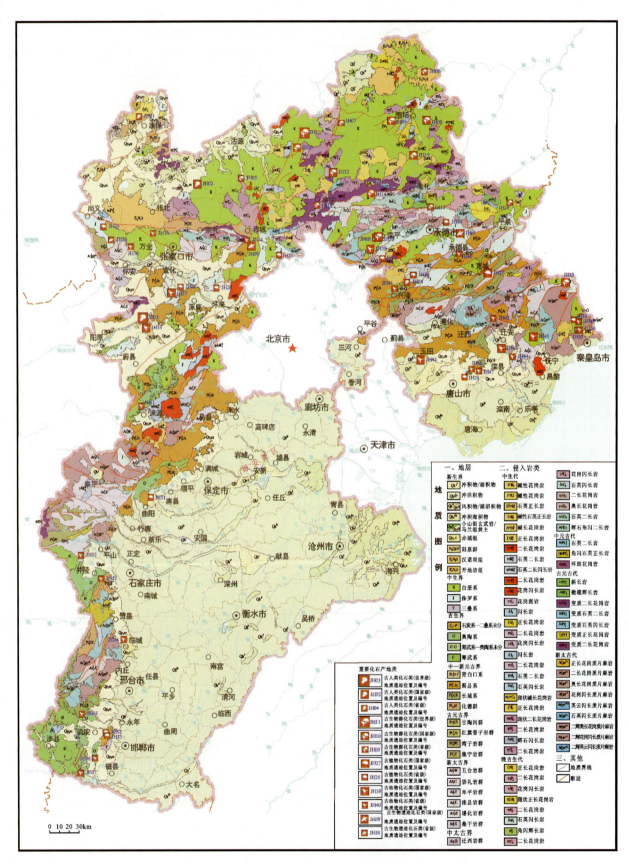

图 3-94 重要化石产地类地质遗迹分布图

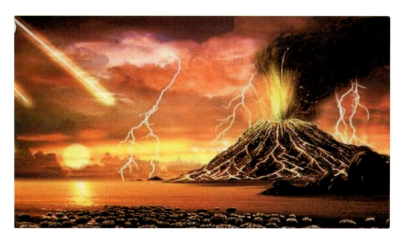

图3-95 地球形成的早期火山喷发形成的水蒸气冷却后形成海洋

在兴隆县长城纪串岭沟组发现的 *Parachuaria* 化石（图3-96），轮廓清晰，保存完好。该化石时代层位较老，是原始藻类演化发展的一个重要标志，代表我国前寒武纪长城系一个独有的生物组合，它产出层位稳定，为长城系的划分和对比提供了新的化石依据。*Parachuaria* 化石的发现不仅丰富了前寒武纪生物地层研究的内容，同时也为古藻类演化和特征的研究提供了新资料，因此具有重要的生物演化和地层意义。

图3-96 兴隆县长城纪串岭沟组光面拟丘阿尔藻化石（*Parachuaria glabra* Sun sp. nov.）
（比例棒=5mm）（据孙淑芬等，2004）

分布于迁西、宽城地区高于庄组中的大量分米级的碳质宏观化石（图3-97），经天津地质调查中心朱士兴研究员带领前寒武纪研究团队研究确证它们是迄今发现最大的前寒武纪多细胞真核生物化石。该化石包括线形、舌形、楔形和长条形4种形态类型，最大个体宽度可达8.0cm，可见长度达20.0～30.0cm。该化石是迄今为止证据最充分、时代最古老（>1 560Ma）、个体最巨大、属于高级古藻类植物的前埃迪卡拉纪（>635Ma）的宏观多细胞真核生物群化石。这一发现是地球早期生命演化研究领域中一项重大科学成果，对早期地球环境演化与生命过程的研究具有重要价值。

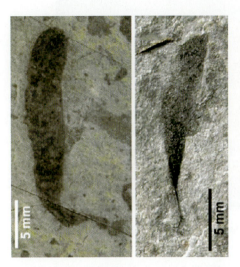

图 3-97　高于庄组大型藻类化石标本（据李怀坤等，2016）

另外，河北省太行山一带古元古代甘陶河群、长城纪团山子组、大红峪组上部、蓟县纪高于庄组下部、雾迷山组、铁岭组碳酸盐岩地层中均含丰富的叠层石（图 3-98～图 3-102）。

图 3-98　鹿泉上寨一带古元古代甘陶河群白云岩中叠层石（据张兆祎等，2017a）

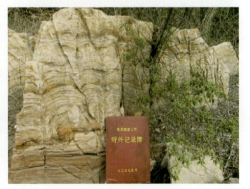

Yanshania f.（燕山叠层石未定型）　　　　　　*Xiayingella* f.（下营叠层石未定型）

图 3-99　元氏县南佐一带团山子组叠层石（据张兆祎等，2017a）
团山子组以厚层含铁白云岩、微晶白云岩为主，其次为砂岩和粉砂质页岩，含丰富的叠层石和藻类化石

图 3-100　滦县青龙山大红峪组叠层石(据赵保强等,2019)

Nucleella xiaohongyuensis Zhu et al(小红峪具核叠层石)

Gaoyuzhuanggia crassibrevis Zhu et al
（粗短高于庄叠层石）

Gaoyuzhuanggia bulbosa Zhu et al
（块茎状高于庄叠层石）

Conophyton garganicum Kololyuk
（加尔加诺锥叠层石）

Tubuloconigera paraepiphyta Zhu et al
（拟灌木板锥叠层石）

图 3-101　井陉吴家窑一带高于庄组下部叠层石(据张兆祎等,2017a)

叠层石主要是蓝藻（或称蓝菌）类的微生物，通过生长和新陈代谢作用捕获、黏结和沉淀沉积物，形成的一种生物沉积构造(Walter,1976)。在叠层石形成过程中，蓝菌类的微生物通常以层状微生物席的形式出现。因为叠层石主要是由蓝菌类的微生物构成的，多数学者主张将叠层石归属于藻类化石。又因叠层石成因特殊，本身又非实体化石，一些学者将它归于痕迹化石(曹瑞骥等,2006)。

叠层石中不仅包含许多微生物演化资料，同时还保留有沉积、古生态以及地球物理等方面的信息。此外，构成叠层石的微生物对地球早期地表元素的循环、有用元素的富集和能量转换起着非常重要的作用。一些前寒武纪铁质和磷质叠层石本身即为具工业价值的矿产资源(曹瑞骥等,2006)。

图 3-102　唐山古冶抹轴峪村附近雾迷山组叠层石(据赵保强等,2019)

3. 寒武纪——生物大爆发

寒武纪大约开始于 570Ma,早期(距今约 530Ma)在很短的时间内(地质意义上的很短,其实也有数百万年之久),地球上突然涌现出各种各样的生物。节肢、腕足、蠕形、海绵、脊索动物等一系列与现代动物形态基本相同的动物在地球上来了个"集体亮相",形成了多种门类动物同时存在的繁荣景象(图 3-103),这就是著名的寒武纪生命大爆发,也称寒武纪大爆发,奠定了显生宙生物演化的基础,标志着地球生物演化史新的一幕。寒武纪生命大爆发的过程和发生机制被列为当今自然科学十大谜题之一,一直是备受科学界广泛关注、不断探索的重大科学问题。

河北省寒武纪动物群属于华北类型,广泛分布于太行山和燕山地区,以三叶虫化石最为常见(图 3-104)。区内寒武纪地层最早的沉积是昌平组,相当于扬子区沧浪铺阶上部 *Megapalaeolenus* 带。它直接超覆于新元古代地层之上。继馒头组沉积之后,从寒武纪第三世至芙蓉世,由于海水浅氧气比较充分,化石极为丰富,出现以底栖移动的三叶虫 *Redlichia*, *Palaeolenus*, *Shantungaspis*, *Taitzuia*, *Drepanura*, *Kaolishania*, *Saukia* 等,底栖造礁的古杯类、腕足类、腹足类、古介形类、软舌螺、藻类等。化石产地主要有唐山古冶域山寒武纪三叶虫化石产地、武安市魏家庄晚寒武世三叶虫化石产地、承德下板城、兴隆县北马圈子、抚宁驻操营等古动物化石产地,构成了河北寒武纪重要的古生物化石资源(表 3-23)。

图 3-103　寒武纪生物复原图

(据 https://m.sohu.com/a/312706498_100135974/)

图 3-104　三叶虫化石

(据 http://www.sohu.com/a/221496785_251468)

表 3-23 河北省早古生代重要化石产地类地质遗迹名录

序号	编号	遗迹名称	形成时代	等级	意义
1	JH47	唐山古冶城山寒武纪三叶虫化石产地	寒武纪	省级	具地层对比和地质时代古环境确定的意义
2	JH55	武安魏家庄晚寒武世三叶虫化石产地	寒武纪	省级	具地层对比和地质时代古环境确定的意义
3	JH40	承德下板城寒武纪—奥陶纪古动物化石产地	寒武纪—奥陶纪	省级	具地层对比和地质时代古环境确定的意义
4	JH41	兴隆北马圈子寒武纪—奥陶纪古动物化石产地	寒武纪—奥陶纪	省级	具地层对比和地质时代古环境确定的意义
5	JH49	抚宁驻操营寒武纪—奥陶纪古动物化石产地	寒武纪—奥陶纪	省级	具地层对比和地质时代古环境确定的意义
6	JH51	涞源留家庄寒武纪—奥陶纪古动物化石产地	寒武纪—奥陶纪	省级	具地层对比和地质时代古环境确定的意义
7	JH53	井陉良都早奥陶世笔石化石产地	奥陶纪	省级	具地层对比和地质时代古环境确定的意义
8	JH46	唐山古冶长山奥陶纪头足类化石产地	奥陶纪	省级	具地层对比和地质时代古环境确定的意义
9	JH50	抚宁石门寨早奥陶世笔石化石产地	奥陶纪	省级	具地层对比和地质时代古环境确定的意义
10	JH56	邯郸峰峰矿区中奥陶世峰峰期头足类、腕足类化石产地	奥陶纪	省级	具地层对比和地质时代古环境确定的意义
11	JH57	邯郸磁县虎皮垴中奥陶世（峰峰组）牙形虫、角石和螺类化石	奥陶纪	省级	具地层对比和地质时代古环境确定的意义

特别是唐山市为华北寒武系次层型剖面所在地，以富含三叶虫化石为特色，可与国内外寒武纪地层进行对比。三叶虫化石作为早古生代的重要化石之一，具有巨大的科学价值，在地层划分与对比研究、古地理和古气候的研究以及矿产资源的研究方面有着极其重要的意义；化石经过加工后，具有极高的美学观赏价值和收藏价值；化石本身和产地都是风景旅游区的重要组成部分，所以说三叶虫化石也是极其珍贵的旅游资源（李洪奎等，2015）。

4．奥陶纪——生物大辐射

奥陶纪期间海洋生物多样性发生了自地球生命形成以来最大的一次爆发式增加，即奥陶纪生物大辐射。大辐射持续数千万年，实现了以滤食生物和造礁生物为主的古生代演化动物群，对以节肢动物为主的寒武纪演化动物群的替代（詹仁斌等，2013），还使得地球海洋生命系统首次高度复杂化，生物首次向远岸较深水、深水地区进发，使海洋生命世界呈现出一派生机勃勃的景象（中国科学技术协会，2010）（图 3-105）。

河北省奥陶纪生物比寒武纪种类多，结构复杂，主要种类有三叶虫、牙形刺、笔石、头足类、腕足类等（图 3-106）。冀南三山子组白云岩地层薄，化石相对较少。冀东唐山、秦皇岛等地，生物非常发育并做过详细的工作（河北省地矿局，2006）。典型化石产地主要有井陉县良都早奥陶世笔石化石产地、唐山古冶长山奥陶纪头足类化石产地、邯郸市峰峰矿区中奥陶世峰峰期头足类、腕足类化石产地、邯郸市磁县虎皮垴中奥陶世（峰峰组）牙形虫、角石和螺类化石产地等，其中唐山古冶长山一带为华北奥陶纪标准剖面所在地，地层出露完整，化石丰富，对研究奥陶纪重大生物多样化事件、地层对比及地质时代古环境的确定有重要意义。

图 3-105　奥陶纪海洋生物复原图
（据 http://www.ucmp.berkeley.edu/ordovician/ordovician.php）

图 3-106　鹿泉抱犊寨马家沟组角石和螺类化石
（据张兆祎等，2017a）

奥陶纪生物大辐射持续了数千万年，几乎贯穿整个奥陶纪，多数生物类群表现为具有 3 次甚至更多次的多样性峰值变化，表现出明显的幕式特征。不同古地理单元不同物种的生物大辐射峰值出现的时间并不完全一致，在中国华南奥陶纪腕足生物大辐射也表现出 3 个峰值，但是第一个峰值出现的时间要比全球趋势早 800 万年。马坤元等（2016）通过对秦皇岛石门寨亮甲山奥陶系剖面的化学地层及地层沉积速率演变的研究，亮甲山组中—上段较下段碳酸盐沉积速率大幅增加，并且生物碎屑灰岩大量出现，认为华北陆块奥陶纪生物大辐射的起点应该在亮甲山组下段与中段之交（碳酸盐岩均为内源沉积，主要为生物沉积作用的结果，沉积速率的增加和生物碎屑灰岩的大量出现意味着生物生产力的增加，即生物大爆发），距今时间约 472.2Ma。

5. 晚古生代——最早的森林

受加里东运动的影响，河北省奥陶纪晚期到晚石炭世一直处于隆起状态遭受缓慢剥蚀，缺失志留纪、泥盆纪及早石炭世时期的化石记录。

晚古生代是最重要的成煤时期，同时也是地球植被最发育时期之一。自早古生代晚期植物登陆以后，由于扩展了生态空间，发展十分迅速。石炭纪是植物世界大繁盛的代表时期（图 3-107），该期间气候温暖而潮湿，喜温爱潮的蕨类植物大发展，到石炭纪晚期形成了许多高大的乔木型蕨类植物，组成了茂密的沼泽森林，今天使用的化石燃料——煤炭主要就是该时期形成的，石炭纪也因此而得名。早二叠世植物界总貌与晚石炭世相似，仍以蕨类等植物占优势，是晚石炭世植物群的连续。但晚二叠世植物界面貌就极为不同，裸子植物开始发展，出现了能适应较干燥寒冷气候的银杏、苏铁、本内苏铁、松柏等，菊石、腕足类等继续发展。二叠纪末期，四射珊瑚、床板珊瑚、三叶虫、鳌类绝灭，巨大的爬行类（恐龙）出现（图 3-108）。

河北省石炭纪—二叠纪地层主要分布于井陉—临城—峰峰一带，唐山开平盆地、秦皇岛柳江盆地，在燕山腹地的承德市鹰手营子、宽城缸窑沟及平泉山湾子等处亦有零星分布，是重要的煤系地层，含丰富古植物化石，其中以华夏植物群古植物化石为主，化石产地主要有抚宁石门寨二叠纪华夏植物群化石产地、武安紫山晚二叠世华夏植物群化石产地、武安康二城中二叠世古植物化石产地等（表 3-24）。华夏植物群是二叠纪时期地球上的四大植物群之一，是佐证大陆漂移的有力证据。河北省从晚石炭世初期到二叠纪末期地层基本为连续沉积，是华夏植物群发育较为完整的地域之一，是研究其起源、演化和绝灭的有利地带。

图 3-107 石炭纪生物复原图

(据 https://wapbaike.baidu.com/tashuo/browse/content?id=a8faef496f363927fab127ea&fromModule=articleMore-Recommend)

石炭纪气候温暖、潮湿,生长着大片热带雨林和沼泽地,当时大气含氧量达到了巅峰的35%(今天是21%),非常适合节肢动物繁衍生息,因而孕育了一大批巨虫

图 3-108 二叠纪生物复原图(据 http://story.kedo.gov.cn/c/2017-03-08/875475.shtml)

二叠纪时期的生态环境,生活在陆地上的是具有优势的盘龙类,水中生活着迷齿类和壳椎类两栖动物

表 3-24　河北省晚古生代重要化石产地类地质遗迹名录

序号	编号	遗迹名称	形成时代	等级	意义
1	JH28	唐山古冶狼尾沟晚石炭世古植物化石产地	晚石炭世	省级	具地层对比和地质时代古环境确定的意义
2	JH30	抚宁石门寨二叠纪华夏植物群化石产地	二叠纪	省级	具地层对比和地质时代古环境确定的意义
3	JH32	武安紫山晚二叠世华夏植物群化石产地	二叠纪	省级	具地层对比和地质时代古环境确定的意义
4	JH33	武安康二城中二叠世古植物化石产地	二叠纪	省级	具地层对比和地质时代古环境确定的意义
5	JH54	临城祁村晚二叠世蜓科和珊瑚化石产地	二叠纪	省级	具地层对比和地质时代古环境确定的意义

【华夏植物群】也称大羽羊齿植物群,成分是以石松类、楔叶类、真蕨类、种子蕨类、科达类等为主体的喜湿热植物。华夏植物群一词是瑞典古植物学家 Halle(1935)提出的,源自美裔地质学家葛利普(Grabau)1923—1924 年著的《中国地层学》一书,该书将华夏陆块一词用于其古地理图中,这一地域早在 20 世纪初就以大羽羊齿植物群(Gigantopteris flora)著称于世。由于大羽羊齿类植物(Gigantopterides)只生存在古生代较晚时期的二叠纪,不足以代表东亚颇具特色的整个石炭纪、二叠纪植物群,后来 Halle(1935)改用华夏植物群来代表东亚石炭纪晚期至二叠纪的全部植物群(图 3-109)。

图 3-109　华夏植物群古植物化石(据丁艳,2016)

6. 中生代——恐龙时代

中生代始于距今 250Ma,结束于 6.5Ma,按动植物演化特点可分为三叠纪、侏罗纪和白垩纪 3 个时期。中生代是裸子植物、爬行类动物盛行的时代,也是个承上启下的时代,为新生代演化奠定了基础。

经历古、中生代之交显生宙最大生物灭绝和剧烈的全球变化之后,三叠纪对于生物来说,意味着一场疯狂"洗牌"后的重整。无论是陆地还是海洋,以往的那些古老种群已经消失殆尽,随之而来的则是全新的、更加进化的物种。三叠纪裸子植物更加繁盛,在许多地区形成大片茂密的森林,动物产生了许多新的种类,陆生脊椎动物迅速演化以适应各种各样的生态环境。三叠纪被称为"恐龙时代前的黎明"。恐龙是直到三叠纪晚期才姗姗登场的,之后很快就演化出原蜥脚类、蜥脚类、兽脚类和鸟脚类四大类型,但形态还比较原始、单一。

侏罗纪是恐龙的鼎盛时期,在三叠纪出现并开始发展的恐龙已迅速成为地球的统治者。各类恐龙济济一堂,构成一幅千姿百态的龙的世界。当时除了有陆上的身体巨大的迷惑龙、梁龙、腕龙等外,水中的鱼龙和飞行的翼龙等也大量发展和进化。

白垩纪时期造山运动出现,火山迸发一段时间后气候变冷。裸子植物衰退,被子植物发展,爬行类在白垩纪达到极盛,继续占领着海、陆、空。鸟类继续进化,其特征不断接近现代鸟类,哺乳类略有发展。白垩纪得名于球状颗石藻的碳质所形成的白垩层。现存在地层中的石油则是由当年硅藻等浮游生物尸体沉入海底或渗入海底岩层经过长时间的高温高压作用,逐渐变成黑色的天然石油。所以,中生代不仅是成煤的时期也是盛产石油时期。白垩纪持续了7 900万年,也是恐龙由巅峰走向完全灭绝的重要时期。河北省中生代重要化石产地多达33余处,其中热河生物群化石产地14处,燕辽生物群化石产地1处,古植物化石产地9处,古动物化石产地5处,古生物遗迹化石产地4处(表3-25)。

表3-25 河北省中生代重要化石产地类地质遗迹名录

序号	编号	遗迹名称	形成时代	等级	意义
1	JH20	尚义红土梁早侏罗世古植物化石产地	早侏罗世	省级	具地层对比和地质时代古环境确定的意义
2	JH21	赤城古子房早侏罗世硅化木化石产地		省级	具地层对比和地质时代古环境确定的意义
3	JH23	怀来八宝山早侏罗世古植物化石产地		省级	具地层对比和地质时代古环境确定的意义
4	JH24	滦平长山峪早侏罗世古植物化石产地		省级	具地层对比和地质时代古环境确定的意义
5	JH29	抚宁柳江早侏罗世古植物化石产地		省级	具地层对比和地质时代古环境确定的意义
6	JH25	承德双峰寺中侏罗世古植物化石产地	中侏罗世	省级	具地层对比和地质时代古环境确定的意义
7	JH26	承德寿王坟中侏罗世古植物化石产地		省级	具地层对比和地质时代古环境确定的意义
8	JH58	尚义小蒜沟村晚侏罗世恐龙足迹化石产地	晚侏罗世	省级	具地层对比和地质时代古环境确定的意义
9	JH59	赤城样田晚侏罗世恐龙足迹化石产地		国家级	具地层对比和地质时代古环境确定的意义
10	JH22	宣化小化家营村晚侏罗世大型硅化木化石产地		省级	具地层对比和地质时代古环境确定的意义
11	JH37	宣化堰家沟晚侏罗世聂氏宣化龙化石产地		国家级	具地层对比和地质时代古环境确定的意义
12	JH61	承德六沟晚侏罗世土城子组的沙氏热河足迹化石产地		国家级	具地层对比和地质时代古环境确定的意义

续表 3-25

序号	编号	遗迹名称	地质时代	等级	意义
13	JH05	沽源小厂早白垩世热河生物群化石产地	早白垩世	省级	具地层对比和地质时代古环境确定的意义
14	JH06	围场山湾子早白垩世热河生物群化石产地		省级	具地层对比和地质时代古环境确定的意义
15	JH07	围场西龙头早白垩世热河生物群化石产地		省级	具地层对比和地质时代古环境确定的意义
16	JH08	围场半截塔早白垩世热河生物群化石产地		国家级	具地层对比和地质时代古环境确定的意义
17	JH09	围场清泉早白垩世热河生物群化石产地		国家级	具地层对比和地质时代古环境确定的意义
18	JH10	丰宁森吉图—四岔口早白垩世热河生物群化石产地		国家级	具地层对比和地质时代古环境确定的意义
19	JH11	丰宁西土窑早白垩世热河生物群（华美金凤鸟）化石产地		世界级	具地层对比和地质时代古环境确定的意义
20	JH12	丰宁花吉营早白垩世热河生物群化石产地		国家级	具地层对比和地质时代古环境确定的意义
21	JH13	丰宁大阁早白垩世热河生物群化石产地		省级	具地层对比和地质时代古环境确定的意义
22	JH14	丰宁凤山早白垩世热河生物群化石产地		国家级	具地层对比和地质时代古环境确定的意义
23	JH15	隆化张三营早白垩世热河生物群化石产地		国家级	具地层对比和地质时代古环境确定的意义
24	JH60	滦平小荞麦沟早白垩世九佛堂组恐龙足印		国家级	具地层对比和地质时代古环境确定的意义
25	JH16	滦平早白垩世热河生物群化石产地		国家级	具地层对比和地质时代古环境确定的意义
26	JH39	滦平井上早白垩世九佛堂组滦平恐龙化石产地		国家级	具地层对比和地质时代古环境确定的意义
27	JH17	承德高寺台早白垩世热河生物群化石产地		省级	具地层对比和地质时代古环境确定的意义
28	JH18	平泉茅兰沟早白垩世热河生物群化石产地		省级	具地层对比和地质时代古环境确定的意义
29	JH19	青龙木头凳盆地晚侏罗世燕辽生物群化石产地		国家级	具地层对比和地质时代古环境确定的意义
30	JH48	卢龙燕河营镇晚白垩世恐龙化石产地	晚白垩世	国家级	具地层对比和地质时代古环境确定的意义
31	JH35	万全黄家堡晚白垩世鸟龙类、鸭嘴龙类爬行动物化石产地		省级	具地层对比和地质时代古环境确定的意义
32	JH36	万全洗马林镇晚白垩世鸭嘴龙科化石产地		省级	具地层对比和地质时代古环境确定的意义
33	JH31	曲阳下河硅化木化石产地	中生代	省级	具地层对比和地质时代古环境确定的意义

1）侏罗纪化石

河北省侏罗纪化石丰富，除了青龙木头凳盆地晚侏罗世燕辽生物群化石产地外，还有宣化堰家沟聂氏宣化龙化石产地、宣化小化家营村晚侏罗大型硅化木化石产地（图 3-110）等典型恐龙及植物化石产地外,还有大量的蜥脚类和鸟臀类及兽脚类等足迹(印)化石。

足迹(印)化石是地史时期动物行走留下的遗迹,保留于岩石上的化石。恐龙足迹(印)化石是足迹(印)化石的一种,它保存了恐龙在日常生活中的精彩瞬间,不仅能反映恐龙的生活习性、行为方式,还能解释恐龙与周围环境的关系。我国的恐龙足迹十分丰富,1929年陕西神木晚侏罗世(距今160Ma)的杨氏中国足迹是我国发现最早的恐龙足迹,发现时代最早的是四川彭县晚三叠世须家河组的彭县足迹。近年甘肃永清发现170Ma(中侏罗世)的恐龙足迹化石,其中最大的一个长为1.5m,宽为1.2m,是世界上目前发现的最大的恐龙足迹化石之一,足有半个乒乓球桌大,一个成年人可以很容易地坐在足印中间。河北省主要的足迹化石产地有尚义小蒜沟村恐龙足迹(印)化石产地、赤城样田恐龙足迹化石产地、承德六沟土城子组的沙氏热河恐龙足迹(印)化石产地等。现将侏罗纪典型化石产地描述如下,余者见表3-25。对晚侏罗世燕辽生物群化石单独叙述。

图 3-110　张家口宣化一带的硅化木化石(据鲁艳明等,2016)

硅化木也被称为木化石,木化石是植物化石的重要组成部分,与叶化石及其他植物器官化石相比,木化石代表了整个植物体80%的生物量,对于恢复陆地古气候和古生态环境具有重要意义,也是反映地史时期陆地生态系统古环境变化的重要证据和理想的气候指标之一。硅化木时代跨度从晚古生代一直延续到新生代,且数量极为丰富。其中,中生代硅化木记录尤为丰富,且研究历史十分悠久。20世纪20年代张景钺根据产于河北涿鹿夏家沟侏罗纪的硅化木标本,命名了河北异木(*Xnoxylon hopeiense* Chang),开创了我国硅化木研究的先河。鲁艳明等(2016)在张家口市宣化区晚侏罗世土城子组中发现大型硅化木,其长2.10m,直径达0.83m,达到国家二级重点保护古生物化石标准

(1)尚义小蒜沟村晚侏罗世恐龙足印。尚义小蒜沟恐龙足印位于小蒜沟镇拉米沟村一带土城子组中,主要有蜥脚类足迹化石和兽脚类足迹化石(图3-111)。土城子组岩性单调,层位较为稳定,为巨厚层紫色砾岩、砂岩、粉砂岩及细砂岩,足迹化石见于土城子组顶部粉砂岩和细砂岩韵律层中(柳永清等,2012),层面见大量不规则状波痕、泥裂等原生沉积构造。

目前发现蜥脚类足迹可见10枚,在层面上组成一列行迹,行迹方向为125°,迹多呈浑圆或近原状,多数趾垫特征不明显,根部坳陷较浅。足迹直径介于12~16cm,相邻足迹间距45~60cm,平均为55cm。足迹大小不一,表现为右侧足迹明显大于左侧足迹,推断为造迹者行走过程中,重心偏右所致。兽脚类足迹可见70余枚,行迹方向为145°。足迹平均长16.0cm,宽11cm,长宽比1.5:1。统计数据显示,足迹平均中趾长11cm,宽2.5cm;右趾长7.0cm,宽2.7cm;左趾长7.0cm,宽2.8cm;趾间角24°~32°(贠杰等,2016)。

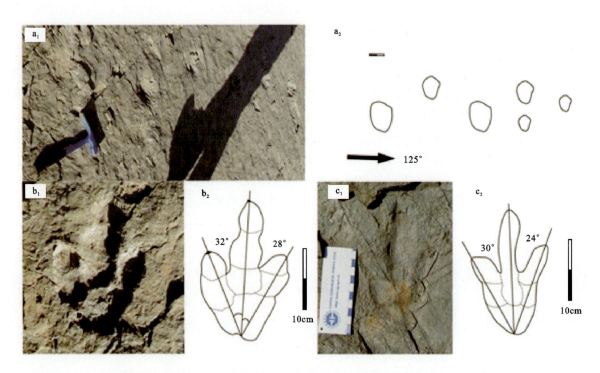

图 3-111　尚义县小蒜沟村晚侏罗世恐龙足迹(印)化石(据负杰等,2016)

(2)赤城样田恐龙足印。赤城样田恐龙足迹遗迹地处赤城县东南大约15km处,有落凤坡、寺沟村、张浩村及杨家坟等地。其中落凤坡地段内100多个足迹散布在100多平方米的岩石上,最大的长41cm,最小的长11cm、宽8cm。中等的长30cm、宽20cm,趾行标准距离123cm,印迹清晰,保存完好。据专家推断,这些恐龙足迹化石群的形成距今150~140Ma,身高约2m,长5m,体重达10t左右,是一种三趾食肉恐龙,生活在侏罗纪晚期白垩纪初期,落凤坡是当年恐龙的栖息地,可发掘展露面积达上千平方米,极具科学研究价值。因足迹形似鸡爪(图3-112),当地人称此地为落凤坡。

(摄影/李腾飞)　　　　　　　　　　　　　　　(摄影/宋锦丰)

图 3-112　赤城县样田(落凤坡)恐龙足迹(印)化石

赤城县样田晚侏罗世土城子组样田恐龙足印古生物遗迹化石产地主要出产于侏罗纪土城子组中,主要存在于中侏罗纪土城子组紫红色、砖红色含砾砂岩,砂岩,粉砂岩中,为样田恐龙足印经沉积形成的具备足印形态的化石,呈三趾型,外型为三角形,一般保存在岩石层面上

(3)承德避暑山庄内的恐龙足迹化石(六沟晚侏罗世土城子组的沙氏热河足印)。另外,自承德避暑山庄发现恐龙足迹(印)化石以来,中国地质大学(北京)邢立达的团队陆续对避暑山庄及外八庙等地的恐龙足迹(印)化石进行了详细研究,经过探勘,专家们在避暑山庄及周围寺庙景区内找到散落在各处的大大小小恐龙足迹近300枚(图3-113)。这批带有恐龙足迹的石材均为1987年至1990年期间,避暑山庄及周围寺庙景区施工修缮时被陆陆续续铺设在景区内的。石材主要来自承德县麻地沟村。目前在麻地沟遗留的足迹已经不多,大量的足迹被转移、保存在避暑山庄的地面上。承德避暑山庄及周边恐龙足迹化石属于一个多元化的土城子恐龙动物群。该动物群显然是由蜥臀目(包括兽脚类和蜥脚类)组成,其中又以兽脚类、鸟类占绝大多数。承德地区这些丰富的足迹记录表明,华北的恐龙演化记录基本上是连续的,从燕辽生物群开始,到此次发现的土城子足迹动物群,再到热河生物群。

图3-113　承德避暑山庄内的恐龙足迹(印)(摄影/王博)

2)白垩纪化石

白垩纪西太平洋陆块开始向欧亚陆块俯冲,形成一次次强烈的火山爆发,同时也在河北省冀北地区形成了许多大大小小不同的盆地,它们当时是一些淡水占据的湖泊,周围环绕着茂密的森林,构成了当时的主要景观。除此之外,高山、丘陵、沼泽等地貌分别孕育了不同的动植物群落,其中最为著名的为热河生物群。热河生物群是一个世界级的化石宝库,几乎囊括了当时地球上已经出现的各个主要门类的生物以及它们的代表,被称为20世纪全球最重要的古生物发现之一,冀北是热河生物群研究的经典地区之一,本书将单独进行介绍。

中生代白垩纪末期约 65Ma，称霸地球 160Ma 之久的恐龙却神奇般地在地球上消失灭绝了（图 3-114），这是迄今人们一直关注的热点，乃是一个待解之谜。目前有关恐龙灭绝的种种猜想不下百种。总的来说不外乎两大种：一是地外事件，二是地内事件。

图 3-114　白垩纪末期由于环境的改变导致大批恐龙直接从地球上消失

有关地外事件的说法很多，最引人注目的是陨（彗）星撞击说：65Ma 一颗直径 7~10km、重 $12\,700×10^8$ t 的小行星坠落，撞击地球表面，引起大爆炸，大量尘埃抛入大气层，形成遮天蔽日的尘雾，导致地球上植物无法进行光合作用和严重缺氧，致使恐龙瞬间大批死亡灭绝。1991 年在墨西哥尤卡坦半岛发现一巨大的陨石撞击坑（直径 80~100km，深 21~40km）；在上白垩统与古近系界线上发现 Ir 的超高异常和陨石球粒及冲击石英等，为这一猜想提供了证据。另一说法是 65Ma 地球受到一次强烈宇宙粒子流"风暴"的冲击，粒子流高速进入地球的大气高于平时的百倍，导致地球气候剧变降温，使不能适应此变化的恐龙迅速死亡而灭绝。

地内事件的说法更多，不外乎 65Ma 地球一系列事件造成生态环境不断恶化，如火山爆发事件、气候降温事件、缺氧事件、食物链不平衡事件、水和食物污染中毒事件、近亲繁殖基因缺损和突变事件、"癌症"事件、繁衍的性别失衡事件等，导致恐龙成批死亡而灭绝，然而灭绝之谜还有待进一步揭密（河北地质大学地球科学博物馆）。

7. 新生代——被子植物时代、哺乳动物时代

中生代白垩纪末期生物大灭绝导致恐龙灭绝和哺乳动物崛起。在海洋里，除海龟以外的所有海洋爬行动物、菊石都消失了；在陆地上，非鸟恐龙全部灭绝了。上述动物的绝灭为哺乳动物的发展腾出了空间，地球历史由此进入哺乳动物时代。鸟类是唯一还活着的恐龙，但它们未能像祖先一样成为地球的霸主。

新生代被子植物的繁盛,哺乳动物的兴起以及人类的出现和发展,逐渐形成了现代的生物界面貌,因此,人们又将新生代称为被子植物时代、哺乳动物时代(图 3-115)。

图 3-115　古近纪和新近纪生物复原图

古近纪和新近纪重要生物类别是被子植物、哺乳动物、鸟类、真骨鱼类、双壳类、腹足类、有孔虫等,这与中生代的生物界面貌迥异,该时代标志着"现代生物时代"的来临

新生代包括古近纪、新近纪和第四纪。古近纪和新近纪是被子植物大发展时期,也是鸟类和哺乳动物大发展与辐射适应时期,在这期间更高级灵长类(如类人猿和南方古猿)出现。

第四纪是地质历史上最新的一个纪,全球气候变化频繁导致部分物种绝灭,又是哺乳动物和被子植物高度发展的时代,典型的有阳原泥河湾动物群化石产地、赤城南沟岭中更新世周口店动物群化石产地、玉田石庄晚更新世山顶洞动物群化石产地、迁安爪村晚更新世迁安组原始牛-赤鹿动物群化石产地等,因泥河湾动物群在我国北方地区有很强的代表性,见证了早更新世地球上气候变化的全过程,也是中国能够与欧洲维拉弗朗期动物群直接对比的最丰富和最具代表性的一个动物群,本书将对其进行单独介绍(表 3-26)。

表 3-26　河北省新生代重要化石产地及古人类遗存地质遗迹名录

序号	编号	遗迹名称	形成时代	等级	意义
1	JH38	阳原红崖村上新世石匣组三趾马动物群化石产地	上新世	国家级	具科研、地层对比和地质年代、古环境确定的意义
2	JH03	阳原泥河湾动物群化石产地及古人类(古文化)遗址群	第四纪	世界级	世界上绝无仅有的早更新世石器时代的遗址,完整地记录了人类从旧石器时代向新石器时代发展演变的全过程
3	JH04	承德鹰手营子矿区四方洞古人类(古文化)遗址		省级	对研究承德地区史前文化具有重要意义
4	JH34	赤城南沟岭中更新世周口店动物群化石产地	中更新世	省级	具科研、地层对比和地质年代、古环境确定的意义

续表 3-26

序号	编号	遗迹名称	地层时代	等级	意义
5	JH01	康保满德堂晚更新世—中全新世哺乳动物化石产地及古人类文化遗址		省级	具科研意义
6	JH02	张北大圀囹晚更新世—中全新世哺乳动物化石产地及古人类文化遗址		省级	具科研意义
7	JH42	迁安小河庄晚更新世迁安组大象门牙化石产地		省级	具科研意义
8	JH43	迁安爪村晚更新世迁安组原始牛-赤鹿动物群化石产地	晚更新世	省级	具科研、地层对比和地质年代、古环境确定的意义
9	JH44	迁安杨家坡晚更新世迁安组水牛角化石产地		省级	具科研意义
10	JH45	玉田石庄晚更新世山顶洞动物群化石产地及旧石器时代文化遗址		省级	具科研、地层对比和地质年代、古环境确定的意义
11	JH52	平山下宅晚更新世报毛犀、斑鹿化石产地		省级	具科研意义

【周口店动物群】华北地区中更新世的一个哺乳动物群,它以北京市周口店第一地点洞穴堆积中的化石群为代表,故名。与北京猿人同时期,因此又称北京猿人-肿骨鹿动物群。本群化石种类相当丰富,其中三门马、梅氏犀、纳玛象、中国鬣狗等是早更新世动物群残留的或其变种。肿骨鹿、葛氏斑鹿、洞熊、斑鬣狗、剑齿虎、杨氏虎、虎、德氏水牛等是中晚更新世特有的新种,是周口店动物群的代表。

【山顶洞动物群】是指中国华北地区更新世晚期偏晚时期的一个哺乳动物群,它以北京市周口店山顶洞洞穴堆积中的化石群为代表,是与山顶洞人同时期的一个动物群,包括洞熊、最后斑鬣狗、虎、豹、猎豹、狼、狐、豺、獾、野驴、斑鹿、赤鹿、野猪、象、牛、羊等哺乳动物以及鸵鸟和青鱼等。哺乳动物中除相当一部分现生种外,也有几种现代已绝灭的,如洞熊、斑鬣狗。

1)迁安市爪村晚更新世原始牛-赤鹿动物群化石产地

爪村原始牛-赤鹿动物群化石产地位于迁安市南 7.5km 的滦河南岸爪村西侧,依山傍水,三面低山环绕,形成防风、防水屏障,面积约 $54 \times 10^4 m^2$,距今 50~40ka。

自 1958 年当地群众发现许多完整动物化石后,中国社会科学院古脊椎动物与人类研究所及省、市文物部门先后对此进行了调查、复查和发掘,获得了大量披毛犀、赤鹿、野驴、野猪、转角羊、原始牛、纳玛象等一批与人类共存的脊椎动物化石(图 3-116、图 3-117)。出土的大量脊椎动物化石,使我们对华北地区晚更新世的动物群性质有了更进一步的认识,对研究华北第四世纪的地层划分有着重大的意义,对研究河北省北部中更新世古气候、古地理及动物群研究具有重要的科学价值。

晚更新世的动物,过去只在内蒙古自治区鄂尔多斯市的萨拉乌苏河附近发现过,即萨拉乌苏动物群,而萨拉乌苏者较复杂,共有 36 种哺乳动物。1949 年后,在兴修水利和工农业生产建设过程中,前后发现了河南新蔡、山西丁村的动物群。若从古生物和地质的观点上来看,爪村动物群比萨拉乌苏、新蔡和丁村都来的单纯,没有较老及较新的地层和古生物,可称为华北更新世晚期的标准动物群(尹健梅,2008)。

图 3-116　纳马象牙门齿化石(据百度百科)

图 3-117　猛犸象臼齿化石(晚更新世晚期)

二、晚侏罗世燕辽生物群

河北省目前发现晚侏罗世燕辽生物群化石集中产地1处,在秦皇岛市青龙县的木头凳盆地。木头凳侏罗纪地层化石资源丰富多彩,有翼龙、蝾螈、鱼类、昆虫、叶肢介、双壳类及植物化石。廖焕宇和黄迪颖(2014)经过其中叶肢介的研究,发现霸王沟叶肢介与辽宁建昌玲珑塔化石层最常见的柴达木叶肢介(*Qaidamestheria*)属于一类,壳瓣上都具有较稀疏的微小刻点装饰(图3-118)。木头凳盆地的叶肢介和脊椎动物组合面貌与辽宁建昌玲珑塔化石层相似,属玲珑塔化石层(燕辽生物群晚期),时代为晚侏罗世最早期。

图 3-118　青龙木头凳蛙嘴翼龙化石(a)及尾部放大(b)(据蒋顺兴等,2015)

【燕辽生物群】指孙革提出的冀北及辽西、内蒙古自治区宁城等地的侏罗纪生物群,该生物群最早是由洪友崇等(1983)命名的燕辽昆虫群,之后任东将其含义扩大为燕辽动物群,层位包括中侏罗世的九龙山组、髫髻山组和土城子组。该生物群产有数百种昆虫类化石,除此之外还有鱼类、两栖类、龟鳖类、恐龙类、翼龙类、离龙类、哺乳动物类,以及双壳类、叶肢介类、介形类、植物类等21个门类的化石。

据化石网2015年报道,中国科学院古脊椎动物与古人类研究所蒋顺兴和汪筱林在河北青龙木头凳晚侏罗世燕辽生物群的一具有长尾的蛙嘴翼龙化石(图3-119)。据研究,这一标本是世界上第二件已经报道的长尾蛙嘴翼龙类,也是第一件具有加长的尾椎关节突的标本。这一特征代表了翼龙演化中较为原始的特征,为厘定蛙嘴翼龙类的系统位置以及探讨翼龙的演化关系提供了重要的形态学证据。

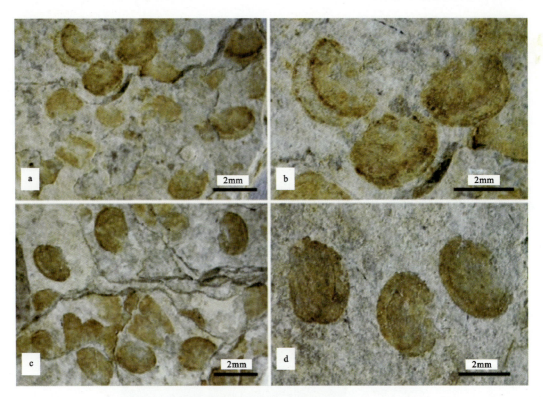

图3-119 青龙木头凳霸王沟侏罗纪叶肢介化石(据廖焕宇等,2014)

a、c.数量众多的叶肢介成年个体密布于页岩不同层面;b.三个完整的成年个体,放大自图a;
d.三个完整的成年个体,放大自图c

木头凳霸王沟化石点产大量小型叶肢介,保存于微细层理发育、风化后呈灰白色的页岩中,标本数量极多,密布多个层面,化石呈浅棕黄色,壳瓣呈椭圆形,个体较小,包括不同发育阶段个体,大部分可能为成年个体,长为2.5~3.1mm,幼年个体的壳长不足1mm。未发现软体构造。这些叶肢介和其他脊椎动物、昆虫、双壳类发现于同一产地的相近层位

2017年11月13日,中国科学院古脊椎动物与古人类研究所研究人员与中美数家研究机构,在英国《自然》(Nature)期刊联合发表关于晚侏罗世早期燕辽生物群树贼兽一个新种——阿霍氏树贼兽,新种标本产于河北省青龙县干沟镇髫髻山组。阿霍氏树贼兽不仅保存了迄今为止贼兽类中最好的滑翔皮翼形态和毛发印痕的细节。它的全身骨骼纤细,前后肢骨骼伸长,前后肢之间具主侧翼,颈部和前肢间具前翼,以及尾部和后肢间具尾翼,皮翼上有规律排列的毛发,长且可以展开至毛发的尾部(图3-120、图3-121)。它们手掌、脚掌都有伸长的指(趾)骨,体现了它具抓握、攀缘能力的骨骼特征。除了适应滑翔的特征和精细结构,阿霍氏树贼兽还保存了中生代哺乳动物中时代最早、最为完整

的中耳区结构。哺乳动物中耳的演化,一直是脊椎动物演化中的一个经典课题。阿霍氏树贼兽中耳的发现,除提供了极为重要的形态学信息外,还对现有哺乳动物中耳演化的研究,提出了很多挑战性的问题,对于认识中生代哺乳动物多样性和哺乳动物中耳演化具有启发性的意义(毛方园,2018)。

图 3-120　晚侏罗世早期阿霍氏树贼兽(据毛方园,2018)　　图 3-121　阿霍氏树贼兽复原图(据毛方园,2018)

三、早白垩世热河生物群化石

热河生物群形成于距今约120Ma的中生代早白垩世,来源于热河动物群。热河动物群是1928年葛利普首先建立的。当时所称的热河动物群仅包括常见的数种化石,如双壳类、腹足类、叶肢介、昆虫、鱼,并以柏氏叶肢介-拟蚌蟒-狼鳍鱼动物群为代表。1962年我国的古生物学家顾知微院士在此基础上提出了热河生物群的概念,它包括了与动物群处在同一地区和时期的植物群。新中国成立后,热河省被撤销,无论是在目前通用的地图上或是在当地,都很难找到"热河"这个名称了,但热河生物群这一在地质古生物学界具有深刻影响的名称却一直沿用至今(河北省地质博物馆)。

热河生物群以"戴氏狼鳍鱼-东方叶肢介-三尾拟蜉蝣"为代表,是从中生代晚期到新生代以被子植物、鸟类和哺乳动物大量繁殖为代表的现代生物界的最高祖先类群。热河生物群囊括了无颌类、软骨鱼类、硬骨鱼类、两栖类、爬行类、鸟类、哺乳类等脊椎动物类群(图3-122),以及无脊椎动物的腹足类、双壳类、叶肢介类、介形虫类、虾类、昆虫和蜘蛛类,轮藻、各类陆生植物(含被子植物)等20多个重要生物门类,被誉为"20世纪全球最重要的古生物发现之一",是世界级的化石宝库。

热河生物群延续了大约两千万年,奇特的古老生物加上罕见的生物多样性,构成我们认识中生代晚期地球陆地生态系统的一个重要窗口。对解开生物进化中的若干疑难问题有十分重要的科学意义,对解决长期困扰我国地质学界的陆相侏罗系—白垩系界线划分的老大难问题也提供了难得的契机,其科学意义毫不逊色于德国索伦霍芬的始祖鸟,甚至还超过后者。同时,热河生物群也是省内外、国内外地层对比的重要依据,对确定地质年代、推断古地理环境、研究地壳演变规律、寻找某些沉积矿产等都具有重要意义(图3-123)。

图 3-122 热河生物群复原图
(据 https://baike.baidu.com/item/%E7%83%AD%E6%B2%B3%E7%94%9F%E7%89%A9%E7%BE%A4/5110810?fr=aladdin)

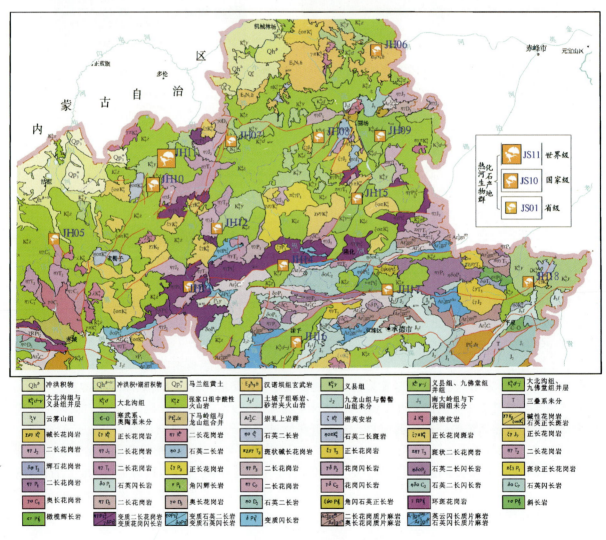

图 3-123 热河生物群分布图

冀北是热河生物群发生、发展的最早地区,正是从这里开始向周边辐射,形成了包括我国北方大部分地区和东南沿海部分地区、蒙古国南部,朝鲜、日本及俄罗斯外贝加尔等地区在内的东亚生物地理区系。目前热河生物群包括恐龙(图3-124)、晰蜴、鸟类、哺乳类、嵘螺、宣虫、鳌虾、鱼类、叶肢介、昆虫、双壳、腹足、介形虫、植物、孢粉、藻类共16个化石门类,上千个化石属种。保存有热河生物群发展从早到晚的完整记录,对进一步深入研究鸟类和被子植物起源以及原始哺乳动物的演化,对建立陆相侏罗系—白垩系界线层型剖面具有更大的科研潜力。

图3-124 不寻常华北龙(模型)

(据 http://bwg.hgu.edu.cn/jpzsl/gsw.htm)

化石产于河北阳原县和山西天镇县交界处康代梁山东北坡,体长20m,背高4.2m,头高7.5m,重达50余吨,牙齿棒状,植食。这是我国晚白垩世至今发现最大、保存程度最高的大型蜥脚类恐龙

冀北是热河生物群诞生的摇篮,区内已发现的化石点达100余处,分别位于20多个大小不同的盆地中,主要的化石产地有丰宁西土窑早白垩世热河生物群(华美金凤鸟)化石产地、围场清泉早白垩世热河生物群化石产地、丰宁凤山早白垩世热河生物群化石产地、隆化张三营早白垩世热河生物群化石产地、青龙木头凳盆地晚侏罗世燕辽生物群化石产地等18余处。现将典型化石产地描述如下。

1. 丰宁西土窑早白垩世热河生物群(华美金凤鸟)化石产地

丰宁西土窑早白垩世热河生物群(华美金凤鸟)化石产地中的华美金凤鸟(图3-125)处于鸟类谱系树的基部,比140多年前在德国巴伐利亚州索伦霍芬地区发现的始祖鸟还要原始,它的发现有可能改变鸟类起源的历史,而成为"天下第一鸟"。它在研究鸟类起源、鸟类飞行起源以及鸟类与恐龙的关系等方面都具有重要的科学意义,对研究地壳运动、气象变化和生物进化具有重要的参考价值。

另外,在丰宁西土窑海发现有阿氏燕兽和驰龙化石。阿氏燕兽(图3-126)是中耳骨骼通过骨化的麦氏软骨连接到下颚骨上的过渡带动物,是证实哺乳动物中耳演化中间环节的有力化石证据,对探

图 3-125 丰宁西土窑华美金凤鸟化石（据康子林等，2008）

讨早期哺乳类动物的系统分类与演化具有重要的古生学意义。驰龙（图 3-127）的发现对鸟类恐龙起源论有很重要的意义，是迄今为止表明恐龙是鸟类直接祖先的最好证据。

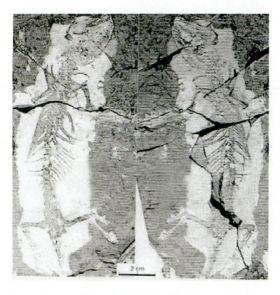 

图 3-126 丰宁西土窑阿氏燕兽化石（据康子林等，2008）　　图 3-127 丰宁西土窑驰龙化石（据康子林等，2008）

2. 围场清泉早白垩世热河生物群化石产地

围场清泉热河生物群化石丰富,主要分布于大北沟组和义县组中。大北沟组分布于清泉盆地东部和南部,主要岩性为凝灰质砾岩、粗砂岩、细砂岩、粉砂岩夹钙质薄片状页岩。砂岩、页岩中含大北沟组标志性化石,如 *Nestoria pissovi*(皮氏尼斯托叶肢介),*Ambonella lepida*(美丽突边叶肢介),*A. ovata*(卵形突边叶肢介),*Wechangestheria shuangchagouensis*(双岔沟围场叶肢介)等(图3-128a、图3-128b)。

义县组沿大北沟组内侧分布,义县组时期已进入以狼鳍鱼-东方叶肢介-三尾拟蜉蝣为代表的热河生物群大量繁衍阶段,化石丰富(图3-128c、图3-128d)。另外,清泉盆地内可见鸟类化石和动物牙齿化石,但多为碎片,不易详细定名。

图3-128 围场清泉早白垩世热河生物群化石照片(据康子林等,2008)

大北沟组标志性化石:a. 皮氏尼斯托叶肢介化石;b. 美丽花网翅虻化石,义县组时期已进入以狼鳍鱼-东方叶肢介-三尾拟蜉蝣为代表的热河生物群大量繁衍阶段,化石丰富;c. 三尾拟蜉蝣化石;d. 狼鳍鱼化石

3. 丰宁凤山早白垩世热河生物群化石产地

凤山盆地化石资源有14个区,分布在东西两个北东向化石带上:西带位于六道沟—凤山一带,长约9km,宽约1.5km;东带位于煤窑—头道沟一带,长约11km,宽0.5~1.5km。热河化石群化石比较丰富,主要有叶肢介、昆虫、鱼、介形虫、双壳、腹足、塘鳢、恐龙、植物九大类,26个属,36个种(图3-129)。

另外,2014—2016年河北省区域地质调查院"河北省古生物化石资源调查评价与保护规划"项目组,在张家口市万全县洗马林镇发现晚白垩世鸭嘴龙科化石(图3-130),在秦皇岛市卢龙县燕河营镇发现晚白垩世恐龙化石(图3-131),填补了河北在晚白垩世未发现恐龙的空白;在承德市隆化县张三营盆地发现长背鳍燕鲟化石(图3-132),该化石达到国家三级重点保护古生物化石标准,丰富了热河生物群种属。

图 3-129　丰宁凤山早白垩世热河生物群化石产地化石照片（据康子林等，2008）

图 3-130 万全洗马林镇晚白垩世恐龙化石
（据鲁艳明等，2016）

图 3-131 卢龙县燕河营镇晚白垩世恐龙化石
（据鲁艳明等，2016）

图 3-132 隆化县张三营盆地发现长背鳍燕鲟化石（据鲁艳明等，2016）

燕鳃最初发现于河北北部丰宁县森吉图乡义县组中，体形侧扁，体内有不少软骨已经骨化，体表也裸露无鳞，尾鳍上叶的鳞片比软骨硬鳞鱼退化，但在鳍的末端仍残留了一些细小的硬鳞

四、第四纪古人类与古文化遗存

古人类出现是第四纪时期最突出的事件，人类进化迅速，很快成为了地球的主人。古人类文化遗址所展示的是人类起源的最古老景观形态。早在远古时期，河北地区就有人类生活和居住，据考古发现证实，河北是中华民族的发祥地之一，其原始文化先后经历了旧石器时代与新石器时代。

旧石器时代是以使用打制石器为标志的人类物质文明发展阶段，是石器时代的早期阶段，依靠天然取火。地质时代属于上新世晚期到更新世，从距今约 300 万年前开始，延续到距今 1 万年左右止。

新石器时代是以使用磨制石器为标志的人类物质文化发展阶段，是原始社会氏族公社制由全盛到衰落的一个历史阶段。它以农耕和畜牧的出现为划时代的标志,表明已由依赖自然的采集渔猎跃进到改造自然的生产经济。人工取火、制陶和纺织的出现,也是这一时代的基本特征。因而,新石器时代是古代经济、文化向前发展的新起点。新石器文化至少要在距今 10 000 年前,一般延续到前两千年左右。

1. 旧石器古人类文化遗存

河北省旧石器时代古人类文化遗存多保存于平原周边的丘陵地区及山间盆地中,主要有泥河湾古人类遗址群、迁安市爪村旧石器时代文化遗址(图 3-133)、承德鹰手营子矿区四方洞古人类生活遗址等,分布于更新世早期至晚期地层中。

图 3-133 迁安爪村遗址骨锥

(据 http://roll.sohu.com/20141231/n407450022.shtml)

爪村遗址位于龙山脚下,距今 5～4 万年,属旧石器晚期,相当于原始社会的母系氏族公社阶段。1958 年 2 月,在这里发现更新世晚期哺乳动物化石。1986 年,出土大量古文化遗物,如出土的骨针、骨锥是全国仅有的三套之一,其中骨锥因其精美程度被考古界公认为"中华第一锥"

其中,泥河湾古人类遗址群的遗址点达 60 多处,各类遗物 5 万件以上,遗址数量之多、密度之高,世界上极为罕见,遗址群所包含的新生代更新世的丰富内容,也成为中国乃至世界进行旧石器时代研究的基本参照标准,被誉为旧石器考古圣地、东方人类的故乡等。

承德市鹰手营子矿区四方洞古人类生活遗址是河北省内发现的第一处旧石器时代洞穴遗址,也是在燕山山脉深处首次发现旧石器时代人类活动的足迹。该遗址位于承德城南鹰手营子矿区营子镇东北 1.5km 处山脚洞穴内,洞口朝西北方向,柳河西岸处。洞口呈较规则的四方形,俗称"四方洞",又称"大方洞"(图 3-134),面积约 44 000m²,洞前缘高出柳河水面约 5m,洞内有两个支洞,即南支洞和东支洞。其中东支洞出土了以火成岩、石英砂岩为主的石器 800 多件,以及大量鹿、牛、犀、野猪、啮齿类和鸟类等动物遗骨化石,有些可见动物咬痕与人类打击的痕迹,遗物中也发现了用火的痕迹。

图 3 - 134 承德市鹰手营子矿区四方洞古人类生活遗址(摄影/落榜进士)

四方洞遗址的文化年代在距今 4～2 万年之间,属旧石器晚期,与在此最早出现的人类与北京周口店"山顶洞人"属于同一时期,对研究承德地区史前文化具有重要意义。2013 年 5 月,被国务院公布为第七批全国重点文物保护单位。

2. 新石器古人类文化遗存

新石器古人类文化遗存,主要发现于坝上地区的内蒙古自治区化德—康保和张北左家营—大囫囵等地区。另外,在丰宁平安堡、石门沟、苏家店北、王家营、苇子沟及武安磁山等地也有零星分布。古人类文化遗存颇为丰富,主要为细石器和少量粗大石器及其他遗物。制作原料以石髓、玛瑙、脉石英为主,中基性岩、流纹岩、砂岩、花岗细晶岩较少(图 3 - 135)。

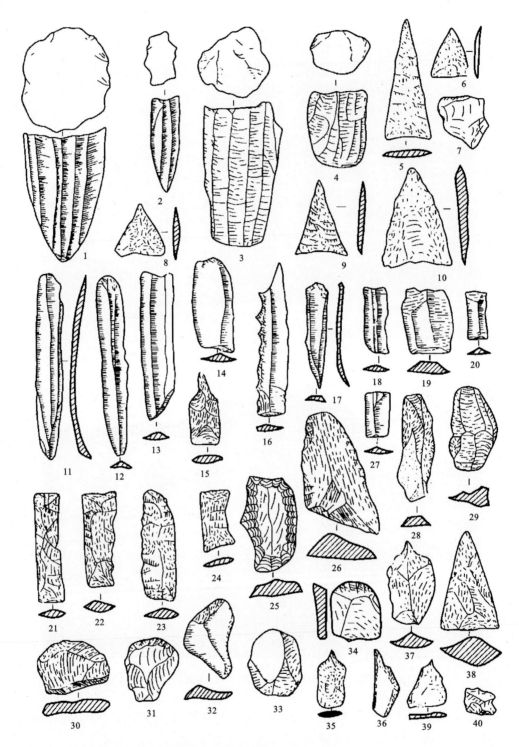

图 3-135 新石器时代石器素描图［据《中国区域地质志（河北志）》，2017］

1～2.Ⅰ式细石核；3.Ⅱ式细石核；4.Ⅲ式细石核；5～6、8～10.石镞；7、40.石片；11～12、17.Ⅱ式细石叶；13～14、18.Ⅰ式细石叶；15.石锥；16.Ⅳ式细石叶；19～20、27.Ⅲ式细石叶；21～24.Ⅴ式细石叶；25.Ⅰ式刮削器；29.Ⅲ式刮削器；30～31、33～34.Ⅴ式刮削器；32.Ⅵ式刮削器；35～37.尖状器；38.投枪头；39.雕刻器

新石器时代石器以细小石器为主，粗大石器少量。石器制作原料以玉髓、玛瑙为主，流纹岩、粗面岩、脉石英、砂岩等次之。这些原料绝大多数来自附近的张家口组中酸性火山岩，基本上为就地取材。在小红山、黄花滩及麻黄山附近发现的石片最为丰富，可能为当时的石器加工作坊。从石器的种类和大小来看，可说是种类繁多，分化明显，用途趋向单一，以细小石器为主。就表面形态和加工技术而言，绝大多数加工精细，修疤浅平，匀称规整。采用的是以压制法和指垫法正向加工技术为主，并兼有反向及错向加工，使用的原料较为一致

五、泥河湾动物群化石产地及古人类(古文化)遗址群

泥河湾是国家级自然保护区,分布着记录有中国北方晚新生代地球演化、生物和人类进化历史的"泥河湾层",其中的地层、古生物化石、古人类活动遗迹是非常宝贵的地质遗迹,是研究中国北方晚新生代(特别是更新世)的天然博物馆,为世人所瞩目(牛平山等,2007)。"泥河湾层"在地层剖面章节中已经介绍,现将"泥河湾动物群"化石、古人类活动遗迹介绍如下。

1. 阳原县"泥河湾动物群"化石产地

"泥河湾动物群"主要是指在三趾马红土(石匣组)以上、马兰黄土以下这段地层里采集到的哺乳动物化石,主要分布于冀西北阳原、蔚县、怀来等山间断陷盆地中,位于阳原县桑干河畔的泥河湾盆地是其命名地。

泥河湾动物群可与欧洲维拉弗朗期动物群相对比,重要的化石有中国长鼻三趾马、三门马、古板齿犀、裴氏板齿犀、梅氏犀、泥河湾剑齿虎、后期剑齿虎、桑氏鬣狗、德氏后裂蹄兔、步氏大角鹿、中国古野牛、李氏野猪、直隶狼、狐、纳玛古象、平额原齿象等。该动物群中除个别是新近纪残留物种外,几乎全部是第四纪初期出现的物种,且绝大多数已经灭绝(图3-136~图3-141)。

图3-136 锯齿似剑齿虎

(据http://m.china.com.cn/wm/doc_1_550950_877222.html)

锯齿似剑齿虎是泥河湾动物群的重要成员,身体较小,但比泥河湾巨剑齿虎稍大。因它上犬齿前后均有锯齿,德日进将它从泥河湾剑齿虎中改为现在这个名字。地质时代属更新世早期。这种似剑齿虎在非洲臭都威地层中亦有发现,其时代与泥河湾期相同

图3-137 翁氏转角羚羊

(据https://sucai.redocn.com/kexuejishu_6590095.html)

翁氏转角羚羊是泥河湾地层中相当普遍的一种化石。我国除在泥河湾有发现外,还在山西榆社的更新世早期和周口店第一地点更新世中期也有发现。翁氏转角羚羊角粗壮,长而直,稍向两侧分开而明显后向倾斜,由角基至角尖旋转不多于一圈;有一条明显的前棱,有时有一条不明显的后棱。眶上孔而深,顶骨厚,在眶上孔处额骨厚而多孔

泥河湾盆地是我国的化石宝库,尤其是早更新世动物群,在我国北方地区有很强的代表性。泥河湾动物群见证了早更新世地球上气候变化的全过程,它在我国第四纪研究,特别是在其下限的界定上具有重要意义,也是中国能够与欧洲维拉弗朗期动物群直接对比的最丰富和最具代表性的一个动物群。

2. 阳原县泥河湾古人类(古文明)遗址群

泥河湾是世界上古人类遗址分布密集的地区,它涵盖了旧石器时代早、中、晚3个时期和新石器

 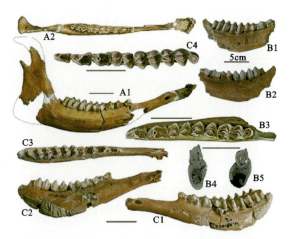

a.泥河湾山神庙咀遗址新发现的布氏真枝角鹿幼年鹿角　　　　b.泥河湾山神庙咀遗址新发现的布氏真枝角鹿下颌骨

图 3-138　布氏真枝角鹿（据化石网）

布氏真枝角鹿是体形十分庞大的鹿类。该属在中国的分布十分有限，主要限于华北地区早更新世时期，起源及演化背景至今仍是未解之谜，目前只能初步推测这些庞然大物是从起源地——东欧和中亚地区迁徙而来的。这种鹿有 6 种不同类型的角，分为两组，它们共同的特点是角柄相当短，有 6 个侧枝，除第二侧枝外，其余的枝都象梳齿那样排列着。而第二枝总是约 70°的角度向内伸；第一、二枝横切面为圆形，通常较短。因此，也有译为步氏真梳鹿。中科院古脊椎所同号文研究员通过对泥河湾山神庙咀遗址发现的齿列长度及掌、蹠骨长度，推算出布氏真枝角鹿的体重大约为 350kg，代表了迄今在我国发现的最大化石鹿类

a.披毛犀颌骨化石（早更新世末期）（摄影/任贵平）　　　　b.泥河湾披毛犀复原图
（据http://www.chaling.gov.cn/c12202/20180925/i769222.html）

图 3-139　泥河湾披毛犀

泥河湾披毛犀生活于 2.6～2.0Ma 的早更新世时期，代表我国乃至世界上最早的披毛犀，最早发现于河北省阳原县的泥河湾盆地，后来在山西省临猗县和青海省共和县也有发现。它是一种个体较小而构造原始的披毛犀，头骨不特别窄长，头基枕长在 65cm 左右；面部相对较短，眼眶以前的面部长约为眼眶以后的脑颅部长的 7/10；鼻骨前端呈圆弧形，距前颌骨较远；鼻切迹至眶前缘的距离特别短，眶前缘位于第三臼齿之前；颧弓弯曲，枕顶不特别强烈后倾。下颌垂直支也不强烈后倾。下门齿在成年个体中仍有齿槽；颊齿表面白垩系覆盖层很薄；上、下前臼齿，特别是下第二前臼齿相对较大；上第三臼齿为三角形

时代，创造了世界上独有的连绵不断的文化，完整地记录了人类从旧石器时代向新石器时代发展演变的全过程，被誉为东方人类的故乡。

　　1963 年峙峪、虎头梁和上沙嘴等史前遗址以及许家窑人类化石先后发现，将泥河湾盆地的人类历史实实在在推进到了旧石器时代。1978 年小长梁早更新世旧石器遗址的发现，使泥河湾盆地旧石器时代考古取得了实质性突破，将泥河湾盆地人类历史提前到了距今 100 多万年前。从此以后，泥河湾盆地早更新世旧石器时代考古遗迹的发现层出不穷，科学家们认识到泥河湾盆地是研究中国乃至东

图 3-140　钱家沙洼村猛犸象头骨化石模型

近年来,在阳原县钱家沙洼村出土了一具相当完整的南方猛犸象头骨化石及马、犀、鹿、羚羊等骨牙化石,化石长度为 2.4m(包括一根约 1.2m 和一根约 1m 的象牙),该化石为猛犸象早期种属,是迄今为止中国最为完整的第四纪早期猛犸象头骨化石。它的发现对研究猛犸象早期的演化具有极其重要的科学意义,对研究泥河湾的古地理、古气候、古环境及生物演化过程也具有一定的科研价值

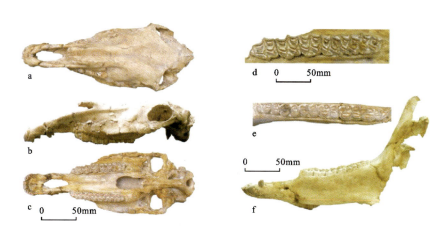

图 3-141　泥河湾扬水站黄河马头骨、下颌骨及上下齿列(据李永项等,2015)

a. 头骨顶视;b. 头骨侧视;c. 头骨腹视;d. 左上颊齿列;e. 右下颊齿列;f. 下颌骨左侧视

黄河马($Equus\ huanghoensis$)是中国早期的真马之一,然而自 20 世纪 50 年代定名以来就受到怀疑和争论,因为它是中国已知的真马化石中材料最少的。泥河湾的黄河马标本具有较完整的头骨、下颌及其完整的齿列,无疑将给这一问题的解决提供难得的证据。泥河湾扬水站剖面的黄河马化石,年代大约为 1.6 Ma。按大小比例推算,采自山西的正形标本时代应该更早,大约在 2.5 Ma 前后,由此可见,黄河马出现在第四纪底界上,属于欧亚大陆上最早的真马之一

亚地区的早期人类及其文化的一个重要地区。经研究对比,泥河湾盆地在更新世期间的确经历了大湖—萎缩湖—峡谷开通—侵蚀—冲积和风积的变化过程,与世界著名的非洲东部奥杜韦峡谷(Olduvai Gorge)具有非常相似的人类环境变迁,被称为"中国的奥杜维峡谷"(袁宝印等,2011)。

目前,全世界百万年以上的人类文化遗址共发现 53 处,泥河湾遗址群就有 40 处,绝大多数分布在盆地东端,遗址数量之多、密度之高,世界上极为罕见,遗址群所包含的新生代更新世的丰富内容,也成为中国乃至世界进行旧石器时代研究的基本参照标准,因而被誉为旧石器考古圣地(图 3-142、图 3-143)。

小长梁遗址(图 3-144)是泥河湾遗址群中最负盛名的遗址之一,发现于泥河湾层下部,为距今

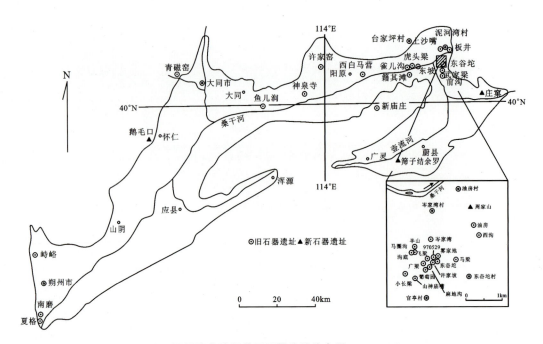

图 3-142　泥河湾盆地及其旧石器遗址分布图(据袁宝印等,2011)

从遗址的埋藏情况判断,古人类曾经生活在泥河湾盆地古湖的边缘地带,随着湖水反复的缩小和扩大,他们在食物链的牵引下也相应地不断推进和后退。分布在盆地周围的硅质火山角砾岩和其他质地较好的岩石,为古人类提供了制作石器的原料。湖水大面积消失后,人类在盆地的生活空间越发扩大,他们或生活在桑干河及其支流岸边,或生活在残留湖的积水洼地或山泉水源旁

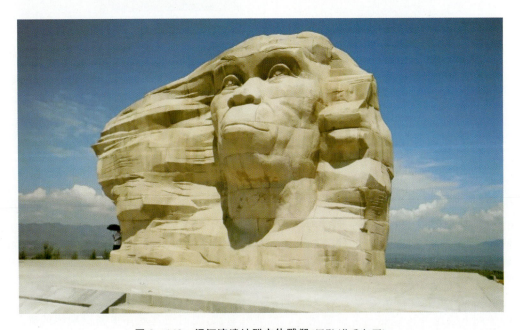

图 3-143　泥河湾遗址群主体雕塑(摄影/你我如画)

泥河湾猿人头像位于泥河湾古湖东部,泥河湾国际标准地层之上,泥河湾、马圈沟、小长梁等最负盛名的遗址交会处,昭示着这里就是远古人类的东方故乡

136万年的更新世早期地层和远古人类遗址,作为人类活动在亚洲东北部的见证和中华大地古人类早期发祥地之一,被镌刻在北京中华世纪坛270m青铜纪年甬道第一阶。该遗址出土石器尺寸小,属轻型传统工具,与时代比其较晚的北京人石器有许多相似之处,被认为是北京人文化的先驱,对于我国华北地区旧石器时代早期的文化研究,以及探讨华北地区小石器传统的起源有着重要意义。

图 3-144　泥河湾小长梁遗址(摄影/古道斜陽霞滿天)

该遗址石制品以小型为主,采用锤击法打制,出现了少量砸击石片。砸击打片方法的出现,突破了当时普遍认为该方法源于北京人的说法,将其历史大大提前,意味着在泥河湾地区寻找古人类早期活动遗迹的努力,终于获得重大突破,证实了泥河湾曾经生活过早期人类的科学论断。该遗址的年代距今136万年,石制品来自早更新世泥河湾组下部,地质年代为早更新世晚期之末,考古学年代为旧石器时代的早期,出土遗物以石器为主。它的发现曾被誉为中国旧石器时代考古学发展史上的里程碑。美国学者认为"这里的考古遗址也许代表了人类在东亚最早的证据"

于家沟遗址(图 3-145)含有人类活动遗存的文化层厚达7m,其时间跨度从距今14 000年延续到五千多年前。它包含了旧石器时代晚期和新石器时代早、中期,给我们提供了人类社会中两大石器时代过渡阶段丰富的文化信息,清晰地展示了人类从初级到高级、从原始到成熟的发展过程。出土距今1万年前的夹砂黄褐色陶片,是在旧石器时代地层里发现的唯一的一块陶片,对研究旧石器时代向新古器时代过渡、农业起源、制陶业起源等具有重要的意义,被评为1998年全国十大考古新发现之一。

a.于家沟遗址出土了距今1万年前的夹砂黄褐色陶片　　　　b.于家沟石矛头 (摄影/你我如画)

图 3-145　泥河湾于家沟遗址

遗址出土打制和磨制石制品片、骨制品、装饰品等文化遗物及动物化石3万余件,石制品包括大量的楔形石核、细石叶及加工精致的石器工具,代表了史前人类石器打制技术的最高水平。同时还发掘出土了距今1.1万年的10余件夹砂黄褐色陶片,是迄今中国北方地区发现的最古老的陶片,对于研究泥河湾盆地旧石器文化继承和向新石器文化过渡、农业的起源、制陶业的起源等具有重要意义,填补了北太平洋地区马蹄形文化带在华北旧石器时代文化系列中的一个空白。于家沟遗址文化层年代为距今1.4~0.2万年,地质年代属于晚更新世末期至全新世,文化时代跨越了旧石器时代晚期和新石器时代早期,是中国华北地区典型的旧石器时代向新石器时代过渡型剖面,为研究该地区两大石器时代的过渡提供了科学的地层和文化证据,在学术上占有重要的地位,入选为"1998年度全国十大考古新发现"

侯家窑遗址是华北地区古人类文化的重要组成部分，在旧石器文化及古人类演化进程中占有十分重要的地位，是国内综合研究水平较高的旧石器文化遗址之一（李曼玥等，2016），其发掘出土的古人类化石，不论分布规模，还是埋藏内涵，一定程度上可以与北京猿人相媲美（图3-146），是我国旧石器考古史上的绚丽瑰宝。

a. 侯家窑石球
（据https://baike.baidu.com/item/%E4%BE%AF%E5%AE%B6%E7%AA%91%E9%81%97%E5%9D%80/2912217?fr=aladdin）

b. 侯家窑人枕骨化石（摄影/你我如画）
（据http://www.360doc.com/content/19/1113/23/34081990_873036449.shtml）

c. 原始人类利用石球制作套过"飞石索"进行捕猎复原图
（据http://www.sohu.com/a/148531300_115253）

图3-146 侯家窑遗址

侯家窑遗址形成于距今10万年前，地质年代为晚更新世早期，文化时代属旧石器时代中期。该遗址出土石制品有2万余件，包括各种类型的石核、石片及其他石器。出土的1 079枚石球是该遗址的代表性器物，石球最大的重1 500g以上，最小不足100g。有的石球制成滚圆，有的是半成品，有的是毛坯，它们清楚地显示出石球制作的全过程。研究推测，这种石球可能是投掷器"飞石索"，在一个遗址中发现这样大量的石器是其他旧石器遗址中不曾有过的。在泥河湾遗址群首次发现了19件距今10万年的人类头骨化石，包括顶骨、枕骨、臼齿和上颌骨，至少代表了十几个男女个体。特征和北京人有相似之处，但较北京人进步，属于早期智人类型。侯家窑遗址的石器制造属于北京猿人文化的继续和发展，是连接中国北方旧石器文化发展的重要环节，为研究原始社会人类发展提供了重要资料

马圈沟遗址（图3-147、图3-148）是泥河湾盆地最为重要的旧石器时代早期文化遗址之一。该遗址是目前泥河湾盆地内层位最低、时代最早的一处旧石器时代早期遗址，时代延伸至距今120万年左右，完整的早更新世文化序列，在东北亚地区，乃至整个世界范围内都是少见的，有效地证明了泥河湾盆地早期人类演化的连续性。

a. 马圈沟古人类生活遗址
（据http://tc.wangchao.net.cn/baike/detail_325530.html）

b. "大象餐桌"复原图
（据http://hebei.hebnews.cn/2017-03/09/content_6358790.htm）

图3-147 马圈沟遗址

马圈沟遗址是迄今为止在泥河湾层中发现的层位最低、时代最早的遗址，是目前泥河湾盆地乃至东北亚地区层位确切、年代最早的古人类遗存。地质年代属早更新世早期，文化时代属旧石器时代早期的较早阶段，从考古学角度证明了东方人类从这里走来的事实。该遗址共发掘了7个文化层，其中第三文化层是一个古人类进食的生活遗迹，惊现2Ma古人类"餐桌"：在探方内散落着一组以象的骨骼为主，间有石制品、动物遗骨和天然石块构成的古人类进餐场景，多数骨骼上有砍砸和刮削的痕迹。生动地展示了古人类群食大象、刮肉取食、敲骨吸髓的情景，对研究当时人类的行为提供了珍贵的科学资料

图 3-148 原始人类猎食大象复原图
(据 http://www.sohu.com/a/148531300_115253)

马圈沟遗址的考古发掘向我们揭示了这样一个故事。一只大象不小心深陷泥沼,进而被一群原始人类所发现。他们用削尖的树枝作为武器,一点点的刺死大象,再用石器工具将其肢解。一只庞大的动物竟然成为了原始人的盘中餐

第五节　重要岩矿石、宝石产地及矿业遗址

矿产资源的开发利用在经济社会发展中具有重要作用和不可替代的地位。河北省成矿条件优越,矿产资源丰富。截至 2018 年底,全省已发现矿产 130 种,其中查明资源量的有 104 种,矿产地总数 2 800 余处(含能源水汽),资源潜力较丰富的矿种主要有煤、铁、金、石灰岩、铅锌、钼等。其中,宣化庞家堡赤铁矿(宣龙式)、万全大麻坪橄榄石、涿鹿矾山铁磷矿、承德大庙黑山岩浆岩型铁矿、迁西金厂峪金矿、承德寿王坟铜矿等 22 处典型矿床类露头或矿业遗址,因具有特征的成因类型、悠久的开采历史及较高的经济、学术价值而成为河北省重要岩矿产地类地质遗迹的典型代表。

同时,经过多年开采,当前省内众多矿山和矿业城市面临严重的环境破坏和资源枯竭问题,随着旅游业的兴起和快速发展,矿产地和矿山作为重要的地质旅游目的地正逐步被人们所认知。2004 年国土资源部第一次明确提出了矿山公园概念,矿山公园是以展示人类矿业遗址为主体,体现矿业发展历史内涵,可供公众游览观赏、进行科学考察与科学知识普及的特定空间区域,设置有国家级矿山公园和省级矿山公园。自 2004 年起河北省持续加强各类矿山公园申报和建设工作,截至目前全省共有国家级矿山公园 4 处,即开滦国家矿山公园、迁西金厂峪国家矿山公园、武安西石门铁矿国家矿山公园、任丘华北油田国家矿山公园,初步形成了独具特色的矿产(山)地质旅游系统。

一、典型矿床露头

1. 典型能源矿床

能源矿产是指赋存于地表或者地下的,由地质作用形成的,呈固态、气态和液态的,具有提供现实意义或潜在意义能源价值的天然富集物。在众多能源矿产中人们熟知的有煤、石油、天然气和油页岩,新开发的有煤层气、油砂、天然沥青等一次性能源。20世纪以来,随着科技进步和资源开发利用水平的提高,又开发出了核能和地热矿产资源作为能源。

1) 任丘南马辛庄华北油田(国家矿山公园)——中国最早发现的古潜山油田

河北省石油资源主要分布在沿渤海湾地区,南从赵县、晋县,北到秦皇岛的各个县(市、区),分布面积较大,现有华北油田(图3-149)、大港油田和冀东油田,3个油田均属于断凹构造,普遍特点是油气产地多,油田的单个产油区储量偏小。其中,华北油田位于渤海湾盆地,为冀中坳陷古近系油气藏,油气藏产于古潜山和古近系,坳陷内部的沉积建造与地层的形成是以西部太行山隆起为物源区,以河流相及湖相沉积为主,多凹多凸的地质构造及古地理环境影响,决定了原生油岩的形成与分布,断层构造组合的主要形式则是控制油气藏的重要地质因素。

图3-149 华北油田晨曦中的采油机(摄影/霍湘娟)

任丘市是华北油田所在地,石油资源丰富,任丘油田是我国最早发现的古潜山油田,在开发建设过程中,形成并发展了丰富的成藏理论和陆相石油地质理论,建立了新生古储古潜山勘探理论。国土资源部于2005年8月批准建立任丘华北油田国家矿山公园,作为全国首批28个国家矿山公园之一,其以神奇的古潜山油田为基础,以华北油田的发现井任四井作为主体景观,以白洋淀自然水体为依托,以石油勘探、开发、冶炼、运输等相关的机械装备为主要设计元素,将石油知识科普和石油工业发展相结合,展示出一幅人与自然融合发展的美好画卷。

2) 唐山开滦煤田(国家矿山公园)——中国煤炭工业的活化石

我国对煤炭的记载最早始于《山海经·山经》,是世界上发现和使用煤炭最早的国家之一。煤炭长期在我国能源结构中占据主体地位,是我国经济和社会发展的重要物质基础(图3-150),它的资源储量丰富,总的特点是北多南少、西多东少,其中新疆和内蒙古地区储量最大。河北省是我国东部地区主要产煤基地之一,含煤时代全、含煤面积广、煤类齐全、储量丰富,自晚石炭世—二叠纪、中生代早侏罗世—早白垩世至新生代古近纪地质史上各主要聚煤期均有煤层赋存。

冀东地区的开滦煤田是我国华北聚煤区著名的晚石炭世—二叠纪煤田(图3-151),也是中国近代开发最早的著名大型煤田,煤种主要为气煤和肥煤,是中国炼焦洗精煤产量最多的矿区。本区石炭系—二叠系总厚度约500m,煤层主要位于煤系地层中部,赋存稳定,总厚度为20~28m,可采煤层7~8层,可采厚度约15m。同时,该煤田煤系及其上覆地层中还有多层铝土矿、黏土矿,已开发加工陶瓷及耐火材料制品。史载开滦煤田在明代就有采煤活动,1878年李鸿章和唐廷枢筹办开平煤矿,开始了近代化采煤作业。

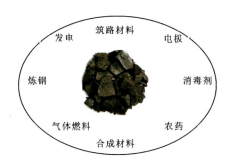

图3-150 煤的用途

碳是组成煤的最主要元素,整个成煤过程就是增碳过程,碳含量越高煤的放热量越高。煤的形成原理跟现代烧碳原理相同,是植物遗体跟空气隔绝高温加热的过程,有机质挥发后剩下的就是碳质,所以发黑

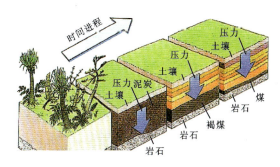

图3-151 煤的形成过程示意图

石炭纪中晚期,冀东地区气候温暖湿润,阳光充足,雨量充沛,地势低洼的地带形成沼泽,有利于植物大量生长,大量的灌木在早二叠世灭绝,形成泥炭。随着地壳下降,泥炭转化成褐煤,在隔绝氧气的情况下,褐煤进而转化成烟煤和无烟煤,煤炭的形成需要上百万年甚至上千万年时间

开滦煤矿是中国最早的机器采矿业,是中国近代工业文明的摇篮,不仅留下了许多极具典型性、稀有性的矿业遗迹,也积淀了厚重的历史文化。唐山开滦国家矿山公园以翔实的珍贵史料、丰富的文物展品追溯了煤的生成与由来,讲述了悠久的古代采煤史,记载了开滦煤矿的历史遗踪。

3) 雄县(固安)牛驼镇地热田——地热能开发的"雄安模式"

地热又称地下热,是存在于地球内部的热,据全球来看地热能具有储量大、分布广、稳定安全等特点。河北省地热资源主要是以地下水为载体的水热型地热资源,多以温泉或地热井的形式分布于山区及平原区。山区地热多受断裂控制,主要分布在深大断裂的交会部位或次级构造发育的区域,热储多为片麻岩、岩浆岩的断裂带。平原区地热系统由热源、热储、盖层、热流体通道组成,热源主要来自上地幔热传导及其上部花岗岩壳放射性元素的蜕变热,热储层位主要为新生代馆陶组孔隙型热储、寒武系—奥陶系和中元古代长城系—蓟县系岩溶裂隙型热储,主要集中在雄县、廊坊市区、黄骅市、沧州市区、深州市区、献县县城等地,广泛应用于采暖、洗浴、疗养、种植等生产生活多个方面。

雄县牛驼镇地热田地处京津保三角地区腹地,地热田展布面积达605.65km²,热储层位主要为新近系明化镇组、馆陶组孔隙热储及奥陶系、蓟县系岩溶裂隙热储,地热矿水温度30~100℃,属中、低温地热资源,具有埋藏浅、水温高、储量大、水质好等特点,是国内公认最好的一块中深层地热田,其热源形成、对流循环、盖层保温在区域上具有一定的代表性和典型性。

近年来,庞忠和等建立了以牛驼镇地热田为代表的雄安新区地热资源的"二元聚热"成因模式(图3-152),其中的"一元"是岩石热导率因素,另外"一元"是盆地尺度地下水循环因素,渤海湾盆地丰富的地热资源正是在此双重机制耦合作用下导致的地热再分配而聚集形成的。雄安新区地热资源热源是裂谷盆地型较高的热流背景,其传热方式在新生界盖层以传导为主,在基岩储层以对流为主,属于对流-传导型地热系统。

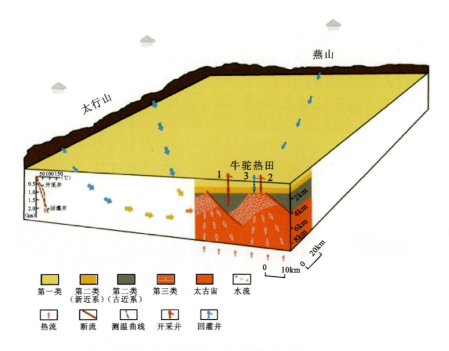

图3-152 雄安新区深层地热资源"二元聚热"成因模式图(据庞忠和等,2017)

根据规划,雄安新区将建成"蓝绿交织、清新明亮、水城共融、多组团集约紧凑发展的生态城市"。"地热+"的多能互补方案成为最重要的供暖方案,可有效节省能源、减少大气污染物排放,对于优化河北省能源结构、促进节能减排战略目标的实现具有重要意义。

2. 典型黑色金属矿产

铁是世界上发现最早、利用最广、用量最多的一种金属。铁矿物种类繁多,已发现的铁矿物和含铁矿物约300余种,具有工业利用价值的主要有磁铁矿、赤铁矿、磁赤铁矿、钛铁矿、褐铁矿和菱铁矿等。河北省是铁矿大省,按成因类型主要分为四大类,分布于6个地区:沉积变质铁矿(鞍山式)分布于冀东和阜平地区;接触交代铁矿(矽卡岩型)分布于邯邢和涞易地区;岩浆岩型铁矿(大庙式)集中分布于承德大庙地区;沉积型铁矿(宣龙式)集中分布于张家口宣化地区。

1) 宣化庞家堡赤铁矿("宣龙式"沉积铁矿)——中国北方最大的沉积型铁矿

"宣龙式"铁矿是我国北方最具代表性的外生铁矿,因大多数重要矿床都分布于张家口市的宣化—赤城龙关一带,即通称的宣龙地区,故被命名为"宣龙式"铁矿,累计探明赤铁矿资源储量$3×10^8$多吨。其中,宣化庞家堡铁矿床规模大,含铁量稳定,品位由中等至富,被学术界定为该类海相化学和生物化学沉积矿床的典型范例。

我们脑海里的张家口地区风大、寒冷、干燥,但是在1 900Ma该地区处于内蒙陆块、山西陆块和京西、冀西陆块的交会部位,曾是一片海洋。宣龙成矿区就位于冀辽陆缘海边缘,串岭沟早期海湾口处有一北东方向分布的海底高地-密怀海脊(图3-153),使海湾深部与广大海水域相隔,成为有障壁的局限性海湾盆地,为铁矿的形成创造了良好的沉积环境。浑浊的海水中含有铁,铁从古海水中被冲到浅海,慢慢沉积到砂粒(或矿石碎屑)表面,在潮涨潮落中被铁质包裹的石英砂粒不断地滚动,慢慢地形成以石英砂粒为核心的铁质圈层,形成鱼卵一样的赤铁矿,经过漫长的沉积形成鲕状赤铁矿。宣龙地区赤铁矿鲕粒大小受波浪水流强度影响,下层波浪水流作用强,赤铁矿颗粒比较粗大,外形像肾状(图3-154);中间波浪水流作用稍弱,赤铁矿外形像蚕豆;表面波浪水流作用弱,赤铁矿外形像鱼卵(图3-155)。

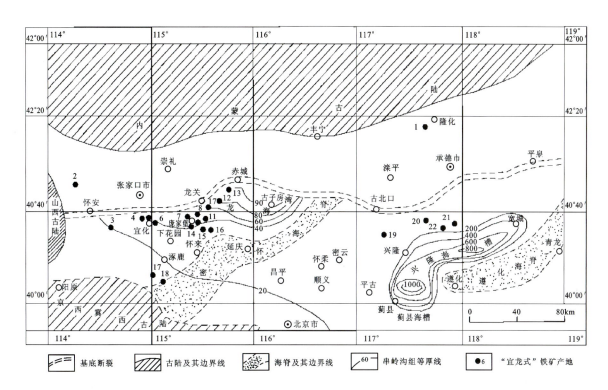

图 3-153　燕山地区长城纪串岭沟组古地理简图(据《河北省地质·矿产·环境》,2006)

图 3-154　肾状赤铁矿(产地河北宣化庞家堡)

赤铁矿的化学成分为 Fe_2O_3,中国古称"代赭"。肾状赤铁矿是一些放射状的集合体,有肾状的表面。呈玫瑰花状或片状的赤铁矿集合体称为"铁玫瑰",是罕见的观赏石

图 3-155　鲕状赤铁矿

鲕状赤铁矿矿石,主要矿物为赤铁矿,顾名思义就是形状像鱼卵一样的红色铁矿。鲕就是我们日常说的鱼卵,形成于浅海潮坪环境,由胶体化学沉积而成,是重要的铁矿石之一

宣化—赤城一带为"宣龙式"铁矿主要成矿区,含矿地层厚度大,成矿性好。庞家堡铁矿含铁岩系为一套含铁石英砂岩、泥岩、铁质粉砂岩,粉砂质页岩和铁质岩互层,即铁硅质岩组合,地质学家将其归并为串岭沟组,孙会一等(2013)在河北宽城地区测得其同位素年龄为1 621Ma,属中元古代长城纪。庞家堡铁矿主要矿石类型为赤铁矿,包括鲕状及肾状赤铁矿层,其次是受热变质作用形成的磁铁矿层及少量的菱铁矿层。矿石化学成分以Fe、Si、Ca、Mg为主,从上到下矿层矿石含铁品位降低;从矿石类型来看,肾状赤铁矿较鲕状赤铁矿含铁品位高,磁铁矿也是如此。

2)承德大庙黑山岩浆岩型铁矿(大庙式钒钛磁铁矿)——中国第二大钒钛磁铁矿生产基地

河北省岩浆岩型铁矿与基性、超基性岩密切相关,属晚期岩浆贯入式铁矿,多是铁、钒、钛、磷共生产出的综合性矿床,主要分布于冀北承德和张家口地区,省内南部的元氏、赞皇等县也有零星分布,品位一般不高,属于超贫钒钛磁铁矿。其中,承德地区是我国北方著名的钒钛生产基地,钒钛磁铁矿资源蕴藏量仅次于攀枝花,居全国第二位。

承德大庙黑山钒钛磁铁矿位于承德市大庙头沟一带,是我国北方最重要的岩浆型铁矿,是研究元古宙斜长岩及其有关铁矿床科学问题的绝佳地区。成矿岩体为距今1 800～1 680Ma的中元古代晚期苏长岩和斜长岩,矿体主要产于苏长岩、伟晶苏长岩和伟晶紫苏辉石岩或附近的斜长岩中,多呈走向近东西直立的脉状,与围岩界线清楚。产于苏长岩中的矿体与围岩渐变过渡,以浸染状矿石为主(图3-156);产于伟晶苏长岩和伟晶紫苏辉岩中的矿体以块状矿石为特征,并向斑杂状矿石过渡;产于附近斜长岩中的矿体与围岩界线清楚,有的是苏长岩中矿体的延伸部分。

图3-156 稠密浸染状含磷钒钛磁铁矿石
(据中国实物地质资料信息网)

钒钛磁铁矿是一种Fe、V、Ti等多种有价元素共生的复合矿,其不仅是铁的重要来源,而且其伴生的V、Ti等多种组分,具有很高的综合利用价值。钒能明显提高钢的强度、韧性、延展性和耐热性,在钢中加入0.1%的钒,就可以使1t低合金钢当1.4t普通钢用

燕山地区处于我国钒钛磁铁矿的主要成矿带,在承德的宽城、滦平、丰宁、平泉等地也广泛分布有规模较大的含磁铁矿基性、超基性岩浆岩侵入体,精矿品位可达64%～66%,不仅为河北省钢铁工业提供了丰富的原料,也在一定程度上弥补了我国钒、钛、磷资源的不足。

3)迁安水厂(沉积变质型)铁矿——河北"鞍山式"铁矿的典型代表

沉积变质型铁矿主要是指早前寒武纪沉积的条带状铁建造经受不同程度的区域变质作用而形成的铁矿床,其形成经历了沉积和变质改造两个阶段。冀东地区为太古宙陆核及陆核增生环境,基性火山喷发活动强烈,原始沉积物中铁矿物质丰富,广泛分布的太古宙、古元古代变质岩地层中都有硅铁建造含矿岩系分布,特别是太古宙迁西岩群和滦县岩群铁矿规模大,是河北省沉积变质铁矿的最集中产区,也是我国4个特大铁矿带之一,已探明铁矿储量近$80×10^8$t,典型矿床主要有迁安水厂铁矿、遵化石人沟铁矿、滦县司家营铁矿等。

水厂铁矿位于素有"铁迁安"之称的迁安市内,是首钢集团重要的原料基地,矿床产于中太古代迁西岩群,铁矿床由3个大矿体和几十个小矿体组成,均赋存于南北山向斜中,矿石为磁铁石英岩、辉石磁铁石英岩,磁铁矿矿物颗粒粗大(图3-157)。原始沉积的矿体基本形态为简单的层状,但后来受长期多次的褶皱、断裂、区域隆起与坳陷等构造作用,形成了不同的保存条件,使原始简单的层状岩、矿层形成复杂多样的矿带格局和矿体形态。

图3-157 含硅质条带磁铁石英岩

沉积变质型贫铁矿石,微—细粒结构,条带状构造,黑色的磁铁矿中有红色的硅质层条带

4)武安西石门(矽卡岩型)铁矿——中国最大的矽卡岩型铁矿矿集区之一

邯邢式接触交代(矽卡岩型)铁矿,简称邯邢式铁矿,主要分布于河北省邢台—邯郸地区的沙河、永年、武安、涉县等地,是河北省富铁矿的主要产区之一,矿石类型以磁铁矿为主(图3-158)。邯邢式铁矿是典型的接触交代矽卡岩型铁矿床,矿体大部分产于奥陶系碳酸盐岩与燕山期岩浆岩的接触带内,并受其控制,矿石成分较单一、品位较高,是我国富铁矿石的主要来源之一。

图3-158 条纹状磁铁矿石

【接触交代作用】是由于岩浆结晶晚期析出的大量挥发分和热液,通过交代作用使接触带附近的侵入岩和围岩,在岩性及化学成分上均发生变化的一种变质作用。从岩浆中析出的气水热液,往往携带有某些金属和非金属元素,通过接触交代作用可形成接触交代矿床,如矽卡岩型矿床。

河北邯邢地区在距今4.4亿年前的奥陶纪时期沉积了巨厚的碳酸盐岩地层,伴随强烈的燕山期构造热事件,本区发生了大规模岩浆侵位,岩浆在冷却结晶晚期,析出了大量挥发成分和热液,使与之接触的奥陶系碳酸盐岩地层在岩性及化学成分上均发生变化,形成新的矿物。从岩浆中析出的汽水热液,还携带有大量Fe元素,这些中酸性岩浆岩与碳酸盐岩发生接触交代作用,在本区集中出现了接触交代矽卡岩型铁矿床,按岩浆岩和围岩条件,称邯邢式铁矿。邯邢地区具有工业意义的邯邢式铁矿主要分布在中奥陶统中,主要原因是该套地层中存在的三层角砾状灰岩构成层间薄弱带,岩浆易于侵入,是良好的储岩空间。

西石门铁矿位于河北武安市,为大型隐伏矿体,是我国最大的矽卡岩型铁矿矿集区之一,是邯邢式铁矿的主要代表矿床。该矿床受接触带构造型式的控制,部分为离接触带5～100m内的灰岩层间和岩体内的矿体,同时它也受围岩产状控制。西石门铁矿的建设改变了中国钢铁事业的面貌,经过几十年的开采,西石门铁矿逐渐转入中后期生产,其不仅完整地展现了邯邢地区近现代矿业的发展历程,区内保存完整的汉代冶铁遗址群及宋代冶铁炉遗迹也记录着河北悠久的铁矿开采冶炼史,具有极高的科学研究和历史保存价值,2005年8月被国土资源部评为首批"国家矿山公园"。

3. 典型有色金属矿产

1) 张北蔡家营铅锌银多金属矿——华北陆块北缘铅锌矿找矿的重大突破

铅锌广泛应用于电气、机械、军事、冶金、化学和医药业等领域。此外,铅在核工业、石油工业等部门也有较多的用途;锌是重要的有色金属原材料,在有色金属的消费中仅次于铜和铝,锌金属具有良好的压延性、耐磨性和抗腐性,能与多种金属制成物理与化学性能更加优良的合金。

河北省的铅锌银矿床通常是共生,个别形成独立银矿,铅锌基本上共生在一起(图3-159),以锌为主,主要分布在涞易地区、承德地区及张北地区。冀北地区铅锌矿资源较为丰富,是河北省重要铅锌矿生产基地,主要分布于崇礼-沽源断块区隆起与坳陷的过渡地带,成矿作用与晚侏罗世—早白垩世酸性及中酸性次火山岩有关,主要成矿元素为Ag、Pb、Zn、Au、As、Cd,主要赋矿围岩为红旗营子群变粒岩类,少量赋存于早白垩世张家口组火山岩中,代表性矿床有蔡家营、青阳沟等铅锌矿床。

蔡家营铅锌银多金属矿位于张北县三号乡,矿床形成于石英斑岩和花岗斑岩密集区的红旗营子岩群及张家口组火山岩的构造裂隙中,属早白垩世岩浆热液脉型矿床(任树祥等,2015)。该矿床的形成经历了漫长而复杂的地质历史,在元古宙早期由于区域变质作用,使以前形成的中酸性火山岩-泥沙质沉积岩建造普

图3-159 铅锌矿石
主要矿石矿物为闪锌矿(褐色)、
方铅矿(浅灰色)、黄铁矿(铜黄色)

遍发生变质,其产生的变质热液萃取携带Pb、Zn、Ag、Au等成矿物质迁移到红旗营子群中,形成初步富集的矿源层。燕山期区内构造运动强烈,康保-围场、尚义-隆化两条东西向深断裂重新复活,在其携持的地体间产生了一系列北东东向、北西向和近南北向断裂,并伴随有火山喷发活动。继火山喷发之后,沿北

北东向与北西向断裂交会部位发生次火山岩侵位,在变质岩和火山岩的地层中形成浅成—超浅成的花岗斑岩-石英斑岩岩浆系列。

在次火山岩的形成过程中,岩浆活动产生了大量的热液,在其上升过程中萃取围岩中的有用成矿组分,并和下渗的大气降水构成对流循环热系统,这些混合流体在对流循环时成矿元素浓度在不断地增加,并以氯化物络合物沿构造裂隙上升到地表一定深度。由于温度压力突然降低,矿液发生沸腾,其中的挥发组分大量向外逸散,有用组分 Pb、Zn、Ag、Au 等在有利的成矿空间沉淀富集成矿(图 3-160),并引起围岩蚀变,出现绿泥石化、黄铁绢英岩化、碳酸盐化和硅化等。

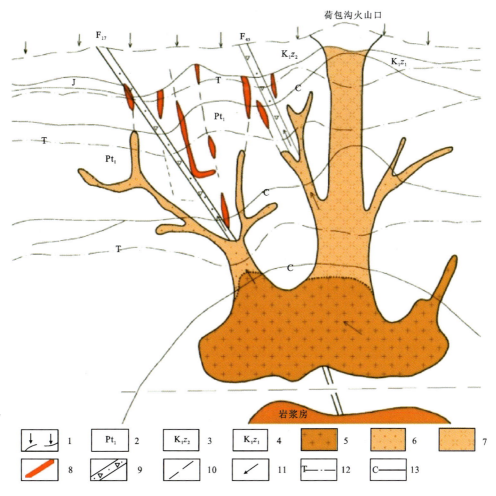

图 3-160 蔡家营铅锌银矿床理想成矿模式示意图
(据《河北省铅锌矿潜力评价报告》,2013 修改)

1.古地表水下渗方向;2.元古界;3.张家口组二段;4.张家口组一段;5.花岗斑岩;6.石英斑岩;7.流纹岩(火山颈);8.矿脉;9.导矿断裂;10.容矿断裂;11.矿液流动方向;12.等压线(自上而下升高);13.等温线(自上而下升高)

4.典型贵金属矿床

1)丰宁红石砬铂矿产地——中国发现的一种大型热液型铂族矿床

我国是铂族金属稀缺的国家,铂族金属资源主要分布于甘肃、云南、四川、黑龙江和河北五省(图 3-161)。河北省燕山地区是我国铂矿成矿的有利地区之一,特别是丰宁—隆化以南、延庆—承德以北、平泉以西、赤城以东的范围内,1970 年河北地质局第四地质队发现了红石砬铂矿。

图 3-161 铂金属

铂广泛应用于航空燃油、电器电子、玻璃、国防等工业领域，铂族金属主要富集在与
基性、超基性岩有关的硫化铜镍矿床、铬铁矿床和砂铂矿床内，单一的铂矿床很少

河北丰宁红石砬铂矿是目前我国发现的一种大型热液型铂族矿床，这种铂矿不像含铂族的铜镍硫化物矿床和铬铁矿床那样有明显的主金属矿化，也不像层状镁铁堆积岩型独立铂族矿有弱的铜镍硫化物矿化和铬铁矿化标志层，其主要以微细粒铂族矿物矿化为主，肉眼难识别，往往不易被发现，地质勘查中主要依据化学分析圈定和识别铂矿体。

红石砬铂矿产于红石砬超基性杂岩体中，岩体出露于大庙-娘娘庙深断裂南侧一组呈雁行状排列的断裂中，呈北西西向侵入于太古宙角闪斜长片麻岩和二长片麻岩中。根据岩性和含矿特征可分为东、中、西3段。东段岩体狭窄，岩性单一，分异不明显，铂族矿体小而零星，品位较低，以钯为主；中段是岩体膨大部位，岩相分异好，工业矿体大部赋存于此段核部的透辉岩相中，由不规则的互相连生的透镜体群组成；西段岩体仅残存底部岩相，以角闪岩为主，铂族元素含量甚微。红石砬铂矿是一个单一的透辉岩型含磷铂矿床，有用组分以铂为主，其次是钯，综合回收磷及少量的铁，单层矿钯铂含量最高达 23.74g/t，平均品位大于 1g/t。

2）宽城峪耳崖金矿——冀东热液型金矿床的典型代表

河北省位于华北陆块北缘中段，省内金矿是我国东部金矿带的重要组成部分，在燕山、太行山的崇山峻岭中，金矿产地星罗密布。按控矿地质条件和地理位置，全省可划分为冀东金矿集中区、冀东北（承德）金矿集中区、冀西北（张家口）金矿集中区和冀西（太行山）金矿集中区。

冀东地区是我国金矿的主要产地之一，目前已发现的各类金矿床（点）近 200 处，均与本区大面积分布的中生代中酸性侵入岩关系密切，区内广泛出露的太古宙古老变质基底是本区金矿的主要矿源层。位于河北省承德市宽城县境内的峪耳崖金矿床是冀东众多热液型金矿床的典型代表，其金矿主要赋存于峪耳崖花岗岩体内（图 3-162），岩浆活动是峪耳崖金矿成矿作用的重要因素，矿体主要分布在花岗岩体内及其内外接触带，岩体的形态和产状是控制矿体分布的重要因素之一。峪耳崖矿区具多期岩浆活动，正长花岗岩岩浆和碱长花岗岩岩浆的侵入是两次重要的岩浆活动，其后期的细晶岩脉、正长岩脉和闪长岩脉等表明本地岩浆活动频繁，它们为金矿的形成提供了大量的热源、水源以及空间。含金黄铁矿石英脉、含金黄铁矿石英细脉浸染带沿花岗岩体节理裂隙充填、交代,黄铁矿是本矿床中最重要的载金矿物,占硫化物总量的80%,矿体形态为脉状、扁豆状、透镜状,主要围岩蚀变有黄铁矿化、硅化、绢云母化,与成矿密切相关。

图 3-162　金矿石

金矿物肉眼无法分辨,赋存于黄铁矿中,黄铁矿呈网脉状分布于蚀变花岗岩中,黄铁矿的多少直接标志着金含量的高低

3）迁西金厂峪金矿（国家矿山公园）——华北陆块北缘最大的金矿床

金厂峪特大型金矿床位于河北省东部迁西市,是华北陆块北缘最大的金矿床,素有"金场"之称,有悠久的采金历史。矿体形态复杂,多由细小的石英脉构成复脉带,呈脉状、不规则状、扁豆状、雁行状、"人"字状等,自然金多呈不规则状充填在黄铁矿粒间及裂隙中,属石英脉型金矿。

金厂峪金矿长期以来开采过程中形成的各种遗迹,如典型地质剖面,代表性的岩石矿物,找矿标志,采矿井巷、选厂、炼厂、废矿堆、尾矿堆积区,人文景观等具有较高的历史价值和科普价值。蚀变围岩形成的金矿体有典型的成矿特征,具有科学性和教育意义;金厂峪金矿的选冶工艺被誉为"入选矿石品位最低,矿石回收率最高"的工艺,在国内矿山开发中具有重要地位。金厂峪国家矿山公园的建设,使得遗弃矿山变废为宝,丰富了迁西的旅游产品,优化了矿业城市的产业结构,为矿业城市的经济转型树立了典范。

5. 典型非金属矿床（含宝玉石及观赏石）

1）万全大麻坪橄榄石（宝石）产地——中国宝石级橄榄石重要产地

橄榄石被人们誉为"黄昏的祖母绿",在国际市场上享有盛名。世界上最早的宝石级橄榄石大约是3500年以前在古埃及领地圣·约翰岛上发现的,被视为"太阳宝石"。能工巧匠们常将其琢磨成圆形、椭圆形和心形等刻面宝石,镶嵌于金银首饰上,做成精美的项链和戒指。在世界珠宝习俗中,橄榄石被列为"八月份诞辰石",象征夫妻幸福和谐,并被誉为"幸福之石"。

河北省是世界主要的橄榄石产地之一,橄榄石主要分布于张家口地区万全和阳原一带,尤以张家口万全县大、小麻坪橄榄石矿为著名。万全大麻坪橄榄石矿区,橄榄绿宝石产于汉诺组碱性玄武岩的二辉橄榄岩和含尖晶石二辉橄榄岩包裹体中。目前共发现17个橄榄石矿体、矿化带,矿化带大小不一,大者长达几百米,小者仅几米,多呈透镜状、似层状及不规则状产出,也有断续出现的。橄榄石呈星散状、不规则状、条带状分布,粒径一般为3~7mm,最大可达7mm×5mm×5mm,颜色多为橄榄绿色、黄绿色,玻璃光泽,透明度高,杂质少,偶见绵纹,在高倍显微镜下可见原生气液包体（图3-163）。

万全的橄榄石从品质上来讲,具有世界级水平,其以完美的晶形、美丽的色泽及透明度以及产量较少而受到国内外人士的喜爱,是难得的宝石品种和观赏佳品。该矿床于1979年被发现,年产5mm以上的优质橄榄石宝石达数百万克拉,其中最大的一颗重236.5ct,名为"华北之星",是我国橄榄石之最。

图 3-163　万全大麻坪橄榄石(宝石)

橄榄石(peridot)是地幔岩的主要组分,它是随着火山喷发以捕虏体形式被带到地面上来的一种铁镁硅酸盐矿物$(Mg,Fe)_2[SiO_4]$,主要成分是铁或镁的硅酸盐,同时含有 Mn、Ni、Co 等元素,因具有橄榄绿色而于 1790 年首先由德国矿物学家魏尔纳命名。优质的橄榄石呈透明的橄榄绿色或黄绿色,清澈秀丽的色泽象征和平、幸福、安详等美好意愿。

　　河北大麻坪作为我国宝石级橄榄石的主要产地,产出的橄榄石具有鲜艳的黄绿色、透明度高、包裹体丰富等特点,为橄榄石中的上品,是目前国内品位最高、质量最好的一种中档宝石,完全可以被赋予更丰富的文化内涵并结合其悠久的历史进行进一步的开发推向市场,相对于一些高价位的宝玉石,橄榄石更接近普通市场消费水平,在一定程度上也更能被大众接受。

　　除了河北,我国其他橄榄石产地还有山西、吉林蛟河等地。山西橄榄石发现于天阵一带,地处河北万全之西南,在地质构造上两地有密切的联系;吉林省橄榄石主要分布于蛟河市大石河一带的林区。

　　2)涿鹿矾山磷矿(北方磷都)——中国北方最大的岩浆型磷灰石矿床

　　磷矿是在经济上可利用的磷酸盐类矿物的总称,在工业上主要用于生产磷系肥料,也可以用来制造黄磷、磷酸、磷化物及其他磷酸盐类产品。就全球而言,具备工业开采价值的磷矿资源稀少且分布不均,80%以上集中分布在中国、摩洛哥、南非、美国 4 个国家。我国磷矿资源可划分为沉积磷块岩矿床、内生磷灰石矿床、沉积变质磷灰岩矿床及鸟粪矿床 4 种类型,其中沉积磷块岩矿床广泛分布于贵州、湖北、云南、四川等地,成矿时代主要为蓟县纪和寒武纪,是我国磷矿资源的主体;内生磷灰石矿床主要分布于河北、辽宁、山东、山西、陕西等地,其在储量规模和矿床数量上虽远不如磷块岩矿床,但由于其易选且综合利用价值高,也是我国磷的重要来源之一。

　　河北涿鹿矾山铁磷矿,是我国内生磷灰石矿床中品位较高、选矿效果好的唯一大型磷矿,也是迄今我国发现的最大偏碱性岩浆型磁铁矿-磷灰石矿床(图 3-164)。矿体产于偏碱性杂岩体内,属晚期岩浆矿床,杂岩体侵入蓟县纪雾迷山组,呈椭圆形,面积超过 $20km^2$,矿体形态呈似层状,连续完整,厚度较大,矿区内 P_2O_5 平均品位大于 11%,全铁质量分数在 13%左右。矾山磷矿生产的磷精粉品位高、含杂质低,含有适量稀土等农作物生长所必需的微量元素,还具有黏滞性小、细度适中等工艺性能特点,是制作各种磷酸盐精细化工的优质原料,享有"北方磷都"的美誉。

　　3)迁安灵山-山叶口五彩石产地——长城系底砾岩层,中元古代华北陆块上最早接受的沉积

　　灵山-山叶口景区地处京、津、秦腹地,位于河北省迁安市内,是迁安国家地质公园的重要组成部

图 3-164　涿鹿矾山磷铁矿岩芯标本（据中国实物地质资料信息网）
磷灰石岩,灰白色—淡褐黄色,粒状结构,块状构造,基本由磷灰石组成,含少量黑云母、次透辉石及磁铁矿等

分,以山美、境幽、峰奇、石怪、水灵闻名于京东。景区内有各种形状的红色奇石,这些石头是一个个河卵石黏在一起形成了几十米大的巨石,传说这是女娲娘娘在此炼补天石所用的石子,五彩石林就是女娲炼石留下的遗迹。

该石在河北省内储量巨大,主要分布在滦河、滹沱河、沙河、铭河、漳河流域,在迁安、迁西境内基岩及河谷中出露更多。其实,它们是长城系底砾岩层,是中元古代华北陆块上最早接受的沉积,其岩层中发育红色、绿色、灰色、黄色、白色、黑色等不同色彩的砾石,砾石成分复杂,磨圆度好,分选性中等,一般直径为 2~6cm,最大达 15cm,孔隙式胶结,胶结物中铁质砂粒较多。本区的五彩石砾岩沉积厚度大、时间跨度长,后经多期构造运动,受构造节理控制及差异风化作用影响则形成了诸多象形石和象形地貌,大自然的神奇将它们雕琢得惟妙惟肖,又因色彩斑斓,形态各异,砾岩中镶嵌的五彩河卵石颇似琥珀(图 3-165),这是大自然的造化,是地球母亲馈赠的神奇瑰宝。

图 3-165　迁安五彩石林
形成"五彩石"的主要矿物成分是石英石,这些石英石里往往含有一些不同的微量金属离子,金属离子给砾石赋予了各种不同的颜色。例如,含有微量的锰,呈紫色;含有微量的铜,呈绿色;含有微量的三氧化二铁,呈红色。金属离子的含量多少,也会使颜色浓淡不同

4)阜平大沙河雪浪石产地——地球早期演化的"信使",打开地球奥秘的"钥匙"

宋哲宗元佑八年,苏东坡被贬到定州任知州。一日在花园游玩时,在一棵老榆树下偶得一奇石,此石高约二尺三寸(约0.099m),宽二尺有余(约0.067m),其黑底白脉的纹理似"浪花飞溅,卷起千堆雪",像极了唐末著名画家孙位所画的江河奔流图,苏东坡遂以"雪浪石"为题作诗一首,并将此石题名为"雪浪石",供于众春园,苏翁的书屋也自题为"雪浪斋"。

雪浪石
苏东坡(北宋)

太行西来万马屯,势与岱岳争雄尊。飞狐上党天下脊,半掩落日先黄昏。
削成山东二百郡,气压代北三家村。千峰右卷矗牙帐,崩崖凿断开土门。
揭来城下作飞石,一炮惊落天骄魂。承平百年烽燧冷,此物僵卧枯榆根。
画师争摹雪浪势,天工不见雷斧痕。离堆四面绕江水,坐无蜀士谁与论。
老翁儿戏作飞雨,把酒坐看珠跳盆。此身自幻孰非梦,故园山水聊心存。

定州地处冀中平原,周边并无山石,苏东坡的"雪浪石"是从哪里来的呢?我们沿大沙河溯流而上,直奔太行山腹地,经曲阳到达阜平县境内,便来到了"雪浪石"的故乡。阜平之所以成为"雪浪石"的故乡,是因为"雪浪石"便是阜平岩群变质岩。由于每一块变质岩中的矿物含量千差万别,结构构造不同,"雪浪石"在地质学上有很多名字,包括黑云斜长片麻岩、黑云斜长变粒岩、角闪斜长片麻岩、斜长角闪岩等。这些变质岩石之上的黑色质地由黑云母、角闪石等暗色矿物组成,浅色纹理由石英、长石等浅色矿物组成,暗色矿物与浅色矿物相互交融,形成的"花纹"构造错综复杂,构成一幅幅壮丽的山水画卷(图3-166)。

图3-166 阜平县银河山峡谷内河流底部的"雪浪石"

在阜平县的山坡河道间遍布阜平岩群片麻岩,从母岩上崩落的石块,在流水的冲刷搬运作用下,形成形态圆润纹理奇特的卵石,黑白分明,曲折蜿蜒的纹理呈现出异常丰富的图案,变幼莫测、千姿百态

距今约30亿年的太古宙时期,阜平地区由零散的硅铝质块体聚集形成初始古陆核,随后大量碎屑物质在古陆核边缘沉积。到了距今29~28亿年前,一场影响整个华北的构造运动将碎屑物质改造,形成了阜平岩群变质岩,由于这场运动在阜平地区表现的尤为明显,故将其命名为阜平运动。期间,一方面大规模的岩浆开始涌出,像黏结剂一样把阜平等孤立分散的古陆核黏结在一起,奠定了华北克拉通的雏形;另一方面阜平运动还导致岩石普遍发生变形。陆核在拼接过程中,相互碰撞导致岩石中不同种类、不同颜色的矿物受到力的作用,发生定向排列,形成岩石中变幻莫测的花纹,这也是"雪浪石"中各色纹理的成因(图3-167、图3-168)。这种岩石在阜平县的山谷河道中多有分布,尤以大沙河所产的雪浪石为优,因为每一块雪浪石都是唯一的,其鉴赏价值并没有统一的标准,这些花纹构造不仅具有很高的观赏价值,也是解读阜平运动的关键所在,是一张阜平独享的地学文化名片。

图3-167 飞瀑石

有的岩石中浅色矿物断断续续连成一条线,映衬于黑色质地之上,如云海翻卷、瀑布飞泻,这种雪浪石被称作"飞瀑石"

图3-168 龙韵石

有的岩石发生弯曲褶皱,甚至出现破裂,后期的岩浆沿岩石裂缝贯入,形成粗大的白色的脉体,如蛟龙盘旋、摄人心魄,这种雪浪石被称作"龙韵石"

5)阜平沙窝古元古代辉绿岩(中国黑)产地 ——华北克拉通化完成的标志

保定阜平地区有广泛分布的辉绿岩脉,这些岩脉呈直立板状,犹如一堵竖直的岩墙深埋于大地,由于辉绿岩为基性岩(图3-169),加之数量众多,故称之为基性岩墙群。这些基性岩墙群整齐地沿西北-东南向展布,与区域断裂密切相关,产状近于直立,延伸达数千米,甚至数万米之远,宽度一般在5~30m之间,侵入于太古宙变质岩以及古元古代花岗岩中,岩石类型主要为辉绿岩(少量为辉长辉绿岩),呈黑色、墨绿色,风化面为灰色或灰黑色。

图3-169 辉绿岩标本

辉绿岩是一种基性浅成侵入岩,多呈现深灰色、灰黑色,主要由辉石、基性长石组成,辉石常蚀变成绿泥石、角闪石和碳酸盐类矿物,所以辉绿岩因绿泥石的颜色而整体呈灰绿色

该基性侵入岩在河北省内主要分布于太行山一带,具有一定的稀有性,对研究古元古代构造环境、形成演化具有重要意义。此外,它作为重要的石材,具有较高的经济价值。阜平地区的辉绿岩作

为石材以其庄重的黑色著称,所含矿物粒径 1～3mm,色调均一,质地细腻,光泽度好,给人以华贵典雅之感,不含金属硫化物,不含色斑,为装修所用高等石材,产地商业名称为中国黑、阜平黑,外贸代号为墨玉 1#黑、2#黑、3#黑。

阜平为什么会出现如此多的辉绿岩脉?为何分布的如此"整齐"?回答这些问题,还要追溯于距今 18～17 亿年前发生的吕梁运动后期。此时,阜平地区处于"挤压"之后的"松弛"阶段,在北东—南西方向的"拉张"作用力之下,形成大规模分布的北西-南东向裂缝,这些裂缝切穿了地壳,来自上地幔的基性岩浆沿裂缝上升充填,形成该基性岩墙群。

二、典型矿物岩石命名地

1. 宣化滴水崖"上谷战国红"(玛瑙)命名地(产地)——"灵石传奇"

玛瑙由于纹饰变幻精美、颜色艳丽,自古就被人们使用。我国古书有关玛瑙的记载很多,《广雅》有"玛瑙石次玉"和"玉赤首琼"之说。玛瑙的英文名为 agate,是由拉丁文中西西里岛的阿盖特河(rive achates)演化过来的,佛经中梵文"阿斯玛加波"意为玛瑙,佛教传入我国后,琼玉或赤琼改称为"玛瑙"。在我国,玛瑙通常产于火山岩中,其成矿作用主要是岩浆热液蚀变和热液充填,玛瑙矿床常赋存于玄武岩建造、中性火山岩建造、酸性凝灰岩建造以及残坡冲击碎屑岩建造中,是二氧化硅的胶体溶液在岩石的空洞和裂隙中低温沉淀而形成的。

辽宁北票于 2008 年发现战国红玛瑙并将"战国红玛瑙"一词推广至国内外珠宝市场的,现在战国红玛瑙指近年来开采于辽宁北票和河北宣化等地的一种红缟玛瑙,其以红黄缟为主,偶有黑缟、白缟等,以颜色艳丽、通透、三维动丝者为上品,因其与战国时期出土文物的一些玛瑙饰物同料故称为"战国红",战国不代表年份,其开采至今才十多年时间。

河北省玛瑙石主要分布于宣化、阳原灰泉堡、丰宁森吉图—四岔口、承德、平泉及漳河河滩中,其中以宣化塔儿村乡滴水崖一带最著名,被命名为"上谷战国红",核心区域近 20km²。玛瑙为火山喷发后,富含二氧化硅的后期岩浆热液上升到地表,渗入到围岩安山岩的空腔中,充填于气孔、孔洞及裂隙中,形成隐晶质二氧化硅,因岩浆中所含离子成分及浓度不同、外界环境中的温度和压力不同以及冷却时间不同,形成不同颜色和结构的玛瑙原石(图 3 - 170)。

图 3 - 170 宣化上谷战国红玛瑙原石呈肾状、豆状产于围岩中(据胡静梅,2015)

宣化滴水崖玛瑙矿的富矿围岩为具气孔构造的安山岩,玛瑙原石通常呈结核状、球状、肾状,分布于安山岩围岩中,球体颗粒大小不等,平均直径从小于 1cm 至数厘米不等

上谷战国红玛瑙有红色、黄色、黑色、白色等多种颜色,而各色在色谱上均有很宽泛的过渡,红色从鲜红、朱红到深红,黄色从柠檬黄、橘黄到暗黄(图3-171)。高品质的上谷战国红玛瑙其红色应该饱和度高纯正艳丽,黄色应该明快纯正,组合起来的颜色应该美观大方、搭配合理。不同颜色的玛瑙色层叠加在一起,色层薄厚变化以及色层与色层之间的变化再加上色层的扭曲,就形成了上谷战国红玛瑙独特的花纹图案。

图3-171 宣化战国红玛瑙饰品

宣化的战国红玛瑙在商业上称为"上谷战国红",莫氏硬度在6.5左右,石皮较厚,雕刻困难,出材低,目前市场上的战国红玛瑙主要为桶珠、圆珠、素牌、较小雕件、半原石或原石,中大型玛瑙作品较少见

2. 易县台坛易砚石命名地(产地)——中国石砚业发源地

赵汝珍在《古玩指南》中称,周代初开始用石墨磨汁书写,研石墨之器物称为"砚",当时以瓦质为砚;唐代除用瓦质外,开始用石砚。石砚传承着中华民族的砚文化,即是文房四宝之一,又是质地细腻、温润如玉、雕刻精湛的高雅工艺品。制作石砚的天然石材称为"砚石",多数是绢云母泥岩、粉砂质、凝灰质页岩和板岩,矿物颗粒细小、均匀,结构密实,质地坚硬而柔和。

河北易县古称易州,该地产的砚石称为"易水砚石"或"易砚石"。相传易县早在春秋时代就已开发易砚石,到唐宋年间开发已经很盛。唐代,易州有制砚、制墨大师奚超,所以"易砚",又称"奚砚",唐皇朝赐奚超以国姓李,其子李廷圭充任墨官,便将制砚工艺传至安徽歙中,再传于广东端溪,从而带动了歙砚、端砚等制砚业的发展,易县堪称我国石砚业的发源地。易砚石取自易水河畔一种色彩柔和的紫灰色水成岩,天然点缀有碧色、黄色斑纹,石质细腻,柔坚适中,色泽鲜明,主要分布于易县台坛一带,其次分布于孔山、西邵一带。砚石为灰紫色、浅绿色、褐色的水云母黏土岩。易砚石赋存于寒武纪徐庄组一段,矿体由暗紫色—紫红色夹灰绿带淡青色圆斑的泥岩、灰绿带淡青色泥岩组成。易砚石矿石呈暗紫色或暗紫红色,含有灰绿带淡青色圆斑,部分砚石为灰绿带淡青色(图3-172)。

a.金秋　　　　　　　　　　　　　　　b.葫芦宝

图 3-172　易砚精品

易砚石制作的石砚称为"易水砚"或"易砚",易砚质地之好与端砚齐名,素有"南端北易"之赞誉,雕刻师用钻、刀、铲、锯等工具,依料定型,采用平雕、立雕、透雕、浮雕、镂雕、阴阳雕等技法制作完成

3. 涉县符山石命名地(产地)

符山石最早发现于意大利的维苏威(Vesuvius)火山,是一种黄色、绿色、灰色或褐色的硅酸盐矿物,通常产于花岗岩与石灰岩接触交代的矽卡岩中,与石榴子石、透辉石、硅灰岩等共生,品质好的符山石可作宝石。美国加利福尼亚州所产绿色、黄绿色致密块状的符山石质地细腻,称为"加州玉"。我国河南桐柏回龙地区、新疆玛纳斯地区也出产符山石玉,但河北省邯郸市涉县符山地区有符山石巨大晶体产出(图 3-173)。

图 3-173　符山石

符山石中含有铍、铬而呈绿色;含有钛和锰呈褐色或粉红色;含有铜则呈蓝色

涉县符山是我国北方著名的邯邢式铁矿产区,巨晶符山石就赋存于该区燕山期闪长岩与奥陶纪石灰岩接触带内的镁铝矽卡岩中(曹正民等,2000),为典型的热液交代成因。本区巨晶符山石以棕色(含 Fe_2O_3 较高)为主,少数为翠绿色、深绿色、褐黄色,与钙铝榴石、钙镁橄榄石、次硅透辉石、铝钙闪石和蓝色方解石等共生,结晶形态完整、奇特,晶体巨大,一般长 2~8cm,大者可达 30cm,重达 15kg,表面常常覆盖着一层葡萄石,因葡萄石易剥落而露出完整的符山石晶体。本区所产符山石多数透明度不高,只有少部分可作为宝石原料,但因其晶体巨大、晶面平坦光亮,可作观赏陈列而独具价值。

三、矿业遗址

中国古代矿冶技术是中国古代技术体系中的主体技术之一,它造就了中国传统社会文化中的矿冶文化,在中国传统社会文化中不仅起着物质性的基础作用,而且丰富了中国传统社会文化的内涵。人们通常把城市、文字、冶金术作为人类文明的三大要素。铜和铁作为矿冶技术的最主要产品,造就了中国传统社会文化中的铜、铁文化,在某种程度上可以说,一部中华文明史,其实就是一部由铜和铁铸就的文明史。河北省矿冶历史悠久、屡经兴废,矿业遗迹众多,留下了众多有形和无形的文化遗产。

1. 承德寿王坟铜矿遗址——承德古老文明的第一缕曙光

冶金首先是从炼铜开始,开采矿石冶炼出金属铜,标志着人类利用和改造自然的能力向前迈了一大步。青铜是人类有意识合金化的最早产物,表明人类对矿物认识的视野和范围进一步扩大,开采和冶炼技术进一步提高。到商、周至春秋战国时期,大量精美青铜器的制作,一方面展现了当时青铜冶铸技术的高超水平,另一方面构成中国矿冶文化器物层次的主体部分(图 3-174)。

a. 饕餮纹铜斝(通高26.7cm,河北武安安赵窑遗址出土)　　b. 兽首贯耳铜壶(通高33cm,河北藁城前西关出土)

图 3-174　河北出土的青铜器

在河北承德鹰手营子矿区,有一个以盛产铜矿而著称的地方——寿王坟,当地曾流传这么一句话:"五凤楼山上九缸十八锅,不是在前坡就是在后坡"。所谓的九缸十八锅,就是广泛分布在寿王坟矿区及其周边矿带的矿坑。这片以花岗岩侵入体为中心构成的寿王坟矿区,面积达 112km²,其间发现不少古代铜冶炼遗存,包括罗圈沟北大地炼铜遗址、大南梁炼铜遗址、吴家沟口炼铜遗址、古洞沟采矿遗址、龙潭沟采矿遗址、苗榆洼冶炼遗址、荞麦岭炼铜遗址等。从遗址上暴露的炉渣、陶片及灰烬可以判断,寿王坟的铜冶炼文化源远流长,可以说是承德古老文明的第一缕曙光。早在战国时期,燕山最大的铜冶炼基地就坐落于此。直到西汉早期,此地的铜矿开采、选矿和冶炼生产一直都在进行,现存有当时规模较大的多处铜矿坑、选炼场、冶炼场、运输矿道及居住址等遗迹。

以古铜沟采矿遗址为例,这里是古代开矿的采空区,即由人为挖掘或者天然地质运动在地表下面产生的"空洞",习惯称"老窿",这个窿洞大约长 300m、宽 30m、高 30 余米。窿洞内出土有古代采矿石锤上百件(图 3-175),周边有古代矿工出入和运送矿石的盘山通道。当时采用"由上而下、由中外扩"的方法,符合现代采矿规程。根据测算数据估算,合计开采到的矿石有上百万吨。在距离古洞沟不到 1 000m 的大南梁冶炼遗址,其上有大量炉渣堆积,很可能就是古铜沟矿石的冶炼场所。

图 3-175　古洞沟河床上发现的古人用过的锤头

2.滦平东沟古冶铁遗址

钢铁冶炼技术在古代是一种高科技活动,而钢铁制品对生产与生活的方方面面均有重要应用,特别是在农具和兵器方面尤为重要。中国进入铁器时代是在公元前 6 世纪末至公元前 5 世纪初,最迟于公元前 5 世纪初就发明并推广使用铸铁。铸铁农具的广泛使用,促进了当时社会生产力的大幅度提高,对中国的经济、文化、军事的发展起到了重大的作用。

燕山山脉是华北平原北部的重要屏障,该地区的锻铁业最早可追溯到战国时期,稍晚于中原地区的春秋时代,通过高温冶炼出液态铁水铸成各种器具,主要为锄、镰、斧、凿、车具等农业工具,也有少量的武器。辽代时燕山地带在一定程度上被开发,为巩固当时的辽政权发挥了重要的作用,辽统治者对冶铁业十分重视,设置在燕山地带的冶铁业主要有柳河馆、铁浆馆、打造部落馆等。

河北滦平红旗镇东沟冶铁遗址,位于红旗乡半砬子东沟村后梁。承德地区文物管理所、滦平县文物管理所于 1988 年 5 月对该冶铁遗址进行调查时,对一处残存炼铁炉进行发掘。该处炼铁炉形状与河南古荥镇汉代冶铁炉有一些相近之处,均为环平底,炉壁内收,炉膛也较大,呈现出早期冶铁炉特征。在临近的一些山地和村落里暴露着多处辽金时期遗址,通过史料分析,这处冶铁遗址被定为辽代渤海冶铁的遗存。渤海冶铁匠人充分利用了当地优越的自然条件,矿石来源可能有两种渠道:一是"就河漉砂石",即以被山水冲入河道的矿石为原料;二是采矿。冶铁炉所用燃料是木炭,直接用铁矿石在炉中与木炭接触而炼出来的铁比较柔软,易于锻造,是辽代铁器锻件的主要原料(图 3 - 176)。

图 3 - 176　古人用木炭冶铁复原图

燕山地区锻铁业之所以如此发达,与区内丰富的铁矿资源密不可分,承德兴隆沙坡峪—烂石沟、宽城豆子沟—北岭一带及青龙湾杖子、小秋子沟、庙沟等地,均有规模不等的铁矿分布。其中兴隆河梁、椴榆沟及鹰手营子铁矿带,都曾是古人采冶铁矿之地。同时,燕山地区茂密的森林植被为锻铁业提供了充足的燃料来源。

3. 曲阳虎山古金矿采矿遗址

黄金从被人类发现开始至今一直在世界金融流通领域作为一种特殊的商品,有着特殊的地位。河北省黄金开发利用较早,据考古发现,在战国时代河北省内就有采金、炼金和制金行业,如平山县出土战国时代用金、银制作的车与器(图 3 - 177)、满城汉墓出土的金缕玉衣等。

图 3 - 177　战国错金银铜犀牛屏风座(1977 年河北平山三汲村出土)

虎山位于保定市曲阳县最北部,与著名的古北岳恒山相连,历史上以盛产金矿而闻名(图3-178)。据记载,虎山淘金始于元代,一直到20世纪90年代中期,近千年的采金历史给虎山留下了光辉灿烂的高品质的黄金文化资源。金矿遗址特别是千米以上的金矿洞还保留多处,炼金作坊、工具和当地的淘金传说等都保留了下来,拥有丰富的实地、实物、实景资源。这里可以了解金矿形成的成因及开采、各种金矿石标本、黄金冶炼方式、人类崇拜黄金的原因、黄金与宗教关系、黄金与养生关系、黄金与货币关系等尽在其中。

图3-178　曲阳虎山古金矿采矿遗址

第四章 地貌景观与地质灾害类地质遗迹分述

DIMAO JINGGUAN YU DIZHI ZAIHAI LEI DIZHI YIJI FENSHU

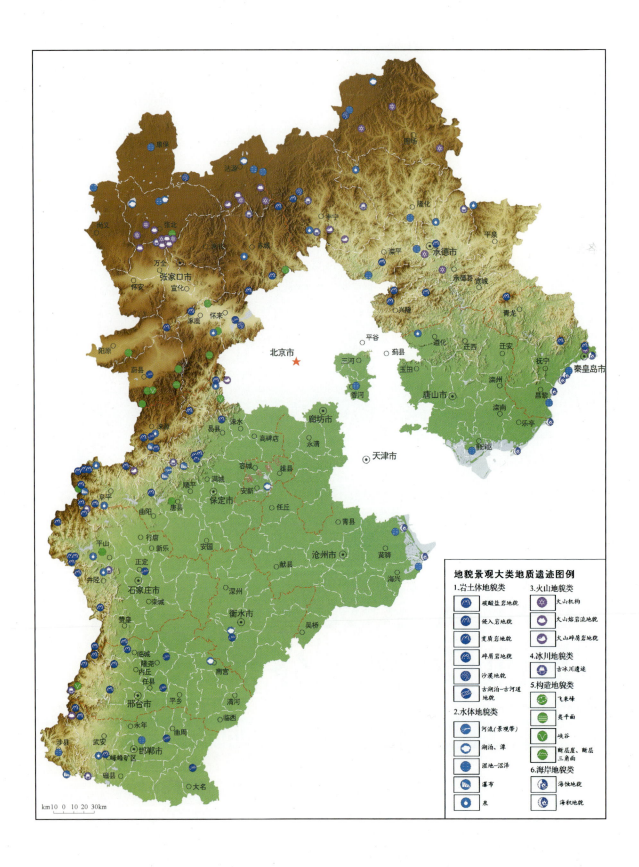

第一节　喀斯特地貌景观

喀斯特意思是岩石裸露的地方,原是斯洛文尼亚境内伊斯特里亚半岛上的一个地名,该高地上石灰岩广布,发育有独具特色的奇峰异洞,景色壮观。19世纪末,南斯拉夫学者塞尔维亚人司威治(J. Cvijic)研究了该地区的石灰岩地貌,并以本地名称"karst"作为该区石灰岩溶蚀景观的总称。后来世界各地学者广泛引用这一名词,遂成为地貌学的一个专门术语。我国地质学家将"喀斯特"称为"岩溶",顾名思义就是以水对可溶岩(碳酸盐岩、硫酸盐岩、卤化物岩石等)的化学溶蚀作用为主,并包括水的机械侵蚀作用、沉积作用,以及岩体重力崩塌作用所形成的景观、现象及其作用过程的总称。由岩溶作用形成的地貌称为岩溶地貌或喀斯特地貌(图4-1)。

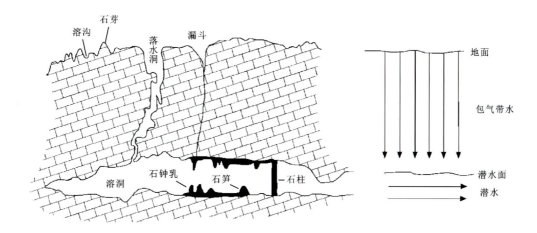

图4-1　岩溶地貌示意图(据汪新文等,1999)

从全球范围来看,碳酸盐岩分布十分广泛,喀斯特地区约占全球陆地面积的15%。从热带到寒带、由大陆到海岛都有喀斯特地貌发育,较集中分布的喀斯特地区有法国中部高原、俄罗斯乌拉尔山地、美国中东部印第安纳州和肯塔基州喀斯特山区、澳大利亚南部以及越南北部等。

我国喀斯特区分布面积广,喀斯特类型多,其中西南部的广西、贵州和云南东部喀斯特山区是我国喀斯特地貌最集中连片的地区,也是世界上最大的喀斯特地区之一。近年来,国内学者和科研院所先后在长江三峡两岸新发现了奉节天井峡地缝、小寨天坑、云阳龙缸、红池坝夏冰洞、武隆芙蓉洞等众多典型喀斯特地貌景观,尤其是2015年新发现的陕西"汉中天坑群",其神奇与奥秘举世罕见,具有极高的科研和旅游开发价值。

河北省地处干旱、半干旱气候区,降水量少,喀斯特发育强度不如热带或亚热带。分布在太行山区总厚度达3 000~5 000m的中上元古界、寒武系、奥陶系碳酸盐岩和该区丰富的水资源及有利的构造条件,为省内众多形态迥异的喀斯特洞穴、喀斯特沉积物、喀斯特峡谷等喀斯特地貌的发育提供了良好的环境,类型主要包括峰丛、峰林、峡谷等,以及溶洞等地下喀斯特地貌,洞穴坍塌后,残余的洞顶便生成天生桥地貌景观,喀斯特堆积地貌主要为钙华(徐全洪等,2011)。省内最具代表性的喀斯特地貌类地质遗迹有保定涞源白石山大理岩峰林、兴隆陶家台溶洞、临城岐山白云洞、易县狼牙山狼牙状构造峰丛地貌、宣化桑干河喀斯特大峡谷等 22 处喀斯特地貌景观(表 4-1)。

表 4-1 典型喀斯特地貌类重要地质遗迹名录

序号	遗迹名称	造貌母岩时代	等级	喀斯特地貌类型
1	易县狼牙山狼牙状("山"字形)构造峰丛地貌	蓟县纪	国家级	喀斯特峰丛、峰林景观
2	平山天桂山喀斯特塔状丘峰地貌	寒武纪	国家级	
3	井陉仙台山喀斯特峰丛地貌	寒武纪	省级	
4	涞源白石山大理岩构造峰林地貌	蓟县纪	世界级	
5	易县洪崖山喀斯特峰丛地貌	蓟县纪	省级	
6	兴隆陶家台溶洞	蓟县纪	国家级	喀斯特溶洞景观
7	临城县岐山白云洞	寒武纪	国家级	
8	阜平炭灰铺金龙洞-神仙洞溶洞群	寒武纪—奥陶纪	国家级	
9	涿鹿县黄羊山溶洞	蓟县纪	省级	
10	易县狼牙山红玛瑙、猫儿喀斯特洞	蓟县纪	省级	
11	曲阳灵山聚龙洞溶洞	中奥陶世	省级	
12	灵寿南营神仙洞溶洞	古元古代	省级	
13	邢台天梯山金水洞溶洞	寒武纪	国家级	
14	武安莲花洞溶洞	寒武纪	国家级	
15	易县狼牙山蚕姑坨喀斯特穿洞地貌	蓟县纪	省级	喀斯特穿洞景观
16	平山天桂山喀斯特穿洞地貌	寒武纪	国家级	
17	宣化桑干河喀斯特大峡谷	蓟县纪	省级	喀斯特峡谷景观
18	涞源仙人峪喀斯特峡谷地貌	蓟县纪	省级	
19	平山汤汤水喀斯特峰林峡谷地貌	寒武纪	省级	
20	邢台云梦山喀斯特峡谷地貌	寒武纪	省级	
21	鹰手营子神龙山喀斯特峡谷地貌	蓟县纪	省级	
22	武安市仙人峡喀斯特峡谷地貌	中奥陶世	省级	

一、独特的大理岩构造峰林地貌

大理岩构造峰林是太行山特有的一种地貌,主要集中在山脉东侧北段,以涞源白石山一带最为典型。白石山居太行北端,以我国唯一的大理岩构造峰林地貌而著称,集峰林、怪石、绝壁、峡谷、瀑布等地质遗迹景观于一体,2006 年被联合国教科文组织批准为"世界地质公园"。大理岩构造峰林地貌是我国地质学家根据白石山峰林的成因首次命名的一种地质地貌景观新类型,它是指岩层中发育有许多直立的构造裂隙(地质学上称为节理),并在这些直立、宏大的节理控制下,发展形成的峰林(图 4-2)。

a.苍山迷雾

b.在山之巅

c.白石山云海（一）（摄影/陈红伟）

d.白石山云海（三）（摄影/田秀芬）

图 4-2　涞源白石山大理岩峰林地貌

白石山地质公园内沿深壑两侧分布着由条带状白云质大理岩构成的高大屹立的柱状塔峰,高差十几米、几十米或几百米不等,密集耸立如巨型丛林

　　白石山峰林主要是由地壳构造运动控制和产生的构造峰林,它以挺拔险峻的宏伟气魄、惊天动地的造型而著称,白石山大理岩构造峰林在物质成分及形成过程等方面,与我们熟知的以地表风化作用或喀斯特过程形成的喀斯特峰林、砂岩峰林、花岗岩峰林等明显不同。这里的山体呈现双层结构,底座为肉红色燕山期花岗岩(形成于距今1.4亿年前),顶盖为白色、产状近水平的中元古代白云质大理岩(形成于距今10亿年前)。花岗岩把白云岩烘烤、托起,从海拔1 400m处分开,上半部为大理岩,下半部为花岗岩,结构清晰,白石山的白石正是白云岩在炙热的岩浆烘烤下发生热变质,重结晶而形成的洁白大理石。

　　就成因而言,白石山实际上是燕山期以来构造活动带和强震带中的"安全岛",既有产生构造峰林强大的构造应力,又能使峰林很好地保存下来。14～10亿年前,受大规模海侵活动影响,本区处于浅海环境,沉积了雾迷山组和高于庄组含燧石条带的钙镁碳酸盐岩地层,至200～65Ma的燕山运动时期,区域内发生大规模断裂活动,在巨大的白云岩盖层内部派生出两组直立剪切断裂,断裂交叉将白云岩错断成峰。这一时期又有地下的岩浆沿断裂大规模侵入白云岩地层,岩浆冷却形成底部的花岗岩基座,白云岩下部受高温高压作用而变质为大理岩,最顶部则因远离岩浆而保留了灰岩的岩性。当山体隆升之后,岩石中的裂隙处在松弛和自由空间的状态下,加上日夜、季节温差变化,热胀冷缩、冰冻融化、雨水溶蚀等物理化学风化作用,顺岩石中的裂隙不断剥落、扩大、纵深发展,最上面的白云质灰岩慢慢消失,露出的白云质大理岩逐渐沿节理被雕琢成峰林丛立的形态,而花岗岩的稳定底座则使这些峰林在漫长的地质作用中免遭破坏,得以保存。

除了引以为傲的大理岩构造峰林外,白石山还有众多奇妙的石头,揭示了白石山的许多秘密,如馒头石、千层岩等。

白石山上的馒头石发育于距今9亿年的新元古代青白口系青变质灰岩中,学名为半球状叠层石,形成于滨海水流较弱的潮上带,低等单细胞蓝绿藻类光合作用黏合周围泥灰砂,形成亮暗相间的生物沉积构造,是地球上最古老的生物化石之一(图4-3)。

千层岩主要分布于白石山主峰北翼,由灰白相间的雾迷山组燧石条带灰岩组成,单层厚约1cm,层层叠覆,如同一张巨厚的千层饼(图4-4)。

图4-3 涞源白石山"馒头石"平面

馒头石由向上生长的藻类遗体构成,从平面上看,白色的藻类团块直径达10~20cm,如同刚刚出笼的馒头

图4-4 涞源白石山"千层岩"

"千层岩"由雾迷山组燧石条带白云岩构成,燧石成分为坚硬微粒石英、玉髓、蛋白石等,相互摩擦可起火花,俗称"火石"

二、喀斯特峰丛

峰丛(series of peaks)是指由基座相连的石灰岩石峰构成的地貌景观,与峰林的区别是除了各峰体基座(或垭口)相连外,峰体的形态以锥状为主,个体粗大且具有正常的斜坡。我国喀斯特峰林、峰丛地貌众多,连片出露区主要分布在广西西部、贵州南部、云南东部(图4-5、图4-6),在河北也有零散分布。距今14~10亿年在尚义—平泉以南、保定以北,大面积沉积了蓟县系燧石条带白云岩。在构造作用和水流侵蚀、溶蚀作用下形成太行山北段的峡谷峰林地貌,是中国北方半湿润地区喀斯特峰林的典型代表,极具科研价值。另外在平山、井陉等地的寒武系—奥陶系中也发育有北方较为典型的喀斯特峰丛地貌。

图4-5 贵州万峰林

图4-6 云南罗平金鸡峰丛

1. 易县狼牙山狼牙状("山"字形)构造峰丛地貌

易县狼牙山狼牙状("山"字形)峰丛地貌位于保定市易县东西水村,主峰海拔1 025m,整个山体峰丛、石柱广泛发育,峥嵘险峻,因状若狼牙而得名,属温带喀斯特地貌。区内出露地层主要为中元古代蓟县纪雾迷山组厚层燧石条带白云岩、铁岭组厚层含燧石白云岩,其中雾迷山组白云岩构成了狼牙山喀斯特峰丛地貌的物质基础,同时在地壳抬升的过程中,岩石产生多组断裂和裂隙,尤其垂直节理发育,地表水的垂直溶蚀下切作用形成了产出有序、排列如林的峰丛奇观(图4-7)。本区峰丛地貌主要分布于海拔600m以上的山体顶部,以蚕姑坨一带较为典型。岩石类型为浅灰色巨厚层燧石结晶白云岩,石峰呈锥状、柱状,群峰高耸,气势宏大。

a."山"字形峰丛(摄影/于正万)

b.峻秀狼山(摄影/王占良)

图4-7 易县狼牙山构造峰丛地貌

从狼牙山山巅向下逐段观察,可依次发现呈阶梯状排列大小不等的十层碳酸盐溶洞,表明狼牙山是在燕山期几千万年地壳频繁运动期间缓慢抬升了近千米。本区溶洞内普遍充填新生代离石黄土,说明新生代(30万年)前,溶洞已形成并升高。已开发的红玛瑙溶洞是第八层溶洞,洞中发现了古熊、原始野牛、斑鹿、野山羊、三趾马、狼、兔等动物骨骼堆积层,经鉴定这些动物大都为距今26～3万年的萨拉乌苏动物群,主要生活在水草丰盛的亚热带雨林环境。从洞内离石黄土显示的灰黑色和黄白色相间的沉积韵律来看,说明当时古气候温暖、雨量充沛,雨季和旱季交替变更的特点,与古动物(化石)生活在亚热带的条件相吻合。

另外,在易县城北15km处的洪崖山,蓟县纪雾迷山组燧石条带白云岩地层发育,山势挺拔峻秀,松柏长青,在山体顶部也发育有喀斯特峰丛地貌,因地势较高,山顶恒年积雪,蔚为壮观,"洪崖积雪"为著名的古燕十景之一(图4-8)。

图4-8　易县红崖山喀斯特峰丛——"洪崖积雪"

2. 平山天桂山喀斯特塔状丘峰地貌

平山天桂山地区地表喀斯特景观发育类型主要有落水洞、干谷、溶蚀谷地、塔状丘峰等,呈现低山、谷地等正负地形相互伴生,且有一定成因联系的中型地貌。该地区山体几乎全部由寒武系和奥陶系灰岩构成,由于天桂山所在的这片区域的岩层近于水平,在新构造运动中被阶段性抬升后,山体便呈现阶梯状,而被抬升的山地有的残留夷平面,形成平顶山;有的进一步发育,形成山顶脊线呈墚状的墙状山;还有的则在风化侵蚀下发育峰丛、孤峰等,颇具广西桂林山势之特点,在强烈的溶蚀作用下,山间次一级支沟发育,加上断裂、崩塌等内外营力的共同作用,形成了山高谷深、地貌破碎的特点,有"北方桂林"的美名。

区内可溶性的碳酸盐岩地层产状平缓,且山体顶部基本均为厚层的相对难侵蚀、溶蚀的三山子组白云岩层,在地壳运动过程中,伴随地表流水、风力作用沿陡倾裂隙的不断侵蚀、溶蚀和剥离崩塌,使形成的喀斯特丘峰多呈现塔状、冠状的形态特征(图4-9、图4-10)。其中,塔状丘峰广泛分布于山体顶部,为孤丘峰,连片发育较少。

图 4-9 天桂山塔状丘峰

图 4-10 天桂山冠状丘峰

3. 井陉仙台山喀斯特峰丛地貌

仙台山位于井陉县辛庄乡,主峰海拔 1 195m,山脊走向为北东-南西,向西延入平山境内,属低山丘陵地貌。仙台山一带群山环绕,岩性复杂,主体以奥陶系灰岩为主,受后期构造侵蚀、风化及流水切割影响,区内冲沟、峡谷发育,不同规模的喀斯特洞穴众多。该区域山势陡峭,一般高处多岩石裸露,崖壁高悬,与不同种类的植被相间;低处受风化剥蚀,坡度较缓,多呈圆丘状(图 4-11)。区内规模较大喀斯特洞穴称之为刘秀洞,位于护国寺北岩下,为高约 10m、宽约 5m、深约 10m 的溶洞,内洞左侧有石钟乳形成的象头状象形石。

图 4-11 井陉仙台山喀斯特峰丛地貌

仙台山地区植被茂盛,分布有大面积的黄栌、枫树等次生林,红叶资源丰富,每逢深秋看层林尽染,万山红遍。在山脊沟谷之中还散布有丰富的中山、东汉、北齐、明代长城等人文景观,历史悠久,源远流长。

三、喀斯特溶洞景观

如果说形态各异的峰林、峰丛,是喀斯特作用在大地上奏响的引人入胜的序曲,那么深藏地下、精彩纷呈的溶洞系统则是一篇动人的华彩乐章。溶洞是由可溶性岩石风化、溶蚀形成的地下空间(图4-12),其中碳酸盐喀斯特洞在我国西南地区分布广、数量多、规模大,是极其重要的旅游地质资源。一方面河北省燕山及太行山区,分布着大面积的中新元古代和古生代寒武纪、奥陶纪碳酸盐岩地层,碳酸盐可溶性较强,是形成溶洞的物质基础(图4-12)。另一方面,由于河北省处于北北东向的燕山期构造变形带,构造节理和破裂带比较发育,且地形切割比较强烈,地势起伏大,因而区内大型或特大型洞穴较少,主要是沿岩层层面和各类构造裂隙发育的中、小型包气带溶洞,常为形态相对简单的廊道式水平洞穴、管道式的通天洞或桶状和袋状溶洞。综合不同溶洞的特点来看,区内的喀斯特洞穴主要集中在海拔700～900m、350～500m和100～200m的3个高度范围内,发育地层涵括了从元古宇到奥陶系的不同时代的碳酸盐岩地层。它们当中既有呈悬挂式出露于山地腰部的洞穴,如平山银河洞;也有出露于山地坡脚,以临近河谷为基准面的包气带-季节变化带溶洞,如临城岐山白云洞等(肖桂珍等,2007)。

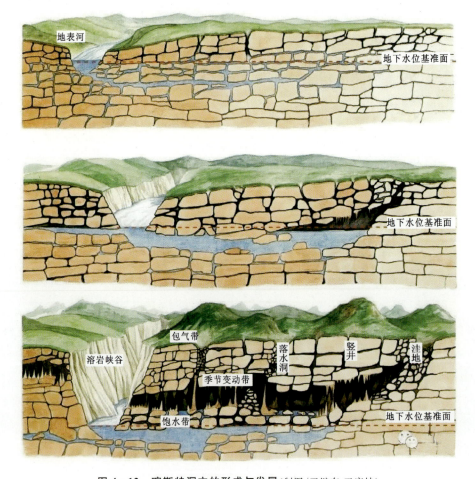

图4-12 喀斯特洞穴的形成与发展(制图/于继东 王庆坤)

(据中国国家地理,2011)

喀斯特洞穴的形成与发展是一种极其复杂的化学溶蚀、机械侵蚀和崩塌过程。首先,水流沿着可溶岩的层面节理或裂隙进行下渗,并向地下水位基准面排泄,水平流向地表小溪;然后,地表河下切,地下水位基准面下降,渗入地下的水不断扩大裂隙通道,并形成了主要的水平通道;最后,地表河不断下切并形成峡谷,地下水位基准面继续下降,主要水平通道中的水下降形成新通道,洞穴形成

1. 兴隆陶家台溶洞

兴隆陶家台溶洞位于承德市兴隆县北陶家台村,是河北兴隆国家地质公园的主体景观之一。溶洞发育在距今 1 400～1000Ma 的中元古代雾迷山组含硅质燧石结核与条带白云岩为主的碳酸盐岩系,多次地壳构造运动使洞内节理发育,降水沿众多的节理裂隙下渗,渗流水在溶解土壤中的 CO_2 后变成碳酸水,进入碳酸盐岩体裂隙后对方解石、白云石溶蚀和侵蚀,碳酸盐岩碎块、碎屑之间的空隙不断扩大,最终失去相互间的凝聚力在重力作用下崩落,形成了形体复杂的洞穴系统,碳酸钙在沉积过程中,由于洞内特殊的小气候环境,最终形成了高大的石笋、长长垂吊的鹅管石、古怪游离的卷曲石等溶洞景观(图 4-13)。兴隆溶洞属于典型的渗流带洞穴和典型的缓慢扩散流碳酸钙沉积,洞内的碳酸钙沉积物类型齐全,景观形态美、体量大,有世界级景观 7 处,国家级景观 8 处,如大面积发育的红玉和白玉色碳酸钙沉积物形成的玉石景观;长 5.53m、宽 1～2.22m、石裙体高 1.3m～1.55m 的巨盾体,5.5m 的联体盾等均具有极高的美学价值与科研价值。

a.石钟乳
石钟乳是地下水从洞顶渗出,由于压力、温度等变化, $CaCO_3$ 沉淀形成的挂在洞顶的倒锥状体,它从洞顶不断向下生长

b.石笋
石笋形成与石钟乳正好相反,它是由滴到洞底的地下水中的 $CaCO_3$ 沉淀形成的锥状体,它从洞底向上生长

c.石柱
当石钟乳不断向下生长,而石笋又不断向上生长,两者之间的距离就越来越近,最终两者连接形成石柱

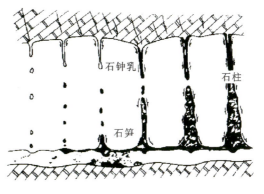

d.石钟乳、石笋与石柱的形成过程

图 4-13　陶家台溶洞内石钟乳、石笋和石柱发育(据汪新文等,1999)

石钟乳、石笋和石柱是喀斯特洞穴中最为常见的形态,另外还有石幔、石盾、石盆、石花等多种形态的喀斯特结构,石钟乳的形成是一个很漫长的过程,一个石钟乳往往是数万年沉积的产物,科学家们可以利用它的剖面结构分析地质时期的气候变化

兴隆陶家台溶洞与全国各地的著名溶洞相比,属于空间较小的一类,但母岩时代最老,洞内喀斯特沉积物类型多样,单位空间景观载体密集,微观景物多姿多彩,原始本底保存完好,较之国内其他洞穴略胜一筹,对研究北方喀斯特洞穴地貌的形成具有重要价值,为研究古气候、古环境和古生态提供了重要信息。

2. 临城县崆山白云洞

临城县崆山白云洞溶洞位于临城县西竖乡山南头村,被称为"燕赵第一洞",是国家4A级旅游景区、国家森林公园、国家地质公园,作为我国北方具代表性的喀斯特地貌景观,研究价值极高。

距今5亿年前形成的厚达110m的下古生代寒武系—奥陶系碳酸盐岩构成了崆山的主体,为白云洞各类景观的形成发育奠定了物质基础。在崆山碳酸盐岩地层中发育了北北西向、北东向和近东西向3组张性陡倾断层,为洞穴的形成和发育提供了构造条件,它们不仅控制着白云洞形成的规模、形态和结构,而且作为地表水下渗的通道和洞内外环境联系的纽带,当大气降水和地表水沿断裂带持续进入岩石裂隙,富含CO_2的地下水对碳酸盐岩产生冲蚀和溶蚀作用,喀斯特洞穴由小变大,伴随有重力崩塌,最终形成千姿百态的溶洞系统。

崆山白云洞喀斯特地貌景观形成和发育始于第四纪更新世,以溶洞地貌和洞穴堆积中的化学沉积地貌组合最为突出,溶洞形态主要受岩层产状和构造裂隙控制,为多层的阶梯式管道溶洞,规模较大,石钟乳种类繁多(图4-14)。石钟乳体量从大到小均有分布,大体量的次生化学沉积造型有石柱、石幔、石瀑布、石平台、石旗等;次生溶蚀景观如岩臼、天锅、贝窝等。最大的石笋周长4.3m,高7.5m,最大的石幔宽达8m;中等体量的景物最为常见,如石钟乳、石笋、石盾、石旗等到处可见;而无法计量的小体量卷曲石鹅管、石花等景物最诱人,千姿百态,琳琅满目(图4-15)。由于组成成分不同,石钟乳不仅具有白色、浅黄色、棕色、土黄色、灰绿色等不同色彩,而且呈现乳状、玻璃状、陶瓷状、面粉状等各种光泽。

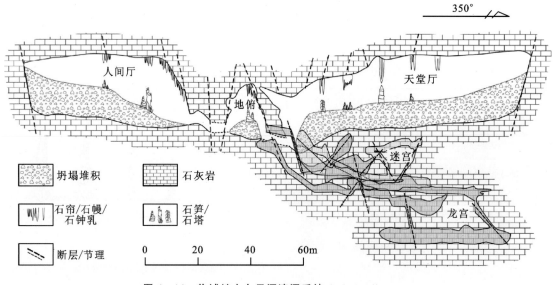

图4-14 临城崆山白云洞溶洞系统(据李重阳等,2018)

3. 阜平炭灰铺金龙洞——神仙洞溶洞群

阜平县神仙山炭灰铺村溶洞群落,位于阜平县东北部神仙山(古北岳恒山)核心景区外围,有各类不同规模的溶洞20余个,其中炭灰铺溶洞位于炭灰铺村东侧山坡,相对河谷高80余米,海拔680m,在现有已知的神仙山洞穴系统中,属于规模最大、沉积物最为丰富的溶洞,洞穴发育地层为奥陶纪马

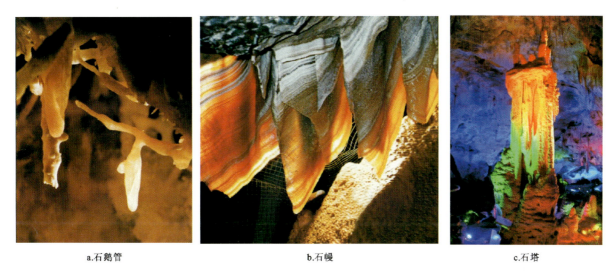

a.石鹅管　　　　　　　　　b.石幔　　　　　　　　　c.石塔

图4-15　临城岐山白云洞喀斯特地貌

石幔也称石帷幕、石帘，是含碳酸钙的地下水从洞顶边缘或洞壁渗出，沉淀形成帷幕状的堆积体，表面呈波状或褶状，如果形成薄而透明的碳酸钙沉积体，形如旗帜，称为"石旗"

家沟组灰色、深灰色厚层灰岩，含较多的方解石脉。该洞发育于两条西北向断裂之间，洞内及洞口裂隙较为发育，洞体主要沿西北向、东北向裂隙发育，各支洞洞道展布特征在平面图上呈明显的"X"形交叉，洞穴总体上由多级竖井与多期地下河道组成（图4-16）。

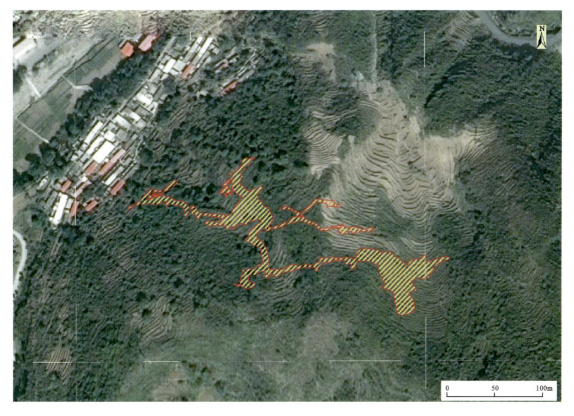

图4-16　阜平炭灰铺神仙洞溶洞平面形态图（据阜平县自然资源局）

阜平县炭灰铺神仙洞溶洞共4层，各层溶洞之间由横向的洞隙或竖井贯通，洞道总长度为1 156m，洞口到地下河的垂直深度为131.5m。洞内主要为垂直和水平部分，洞口开始为垂直下降，洞道顺裂隙向下延伸，还有少量水平及斜坡洞道，达到100m左右洞道变为水平，洞内发现两处地下河，水量可观，流水方向大致自西向东。第三层是炭灰铺溶洞最大的洞厅，宽约18m，高约20m，洞厅内有石钟乳、石笋、石柱、石盾、石幔、石花、石珍珠、鹅管、壁流石、卷曲石、锅穴、边石等景观发育。

更为奇特的是，洞内还有多处留有金明昌年间（公元1190—1196）洞壁文字、人体骨骼和草木灰等人文遗迹（图4-17），骨骸附近洞壁发现木炭字迹，部分字体已被碳酸钙沉积物覆盖，犹如石下文字，与神仙山人文古迹遥相呼应，是太行山少有的喀斯特地貌景观，对研究区域喀斯特地貌形成演化、地质构造运动、水文地质环境等具有较高的科研价值，保存完整，交通便利，与神仙山火山岩山岳地貌相融合，是一颗亟待开发集科研、科普与旅游于一身的地质瑰宝（图4-18）。

图4-17 阜平炭灰铺神仙洞溶洞内人文遗迹（据阜平县自然资源局）

4. 河北省其他喀斯特洞穴

河北省除了以上3处较为著名的溶洞以外，还有一些比较有特色的喀斯特溶洞，见表4-2。

a.石鹅管　　　　　　　　　　　　b.石笋

c.石笋、石柱　　　　　　　　　　d.石盾

图 4-18　阜平炭灰铺神仙洞喀斯特景观（据阜平县自然资源局）

表 4-2　河北省其他典型喀斯特洞穴及其特征一览表

溶洞名称	洞穴发育地层	海拔/m	洞穴成因类型及特征
涞水野三坡鱼骨洞	上寒武统竹叶状灰岩	350	季节变化带溶洞,溶洞形态主要受岩层产状和构造裂隙控制,呈管状式洞穴,规模较小,石钟乳类型较少,以垂直生长的石钟乳为特征
曲阳莲花山聚龙洞	奥陶纪灰岩	205	包气带-季节变化带溶洞,溶洞形态主要受岩层产状和构造裂隙控制,为管道式溶洞,规模较大,洞中以发育溶蚀洞厅为特征
平山天桂山银河洞	寒武纪灰岩	800	包气带悬挂式溶洞,溶洞形态主要受近水平的岩层产状与隔水层分布和构造裂隙控制,为近水平的长廊式溶洞,规模中等,洞中以发育近水平的溶蚀沟槽、层状钙华和垂直生长的石钟乳为特征
易县狼牙山红玛瑙溶洞	元古宙蓟县系燧石条带白云岩	400～500	包气带悬挂式溶洞,溶洞形态主要受岩层产状和构造裂隙控制,为近垂直的桶状或袋状溶洞,规模中等,洞中以发育溶蚀洞厅和垂直生长的石钟乳为特征

注：据《河北省地质旅游资源形成背景和开发保护研究》(2007)。

太行山区和燕山地区的喀斯特洞穴还有发育在中元古代蓟县纪的易县狼牙山红玛瑙、猫尔喀斯特洞；发育在寒武纪灰岩中的武安莲花洞、涞水野三坡鱼骨洞、平山天桂山银河洞；发育在奥陶纪灰岩中的曲阳莲花山聚龙洞等。其中，平山天桂山银河洞是典型的包气带悬挂式溶洞，全长2 000余米，是一个近水平的长廊式溶洞，溶洞形态主要受近水平的岩层产状与隔水层分布和构造裂隙控制，规模中等，以发育近水平的溶蚀沟槽、层状钙华和垂直生长的石钟乳为特征，成因与其他溶洞迥异，在我国极为罕见。邢台天梯山的金水洞，已经开发的旱洞长约800m，分为上下两层，水洞长约500m，洞内化学沉积物类型多样，有溶蚀大厅的顶板塌陷而形成天窗。

四、喀斯特穿洞景观

喀斯特穿洞是由已脱离地下水位、高悬于山体上部、两端为开口状的透亮的残留溶洞通道构成的景观，在我国黔桂一带发育较普遍，以桂林穿山月岩穿洞、阳朔月亮山穿洞最为著名（图4-19、图4-20）。它们的形成源于地下河洞顶岩石的崩塌，在地壳上升过程中，地下河溶洞也随之被抬升，其洞顶的碳酸盐岩同时也在不断遭受地表侵蚀和沿各种裂隙的溶蚀，进而洞顶发生坍塌，被抬升的地下河水平溶洞的洞顶坍塌地段暴露地表，成为地表沟谷，洞顶残留的部分岩石便形成了穿洞。河北省内广泛分布的碳酸盐岩地层中也发育有规模不等的穿洞，比较著名的有易县狼牙山蚕姑坨、平山天桂山大小天桥等。

图4-19 桂林穿山月岩穿洞

图4-20 阳朔月亮山穿洞

1. 易县狼牙山蚕姑坨喀斯特穿洞地貌

蚕姑坨喀斯特穿洞地貌位于易县狼牙山沙岭村，其为一天然石洞，形似巨大的手掌状，称南天门。

蚕姑坨喀斯特穿洞呈菱形（图4-21），洞内条条流痕和裙带式两侧对称分布的河床砂砾石沉积层依稀可辨，沉积层中滚圆的砾石成分复杂，有变质片麻岩、火成花岗岩、陆相沉积砂岩和海相石灰岩等，充分显示了陆地河流搬运的特征，为一脱离地下水位、高悬于山体上部、两端为开口状的透亮的残留溶洞通道奇观。相传，该地是嫘祖发明养蚕缫丝织锦之地，当地妇女们都以养蚕为主业，为纪念嫘祖的恩德，在山顶上修建了蚕姑圣母庙。

2. 平山天桂山大、小天桥喀斯特穿洞地貌

大天桥位于平山县天桂山银河洞景区流水沟上游沟头裂点处，高为180m，跨度为160m，宽3～5m，桥体与上游谷间有方圆160m²、深达200m的自然天井。天井东、南、西三面崖壁陡立，向上游可通过一个宽3m、高5m、深逾30m的落水洞与上游盘状宽谷面相连，向下游穿过大天门，通过宽

a.天门之光（摄影/刘云涛）

b.云涌天门（摄影/潘新捷）

图4-21 易县狼牙山蚕姑坨喀斯特穿洞地貌景观

12~20m，落差分别为10m和25m的两级瀑布，直达流水沟。大天桥穿洞是华北地区自然形成的跨度最大的喀斯特穿洞，与张家界天桥并称为南北双雄，也是北方罕见的喀斯特地貌景观，有"燕赵第一天桥"之称。

在这附近还有一处稍小的喀斯特穿洞——小天桥，高30m，跨度20m，穿越20m宽的南北向山梁，东、西、北三面均为高百米的悬崖峭壁，行人只能通过山梁抵达桥顶，无法从桥底穿行（图4-22）。

a.大天桥　　　　　　　　　　　　　　　　　b.小天桥

图 4-22　平山天桂山大、小天桥穿洞地貌

五、喀斯特峡谷景观

在喀斯特区，因新构造抬升和水流强烈侵蚀、溶蚀和崩塌作用，形成谷坡陡峻、深度大于宽度的谷地，泛称为喀斯特峡谷地貌。它的最大特点是峡谷两岸边坡极为陡立，甚至近于直立，按形态可分为"V"形峡谷、嶂谷、箱形峡谷和地缝式峡谷。喀斯特峡谷是由流水的侵蚀作用、溶蚀作用和崩塌作用共同参与下塑造的结果，这3种作用在喀斯特的形成过程中所起的作用是不一样的，不同组合及能量强度的对比差异，导致了喀斯特峡谷形态类型和规模的差异。在峡谷形成的初期，一般以侵蚀和溶蚀作用占主导地位，随着河谷不断被切深，由于岸边卸荷节理的扩大，使崩塌作用趋于强烈，崩塌作用越来越重要（图 4-23）。

河北省的北部山地、西部山地和西北部山地中峡谷地貌景观多发育在受到流水切割的中山区，峡谷走向多与山脊线走向垂直，燕山山地中的峡谷多为南北走向，而太行山山地中的峡谷多为东西走向。峡谷的形态与岩性、构造关系密切，灰岩区发育的峡谷多数为两壁陡直，底部相对平坦的箱状。目前峡谷中多数有溪流通过，在裂点或支流汇入处，形成潭瀑景观。比较著名的有宣化桑干河喀斯特大峡谷、涞源仙人峪喀斯特峡谷、平山汈汈水喀斯特峰林峡谷、邢台云梦山喀斯特峡谷等。

1. 宣化桑干河喀斯特大峡谷

桑干河西汉时名治水、漯水，东汉改名桑干河，辽金时期称浑河，发源于山西省宁武县管涔山下，水流湍急，水质较为浑浊。桑干河一路从黄土高原走来，在张家口宣化王家湾进入长城系和蓟县系，奔腾的河水在崇山峻岭中开辟出一条长 4km 的大峡谷，人们称其为桑干河大峡谷（图 4-24）。由于山地的隆起和河流的下切作用，该段河谷深达 400 余米，曲折蜿蜒、狭窄深切，流域大多地区形成"V"形峡谷，可见宽谷下切呈"V"形，形成谷中谷景观。空间上这段峡谷呈现宽谷与窄谷相间分布，形似串珠状。支谷中飞瀑峡、杨家沟都属于典型的嶂谷景观；殷家沟、一线天为隘谷，其中一线天是水流沿岩石裂隙冲刷形成的隘谷地貌，属于构造谷景观。主谷岩壁陡立、磅礴大气，石柱高耸，李家湾段河流左岸高于 200m 的白云岩岩壁，因风化作用，形成了大大小小无数个佛龛；杨家沟内水墨画似的峰丛景观夺人眼球，高大的白云岩岩壁发育无数的锥状单峰；飞瀑峡上游四季泉水不断，峡谷内形成大大小小数十个瀑布和水潭，河流两岸的岩石则被溪水打磨的圆滑细腻，形成典型的河流凹岸和壶穴景观。壶穴是快速流转水流在基岩表面长期冲蚀形成，具口小、肚大、底平特征，是记录流域地貌演化过程、水流与河床边界条件相互作用的关键性证据之一。

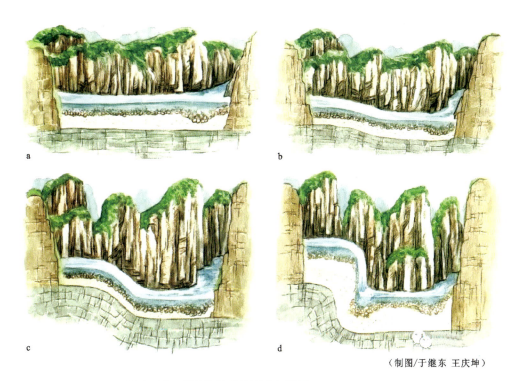

图 4-23 喀斯特峡谷的形成与发展(据中国国家地理,2011)

喀斯特峡谷是这样形成的:a. 河流从左侧流入河道,对河床进行切割、侵蚀,进入下游;b. 地壳运动开始,局部地壳抬升,处于抬升地段的河流上游与下游形成落差,水流速度加快,对河床的侵蚀加强,河床向下发育的速度超过向两侧发育的速度。上层山原地表也因地表水的切割形成峰丘;c. 地壳抬升加大,局部抬升明显,处于抬升地段的河流深切作用加大,加剧切割两岸岩壁,顶峰与河床间形成巨大的高差。上层山原地表因地表水的切割加剧,形成峰丛;d. 地壳继续抬升,河床上出现断点,形成瀑布或地下伏流,上层山原地表继续发育形成峰丛,至此一条两岸陡峭的峡谷就形成了

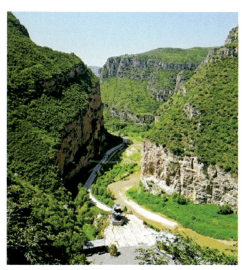

a.宣化桑干河喀斯特大峡谷

b.红石谷内红玛瑙般的崖壁
中晚侏罗世时期,距今190Ma,区内构造运动剧烈,形成了密集的破碎带,也带来了别样的风情。该岩壁是褐铁矿沿着断裂破碎带裂隙浸染所形成的,巨大的断层磨光面,面积可达300m²,因含有Fe元素,磨光面呈红色,面上擦痕、阶步清晰可见

图 4-24 宣化桑干河大峡谷地质遗迹景观

2. 涞源仙人峪喀斯特峡谷地貌

仙人峪位于河北省涞源县城西,属于恒山与太行山交界地带。

仙人峪景区内有20多千米的峡谷画廊,地形如古山水画,是一条长约5km的"两山壁立,一线中通"的近南北走向的喀斯特峡谷,传说古时有一道长在此修炼成仙,故得名。从峪口进入峡谷后,可见沟中套沟,主要分为东、西两条峪谷:以东侧峪谷最长,曲折延伸约7km,峪内又有三列西北-东南向平行排列的支谷;西侧峪谷较短,长约3km,谷道曲折。仙人峪内溪泉叠瀑众多,黑龙潭深达30余米,流水切割两岸的白云质石灰岩山体,雕刻出形状各异的奇峰怪石,崖壁陡峭,谷底时宽时窄,窄处只留一线天际(图4-25)。峪内山脚及悬崖之上溶洞发育,据不完全统计有上百个,多为水蚀溶洞,有的洞洞相通。

图 4-25 涞源仙人峪碰头崖

仙人峪的碰头崖峡谷又称"南天门",长约10km,深达百余米,峡谷两侧崖壁陡峭直立,甚至外倾,只留一线天际,受独特的地貌格局和气候影响,崖头山端常云雾缭绕

3. 平山汤汤水喀斯特峰林峡谷地貌

发源于山西省内的险溢河及多条支流流经平山县天桂山西南,长期侵蚀切割沿岸山体,山谷两侧支谷纵横,形成奇峰陡崖、峡谷曲流,并在岩层舒缓处形成宽阔、平缓的小型河谷盆地。谷内流水成为汤汤水,其源头河谷为灵秀谷,与盆地相连,构成汤汤水谷地。山谷呈近东西向,延伸约10km,由两列海拔800~1100m的山岭相夹而成。

汤汤水谷地一带的山体发育长城系、寒武系及中下奥陶统等层状岩层,险溢河水及地下暗河水常年溶蚀、冲刷山体中的寒武纪厚层灰岩,形成奇峰异石、峡谷陡崖等喀斯特地貌(图4-26)。谷内众多泉水为暗河出口,暗河沿水平岩层在山腰断裂处露头,飞泻而下形成悬瀑,一些喀斯特洞穴自然坍塌后形成沿洞穴走向的峡谷,谷地乱石遍地。谷底出露的长城纪石英砂岩,经富含碳酸钙的流水常年沉积,岩表形成丰富的碳酸钙凝华物,俗称"上水岩"(图4-27)。

图4-26 空中画廊——平山沕沕水喀斯特峡谷

沕沕水空中画廊最高海拔1 600m,东起沕沕水,西至山西边界,视野开阔,百里太行,一览无余

坐落其中的沕沕水发电厂是解放战争时期,在朱德总司令关怀支持下军民携手建立的第一座水力发电厂,添补了解放区的电力空白,出色地履行了向革命圣地西柏坡和兵工厂供电的神圣使命,点亮了"新中国从这里走来"的第一盏明灯,被誉为"新中国水电事业发祥地"。

4. 邢台云梦山喀斯特峡谷地貌

邢台云梦山位于太行山中段、晋冀交界的邢台县石板房村,相传春秋战国时代纵横家鼻祖鬼谷子曾在这里修道,云梦山主峰海拔1 300多米,为河北、山西分水岭。区内地貌奇特,山势怪异,四面山势峭拔,赤壁翠崖,头顶只一片圆天,仿佛进入由寒武纪鲕粒灰岩围成的大茶壶,故称"壶天仙境",也称"云梦仙境"。云梦山山雄、水秀、谷幽、洞奇(图4-28),尤其是白龙溪,从山顶的水帘洞及东、西白龙泉喷涌而出,一路形成九瀑十八潭,若白龙飞腾,如银练飘舞,被誉为"小九寨沟"。

云梦山景区内的瀑布群是在特殊地质地貌背景和独特的喀斯特水文条件下形成的,这里河流沟谷下切比较深,地下水集水面积大,由寒武系岩层中的泥岩、页岩等向深谷一方渗流,所以形成了涌水量较大的水帘洞、泉等。当地河流沟床多陡崖石坎,于是在较大的栈崖处形成了较大瀑布群,这在缺水的太行山区尤为少见,主要瀑布景观包括龙吟瀑、栖鹰瀑、仙梳瀑、滚蛟瀑、扭身瀑和探爪瀑等(图4-29、图4-30)。

图 4-27　平山汤汤水泉华堆(摄影/刘小明)

水中碳酸钙析出形成泉华,天长日久,形成高达 20m 的泉华堆,为泉华景观中的极品

图 4-28　邢台云梦山喀斯特峡谷地貌

图 4-29 邢台云梦山栖鹰瀑

栖鹰瀑是邢台云梦山景区最大的瀑布,高 120 余米,水流最宽处 20m,最窄处仅 4m,中部有一块巨大灰岩,使水流分成大致相等的两股,形似张开的翅膀、欲击长空的雄鹰,瀑布底部为一潭,直径约 5m,瀑布向后侵蚀作用明显

图 4-30 邢台云梦山龙吟瀑

龙吟瀑又名一线天瀑布,瀑布落差 100 余米,两侧谷壁高约 120m,近乎直立,峡谷宽 5～10m,走向 130°,流水溯源侵蚀后退约 150m,似一条飘动的白练,水击碧潭,如苍龙低吟

5. 鹰手营子神龙山喀斯特峡谷地貌

神龙山位于鹰手营子矿区罗圈沟村,区内出露地质体主要为蓟县系碳酸盐岩,山脉总体呈南北走向,沟谷密布。高山区山势平坦开阔,第四纪冰川遗迹清晰可见;中山区山脉东西倾斜,山势陡峭,奇峰对峙,悬崖、峡谷层峦叠嶂。蜿蜒曲折的大峡谷、神龙护佑的水潭、潭壁上的"龙"和"马"(图 4-31)、形态各异的石头、奇特的地质构造、有待开发的溶洞、重重叠叠的群山,构成了河北省北部特有的内容丰富、妙趣横生的喀斯特景观。

图 4-31 神龙山碳酸盐岩岩壁上的"龙"和"马"

第二节　碎屑岩地貌景观

碎屑岩地貌是岩石地貌景观之一，主要指由砂岩、砾岩、粉砂岩及黏土质粉砂岩构成的地貌景观。胶结紧密的砂岩、砾岩由于岩石性质坚硬，抗风化能力强，往往形成雄奇的悬崖、石墙、石柱、方山、天生桥、拱门、壶穴等造型景观；而胶结疏松的粉砂岩，由于石质较软，则形成低矮的小丘、浅沟等外貌参差的不齐地景观。在我国按地质地理分布、成景岩层时代、成景动力及景观组合又可将碎屑岩地貌景观分为嶂石岩型、张家界型、乌尔禾型、丹霞山型、野柳型、元谋型、陆良型、雅丹型等多种地貌景观类型(陈安泽等，2013)。河北省碎屑岩地层发育，碎屑岩地貌景观较为典型，其中以太行山中、南段的嶂石岩型地貌及燕山北部地区的丹霞型地貌最具特色，是省内极为重要的旅游地质资源(表4-3)。

表4-3　河北省典型碎屑岩地貌类重要地质遗迹名录

序号	遗迹名称	造貌母岩时代	等级	地貌类型	意义及评述
1	赞皇嶂石岩村嶂石岩地貌	长城纪	国家级	嶂石岩地貌	嶂石岩地貌命名地，具较高的科研、旅游、观赏价值
2	临城天台山嶂石岩地貌	长城纪	国家级		具旅游、观赏价值
3	井陉苍岩山嶂石岩地貌	长城纪	国家级		具旅游、观赏价值
4	内丘寒山半个瓮嶂石岩地貌	长城纪	省级		具旅游、观赏价值
5	武安国家地质公园嶂石岩地貌	长城纪	国家级		典型地貌类型，具科研、旅游、观赏价值
6	承德丹霞地貌	晚侏罗世	国家级	丹霞地貌	典型地貌类型，具科研、旅游、观赏价值
7	滦平碧霞山丹霞地貌	晚侏罗世	省级		具旅游、观赏价值
8	赤城后城四十里长嵯丹霞地貌	侏罗纪	国家级		具旅游、观赏价值

嶂石岩地貌的典型地段发育于太行山中、南段，自北而南断续分布长达3 000km，主要分布在河北省石家庄市的平山县、鹿泉县、元氏县和赞皇县，邢台市的内丘县、阳城县、沁水县，邯郸市武安市，河南省安阳市、新乡市、焦作市等地，尤以河北省会石家庄市西南100km的赞皇县嶂石岩村附近最为突出。在太行山中、南段，最宽处在邢台市以西的晋冀交界，宽达50km以上；最窄处在太行山南段和中段宽1～5km，最南部甚至仅以狭长的深切峡谷出现。

河北省丹霞地貌主要分布于燕山北坡中生代的承德、滦平、丰宁等小型箕状红层盆地中，都是砂砾岩构成的丹霞地貌，受构造运动、气候条件、岩石成分等影响，以石峰、石堡、石墙、石柱等景观为主，象形山石、穿山洞穴也很发育。其中，承德的丹霞地貌面积最大，是承德国家地质公园自然景观的主体与基础，其发育典型、造型丰富、类型齐全、发育阶段保留完整，有"中国塞北丹霞地貌"之称。

一、嶂石岩地貌

太行山区有一种延绵数万米的赤壁丹崖，这种自然景观似一幅横向展开的巨大画卷。它垂直剖面呈现阶梯状，每一层断崖有百米之高，陡直如刀劈斧削。断崖之间是宽窄不一的平台，上面堆积着断崖崩塌下来的石块和其他风化物,同时生长着郁郁葱葱的植被,与丹崖长墙红翠相映,这种地貌因为研究地和最初命名地在河北赞皇的嶂石岩村,故而命名为"嶂石岩地貌",闻名遐迩的河南红旗渠,即开凿在其丹崖绝壁之上。它是太行山区特有的一种地貌类型,是太行山雄风的典型代表,与丹霞地貌、张家界地貌并称为中国三大砂岩地貌。

【嶂石岩地貌】砂岩地貌景观的一种代表性类型。在中国华北温带半干旱半湿润气候区域内,由元古宙石英岩状砂岩为成景母岩,以构造抬升、重力崩塌作用为主形成的,以巨型长崖、阶梯状栈崖、箱型嶂谷、瓮谷("Ω"半圆弧形谷)、峡谷、方山、排峰、柱峰等造型地貌为代表的地貌景观。以河北省赞皇嶂石岩发育典型而得名。

嶂石岩地貌是河北省科学院地理科学研究所郭康于1992年发现并命名的,发育于中元古代长城系浅褐红色石英砂岩中,在太行山中、南段山脊线东侧广泛分布,以丹霞长墙延绵不断、阶梯状陡崖层次清晰、"Ω"形嶂谷相连成套、块状造型棱角明显、垂直沟缝自始至终而著称(图4-32)。依据地貌体的形态特征和所处空间位置关系,嶂石岩地貌可分为老年期的块状残丘、孤石,壮年期的石柱、排峰,青年期的方山、断墙、"Ω"形嶂谷,幼年期的长崖、岩缝、垂沟、巷谷4个阶段,地貌年龄分别为2.947Ma、2.067Ma、0.915Ma和0.083Ma,其中最具成景价值的为青年期和壮年期嶂石岩地貌。

嶂石岩地貌的岩石组成大致结构为下部以石英砂岩和含砾石的长石砂岩为主,中间为页岩,顶部又是石英岩状砂岩,中间夹杂白云岩,有的地区下部地层有一层河流相的砾岩和砂岩。向南到河南省内,下部由夹粉砂页岩构成,上部由底部的紫红色、灰紫色砾岩、石英砂岩组成,局部夹赤铁矿透镜体,中部由页岩及不等粒石英砂岩和上部的紫色中—巨厚层不等粒石英砂岩、长石石英砂岩夹少量页岩组成。粗砂颗粒沉积而成的坚硬石英砂岩,因富含铁氧化物而呈红色,较细颗粒沉积形成抗侵蚀性差的软弱泥岩。两种岩层相隔200~300m交错分布,在漫长的岁月中,雨水不断对底部的松软岩层进行由外向内的水平掏蚀,而上层坚硬的石英砂岩此时还完好无损,于是嶂石岩的陡崖底部会形成类似走廊邢台的"岩廊"。当掏空到一定深度时,"岩廊"上方的砂岩在重力作用下再也支撑不住,就会垮塌,导致岩层整体后退。同时,太行山在隆起的过程中,岩层受东西挤压,内部顺节理发育有许多细小裂缝,经雨水长期的冲刷、掏蚀,加上风蚀和重力崩塌作用,裂隙面不断扩大、深切入岩体,逐渐形成几米到百余米宽的裂隙,继而发育成为楔状沟谷、峡谷、"Ω"形瓮谷、嶂谷等多种谷地形态。如果崖体的弧度较大、崖壁较光滑,人站在弧形的圆心点附近发声时会产生回音壁的效果。

长崖是太行山嶂石岩地貌中最具代表性的景观,沿太行山呈近南北向分布,一般由3层叠置的崖壁组成,故称"阶梯状长崖",是自始新世晚期以来太行山在经历3次地壳抬升后遭受流水侵蚀的结果。37~24Ma的渐新世,喜马拉雅造山运动第一幕结束,地壳的构造运动比较宁静,整个太行山地都形成了准平原;在24~11.6Ma的中新世早、中期,喜马拉雅造山运动第二幕开始,地壳以抬升为主,太行山地初步形成,随之也引起了外力的强烈侵蚀、剥蚀,开始雕塑着盘状谷以上的造景地貌;在11.6~3Ma的中新世晚期至上新世早期,喜马拉雅造山运动第二幕趋于结束,外力的侵蚀、剥蚀又居于主导地位,并以侧蚀、展宽为主,逐步形成了盘状宽谷和山麓剥蚀面;自3~2.5Ma的上新世末期或第四纪初期开始,在喜马拉雅造山运动第二幕还没有最后结束的情况下,第三幕新构造运动提前到来,太行山地又一次强烈抬升。与此同时,外力的侵蚀、剥蚀作用也在强烈地进行,并雕塑了盘状谷以下、"V"形峡谷中的地貌。目前新构造运动还没有结束,太行山地仍在上升,河流仍在下切,"V"形峡谷中的地貌继续在雕塑中。由于岩层平缓、质地坚硬,水流沿崖边节理、层理的侵蚀风化作用,以楔形水平侵蚀和蚀空崩塌形式为主,形成以顶平、身陡、棱角明显、整体性强的绵延大壁、复合嶂谷为主体内容,并发育着方山、石墙、塔柱、排峰、洞穴、崖廊等奇险造型地貌。

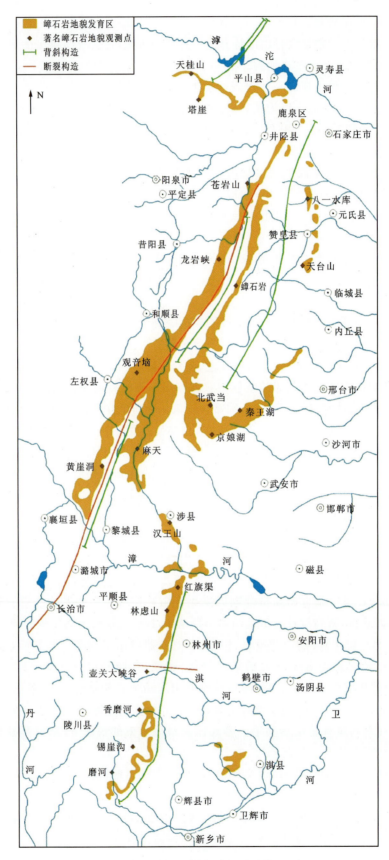

图 4-32 太行山地区嶂石岩地貌分布示意图(据李莉等,2014)

1. 赞皇嶂石岩村嶂石岩地貌

"岩半花宫千仞余,遥观疑是挂空虚。丹崖翠壁相辉映,纵有王维画不如。"明代诗人乔宇曾这样赞美嶂石岩。赞皇县嶂石岩风景区位于太行山中段,地质构造上属于南北向并向北倾伏的赞皇大背斜的西翼,主要由中元古代长城纪砂岩组成,上覆古生代寒武纪灰岩,构成了太行山的主脊。由于地层产状比较平缓,垂直裂隙比较发育,厚层砂岩中夹有薄层黏土岩,块体崩塌与侵蚀、剥蚀盛行,造景地貌比较齐全。

区内嶂石岩地貌可分为3个亚类:一是正地貌亚类,包括长崖、断墙、方山、台柱、塔峰、低丘和残丘;二是负地貌亚类,包括裂隙谷、嶂谷、"Ω"形谷、"V"形谷和盘状谷;三是正、负地貌相互均衡的亚类——均衡地貌,包括山麓剥蚀面和山地夷平面(吴忱,2002)。其中最具代表性的地貌景观主要有长壁、回音壁、九女峰、一线天等(图4-33)。

a. 长崖
长崖是太行山嶂石岩地貌最具代表性的景观,
延绵范围广,所谓"百里赤壁,万丈红绫"

b. 回音壁——碎屑岩瓮谷景观
独特的"Ω"形嶂谷——回音壁高110m,弧长300余米,
弧度255°,是全世界最大的天然回音壁

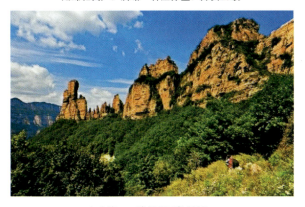

c. 九女峰——碎屑岩石柱景观

d. 一线天——碎屑岩垂沟地貌景观

图4-33 嶂石岩国家地质公园嶂石岩地貌特征

园区内长达10km、高约600余米的三阶巨大红色崖壁,每层陡崖高100~150m,各层之间又有缓坡平台相间。其中,第一阶由硬、脆且垂直节理发育的石英砂岩组成陡直长崖;第二阶由串岭沟组页岩风化为栈道平台,团山子组石英砂岩在其上发育为百米绝壁;第三阶缓坡台地由易风化的粉砂质页岩等组成,高于庄组灰岩在山顶形成第三组陡崖。

回音壁由石英砂岩二栈崖壁前差别掏蚀、崩塌而成。弧壁表面光滑,若仰天长啸,或击掌叩石,即从另一端传回酷似原声数倍的回应,"空谷传响,哀转久绝"。仰看回音壁恰似一巨大的天井,回音壁两侧弧形岩壁有3组节理(垂直、近南北向、北西西向)十分发育,是岩壁块状崩塌机理之一。

九女峰为典型的嶂石岩地区碎屑岩地貌景观,位于石人寨村东南部,主要由于易风化的长城纪砂岩和页岩等在太行山快速提升过程中,受水流侵蚀等综合作用而形成岩墙,岩墙进一步崩塌、发育而成,红色石英砂岩山脊11个大小不一、形态各异的石柱,高低错落,排立于石墙之上,基座仍为一体。

一线天是典型的垂沟地貌景观,由陡壁相夹呈一条狭长梯道,长约150m,垂直高度50m,计有1 111级台阶,最窄处仅容一人通过,甚是险峻。在一线天底部可见常州沟组与赵家庄组呈平行不整合接触关系,顶部为厚10~20cm疏松黏土层,反映了古风化壳的侵蚀间断面的存在。赵庄家组泥岩易风化,被掏空,上层砂岩易生产生崩塌,崖壁后退。

2. 临城天台山嶂石岩地貌

临城天台山位于崆山白云洞西北8km处,园区面积23km²,出露的地质体主要为距今约18亿年沉积的中元古代长城纪石英砂岩,山体挺拔,在悬崖半腰有一条长百余米的"栈道",崎岖狭窄,一般人极难通过。区内岩峰和峭壁具有顶平、壁陡、坡斜、树茂的特点,主峰为五座桌状山并列(图4-34),海拔599m,因山体挺拔参天、顶平如台小巧玲珑,奇特多变,景色丰富多彩而得名。山脚500亩(1亩≈666.67m²)古柏林点缀着古刹,峡谷溪流清澈,丹岩飞瀑四溅,主要景点有象形山天台卧佛、五谷仓、登天梯、龙首峡,以及慈云庵等八大寺庵遗址,长城纪石英砂岩层面多保留造型奇特的波痕、泥裂、槽模、交错层理等沉积构造,形态多变,类型众多,记载着古老岩层的起伏、错落、风化、剥蚀过程,被誉为研究沉积岩学的天然博物馆。

图4-34 天台山卧佛——桌状山(摄影/宋继昌)

3. 井陉苍岩山嶂石岩地貌

苍岩山位于石家庄西南50km的井陉县内,主要以楼艳、檀奇、山雄、谷幽而闻名。桥殿飞虹(图4-35)、碧间灵檀,古柏朝圣为苍岩山三绝,苍岩山的福庆寺是国家重点保护文物。景区内所有建筑傍山依势,或建于断岩,或跨于陡壁,构造宏伟,蔚为壮观,说法危台建于长城纪石英砂岩绝壁之上,危岩峭壁,奇妙非凡。苍岩山景区门口保留有吕梁运动剥蚀面,銮台垴顶面是太行夷平面,保留有马兰黄土、离石黄土的堆积剖面。

a.桥殿飞虹（摄影/王会萍）

b.苍岩山陡崖（摄影/赵力军）
桥楼殿凌驾于百仞峭壁之间,仰视蓝天一线,俯首万丈深渊,桥上建楼,云飞楼动,楼内建殿,殿内三尊大佛,可谓"千丈虹桥望入微,天光云彩共楼飞",不是仙境胜似仙境,疑是天堂落尘埃,现为中国三大悬空寺之一

图 4-35　井陉苍岩山嶂石岩地貌

4.内丘寒山——半个瓮嶂石岩地貌

寒山位于太行山中南段,邢台市内丘县侯家庄乡内,东南距邢台市65km,北与嶂石岩毗邻,景区主峰寒山垴海拔1 806.3m,为邢台市太行山段最高峰之一,区内元古宙长城纪红色石英砂岩广泛出露,形成了4个阶梯状的嶂石岩地貌(图4-36)。区内以雄、险、绿、幽、奇称绝,有大小景观80余处,其中以"寒山云海、林海松涛、空中栈道、草帽仙山、虎影奇崖、劈山救母、悬棺古洞、情人幽谷"八大景观而著名。

与寒山紧邻的杏峪景区内有另一嶂石岩地貌奇观——阴阳山。到阴阳山首先要通过半个瓮峡谷,该峡谷位于山腰将近山顶的地方,两侧红岩绝壁,前有陡崖,像一口巨瓮被劈开,岩壁被流水冲刷得极其光滑。攀上半个瓮峡谷,立刻可见到阳山,阳山是一座酷似成年男性生殖器的山体,形态逼真,足可媲美广东丹霞山的阳元石。围绕阳山山体前行约半小时,就来到了阴山,在高大的阳山山体上有一天然石洞,外形极似女性生殖器。

a.内丘寒山——阶梯状陡崖
崖和崖之间的平台当地俗称"栈",栈与栈之间为100~200m
的悬崖峭壁,由下而上分为底栈、二栈、三栈、顶栈共4栈,
三栈之上,山体由古生代寒武纪灰岩构成

b.半个瓮——"Ω"形嶂谷景观

b.阳山——碎屑岩石柱景观

b.阴山——碎屑岩垂直沟缝景观

图 4-36 内丘寒山——半个瓮嶂石岩地貌

5. 武安国家地质公园嶂石岩地貌

武安国家地质公园位于河北省邯郸市西部武安市内,总面积412km²,辖京娘湖、长寿村、武当山、朝阳沟、莲花洞、柏草坪、七步沟、武华山八大景区,有各类地质遗迹保护点86处,主峰青崖寨海拔1 898.7m,是武安乃至邯郸市内的最高山峰。区内广泛分布着十多亿年前元古宙厚达上千米的红色石英砂岩,经过了内外地质营力作用,形成了奇特的峰林、峰丛、峰墙、峡谷景观(图 4-37)。

京娘湖位于小摩天岭山脉与老爷山之间一条沟谷之中,相传宋太祖赵匡胤千里送京娘的故事就发生在这一带,因此而得名。湖面呈倒"人"字形,分东、西两支,均为狭长形状,湖岸岩壁直立,以中元古代石英砂岩为主,产状水平,垂直裂隙发育,受长期侵蚀、剥蚀作用,断崖峰柱、峰丛及多层状长崖等嶂石岩地貌发育。在崖壁对峙处,次第形成京娘崖、宋祖崖、仙灵峡3个峡谷,称为"太行三峡"。

古武当山景区由距今28亿年前形成的古太古代片麻岩和距今18~14亿年生成的中元古代石英砂岩组成,两个地层的接触面记录了该区10亿年的地层沉积间断,后经燕山运动和喜马拉雅运动使太行山进一步抬升,经过多年风化剥蚀,形成赤壁丹崖的地貌景观和象形山等景观。

a.京娘湖——唐县面裂解成的半岛群
京娘湖崖壁近于直立，呈褐红色，多呈长崖状，属于
较为典型的嶂石岩地貌

b.五峰并立——古武当山北台期夷平面
古武当山是中元古代长城纪砂岩被北西向和北东向断裂
切割而成的断块山，有5个巨大的山峰相连相望

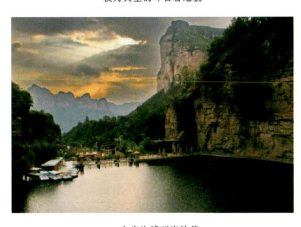
c.七步沟嶂石岩地貌
七步沟峰体为中元古代红色石英砂岩，四面悬崖峭壁，
顶部平缓，地质学上称为"方山"

d.七步沟南天柱——碎屑岩石柱
南天柱是石英砂岩节理、坍塌、风化后形成的峰柱，高百
余米，四周地势低洼，远望可以凸显出孤峰的特点

e.武安国家地质公园三级夷平面
三级夷平面是65Ma新生代以来在喜马拉雅运动作用下，太行山3次断续抬升，在武安留下了北台、太行、
唐县3个台阶式夷平面

图4-37 河北武安国家地质公园嶂石岩地貌

七步沟景区是由石英砂岩和寒武纪鲕状灰岩所组成的峰林、峰丛、峰柱、峰墙等景观,是空中峰林与谷中峰林的完美结合,两层峰林相对高差达300m,是研究两期次峰林、峰丛地貌形成演化的绝佳课堂。

长寿村景区山上林中生长了100多种天然药材,大气降水在良好的植被中涵蓄,经过药材根茎浸泡过滤,渗透到寒武纪紫色页岩隔水层上,沿岩层裂隙汇聚成泉。村民日常饮用的泉水源于摩天岭东麓海拔1 300m的长寿泉,该泉水中富含多种对人体有益的矿物成分,也被认为是当地村民长寿的一个因素。

二、丹霞地貌

丹霞地貌的发现起于地质学家马景兰先生,他在1928年考察粤北地质矿产时,发现丹霞山"绝壁陡崖"的风景全是由红色厚层砂岩与砾岩侵蚀而成,把构成丹霞风景的红色地层命名为"丹霞层"。1935年及1938年陈国达在考察丹霞山时,将这些由"丹霞层"侵蚀风化形成的顶平坡直、绝壁悬崖的奇峰怪石称为"丹霞地形"。截至1978年,在关于中国东南部红层地貌的文章中,把这种以丹霞山为典型的红层地貌正式称为"丹霞地貌"。2020年,南方6个省丹霞地貌景区以"中国丹霞"的名义成功入选联合国教科文组织的"世界自然遗产名录",推动了丹霞山地貌研究的国际化。

【丹霞地貌】层厚、产状平缓、节理发育、铁钙质混合胶结不匀的红色砂砾岩,在差异风化、重力崩塌、侵蚀、溶蚀等综合作用下,形成的城堡状、宝塔状、针状、柱状、棒状、方山状或峰林状的地形。此类地形因在广东仁化附近的丹霞山发育典型而得名(地球科学大辞典,2016)。它常形成于内陆坳陷或断陷盆地内的巨厚层红色砂岩和砾岩沉积岩,反映在干热气候条件下的氧化陆相河湖沉积环境(李霞等,2013)。

根据黄进教授2015年的统计,中国境内34个省级行政区中,除了北京、天津、上海、吉林、台湾、澳门以外,其他28个省级行政区均有丹霞地貌的发育,截至2017年,中国的丹霞地貌景点已经发现了1 200余处(苏德辰,2018)。我国南方丹霞地貌众多,分布广泛,大体呈条带状分布,且单体规模较大。由于南方气候湿润、地表水源丰富,受水蚀作用影响,南方丹霞地貌往往具有顶平、身陡、坡缓的特征,地貌表面光滑、色泽鲜艳。我国北方丹霞地貌旅游资源数量较少,分布较散,由于风蚀作用比较强,往往表现出表面粗糙、岩石脱落等特征,主要分布在华北平原地区、鄂尔多斯地区及黄土高原—河西走廊地区(姜焰凌,2015)。中生代燕山期构造运动旋回,河北省北部承德地区地壳运动与岩浆活动剧烈,形成一系列断陷盆地,堆积了巨厚的陆相红砂砾岩、泥岩、火山岩系,构成了本地区丹霞地貌的物质基础。

1. 承德丹霞地貌

承德丹霞地貌国家地质公园位于河北省东北部燕山腹地,景观以丹霞地貌为主,以热河古生物群和清代皇家园林为辅,公园总面积48.76km²,核心区面积24.03km²。公园行政区划主要包括承德市双滦区、双桥区及承德县、滦平县部分区域,由磬锤峰、双塔山、鸡冠山3个园区组成,包括磬锤峰、夹墙沟、朝阳洞、唐家湾、双塔山、鸡冠山6个景区。

承德丹霞地貌国家地质公园主要分布在滦平断陷盆地东部和承德断陷盆地的侏罗系—白垩系分布区,区内构造形态以复式褶皱和断裂为主,构造线方向为北东向和北北东向,燕山期构造运动控制了本区盆地及地貌演化。盆地中堆积的巨厚粗碎屑物,在成岩过程中受到新华夏系构造活动的影响产生了两组垂直的共轭剪节理,它制约、引导着本地丹霞地貌的发展过程及形态特征(图4-38)。

区内侏罗纪九龙山组、髫髻山组和土城子组,主体为一套红色砾岩、砂岩、粉砂岩和泥岩夹中性为主的熔岩及火山碎屑岩,构成了公园丹霞地貌的物质基础,呈南北向带状分布。主要成景地层土城子

a.磬锤峰——碎屑岩石柱景观（摄影/陈家政）
磬锤峰俗名"棒槌山"，古称"石挺"，由侏罗纪土城子组紫红色巨厚层砾岩构成，为4条沟谷流水溯源侵蚀的中心。由于根部风蚀作用强烈，形成上粗下细的奇异景观，峰体下部直径10.7m，上部直径15.04m，柱高38.29m，若包括底部突起的基座在内，通高59.42m

b.双塔霞光——碎屑岩石柱景观（摄影/侯静）
双塔山是土城子组紫红色砂砾岩岩墙风化崩塌的结果，仅存山体为沿垂直节理风化剥落而成，海拔488m，南北两峰陡直并立，峰上各有一座四方砖塔。南峰略小，呈圆形，高约30m，直径8m，周长34m；北峰较大，上粗下细，呈倒圆锥状，高约35m，周长74m

c. 夹墙沟——碎屑岩石墙景观
樟萝树村的沟头横排三堵南北向的岩墙，墙谷相间。第一道岩墙宽1~10m，高80~100m，长566.69m，墙上有5个自然形成的石窗，被称为"中国丹霞第一墙"

d. 蛤蟆石——碎屑岩象形山石
蛤蟆石位于磬锤峰正南1000m的山梁上，为土城子组紫红色巨厚层砂砾岩的风化残余体，长约20m，高约14m，神似金蟾，昂首面南

e. 天桥山——碎屑岩石桥景观
天桥山，桥长180m，有"中国丹霞第一桥"之称。下有两个穿山洞：南拱跨长5.8m，高2.8m；北拱跨长25.5m，高4.7m，也称"天桥双拱"

f. 朝阳洞——碎屑岩穿山洞景观
为承德红色砂砾岩中的空中巨型穿山岩洞，发育在陡崖上，长65m，宽17m。岩层大致水平，约3Ma以来，流水、风力对砾岩中钙质砂岩不断侵蚀、崩塌而成

图4-38 承德丹霞地貌国家地质公园地质遗迹景观

组被称为"承德砾岩""热河红层"（赵佩心，1988），为一套中侏罗世陆相洪积扇堆积物，主要为河卵石与角砾混杂，胶结物为铁质和泥沙质，后经喜马拉雅构造运动，被抬升为低山丘陵。

有陡崖的陆相红层地貌是丹霞地貌的基本特征，公园中产状平缓的紫红色砾岩夹透镜状砂岩地层，由于新构造抬升运动，河谷深切，形成网状峡谷与两侧的陡壁景观，峡谷之间山岗上保留的平缓台面形成高台地貌。高台四周若为悬崖陡壁则称为城堡山，陡壁之间延伸较远的平缓山梁则为跑马梁。随着侵蚀作用进行，山谷之间的平缓台地继续发展则形成狭窄陡峭的夹沟墙。同时，在风化、风蚀、崩塌的外力雕琢作用下，地质公园内形成了众多造型奇特的石峰（棒槌山、双塔山等)，红色砂砾岩夹泥岩、页岩，因为结构、构造与矿物的差异性，山体被侵蚀成石龛、岩槽、蜂窝穴、扁平洞、穿山洞等地貌景观，进一步风化侵蚀则发展为石桥、石拱，有"中国塞北丹霞地貌"之称。

承德丹霞地貌的形成阶段作为燕山运动的例证，代表了地球演化的一个重要阶段，发育演化已进入第三阶段的末期，从平台跑马梁、丹崖赤壁、山梁岩墙、夹墙沟、断墙残壁、孤峰棒槌到风化残余基石，各个演化阶段的地貌类型均可见到，具备鲜明的独特性，与南方丹霞地貌相比，在景观特征、物质成分、发育阶段和形成时代与原因上均有所不同（张璞等，2011；赵汀等，2014），是中国丹霞地貌的一个重要组成部分和类型，是研究中生代构造运动、盆地发育演化、华北丹霞地貌及其形成机制与过程、外动力地质作用、生态研究与保护的最佳场所，具有重要的科学意义和全球对比意义。

2. 滦平碧霞山丹霞地貌

碧霞山位于滦平县长山峪西营村,是一处山石相连的丹霞地貌区,赤壁丹崖、奇峰怪石、洞穴沟槽等常见的丹霞地貌此处均有所体现(图4-39),比较有特色的有七女峰、曲径峡、日月峡、将军石、状元笔、神龟石等。碧霞山地处内蒙古高原与冀北山地的过渡带,属燕山山脉东段,山体出露岩层主要为侏罗纪红色砂砾岩、粗面岩、安山岩。在地壳抬升过程中,流水、风力沿着岩层节理不断侵蚀,以致山坡不堪重力而发生崩塌。残存下来的红色山块持续遭遇风雨的雕刻,形成奇山怪石;巨大的崩塌物堆积在一起形成一线天景观。

图4-39 滦平碧霞山丹霞崖壁

丹霞崖壁是沿着大型发育的节理面、裂隙面,经流水侵蚀、重力作用而形成的,具有直立的陡倾面,底座相连,在崖壁面上可见两组垂直方向的水流痕迹,形成丹霞凹槽、孔洞等

3. 赤城后城四十里长嵯丹霞地貌

据赤城县志载,赤城名称来源于城东二里,山石多赤,望之若雉堞(红色城堡),故以名城;日照山石,红光笼城,又名霞城。这里所说的"红光笼城"就是位于赤城县城东南后城至南拨子村之间的"滴水崖",在南北向单面山的东翼,发育有长20km、高300m的摩天巨崖,当地称四十里长嵯(北方人把峭壁称为"嵯"),崖头有一洞,洞内常年滴水,故四十里长嵯又被称为"滴水崖"(图4-40)。这里丹崖碧顶,峭如刀削,崖面有水流冲蚀形成的凹槽及风蚀形成的凹坑,而出露地层为中生界侏罗系后城组紫红色砂砾岩,就地貌类型而言,其为一大型个体丹霞地貌,由流水侵蚀、溶蚀、重力崩塌而成。滴水崖矗立于半山平岗上,在朝阳的照射下显得金碧辉煌,古人认为这里是风水宝地,被历代封建帝王所重视,在此地修建有朝阳观和千佛寺等。

图 4-40　赤城后城四十里长嵯丹霞地貌

第三节　变质岩地貌景观

变质岩在我国分布很广，华北陆块基底主要由早前寒武纪的区域变质岩组成，并构成中国的古老核心。由于原岩的岩性及所受变质程度的差异，变质岩的岩性差别很大，组成的山地风景也各不相同。我国由变质岩构成的名山不但繁多，而且分布广泛，著名的如泰山、嵩山、庐山、五台山、苍山、武当山、梵净山等。泰山以山体高大雄伟著称，尤其是由古老的杂岩组成的南坡，主体是由古老的花岗闪长岩体变质而成；苍山由石灰岩变质后的大理岩构成，山石如玉，山峰险峻，林木苍苍，犹如人间仙境；梵净山相对高差达 2 000 余米，出露于群峰之巅；五台山位于太行山主脊位置，号称华北屋脊，山体岩性主要为绿色片岩与变质砾岩。

【变质岩】三大岩类的一种，是指受到地球内部力量（温度、压力、应力化学成分的变化等）改造而成的新型岩石。固态的岩石在地球内部的压力和温度作用下，发生物质成分的迁移和重结晶，形成新的矿物组合。部分变质岩容易风化，多形成低地平原，但热力变质重新结晶的岩石大多比较坚硬，不易风化，可形成山峰，如大理岩、石英岩、片麻岩等。

河北省地质历史长达 35 亿年，在漫长的地质历史和多期次构造运动的作用下，使古老的变质岩地层褶皱、断裂、破碎、风化成低缓的山地，仅在河北西部太行山中段的阜平、灵寿、平山等地保留了高中山，成为区内变质岩地貌的物质基础。

河北省古陆核形成后，距今 3 200～2 800Ma，在古陆核南北两侧低洼地带沉积了 8 000～13 000m 的碎屑岩，大约距今 26 亿年前后地壳又发生一次强烈构造热运动——阜平运动，使阜平岩群、遵化岩群发生强烈变质和混合岩化作用，并形成近南北向紧密向斜及倒转褶皱，从此使阜平岩群变质岩山凸立太行山中段，成为阜平天生桥国家地质公园、灵寿五岳寨省级地质公园、平山驼梁景区的地质基础。

距今 26～24 亿年间，在褶皱隆起的边缘出现了狭长的坳陷带，堆积了五台岩群、滦县岩群和双山子群，主要岩性为变粒岩、片岩、中基性火山熔岩。

距今 25～24 亿年间，发生五台构造运动，岩浆侵入活动异常频繁。五台岩群相应出现褶皱和断裂，断层线的方向在太行山区受同期发生的太行山深断裂控制，在邢台内丘县形成太子岩景区的物质基础。

太古宙阜平岩群、五台岩群变质岩地层形成后经过长期风化、剥蚀，中生代燕山造山运动、新生代喜马拉雅构造运动和多期岩浆侵入，使变质岩丰富多彩；进入第四纪以来，冰蚀作用和风化剥蚀把古老的山体雕琢成挺拔俊秀的地貌景观，河北省有 7 处重要的变质岩地貌景观。

1. 阜平县东下关变质岩天生桥地貌

"悬于侵蚀河谷上之天生石拱为之天生桥",该地貌绝大部分发育于喀斯特地区,极少部分发育于砂岩、花岗岩和变质岩中。目前已经收集到全世界喀斯特天生桥数量达到70余个,主要分布在我国西南地区,而且以大、中型占优势,这与我国碳酸盐岩古老、坚硬、质纯,雨热同期,没有经受第四纪冰川的刨蚀有很大的关系,重庆武隆在羊水河河谷1.5km的范围内连续出现3座属于同一地下河(伏流)洞穴系统的天生桥,而且规模特别巨大,十分罕见,已进入世界自然遗产名录。

2000年保定市旅游局组织市辖区旅游资源普查时,在阜平县西部太行山腹地的东下关瑶台山沟谷中发现了一大型瀑布及天生桥景观。该天生桥桥面坐落在112m的瀑布顶面上,桥面结构奇特,呈微拱形,桥长27m,宽13m,高13m,横跨瀑布南北两端,地势十分险峻,桥上游人行走,桥下清水溪流,桥前百丈深渊,桥后碧水一潭,让人望而生畏,又流连忘返(图4-41)。

图4-41 中国首次发现的最大变质岩天生桥

天生桥绝大部分发育于喀斯特地区,那为什么在阜平县东下关这片变质岩地区会出现如此规模宏大的天生桥呢?经研究,地质学家认为该地在28亿年以前曾是一片海洋,沉积了巨厚的砂、页岩和白云岩等,后经阜平运动(距今28亿年)、五台运动(距今25亿年)等,伴随着大量火山喷发和岩浆侵入,使原来沉积的地层经历了褶皱变形、变质作用,形成了混合岩花岗岩和黑云母角闪斜长片麻岩。

片麻岩在形成过程中由于遭受褶皱变形以及混合岩化作用,造成成分上的差异,抵抗风化剥蚀的能力也不同。阜平运动时期的褶皱运动使柔性较大的黑云母角闪斜长片麻岩弯曲破坏,出现微破裂且岩石相对软弱,上部混合岩化片麻岩相对坚硬,天生桥东南侧的岩层在构造运动中出现了断破,后经流水侵蚀、冰蚀等作用,使下部软弱破碎的黑云母角闪斜长片麻岩碎块脱落被冲走,仅保留了上部混合岩化花岗岩天生桥。可以说阜平县天生桥是以构造运动为基础,在风化、重力、流水侵蚀、冰蚀等综合作用下形成的,是我国首次发现的最大变质岩天生桥地貌景观,是2004年9月揭碑的河北阜平天生桥国家地质公园的景观主体,对研究天生桥的形成及古环境演化具有很高的科研、科普价值。

2. 阜平千峰山变质岩峰林峡谷地貌

千峰山位于阜平县龙泉关镇,名字出自《清凉山志》,"左邻恒岳,秀出千峰;右瞰滹沱,长流一带",意为从五台山东台向东方遥望,可以看到无数秀丽的山峰,境中峭崖耸立、奇峰连天、层峦叠嶂、沟谷纵横。徐霞客在西游五台山时路过阜平千峰山一带,在《游五台山日记》中曾大发感慨"转北行,向所望东北高峰,瞻之欲出,趋之欲近,峭削之姿,遥遥逐人向人逼来,二十里之间,劳于应接",他认为千峰山一带风景,令他目不暇接。

千峰山既有雁荡山的神奇,又有黄山的灵秀,集雄、险、奇、秀于一体,奥妙无穷,引人入胜。倚天剑、凤凰石、玉皇顶、千丈崖、一线天等奇峰林立(图4-42),欢腾的山泉穿林越涧、玲珑清澈,无名的山花烂漫绽放,蜂吟蝶舞,宛若天上人间,它是阜平境内变质岩峰林峡谷地貌最为发育的区域,最为有名的当属"倚天剑",锋芒毕露,盛气凌人,犹如一把倚天神剑直插云霄。倚天剑为典型的变质岩石柱,高约300m,下宽上窄,酷似剑状挺立在两边悬崖的中间,底部与毗邻的崖壁相连,二者之间的空隙是流水沿裂隙侵蚀所致。民间传说剑能避邪,摸了倚天剑三年邪不侵身,所以当地老百姓又叫它迎碑崖。

a.倚天神剑——千峰山变质岩石柱

b.玉皇顶——千峰山变质岩象形山石

c.千峰山变质岩峰丛

d.千丈崖——千峰山变质岩崖壁

图4-42 阜平千峰山变质岩山岳地貌(摄影/王爱武)

3. 阜平南庄旺变质岩象形山石(仙人石)地貌

仙人石位于银河大峡谷一南向的支谷之内,沿小路行至山巅之上,有石如人,脚踏山巅,头顶苍天,伫立远眺,近距离可辨认出头部、颈部与躯干。该石高约15m,大体呈方柱状,由上、中、下三块黑云角闪斜长片麻岩组成。顶部岩块较小,长、宽均约4m;中部岩块较大,呈长方体状,长约8m;底部岩块呈正方体状,长、宽均约10m。岩石片麻理近似水平,顺层发育长英质脉体,局部可见复杂的肠状褶皱。由于构成仙人石的黑云角闪斜长片麻岩垂向节理及片麻理发育,薄弱岩层遭受长年累月的风化后率先剥落,而坚硬的岩层得以保留,后又经崩塌、剥蚀等外力地质作用形成如今的变质岩象形山石(图4-43)。

图4-43　仙人石——变质岩象形山石(阜平县文化和旅游局供图)

4. 阜平歪头山变质岩山岳地貌

徐霞客游记中曾描述"望西北高峰而趋,十里,逼峰下,为小山所掩,反不睹嶙岣之势",文中记载的高峰便是指河北阜平县的歪头山主峰,因其远望如人首前倾,当地人称之为歪头山。

歪头山位于阜平县与山西五台、繁峙县之间,地处太行、五台两山交会处,山顶略成方形,有"一山交三县"之说。歪头山主体近东西走向,西端山脊折向东南,接花尖梁-黄落伞-摩天岭山系,东端山脊西折为弧形,南延接北台梁,南北相连为太行山主脉,主峰海拔2 286m,为河北省第八高峰,也是保定市及河北中南部的最高峰,它与南部的长城岭相夹,形成一条较宽的山谷。受地形影响,植被为森林与草坡相间,主峰周围铺满草甸,亚高山草甸沿山脉延绵起伏,花草茂盛,蔚为壮观,春夏时节山花烂漫,蝶飞蜂舞,可谓"山花烂漫娇景丽,潋滟波光接天依,蜂蝶劲舞花红美,尽收眼底愁忧离"。

歪头山北缓南陡,北麓山势起伏不大,平缓下降;南麓坡陡崖直,峭壁如削,多怪石林立。南北两麓分别发育有大沙河南、北两条支流,两流在阜平百亩台处汇流。在歪头山山梁之上,有多个明代置成的敌楼,虽然百年前的遗墩、边墙、石梯,在现代建筑的映衬下,显得那么渺小和逊色,但是这些散落一地的砖块瓦砾都有说不尽的故事,它们是几千年烽火硝烟的沉淀(图4-44)。虽然没有了金戈铁马,不见了战马嘶鸣及戍士旌旗,但它们依旧展示着人类的智慧,印刻着阜平上千年的辉煌。

歪头山主体由距今约 2 500Ma 前的五台岩群上堡岩组黑云斜长变粒岩、角闪斜长变粒岩组成，片麻理发育，倾向南西，倾角 15°～20°。受后期构造影响，歪头山地区近垂直节理发育，尤其是歪头山南侧黑崖山最为壮观。该处山体岩石直立，如刀削斧砍，气势雄伟，燕山期二长花岗岩构成的山体像一块块巨型的黄褐色石板在那里矗立着，形同中岳嵩山"书册崖"（图 4-45），引人入胜，近处仰视却酷似盛开的花莲，花瓣之上布满山杨、菜树、山桃等原始次生林和灌木丛，夏秋季节，山花烂漫，百鸟争鸣。

图 4-44 明代古敌楼屹立于歪头山山梁之上

图 4-45 黑崖山书册崖

5. 平山黑山大峡谷变质岩峡谷地貌

黑山大峡谷风景名胜区地处平山县西北部太行山东麓，西与山西盂县、五台县接壤，距佛教圣地五台山 45km，东距革命圣地西柏坡 50km，距石家庄市 120km。黑山大峡谷山高谷深，奇峰座座，怪石遍布，万泉高悬，奔崖跌谷，流长 10km，潭池成串，其中白龙瀑高百余米，似银河洞悬，十分壮观（图 4-46）。主峰柴托尖海拔 1 910m，千米以上高峰 13 座，数万亩原始次生林苍苍茫茫，遮天蔽日。黑山大峡谷自东向西，全长近 5km，峡谷深 245m，横断面呈"V"字形。

a.黑山大峡谷全貌（摄影/天平圣）

b.黑山大峡谷内叠瀑发育（摄影/天平圣）

图 4-46 平山黑山大峡谷变质岩峡谷地貌

6. 灵寿五岳寨变质岩峰丛峡谷及第四纪冰蚀地貌

五岳寨位于灵寿县南营西北部，北邻阜平天生桥，南靠驼梁，为南陀的东南支脉，因山脊部顶端东西向并列有5座较高山峰而得名，如一组巨大的盆景被太行山托起，主峰海拔1946.5m。它的主山脊呈西北—东南走向，东南侧陡崖壁立，仅十几平方米的顶峰岩石平台，三面临万丈绝壁，奇险无比。五岳寨山体内开裂有一条长约6km的曲折山谷，谷内悬崖陡立，象形山石众多，沟谷、峰丛、峰林发育（图4-47），在角峰、鱼脊峰等地发育有第四纪冰川遗迹。

a.灵寿五岳寨变质岩峰丛地貌
五岳寨因山脊部顶端东西并列有5座较高山峰而得名，如一组巨大的盆景被太行山托起，主峰海拔1946.5m

b.鸳鸯石——变质岩象形山石
鸳鸯石是变质岩中深色岩石与浅色岩石相间排列，有的矿物易风化，形成沟槽，有的矿物坚硬凸出而形成的象形石

c.灵寿五岳寨变质岩峡谷地貌

d.灵寿五岳寨瀑布

图4-47　灵寿五岳寨变质岩峰丛峡谷地貌

五岳寨处于华北陆块的阜平-赞皇陆核，萌生于中太古代，地质历史达29亿年，约在26亿年前的阜平运动中形成向斜及倒转褶皱，主要出露地层为中、新太古代阜平群变质岩与第四系堆积物。太古宙阜平群作为太行—五台一带最古老的基底陆核，经历了随后的五台运动及中生代燕山运动、新生代喜马拉雅运动多次构造运动，有褶皱断裂、岩浆侵入形成独特的地质景观。

距今25~18亿年的五台、吕梁运动和后来发生的各期构造运动，制造了许多北北东向和北西向、北东东向、南北向的断裂构造，为现今地貌形态的形成创造了基础条件。七女峰为五岳寨地区典型的变质岩地貌，是山体被一组构造裂隙切割后经风化形成的变质岩峰丛，主要是由于地球的内动力——构造变动和外动力——侵蚀切割作用等，雕琢呈千姿百态的险峰幽谷，七座山峰"一"字排列，高低不一，形态各异。

7. 内丘太子岩变质岩山岳地貌

太子岩位于内丘县城西 30km,它像一道屏风,南北延伸 10km,险峰千仞,峻岩百层,草木丰茂,松柏秀荣,由山脚到山顶有顺势曲回的十八盘,主峰莲花峰标高 1 143m。该山由新太古代五台群板峪口组中厚层黑云斜长变粒岩夹石英岩、绿帘斜长角闪岩、石榴子石黑云片岩、金云母大理岩及玫瑰色大理岩组成,山腰处一层厚 10～20m 的白色石英岩,洁白如玉,俗称苍山玉带,清晰入目(图 4-48)。太子岩山上是 2km² 的平台,向东远视是一望无际的华北平原,向西则是层峦叠嶂的太行山脉。山上植被茂密,百果飘香,曾是中医圣祖扁鹊的采药地。

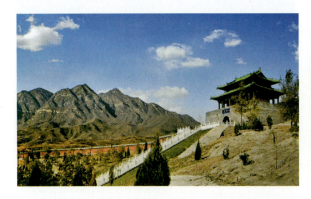 

图 4-48　内丘太子岩变质岩山岳地貌

第四节　侵入岩地貌景观

侵入岩地貌景观是由侵入岩类岩石构成有观赏旅游价值的地貌景观资源,此类岩石在我国分布极其广泛,从太古宙到新生代均有产出,已知的岩石类型众多,其中花岗岩类岩石是构成该类型地貌景观的主要岩石类型。由于中国地质构造与气候带多样,形成的花岗岩地貌景观类不但多样性程度高,而且美学观赏价值也优于世界各国,中国是世界上拥有花岗岩景区最多的国家(陈安泽,2013)。

河北省内岩浆活动期次多,岩浆岩分布面积广,经过多期构造运动改造,形成了复杂多样的侵入岩地貌景观和丰富多彩的地质旅游资源。其中,酸性花岗岩是形成河北省内侵入岩地貌发育的主要岩类,分布于燕山地区及太行山北部。燕山期中生代地壳运动与陆内造山作用导致广泛的岩浆侵位和多期火山喷发,形成百余个规模较大的中酸性侵入体。这些中生代中酸性侵入岩的成景作用与区域构造、岩石组构、节理构造、气候环境等自然因素存在密切关系,与河流侵蚀、风化侵蚀等地表地质过程存在成因联系。侵入岩的物质成分、矿物组成与结构构造,对成景的控制作用显著,中基性侵入岩由于抗风化能力较弱,在地表环境容易剥蚀夷平,形成比较平缓的丘陵地貌;中酸性侵入岩岩石组成及矿物成分常存在比较明显的横向变化,经过长期缓慢的差异风化和不均匀的剥蚀作用,容易形成岩柱、角峰、峭壁等不同类型的地质景观。经亿万年内外力地质作用的共同雕琢,部分岩体已成为河北省风景秀丽的地质旅游胜地,如兴隆北部的雾灵山、丰宁西侧的窟窿山、丰宁西北的喇嘛山、丰宁云雾山、山海关北侧的石湖山(角山、长寿山)及秦皇岛西北的响山、祖山等。

1. 丰宁窟窿山花岗岩石窗

窟窿山为塞外奇山,位于丰宁满族自治县窟窿山乡,是当地最具代表性的旅游景点,乡以山名,足见其影响之大。窟窿山体高大,在高如屏的山体顶部,因风化、崩塌形成了一对东西并排的天窗,孔高约22m,左孔宽约14m,右孔宽约10m,中间石柱厚约2m,北魏郦道元曾在《水经注》中记为"孔山"。更为神奇的是与这座山东距百米,也有座海拔相近的"窟窿山",山顶也有个圆圆的窟窿,称之为东窟窿山,两山遥遥相对,为当地留下了众多美丽的传说,引无数游人向往。

图 4-49 丰宁窟窿山花岗岩石窗

早白垩世张家口期,丰宁地区发生了强烈的岩浆活动,火山喷发、熔岩溢流,形成了一套以浅成、超浅成碱长花岗质岩石为代表的硅饱和偏碱性岩石。窟窿山地区出露的浅肉红色中细粒斑状黑云母碱长花岗岩则是本次岩浆活动的代表性产物之一,受后期构造影响,岩石中节理、劈理较为发育。较薄的花岗岩石墙,部分地方因裂隙发育而破碎,也因受长期的风化作用局部坍塌坠落形成的穿洞称为"花岗岩石窗"。

2. 赤城大海陀圆顶峰长岭脊型花岗岩地貌

海陀山属军都山山地,大致呈北东—南西走向横卧于赤城与延庆之间,主峰海拔2 241m,形成地貌景观的岩性主要为早白垩世二长花岗岩。由于山体高耸,每年10月份起山顶便开始积雪,人称"海陀戴雪"。海陀山是地壳运动的杰作,地质构造上为华北陆块燕山褶皱带的一部分,它的地质历史可追溯到前震旦纪,其间构造活动强烈,岩浆岩侵入,形成了片麻岩基底。从新元古代震旦纪至中生代,区内先后经历了海侵、海相地层沉积、地壳活动产生褶皱和断裂、花岗岩侵入等地质作用。由于受地质作用和强烈构造运动的影响,其山体具有完整、高峰突兀、河谷纵横、沟壑交错、平川局限之特点。海陀山在中生代燕山运动所塑造的地貌形态基础上,受长期侵蚀及剥蚀作用后,大部分地区夷成准平面,后经过抬高,保存于现在的山顶,伴随着漫长的风化剥蚀作用,山体变得浑圆,山顶呈一个长近

10km、宽500m,最窄处不过百米的草甸平缓山顶,南侧断裂升降显著,山势险峻(图4-50)。同时伴随着流水下切,也具有众多的峡谷景观。

图4-50　赤城大海陀圆顶峰长岭脊型花岗岩地貌

海陀山的地貌类型可划分为山地、丘陵和小型盆地,以山地为主,不同地区,因内、外营力作用性质和强度的分异,故反映在地貌的成因和形态上都有差别。海陀山海拔落差大,气候垂直分带明显,包罗了从温带到寒温带的自然景象,是欧亚大陆从温带到寒温带主要植被类型的缩影,在我国华北地区植被垂直地带性、生物地理区系等方面具有典型性和代表性。

3. 赤城东猴顶圆顶峰长岭脊型花岗岩地貌

东猴顶位于河北省张家口市赤城县黑龙山国家森林公园内,是燕山山脉的最高峰,海拔2 292.6m,号称"京北第一峰"。东猴顶上广袤生长着高山草甸,远远望去像猴头顶,位于东面,故名"东猴顶",形成地貌景观的岩性主要为早白垩世石英二长斑岩(图4-51)。

图4-51　赤城东猴顶圆顶峰长岭脊型花岗岩地貌

东猴顶岩体为华北克拉通北缘燕山晚期岩浆活动的产物。岩体所处的大地构造位置除了与华北克拉通构造机制的转换相关问题息息相关外,还是燕辽成矿带内与成矿作用有关的系列花岗质岩体的一部分。东猴顶岩体呈岩基,区域上出露面积达500km^2,形成于早白垩世。岩浆源区和构造环境特征显示东猴顶岩体形成于地幔上涌、区域伸展的环境,说明华北克拉通北缘在早白垩世时期已经处于岩石圈减薄、地壳拉张的大背景下。东猴顶山势雄伟,高峦截云,层陵断雾,站在这里可以南望首都北京,北观坝上大草原,方圆千里群山峻岭尽收眼底。这里还是观日出、日落的好去处。

4. 兴隆雾灵山花岗岩山岳地貌

雾灵山位于北京市密云县与河北省滦平县、兴隆县接壤地带，属河北省兴隆国家地质公园雾灵山风景区，主体分布在雾灵山碱性杂岩南部。《水经注》载："伏凌山甚高峻，严嶂寒深，阴崖积雪，凝冰夏结，故世人因以名山也。"这里所说的伏凌山，就是燕山东段的最高峰雾灵山，明代这里是重要的边塞，曾修筑长城和关口。雾灵山山势雄伟突兀，主峰海拔2 118.2m，四周山高谷深，形成了独特而壮观的自然景观，素有"北方黄山"之称（图4-52）。

图4-52 雾灵山角峰（摄影/张希军）
角峰分布于雾灵山碱性岩的不同部位，以雾灵山南部角峰最为典型，可能是古冰川留下的遗迹

雾灵山是多次海侵和造山运动的共同产物。距今18.5~4.5亿年间，雾灵山地区先后经历了海侵、隆起、再次下降成海等地质活动，此后又隆升为陆地并长期接受陆相沉积。伴随着中生代的造山运动（燕山运动），地壳隆起，断层活动剧烈，岩浆大规模侵入，形成巨大的岩基，雾灵山为其中活动规模最大者，构成了燕山山脉的主体，岩体主要的侵入时代为132~131Ma，属早白垩世碱性侵入岩，岩性以正长斑岩、似斑状正长岩、黑云母正长岩、黑云母二长岩及黑云母花岗岩为主。岩体侵位之后经历了快速冷却、缓慢隆升、快速隆升及新生代晚期缓慢隆升、风化剥蚀4个主要阶段。剧烈的造山运动使雾灵山经历数次海陆变迁后，从燕山山脉中脱颖而出，领袖群山。由于褶皱断层发育，雾灵山碱性杂岩经过新生代中晚期的长期风化剥蚀，山体切割强烈，逐步形成海拔2 000~2 115m的峰顶面和海拔1 300~1 600m的唐县期夷平面。唐县期夷平面经过新生代晚期构造运动及第四纪河流侵蚀，逐步形成现今山岳地貌，在这一过程中节理发挥了特别重要的控制作用（图4-53）。

雾灵山山体的形成演变模式对燕山山脉隆升过程的研究具有重大的指导意义，保留的新生代构造抬升造成的多级夷平面、瀑布、峡谷等地貌景观，也是研究新构造运动的理想地区。

5. 宽城都山花岗岩山岳地貌

都山主脊呈东北—西南走向，横亘于宽城满族自治县和青龙满族自治县交界处，山群峰陡峻、山

图 4-53　雾灵山花岗岩石柱景观——仙人塔（摄影/张希军）

雾灵山花岗岩石柱景观为沿花岗岩垂直节理风化剥蚀后残留的柱状体，塔高 48m，宽 9m，厚 5m

峦起伏叠嶂，1 000m 以上的有娘娘顶、芹草顶、圆苍顶、白洼顶等多座高峰，主峰海拔 1 846.3m，山地面积 200 多平方千米，是燕山山脉东段主峰之一。都山地层可追溯至距今约 25 亿年的太古宙，主要由片麻岩及大量花岗岩侵入体构成，是亚洲大陆古老的山脉之一。山体为 2~1 亿年前燕山运动形成，岩性主要为黑云母二长花岗岩、花岗闪长岩、二长花岗岩等。在都山的山顶及高坡处，有不同岩性的花岗岩类石块大面积出露地表，由于组成岩石的黑云母、石英、长石等均具有玻璃光泽，远远望去如同积雪，古称"都山积雪"，属清代"口外八景"之一（图 4-54）。

都山山高且脉长，山地气候特征明显，良好的土壤、丰富的降水使都山森林茂密，植物按海拔高程分布明显，在海拔 1 500m 地带生长有少量的原始古树种云杉，以及国家二级保护树种黄樟椤、核桃楸、紫椴等，最独特是天女木兰花，开花时香飘数里，是我国珍稀的世界级保护植物。茂密的植被涵养着大量水源，也使得都山成为滦河支流长河的发源地，同时也是青龙河的支流都阴河发源地。

6. 青龙祖山花岗岩山岳及第四纪冰蚀地貌（国家地质公园）

祖山位于秦皇岛青龙县内，由于渤海以北、燕山以东诸峰都是由它的分支绵延而成，故以"群山之祖"命名。祖山山势跌宕，峰峦陡峻，1 000m 以上的高峰有 20 余座，最高峰天女峰，海拔 1 428m，是秦皇岛港显著的航标。

祖山的雏形在距今 2.08 亿年前的地壳运动中逐渐形成，后又历经燕山运动、喜马拉雅运动，导致花岗岩侵入并抬升呈山体。山体由中粗粒碱性花岗岩和斑状花岗岩构成，在风化、剥蚀、流水侵蚀等地质地理过程形成现今磅礴奇特的花岗岩地貌景观（图 4-55）。画廊谷是祖山的代表性景观，是由节

图 4-54　都山花岗岩山岳地貌（摄影/张东全）

理发育的花岗岩,经过冰劈和长期的风化剥蚀、岩石坍塌而形成的,谷长约 5km,移步换景,谷地一尊尊巨石相互交叠,溪流忽隐忽现,如同游走在画廊之中。

响山位于主峰东约 2.5km 处,壁峭石滑,不生草木,每逢阴雨多风天气,响山时常发出百乐齐鸣之声。它的奥妙在于响山花岗岩体原本十分均匀,经亿万年剥蚀风化,山中石柱、石壁、石穴众多,均处于千米高峰之上,强风吹来,无所阻挡,与山石洞穴摩擦发声,又有天女峰这一天然共鸣箱,从而演奏出经久不息的山石交响曲。

祖山地处燕山多雨带,年降水量平均在 1 000mm 左右,溪水绕流、瀑布成群,"北龙潭"瀑布落差 60m,绝壁青苔满布,龙口喷玉吐珠,景色十分壮观,其他诸如黄龙潭、黑龙潭等瀑布姿态各异。祖山植被茂密、气候宜人,植物物种多达 260 多种,国家濒危植物天女木兰在海拔千米的阴坡处竞相开放,其系第四纪冰川期幸存的珍稀花卉,是世界知名的珍贵树种。

7. 山海关长寿山悬阳洞（花岗岩巨型穿透洞为国家地质公园）

长寿山位于秦皇岛山海关城东北约 9km 处,沿长寿河流域呈东西走向,山体主要由燕山期花岗岩构成(图 4-56)。区内的悬阳洞玄妙幽深,是我国北方最大的、天然形成的、穿透式的花岗岩石洞,呈纺锤形,前后开阔,中间狭小,主洞穴进深 37m,高 13m,宽 14m,全洞长 117m,洞内石壁平滑,绿苔遍布,地理学家称之为"长城石窟"(图 4-57)。我国风光溶洞大多为碳酸盐岩洞,如此大规模的花岗岩洞在北方实属罕见,其成因是沿花岗岩节理、裂隙风化侵蚀而成,或被水流、侵蚀、潜蚀而成。

a.祖山花岗岩山岳地貌（摄影/爱旅行的秦小皇）

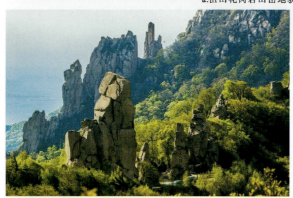

b.花岗岩犬齿状岭脊地貌景观（图片来源：视觉中国）

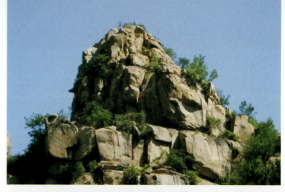

c.花岗岩水平节理发育

d.窟窿山（图片来源：全景网）
窟窿山上如一轮圆月东升的透天巨孔，可能是冰川作用形成的北方罕见的卧体冰臼

e.连体冰臼——仙女云床（摄影/谢思东）
可能是二三百万年前冰川作用的遗迹，冰川溶化后沿着冰川裂隙向下流动，在冰层的巨大压力下，向强烈冲击、研磨而在下层基岩表面形成的深坑

图 4-55 青龙祖山花岗岩山岳及第四纪冰蚀地貌

图 4-56　寿字碑林——花岗岩垂直节理发育　　　　图 4-57　悬阳洞——花岗岩巨型穿透洞

民国时期在前洞建有万仙楼,后洞建有孔庙和地藏王菩萨,儒、释、道三家和平共处,融融相生,成为其宗教文化现象的独具魅力之处。穿过古洞沿着石阶扶栏而上,光线渐暗,继续前行数十步,但见微光从洞顶射来,可见洞顶有自然形成的双孔,日光悬空,悬阳洞故此得名。

8. 易县摩天岭花岗岩山岳地貌

摩天岭位于易县西北与涞水交界处,是两县界山,山体由燕山期晚白垩世花岗质杂岩构成。主脊呈东西走向,海拔在 1 400～1 600m 之间,主峰海拔 1 813.3m,是易县第一高峰。主脊东端形成两条较大支脉:一支西端散开为尾状,较长支脉东西向延伸 7 000m 左右至黄安;另一支向南呈弧形至蔡家峪。

摩天岭南北麓分属易县与涞水,北坡在海拔 1km 左右的安妥岭附近形成宽缓谷地,呈西北走向;南麓向下至海拔 800～1 000m 处为缓坡阶地,拒马河支流清源河从摩天岭西侧而来,绕山脚东流,切穿山前阶地至紫荆关北与拒马河相汇。摩天岭前接紫荆关(图 4-58),后倚涞源白石山,左望苍茫太行,右眺华北平原,山势宏伟,群峰叠翠,沟壑纵横。独特的山体风貌与温带半湿润季风气候,孕育了丰富的森林植被,山上有广阔的原始次生林。

图 4-58　摩天岭前的紫荆关(摄影/马广宇)

9. 涞水龙门天关花岗岩峡谷地貌（断层峡谷为世界地质公园）

龙门天关位于河北省涞水县内，是京都通往塞外的重要关隘，物质基础是形成于距今118～91.8Ma的白垩纪早、中期，以花岗闪长岩、花岗岩以及各期侵入的杂岩体岩浆岩。到了第四纪时期，强烈的构造运动和岩石风化、崩塌形成峡谷和多级瀑布地貌。区内地质地貌景观主要有龙门天关断层绝壁、花岗岩大断壁（图4-59）、各种花岗岩象形地貌和上天沟九瀑十八潭等。紫荆关深断裂从这里通过，在上天沟地带的花岗岩体中可见大面积的碎裂花岗岩，断层峡谷的一边是巨大的悬崖峭壁，另一边是上天沟-高家庄断裂的断层面，断壁形如刀切，规模宏大。此外，在花岗岩中可见3组节理发育，沿着花岗岩体中的构造节理，发育形成很多的陡壁陡坎，到了夏季，丰富的雨水顺流而下形成瀑布，冬季气温在零下十几摄氏度，水冻结成冰形成冰瀑，风景壮观。

另外，龙门天关地区留下了很多人文历史遗迹，包括由花岗岩岩块和青砖砌成的大龙门古城堡；蔡树庵长城遗址和多处摩崖石刻（图4-60），在花岗岩崖壁上刻有金代、明朝至清朝官员所留摩崖石刻，刻字30余处，字体大小不等，其中以"千峰拱立"和"万仞天关"最为壮观，是我国书法艺苑中难得的珍品。这些摩崖石刻得以保存下来是由花岗岩岩石的物理性质决定的，即花岗岩的抗风化能力强。

图4-59 龙门天关断崖绝壁

新构造运动阶段，以紫荆关山前-深断裂为界，差异升降运动加剧，受构造抬升及流水侵蚀影响形成了高家沟-上天沟峡谷和龙门天关断壁

图4-60 蔡树庵长城遗址

万里长城的一部分，属明代内长城的重要组成部分，全长2km，此段长城造型美观，结构精巧，御敌设施齐全，现保存仍比较完好

10. 阜平铁贯山（低山）圆丘、石柱花岗岩景观

距今2亿年前的燕山期，阜平地区构造活动强烈，大量中—酸性岩浆沿深大断裂于麻棚等地上升侵位形成花岗岩体。岩体历经沧桑，经过隆升、断裂、风化等地质地理过程形成的一座独立山体，即马兰村铁贯山。铁贯山虽然规模不大，但圆丘花岗岩地貌较为典型，另外还发育有石瀑、石蛋、岩穴等不同类型的花岗岩地貌（图4-61）。

【（低山）圆丘花岗岩地貌】是花岗岩地貌景观的一种代表性类型，由海拔1 000m以下的花岗岩体构成，外貌呈巨型圆丘状的花岗岩地貌景观。它主要形成原因为花岗岩体呈穹隆状上拱形成，顶部松散的风化碎屑被剥蚀之后，岩体表面光滑，形成圆丘状。在圆丘弧面上往往分布着密集的平行细沟，因远望如瀑布一般倾泻而下，有学者称之为"花岗岩石瀑地貌景观"。这种景观多出现在花岗岩株的根部，由于花岗岩致密坚硬，成分均一，化学风化和降水冲淋是形成此种景观的重要因素，尤其是大雨之后阵发性的雨水沿岩壁向下冲蚀是形成石瀑景观的最主要动力。

图 4-61　阜平铁贯山(低山)圆丘花岗岩地貌

铁贯山坐落于胭脂河畔,海拔高 935m,外型呈浑圆状的巨丘形态。山体上部光滑圆润,坡角较大,岩石节理不发育,植被稀少,且表面有平行分布的细沟;山腰之下的情况则恰恰相反,地势凹凸不平,坡度变缓,岩石节理发育,植被茂密,散落堆积数量众多的石蛋,石蛋大小不一,多呈浑圆状。

石蛋花岗岩地貌是指原地或移位的花岗岩块体,外貌呈浑圆的蛋状地貌景观,是花岗岩风化壳弱风化节理中特有的风化结构。20 世纪 50 年代曾昭璇先生首次提出花岗岩"石蛋地形"术语。石蛋是花岗岩球状风化的产物,3 组以上的节理把岩石切成许多大大小小的立方体状,棱角受 3 个方向的风化,棱边受 2 个方向的风化,而面上只受 1 个方向的风化,经过一段时间后,角和边首先消失,形成石蛋。山体的顶部或山坡的转折处,是石蛋最易形成的场所(图 4-62、图 4-63)。

图 4-62　花岗岩球状风化发育

图 4-63　花岗岩球状风化形成示意图(据郭小飞等,2017)

除了在铁贯山上看到各种典型的花岗岩地貌景观以外,在铁贯山山脚下小溪里,还可以看到一处规模较小的花岗岩岩穴群,岩穴大小不一,相互连接,呈口小肚大的茶壶形状,"壶内"光滑平坦,底部有少量花岗岩碎屑，构成了岩穴型花岗岩地貌景观（图4-64）。

在距离铁贯山不远的麻棚水库大坝边上有一处花岗岩地质奇观，其呈长柱状，高约5m，最窄处直径约1m，形似男性生殖器，该石造型逼真，令人啧啧称奇，被当地人称之为"一柱擎天石"（图4-65）。一柱擎天石的形成也主要受岩石节理的影响，沿花岗岩垂直节理风化崩塌后形成孤零零的花岗岩四棱柱，之后由最初的四棱柱变成圆柱状，石柱顶部接受雨水中的Ca、Fe等离子使外壳硬化，颜色变成灰黑色，而下部岩石受盐风化作用的影响，反而不断向内凹进，形成独特的一柱擎天形态。

图4-64　河道中的花岗岩岩穴

本区花岗岩体的表面，特别是谷地中，沿水流方向散布着众多的石穴，平面上以圆形为主，垂面上以圆筒状为基本形态的各种不规则变形，穴的直径从几十厘米到几米不等。岩穴的形成系流水裹携砂、卵石沿岩石薄弱处（晶洞或花岗岩暗色矿物集中处）进行冲击，在水流过程中，对河床的机械磨蚀而形成的凹坑。流水以及携带的碎屑物质是形成岩穴的关键，当碎屑遇到河床上的凹坑无法前进，被水流形成的漩涡带动不断打转，日积月累便在河道上研磨成大小不一的岩穴

图4-65　花岗岩石柱景观——一柱擎天

第五节　火山岩地貌景观

"火山"一词最初的含义就是指能"喷火"的山，这种神秘的自然现象自地球形成以来的46亿年间从未停止过，它是地球上最壮观的景象之一（图4-66），也是地球生命力的象征。然而火山留给我们的印象往往是令人恐惧的，火山爆发形成炙热的岩浆流温度可以高达1 200℃，所到之处一切化为灰烬。但更具威胁的是火山喷发出的大量火山灰和含硫气体，它们进入大气层中形成气溶胶，反射太阳光，使地球进入"寒冬"，同时还会形成泥浆雨和酸雨，给人类的生命和财产带来了巨大的威胁。

尽管如此，火山在剧烈的喷发之后，也为我们缔造出一个风光旖旎的火山世界。受岩浆物质成分、地质构造，以及不同的地区不同的喷发阶段的影响，有的火山喷发很宁静，岩浆如流水一般溢出地表，缓慢地向地势低洼处流动；而有的火山喷发很剧烈，暗红的岩浆在滚滚黑烟的裹携下喷涌而出，随

图 4-66 火山爆发——地球生命力的象征

2018年5月3日，一场5.0级的地震过后，位于美国夏威夷岛的基拉韦厄火山（Kilauea Volcano）开始爆发。在黑夜的衬托下，岩浆、灰烬、蒸气与闪电交织，唱出了一首恢弘的"电与火"之歌

后又疾驰而下。不同的喷发形式，造就了火山地貌景观的多样性以及独特性，如火山活动过程中形成的火山口、火山锥、火山颈等火山机构地貌（图4-67a～b）；火山熔岩在流动冷却过程中形成的熔岩隧道、柱状节理、喷气锥、喷气碟等熔岩流地貌（图4-67c～e）；火山岩受风化侵蚀作用构成的火山岩石门、峡谷、天生桥、崩塌洞穴等火山岩风化地貌（图4-67f）。它们通常具有较高的美学价值，是重要的旅游观赏资源。

a. 火山口湖（吉林长白山国家地质公园）

b. 盾状火山（内蒙古乌兰哈达地质公园）

c. 喷气锥（黑龙江五大连池世界地质公园）

d. 熔岩隧道（海南雷琼世界地质公园）

e. 石柱群（福建漳州国家地质公园）

f. 火山岩叠嶂（浙江雁荡山世界地质公园）

图 4-67　我国主要的火山地质公园及其典型的火山地貌

我国火山地质遗迹资源丰富，具有多种奇特的火山地貌景观。目前，已经建立了 21 个以火山地貌为主题的国家级地质公园，以及黑龙江五大连池、浙江雁荡山、中国雷琼（海口、湛江）、黑龙江镜泊湖 4 个世界级地质公园。这些火山地质公园主要分布在两大区域，一是受太平洋陆块向西俯冲的影响，分布在我国东部火山带；二是受印度陆块碰撞俯冲的影响，分布在青藏高原火山带上。这些奇特的火山地质公园，基本涵盖了我国不同时代、不同类型的火山地貌景观，为我国火山地质遗迹建立了一份珍贵的天然档案。

河北省是我国火山岩最为发育的地区之一，从太古宙到新生代均有不同规模不同程度的火山活动，因此形成的火山地貌景观类型丰富，数量众多，以中、新生代火山岩地貌为特色。中生代火山岩分布范围几乎遍布全区，火山地貌主要为峡谷、石门、崩塌洞穴等火山岩风化地貌，而火山口、火山锥等火山机构地貌大多已难以分辨其形态,仅部分以破火山口的形态保留;新生代火山岩主要分布于华北陆块北缘的坝上地区,在太行山中、南段的雪花山、武安等地也有零星出露。这里形成的火山地貌主要有火山口、盾状火山、火山残颈山等火山机构地貌,以及熔岩流、熔岩洞、石柱群等火山熔岩流地貌。

一、十山九无头——火山机构地貌

火山机构地貌通常由火山口、火山锥和火山喉管组成,并表现出各自独特的地貌形态。如火山口在地表通常表现为环形熔岩坑,后期受到破坏形成锅形洼地,即破火山口;火山锥表现为火山喷出物在火山口周围堆积而形成的锥状、盾状山丘;而火山喉管由于其中充填的熔岩或火山碎屑物,常常形成圆柱状岩体,如果其抗风化能力强于围岩,则形成孤立突兀的柱状山丘,称为火山残颈山。

河北省火山机构数量众多,但因后期熔岩覆盖、构造运动、剥蚀、夷平等作用,大部分火山机构保存欠完整,保存较好的有张北十字街渐新世—中新世古火山口群、燕塞湖白垩纪火山根部构造、围场大顶子渐新世—中新世盾状火山、崇礼接沙坝渐新世—中新世含橄榄岩深源包体火山塞等(表4-4)。

表4-4 河北省重要火山机构地貌遗迹

亚类	编号	地质遗迹名称	造貌母岩时代	等级
火山机构	MH01	沽源庞家营早白垩世火山残颈山	早白垩世	省级
	MH02	沽源丰源店早白垩世火山穹隆	早白垩世	省级
	MH03	张北十字街(大岳岱、小岳岱、中华)渐新世—中新世古火山口群	渐新世—中新世	国家级
	MH04	张北绿脑包渐新世—中新世熔岩穹丘	渐新世—中新世	省级
	MH05	张北县二道边渐新世—中新世古火山口	渐新世—中新世	省级
	MH06	崇礼接沙坝渐新世—中新世橄榄岩深源包体熔岩塞	渐新世—中新世	国家级
	MH07	围场大顶子渐新世—中新世盾状火山	渐新世—中新世	省级
	MH08	围场上伙房渐新世—中新世寄生古火山口	渐新世—中新世	省级
	MH09	围场哈字早白垩世破火山口	早白垩世	省级
	MH10	承德牦牛窖月牙山早白垩世层状火山	早白垩世	省级
	MH11	承德大贵口早白垩世隐爆角砾岩筒	早白垩世	国家级
	MH12	秦皇岛后石湖山早白垩世火山根部构造	早白垩世	国家级

1. 张北十字街渐新世—中新世古火山口群

火山口群位于张北县十字街村一带,主要有大岳岱、小岳岱、中华村等多个火山口,各火山口相互毗邻。这些火山机构主要分布于北东向与北西向两组构造交会部位。其中大岳岱、小岳岱两个火山机构基本保留了原始火山地貌,表现为浑圆状孤立山包。小岳岱火山是"宁静式"喷发的代表,大岳岱火山是"爆发式"喷发的代表,这两种喷发方式是现今火山喷发的两种主要类型,具有代表性和典型性。

大岳岱火山口由5个较平缓的小山丘构成环状构造,中心为低洼的火山口(图4-68a),火山口向北西开口,地层产状平缓,倾角一般小于10°,长轴直径800m。火山口由中心向四周发育有放射状沟谷,为放射状断裂通过处。火山口周围浮岩、渣状熔岩发育(图4-68b),见有3种火山岩相,为爆发相、溢流相、火山沉积相。爆发相为渣堆熔岩、紫色浮岩(图4-68c)。溢流相为含气孔玄武岩、块状玄武岩熔结集块熔岩。沉积相为钙质胶结砂砾岩。从剖面分析,火山喷发中心地带岩浆喷出后,中心部位岩浆库空虚,地壳陷落形成5个山头中间的洼地。

a. 大岳岱火山口由5个小山丘组成环形山垣

b. 大岳岱火山熔岩渣堆宏观特征

c. 大岳村火山口附近紫红色浮岩

图 4-68 张北大岳岱古火山口特征

小岳岱火山口位于张北县白不落村南风电观景塔东北侧。平原形态呈圆形,形状为圆锥状,中心部位为火山通道(火山口)位置。岩性由砖红色浮岩少量火山弹组成,其四周对称出现气孔状玄武岩、气孔杏仁状玄武岩、含气孔玄武岩的重复出露。该火山先后共喷发近10次熔岩溢流,火山活动先后经历了强→弱→强→弱的演化过程。火山岩相为火山口相及溢流相。火山口相为渣状熔岩、浮岩(图4-69),溢流相为气孔玄武岩、气孔杏仁状玄武岩及含气孔玄武岩。该破火山最后一期火山喷发是沿北西向裂隙溢流而出,岩性为灰色含气孔玄武岩,而将早期火山堆积物覆盖。

另外,中华村火山口位于张北县中华村附近,由4个山包组成环状火山垣,东部火山垣上浮岩出露,中心洼地开阔平坦,向北侧开口,火山口形态保存较好。浮岩呈南北向分布,长轴直径约800m,有小规模的开采史,现已停采。

2. 围场大顶子渐新世—中新世盾状火山

大顶子火山位于坝沿大顶子高地一带,地貌为直径约2 500m浑圆状低缓山丘,总体上,火山锥呈下平上凸的饼状,几何形态具盾状火山特征,是流动性较大的玄武岩熔岩,流出地表堆积而成的盾状高地。表面坡度平缓,很少超过10°,相对高度很小。

图 4-69　张北小岳岱古火山口中紫红色浮岩

从谷歌卫星图上可以看出，火山周围发育放射状冲沟（图 4-70），向外围逐渐变为平坦的玄武岩台地。顶部火山口比周围台地高出约百余米，岩性由致密块状玄武岩和气孔杏仁状玄武岩组成，具多个火山喷发韵律，玄武岩向外缓倾斜。火山口中心被柱状节理十分发育的侵出相橄榄玄武岩充填，柱状节理在中心近直立状，周围呈围斜内倾状，构成正扇形节理系统。

图 4-70　大顶子高地谷歌卫星图

3. 秦皇岛后石湖山早白垩世火山根部构造

后石湖山位于秦皇岛燕塞湖北侧，地貌陡峻，奇峰怪石，千姿百态，是山海关北面的第一山，后石湖山南北两侧各有一座陡峭的山峰，直插云霄，远观雄立于关口附近，似勇士把关，实际为后石湖山的两个"犄角"，南面的"犄角"称角山。北面"犄角"隐藏于山后，无名。相较于后石湖山，角山似乎更加有名气，角山距古城山海关北约 3km，系燕山余脉，是关城北山峦屏障的最高峰，海拔 519m，峰为大平顶，平广可坐数百人，有巨石嵯峨，好似龙首戴角，故名。角山是万里长城从老龙头起，越山海关，向北跨越的第一座山峰,所以人们又称它为"万里长城第一山"(图4-71)。

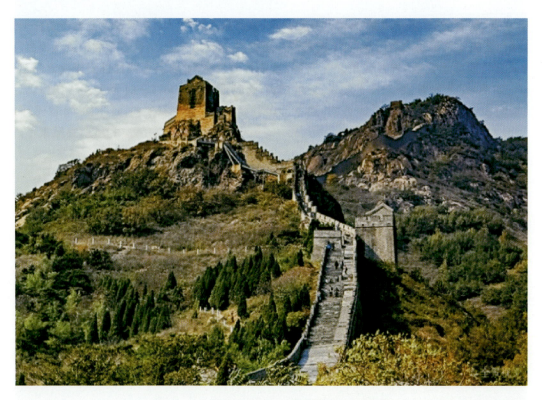

图4-71 秦皇岛后石湖山南部的角山与长城

后石湖山火山机构形成于早白垩世早期,火山喷发之后,火山口塌陷形成破火山口,随后经过长期抬升和强烈剥蚀,使得位于火山根部的潜火山岩或中央侵入体大量裸露,因此称后石湖山火山根部构造。后石湖山平面形态总体呈近等轴状,出露面积约 $100km^2$。以后石湖山为中心,水系呈放射状分布。后石湖山火山根部构造岩相类型虽较简单,但其空间组合极具特色。由中心向外依次为侵入相、火山碎屑流相、溢流相,边部发育少量浅成侵入相正长斑岩(图4-72)。侵入相相对发育,是火山根部构造的主体岩相。岩性为早白垩世晚期斑状碱性花岗岩,岩石坚硬,抗风化能力强,以发育大型柱状节理和中细粒结构为特征,大规模中央侵入体的出露,表明后石湖山经历了强烈抬升与剥蚀;火山碎屑流相由流纹质、英安质熔结角砾凝灰岩、流纹质熔结凝灰岩组成,呈环带状分布于中央侵入体周围,反映了该火山机构曾有过强烈的爆发活动;溢流相仅在该机构西侧见到,出露范围及堆积厚度均小,岩性为安山玄武岩与玄武安山质角砾熔岩。浅成侵入相沿环状断裂侵入分布在外围,宽度一般为200~500m,岩性为早白垩世晚期正长斑岩,构成特征的环状岩墙,清晰的勾绘出了破火山口的范围。

4. 火山残颈山沽源庞家营早白垩世流纹岩火山残颈山

火山残颈山位于沽源县莲花滩乡庞家营村,火山口形态椭圆,出露面积约 $100km^2$,位于盆地中南部,火山喷发产物为早白垩世张家口组中酸性火山岩,岩层产状围斜内倾,岩相绕中心呈环带分布,由外向内依次出露石英粗面岩、流纹岩、流纹质角砾凝灰岩(局部有沸石化沉凝灰岩)、流纹质熔结凝灰岩。喷发中心为侵出相酸性熔结凝灰岩占据,具有产状近水平的大型柱状节理,形成陡峭的山峰,形成火山残颈山(图4-73),山体高大挺拔,直冲天际,在众多山脊之中脱颖而出,夺人眼球。火山机构半环状断裂发育,限定了火山口的塌陷范围,火山南北两端东瓦窑、乔家店存在受环状断裂控制的侧火山,侧火山口分别被流纹岩及石英正长斑岩充填。

第四章 地貌景观与地质灾害类地质遗迹分述

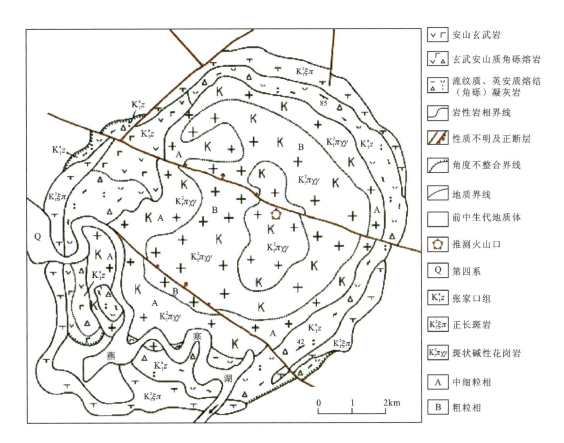

图 4-72 秦皇岛后石湖山白垩纪火山根部构造地质简图

图 4-73 沽源庞家营早白垩世流纹岩火山残颈山

5. 崇礼接沙坝渐新世—中新世含橄榄岩深源包体熔岩塞

在张北坝缘一带熔岩栓呈串珠状分布，其中在张北与崇礼交界的接沙坝地区，形成规模巨大的火山熔岩栓。熔岩栓平面形态为近等轴状，剖面上为管柱状，外围由玄武质集块岩、火山弹及浮岩混合堆积而成。它最大的特色是火山通道由大量含橄榄石深源包体的橄榄玄武岩形成（图 4-74a），深源包体出露范围长约 100m，宽约 30m，呈层状、透镜体状产出。上、下均为块状玄武岩，局部包体具强碳酸盐化。深源包体因运移过程中的熔蚀和摩擦作用致使其圆度较高，多呈次圆状、次棱角状，少数呈圆状和棱角状（图 4-74b）。包体大小相差悬殊，最大者为 20cm，小者仅达数毫米，甚至肢解成单粒捕虏晶。

a.大量橄榄石深源包体构成了熔岩栓

b.深源包体多呈次圆状、次棱角状，少数呈圆状和棱角状

图 4-74 接沙坝含橄榄岩深源包体火山塞

这些被带到地表的橄榄石包体是上地幔的岩石碎块，是人们认识和了解上地幔的重要途径。其中所蕴含温度、压力、氧逸度、微量元素、同位素，以及各种岩石物性等信息，就可认为基本代表了当时它们赖以栖身的上地幔状态，因而被誉为"来自上地幔的信使"。该地质遗迹还是重要的橄榄石宝石产地，但由于开采破坏，地质遗迹亟待保护。

二、火山熔岩地貌

火山喷溢出的熔岩在流动过程中，经冷却后形成固体岩石堆积称之为熔岩流地貌。由于熔岩流在流动过程中会受诸多因素的制约，因此冷却之后形成不同的熔岩流地貌景观。如熔岩流前进时，遇到陡坎形成熔岩瀑布，遇到洼地形成熔岩湖，遇到沟谷则可能形成熔岩隧道。此外，当熔岩流厚度较大时并且冷却过程中周围环境比较稳定时，容易形成石柱群景观。常见的熔岩流地貌主要发育在玄武岩区，这是因为玄武质的岩浆黏度较流纹岩、安山岩的岩浆黏度要低，具有更好的流动性。河北省典型的熔岩流地貌有熔岩楔、熔岩洞、石柱群等地貌景观，其中以石柱群、火山熔岩洞地貌景观最为典型，且最具观赏性（表 4-5）。

第四章 地貌景观与地质灾害类地质遗迹分述

表 4-5 河北省重要火山熔岩地貌

亚类	编号	地质遗迹名称	造貌母岩时代	等级
火山熔岩地貌	MH13	沽源大石砬安山质玄武岩石柱群	早白垩世	国家级
	MH14	沽源喇嘛洞渐新世—中新世火山熔岩洞	渐新世—中新世	省级
	MH15	张北大疙瘩玄武岩石柱群	渐新世—中新世	国家级
	MH16	张北接沙坝渐新世—中新世熔岩洞	渐新世—中新世	省级
	MH17	张北下四渐新世—中新世火山熔岩楔、熔岩流	渐新世—中新世	省级
	MH18	崇礼骆驼窑子渐新世—中新世石柱群	渐新世—中新世	省级
	MH19	万全白龙洞渐新世—中新世火山熔岩洞	渐新世—中新世	国家级
	MH20	武安柏草坪渐新世—中新世火山熔岩流	渐新世—中新世	国家级

1. 石柱群

火山岩石柱群是由火山喷发的岩浆在冷却过程中形成的大量石柱体,它的独特性在于,各石柱体之间常以规则的柱状节理间隔开来,仿佛经过精密的仪器切割之后形成,让人不禁感叹大自然的鬼斧神工。这种神奇的火山岩石柱大多发育于玄武岩中,是玄武岩在冷凝收缩过程中形成的。由于火山熔岩在散热冷凝过程中,表面常形成无数冷凝收缩中心,最终这些收缩中心呈均匀且等间距排列,冷凝分裂成一个个规则的六方柱,发育不理想时会形成四方柱、五方柱等(图 4-75)。由于石柱群形成环境不同,导致其形态特征、断面形态、排列方式上具有各自特点,如形成于火山通道内的石柱群,一般石柱长度较大,呈放射状;形成于熔岩流中石柱群,石柱相对较小,多呈直立状或倾斜状。

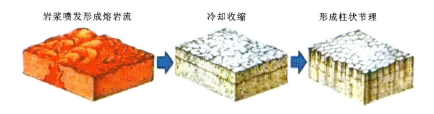

图 4-75 岩浆冷却收缩形成柱状节理过程示意图(据倪绍虎,2016)

理论上,只要有玄武岩的地方,几乎都有可能形成这种石柱子。但实际上,在柱状节理形成时会受环境因素制约,那种典型的、出露规模巨大的石柱群并没有想象那么多见。世界上知名的玄武岩石柱景观有北爱尔兰的巨人之路(图 4-76a)、美国怀俄明州魔鬼塔,以及中国南京六合桂子山、厦门漳州牛头山等。值得一提的是,最近几年也陆续发现流纹质、凝灰质的火山岩石柱(徐松年,1995),如浙江衢州流纹岩石柱(图 4-76b)、临海桃渚大堪头山等。

河北省内石柱群数量较多,除本次工作所收录的石柱群以外,在张北汉诺坝、崇礼骆驼窑、尚义石人背等地区均发现有石柱群的存在。由于这些石柱群形成环境不同,导致不同地方石柱群各具特色,在排列方式上有垂直、倾斜、平卧以及放射状等。断面形态以六边形居多,还有少量四边形、五边形等。这些特征上的差异也使得河北省石柱群姿态万千,变化不一。典型的有张北大疙垯石柱群,其完美的六棱状形态可以与英国北爱尔兰的"巨人堤"媲美,其次还有沽源大石砬石柱群,是较为罕见的玄武质安山岩形成的四边形石柱群。

a.巨人之路（北爱尔兰）

b.流纹岩石柱（浙江衢州湖南镇）

图 4-76　世界上典型的石柱群

1）张北大圪垯渐新世—中新世玄武岩石柱群

大圪垯石柱群位于张北县台路沟乡大圪垯村北，内嵌于山丘向阳坡面，是由六棱柱状、五棱柱状玄武岩石柱组成的石柱群，石柱排列有序、分布集中，出露面积约 1 500m²。石柱单体高 0.3～1.0m，直径为 40～60cm。大圪垯石柱群是 1994 年发现的，随后又在其附近发现后花村、大营滩村两处规模较大的石柱群（图 4-77a）。

a.大圪垯石柱群

b.后花村石柱群

c.大营滩石柱群

图 4-77　大圪垯渐新世—中新世玄武岩石柱群

后花村石柱群位于大圪垯东南 2km,两者相隔大营滩水库。2014 年被当地政府发现,原是村民采挖石料后留下来的一个剖面,高 20m,宽 400m,六棱柱直径为 15～80cm,多数为 40～50cm。该石柱群为形成于火山通道内的放射状石柱群,并一直向地下延伸,像一根根砸向地心的楔子。周边可见暗紫色熔岩渣堆分布,暗紫色浮岩。由于冷凝过程中环境变化不同,形成的柱型形状也不同,有四棱柱状、五棱柱状和六棱柱状等(图 4-77b)。

大营滩石柱群位于大圪垯东北 2km 处,它的石柱形态与后花村相同,石柱群多数是由六棱形的石柱组成,整体呈直立密切排列状,如同经过人工雕琢一般(图 4-77c)。而大营滩石柱群的规模和观赏性却是台路沟乡三处石柱群中最壮观的。大圪垯石柱群与大营滩石柱群、后花村石柱群相互毗邻,这 3 处石柱群交相辉映,构成独特的火山岩石柱群景观。

2)沽源大石砬早白垩世玄武安山岩石柱群

大石砬石柱群位于沽源县长梁乡大石砬村,它最大的特点由玄武安山岩形成的四边形石柱群,这与常见的玄武岩六边形石柱大不相同,使得这一火山石柱奇观独具特色。大石砬石柱群整体造型奇特,出露高度从几厘米到七八米不等,形态十分规则,如人工雕刻开凿一般(图 4-78)。玄武安山岩石柱总体倾向 315°,倾角变化较大,或近于直立,根根向天,或近于水平,形如花团锦簇。它柱状节理断面呈 10～20cm 的规则正方形,均匀紧致,鳞次栉比,环环相扣。它形成于早白垩世,是炙热的熔岩在急速冷却过程中因体积收缩而形成规则四棱柱。这一火山地质奇观的完好存在,不仅为当地增添了一处独特的旅游景观,同时对研究火山的岩浆生成和地质构造有重要科学价值。

图 4-78 大石砬石柱群

2. 火山熔岩洞

熔岩洞由玄武岩组成,是玄武质的岩浆在流动过程中,其表层首先冷却形成玄武岩壳,而其下部保持熔体状态继续流动。这时,熔岩流被限制在由玄武岩构成的管道内,最后熔岩流排空而形成状如隧道的熔岩洞。

由于不是所有玄武岩区都会形成熔岩洞,其形成受当时地表形态的制约。因此,熔岩洞是较为罕见的火山地貌景观。并且由于熔岩隧道的形成明显不同于石灰岩地区的溶洞,以及花岗岩、流纹岩地区的堆积洞或崩塌洞。它是熔岩流动冷却成岩过程中形成的,是一种原生洞穴,具有自身独特的地质科学意义和观赏价值。中国目前熔岩隧道仅发现于镜泊湖、海口、五大连池 3 个火山世界地质公园。河北省内目前较为典型的熔岩洞穴有万全白龙洞渐新世—中新世火山熔岩洞(图 4-79),沽源喇嘛洞渐新世—中新世火山熔岩洞(图 4-80)。除此之外,沿张北坝缘一带出露呈串珠状熔岩洞,但规模较小。

图 4-79 万全白龙洞渐新世—中新世火山熔岩洞

白龙洞位于万全县新河口村坝边半坡陡崖中,熔岩洞穴有 3 个,主洞高 2.5m,宽 5.2m,洞深约 20m,洞室呈不规则形,洞壁凹凸不平

a. 喇嘛洞

喇嘛洞在距山脚50m高的陡崖腰间,洞口呈不规则椭圆状,洞内呈"回"字形,外洞高2.5~4m,宽6m,深10m;内洞悬高1.5m,高2~3m,长3m、宽2m,可见残留的人类活动遗迹

b. 小喇嘛洞

洞口呈高1.5m,宽4m的拱形,石洞宽约10m,长13m,地面坡角约5°,可见一个长3.5m、宽2m、高约0.4m的石床。石洞顶部不规则,高度2~4m不等

图 4-80 沽源喇嘛洞火山熔岩洞

三、火山碎屑岩地貌

火山岩在冷却之后,除形成火山独有的地貌景观之外,在地球内、外营力的作用下,还形成一些其他常见的地貌景观,如火山岩峡谷、崩塌洞穴、天生桥、象形石等。这些火山岩风化地貌多数发育在中生代的流纹岩地区,而新生代玄武岩地区不发育,这可能与岩石成分、结构构造以及风化条件不同有关。河北省典型的火山岩风化地貌有沽源大石门火山岩天生桥、神仙山火山岩峡谷、峰林地貌,其中神仙山火山岩形成的火山岩峰林,是国内少有的"火山岩石林"地貌景观(表4-6)。

表4-6 河北省重要火山碎屑岩地貌

亚类	编号	遗迹名称	造貌母岩时代	等级
火山碎屑岩地貌	MH21	沽源大石门早白垩世火山岩天生桥	早白垩世	省级
	MH22	丰宁云雾山中侏罗世火山岩峰林地貌	中侏罗世	省级
	MH23	丰宁白云古洞早白垩世火山岩崩塌洞穴	早白垩世	国家级
	MH24	涞水白草畔早白垩世火山岩峰林地貌	早白垩世	省级
	MH25	阜平神仙山早白垩世火山岩峰林、峡谷、象形石地貌	早白垩世	省级

1. 沽源大石门早白垩世天生桥

在沽源县大石门村西近山顶处,出露约500m² 的火山岩,整体似一只巨蜥伏地而卧(图4-81a),掩映于灌木掩盖下,首尾相衔,若隐若现。在其"尾巴"之处,形成一天然的石拱桥(图4-81d),桥宽约4m,高2.5m,由于其形态与古代石拱门无异,故当地人称之为"大石门",村名即由此而来。天生桥北部有石洞(图4-81b),可容一人低头前行,过石洞可见两条石道(图4-81c)。石道平直,宽约2m,两壁峭立,高约4m,行走其中,让人不得不感叹大自然的鬼斧神工。

相传有老獾在此修炼得道飞升,但其真正的形成原因则是该处岩石为张家口组流纹质火山角砾岩,其形成于1.37亿年前,是早白垩世火山爆发,位于火山口部位岩石崩塌炸裂,在此坠落堆积成岩。此后张性断层自此通过,将此岩块切割并造成岩石破碎。天生桥为顶部岩石未受到破坏,底部岩石遭受风化崩塌脱落形成。石洞为崩塌的火山岩堆积形成,而石道为裂开的火山岩遭受风化侵蚀不断扩大而成。

2. 阜平神仙山早白垩世火山岩峰丛、峡谷、象形石地貌

说起三山五岳中的北岳恒山,不少人都知道其位于山西省的浑源境内,可很多人不知道,在清顺治之前,北岳恒山指的是河北阜平县境内的神仙山。《清史稿·地理志》对此有详细记载:"曲阳,西北恒山,古北岳,顺治末,改祀于山西浑源。"故神仙山是为古北岳恒山,又名大茂山、恒山、常山、神仙尖,是太行山东麓的一个支脉,雄踞于阜平、唐县、涞源三县交界处,是华北平原通向西北山地的第一座屏障,号称"天下第二山",位居北直隶名山之首。最高峰太乙峰,又名奶奶尖,海拔1 869.8m。

神仙山山体庞大,主峰高耸,周边四脉展布(图4-82a)。山体主要由侏罗纪火山喷发之后形成的髽髻山组碎屑岩构成,岩性为角砾凝灰岩、安山质集块岩等。岩石多呈淡黄色、淡青色,角砾构造发育,随着风化作用的加剧,岩石中的角砾逐渐脱落形成孔洞,故有"神仙山的石头都长眼"一说

a.大石门宏观整体似一只巨蜥伏地而卧　　b.火山岩崩塌堆积形成的石洞　　c.断裂形成的石道

d.火山岩下部岩石风化崩塌剥落，使得上部形成天生桥

图 4-81　沽源大石门天生桥

（图 4-82b）。长期的地质作用和水流冲刷形成了神仙山地区规模宏伟巨大的火山岩峡谷群（图 4-82d），它们或蜿蜒曲折、或险峻高耸、或曲径通幽，体现了"北岳天下幽"的景观特色。在我国北方是唯一的，也是最大最奇特的火山岩大峡谷。此外，受断裂构造以及风化、崩塌等地质作用影响，在神仙山三眼井村一带形成蔚为壮观的火山岩峰林地貌（图 4-82c）。此处数十座奇峰林立，山势陡峭，其形态与典型喀斯特峰林地貌相似，是国内少有的"火山岩石林"地貌景观。除了典型的火山岩地貌形态以外，由于内外地质作用形成的裂隙，受构造、风化剥蚀、重力等作用崩解，残留部分形成奇特、数量众多的象形山石，有双面观音、逍遥椅、虎口石、元阳石等（图 4-82e～h）。

图 4-82　阜平大台乡神仙山火山岩峰丛、峡谷、象形石地貌

第六节　构造地貌景观

地壳在构造运动过程中，常常引起地表形态的剧烈变化，大到如海洋与陆地、高山与平原，小到如峡谷、悬崖、飞来峰、河流阶地等，这些我们所熟知的地貌形态均是构造运动的结果。因此，地质学上把由构造运动形成并表现出明显的构造成因的地貌称之为构造-地貌。构造-地貌可以分为3个等级，第一级是大陆和洋盆；第二级是山地和平原、高原和盆地，这两者属于大地构造-地貌，基本轮廓直接由地球内力作用造就；第三级属于地质构造地貌，按照形态进一步划分为水平构造地貌、倾斜构造地貌、褶曲构造地貌和断层构造地貌等。这些三级构造地貌的形成除由现代构造运动直接造就以外，大多数是经过外部风化侵蚀的雕琢。如水平构造地貌形成的方山和塔峰（图4-83a），倾斜构造地貌

形成的单面山和猪背脊（图483b），褶曲构造地貌的背斜谷和向斜山（图4-83c），以及断层地貌中的峡谷、断层崖等（图4-83d）。

值得一提的是，在漫长的地壳演化过程中，古老的构造-地貌往往消失殆尽，如今呈现在我们眼前的地貌，大多是新近纪（约23.3Ma前）之后构造运动形成的。

a.方山与塔峰（河北赞皇嶂石岩）
嶂石岩长城系红色砂岩地层产状水平，在构造抬升过程中，岩石受节理控制，并在风化作用下不断崩塌形成的

b.猪背脊（甘肃张掖）
张掖丹霞地貌由红色的砂岩、砾岩组成，地层受构造作用发生倾斜，前坡遭受风化破坏，并与后坡构成对称的斜面，形成"猪背脊"

c.向斜山（四川五色山）
五色山是一座典型的褶皱山，是在水平挤压应力作用下，岩层弯曲形成褶皱山，进一步遭受风化作用，形成向斜山

d.断层崖（陕西华山）
华山属于断块山，断层北侧下降，形成了渭水平原；南侧上升，形成了高大陡峻的华山断层崖，两者相差1500多米

图4-83 由构造运动和外营力共同作用下形成的我国典型的构造地貌

河北省地处华北陆块北东部，自中生代以来，在太平洋陆块俯冲以及欧亚大陆和印度陆块之间的强烈碰撞等多重动力学因素共同作用下，华北发生了强烈的裂陷作用，使得燕山运动以来形成或复活的一些主干断裂，由挤压转换为引张，并发生了一侧上升、一侧沉降，从而形成了太行山地及华北平原。在此期间，各种与之相关的构造地貌也应运而生，形成飞来峰、山地夷平面、峡谷、断层崖和断层三角面等构造地貌地质遗迹，如被誉为"太行山最美山脊线"的玫瑰坨-百草坨夷平面；有"空中草原"之称的蔚县甸子梁夷平面、有"世界奇峡"之称的邢台峡谷群、有"天下第一峡"的野三坡百里峡、有"塞外小泰山"之称的下花园鸡鸣山飞来峰等。这些数量众多的构造地貌遗迹不仅具有优美的观赏价值，对研究区域构造演化也具有重要意义。

一、会飞的山峰——飞来峰

北宋大文学家王安石在其所作的《登飞来峰》一诗中，展现出自己高瞻远瞩、不畏困难的勇气和决心。但同时也给我们留下一个有趣的问题,山峰真的会飞吗?这个问题诗人没有给出答案,但地质学家告诉我们,山峰真的会"飞"!这种会"飞"的山峰在地质学上被称作"飞来峰构造",它是一种逆冲断层地形,属于逆冲推覆构造的一部分(图4-84)。外来的岩块在构造应力的推动下,沿着低缓的断层面被推移很远的距离,之后外来岩块在风化剥蚀作用下形成一座孤零零的山体。由于山体的岩性与四周岩石大不相同,就好像是从远处飞来的一样。

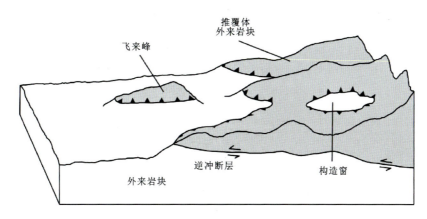

图4-84 飞来峰与逆冲推覆构造图解(据中科院地质地球所,2019)

逆冲推覆构造由外来岩块、原地岩块和逆冲断层3部分组成,外来岩块沿低缓的逆冲断层面远距离(一般在5km以上)运移而成的构造系统。飞来峰并不孤独,因为它有一个好伙伴叫做"构造窗"。当外来岩块内部仅部分剥露,而露出下伏原地岩块,形成了类似于窗口的构造,称之为"构造窗"

河北省飞来峰构造主要见于燕山地区的下花园区、尚义县东部、赤城县曹碾沟、滦平县石洞,以及太行山的阜平县与涞源县交界处的神仙山、曲阳县南镇等地。这些数量众多的飞来峰构造多形成于燕山构造运动期间,彰显了华北中生代逆冲推覆构造作用的强烈。正是据于此,1926年翁文灏先生在第三届泛太平洋科学会议上发表了《中国东部的地壳运动》,首次提出了中国东部存在侏罗纪、白垩纪大规模造山运动,并命名为"燕山运动",在国际地质学界引起了很大的反响,时至今日,已成经典(葛肖虹,2010)。除了具有重大地质意义以外,部分飞来峰还形成壮美的地质景观,或者对矿产储量的核查具有重大影响意义,如下花园鸡鸣山飞来峰、赤城万泉寺飞来峰等(表4-7)。

图4-7 河北省重要飞来峰地貌

亚类	新编号	遗迹名称	造貌构造形成时代	等级
飞来峰	MG01	赤城万泉寺飞来峰	侏罗纪	省级
	MG02	下花园鸡鸣山飞来峰	侏罗纪	国家级

1.下花园鸡鸣山飞来峰

鸡鸣山位于张家口市下花园区境内,海拔高1 128.9m,占地17.5km²,是塞外最高的孤山,有"飞来峰"之美称,元朝诗人郝经曾用"一峰奇秀高插云"的诗句来形容鸡鸣山的高峻。由于它气势壮观、历史悠久、景色优美,被誉为"塞外小泰山"(图4-85)。

鸡鸣山山体由强烈褶皱的蓟县纪铁岭组灰岩和青白口纪下马岭组组成的,二者叠瓦式逆冲在早寒武世府君山组硅质灰岩,早侏罗世花园组煤系地层和晚侏罗世的玉带山组安山凝灰质火山岩之上,后者呈倒转向斜(图4-86)。在宏观地貌上,由于铁岭组硅质灰岩坚硬,抗风化能力强,形成山峰,而

图 4-85 飞来的"塞外小泰山"——鸡鸣山飞来峰

鸡鸣山海拔 1 140m,垂直高度 570m,山石陡立,孤峰插云,气势磅礴,为一"飞来峰",有京西第一奇峰之称。在鸡鸣山脚下的鸡鸣驿城,是当今国内规模最大、保存最完整的一座古代驿站。在中国古代邮驿史上曾是个大型驿站,城内设有驿丞署、驿仓、把总署、公馆院、马号等建筑,还有戏楼和寺庙,在明清两代对我国的军事、政治、经济、通信等方面都起过极其重要的作用,为全国重点文物保护单位

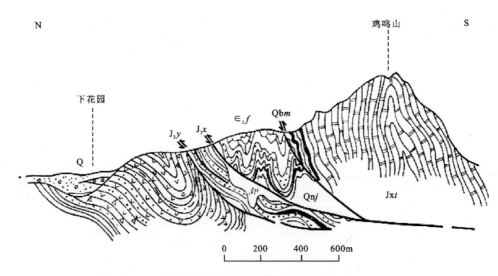

图 4-86 鸡鸣山飞来峰逆冲推覆构造剖面图(据葛肖虹,1989)

中元古代蓟县纪铁岭组灰岩(Jxt)、青白口纪下马岭组页岩(Qbm)、早古生代寒武纪府君山组硅质灰岩($\in_1 f$)逆冲到了中生代侏罗纪煤系地层(J_1x)和火山岩之上

逆冲断层下盘的晚—中侏罗世煤系地层和晚侏罗世火山岩地层岩性质软,抗风化能力弱,因而形成低谷。鸡鸣山逆冲推覆构造整体显示了由南东向北西逆冲推覆的运动方式,根据周围地质构造特征分析推覆距离达 10km 左右。从逆冲推覆断裂切割的最新地质体为晚侏罗世土城子组和在下花园东部有被早白垩世晚期岩体侵位的趋势分析,该逆冲推覆构造形成于晚侏罗世晚期至早白垩世早期,属燕山中晚期或燕山晚期构造运动的产物。

下花园飞来峰不仅是中生代冀北-辽西坳陷南侧巨型推覆构造带的一个缩影,也是我国东部侏罗纪、白垩纪大规模"燕山运动"的见证(葛肖虹,2010)。

2. 赤城万泉寺飞来峰

赤城万泉寺飞来峰属于大岭堡-田家窑逆冲推覆构造的一部分,推覆构造带呈北北东向延伸,长约16.5km,自地表向下深度小于500m。断层面位于太古宙片麻岩与中元古代长城纪白云岩之间,古老的片麻岩以飞来峰的形式逆推于较新的白云岩之上。

大岭堡-田家窑逆冲推覆构造的发现,对于大岭堡铁矿勘探产生了重要影响。众所周知,长城纪串岭沟组底部发育著名的"宣龙式"赤铁矿矿层,在未认识到逆冲推覆构造之前,几乎一致认为在太古宙片麻岩之下不可能有串岭沟组的存在,因而在铁矿的勘探布置过程中漏掉了一层稳定的铁矿层。但该逆冲推覆构造的发现,改变了原有的正常层序的认识,从而大大增加了大岭堡矿区的铁矿储量。

二、山地夷平面、山麓剥蚀面和山地溶蚀面

山地夷平面是在地壳比较稳定、气候比较潮湿、海平面比较高的情况下,以流水为主的各种外营力剥蚀并削平了地质面与构造面,在广大范围内形成了地形上比较平坦或微波状起伏的准平原,准平原被后期地壳运动抬高而保留在山地的顶部便成为山地夷平面。山地夷平面一般由斜坡(或陡坎)与平台两部分组成,前者代表了地壳构造的活跃期,后者代表了地壳构造的稳定期。二者显示出地壳垂直运动时而稳定、时而快速抬升的特点。因此,通过山地夷平面也可以复原地壳的构造运动。如根据夷平面上的沉积物或风化壳的年代可以判断夷平面的形成时代,而根据夷平面的高度又可以推算上升的幅度。

以吴忱为代表的学者认为华北山地有3期山地夷平面,分别命名为北台期夷平面、甸子梁期(部分称之为太行期)夷平面、唐县期夷平面,并且认为各级夷平面可以与喜马拉雅造山运动的各个幕次相对应。它的形成过程大致:白垩纪末期至古新世,地面以侵蚀、剥蚀为主,中生代燕山运动形成的山地被夷平为准平原;直到55~40Ma的始新世早、中期,喜马拉雅造山运动第一幕开始,以山西省五台山和河北省小五台山为中心的地区抬升为山地的顶部形成北台面;随后在40~24Ma的始新世晚期至渐新世,又将五台山、小五台山周围的山地夷为山麓面;在24~11Ma的中新世早、中期,喜马拉雅造山运动第二幕开始,太行山地区又一次抬升,五台山、小五台山周围的山麓面上升成为山顶面,即甸子梁期夷平面;在11~3Ma的中新世晚期至上新世早期,地壳的构造运动以侵蚀、剥蚀为主,最后将太行山地区侵蚀成低缓的丘陵;在3~2Ma的上新世晚期至第四纪初期,喜马拉雅造山运动进入了第三幕,太行山地区又一次抬升,前述的丘陵、宽谷和山麓剥蚀面构成了今日低山、丘陵的顶部而形成唐县面。准平原被抬升形成山顶面后,自然会遭到后期的外力侵蚀、剥蚀而被破坏。其中,破坏后残留的形态,长、宽均大于1km的,视为塬状面;宽小于1km的或长大于1km的,视为梁状面;长、宽均小于1km的,视为峁状面(吴忱,2001)。

河北省所在的华北地区是世界上保留山地夷平面最好的地区之一,被誉为我国北方地文期研究的摇篮。区内山地夷平面不仅出露时代齐全、形态多样,而且还是甸子梁期夷平面、唐县期夷平面的命名地,其中著名的有小五台山北台期梁状夷平面、西甸子梁村甸子梁期塬状夷平面、西口底村唐县期夷平面等(表4-8)。

表 4-8 河北省重要夷平面地质遗迹

亚类	序号	编号	遗迹名称	造貌构造形成时代	等级
夷平面	1	MG03	张北野狐岭唐县期塬状夷平面	上新世	省级
	2	MG04	蔚县小五台山北台期墚状夷平面	白垩纪末期—古新世	国家级
	3	MG05	蔚县茶山北台期峁状夷平面	白垩纪末期—古新世	省级
	4	MG06	蔚县西甸子梁(空中草原)甸子梁期(太行期)塬状夷平面	渐新世	国家级
	5	MG07	涿鹿灵山北台期峁状夷平面	白垩纪末期—古新世	省级
	6	MG08	涿鹿矾山矾山期山地溶蚀面	中新世末期—上新世	省级
	7	MG09	阜平百草坨—平山玫瑰坨甸子梁期(太行期)墚状夷平面	渐新世	省级
	8	MG10	唐县狼山唐县期夷平面	上新世	国家级
	9	MG11	平山西大吾平山期山麓夷平面	中更新世	国家级

1. 山地夷平面

1)北台期夷平面

北台期夷平面为华北山地最高的一级夷平面,以山西省五台山地区的北台最为典型,美国地貌学家 Willis 于 1907 年发现将其命名为北台期夷平面,认为其是形成于白垩纪至始新世早期的老年期夷平面。之后,国内外地貌学家又提出其形成于古近纪早期,甚至古近纪末期的看法。吴忱(1999)根据它蚀平的最新岩石是晚白垩纪,上覆最古老的岩石是繁峙玄武岩,以及结合同位素测年数据,判断其形成于中生代晚白垩纪末期,并且标志着燕山运动的结束。由于后期切割,仅在山西省五台山的北台(海拔 3 061m)和中台(海拔 2 893m)顶部仍保持着面积 1.2~2.0km² 的塬状准平原,向四周逐渐变为墚状夷平面、台状夷平面,乃至残留在下一级夷平面上的蚀余山。最低的台状夷平面海拔 2 500m(吴忱等,1999)。而河北省的北台面全部老年化,受到后期改造程度极深,仅以墚状面、峁状面残存于涿鹿、蔚县交界的小五台山以及附近的茶山和灵山等地,其中小五台山山顶保留墚状面(图 4-87、图 4-88),在外围茶山、灵山等地保留孤立的峁状面(图 4-89),再更远的地区则是以蚀余山的形式残留在甸子梁期夷平面上。

图 4-87 小五台山墚状夷平面地貌景观

小五台山是太行山脉的主峰,位于河北省蔚县内,因有东、西、南、北、中 5 座突出的山峰而得名,其中东台海拔 2 882m,其余 4 座山峰海拔也都在 2 600m 以上,五座山峰之间是连绵不断的巨大山脊

a.远眺东台

b.东台台顶标志（小五台山东台海拔2 882m，为河北第一高峰）

c.远眺西台（海拔2 671m）

d.南台台顶（海拔2 801m）

e.北台台顶（海拔2 837.8m）的铁架子为测量标志，顶上有三角点

f.中台台顶（海拔2 794m）的古庙废墟

图 4-88　小五台山 5 座台顶的地貌景观

小五台山的台顶平坦，台顶还残留着墹状夷平面的特征，是河北地貌年龄最老的山地。在华北地区，海拔 2 500～3 050m 的高中山山顶面，主要分布在山西省的五台山、吕梁山和河北省的小五台山地区。根据地层和同位素测年数据，它形成于中生代晚白垩纪末期。古新世时期，地面上发育了风化壳，以山西五台山中的北台最为典型，命名为北台期夷平面。它是全山地都被准平原化了的老年期地面，称北台期山地夷平面。由于后期的切割，在小五台山的山顶仅保留着墹状面，在外侧则是峁状面，更远地区则是以蚀余山的形式残留在甸子梁期夷平面之上。现为自然保存状态，极具观赏和保护价值

a.茶山远眺　　　　　　　　　　　　　　　b.茶山残留的北台期崾状夷平面

茶山是河北第二高峰，海拔2 524m，主峰是一东西向的山脊，山脊有连续3个小山包，3个山包各距50m左右，它们"比肩而坐"，难分伯仲，是一个残留的北台期崾状夷平面

c.西灵山主峰是一个宏壮的圆锥体，应是一个残留的北台期蚀余山

图 4-89　河北省其他典型北台期夷平面

西灵山位于涿鹿境内卧佛寺乡南部，属河北省小五台山的余脉，海拔 2 420m，高度排在小五台山群峰之后，是河北第二高峰，主峰是一个宏壮的圆锥体，也是一个残留的北台期蚀余山。西灵山植被茂盛，下部为原始次生林和桦树林，海拔 1 900m 高度有小溪，海拔 2 200m 以上是野花盛开的高山草甸。冬季千里冰峰，春季繁花似锦，夏季碧野葱绿，秋季野果满枝。五千年前，黄帝与蚩尤就是在灵山沟谷进行了激烈的争战。相传当年炎黄联盟在现今涿鹿南山区及边缘地区的灵山沟谷黑山寺—卧佛寺—太平堡一线峡谷之地筑坝蓄水，一举冲毁位于凶黎之谷北端的蚩尤城。使蚩尤部落后路被断，蚩尤集团强行向南突围，最终兵败，蚩尤战死于今涿鹿灵山脚下的立马关一带

　　蔚县小五台山北台期垡状夷平面。小五台山位于蔚县和涿鹿县交界处，最高海拔2 882m，是河北省内第一高峰，有"河北屋脊"之称。这里地处燕山山脉、太行山脉及恒山山脉的交会地带，因顶部由东、西、南、北、中 5 座突出的山峰组成而得名。小五台山五峰突起，气势磅礴，雄伟壮观，朝岚夕烟，瞬息万变，犹如五颗璀璨夺目的明珠镶嵌在京西之巅。

　　小五台山山顶保留北台期垡状夷平面，是河北省地貌年龄最古老的山地，而小五台山山腰保存了甸子梁期山腰面，山麓保存了唐县期山麓剥蚀面，完整地记录了中生代以来河北省山地地貌的演化发育历史。在小五台山山顶保留北台期夷平面，在抬升过程中受到后期流水侵蚀切割，原始的塬状夷平面被切割成平行沟谷的长条形高地，顶面呈鱼脊状的垡状面。

2)甸子梁期夷平面

甸子梁期夷平面是吴忱(1996)在蔚县西甸子梁首先发现并命名的。此前,国内外学者普遍认可河北山地存在两期夷平面,即北台面和唐县面。通过大量的野外调查、填图、测量和利用遥感、趋势面分析等手段,吴忱(1996)最终发现前人所指的北台面实际上由2个夷平面组成,一个是仅分布于小五台山地区,海拔2 500~2 800m的山地夷平面,即狭义的北台面;而另一个夷平面在狭义的北台面周围广布,海拔1 800~2 200m,以河北蔚县的甸子梁最为典型,故称"甸子梁面"(有其他文献称之为"太行面")。由于甸子梁面海拔高度要低于北台面300~500m,因此有北台面为山顶面,甸子梁面为山腰面之说。甸子梁面蚀平的最新地层是繁峙玄武岩,上覆的最老地层是汉诺坝玄武岩,同位素测年方法表明其形成于渐新世至上新世之间,主要分布在太行山、燕山及冀西北山地地区。

甸子梁期夷平面的发现及其年代的确定,不仅标志着喜马拉雅造山运动第一幕的结束,也使争论了近一个世纪的河北山地海拔高度在1 000m以上的夷平面时代归属问题得到了解决。并且将河北山地的夷平面由原来的二级变为三级,使得河北山地地文期得以建立,并具备了与我国其他地区,甚至全球的夷平面相对比的条件(表4-9)。

【地文期】山地由抬升—遭受侵蚀—剥蚀—逐渐被夷平—形成准平原的地貌旋回称为地文期,夷平面的形成是一个地文期结束的标志。

表4-9 河北山地夷平面与我国其他地区夷平面对比(据张丽云,2011修改)

时代	地区					
	河北山地	内蒙古高原	东北山地	华南山地	云贵高原	青藏高原
第四纪	第四纪阶地(T_4、T_3、T_2、T_1)			英德面		
新近纪	唐县面	戈壁面	三级面	仁化面		宽谷面
古新纪	甸子梁面	准平面	二级面	阴山面	石林面	山顶面
中生代	北台面	峰顶面	一级面	奥北面	高原面	

(1)蔚县西甸子梁(空中草原)甸子梁期(太行山)塬状夷平面。在河北蔚县与涞源县及山西省灵丘县交界处的太行山山顶上,突兀拔地而起一片高山草原,称作西甸子梁,海拔2 158m,被冠以"空中草原"之称。草原之上地势平坦,草甸如毡,阳光充足,空气新鲜,夏季气候凉爽,植被覆盖度高,尤其是夏季万紫千红的烂漫山花,一望无际的广阔草甸,夏末秋初遍地盛开的雪绒花,更使甸子梁成为人们避暑纳凉、观景赏花、休闲度假的良好去处。

西甸子梁是华北保存面积最大、最好的老年期准平原,也是甸子梁期夷平面的命名地。该处为一36km²塬状夷平面(图4-90a),面上保存了发育完善的古地貌形态,类型包括喀斯特漏斗、万年冰洞(永久冰层)、天池(冻融坳陷)及埋藏古石河(目前已被剥露)、黄土层等,虽历经沧桑,但目前地貌形态仍保存完好,其记录的古环境信息为研究河北省山区环境演变提供了珍贵的素材与资料。尽管目前仍呈现为塬状地貌形态,现代沟谷尚未伸入到甸子梁的核心区域,但其边缘的沟谷切割深度已超过500m(图4-90b),且夷平面上的残存喀斯特漏斗已和谷地源头相连通,甸子梁南部边缘的现代落水洞也与下游的谷地连通,这些均是甸子梁遭受进一步侵蚀并逐渐解体的地貌行迹。

甸子梁面向上游的北台面范围内为海拔2 200~2 300m的盘状宽谷-河源盆地面,向下至海拔1 800m,逐渐变为山梁面、山峁面,最低的台状夷平面海拔1 500m。由于老年期准平原占华北山地面积的80%以上,壮年期的盘状宽谷-河源盆地只占华北山地面积的不到20%,故该面属于壮—老年期夷平面。由甸子梁向东、北、南三面延伸开来的墚状、峁状山地夷平面的空间骨架,在展现出甸子梁期山地夷平面空间展布格局的同时,也勾勒出河北省山地在新近纪以来地貌演化的轮廓。

a. 顶部保留宽广的塬状夷平面　　　　　　　　　b. 边缘沟谷不断切割破坏夷平面

图 4-90　蔚县西甸子梁甸子梁期塬状夷平面

(2) 阜平百草坨—平山玫瑰坨甸子梁期 (太行期) 墚状夷平面位于阜平、平山境内的百草坨和玫瑰坨，是典型的甸子梁期墚状夷平面，是太行山脉典型的高山草甸。该坨顶形成于距今 30Ma 的渐新世。南北二坨遥相呼应，山体北西—南东走向首尾相连，该山体岩石主要由变质深成岩组成，岩性以黑云斜长片麻岩为主，发育多条花岗岩脉，坨顶只有零星基岩裸露，形成延绵起伏的高山草甸，构成了"太行山中、北段最美山脊线"(图 4-91)。

a. 百草坨甸子梁期(墚状)夷平面　　　　　　　　　b. 玫瑰坨甸子梁期(墚状)夷平面

图 4-91　太行山中、北段最美山脊线——百草坨和玫瑰坨(驼梁)甸子梁期夷平面

南坨玫瑰坨海拔高 2 281m，因春季山上开满野玫瑰而得名，是河北五大高峰之一，有"太行第一坨，燕赵第一峰"之称。顶峰地势相对平坦，坨顶草甸面积 5 000 亩，其中不乏具有药用价值的植物。北坨百草坨是天生桥景区主峰，海拔 2 145m，山体高大，顶峰地势平坦，受地势及山地小气候影响，云雾缭绕，植物茂密，植被种类繁多，故名曰"百草坨"。

3) 唐县期夷平面

美国地貌学家 Wills 于 1907 年将河北省唐县西部丘陵顶部、形成于始新世晚期至上新世初期的夷平面命名为唐县期夷平面(图 4-92a)。之后，国内外地貌学家有的认为该夷平面形成于渐新世—中新世。有的认为形成于中新世，有的认为形成于中新世—上新世。吴忱(1999)用同位素年龄测定方法断代其形成于上新世，面上发育了鱼岭组风化壳。

唐县期夷平面在太行山、燕山等地是海拔分别为 1 000 m 和 500m 左右的墚状或台状的低山-丘陵-山麓夷平面(图 4-92c～d)，占华北山地总面积的 40% 左右。往上游以盘状宽谷-河源盆地面的形态嵌入于甸子梁夷平面中，往下游以蚀余山的形式残留在山麓剥蚀面上。因而它是老—壮年期夷平面，其中的盘状宽谷被第四纪河流切割为嵌入曲流河谷。唐县期夷平面发育、保留最好的地区是海拔1400～1500m的坝上高原面(图4-92b)。其中，以汉诺坝玄武岩台地面最为典型，坝头的塬状面面积可达数百平方千米，往北逐渐被分割为梁状夷平面和台状夷平面。高原面上还发育着闪电河曲流和牛轭湖。

a. 唐县狼山唐县期夷平面

b. 张北草原唐县期夷平面

c. 天桂山唐县期夷平面　　　　　　　　　　d. 滦平金山岭长城与唐县期夷平面

图4-92　河北省典型的唐县期夷平面(摄影/晓憩枫林)

2. 山麓夷平面

吴忱(1999)在做华北山地地文期研究后认为，华北山地的山麓面可划分出两级：一是各山地—山麓地区广泛发育唐县期山麓夷平面；二是只发育在太行山东麓和燕山南麓的平山期山麓剥蚀面。因为平山面比唐县面仅低200多米，故又称唐县面为高山麓夷平面，平山面为低山麓剥蚀面，两者呈陡崖或陡坡的接触关系。平山面海拔100～250m，沿山麓呈长条状延伸，长数十千米至数百千米，宽3～10km。最宽可达30km，局部地段缺失，以河北省平山县滹沱河两岸最为典型，故吴忱命名为"平山期山麓剥蚀面"(图4-93)。该剥蚀面向上游与河谷内的第Ⅲ级阶地面组成的"U"形宽谷相接，出山口后以扇面状的山麓面形态倾伏于红土砾石洪积扇之下，在秦皇岛地区则与金山嘴海蚀台地相连。由于第Ⅲ级阶地和红土砾石扇均形成于中更新世，所以山麓面也形成于中更新世。在滹沱河以北、拒马河以南的太行山东麓,数个谷口山麓面连接在一起形成了山麓剥蚀面。在燕山南麓的丰润地区,古滦河在山麓面上发育了曲流河网。

图 4-93 平山西大吾平山期山麓剥蚀面

平山岗南水库一带的平山期山麓剥蚀面,海拔150~220m,该低山麓面向山地内部延伸,逐渐以喇叭口状收缩,向上游与河谷内的第Ⅲ级阶地面组成的"U"形宽谷相接

3. 山地溶蚀面

华北山地除了分布三级夷平面之外,在可溶岩地区也发现三级山地溶蚀面,溶蚀面是在地下水的作用下形成溶蚀盆地,溶蚀盆地又被后期地壳运动抬高而保留在山地的顶部构成了溶蚀面。河北省内典型的溶蚀面有涿鹿矾山期山地溶蚀面,该山地溶蚀面位于太行山北端的涿鹿县内矾山之上,海拔为800~1 000m,溶蚀面为西南-东北走向,长约20km,宽约5km,面积约100km^2,岩石主要为元古宙白云岩。在其周围海拔1 000~1 100m的山顶上,可见到一些平缓的碟状或勺状浅洼地,因此推测该山地溶蚀面是一大型溶蚀盆地。盆地内为红色黄土和淡黄色黄土充填,适宜种植农作物,故当地又称之为"四百亩地"(图4-94)。袁宝印于1989年在此地考察时,将其命名为"矾山期溶蚀面"。由于该溶蚀面比北台面低得多,推测其形成应早于上新世,而吴忱(1999)根据物质组成及海拔高度,认为其形成于中新世末期至上新世。

图 4-94 四百亩地——矾山期溶蚀盆地

三、峡谷

在山地急剧抬升的同时,河流也强烈下切,因而多形成"V"形峡谷。在垂直裂隙比较发育的岩石中,特别是灰岩、白云岩等可溶性岩石中,河水侵蚀与溶蚀的共同作用,易形成河谷较窄、谷壁陡直的嶂谷,也就是人们习称的"一线天"。嶂谷的进一步发展则形成峡谷,峡谷谷壁陡峭,横切面上呈明显的"V"字形。峡谷的形成是内外力相互作用的结果,在这其中岩石是形成峡谷的物质基础,断裂构造是形成峡谷的先决条件,水流下切冲蚀是加速峡谷形成的直接原因。河北省的北部、西部和西北部山地中均有峡谷的存在,它们是第四纪抬升运动和流水冲蚀共同作用的结果。著名的有飞狐峪、百里峡、邢台峡谷群等峡谷地貌(表4-10),下面主要介绍两种峡谷地貌。

表4-10 河北省重要峡谷地貌

亚类	序号	编号	遗迹名称	造貌构造形成时代	等级
峡谷	1	MG12	蔚县飞狐峪大峡谷	第四纪	省级
	2	MG13	涞水野三坡百里峡	第四纪	国家级
	3	MG14	邢台贺家坪邢台大峡谷(峡谷群)	第四纪	世界级

1. 涞水野三坡百里峡

百里峡位于涞水县野三坡景区,由海棠谷、十悬峡和蝎子沟3条峡谷组成。总长达52.5km。嶂谷中直立的峭壁最高达200m。百里峡以雄、险、奇、幽闻名遐迩,极富美学和观赏价值,被誉为"天下第一峡",它不仅是野三坡景区的国字招牌,也是一条风景美丽的百里山水画廊。这里悬崖峭壁,雄险惊心,窄涧幽谷,天光一线,有一种"双崖依天立,万仞从地劈"的意境。景区内拥有一线天、老虎咀、金线悬针、回首观音、天生桥、龙潭映月等数量众多的景观点(图4-95a、b)。

a. 一线天

b. 老虎咀

c. 金线悬针

d. 回首观音

图4-95 野三坡百里峡峡谷地貌景观

a. 百里峡最宽可达十几米,最窄只不过0.83m一线天就是嶂谷形成的初期阶段;b. 该景观地质学上称为"双曲凹槽",当嶂谷抬升较快时,流水沿构造裂隙迅速下切形成绝壁,当嶂谷相对稳定时,流水侧方向掏蚀作用形成凹坑,这样抬升和稳定交替进行,就在岩壁上出现了犬牙交错的侧洞,极像老虎张着的血盆大口;c. 金线悬针系岩壁上的张节理缝隙;d. 回首观音与直立的节理

百里峡嶂谷主要由距今14~10亿年前的中元古代雾迷山组燧石条带白云岩构成,此处雾迷山组厚达1 000m以上,地层产状近水平,岩石坚而脆,相对于石灰岩来说不易被溶蚀。白云岩是组成百里峡的物质基础,先后经历了印支期、燕山期、华北期和喜马拉雅期运动的"洗礼",共形成4期8组共轭剪节理,这些宏大、直立、密集的构造节理在不同地段组成"格子状构造",特别是喜马拉雅期宏大的南北向追踪张节理,是导控嶂谷形成的先决条件。同时,喜马拉雅期的构造运动使得布满多组密集构造节理的雾迷山组燧石条带白云岩裸露地表。随后,早—中更新世的寒冻风化、晚更新世的洪水切割,使得构造节理张开裂口,裂隙加大、加深,形成构造-冲蚀嶂谷。直到全新世,本地区气候转为干旱,雨量减少,冲蚀作用减弱,水流再无力将两壁崩塌下来的岩块搬走,而不断堆积于谷底中,嶂谷进入衰退阶段。

尽管形成峡谷的条件相同,但是十悬峡、海棠谷、蝎子沟3条各具特色的分裂嶂谷形成过程不完全相同。十悬峡主要发育印支期、燕山期和华北期6组剪节理,造成了"峰回路转"的弯曲得嶂谷形态。嶂谷长达22.5km以上,由此推测其发育形成时间较早,可能为晚更新世早期,经历的时间较长。海棠谷主要发育燕山期2组共轭剪节理和喜马拉雅期南北向追踪张节理,其中景点金线悬针、回首观音都显示了追踪张节理的特征(图4-95c、d)。嶂谷的方向为北东东向,总体形态较简单。嶂谷长约17.5km,形成的时间较晚,推测为晚更新世中期开始。蝎子沟主要发育喜马拉雅期两组共轭剪节理和南北向追踪张节理,造成的嶂谷方向近南北向,形态最为简单。嶂谷长12.5km,形成的时间最晚,应为晚更新世晚期。

2.邢台贺家坪邢台大峡谷(峡谷群)

邢台大峡谷位于邢台县罗家镇贺家坪村,它既有北方山岳的雄伟气势,又具南方山水之秀美多姿。邢台大峡谷是由24条峡谷组成的峡谷群,其中长1 000m以上的峡谷就有8条,具有狭长、陡峻、深幽、赤红、集群五大特点,是八百里太行的一大奇观,被地质学家称为"世界奇峡"(图4-96)。大峡谷内拥有典型性、稀有性、多样性、完整性于一身的自然风光、人文景观与庙宇遗址等旅游资源,并有连绵十余里的清潭飞瀑及上万亩的原始次生林。在这其中,峡谷群地质遗迹类型十分齐全,拥有瀑布、锅穴、波痕、泥裂、大型构造、节理与象形石等地质遗迹,其中不同类型的象形石千姿百态、栩栩如生。如擎天柱、雄狮岩、群龟戏石、神鹰岩、猿人头等象形石可谓是形神兼似,十分逼真。

图4-96 邢台峡谷群峡谷地貌景观

邢台峡谷群地处太行山东麓,横跨山西台隆和华北断拗两大构造单元。强烈的构造隆升和多种地质作用造就了邢台大峡谷规模宏大、纵横交错的峡谷群奇观。大峡谷主要发育在长城纪石英砂岩中,由于长城纪红色砂岩年代古老,岩性坚硬,历经多次构造运动的"磨炼",形成在多期宏大构造节理,特别是喜马拉雅期所形成的节理导控下,使得岩层中的节理在一定间隔内相对密集成带,密集的节理带宽度可从几厘米到几米,甚至十几米,带内岩石破碎,成为抵抗风化能力较差的薄弱带,从而在水流、重力、冰蚀等外营力沿此软弱带向陡壁横向切入,尤其是晚更新世以来的洪水冲蚀,形成竖直的沟缝。如此发展,逐级分叉,形成多等级的树枝状峡谷地貌。

四、断层崖和断层三角面

规模较大的断层在山前往往形成平直的陡崖,称断层崖。断层崖若被沟谷切割,便形成一系列三角形的陡崖,称作断层三角面。这两者都是典型的断层地貌景观,常见于山区或山地与盆地、平原的分界处,其形成过程与喜马拉雅期以来的构造抬升运动密切相关。断层崖和断层三角面是现代活动断层的标志,是判断断层规模、性质的地貌学证据。例如一般断层崖的高度越高,其规模也越大;在地面出现的平直而延伸较长的断层崖,多属于张扭性断层形成的;而多条首尾相接的斜列分布的断层崖,则由压扭性断层形成。河北省断层崖和断层三角面主要分布在太行山、燕山等山体与盆地的交会地带,其中以蔚县北口村断层崖、断层三角面最为壮观(表4-11)。

表4-11 河北省重要断层崖、断层三角面地貌

序号	编号	地质遗迹名称	造貌构造形成时代	等级
1	MG15	阳原龙马庄断层崖、断层三角面	第四纪	省级
2	MG16	蔚县北口村断层崖、断层三角面	第四纪	省级

清光绪《蔚州志》记载:"翠屏山在城南三十里横亘二十余里,直达古代王城,苍翠如屏,故名。"京西百里之遥,有一"养在深闺人未识",但却历史悠久、奇异壮丽的翠屏山。翠屏山是蔚县南山最长的山段,由石门山、灵仙山、萝山、玉泉山、翠屏山、北口峪山、七姑娘山、莲山、马头山、永宁山、松枝山、小五台山和天罡山,共13座山头组成。

在翠屏山与蔚县盆地交界处,山麓边界线性构造十分醒目(图4-97),出露规模巨大的断层崖和断层三角面,断层崖呈北东—南西向断续分布,横向延伸约1km,在遥感卫星上呈现出近三角形相连的影像。崖高几米至数十米,一般垂直地表,局部向北东倾斜,崖面上镜面和擦痕明显。在断层崖的底部,为马兰组松散堆积层,堆积层上部为黄土状亚砂土,发育垂直断层走向的梳状冲沟,下部为洪积砂砾石。局部地段形成一系列洪积扇,构成平行盆缘的洪积扇带,单个扇体中轴延伸方向与盆缘断裂垂直。

图4-97 蔚县翠屏山山前断层崖和断层三角面地貌景观

翠屏山山前的断层崖、断层三角面形态及规模受大南山断裂控制,其形成与大南山断裂在更新世晚期强烈差异性运动有关。大南山断裂为一条规模较大的北东向继承性活动断裂,该断裂形成于中生代晚期,在第四纪晚期仍在活动,断层性质为张性正断层。自上新世末期至第四纪初期以来,断裂以南的火山岩地层,急剧上升形成翠屏山山体,断裂以北的蔚县盆地急剧沉降,沿断裂带形成陡峭的断层崖,在壶流河的切割侵蚀下形成断层三角面。

第七节 古冰川遗迹、古湖泊-古河道及沙漠地貌

一、古冰川遗迹

冰川是水的一种存在形式,由积雪形成并能运动的冰体。

冰川一般形成于雪线之上(吴忱,2008a),在雪线之上的雪花随着外界条件和时间的变化,边缘部分通过凝华作用,汇集到雪花中部,成为粒雪。粒雪之间有很多气道,这些气道彼此相通,使粒雪层仿佛海绵似的疏松,粒雪在自重压实下,进一步重结晶或经融水渗浸,产生再冻结成冰晶,冰晶间的空气被封闭成为气泡,粒雪失去透气性和透水性能,成为粒雪冰。粒雪冰含气泡较多时呈现乳白色,进一步受压气泡排挤压缩而成为浅蓝色冰川冰,冰川冰是大而形态不规则的相互连锁的单晶集合体。十分明显,有很多的粒冰才能组成一个冰川冰的晶体,更多的冰晶群体才能构成冰川(李培英等,2008)。

【雪线】由法国布格于1736年提出,含义为年固体降水量等于消融量的零平衡线。

【现代冰川】雪线高度是冰川形成的重要条件之一,据施雅风等(1989)计算的现代理论雪线高度,北京是3 750m,大同是4 400m,河北省范围内最高海拔为小五台山东台2 882m,从理论上来说河北省没有形成现代冰川的条件,河北省内未发现现代冰川遗迹。

古冰川遗迹是指在地质历史时期由冰川作用形成的独特冰川地貌留下的遗迹所构成的景观。地球有史以来,曾发生过多次大冰期,公认的有"三大冰期",分别发生在震旦纪、石炭纪—二叠纪和第四纪,第四纪冰期古冰川遗迹保存最完整,分布最广,研究也最详尽。本书所述古冰川主要形成于第四纪冰期。古冰川遗迹按成因可分为冰蚀地貌和冰碛地貌,常见的冰蚀地貌有角峰、刃脊、冰斗、冰围谷、冰川"U"形谷、冰川刻痕、冰川擦痕、冰溜面、羊背石等,冰碛地貌有冰漂砾、冰斗湖、冰蚀湖、冰碛堰塞湖、侧碛、底碛、终碛、冰碛台地等(图4-98)。

【国内外研究概况】国外古冰川研究从萌发到形成,迄今不过200年。我国古冰川研究起步较晚,1921年夏,中国地质学家李四光在太行山东麓和大同盆地首次发现了第四纪冰川遗迹,并于1922年在英国《地质杂志》上发表了《华北挽近冰川作用的遗迹》,这是中国第四纪冰川研究的第一篇文献,为中国第四纪冰川研究解开了新的篇章。20世纪30年代至今,在全国范围内陆续发现大量第四纪古冰川遗迹(图4-98),其中李四光(1933,1936,1940,1942,1947)在长江中下游地区、贵州高原和川东、鄂西、湘西等地广泛发现第四纪冰川作用的遗迹;李承三和高泳源(1942)、郭令智(1943)在长江下游大巴山山脉发现冰川遗迹;张永荫等(1951)在阴山山脉白马关山系发现了许多冰川侵蚀遗迹;孙云铸(1951)在东部沿海地区山地发现古冰川遗迹;李捷(1954)、赵松龄等(1979)在北京永定河、西山等地发现冰川擦痕、侧碛等;1997年克什克腾旗青山发现大规模冰臼群,近年来在东部沿海各省(浙江舟山、福建等地)几乎都发现了冰臼等冰川遗迹,中华大地上出现了新的古冰川遗迹研究浪潮。

【中国东部第四纪古冰川争议】我国国内最早提出中国东部存在第四纪冰川遗迹的是著名地质学家李四光,孙殿卿、周慕林、杨怀仁等均支持这一观点。在科学前进和发展过程中,不同的学术观点自

a. 沂山山顶"望海石"——冰川漂砾

b. 崂山"石海"——冰川漂砾

c. 北京八大处公园冰川漂砾

d. 峄山"叠石"景观
当巨型岩块被冰体包围后，随着冰川的运动而运动，剩下来的未被拖走的花岗岩形成"叠石"

e. 崂山"角峰和刃脊"
角峰：几个冰斗之间的尖俏山峰。刃脊：两条山谷冰川之间或两冰斗之间的鱼鳍状山脊

f. 崂山漂砾上的"冰椅石"（摄影/海浪花子）
当冰川上的冰融水下冲到基岩或漂砾上时，对岩面或砾石面进行冲击、磨损和磨光，形成类似于椅子的变形石

g. 赤峰青山"冰臼群"（摄影/天宇户外俱乐部）
1874年由挪威人Brögger and Reusch提出，冰川或冰盖上的融水落入冰融洞而最终形成

图 4-98　国内部分第四纪古冰川遗迹（据李培英等，2008）

然形成,黄培华、崔之久、吴忱等对中国东部存在第四纪冰川遗迹持质疑和否认态度,主要观点有冰川槽谷、冰川侵蚀地貌等是一般地质地貌作用的产物,是河流在较热气候条件下侧蚀、拓宽作用形成,而杂乱无章、无层次、无分选、异地搬运、粗细粒混杂的冰川堆积物(冰碛物)为山洪暴雨后的泥石流堆积而成,冰臼应为古地貌面上的多成因(溶蚀、河蚀、风蚀等)形成的壶穴等。这一场学术争论已持续了60多年,至今尚未得到统一的认识。

自20世纪30年代以来,国内众多学者、地质工作者在河北省内陆续发现多处古冰川遗迹,本书根据其科学性、稀有性、完整性、美学性、保存程度、可保护性进行评价,选取有代表性、典型性遗迹进行详细叙述,其他冰川地貌类重要地质遗迹基本情况见表4-12。

表4-12 河北省其他冰川地貌类重要地质遗迹一览表

序号	编号	遗迹名称	形成时代	等级	遗迹类型
1	BM03	丰宁平顶山古冰川遗迹	第四纪	省级	古冰川遗迹
2	BM05	丰宁云雾沟冰臼群遗迹	第四纪	省级	
3	BM08	灵寿横岭冰臼群遗迹	第四纪	省级	
4	BM09	井陉挂云山冰臼群遗迹	第四纪	省级	
5	BM10	邢台县天河山冰臼群遗迹	第四纪	省级	
6	BM11	磁县白土镇冰臼群遗迹	第四纪	省级	

1. 张北晚更新世古冰川遗迹

中国第四纪冰期最早可能起源于早更新世的希夏邦马冰期,有确切年代学证据的最早冰期为0.7~0.5Ma的望昆冰期,到最近的小冰期共经历了6个主要的冰进阶段,分别为希夏邦马冰期、望昆冰期、中梁赣冰期、古乡冰期、大理冰期和全新世冰进(崔之久等,2011)。据施雅风(2006)和易朝路(2005)等研究成果,晚更新世时期冰期主要有古乡冰期(Ⅲ阶段)、大理冰期(Ⅰ、Ⅱ、Ⅲ阶段),冰期冰川大量发育,由于冰川的冰蚀作用、冰积作用形成了独特的地貌景观。

阎永福(1997)、胡醒民(2004)、张兆祎(2018)、刘光(2019)等陆续在张家口坝上地区塔拉囫囵、哈拉乌苏、二道边、武永房、冯家窑、新河口等地发现了大量晚更新世古冰川遗迹(图4-99、图4-100),

a. 武永房村南石匣组中古冰楔　　　　　　　　b. 张北黑石头沟诸坝汉诺坝玄武岩中的古冰楔

图4-99　张北坝上古冰楔(据张兆祎等,2018)

主要有融冻构造、古冰楔、羊背石、冰蚀擦痕、碾磨压坑、重力膝折现象等,并取得了大量的年龄数据,为我国东部中低山区第四纪冰川的存在提供了有利证据,丰富了我国第四纪冰川研究的年代学数据,对认识我国东部大陆气候特征和第四纪环境演变具有重要意义。

a.羊背石（据刘广等，2019）
长轴方向与冰流方向一致，迎冰面被强烈磨蚀而较平缓，背冰面则被冰川挖蚀而坎坷不平，坡度也较陡

b.重力作用造成的膝折（据张兆沛等，2018）
由于曾经存在冰盖，在重力作用下造成古元古代红旗营子岩群岩石垮塌并产生膝折现象

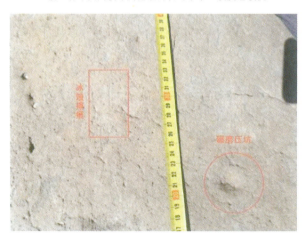

c.冰蚀擦痕和碾磨压坑宏观特征（据刘广等，2019）

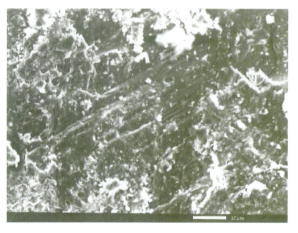

d.冰蚀擦痕和碾磨压坑微观特征（据刘广等，2019）

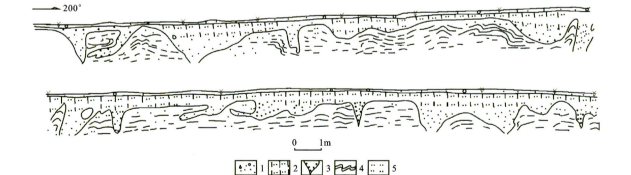

e.后十八倾融冻变形剖面素描（据胡醒民等，2004）

图 4-100 张北晚更新世古冰川遗迹
1.灰黄色含砾砂；2.黄色黏质砂土、中细砂；3.融冻砂楔；4.融冻褶皱；5.细砂、粉砂

【冰期】地球历史上气候发生冷暖变化,当有足够的固体降水和能维持冰体存在的气候条件时便形成冰川,冰川大量发育的时期称为冰期。一个冰期和随后的一个间冰期构成一个完整的古气候周期。

【间冰期】两次冰期之间,气候变暖、冰川消融的时期。

2. 赤城冰山梁冰蚀夷平面

冰山梁位于河北省赤城县与沽源县两县交界的地方,东西长达39多里(1里=500m),南北纵横40里,主峰海拔2 211m,周围植物种类繁多,植被茂密,夏日山顶积雪不化,故名"冰山梁"。山顶面积约26km^2,是由晚侏罗世侵入岩(石英二长斑岩)(1∶25万丰宁幅区域调查报告)构成的甸子梁期夷平面(吴忱,1996),山顶上发现众多怪石奇观,千奇百怪,形态各异,是国内罕见的古冰川冰蚀作用形成的遗迹,有冰臼、冰椅石、冰川漂砾等,当地居民形象的称为蟾蜍岩、龟望海、玉女赏月、狮子滚绣球、母鸡下蛋等(图4-101)。冰山梁古冰川遗迹为京西冰川活动提供了有力的佐证,具有较高的地质科学研究价值。

3. 丰宁喇嘛山古冰川遗迹

喇嘛山位于丰宁满族自治县县城西北28km处,距北京250km,原名黑山,因有喇嘛在此居住修行,故名喇嘛山,喇嘛山主峰海拔1 198m,是甸子梁期夷平面的蚀余山(吴忱,1999,2008),因石而成的奇峰、险洞、异石甚多,内多峭壁,远望如垣、如垛口、如炮台、如天然长城。在20多千米中,喇嘛山分布着众多柱峰、悬崖、禅洞、怪石、鞍马石刻,俨若一条山光画廊。冰臼群主要分布在山脊和山峰上,少量分布在山麓地带,口小、肚大、底平,壁陡光滑,常有不甚明显的螺旋状(图4-102)。喇嘛山一带的冰臼群主要是由于冰川内或冰川下形成的急流,涡流冰川融水携带石块快速流动、旋转、冲击、研磨基岩和冰川漂砾形成的。除冰臼群外喇嘛山周围还保留其他冰川遗迹:"U"形谷、刃脊、角峰、漂砾等(韩同林,1998)。

【蚀余山】在地面夷平过程中残留的小山体(地球科学大辞典)。

【价值和意义】对于研究该区和中国东部地区的气候、环境演化具有很高的科学价值和学术意义,也为研究当前与人类息息相关的气候演化趋势分析和预测提供十分重要可靠的实际证据。

【历史人文】喇嘛山上有个佛像,所以也称释佛灵山(砬壁大佛)。佛像建于(画于)康熙年间,相传康熙年间,此山修行的喇嘛在两山之间跨木飞行,巡行此地的康熙看见说了一句"掉下山后还不气绝",喇嘛顿时跌下,便就此圆寂。康熙后悔不已,立命地方官员在半山腰请能工巧匠昼夜加班,仍在七七四十九日后照此喇嘛刻了一个坐在莲花上修行的塑像,而且还背放佛光。

4. 承德北大山石海景观

北大山地图上称为七老图山,属阴山支脉,横亘在承德县与隆化县、内蒙古宁城县之间,最高处海拔约1 750m。地表岩石经过漫长岁月的风化侵蚀,自然形成的各种奇峰、异石、岩洞、绝壁,构成了沟谷交错、千姿百态的地貌景观。在长达10km的山脊上,到处是奇形怪状的天然石景,海豹石、卧牛石、"一线天"、天然石屋等,展示着大自然的奥妙,在接近顶峰地段,大大小小各种形状的石头堆砌成一组又一组高低错落的石山。这大大小小的石块中间,形成了曲折连环的窍孔,就像奥妙无穷的迷宫。坐在石头上面,听听底下那哗哗的水声,仿佛置身于大海中(图4-103)。

第四章 地貌景观与地质灾害类地质遗迹分述

a.冰川拖动形成"叠石"（摄影/cphoto）

b.冰臼

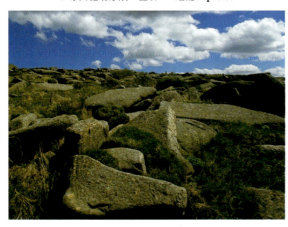
c.冰川漂砾

d.冰椅石（摄影/千年的墨家-山人）

e.山顶风电场

f.山脊上的古长城

图 4-101 赤城冰山梁古冰川地貌景观和自然人文景观

冰山梁原名雾云山,是历代重兵防守的险关要隘,至今还保存着古战场的遗址,明朝刘挺困冰山,宁死不屈,为了纪念这位民族英雄,后人把雾云山改为兵山,后来人们又感到兵山高耸,顶峰常年积雪不化,又把兵山叫做冰山,一直流传至今。历代文人名士来到冰山梁后纷纷留下题刻:山魂、绝塞奇观、崆峒一秀、石源、擎日撷月、石林等。攀登此山,可观赏古烽火台、宏伟的明代长城,还有康熙私访遗迹、段家坟等古迹。松涛阵阵,鸟语花香,景阳钟声依旧

图 4-102 丰宁喇嘛山"冰臼"奇观

图 4-103 北大山石海景观

冻土区地貌景观的一种,冻土区常年负温,物理风化强烈,岩石长期处于负温条件下被冰劈作用破坏,地面广泛地裸露着冻裂的岩块和碎石称为"石海"

5. 顺平白银坨古冰川遗迹

白银坨位于保定顺平县永兴村,由三道大峡谷和若干条小峡谷组成,其中白银坨主峰峰高1 008m,峰顶向两侧延伸约1 000m,形成弧形山梁,向下延伸至谷底组成了半漏斗状,称之为"冰斗"。冰川虽然运动缓慢,但潜能巨大,携带碎石向前移动,在谷颈处侧向刨蚀出"U"形谷,槽谷虽然被后期风化剥蚀,但两侧对称残谷壁仍可辨,冰川擦痕仍见,因气候变化冰川上会生成多条冰裂缝,冰水沿裂隙冲下,在长期作用下,平坦的冰床上会出现大小不同的圆洞,俗称冰臼。该处冰臼不大,却有几十个,四壁光滑,呈直立的圆柱状坑穴,有的呈分散状,有的呈线状,有的规律排列,排列方向垂直于冰川流动方向,另外还可见多块棱角鲜明几吨至十几吨重的冰川漂砾,这是冰碛垄中残留的主要物证之一(图4-104)。

a.冰碛垄残留冰川漂砾（摄影/杨世尧）　　　　　　　　　b.冰臼（摄影/杨世尧）

图4-104　顺平白银坨古冰川遗迹

二、古湖泊及古河道地貌

不同时期的河流和湖泊在自然因素(构造运动、气候变化等)或人为因素(拦河筑坝、人工决口、围湖造田等)影响下发生变化(河流袭夺、河流改道、湖泊消亡)而遗留下了不同形态的物质体,由这类物质体构成的地貌景观称为古河道古湖泊地貌(赵艳霞等,2013)。河北省古河道和古湖泊地貌众多,其中具典型性和代表性的有黄河故道[衡水老盐河(宋代)黄河故道、滏阳河(曲周段)黄河故道]和黄河故堤阳原-蔚县古湖泊、大名刘堤口-黄金堤(汉代)黄河古堤、涿鹿-(北京市)延庆古湖泊、涞源斗军湾古湖泊、隆尧南王庄宁晋泊古湖泊、邯郸大陆泽古湖泊等。

1.燕山-太行山山间盆地古湖泊地貌

燕山、太行山山地在古近纪、新近纪和第四纪时期处于拉张构造环境,以相对强弱活动相间进行和不均衡升降运动为主要特点,整体以剥蚀和各类沉积作用为主,间夹少量火山活动。在古近纪和新近纪构造格架的基础上,内蒙古(坝上)高原与华北中低山区(太行山-燕山山地)继续不均衡上升,华北平原沉降区继续扩大,在内蒙古(或坝上)高原南缘盆地区与太行山-燕山山间盆地区共发育11个较大的沉积盆地,而华北平原整体为一个大型沉积盆地(图4-105)。盆地的形成和古湖泊的发育主要受控于正断层及裂谷作用,湖泊沉积是大陆气候环境变化的重要信息载体,湖泊的发育与演化过程受区域性气候和环境的双重影响,在研究全球变化和区域响应方面具有不可替代的优势。

1)阳原-蔚县古湖泊

河北平原阳原-蔚县古湖泊位于河北省阳原、蔚县境内,南为恒山(海拔2 000～2 200m)所挡,北为熊耳山(海拔1 500～1 800m)所隔,中间为六棱山(海拔1 500m)与牛心山(海拔1 400m)被北西向断层(马市口-松枝口大断裂)断开,将阳原古湖泊和蔚县古湖泊连为一体,为一对南西-北东向并列延伸的地堑湖(吴忱,2008a)(图4-106、图4-107)。

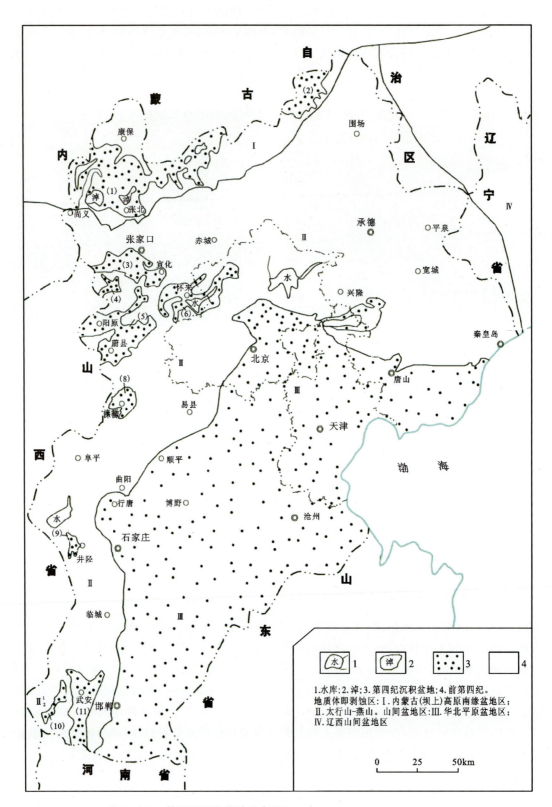

图 4-105 第四纪沉积盆地分布图［据《中国区域地质志（河北志）》，2017］

(1)张北-沽源盆地；(2)御道口盆地；(3)张家口盆地；(4)怀安城盆地；(5)阳原盆地；(6)怀来-延庆盆地；(7)遵化盆地；(8)涞源盆地；(9)井陉盆地；(10)涉县盆地；(11)武安盆地

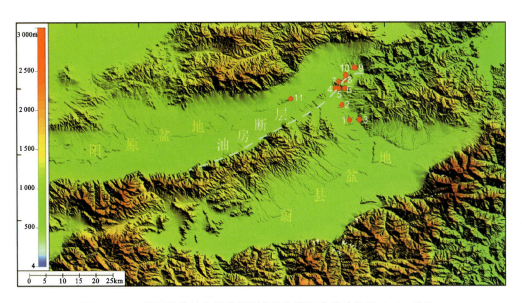

图 4-106 泥河湾盆地东部的阳原盆地和蔚县盆地地貌图（据朱日祥等，2007）

1.花豹沟；2.红崖；3.大南沟、东窑子头；4.洞沟；5.小长梁、大长梁；6.东谷坨、马梁、飞梁；7.郝家台；
8.马圈沟、半山；9.下沙沟；10.岑家湾；11.虎头梁

（左侧的彩色柱标代表海拔高度）

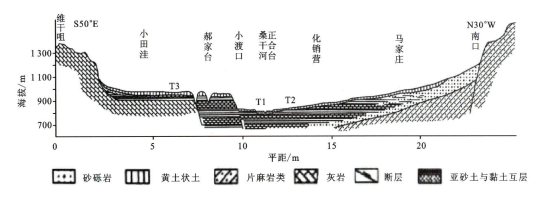

图 4-107 盆地区地貌横剖面图（据吴忱，2008a）

【地堑湖】是构造湖的一种类型，地质构造运动所产生的地壳断陷、坳陷和沉陷等所形成的各种构造凹地，如向斜凹地、地堑及其他断裂凹地所产生的构造湖盆，经储水、积水而形成的湖泊。

上新世时期，熊耳山山地沿山前断裂呈整体抬升、六棱山山地和南山山地也呈强烈的掀斜式抬升，阳原和蔚县陆块相对下降，阳原-蔚县盆地形成（李润兰等，2000），当时盆地并未成湖，唐县面上的红色风化壳被剥蚀冲刷，以坡积、洪积及泥石流相堆积而形成（周廷儒等，1991）。进入第四纪新构造运动进一步活跃，不同陆块的差异性运动也更加剧烈，盆地逐渐加深，河流受阻而在盆地中形成沼泽、湖泊，沉积了巨厚的湖相沉积物。

早更新世早期，阳原湖泊和蔚县湖泊还未沟通，随着桑干河河水逐渐被吸引到盆地中致使湖水进一步加深，至早更新世中晚期两湖才连通成为一个整体（吴忱，2008a）。中更新世是盆地湖泊最发育的时期（图1-20），早期由于构造运动剧烈和气候变凉，局部地区湖水变浅形成河流和湖滨三角洲，甚至湖水推出而遭受剥蚀；中晚期地壳的构造活动相对平静、气候暖湿，湖水加深形成湖蚀山麓面（吴忱，2008a）。晚更新世时期，古湖面积已大大缩小，统一的湖泊已被分割为若干小湖（夏正楷，1992），到了晚更新世末期，石匣峡谷被切开，引起水系发生变化，造成河流向东流去，导致湖水外泻，从而使

历时200余万年的阳原-蔚县古湖彻底消失。

吉云平和王贵玲(2017)研究认为,泥河湾古湖的萎缩和消亡从266ka前后开始,一直延续到30ka前后。受所处古地貌部位的影响,盆地中不同地区古湖消亡的时间有早晚差异。中更新世晚期,大致在266ka以后,泥河湾古湖大规模收缩,盆地东南部的大田洼—郝家台地区湖泊消亡,仅局部还保留有一些残留湖。小渡口和东目连湖相层顶部有叠层石分布,其时代分别为20多万年和220ka;北梁地区湖积层顶部有文石沉淀,时代为270ka左右。叠层石主要处在半咸水湖、滨湖浅水环境,文石等化学沉积在半咸水湖,水深较浅环境沉淀生成,它们的出现表明这些地区当时十分接近湖岸线。泥河湾古湖大规模收缩后期,除大田洼—郝家台地区外,其他地区仍然有湖泊发育。北梁地区湖泊最先于190ka左右消亡。进入晚更新世之后,泥河湾古湖又发生了一次小规模的扩张,这次扩张在虎头梁一带表现最为明显,虎头梁剖面地层呈湖侵沉积序列。此次湖泊扩张之后,泥河湾古湖进入了逐步消亡阶段。110ka前后,梨益沟附近湖泊和大田洼—郝家台地区残留湖泊消亡,之后湖泊退缩六棱山山前湖泊消失,80ka前后上回村—东目连地区和侯家窑—强家营一带湖泊消亡,53ka前后虎头梁地区湖泊消亡,30ka前后盆地中部的井儿洼地区和化稍营东部一带的湖泊消亡。

2)涿鹿-(北京市)延庆古湖泊

涿鹿-(北京市)延庆古湖泊位于河北省怀来县、涿鹿县和北京市延庆县内,南依军都山(海拔1 000～1 200m),北靠大海坨山(海拔1 800～2 000m),是新生代断陷盆地,呈北东伸展,长约100km,宽约20km,根据钻孔和剖面地层岩性特征和时代划分可知,早更新世为深湖相沉积,中更新世为滨湖、浅湖相沉积,有的地方是红色黄土堆积,盆地中心相变为湖相沉积(袁宝印等,1989)。从而得知,涿鹿-(北京市)延庆古湖泊形成于第四纪早更新世,开始为浅湖,后期湖水加深,湖面扩大,中更新世初期,湖面大为缩小,早更新世湖相层遭到严重侵蚀,中期有所扩大,晚期又开始缩小,中更新世末期湖泊变干(吴忱等,1999a)。

【涿鹿-(北京市)延庆古湖泊消亡】袁宝印(1989)认为延庆附近晚更新世Ⅱ级阶地下部仍为湖相层,推断晚更新世古湖泊还存在;吴忱(1999a)认为该套湖相层时代为中更新世,Ⅱ级阶地是以中更新世湖相层为基座,推测古湖中更新世末期已变干,本书支持吴忱观点(图4-108、图4-109)。

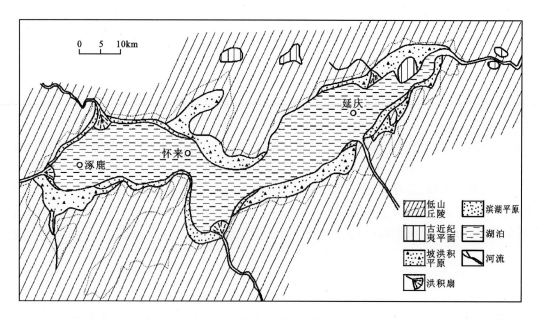

图4-108　早更新世涿鹿-(北京市)延庆盆地古地理略图(据李华章等,1995)

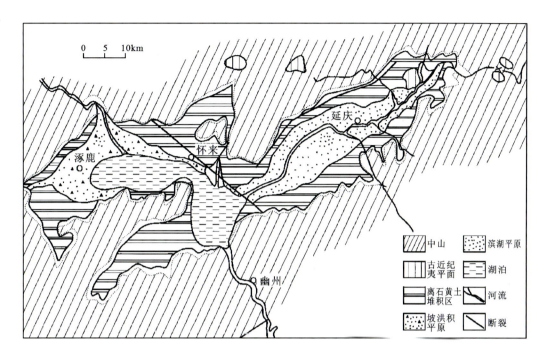

图 4-109　中更新世涿鹿-(北京市)延庆盆地古地理略图(据李华章等,1995)

2. 河北平原古河道地貌

古河道是河流变迁后遗留下来的旧河道,晚更新世末期以来,河北平原主要由黄河、漳河、滹沱河、永定河、滦河等河流洪积、冲积形成,因而古河道密集分布(吴忱,1984)。河北平原的地面古河道按微地貌可分为条带状高地古河道和槽状洼地古河道。它们是河流发育不同阶段所表现出来的不同形式,在洪积-冲积扇形平原上,二者多相间分布,因而地貌形态表现为高—低—高的波状性质,这种地貌格局对农业生产、震灾分布、农田水利等起到了一定的控制作用。加强对古河道研究,不仅对复原古环境、水系变迁规律、新构造运动等有重大的理论意义,对国民经济建设也有着重要的现实意义。

【条状高地古河道】河流发育成地上河以后改道形成的地貌形态,地形较两侧地形高 1~3m,呈蛇曲状、条带状,顺冲洪积扇或决口扇呈放射状分布。堆(沉)积物为古河道冲积物,以砂、砾石为主。

【槽状洼地古河道】河流还未发育成地上河便改道形成的地貌形态,呈条带状,地形较两侧地形低 1~3m。堆(沉)积物为古河道冲积物,以砂、砾石为主,局部可见淤泥质黏土。

【古河道研究意义】古河道既是一种地貌类型,也是一种地质实体,是自然资源的重要组成部分,不仅决定了华北平原的微地貌类型、土壤类型、盐碱地类型,也进而决定了土地类型、土地资源及农作物的布局。另外,构成古河道的各种粒级的砾石及砂体不仅储藏着丰富的地下水资源,也是重要的建筑材料基地。

在太行山、燕山的山前地区,地面古河道呈与山体走向垂直的扇状分布,形成了很多洪积-冲积扇,如滹沱河洪积-冲积扇形平原上以黄壁庄、深泽、藁城、饶阳为分流点的古河道及其所组成的洪积扇、洪积-冲积扇和现代泛滥沙地(图 4-110)。长期的构造沉降是河北平原地区古河道比较发育的重要因素之一,在构造下降的平原中也分为相对隆起区和坳陷区。古河道多分布在坳陷区内,形成了众多水平方向上多条古河道并行或交叉,垂直方向上多期古河道重叠或交接的密集分布的古河道带。

河流的活跃期即古河道的发育期,为寒冷干燥地理环境的产物;河流的稳定期,即古湖沼的发育期,为温暖湿润地理环境的产物。华北平原的地面古河道,绝大多数是晚全新世形成的古河道,传说中的大禹治水,正是发生在华北平原由中全新世向晚全新世的转变时期,战国以后,古人多采用筑堤固槽的方法治理河道。自曹魏开始至隋炀帝完成的南北大运河,拦腰截断了太行山前分流入海的河流,使河流泥沙迅速在山前堆积,河流改道更加频繁,形成了众多的条带状高地古河道,可以说晚全新世以来大规模的人类活动对河道变迁和古河道的形成也起到了一定的作用。

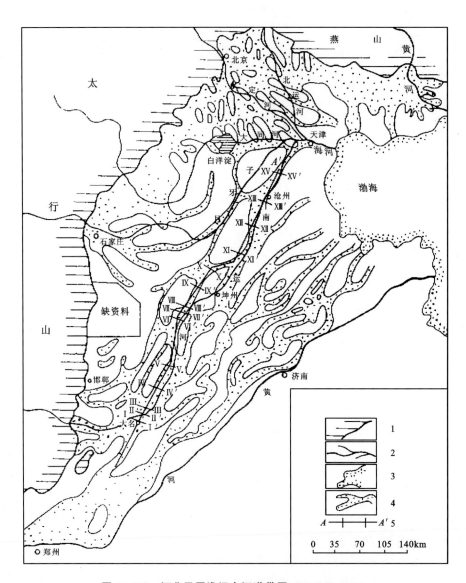

图 4-110　河北平原浅埋古河道带图(据吴忱等,2000)
1.山地平原界线;2.河流;3.海岸线;4.砂埋砂带;5.砂带勘探剖面线

1) 古黄河在河北平原留下印迹——黄河故道

黄河是我国的第二长河,发源于青海高原巴颜喀拉北麓约古宗列盆地,蜿蜒东流,穿越内蒙古高原、黄土高原和黄淮海大平原注入渤海,全长 5 464km,落差 4 480m,流域总面积 $79.5×10^4 km^2$。中生代燕山运动奠定了中国的轮廓,新生代喜马拉雅运动塑造出中国自西向东三大阶梯的地貌格局,黄河的形成与发展即受制于这一地质地貌条件,先后经历过若干独立的内陆湖盆水系的孕育期和各湖盆水系逐渐贯通的成长期,最后形成统一的海洋水系(黄河网)。

根据黄河各期形成的阶地、古河道、沉积物以及历史文献资料分析推断,可以将其分为两个阶段(吴佳敏等,2006):①早更新世中期(1.60~0.70Ma),由于喜马拉雅造山运动影响,青藏高原持续强烈抬升,在不同区域形成了4个相对集中、独立、互不连通的内陆水系,即古若尔盖湖盆、古共和湖盆、古银川湖盆和古汾渭湖盆,它们是孕育古黄河的前身。随着我国西部高原的进一步隆升,内陆河流不断进行着溯源侵蚀和下切侵蚀,各个封闭的湖盆逐渐有了出口,由西而东的4个独立水系逐步连接起来,古黄河初露端倪。②中更新世早中期(0.70~0.20Ma),当大量上中游来水汇集到一定程度,最终越过东部的最后一个障碍,现河南省内中条山的三门地垒,切穿三门峡流入开阔的黄淮海平原,顺西高东低的地势浩浩荡荡地奔流而去,伟大的黄河就此贯通。

根据水利部黄河水利委员会成果(2011),晚更新世时期(0.10~0.01Ma)大部分古湖盆已淤积消亡,少数存留的水域面积也大为缩小,今天津以东水域被海水所侵占,古黄河经天津入海,期间裂谷盆地下降幅度大,隆起上升幅度也很大,高原古黄土沟谷切割非常厉害,并且形成完整的古沟道系统。当古黄河贯通古湖盆入海后形成了海洋水系,海平面就成为全河统一的侵蚀基准面,黄河河床进入统一的调整阶段,上升段的河流作用以负向侵蚀为主,而急剧下沉的裂谷段则大量淤积,产生削高填低的夷平过程。早中全新世时期(10 000~3 000a),河水上下贯通,古湖盆大都干涸、消亡,沟系发育迅猛,尤其是黄土高原,出现"千沟万壑",是古黄河水系的大发展时期,由于洪水泥沙增加和海平面升高,河水排泄受阻,因而造成远古洪荒时代,留下大禹治水的传说。

黄河自出孟津以后,就流动在华北平原上,这段河道流势平缓,河道宽浅,泥沙淤积严重,河床淤高成为地上河,造成历史上经常溃决迁徙。自602年以来,黄河决口泛滥达1 500多次,重要决口改道的有7次(夏东兴等,1993)。不同历史时期黄河下游河道变迁(图4-111)在河北平原留下了许多黄河故道和黄河故堤,其中最具代表性的有滏阳河(曲周段)黄河故道、大名刘堤口-黄金堤(汉代)黄河古堤、衡水老盐河(宋代)黄河故道。

(1)滏阳河(曲周段)黄河故道。夏、商、周时代,黄河下游河道呈自然状态,低洼处有许多湖泊,河道串通湖泊后分为数支,游荡弥漫,同归渤海,史称"禹河"。最早记载黄河的地理著作是《尚书·禹贡》和《山海经》。其中《尚书·禹贡》记述的禹河大约是战国及其以前的古黄河,行径是"东过洛汭,至于大伾,北过降水,至于大陆,又北播为九河,同为逆河,入于海"。洛汭,即洛水入河处;大伾,为山名,在今河南省荥阳县西北氾水镇(又说在今浚县东南);降水,即漳水(今漳河),"北过降水",即黄河北流纳漳水合流;大陆即大陆泽,今河北省大陆泽及宁晋泊等洼地;河水从大陆泽分出数条支河,归入渤海。根据古文献记载与地质条件的分析,在下游古黄河自然漫流期间,沿途接纳了由太行山流出的各支流,水势较大,流路较稳。距今4 200年时黄河入海口在衡水市武强,现今的滏阳河(图4-112)就是当时的黄河(王大有,2000)。

(2)大名刘堤口-黄金堤(汉代)黄河古堤。大名县城北有许多以"堤"命名的村庄,由南向北依次为刘堤口村、康堤口村、万堤村(古称万家堤)、黄金堤村、沙堤村、闫沙岸村等,这些村庄的形成与黄河堤防、故道有关。据《史记》记载,西汉以前黄河流经大名,春秋战国时期黄河下游已普遍兴筑堤防,汉代进一步修成系统堤防,并不断增修石工,加高增厚。《大名县志》(民国本)记载:"金堤为汉时旧堤,势如冈陵,绕古黄河历开州(今濮阳)、清丰、南乐入县境,东北趋山东馆陶(今河北馆陶)计长二百余里",民间称之为"王莽堤"。《汉书》记载,公元11年(王莽始建国三年),"河北魏郡(濮阳境)泛清河以东数郡",黄河再次改道,河南濮阳以下的黄河成了枯河,两岸人民不再有水患之忧,不再受水灾之害,人们便把河南濮阳至河北东光县这一段枯河称为王莽河。黄河改道后,人们开始在堤防、故道上生产生活,最终形成村落(图4-113)。

(3)衡水老盐河(宋代)黄河故道。据《宋史·河渠志》记载,北宋元丰四年(1081年),黄河在河南濮阳的小吴埽决口,向北冲出3条新河道,先后流经大名县、巨鹿、清河一带,其中一条沿枣强西部,通过冀州东北部,穿越桃城区流向武邑县,至元祐九年(1093年)黄河断流,元符二年(1099年)黄河再次在内黄县决口向北流,南宋高宗(赵构)于建炎元年(1127年)为了阻止金兵南侵,在河南省滑县扒开黄河南堤埝,使黄河改向南流,经江苏徐州和淮阴,转向东流入黄海。从此,北流黄河最终断流,使原流

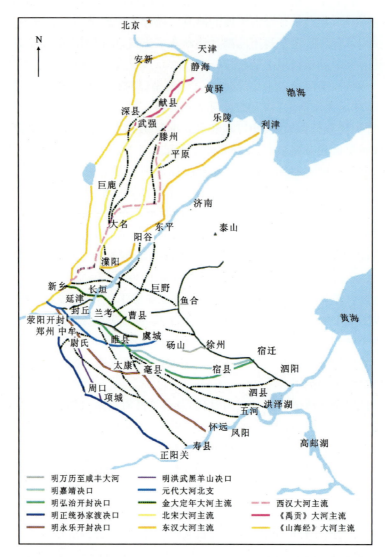

图 4-111 不同历史时期黄河下游河道变迁示意图（据范颖等，2016）

经枣强、信都、衡水的这段黄河河道成为节令性的蓄水河道。因为这一段河道地势稍微偏高，从未被其他河流侵占，历经数百年的风雨，常常干涸的河底土壤逐渐盐碱化，被称为"老盐河"。《衡水新志》（1962）、《河北平原黑龙港地区古河图》（1975）均对这条古河道进行了描述，吴忱（2001）认为衡水城以南的盐河，无河道流水行迹，但零星分散的、由黄色粉砂组成的土丘，却呈南北向的带状分布，也表明是北宋黄河河道的遗迹，该河道自衡水至武强，行今滏阳河道。这足以说明，流经枣强县、冀县、衡水县间的老盐河，为宋代黄河遗留在河北平原上的一条古河道。冀州市依托老盐河生态资源，最大限度地保留了原有风貌，打造老盐河生态公园（图 4-114）。

2）滹沱河古河道

对于滹沱河东流而出太行山进入华北平原，在山前形成的巨大冲洪积扇的起始年代，张兆祎等（2017a，2017b）从滹沱河进入河北平原而形成的巨大冲洪积扇着手，通过对滹沱河冲洪积物的研究发现，滹沱河形成前后的沉积环境明显不同。通过对揭穿滹沱河冲洪积扇的第四系钻孔的古地磁年代学和岩相学研究，认为滹沱河在 Jaramillo 正极性亚时结束（0.990Ma，更新世早期晚阶段）之后，冲出太行山的阻隔进入华北平原。

图 4-112 曲周县内朱西堡村附近的滏阳河（黄河故道）（摄影/邯郸老崔）

图 4-113 大名刘堤口—黄金堤（汉代）黄河古堤影像

a. 老盐河　　　　　　　　　　　　　b. 老盐河生态公园（摄影/deng华艺）

图4-114　衡水老盐河（宋代）黄河故道

自更新世早期晚阶段滹沱河冲出太行山进入华北平原并进入研究区以来，经过了多次河流改道变迁。更新世早期晚阶段，滹沱河由石家庄市杜北乡—正定县城一带进入石家庄、经藁城区县城—藁城区丽阳镇一带流出；更新世晚期（晚更新世），滹沱河改行南道，并且是主流，由石家庄市杜北乡一带进入，经石家庄市城区—栾城市冶河镇—栾城市城区于栾城市南高乡流入宁晋泊（图4-115）。

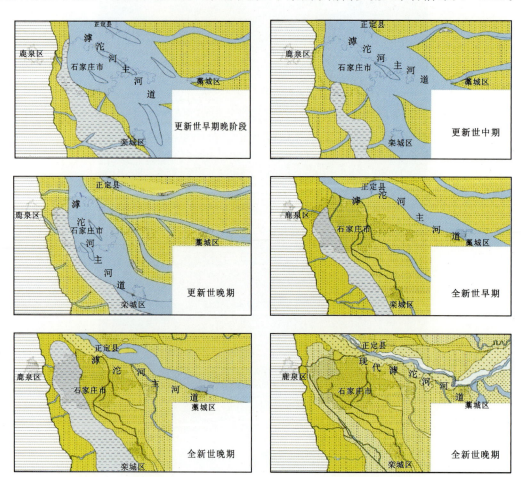

图4-115　滹沱河进入华北平原后的古河道变迁图（据张兆祎等，2017b）

末次盛冰期(25~16ka)以后,滹沱河逐渐改行中道,由石家庄市杜北乡北一带进入石家庄市区,经正定县呈南,向南东东方向从藁城县兴安镇流出。该期古河道砂带最长,厚度最大,径流时间较长;最后行北道,从正定县县城西部进入石家庄市区,经九门回族乡附近,在张段固镇附近流出。更新世晚期(晚更新世)的3期古河道共同构成了巨大的滹沱河洪冲积扇的巨大主体(图4-115)。

末次冰消期至全新世早期(16.0~7.5ka),滹沱河主行末次盛冰期的中支河道,并切割了晚更新世末期所形成的冲洪积扇,形成了石家庄市区至藁城的切割河谷。钻孔BK04孔(1.95~5.02m)、KK13孔(2.05~13.80m)、YK14孔(3.36~10.65m)及藁1孔(5.25~8.40m)等均可见巨厚的河床滞留沉积形成砂砾石层和含砾粗砂层,砾石多为次圆状,可将该套砂砾石层和含砾粗砂层为滹沱河的识别标志(图4-115)。

全新世中期(7.5~3.0ka),滹沱河经石家庄北至藁城(主行末次盛冰期LGM的北支河道),转向北东流出石家庄市,区域上大致在安平附近汇入河中(图4-115)。

全新世晚期,藁城以西滹沱河主支同前,藁城东有两条支流,在全新世晚期形成,且在历史时期内一直存在,直到公元1181年滹沱河均从此流过,公元1881年以后从北支逐渐南移,行现代滹沱河河道,且现在还在向南侧蚀;宋朝时期(960—1279年)滹沱河在藁城西分出一支寝水(古水系名),宽500~700m(吴忱,1991),经尚书庄、表灵村,在系井村流出研究区,向南经倪家庄、杨扈至宁晋泊(图4-116)。

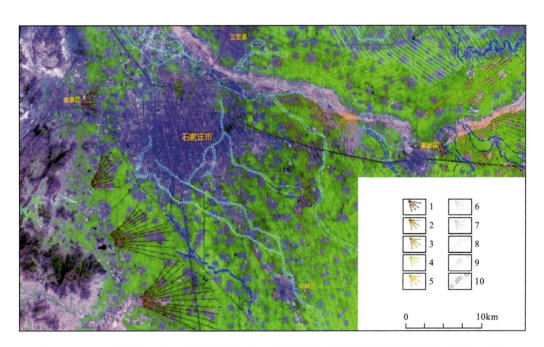

图4-116 晚更新世太行山前冲洪积扇群与全新世不同时期滹沱河冲洪积扇及古河道分布图
(据张兆祎等,2017a)(底图为ETM遥感影像)

1.晚更新世山前冲洪积扇;2.滹沱河全新世早期冲洪积扇;3.滹沱河全新世中期冲洪积扇;4.滹沱河全新世晚期冲洪积扇;5.滹沱河全新世晚期决口扇;6.磁河全新世早期冲洪积扇;7.磁河全新世晚期冲洪积扇;8.全新世早期古河道;9.全新世中期古河道;10.全新世晚期古河道

3.河北平原古湖泊地貌

宁晋泊古称"大陆泽",是河北平原南部三大湖泊之一,位于河北省邢台市宁晋、隆尧、任县与巨鹿、新河之间,属于漳河、滹沱河两大冲积扇之间的扇间洼地群,由大陆泽洼地和宁晋泊洼地组成(郭盛乔,1995),本书所说隆尧南王庄宁晋泊古湖泊是指宁晋泊北泊洼地。张文卿(1999)对隆尧市南王庄钻孔剖面所取孢粉样品进行鉴定分析,并根据鉴定结果及^{14}C年代测定数据对宁晋泊古湖泊区域自然环境演变进行研究探讨,确定宁晋泊古湖泊成湖时代是晚更新世大理冰期以前温暖潮湿时期最初阶段。在晚更新世和全新世时期,共经历过3次湖相和3次河流-沼泽相的变化过程以及与其相对应的暖—冷—暖—冷—暖的气候变化,包括晚更新世初期温暖湿润的深湖相、晚更新世早期温凉较干的浅湖相、晚更新世晚期温暖稍湿的河流相、晚更新世末期温凉较干的浅湖相、早中全新世温暖较湿的沼泽相、晚更新世初期温暖较干的深湖相,往后逐渐过渡为浅湖相和湖滨相(王强,1999b)。

五千年以来,古大陆泽也有过多次水面变化,总的趋势是缩小、消亡(图4-117):由于长期受古黄河泥沙充填影响,湖泊深度变浅;战国中期以后,受古黄河断流影响,进入古大陆泽的泥沙量明显减少;西汉以后,古黄河改道向南迁移,古大陆泽受古黄河泥沙充填影响更是越来越小;随后太行山植被逐渐被破坏影响了其地表径流为古大陆泽提供补给,再加上滹沱河与漳河河堤溃破,水流泛滥、改道使得两者冲积扇顶部不断前移,泥沙不断淤积,古大陆泽的主要部分明显缩小(许婧,2017)。明末清初,古大陆泽解体为南、北两大部分,南部湖泊仍名大陆泽,北部则为宁晋泊;宁晋泊受滹沱河的汇注,

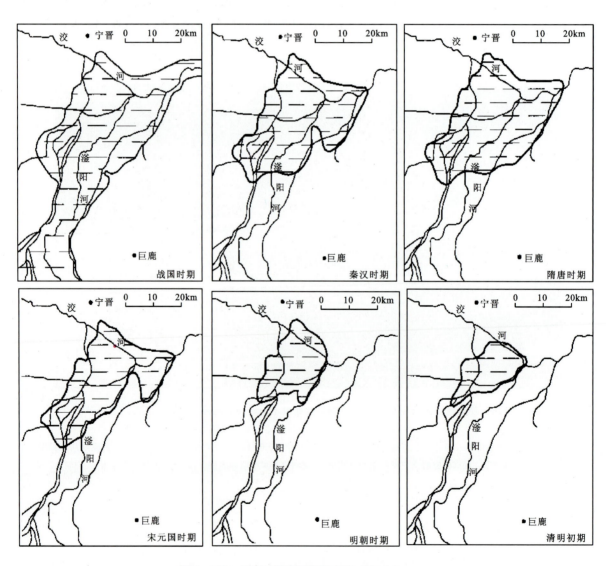

图4-117 历史时期宁晋泊演变图(据郭盛乔,1999)

湖泊水域不断扩大,大陆泽因水源不断导入宁晋泊反而不断缩小,清末渐渐淤平,宁晋泊也因为受滹沱河淤灌影响,到清代末年消亡(石超艺,2007)。

【古湖泊研究意义】湖泊是大气圈、岩石圈、生物圈和陆地水圈相互作用的连接点,湖泊所记录的是各种环境要素的混合信息。古湖泊是过去曾经存在、现在已经消亡的湖泊,古湖泊的形成与演变同环境演变息息相关,是表征环境演变过程的良好信息载体。探讨这些古湖泊的形成和演变过程及消亡原因,对于重建相应的环境演变序列、研究人类活动的环境效应以及预测未来环境演变趋势具有重要意义,为未来经济发展长远规划提供科学依据。

三、沙漠地貌

沙漠地貌是以沙丘、沙垄地貌为主的一种荒漠地貌景观类型。中国沙漠(沙漠、风蚀地和戈壁)总面积约 $128.2\times10^4 km^2$,占全国陆地总面积的 13%,主要分布在新疆、甘肃、陕西、内蒙古、青海等地,其中塔克拉玛干沙漠是中国最大的沙漠,也是世界上著名的大沙漠之一(黄瑞来,2013)。

河北省的风沙地貌主要分布在北部的坝上高原,如张家口的张北、康保、尚义、沽源4县和承德市的丰宁、围场县北部。坝上地区地貌单元处于我国第二地形阶梯的边缘,属沙漠与黄土过渡地区,独特的构造-地貌特征是沙漠化的地质背景。干旱化是这一地区沙漠化的气候因素,在晚第四纪沉积盆地基础上形成的古老沙地及高原在整个第四纪长期干燥剥蚀环境下形成的粗粒残坡积层是沙漠化形成的地质基础,而人类不合理的经济活动则是沙漠化的诱导因素。加强坝上沙漠化地区植被演替和气候演化规律研究,不仅对推动旅游业发展有极大的促进作用,还有助于协调农业、牧业、旅游业和自然资源的管理,为土壤侵蚀,草原沙漠化、盐碱化,生物资源保护等方面长期政策的制定提供科学依据,在预测华北地区未来气候环境变化趋势方面也具有重大的作用。

在全球气候变暖的背景下,土地沙化和石漠化引起了国际社会的普遍关注。近年来,人类尝试在沙漠地区建立国家公园来保护荒漠生态系统,发展沙漠生态旅游,取得了一定成效。国家沙漠公园的建立,是人类开发利用沙漠的新路径,对推动防沙治沙、构建绿色屏障、带动全域旅游、推进生态文明建设具有重大意义。截至目前,河北省国家沙漠公园申报及建设工作已取得初步成效,共有沽源九连城沙漠公园、围场阿鲁布拉克沙漠公园、丰宁小坝子沙漠公园被授予"中国国家沙漠公园"称号。此外,位于张家口怀来的京西沙漠(天漠)也以其神秘独特的大漠风光,成为人们探索瀚海沙洲别样风情的理想之地。

【国家沙漠公园】是以荒漠景观为主体,以保护荒漠生态系统和生态功能为核心,合理利用自然与人文资源,开展保护及植被恢复、科研监测、宣传教育、生态旅游等活动的特定区域。生态旅游在沙漠公园规划建设中是一项重要内容,能够促进生态资源向生态经济的转化,助力沙区脱贫,带动区域经济发展。

1. 丰宁小坝子沙漠公园(国家沙漠公园)

丰宁小坝子沙漠公园位于丰宁满族自治县县城西北部,属浑善达克沙地南缘,北连坝上高原,南接冀北山地丘陵区,总面积 $3\,247.96 km^2$。沙漠公园所在地区在生物气候带上属于半干旱草原带,既有梁滩相间、丘甸结合的多样的沙漠风光,又具有浩瀚草原风光及多彩的植被景观。同时,第四纪冰川运动形成的奇峰林立的独特地质景观、中日合作的治沙文化及汉朝障城遗址等,丰富了沙漠公园的景观及文化资源,具有极高的观赏审美价值(表4-13)。小坝子沙漠公园是距离京津最近的沙漠公园,同时又是京津冀蒙生态旅游线路的中间站,交通区位优势明显,是开展沙漠生态旅游的理想区域,是冀北接坝山地农牧交错带的生态旅游瑰宝(杨立彬,2018)。

表 4-13 小坝子国家沙漠公园旅游资源类型特征表(据杨立彬,2018)

资源类型	资源特色	典型代表
景观资源	多样的沙漠风光	沙丘、梁地、丘间低地
	独特的水域风光	小坝子沟河、沙地绿洲
	奇特的地质景观	冰臼、蘑菇石、帽山、椰头石
	浩瀚的草原景观	缓坡草地、坝上草原
	多彩的植被景观	沙漠疏林、人工林海、沙生灌木丛
文化资源	荒漠文化	浑善达克沙地南缘荒漠生态系统成因、类型、特征等
	治沙文化	朱镕基总理踏热土事件、中日合作治沙工程、小坝子治沙精神
	历史文化	汉朝障城遗址
	民俗文化	满族、蒙古族、回族、汉族等多民族聚集区,藤氏布糊画,丰宁剪纸

2. 怀来龙宝山天漠公园(京西沙漠公园)

怀来龙宝山天漠公园界线分明地兀立在河北怀来县官厅水库西南侧,是一个面积只有 1 300 亩的袖珍版微型"沙漠"(图 4-118)。园区内可见两条"沙龙",东沙龙南北长 300 多米,西沙龙南北长近千米,宽均在百米以上。立于沙脊之上远眺四周,官厅水库、军都山脉、燕长城遗迹等自然人文景观可尽收眼底。天漠的神秘之处在于其与周边地貌"界线分明",其轮廓线之外虽只相隔咫尺,却是普通农田。对于"天漠"的具体形成原因众说纷纭,主要有以下几种观点:风沙形成说、就地起沙说、风化成沙

图 4-118 怀来龙宝山天漠沙漠地貌

说、电磁成因说等,被多数学者所认可的是西北气流夹带着内蒙古高原的沙尘到此,被军都山所阻,沙尘坠落形成了天漠,它的神秘面纱正等待更多的人去研究探索。

3. 围场阿鲁布拉克沙漠公园(国家沙漠公园)

围场阿鲁布拉克沙漠公园地处围场满族蒙古族自治县县城西南部腹地,浑善达克沙地南缘,总面积 2 788.24 km^2,由老窝铺片区和卡伦后沟牧场片区两部分组成。沙漠公园内以固定、半流动、流动沙丘、沙地为主。在沙漠公园内的小滦河两岸,主要植被类型为天然沙生植被、人工植被和湿地植被 3 种类型。据相关资料,沙漠公园内共计有维管植物 47 科 79 属 120 种,脊椎动物属 22 目 43 科 89 种。

4. 沽源九连城沙漠公园(国家沙漠公园)

九连城沙漠公园位于沽源县城西部,地处内蒙古高原和华北平原的过渡地带,总面积 1 079.88 km^2,划分为马鬃山片区、丁家梁片区和半拉山片区 3 个片区。该公园的设立对推进防沙治沙、构筑京津生态屏障、保障坝上地区生态安全意义重大。同时在荒漠化治理修复恢复、保护生态的前提下进行观光、体验旅游开发,也是促进经济发展、助力乡村振兴的有效途径。

第八节 水体地貌景观

水体是指以一定形态存在于自然中的水之总称(《地球科学大辞典》)。本书所述水体地貌是指陆地上以自然水体为主构成的地貌景观,具有观赏、游乐、康疗、度假等功能,按性质可分为河流、湖泊、潭、湿地、沼泽、瀑布、泉等。

一、河流(景观带)

河流是指一种天然水流,由陆地一定区域内的地表水(包括大气降水、冰雪融水)及地下水所补给,并经常(周期性)沿着狭长的凹地流动。流水是塑造地表形态最活跃、最普遍的外营力,而河流是流水的主要形式。河流的水流在流动过程中下切侵蚀和侧蚀,形成可供游览观光、科学考察和漂流的风景河段,本书选取顺平唐河湾作为具代表性、典型性的河流(景观带)进行详细叙述。

【河北省河流概况】河北省共有流域面积 50 km^2 及以上河流 1 386 条,总长度为 40 947 km;流域面积 100 km^2 及以上河流 550 条,总长度为 26 719 km;流域面积 1 000 km^2 及以上河流 49 条,总长度为 6 573 km;流域面积 10 000 km^2 及以上河流 10 条,总长度为 2 575 km,主要有滹沱河、滦河、永定河、子牙新河、潴龙河、赵王新河、南运河、卫运河、潮白河、北运河、滏东排河等(河北省第一次水利普查成果)。

唐河古称"滱水",《山海经》即见滱水之名,《周礼》则称其为"沤夷之水",因流经唐县,又称"唐河"。海河流域大清河的上源支流,发源于山西省浑源县南部的翠屏山,总长 302 km,流域面积达 4 993 km^2。经山西省灵丘县、河北省保定市的涞源县、唐县、顺平县,在唐县通天河、三会河、逆流河诸水汇集于西大洋水库,出西大洋水库后东流经定州市、望都县、经清苑县、安新县,在安新境内汇入白洋淀,后入大清河。唐河在太行山地以西为嵌入顺直谷型,在堂行山地为嵌入曲流谷型,弯曲系数多在 1.5 以上,属于高弯曲度河,谷底呈阶梯状上凸型,分别在甸子梁期夷平面与唐县期夷平面交界处和唐县期夷平面与中更新世低山麓面交界处形成阶梯,这与太行山在第四纪的强烈抬升有关;在河流横剖面上呈 3 套谷型重叠(图 4-119),上部为唐县期盘状宽谷,中部为中更新世"U"形宽谷,下部为晚更新世"V"形切割谷(吴忱,2008a),如图 4-120 所示。

图 4-119 唐河湾景观(摄影/山海川)

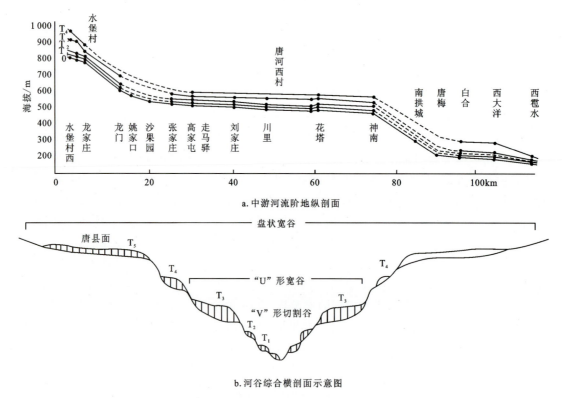

a. 中游河流阶地纵剖面

b. 河谷综合横剖面示意图

图 4-120 唐河河谷剖面示意图(据吴忱,2008a)

(T_1、T_2、T_3、T_4、T_5 分别代表河流的第 Ⅰ、Ⅱ、Ⅲ、Ⅳ、Ⅴ 级阶地)

【河谷发育史】喜马拉雅造山运动第二幕与中新世开始,以五台山、小五台山和内蒙古高原南缘山地为中心的华北山地抬升,河流开始形成;至上新世太行山地被夷平为准平原面(唐县期山麓面),河流在准平原面上形成曲流河。进入第四纪以来,华北山地进一步抬升,河流沿原曲流河道下切形成嵌入河流河谷,同时经多次河道变化与水系变迁及侵蚀、夷平过程而形成了现代的唐河。

二、坝上高原湖泊和湿地

河北省内高原地区(坝上高原)位于内蒙古高原-燕山山地-华北平原的过渡带,是内陆流域与外流域的交接区,也是农牧交错区与气候过渡区,地形南高北低,平均海拔 1 200～1 500m,面积 15 954km²,占全省总面积的 8.5%。行政区划包括康保县、张北县、沽源县的全部县域和尚义县、围场满族蒙古族自治县、丰宁满族自治县的部分地区,是沟通晋、冀、蒙的交通枢纽地区。坝上高原湖泊、湿地数量众多,分布广泛,是河北省湖泊与湿地地貌最发育的地区,对调蓄洪涝、调节气候、发展景观旅游具有重要意义。近年来坝上高原湖淖萎缩、干涸问题严重,以张北、康保、沽源、尚义 4 县为例,从 20 世纪 90 年代至 2005 年,湖淖数量减少 205 个,湖淖面积减少 100km²,湖淖蓄水量减少 $1.19\times10^8 m^3$,其中尚义县变化最大,湖淖数量由 125 个减少至 1 个,蓄水量康保县变化最大,康保的湖淖蓄水量减少 $0.51\times10^8 m^3$(高素改,2018)。坝上高原湖泊的分布受地质构造、地形地貌、风力侵蚀、流水作用和人类活动等多种因素的制约,具有一定的区域特征,从空间上来看,主要分布在坝上高原中西部的康保县、张北县、尚义县和沽源县。

在湖泊周边、河道两测和古河道内或常年积水(水深不超过 1m)或季节性积水(土壤永远处于保护状态),地面有湿生、沼生植物生长,有泥炭堆积,土壤处于沼泽或潜育过程形成湿地(吴忱,2008a)。湿地与森林、海洋并称为全球三大生态系统,不仅具有保持水源、净化水质、蓄洪防旱、调节气候和保护海岸等巨大的生态功能,而且也是生物多样性的富集地区,是世界上最具活力的生态系统,保护了许多珍稀濒危野生动植物种,人们把湿地称为"地球之肾"、天然水库和天然物种库。健康的湿地生态系统是国家生态安全体系的重要组成部分和实现经济与社会可持续发展的重要基础,坝上高原湿地是距北京最近的高原湿地系统,是首都的重要生态门户之一。

本书选取张北大西湾安固里淖、围场塞罕坝滦河源头及高原湖群(桃山湖、泰丰湖、七星湖、月亮湖)、沽源天鹅湖、康保康巴诺尔湿地(公园)、沽源闪电河湿地(公园)以及其他重要高原湖泊和湿地进行详细描述。

1.张北大西湾安固里淖

张北大西湾安固里淖位于河北省张北县西北部,距县城 30km 的公会乡内,湖盆呈浅碟状,湖底平坦,南面和西面被渐新世—中新世汉诺坝玄武岩台地包围,是海河流域最大的高原内陆河湖泊,有人认为是构造洼地,有人认为是坳陷洼地积水成湖(吴忱,2008a)。湖水依赖地表径流和湖面降水补给,主要有安固里河、黑水河、大㘰囵河、东洋河、台路河及三台河等季节性河流汇入(姜加明等,2004)。据记载,湖面最大时曾达到 80.5km²,最大水深 7m;1962 年湖面稍有缩小,最大水深降至 5.1m;1965 年曾一度干涸;1975 年,安固里淖面积达 43km²;1977 年湖泊迅速干涸,到 1980 年湖泊恢复蓄水至 39km²;1980—1990 年安固里淖水面面积逐年萎缩;1990—2000 年水面面积却逐年增加;在 2000—2004 年表现为逐年萎缩,直至 2004 年 8 月干涸(图 4-121),虽在 2005 年、2010 年、2015 年受降水影响,湖面出现短暂的蓄水,但因为没有稳定的补给源,均很快干涸,成为寸草不生的盐碱滩(图 4-122)。

【全新世环境演化】湖泊作为人类生存发展的重要自然资源,新生、消亡、扩张与萎缩都是对地区环境变化的反映,在内陆生态系统中尤其是在干旱区内陆生态系统中,湖泊更是湖区气候变化与环境

图 4-121　张北大西湾安固里淖不同年份湖面对比

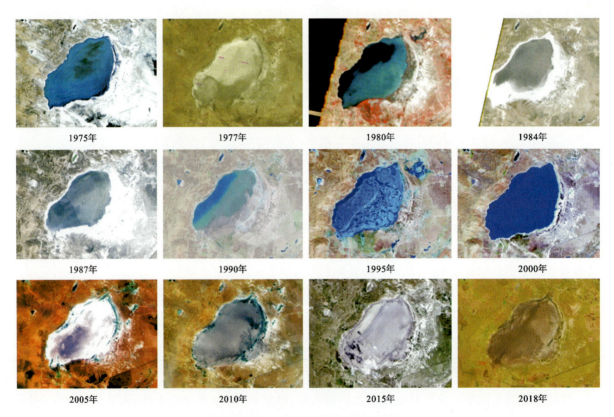

图 4-122　张北大西湾安固里淖不同年份遥感影像（据张策，2019）

变迁的指示器。邱维理(1999)、翟秋敏(2000,2011)、姜加明(2004)、刘林敬(2018)等以安固里淖为研究载体，从不同角度对该区全新世以来的环境演变进行了探讨。翟秋敏(2000)认为安固里淖在全新世中晚期经历了全新世大暖期增温阶段(8 400~7 300a)、鼎盛阶段(7 300~6 200a)、气候波动阶段(5 500~5 000a)、亚稳定湿润阶段(5 000~3 000a)和降温阶段(3 000a 至今)，600a 以来气候由干变湿，20 世纪 50 年代以来气候向干旱方向发展。

2. 围场塞罕坝滦河源头及高原湖群（桃山湖、泰丰湖、七星湖、月亮湖）

滦河古名"濡(nuán)水"，海河流域内，占海河流域总面积的 14.06%，沿途接纳了众多支流，主要有小滦河、兴洲河、伊逊河、武烈河、老牛河、柳河、瀑河、潵河及青龙河等，主要流经丰宁县、沽源县、围场满族自治县、隆化县、滦平县、承德县、宽城满族自治县、迁西县、迁安市、卢龙县、滦县、昌黎县,在乐亭县南注入渤海,是河北省内的主要水源。滦河源头在河北塞罕坝和内蒙古乌兰布统交界处,是河北省与内蒙古自治区的界河,位于承德市西北木兰围场塞罕坝国家森林公园内,蒙语名"吐力根河",河道宽阔地势低洼,植被保护较好(图4-123)。

图4-123 滦河源头——"吐力根河"(摄影/哈哈走天下)

【滦河源头】滦河是河北省第二大河,对其发源地的认定意见不一,总的来说有3类:丰宁自治县大滩镇孤石村小梁山、沽源县闪电河和围场满族自治县木兰围场塞罕坝"吐力根河",本书认为滦河源头为围场满族自治县木兰围场塞罕坝"吐力根河"。

在围场满族自治县木兰围场塞罕坝国家森林公园内可见多个高原湖泊,主要有桃山湖、泰丰湖、七星湖和月亮湖等(表4-14,图4-124),随着气候暖干化和人类活动强度增大导致了湖泊萎缩(阳小兰等,2010)。

表4-14 围场满族自治县木兰围场塞罕坝高原湖泊一览表

名称	地理位置	面积/km²	基本特征
桃山湖	御道口牧场总场以北约3km	30	由缓丘陵、天然次生灌木丛林地、湿地、河流与湖泊组成。桃山湖是一座天然淡水湖,水深数米,水质清澈纯净,无风的日子,水平如镜,一片蔚蓝,倒映着天光云影和岸边的白桦林;起风的时候,涟漪涌动,波光粼粼
泰丰湖	塞罕坝机械林场总场西北约15km	0.2	水面平静如镜,清澈见底,在艳阳丽日下,湖光山色,美景如画。尤其在夕阳西下时,游人登上东侧高山俯瞰,泰丰湖如同一柄玉如意镶嵌在塞罕坝的山水之间,西望湖水,满天彩霞染透了湖底,金光灼灼,水天一色
七星湖	塞罕坝机械林场总场以西约3km	1	在当地称为"活泡子",拥有大面积野花遍地的水草滩,大大小小7个湖面实际上是一个相连的流动整体。夜幕降临时,天上一个北斗,水中一个七星,意境美不胜收。为了保护湖的天然性,现在这里的湖面上架起了木制的浮桥,在浮桥上建起了木屋
月亮湖	塞罕坝森林公园棋塞公路边	10	蒙语名为"沙拉诺尔湖",湖面6 000多平方米,水深6m,北面是整齐翠绿的人工林,西、南两面是御道口牧场。电视剧《还珠格格》曾把这里作为外景拍摄基地

| a.桃山湖 | b.泰丰湖 |
| c.七星湖（摄影/新华社王立鹏） | d.月亮湖 |

图 4-124　围场满族自治县木兰围场塞罕坝高原湖泊

3. 沽源天鹅湖

天鹅湖又名"库伦淖尔"，位于沽源县城北 3km 的囫囵淖湖畔，占地面积约 400 亩，水域面积 150 亩，天然淡水湖面，湖中碧波荡漾，生态环境良好。天鹅湖湖水源自水源充沛的葫芦河，湖边山丘点点，湖水清澈见底。这里山青水碧、草茂花美、气爽风清（图 4-125）。每到草长莺飞时节，数不清的天鹅、灰鹤、野鸭等水鸟在此过往栖息，俨然鸟的天堂，天鹅湖也故此得名。天鹅湖周边分布着辽、金、元三代帝王避暑行宫遗迹，原生态的文化融入厚重的历史积淀，也为坐落于这里的天鹅湖风景区注入了一分神奇色彩和无穷的文化魅力。天鹅湖风景区属国家 4A 级景区，院内具有蒙元文化、契丹文化特色的建筑、雕塑给人耳目一新的感觉，整洁的林荫小道、宽敞的停车场、齐全的购物、娱乐设施给人们留下了深刻印象。

4. 康保康巴诺尔湿地（公园）

康巴诺尔蒙语意即"美丽的湖泊"，康保县名即取其谐音而成。康巴诺尔湿地公园位于康保县城南 1.3km 处，总面积 368.1km²，其中湿地面积 220km²，是一处生态系统保护完好的天然高原湖泊湿地，伴有部分沼泽湿地，在河北省坝上高原地区具有较强的典型性和代表性。据不完全统计，公园内有野生维管植物 210 种，野生陆生脊椎动物 222 种，其中国家一级保护野生动物有遗鸥、金雕、大鸨，国家二级保护野生动物有小天鹅、灰鹤、黄嘴白鹭、草原雕等，名气最大的当数国家一级保护动物、濒危候鸟——遗鸥，世界仅存 12 000 余只，公园现有 6 000 只左右，这里是我国遗鸥主要栖息和繁衍地，每年进入 5 月大批遗鸥如期而至，在这里筑巢、繁殖。2017 年，康保县被中国野生动物保护协会授予"中国遗鸥之乡"称号（图 4-126）。近年来，由于连年干旱、农民在湿地周围开荒造田等原因，致使湿地面积不断减少，物种多样性降低，破坏了湿地生态系统的功能，因此保护和修复湿地迫在眉睫。

【湿地公园的建设历程】2012 年，国家林业局同意康保县开展国家湿地公园试点工作；2013 年经

图 4-125　沽源天鹅湖（摄影/马文晓）

国家林业局批准，建立了"河北康巴诺尔国家湿地公园（试点）"，经过几年努力，自然植被和湿地环境得到保护并逐步恢复，鸟类种类和数量有所增加，栖息地环境得到保护，生态系统逐步改善；2018年，通过了国家林业和草原局国家湿地公园（试点）的验收。

a. 湖面（摄影/春风细雨）

b. 遗鸥（摄影/武玉章）

图 4-126　康保康巴诺尔湿地（公园）景色

5. 沽源闪电河湿地（公园）

闪电河古称"濡水"，蒙古语"相德因高乐"，意为"上都河"，因其流经元上都而得名，从沽源与丰宁两县交界的"小梁山"发源。闪电河国家湿地公园位于沽源县城东 5km 处，公园总面积 4 119.9km²，其中湿地资源面积 3 371.6km²，是由河流湿地、湖泊湿地、沼泽和沼泽化湿地及人工库塘等组成的复合型内陆湿地(图 4-127)。湿地水系主要由闪电河、五女河、闪电湖和草原湖构成，集草原、湿地、观鸟、观花、天象等旅游活动于一体，是一个生态类型质朴、文化底蕴丰富、以自然风光内涵为主的湿地休闲度假去处，是距京津最近、保存最完好的高原湿地，素有"京津水塔"之称。闪电河湿地区域内生物多样性丰富，有湿地植物 210 多种、禽鸟 220 多种，其中国家重点保护动物达 30 多种，包括白头鹤、白鹤、遗鸥等 7 种国家一级重点保护鸟类。

a.夏季（摄影/邢铁申）

b.冬季（摄影/杨世尧）

图 4-127　沽源闪电河湿地(公园)景色

【湿地公园的建设历程】2009 年，沽源县向国家林业局申报建立"河北坝上闪电河国家湿地公园(试点)"；2013 年，通过国家林业局国家湿地公园(试点)的验收，正式建立"河北坝上闪电河国家湿地公园"。

6.其他重要高原湖泊和湿地

河北省具有代表性、典型性的高原湖泊和湿地还有张北二泉井张飞淖、尚义大营盘察汗淖尔湿地(公园)、张北二泉井黄盖淖湿地(公园)、围场木兰围场小滦河湿地(公园)、丰宁海流图湿地(公园)等(表 4-15，图 4-128)。

表 4-15　河北省其他重要高原湖泊、湿地一览表

编号	遗迹名称	形成时代	等级	遗迹特征
MS04	张北二泉井张飞淖	第四纪	省级	高原湖泊，面积约 2.65km²，平均水深 1m，无大河注入
MS11	尚义大营盘察汗淖尔湿地(公园)	第四纪	省级	察汗淖尔蒙语意为"白色之湖"，位于张家口市尚义县西北部，是华北地区最大的内陆咸水湖，湖面一望无际，天水相连，烟波浩淼，远远望去宛如明镜一般，镶嵌在草原深处，是众多鸟类繁殖的理想场所和南北迁徙的重要通道

续表 4-15

编号	遗迹名称	形成时代	等级	遗迹特征
MS12	张北二泉井黄盖淖湿地（公园）	第四纪	省级	位于张家口市张北县，该公园内的湿地坝上地区是典型的内陆湖泊湿地，属于阴山北麓-浑善达克沙漠化防治生态功能区，是中国"两屏三带"生态安全战略格局北方防沙带的重要组成部分，也是首都北京的水源涵养区和生态环境支撑区，对维护京津和华北地区生态安全意义重大。公园内分布有湖淖、河流和大面积的漫滩、沼泽，外围农田环绕，生境复杂多样，为迁徙的水鸟提供了良好的栖息和觅食场所，其中有濒危物种红色名录易危、近危级珍稀水鸟（鸿雁、白枕鹤、遗鸥和半蹼鹬）
MS13	围场木兰围场小滦河湿地（公园）	第四纪	省级	位于围场满族蒙古族自治县御道口乡，是以森林湿地系统和珍稀濒危鸟类为保护对象的湿地类型。湿地规划总面积 250.3km^2，其中湿地面积 184.9km^2。园区内河流纵横，生物种类繁多，有高等植物 1 016 种、陆生脊椎动物 317 种、昆虫 970 种，独具风貌的锥状山顶形成了独特的地貌景观
MS14	丰宁海流图湿地（公园）	第四纪	省级	位于承德市丰宁县坝上地区，规划总面积 2 160.1km^2，其中湿地面积 859km^2，公园南、东、北三面环山，地势平缓，是以草甸、河流为主的自然湿地生态系统。公园内水资源充沛，动植物资源丰富，共有野生植物 202 种，现有鸟类 167 种，有黑鹳、金雕等国家一级重点保护动物和小天鹅、鸳鸯、草原雕等国家二级重点保护动物

a.张北二泉井黄盖淖湿地

b.尚义大营盘察汗淖尔湿地

c.围场木兰围场小滦河湿地（摄影/宁利勇）

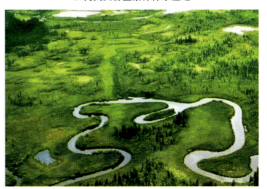

d.丰宁海流图湿地

图 4-128　河北省其他重要湿地景色

三、燕山-太行山山地河流湿地

河北山地包括燕山和太行山山地，海拔多在 2 000m 以下，面积 90 280km²，占全省总面积的 48.1%。山地中大于 20km 的河流大约有 400 条，河道一般宽 10～50m，两侧河漫滩一般宽 100～500m，1949 年前，两侧河漫滩地的地下水位较浅，有的甚至出露地表，滩地上生长着大量水生、沼生草本植被。目前，由于大气降水的减少，再加上河流水库的兴建，许多河道水量减少，甚至干涸，或只有在洪水季节有短时间的行水，致使河漫滩地下水位大幅下降，植被消失，最终河流湿地面积也大幅减少（吴忱，2008a）。河北省现有的具有代表性、典型性的山地河流湿地主要有隆化伊逊河湿地（公园）、滦平潮河湿地（公园）和承德双塔山滦河湿地（公园）。

1. 隆化伊逊河湿地（公园）

伊逊河发源于河北省围场县哈里哈乡，流经隆化和滦平两县境，至承德市滦河镇汇入滦河，全长 195km。历史上，在魏晋南北朝时，伊逊河叫"索头水"，辽、金、元时，伊逊河叫"柳河"，明朝永乐以后成为蒙古人的游牧地，有了蒙古语"伊逊郭勒"之名，意为"九曲的河流"，到清朝时蒙汉语并用，称"伊逊河"。承德市境内河流众多，但由于水资源时空分布的严重不均及开发利用程度不同，严重影响了承德市的生态环境。伊逊河是滦河最大的支流，常年不断流，水质状况良好，且与避暑山庄所在武烈河流域相邻，具备跨区域水资源调配条件，在伊逊河建立国家湿地公园（图 4-129），通过实施伊逊河向武烈河生态补水工程，可提高承德避暑山庄湖区水源、市区橡胶坝水源的保证程度，并从根本上解决市区旱河的水生态问题，引伊济武工程的实施将有效地改善承德历史文化遗产的生态环境，具有明显的经济效益、社会效益和生态环境效益。

图 4-129　隆化伊逊河湿地（公园）

【湿地公园的建设历程】2015年12月31日,隆化县经国家林业批准建立国家级湿地公园,试点建设期5年,该公园包括伊逊河和伊玛吐河两部分,项目区总面积604.45km²。

2. 滦平潮河湿地(公园)

潮河属于海河水系,源于河北省丰宁县槽碾沟南山,经滦平县到古北口入北京市密云县境,在密云县城西南河漕村东与白河汇流后,称"潮白河",为京津两市的重要水源地。沿途有牤牛河、汤河、安达木河、清水河和红门川河5条较大支流,潮河在历史上称蓟运河,常因暴雨和入境容水宣泄不及而泛滥成灾。滦平潮河湿地(公园)位于滦平县虎什哈镇、付家店乡、马营子乡、巴克什营镇,公园规划总面积544.53km²,其中湿地面积437.34km²(图4-130)。

图4-130　滦平潮河湿地(公园)

【湿地公园的建设历程】2017年,经国家林业局批准建立基于潮河流域的国家级湿地公园,规划范围以潮河河道为主,通过建立湿地公园,对潮河流域环境进行修护和保护,使潮河成为留鸟的乐园、候鸟的理想中转站。

3. 承德双塔山滦河湿地(公园)

双塔山滦河国家湿地(公园)位于承德市双滦区,湿地公园范围包括滦河主河道及其支流伊逊河,总面积548.97km²,主要包括主河道及其两侧的漫滩、林地、废弃鱼塘和砂石场地。目前公园内有植物135种、脊椎动物87种,其中国家一级重点保护鸟类有黑鹳、东方白鹳,国家二级重点保护鸟类有小天鹅、灰鹤、鸳鸯、苍鹰、松雀鹰、鹊鹞、游隼、燕隼、红隼、红角鸮、长耳鸮、短耳鸮共12种(图4-131)。建立双塔山滦河国家湿地公园具有清洁水源、调节气候、提供野生动物栖息地等生态效益,以及科普宣教、生态休闲、提供就业等社会效益。湿地公园的建设,在改善和保护京津冀生态环境、优化滦河流域生态保护格局、保护生境序列相互联系的载体、维系滦河中下游水生态安全、助推承德市创建国家森林城市等方面具有重要意义。

a.湿地公园内的滦河河道　　　　　　　　　b.国家重点保护鸟类——东方白鹳

图 4-131　承德双塔山滦河湿地(公园)

【湿地公园的建设历程】2015年,经国家林业局批准建立国家级湿地公园,试点建设期5年。

4. 涉县清漳河湿地(公园)

清漳河属海河流域,发源于山西左权,流经涉县全境,在合漳村与浊漳河汇合,形成漳河。漳河东流,在冀鲁交界处的邯郸市馆陶县与另一条来自太行山的河流卫河交汇。河北涉县清漳河国家湿地公园位于河北省涉县境内,北至王堡村,南至合漳村,东至涉左公路,西至刘漳公路,总面积814.48km², 南北纵跨26.63km,东西横跨22.14km,纵横5个乡镇,是一个山区河流型湿地公园(图4-132)。湿地公园内生物资源丰富,有芦苇、香蒲、水芹、西洋菜等为优势种的湿地植物群落,有国家一级重点保护鸟类黑鹳,国家二级重点保护鸟类有小天鹅、鸳鸯等,据统计,有170多种鸟类在此生息繁衍。

【湿地公园的建设历程】2015年12月31日,经国家林业局批准建立国家级湿地公园,试点建设期5年。

图 4-132　涉县清漳河湿地(公园)

四、河北平原湖泊、潭和湿地

华北平原位于太行山地以东、燕山山地以南、黄河以北、渤海以西,海拔在100m以下,为中国第三大地貌台阶的西部,由黄河、海河、滦河等河流共同洪积、冲积形成(吴忱,2008a)。河北平原区是华北平原的一部分,全区面积81 459km²,占全省总面积的43.4%,地势平坦,河湖众多,交通便利,经济发达。本书选取雄安新区白洋淀、衡水湖、南宫(夏代—宋代)古水潭、唐山曹妃甸区唐海湿地、昌黎七里海潟湖湿地、黄骅南大港湿地、海兴海丰杨埕湿地、邯郸永年洼湿地(公园)进行详细描述,其他平原湿地类重要地质遗迹见表4-16。

表 4-16　河北省其他平原湿地类重要地质遗迹一览表

编号	遗迹名称	形成时代	等级	遗迹特征
MS18	香河县潮白河大运河湿地(公园)	第四纪	省级	2015年成功获批国家湿地公园试点,包括北运河、潮白河和万亩荷塘三部分,总面积3 689.36km²,园内植被多样,食物丰富,是众多动物的栖息地,也是候鸟和旅鸟取食、饮水的重要场所
MS20	秦皇岛市北戴河区湿地(公园)	全新世	省级	位于河北省秦皇岛市北戴河区中部沿海区域,规划面积为306.7km²,其中湿地面积165.67km²,是依托北戴河湿地大潮坪和新河水系及1.5×10^4亩沿海防护林形成的湿地生态系统,是中国最大的城市湿地,共有植物367种,已发现鸟类412种,占中国总鸟类的1/3,属中国国家重点保护动物有近70种,是候鸟迁徙重要通道和国际四大观鸟胜地之一
MS22	黄骅南大港湿地	晚更新世	省级	地处河北省沧州市东北部的黄骅市南大港,是著名的退海河流淤积型滨海湿地,总面积达16 000多平方千米,由草甸、沼泽、水体、野生动植物等多种生态要素组成
MS23	海兴海丰杨埕湿地	晚更新世	省级	位于河北省海兴县境内,是我国目前现存为数不多的湿地之一,是东亚地区重要的候鸟迁徙栖息地,已发现鸟类200余个品种,其中1/3为国家级保护鸟类

1. 雄安新区白洋淀

白洋淀位于雄安新区境内,四周有堤防环绕,堤内总面积366km²,淀底海拔一般在5.0~5.5m之间,地形复杂,纵横交织的3 700多条沟壑把淀面分割成大小不等的淀泊143个,其中较大的是白洋淀、藻杂淀、马棚淀、烧车淀、池淤淀等,总称为"白洋淀"(王苏民等,1998)。白洋淀位于太行山前的永定河和滹沱河冲积扇交汇处的扇缘洼地上,属海河流域大清河南支水系,从北、西、南三面接纳瀑河、唐河、漕河、潴龙河等9条较大的河流入湖,通过湖东北的泄洪闸及溢流堰经赵王新河,汇入大清河。

【雄安新区】2017年4月1日中共中央国务院决定设立的国家级新区。地处北京、天津、保定腹地,规划范围涵盖河北省雄县、容城、安新3个小县及周边部分区域,对雄县、容城、安新三县及周边区域实行托管,是中国(河北)自由贸易试验区组成部分。

白洋淀形成于早全新世(吴忱等,1998),属于玉木盛冰期和全新世早期古河道高地间湖积洼地(图4-133)。在中全新世华北平原中东部湖泊、沼泽、洼地的基础上,由晚全新世永定河、滹沱河河流冲积扇的携持和古河道高低的分割而形成的扇间大洼地群(边吴淀-白洋淀洼地群)的残余部分(吴忱,2008a)。白洋淀历史上曾为战国燕赵、宋辽边界,民国以前白洋淀是沟通保定、天津之间的重要航道。湖区的传统产业是渔业及芦苇产业。20世纪以后,随着中国国内旅游业的兴起,逐渐成为旅游胜地,并于2007年评定为中国5A级旅游景区。白洋淀湖群形状大体呈碟状,淀体较浅,水容量不是很大,但在历史时期对洪水灾害也起到调蓄的作用;同时对气候也起到调节的作用,冬季提升温度,夏季降低温度,增加湿度,调节水热平衡。

a. 白洋淀新貌（摄影/王子瑞）　　b. 芦苇荡
c. 荷花池（摄影/lunqiang）　　d. 栖息的鸟类

图 4-133　白洋淀景色

白洋淀由众多大小湖淀组成，其主要湖泊位置历史时期常有变动（图 4-134），且并非简单的扩展与萎缩，造成原因很多，主要有气候、河流河道变迁、围湖造田、河渠修建、森林的破坏等（常利伟，2014）。

(1) 湖泊的形成、发展与演变对气候变化表现得极为敏感。全新世早期气温表现为寒凉，中期转暖，晚期再次转为温凉，全新世的总体气候造就了今日白洋淀的格局，是导致白洋淀由盛转衰的基本原因。①全新世早中期，大气环流作用加快，夏季风强盛，冬季风减弱，降水量增加；海洋的增湿使冬季大陆冷气压减弱，冬季温度降低的幅度大大减小；随着降水量和气温都有所升高，湖泊沉积作用增强，范围广阔，水位增高。通过相应沉积物恢复湖泊范围，当时白洋淀与东淀（即文安淀）连城一片，达到白洋淀的全盛时期，面积广阔（王会昌等，1983）。②全新世中后期，中国东部季风区发生转变，季风环流减弱，伴有降温，气候转为干旱，海陆热力性质差异减小，夏季风的减弱，随着降水量和气温的降温，湖泊范围缩减，水位降低，湖群逐步解体，局部干涸。

(2) 河流的改道、变迁加速了湖泊的演变（收缩、解体）。晚全新世白洋淀的解体、收缩与黄河和大清河等河流变迁、改道入海有关。①源起巴颜喀拉山的黄河至黄土高原后经河北平原，经历了侵蚀、搬运、堆积过程，携带大量泥沙至河北平原并堆积于这片土地上，尤其遇低洼地，沉积作用加强，一方面保障了入淀水源，另一方面泥沙淤积抬高引起了湖泊范围渐缩，有的淀体甚至遭黄河泥沙吞食湮废。②入淀河流的变迁导致入淀水量和河流数量的减少，水量收支不平衡，日渐衰落；入淀河流决口与迁徙状况频繁，河流流向发生变化，流域面积广阔，导致其径流量的减少。

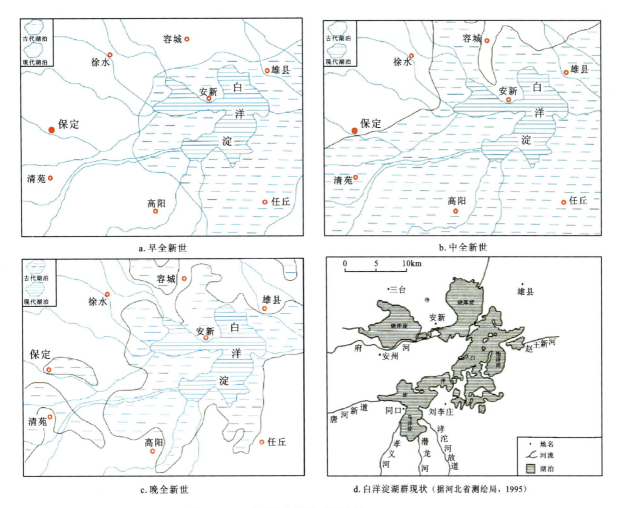

图 4-134 全新世白洋淀范围变迁(据易先进,2015)

常利伟(2014)、易先进(2015)等在张修桂、王会昌等老一辈学者的研究成果基础上,对白洋淀湖群范围变迁进行了总结。全新世早期至中期,古白洋淀的界线东北自永清,西南至雄县、霸州北部,西至容城折而南下,经保定市东部清苑县到望都与定县东部,东至安国、博野至肃宁与河间地区,东部地区甚至与文安洼相连,达到古白洋淀的全盛时期。全新世晚期,气候转向温凉、偏干旱,降水量减少,夏季风减弱,冬季风增强,古白洋淀湖泊蒸发加快,湖群的补给量减少,直接导致湖泊范围逐渐缩小。随着人类活动范围的扩大,加剧了白洋淀湖群的收缩、解体

(3)围湖造田加速了湖泊收缩和解体。在塘泊带的河流沿岸和湖泊沿岸地区进行围湖造田,将河流变为农田水源来源,使湖泊遭受了灭顶之灾;由于农牧交错带的东南移,塘泊周围也有行牧现象出现。多种土地利用方式与湖争地,加速了后代湖泊淤废进程。

(4)堤埝的修建有助于湖泊的稳定。堤埝的修建防止了白洋淀面积继续缩小,将水量固定在一定范围内,在某种程度上也阻碍了白洋淀湖群的纳水能力,降低了其水量收支的调控功能。

(5)森林的破坏。森林具有保持水土、涵养水源的作用,湖泊雨季泄洪,旱季蓄水,对维持生态平衡有重大的作用。一旦森林遭到破坏,水土流失加重,河流泥沙量增加,流至下游致使湖泊淤积。

2. 衡水湖

衡水湖,俗称"千顷洼",东西宽度最大为 22.28km,南北长度最大为 18.81km,总面积 283km²,位于河北省衡水市桃城区南、冀州市区与枣强县之间的三角地带,是华北平原第二大淡水湖,由太行山东麓倾斜平原前的凹地沥水汇集而成,是黑龙港流域冲积平原冲蚀低地带处的原生态湖泊(刘振杰,

2005）。衡水湖是华北平原唯一保持沼泽、草甸、水域和丛林等完好的湿地生态系统自然保护区，具有蓄水防旱、调节当地气候、供给工农业用水等功能。衡水湖周边河流属于海河水系的子牙河水系，有冀枣渠、冀午渠、冀吕渠、冀南渠、冀码渠5条汇流渠道，北侧有滏东排河、滏阳新河和滏阳河3条主要河流，但是所有入湖口均设有闸门，使衡水湖成为与河渠没有直接水循环联系的"独立"湖泊。衡水湖拥有丰富多样的湿地植被景观，极具观赏价值的鸟类资源324种，其中国家一级重点保护鸟类8种，国家二级重点保护鸟类49种，可以说是东亚地区蓝宝石、京津冀最美湿地和京南第一湖（图4-135）。保护区内分为衡水湖湿地公园、芦苇荡、荷花淀、三生岛、梅花岛和竹林寺六大主要景点，每个景点处分布有湿地综合馆、古城墙遗址、垂钓廊亭、水禽湖、观鸟点、农耕文化苑等几十个景观。游客在这里不仅能充分感受自然风景，还可以观赏到众多国家级保护鸟类，体验多种娱乐活动，尽情享受度假时光。

a.衡水湖俯瞰（摄影/心定风波静）

b.栖息的鸟类（摄影/朱旭东）

图4-135　衡水湖景色

据吴景峰（2019），衡水湖年水位受气候变化的影响较大，受蒸发量影响显著，而受降水量的影响较弱，与引水量的相关性最弱；月水位变化受降水量、蒸发量影响比工业用水量和引水量大。除降水量、蒸发量、引水量、发电厂用水量等几个因素外，湖区农业灌溉用水、下渗等其他因素对水位也有一定的影响。

【衡水湖的成因】大致有河流冲刷、扇前洼地、陨石冲击、构造洼地共4种论点。钱慧英（2017）、申景转（2010）等认为衡水湖是受明化镇断裂（形成于中生代）控制，是新生代以来差异升降形成的构造洼地。

3. 南宫（夏代—宋代）古水潭

南宫古水潭形成于夏代至宋绍熙年间，当时是黄河干流支脉过境南宫，经新河、武强由天津入海，造就而成巨鹿、任县、隆尧、宁晋间的大陆泽，汇流形成了南宫境内的"古水潭"。明成化十四年六月的一场大水，南宫县城被毁，县城因此搬迁新城后，古水潭便改称"旧城潭"。之后不但水面逐渐缩小，而且还失去了"潭"的幽深。至民国时期，古水潭的水更少了，水源仅是南宫境内十几条排水渠，勉强维持一定的水量，名称也改作"旧城洼"。由于历史和地理原因，在没有长足水源供给的情况下，湖水逐年减少，到20世纪90年代，湖水几乎干涸，仅在南洼有少量积水，甚至在南洼的南端出现了城区生活污水排放的坑道。于是仅存少量积水的南洼也受到生活污水的污染，鱼类资源也急剧下降到历史最低点。2007年以来，南宫市委、市政府决定对其进行改造，改造后的古水潭分南、北、西3个湖区，呈"L"形，成为邢台市平原地区最大的地上蓄水湖，更名为"群英湖"。现在的群英湖三洼全部积水，储水面积与储水量达到自建库以来历史最高水平,重现碧波翻腾的景象。2009年,群英湖改名为"南宫湖"(图4-136)。2010年南宫市和南宫湖被中国旅游网络媒体联盟评为"最具潜力的十大旅游城市和景区"。2014年国庆节期间全线修通并对游人开放,再现了南宫"双水绕城、九渠龙腾、十湖相映、水泊成串、池潭棋布"的风韵。

4. 唐山曹妃甸区唐海湿地

唐海湿地的全称是唐海湿地和鸟类自然保护区,于2005年9月经河北省政府批准,列入省级自然保护区,位于曹妃甸区(原唐海县)西南部,总面积11 064km²。按照《湿地公约》对湿地类型的划分,唐海湿地拥有海洋海岸湿地、内陆湿地和人工湿地三大类中的若干种,湿地类型呈现出从内陆向海洋过渡的性质,属复合型湿地(图4-137)。

图4-136 南宫(夏代—宋代)古水潭现状

图4-137 唐海湿地——芦苇荡(摄影/雁行江湖)

唐海湿地由潮间带滩涂、海滨微咸及咸水沼泽、鱼塘、虾池及浅水淡水水库、浅水海洋等构成。水域内有丰富的水生动植物资源,是鱼、虾、蟹、贝类生殖繁衍的理想场所。丰富的植物、鱼类、虾类等为鸟类,特别是水禽提供了丰富的食物来源和筑巢、隐藏等天然活动场所和栖息环境,使之成为东北亚内陆和环西太平洋鸟类迁徙的重要驿站。区内有野生植物238种,浮游植物107种,甲壳类49种,软体动物63种,昆虫286种,鱼类124种,鸟类307种,其中国家一级重点保护的有丹顶鹤、东方白鹳、黑鹳、金雕等9种,国家二级重点保护的鸟类有白天鹅、隼、雕、鹞、鹰、鸮等41种。

唐海丰富的湿地资源有着巨大的环境过滤和调节功能,在控制污染、调节气候、净化空气、调节径流、蓄洪防涝等许多方面起着不可替代的重要作用。为保护好这块不可多得的湿地资源,唐海湿地管理处正积极采取有效措施,切实维护好湿地生态系统的生态特性、基本功能和生态平衡,保护湿地功能和生物多样性,确保湿地资源的可持续利用。

5. 昌黎七里海潟湖湿地

七里海曾名"七里滩",位于昌黎县东南15km,是中国最大的现代潟湖,在沿海湿地类型中具有较强的典型性和代表性,东岸和东南岸有沙丘与渤海相隔,东北有一潮流通道(新开口)与渤海相连,西侧有稻子沟、刘台沟、刘坨沟、泥井沟、赵家港沟5条小河注入,其水域宽约3km,长约5.5km,面积约15km²。七里海曾是一个淡水湖,后因滦河洪水泛滥冲开水道,海水随潮汐涌入七里海,淡水变成了咸水,七里海潟湖因此得名(图4-138)。这里是林区和湿地相接之处,此处也是众多候鸟迁徙的路线,鸟类共239种,著名的有黑嘴鸥、丹顶鹤、大鸨等。

图 4-138　昌黎七里海潟湖湿地遥感影像

七里海潟湖属半封闭式潟湖，地貌类型包括湖滩、湖盆、湖堤、防潮闸、码头、潮汐通道、潮汐三角洲、海滩等，在保护生物多样性、净化空气、调节河川径流、补给地下水、改善气候中发挥着重要作用（杨静等，2007）。长期的高强度人类活动已经使七里海潟湖的纳潮和蓄洪治水功能大大减弱，潟湖的自然湿地减少，湖盆淤积严重，沼泽湿地由1987年的6.6km^{2}减少到2.07km^2，再加上沿湖多条河流的淤积作用，潟湖湖盆水深日益变浅，低潮时最深处不足0.5m，且大部分湖底裸露。

【潟湖湿地的形成与演化】潟湖湿地的形成与海进和海退有密切关系。经过数次海进和海退，形成滨海砂坝阻隔外海，内侧即形成七里海潟湖，滨海沙坝对波浪的阻隔造成了砂坝西侧潟湖较为平静的沉积环境。历史上七里海潟湖的发育经历多次短时期的扩大、缩小、咸化和淡化（图4-139）。

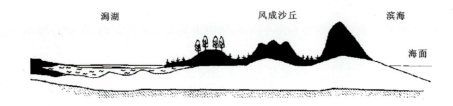

图 4-139　七里海湿地地貌剖面图（据刘超，2011）

6. 邯郸永年洼湿地（公园）

永年洼位于邯郸市永年区广府古城，是河北省南部唯一的内陆淡水型湿地，南临滏阳河，东有支漳河，东北有留垒河，北有牛尾河（图4-140）。依靠滏阳河供给及雨水积存，这里长年积水，最深处达4m以上，是继白洋淀、衡水湖之后的华北第三大洼淀。陆面平均海拔41m，水质优良、芦苇丛生、荷花飘香，被人们誉为"北国小江南"和"第二白洋淀"。近年来，当地有关部门根据功能分区重点实施了退耕还湿、退塘还湖、绿化美化、生态搬迁、引水补源等9项湿地保护与修复工程，逐步形成了完善的水源涵养和净化体系，目前主体水质达到国家Ⅲ类标准，植物种类141种，动物种类达到171种。

图 4-140　邯郸永年洼湿地（公园）航拍

【湿地公园的建设历程】2012年，经国家林业局批准建立国家级湿地公园试点，规划面积1 070.4km²，湿地面积598.9km²；试点建设期5年，经过科学的保护修复，永年洼湿地以秀美的自然风光和深厚的历史文化底蕴，于2017年8月顺利通过专家验收组初验，12月又高票通过国家评审。

五、瀑布

河北省地势西北高、东南低，由西北向东南倾斜，地形地貌复杂多样，河流众多，发育有种类繁多、规模不一、形态各异的瀑布群，具有典型性和代表性的瀑布主要有阜平天生桥瀑布群、涉县合漳天桥断瀑布（小壶口瀑布）、涞源十瀑峡瀑布群、唐县全胜峡瀑布群、满城九龙居瀑布群等。

【瀑布】是指从河床纵剖面陡坡或悬崖处下泻的水流（地球科学大辞典）。

1. 阜平天生桥瀑布群

天生桥瀑布群位于阜平县东下关乡朱家营村的河北阜平天生桥国家地质公园内,距保定市170km,山西省五台山与河北省阜平县交界处,是深藏在太行山中北段深处的一处净土桃源。在朱家营沟中连续分布着九级瀑布,最大的瑶台瀑布(天桥瀑)落差112m,其他还有天桥瀑、银河瀑、砚台瀑、马尾瀑、三叠瀑、天门瀑等(图4-141);与此相邻的沟谷内还有30余处上下相连的瀑布汇集成群,气势磅礴,这是我国北方最大的瀑布群,也是绝无仅有的自然景观(王会娟,2011)。除此之外,这里还有23个潭(小石潭、鱼潭、二龙戏珠潭等)和4个泉(天门泉、石窝溪泉、三道岭溪泉、三笔峰泉)。

【名字由来】天生桥与流量最大、落差最高的瑶台山银河瀑布组合,形成了一个天然地质奇观,命名为"天生桥瀑布"。

a.天桥瀑　　　　　　　　　　　　　　　b.银河瀑

图4-141　阜平天生桥瀑布群(摄影/麦穗的花园)

2. 涉县合漳天桥断瀑布(小壶口瀑布)

何谓"天桥断"?涉县当地方言管"瀑布"叫"断",断者,断落下跌也。浊漳河素有"九峡十八断"之说,此处是一较大的断崖跌水,上面有连接冀豫两省的峡谷索桥,故称"天桥断",意思就是"天桥处的瀑布"。天桥断位于涉县城东南50km处的合漳村,是漳河十八断中最为壮观的一断,被列入涉县八景,名曰"漳河落涧"。千百年来,水流对石壁进行精雕细琢,成了天然的佳作,层层叠叠,奇形怪状。每到夏季多雨时节,河水暴涨,飞泻成瀑,巨浪翻滚,石破天惊,声若雷鸣,蔚为壮观,故有"小壶口瀑布"之称(图4-142)。

a.近观　　　　　　　　　　　　　　　　　　b.远观

图 4-142　涉县合漳天桥断瀑布(小壶口瀑布)

3. 涞源十瀑峡瀑布群

十瀑峡瀑布群位于涞源县城南 15km 处,瀑布源头龙虎泉位于海拔 1 400m 处,泉水常年顺流而下,穿行于山石之间,山势起起伏伏,高低落差形成十余道瀑布,十瀑连叠不断,形成这里多台阶跌水奇观。瀑上有潭,潭泄成瀑,瀑布水花飞溅,瀑布主要有双龙瀑、飞龙瀑、竹帘瀑、卧聋瀑、浮虎瀑等,水潭主要有龙门潭、黑龙潭、福星潭等。其中双龙瀑落差 60m,水流先跌落一潭池水再次 90°折转而下,壮观场面如银河倒挂;飞龙瀑落差 48m,瀑面宽 3m,声宏如雷,连叠不断的瀑布溪水在绿色苍郁的植被衬托下,更显出生机勃勃,使游人流连忘返。当隆冬季节,瀑布会形成玉屏冰瀑,晶莹剔透,别有一番风采。十瀑峡花岗岩地貌与瀑布流水构成了"泉、瀑、石、松"于一体的绚丽景观(图 4-143)。

图 4-143　涞源十瀑峡瀑布

4. 唐县全胜峡瀑布群

全胜峡因全胜庄大峡谷而得名,位于河北省唐县齐家佐乡内,距京昆高速和保阜高速白合出口17km。唐县全胜峡瀑布群是由天长瀑、地久瀑、西弘瀑、人和瀑等70多个瀑布组成的瀑布群,雄伟壮观,瀑流淙淙,各不相同,美不胜收,素有"四湖十六潭七十二瀑百泉"之称。全胜峡景区现已成为观光旅游、探奇考察、户外野营、度假休闲的好去处,并为当地经济的发展开辟了一条新路(图4-144)。

5. 满城九龙居瀑布群

满城九龙居瀑布群位于满城县刘家台乡龙居村南侧,距保定市50km,东邻陵山墓,西据玉皇坨,北倚狼牙山,南靠唐水河,交通十分便利(图4-145)。景区内山高林密,峡谷壁垂,植被良好,花果众多,空气清新湿润,盛夏凉爽宜人。9个瀑布奇观各异,最高达43m,简直有"飞流直下三千尺,疑是银河落九天"的感觉。这里有经过亿万年冲刷形成的大石盆,流传着杨家将、杨成武等民间故事,有保存完整的古人山寨旧居,有园林水系奇花异石、竹木结构的生态演艺空间及休闲小屋,还有郁郁葱葱的千年古树,四季常青的皇天崖、柏树岭,明清朝时期历史旧居,威立将军岭的将军石像。

图4-144 唐县全胜峡瀑布

图4-145 满城九龙居瀑布

六、泉

河北省地貌复杂多样,高原、山地、丘陵、盆地、平原类型齐全,有坝上高原、燕山和太行山山地、河北平原三大地貌单元。燕山和太行山山地包括中山山地区、低山山地区、丘陵地区和山间盆地4种地貌类型,海拔多在2 000m以下,高于2 000m的孤峰类有10余座,其中小五台山高达2 882m,为全省最高峰。河北省的泉主要分布在太行山山地和燕山山地构造发育地区,以断层上升泉为主,具有代表性和典型性的有赤城温泉、丰宁洪汤寺温泉、遵化汤泉温泉、平山温塘温泉、涿鹿黄帝泉(阪泉)、平泉黄土梁子辽河源头泉群、涞源拒马河源头泉群、邯郸峰峰黑龙洞滏阳河源头泉群(滏阳河湿地公园)等进行详细描述,其他见表4-17。

表4-17 河北省其他泉类重要地质遗迹一览表

编号	遗迹名称	形成时代	等级	遗迹特征
MS34	隆化三道营温泉	第四纪	省级	位于隆化县郭家屯镇三道营沟池子村,涌水量25.2m³/h,水温90℃,当地乡镇已将温泉委托承包建成简易度假村,主要用于医疗洗浴
MS35	承德头沟汤山温泉	第四纪	省级	泉水出自石英二长岩体中的南北向过渡带上,地下水经过火山通道的地热加温之后,沿断裂带涌上地面,形成了温度较高的泉水。汤山温泉水温约45℃,每小时流量20t,水中含有K、Na、Ca、Mg、B等20多种微量元素
MS39	涞水紫石口鱼谷洞泉	第四纪	省级	位于涞水县紫石口村2km的小西河东岸处,是河北省"八大怪泉之一"。每年谷雨季节前后从泉口向外涌鱼而出名,泉水涌水量为0.42m³/s,清凉甘甜,有害元素极少,富含有益人体的矿物质,营养价值高
MS40	阜平吴王口温泉	第四纪	省级	位于吴王口村南省道边上,出水水温80~90℃,属高温温泉,泉水pH值为9.14,水质偏碱性。该温泉产于北西向吴王口-史家寨大断裂上,地下深处热水沿断层运移到此处,呈上升泉出露地表
MS41	阜平城南庄温泉	第四纪	省级	位于城南庄南侧温塘村,出水水温为44.2℃,pH值为9.47,水质偏碱性,属于中温温泉,水中富含Sr、B、Si、F等元素,达到医疗价值的水平。该温泉处于3条断裂交会地带,为构造裂隙泉
MS43	井陉威州喀斯特泉	第四纪	省级	威州喀斯特泉为区域地下喀斯特水的集中排泄区,随着工农业和城市发展用水量的增加,加之气候干旱,从1990年起逐渐减少排泄,相继断流

【泉】是指地下水的天然露头,在含水层或汇水通道出露地表的部位,地下水便涌出地表成泉(《地球科学大辞典》)。根据补给泉的含水层性质,可分为上升泉和下降泉。按出露原因下降泉又可分为侵蚀泉、接触泉和溢流泉,上升泉可分为侵蚀上升泉、断层泉和接触带泉。

1. 赤城温泉

赤城温泉又名"汤泉",史称"关外第一泉",坐落赤城县城西7.5km的苍山幽谷之中,赤城温泉为一片泉群,有冷泉和热泉共5处,泉域面积5km²(陈婷,2014)。根据不同浴疗效果被命名为汤泉、胃泉、眼泉、气管炎泉和平泉,气管炎泉为冷泉,其余4泉均为温泉,其中汤泉流量最大,高达30m³/h,水中富含的偏硅酸Br、Cu、Sr、Se等矿物质元素,对风湿、关节炎、神经性骨痛、消化系统、皮肤病等多种疾病具有特殊疗效,出露位置很高,人们常说的赤城温泉其实是指汤泉(图4-146)。

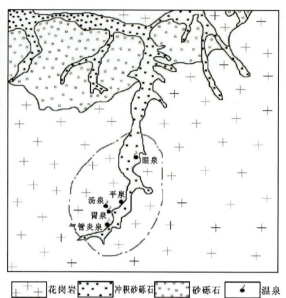

| a.远观赤城温泉度假村 | b.赤城温泉区岩性示意图（据柳春晖，2006） |

图 4-146 赤城温泉

赤城温泉位于冀西北山地燕山西支余脉的北东—南西向的狭长沟谷中，出露于第四纪松散岩层中，含水岩层为隐伏于其下的新元古代花岗岩，多数裂隙倾向南东，倾角近似直立，泉水即沿着这种直立裂隙涌出地表。

2. 丰宁洪汤寺温泉

洪汤寺温泉位于汤河乡汤河河沟内的洪汤寺村，在县城西南约18km处。温泉出露于山间沟谷谷地一侧的斜坡上，温泉的东南部为低山地形，山顶平缓，西北部则是高山幽谷。温泉出露区岩性为燕山期钾长花岗岩，东部和东北部有古元古代二长花岗岩，北部有侏罗纪张家口组角砾岩，南部有古元古代花岗闪长岩（张振利，1993）。温泉热水是由大气降水入渗补给地下水后在深处循环获得增温层的热量，然后通过细小的裂隙或者断裂构造上升到地表形成的。洪汤寺温泉最早是自行出露的，有3处集中的泉眼，后来在泉眼处钻探开发为热水井。目前泉眼处钻孔自流热水流量约6.5L/s，水温为51℃。温泉水现在主要被用做周围宾馆的洗浴。

3. 遵化汤泉温泉

遵化汤泉温泉位于遵化市汤泉乡内，因泉水四季沸腾如汤，故称"汤泉"，拥有昔日清东陵八景之一的"汤泉浴日"，池水清澈见底，无数气泡从水底冉冉升起，犹如串串珍珠，若将银币投入水中，则见翻飞如蝶，缓缓下降，蔚为奇观。汤泉水温高达62~68℃，富含F、S等14种对人体有益的微量元素及矿物质，对运动系疾病、神经系疾病、皮肤病等患者有明显的疗效，对全身机体有良好的影响，对老年人尤为显著具有很好的医疗保健作用。1994年8月，经河北省人民政府批准设立省级皇家旅游度假区，这里山水环绕、殿宇恢弘、风光秀丽、景色迷人，是中外驰名的旅游胜地（图4-147）。

【温泉成因】汤泉位于华北陆块燕山台褶带马兰峪复背斜西部，热储层主要为区域内出露的大面积变质深成侵入体，在花岗岩侵入体被切割后，深部地热流体能够沿破碎带上升，混合并加热赋存的片麻岩裂隙水，形成地热异常。片麻岩含水层裂隙发育，透水性较好，使得这些地段的地下水垂向对流较强，深部热量能够快速到达浅部地层（李攻科等，2015）。

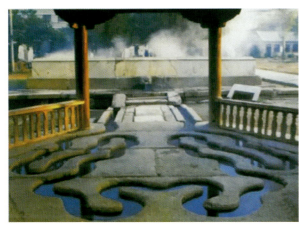
a. 汤泉流杯亭

b. 室外温泉池

图4-147　遵化汤泉温泉(图/葵花朵朵)

汤泉被称为"京东第一泉",从唐代开始,这里就是历代皇家洗浴之地。唐太宗李世民曾于此地洗浴疗疾,赐建"福泉寺",设立"福泉公馆",辽代的萧太后冬日出巡狩猎经常到此,并修建了"梳妆楼"。明武宗皇帝行猎驻扎这里,建"观音殿"赐名"福泉庵"。明朝蓟镇总兵戚继光在此修建"流杯亭"和温泉总池,并立"六棱石幢"刻记当时汤泉胜景。流杯亭内地面凿有九曲石槽,温泉水沿槽缓缓流动,如将酒杯置入槽内,杯随水转,很快就能将酒温热,故此亭又叫"转杯亭",是文人墨客把酒临风、吟诗诵赋的好场所。清朝定鼎北京后,这里是满清王朝入关后发现的第一个温泉,顺治、康熙两帝都对汤泉进行了开发,留下了许多建筑遗产和美妙传说

4. 平山温塘温泉

平山温泉位于河北省平山县温塘镇,距石家庄市60km,水温常年保持在30℃左右,从地下抽水深度越大,水温越高,最高水温可达68℃,温泉水富含30多种对人体健康有益的矿物质微量元素,性质属高热弱碱性氯化物硫酸盐氡泉,医疗价值极高,对心脏病、风湿病、皮肤病有独特疗效,沐浴可疗疾,是中国重点温泉之一。

温塘地热田为中低温对流型构造裂隙热储(图4-148),赋存于太古宙阜平群城子沟岩组中,受断裂构造控制,其中南西-北东向断层为地热田热水的主要补给来源通道,地下热流上溢形成早年的温塘热泉带。基础温度在111~223℃之间,地下热储层一般埋藏深度在40m以下,热储层分布面积为0.35km^2;热储地热流体的温度一般在45~73.5℃之间,多年地热水水温总体保持稳定,部分井井壁受腐蚀破坏导致冷水混入阻断热水上涌,引起地热水水温降低。该地热田地热流体属中低温热水,清澈透明、无色、无味、无污染,感官指标良好,pH值在7.3~7.8之间,属弱碱性水,水化学类型属Cl·SO$_4$-Na型水。开采数十年来,虽地热流体的各种化学成分都有小幅的变化,但主体特征未发生本质变化,仍是理想的沐浴理疗热矿水资源。

5. 涿鹿黄帝泉(阪泉)

黄帝泉古称"阪泉",位于涿鹿县矾山镇黄帝城东500m处,即为黄帝族饮水之处,传说黄帝当年常在此泉濯浴龙体,故又称"濯龙池"。黄帝泉为自流泉,水自平地涌出而积聚成池,池围97.2m,直径31m。泉水主要由4处主泉及若干小泉眼涌出,主泉眼分布在泉的两侧,北边3个,南边1个,南北泉眼间隔处有小泉分布。黄帝泉为天然冷泉,泉水为1700~5000m的深层水,日流量为4600~4800t,水色清亮,泉涌如泣注,冬不结冰,夏不生腐,久旱而不竭,常年水温保持在12.3~13.4℃之间。据专家测定,黄帝泉泉水是锶质重碳酸钙镁型天然优质矿泉水,现在利用该泉水已建成两家矿泉水厂。

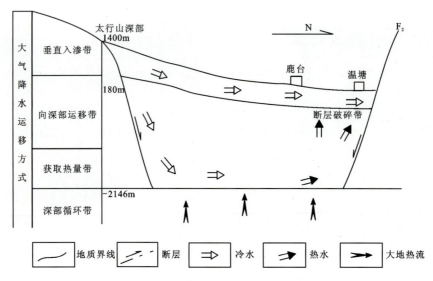

图 4-148 温塘地热田地热流体运移示意图

6. 平泉黄土梁子辽河源头泉群

辽河汉代以前称"句骊河",汉代称"大辽河",五代以后称"辽河",流经河北、内蒙古、吉林、辽宁四省(自治区),是中国七大河流之一。辽河分为南北两源,南源老哈河发源自河北省平泉县七老图山脉的光头岭(图 4-149),由于气候影响,经承德市平泉县黄土梁子镇进入赤峰市内,于奈曼旗进入通辽市内,与西拉木伦河汇合,辽河流域内洪水频繁,平均每隔七八年发生一次较大的洪水,一般的洪水平均 2~3 年即发生一次。平泉辽河源风景区位于平泉市区西北部 60km 处,面积 230km²,因该地山泉众多,水源充沛,为西辽河发源地,故称为"辽河源"。该景区集高山、森林、草原、清泉、怪石为一体。主峰马盂山,山腰林海茫茫,遮天蔽日,山下流水潺潺,泉水叮咚,山上草场广阔,萋草过腰,野花如绣。

图 4-149 平泉黄土梁子辽河源头

7. 涞源拒马河源头泉群

拒马河原名"涞水河",海河流域大清河水系支流,为北京市五大水系之一,流经易县紫荆关、涞水县野三坡、北京房山十渡,最后归海河至渤海,是发源于河北省唯一不断流的河流,水大流急对所经山地切割作用强,多形成两壁陡峭的峡谷。拒马源泉群是拒马河的源头,也是拒马河的主要水源,位于涞源县城南和城东(图 4-150),总面积约 6km²,以拒马源、涞水源、易水源最为出名,泉水水温基本恒定,常年在 7℃ 左右,水质清冽洁净,富含多种微量元素,为偏重碳酸钙镁型 pH 值在 7~8 之间,是中国北方最大的泉群,已知泉眼有 102 处。

a.拒马源头（摄影/侠客游四方）

b.拒马源头公园

图 4-150　涞源拒马河源头

涞源县坐落于太行山地山间盆地内,境内泉眼多,出水量大,观赏价值极强,称得上是名副其实的泉城,代表性的有北海泉、南关泉、旗山泉、珍珠泉、翻沙泉、手刨泉等。由于盆地内含水层埋藏浅,下部具有连续不透水隔水层,区域上构造裂隙发育,地下水径流途中受基岩阻隔通过裂隙冒出地表形成泉群。在涞水源(北海泉)北侧有唐代建筑兴文塔、泰山宫,湖光塔影、鱼翔浅底,是涞源县标志性景观。

8. 邯郸峰峰黑龙洞滏阳河源头泉群(滏阳河湿地公园)

滏阳河古名"滏水",属海河流域子牙河系,流经邯郸、邢台、衡水,在沧州地区的献县与滹沱河汇流后称子牙河,最终汇入渤海,全长 413km,是一条防洪、灌溉、排涝、航运等综合利用的骨干河道,同时还是邯郸市目前唯一一条常年有水的天然河流。

黑龙洞又名"龙洞珠泉",其下的泉水概称"黑龙泉",位于峰峰矿区滏阳河边,神麕、南鼓两山在其南北对峙,而东西 100m 有大泉眼 26 个,小泉眼不计其数,是滏阳河的主要源头之一(图 4-151)。当地政府通过小流域治理、泉修复整治、沿河游园建设等综合治理工程,对涵养水源、提高地下水位、调节小区域气候、吸附粉尘、美化环境都起到了积极的作用,彻底改善了滏阳河上游的生态环境,建立了

a.滏阳河

b.峭岩绝壁上的黑龙洞（摄影/刘味味）

图 4-151　峰峰黑龙洞滏阳河源头

峰峰滏阳河湿地公园。在峭岩绝壁下，有一天然石洞，洞口由大石砌成，洞壁凹凸不平，洞内曲折幽暗，婉蜒如龙，黑龙洞上的庙宇建筑群称"风月关"，又名"滏口祠"，悬壁上留有宋、明文人雅士的多块石刻，字迹工整，笔法规范，堪称一宝。如今，峰峰矿区将整个黑龙洞景区打造成了一个集观赏、娱乐、休闲为一体的乐园，敞开环抱迎接八方游客。

【峰峰滏阳河国家湿地公园的建设历程】2015年，经国家林业局批准建立国家级湿地公园试点，规划面积224.63km²，2017年顺利通过专家验收组验收。

第九节 海岸地貌景观

河北省地处环渤海核心地带，沿海地区毗邻京津，连接三北，海洋区位条件独特，沿海海岸被天津市分为南北两段：北段起自秦皇岛市山海关区的张庄崔台子，止于丰南市涧河口西的刘合庄；南段从黄骅市南排河镇的岐口，到海兴县的大口河口，大陆岸线长487km，管理海域约7 200km²，在沿海11个省区市中排名第9位，沿海分布有菩提岛等无居民海岛，海岛陆域面积36km²，海岸线长199km(图4-152)。

图 4-152 河北省海岸带遥感影像

(影像数据：环境一号卫星，时间：2017年5月)

海岸地貌是指在海岸带由波浪、潮汐、海流、沿岸流等海水营力作用形成的地表形态;在其形成过程中和形态结构上还受海岸带陆地地形(包括坡降、平面轮廓)、地质构造、海面升降以及河流、生物的影响。它按成因可分为海蚀地貌和海积地貌;按物质组成可划分为岩质海岸地貌、砂质海岸地貌、生物海岸地貌、砂泥质海岸地貌等。

一、海蚀地貌

海蚀地貌是指海水侵蚀作用形成,主要发育在基岩海岸中的地貌《旅游地学大辞典》(陈安泽等,2013)。河北省海蚀地貌主要分布在老龙头、秦皇岛南山及鸽子窝—金山嘴—崖角一带,出露地层岩性多为变质岩,由于岩石坚硬,抗海水侵蚀能力强,海岸蚀退速率低,形成凸入海中的岬角形态,其上多形成海蚀崖、海蚀柱、海蚀穴及岩背滩等。在基岩岸滩局部虽有侵淤现象,但岸线无明显变化,为基本稳定型海岸。基岩岬角两侧常分布有呈内凹形的岬湾海岸,组成物质多为冲洪积、冲积及潟湖相砂、砾石、黏性土等,均为未成岩的松散或致密状的软弱夹层,抗海水侵蚀能力低,部分岸段受到不同程度的侵蚀。本书选取典型海积地貌进行叙述。

【岬角及形成原因】深入海、湖中的尖角性陆地。岬角的形成主要是海浪对由不同物质组成的海岸差异侵蚀所致《旅游地学大辞典》。

1. 秦皇岛北戴河区鸽子窝-联峰山变质岩海蚀地貌及砂质海积地貌

秦皇岛市海岸地处辽东湾与渤海湾之间的过渡地带,北起山海关区渤海镇张庄崔台子,南至昌黎县茹荷镇王家铺滦河口,自然环境条件优越,山海风光秀丽,自然资源丰富,特色鲜明,海岸类型多样,开发前景广阔(周琦,2013),其中以金山嘴为拐点形成反"3"字形的鸽子窝—联峰山一带海岸地貌景观最典型、保存最好。岬角基岩发育海蚀地貌,岬间海湾发育海滩,海洋的波浪、潮汐作用明显,是秦皇岛基岩海岸类型的代表(图4-153)。

岬角长宽大约各1km,高出海水面15～20m,岬角的西、南、东三面均是高出海平面8～10m的海蚀崖及崖麓前1～2m的海蚀平台,海蚀崖、海蚀柱的陡崖上以及海蚀平台的基岩面上发育有形态各异、保存完好的海蚀穴,展现出一幅绝美的海、陆变迁以及海水对陆地侵蚀破坏过程的画面。秦始皇、汉武帝均来此观沧海,留下了大量历史文化资源(金山嘴古城遗址和秦始皇行宫的主体建筑群等),为后人的旅游、观光、赏景、看海提供了一个理想的目的地(图4-154)。

2. 秦皇岛山海关区老龙头变质岩海蚀地貌

秦皇岛曾是古代兵家必争之地,地势险要,有一夫当关万夫莫开之势(图4-155)。清朝清兵入关、李自成进关讨伐吴三桂,指的就是山海关。老龙头长城风景旅游区是秦皇岛历史、地理和文化的重要标志,是自然景观与人文遗迹一体的优质特色旅游资源。老龙头是明代长城入海的东起点,建在基岩海岸的岬角之上,长城从燕山山脉蜿蜒而下直冲入海。老龙头由入海石城、第一座敌台靖卤台、第一道关口南海口关和澄海楼组成,有天开海岳碑和雄襟万里匾额等古迹。老龙头是万里长城中唯一兼有关、山、海、色等诸多景观的绝佳之处。

二、海积地貌

海积地貌指的是进入海岸带的松散物质在波浪推动下移动,并在一定条件下堆积起来的各种地貌景观(旅游地学大辞典),堆积物质主要有砂质、砂泥质、生物残骸等。它主要包括海滩、沿岸堤、沙丘、岸前沙柱带、横向沙脊、海岸砂席等(姜锋等,2016)。本书选取典型海积地貌进行叙述。

a.鹰角岩（摄影/孤独飞）　　　　　　　　　b.海蚀柱（摄影/天行者）

c.海蚀崖（摄影/nmlzm）　　　　　　　　d.鹰角岩下部海蚀穴（摄影/孤独飞）

图 4-153　鸽子窝-联峰山海岸地貌景观

1. 乐亭月坨岛、菩提岛砂质海积海岛地貌

河北省海岛主要集中于海岸线北段，共有大小岛屿 79 个（唐山市 65 个，秦皇岛市 14 个），按地貌形态、物质组成及结构可划分为离岸砂坝岛、蚀余岛、河口砂坝岛、贝壳岛、河口砂嘴岛和人工岛，按地理位置和组合状况可分为大蒲河口诸岛、滦河口诸岛、曹妃甸诸岛，海岛规模较小，岛屿形成和发育受沿岸流、波浪和潮流等水文条件及陆源来沙的耦合作用，海岛的形状大多呈长条状、斑点状形状（李霄汉等，2015）。

唐山市海岛主要分布在滦河口南岸至曹妃甸海域，由东北向西南依次分布有长臂岛、风云岛、佛手岛、神奇岛、明月岛、永乐岛、祥云岛、月岛、菩提岛、月坨岛、龙岛等（图 4-156），按照各岛的成因类型可将其划分为河口沙坝岛、离岸沙坝岛和蚀余岛 3 种类型（邱若峰等，2019）。经过长期的自然作用和过度开发利用，唐山沿海海岛沙滩普遍存在侵蚀现象（高善明等，1980），部分岛屿诸如长臂岛、风云岛滩肩消失、沙滩侵蚀殆尽，神奇岛沙丘坍塌，出现侵蚀陡坎，严重影海岸资源环境，对唐山沿海海洋资源持续利用、海洋经济发展产生较大影响。

菩提岛和月坨岛属于典型的蚀余岛，是古滦河三角洲在滦河改道后，在波潮流作用下侵蚀，再堆积改造而形成的海岛。菩提岛（石臼坨）上有乔木、灌木生长，还有芦苇、蒿、蒲草等多种草本植物，地形东南高、西北低，海岛表面受风力作用，普遍发育成沙丘、丘间洼地、平地、沼泽等地貌；滩面多宽缓，受波浪、潮流等水文条件的作用,水下地形起伏变化相对剧烈,多发育成低缓的小砂坝。其他包括月坨、腰坨、西坨、东坑坨及西坑坨等一些岛屿面积较小,海岛植物种类稀少,植被覆盖率低(图4-157)。

a.金山嘴岬角(摄影/游尘凡心)

b.砂质海岸(摄影/天行者)

c.金山嘴古城遗址

图4-154 鸽子窝-联峰山海岸地貌及人文景观

a.老龙头入海石城

b.明代海防要塞布置效果图

图4-155 老龙头海岸地貌景观

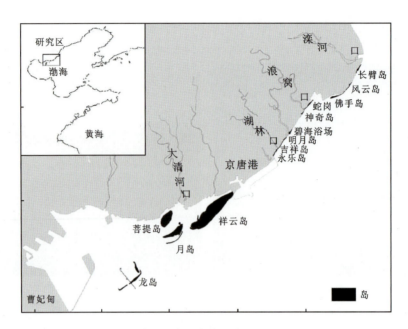

图 4-156　唐山市主要海岛分布(据邱若峰等,2019)

a. 月坨岛海滩　　　　　　　　　　　b. 月坨岛木屋

c. 菩提岛海滩　　　　　　　　　　　d. 夕阳下的菩提岛滩涂（摄影/健行渐远）

图 4-157　菩提岛和月坨岛景观

2. 昌黎黄金海岸砂质海积地貌

河北省砂质海岸主要分布在滦河口以北直至北戴河之间的沿海地带(吴忱,2008a),岸线呈较平直的北北东向展布,海岸以风积、冲积细砂、砂性土为主,抗海水侵蚀能力低,岸线受侵蚀后退明显。平行海岸带有高大砂丘绵延分布,砂丘高度在10m以上,最高达40m,其中以滦河口至大蒲河口间的沿岸地带发育最好,是我国北方海岸沙丘规模最大、沙丘类型最丰富的区域之一,大蒲河口向东北方向沙丘逐渐被低平的沙地取代,南至潔河河床处风成沙丘消失。沙丘群由海向陆主要分布有岸前沙丘带、横向沙脊、新月形沙丘与沙丘链、海岸砂席等地貌类型,沙丘高度向陆逐渐降低(董玉祥等,2013)。海岸沙丘记录了沙丘长时期活化与固定交替变化的风沙活动信息,并且提供了海岸环境演变与古气候变化的信息,有助于阐明海岸带的动力结构和特征、砂质海岸的演化过程以及海平面变化历史和性质。

昌黎海岸属于平原砂质海岸带,全新世以来渤海海面发生数次波动变化,约7 000a渤海海岸线东北方向达团林一带,此后海岸线逐渐后退,西汉末期即2 000a小范围海侵后,至汉唐时期海平面有所回落,昌黎海岸带滨海沙坝出露海面(高善明等,1983),接受风力的吹扬作用(图4-158、图4-159)。滨海砂坝形成后阻隔外海,内侧即形成七里海潟湖,滨海沙坝对波浪的阻隔造成了砂坝西侧潟湖较为平静的沉积环境。至此,昌黎海岸带自陆向海形成潟湖、海岸沙丘带、海滩地貌景观。

【海岸沙丘形成机理】河流将砂质输送到河口地区,经海浪从新分选并搬运至海岸堆积而成为海滩,再由强劲的向岸风吹扬而形成沙丘(大港油田地质研究所等,1985)。

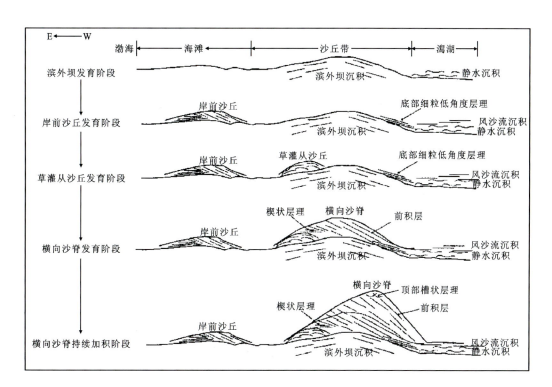

图4-158　昌黎海岸横向沙丘演化过程示意图(据姜锋,2016)

海岸带滨海沙坝出露海面,阻隔外海内侧形成静水沉积环境;临近海滩首先发育了岸前沙丘,岸前沙丘的特点是下部为海滩沉积,上部为风沙层盖帽;上部风沙层在强风作用下吹向陆地,静水沉积层之上被风沙流沉积覆盖,滨外坝的向陆侧开始发育低角度细粒沉积层,滨外坝向海侧发育草灌丛沙丘;向岸风与海滩砂的持续作用下,滨海砂坝之上发育横向沙脊,以高角度前积层为主;随后横向沙脊脊线不断向陆移动,高度持续增加

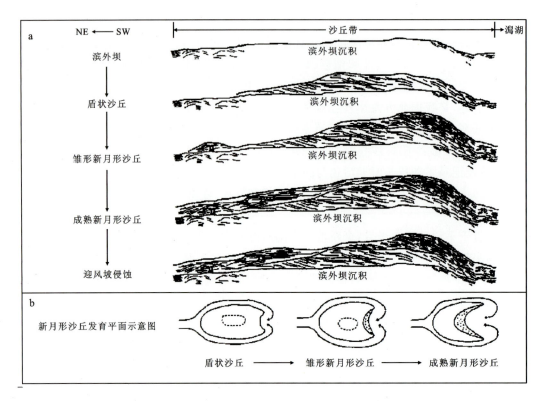

图 4-159 昌黎海岸新月形沙丘演化过程示意图(据姜锋,2016)

横向沙脊西侧的古滨海砂坝上,虽然有强盛的并延续迄今的东北向岸风的作用,但逐步增长的横向砂坝对海岸带风沙流的拦截,使得向内陆的风沙流运移受到一定限制,因此只发育了新月形沙丘和新月形沙丘链。新月形沙丘的发育经历了盾形沙丘、雏形新月形沙丘、成熟新月形沙丘及其随后的风蚀阶段

昌黎黄金海岸砂质海岸已建立国家自然保护区北起大蒲河口,南至滦河口,西界为沙丘林带和潟湖的西缘,东到浅海10m等深线附近,全长30km。保护区的主要保护对象为沙丘、沙堤、潟湖、林带和海洋生物等构成的砂质海岸自然景观及所在海区生态环境和自然资源,是研究海洋动力过程和海陆变化的典型岸段,具有重要的生态价值、科研价值和观赏价值(图4-160)。在由《中国国家地理》主办的"中国最美的地方"评选活动中,昌黎黄金海岸被评为"中国最美八大海岸之一"。

a. 海岸沙丘(摄影/正道-直行)

b. 夕阳下的海滩

图 4-160 昌黎黄金海岸地貌景观

3. 黄骅张巨河古贝壳堤海积地貌

"贝壳堤"一词是 Rosell 等 1935 年首次在美国西南路易斯安那州海岸提出的,后被我国考古学家李世瑜(1962)对天津地区进行文物调查时发现并报道了贝壳堤堆积分布状况,之后才被地质学者王颖(1964)做了进一步的地质科学研究,它是由生活在潮间带的贝类死亡后的硬壳经波浪搬运,在高潮线附近堆积形成的,是海岸变迁和海平面变化的真实记录,可为研究古海洋变迁、环境变化趋势提供天然底本,对于海洋科学研究及预测今后的环境变化趋势,具有重要的科学价值。

渤海湾西海岸贝壳堤沿海岸线(平均大潮高潮线)呈弧形分布,纵贯河北省黄骅市及天津市大港区两地(裴艳东,2002)。大致划分为 4 道贝壳堤(图 4-161),在每道贝壳堤主堤附近还有小的分支(岳军等,2012)。因受河海冲刷和人工破坏,大部分贝壳堤已被破坏殆尽,仅在黄骅市张巨河、岐口、天津巨葛庄、北蛏头沽和青坨子等地残存。中国东部沿海平原晚第四纪海侵是海洋氧同位素暖期重大的古地理变迁事件,关系到海岸线变迁、海平面变化、古气候演变、差异构造沉降等重要内容,同时也是岩石地层单位划分的基础(张兆祎等,2014b)。贝壳堤这一独特的地质载体赋存着许多十分有意义的地质信息,可为研究全新世沉积环境的演变提供无可替代的证据,要想深入研究全新世,渤海湾西岸是中国乃至世界上一个较为理想的研究地区。

【贝壳堤】由生物贝壳堆积形成的堤状地貌,海岸带淤泥质海岸平原上由海生贝壳碎屑和细砂、粉砂组成的一种滨岸堤,形成于高潮线附近,为古海岸的可靠地貌标志。

【世界三大古贝壳堤】世界上著名的贝壳堤共有 3 处:渤海湾西岸贝壳堤(天津贝壳堤和黄骅贝壳堤)、美国路易斯安那州贝壳堤、南美苏里南贝壳堤。

黄骅曾是古黄河的入海口,黄河所携带的丰富营养使这里成为贝类的理想栖息地。随着黄河入海口的变迁,大量的贝类在大海的作用下破碎乃至变成粉末,被冲积成独特的贝壳堤坝。黄骅古贝壳堤位于河北省黄骅市沿海,总面积 $117×10^4 m^2$,其中张巨河村以南、后唐堡村以北的核心区面积 $10×10^4 m^2$,由 6 条贝壳堤组成,这 6 条贝壳堤均与现代海岸线平行。经调查,在黄骅地区阎家房子、贾家堡、老狼坨子、赵家堡、岐口农机厂、刘洪博村、常庄、脊岭泊、苗庄等地贝壳堤多已被破坏殆尽,改造为养虾池等,岐口-张巨河较连续的贝壳堤,已经因沿海土地治理或开挖做饲料添加剂、建筑用砂等毁坏殆尽,仅在张巨河一带还可见(图 4-162)。

【贝壳堤成因】自 20 世纪 60 年代许多学者(李世瑜,1962;王颖,1964;蔡爱智,1981;刘雪松,1997;王宏等,2002;王强等,2007;薛春汀,2010)都对贝壳堤的成因进行了探讨和论述,本书选用王强(2007)观点加以说明:①自中潮坪—高潮坪—滨海低平原上的沿岸堤;②潮沟-潮汐河道型"贝壳堤",为潮汐河口湾顶或潮道外侧风暴贝壳堆积(自潮汐通道水下堆积延续到低地);③三角洲平原在大风或风暴潮作用下出现的无序贝壳堆积。张巨河古贝壳堤属于风暴潮堆积的沿岸堤型贝壳堤。

4. 乐亭县姜各庄滦河入海口三角洲地貌

现代滦河发源于河北省丰宁县(内蒙古高原)巴延图古尔山麓,称"闪电河",沿途有小滦河、兴州河、伊逊河、武烈河等数条支流汇入,与小滦河汇合后始称"滦河"。长期以来断裂活动导致地质构造单元自西向东倾斜,影响着该地区地质地貌的形成和发展,控制和影响了渤海湾北岸沉积物的分布、沉积相组合及变化(赵保强等,2018)。滦河自更新世以来的变迁,在燕山南麓、渤海之滨塑造了一系列典型、复杂的冲积扇-三角洲。这些冲积扇或彼此接壤,或并行排列,或新老套叠,或互相切割,形成了复合冲积扇,为后期三角洲的沉积奠定了基础(图 4-163)。滦河冲积扇-三角洲体系向海逐渐过渡到三角洲(王平格,2006)。

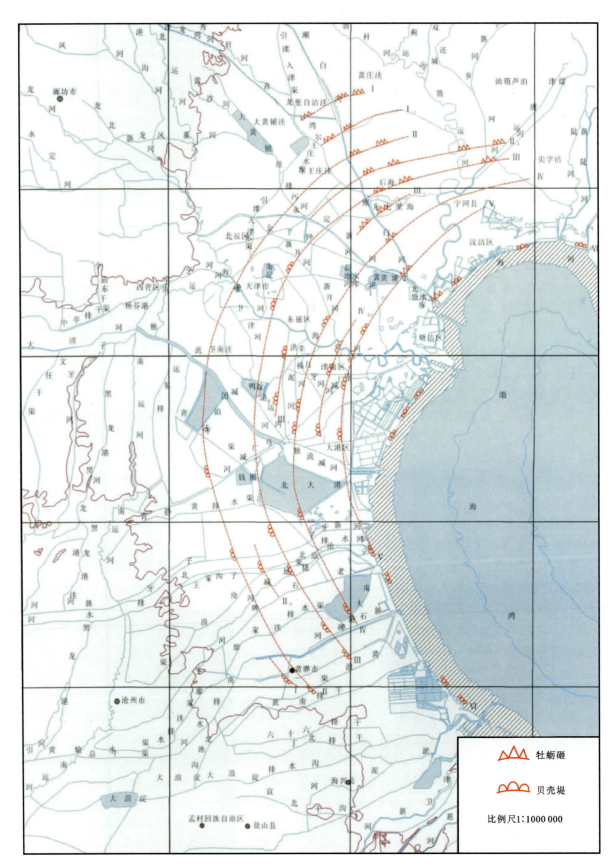

图 4-161　渤海湾西岸 4 道贝壳堤(据岳军等,2012)

图 4-162 河北省黄骅市张巨河沿岸堤型贝壳堤(据王强等,2007)

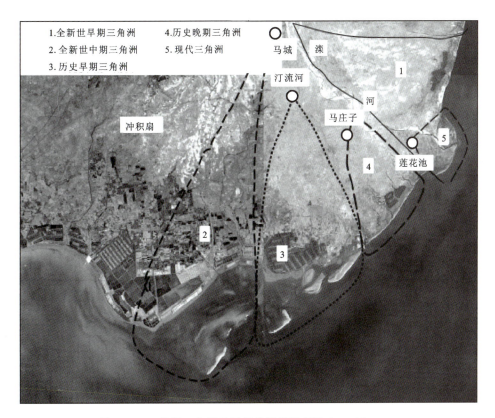

图 4-163 滦河三角洲卫星图片解析示意图(据王平格,2006)

【三角洲】三角洲是指在河口附近河流与海洋、湖泊汇合处所形成的锥形碎屑沉积体,通常所说的三角洲大多指河流入海处形成的三角洲,它是河流与海洋水动力共同作用的产物,沉积环境属于海陆过渡环境。

距今 3 000a 以后陆地继续抬升,且沉积速率逐渐超过海面上升速度,海岸线外延,这时滦河三角洲快速向海的原因也与渤海在距今约 3 000 a 的退缩有关,出露了现今沿海平原(乔彭年等,1994),加上人类活动干预使得滦河入海沙量增加,形成了三角洲发育的最佳时期,建造了距今 3 000～480a 后的以汀流河镇为顶点,经老滦河(大清河)、长河分流入海的主体三角洲,并在三角洲前缘形成月坨、石臼坨、打网岗和沙岗等滨岸砂坝(刘福寿,1989)。

在构造活动控制下,随着滦河泛滥次数增多滦河向东迁移,在马庄子曲流弯顶决口分流,后滦河岔又在弯顶黄口村附近决口,由滦河岔、老米沟、湖林河分流入海的泥沙在口外堆积,形成以马庄子为顶点的距今 480～100a 的三角洲,入海泥沙在三角洲的前缘塑造了蛇岗、灯笼铺和湖林口等滨岸砂坝,由于它形成的时间较近,目前仍继续得到部分泥沙的补给,前缘砂坝至今仍保留完整。

1915 年的渤海大海啸使八爷铺至莲花池之间的沙丘被海潮冲断,滦河从此改道东流入海。一百多年来,滦河携带的泥沙堆积了突出于平原之外的弧形三角洲平原,并在三角洲外缘塑造了破船门沙岗、老河底沙岗等滨岸砂坝(图 4-164)。20 世纪以来,滦河入海口先后迁移了 8 次,其中 20 世纪 50 年代以来,就发生了 6 次河道变迁,形成了以腰庄、莲花池为顶点的最新三角洲。

【滦河三角洲形态演变】滦河每一期三角洲的产生和完善都与其河床淤积—床底抬高—比降减小—决口改道有关。河流在冲积扇上的每一次改道都产生一个新冲积扇-三角洲组合,河口段的每一次改道也都使三角洲的形态更进一步完善。三角洲在最初发展阶段,形态是以河流作用为主形成的长形或足状居主要地位。随后,因输沙率减少而前展速度减缓时,三角洲边缘就会长期受到海洋因素的改造,产生经波浪改造但仍以河流作用为主的扇状三角洲;最后至海进环境产生,前三角洲水深增大,因而沉积率进一步减小,三角洲体受到海洋因素更严重的改造,形成以波浪和潮流作用为主的三角洲类型(李丛先,1979)。

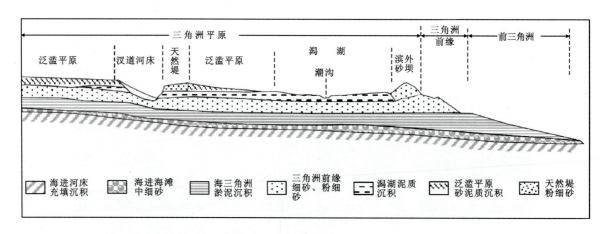

图 4-164 滦河三角洲沉积结构示意图(据王平格,2006)

第十节 地震与地质灾害遗迹

地质灾害遗迹景观是地质灾变事故产生的具有旅游价值的地质遗迹景观《旅游地学大辞典》。通常包括火山、地震、崩塌、滑坡、泥石流、地面沉降等。在漫长的地质历史与人类历史发展过程中发生过大量地质灾害,遗存下许多具有特殊旅游观光与科学考察价值的地质灾害遗迹景观。

一、地震遗迹

中国地震具有活动频率高、强度大、震源浅、分布广的特点,是一个震灾严重的国家。20世纪以来,中国共发生6级以上地震近800次,遍布除贵州、江浙两省和香港特别行政区以外所有的省市区。河北省位于华北地震区范围,据河北省地震局资料,历史上发生6级以上地震主要有1679年三河-平谷地震、1966年邢台地震、1976年唐山地震和1998年张北地震,其中以唐山地震和邢台地震灾情最严重、损失最大。

地震遗迹指的是地震发生后留下的各种遗迹,主要有地震地裂缝、地震堰塞湖、地震鼓包、地震滑坡、地震废墟等。

【华北地震区】华北地震区包括北京、河北、河南、山东、内蒙古、山西、陕西、宁夏、江苏、安徽等全部或部分地区,历史及近代地震均较为活跃,主要分布于汾渭地震构造带、张家口-蓬莱地震构造带、河北平原地震构造带及郯庐地震构造带(傅征祥,2000)。该地震区的地震强度和频次仅次于青藏高原地震区,区域内人口稠密,大城市集中,政治、经济、文化、交通都很发达,地震灾害的威胁极为严重。

【1679年三河-平谷地震】中国东部人口稠密地区影响广泛和损失惨重的知名历史地震之一,是北京附近历史上发生的最大地震,震级估计为8级,地震发生之后一个月内发生强余震10余次,有感余震持续了一年多。该地区从公元1000年左右至1979年共发生6级以上地震达7次,两次较强的地震是1057年北京南郊的6.75级地震和1484年居庸关一带的6.5级地震。

1. 唐山1976年里氏7.8级地震遗址群

1976年7月28日凌晨3时49分56秒,在河北省唐山丰南一带发生了强度里氏7.8级地震,震中烈度11度,震源深度12km,地震持续约23秒,这次地震破坏范围超过$3\times10^4 km^2$,有感范围波及全国14个省、市、自治区,相当于我国国土面积的一半。这次地震有24.24万人死亡,重伤16万人,轻伤36万人,震后唐山一片废墟,倒塌房屋530万间,经济损失100亿元(图4-165)。这次地震位列20世纪世界地震史上死亡人数第二,仅次于海原地震。

唐山现存的地震遗迹共有7处,主要有唐山机车车辆厂(图4-166)、唐山十中(图4-167)、河北矿冶学院图书馆楼(图4-168)、唐山钢铁公司俱乐部、唐山陶瓷厂、唐柏路食品公司、吉祥路,其中前3处保存得比较完整、知名度较高,被国务院批准为国家重点文物保护单位。

唐山大地震后,人们就是居住在简易房里,开始了唐山的重建。1977年5月14日,3 000多名来自全国各地的专家、技术人员参与制订的《唐山市城市总体规划》通过了国务院的批准,这一规划后来在1982年和1984年两次进行了调整。1978年2月11日,国务院以国发(1978)19号文下达《关于加快重建唐山市报告的批复》,从此新唐山揭开了恢复建设的序幕。1986年唐山大地震10周年的时候,市区有98%的居民搬进了新房,1988年10月则全部迁入新居(图4-169)。经过40多年的发展,一个全新的唐山呈现在全国人民眼前,以她美丽耀眼的身姿回报世人!

【唐山大地震成因】1967—1976年,在唐山及其邻近地区先后开展了人工及天然地震测深、大地电磁测深、大地测量和流动重力测量等工作,同期还先后建设了较密集的地电、地磁、地应力、地下流体等定点观测台站,唐山地震后多家研究机构和学者对唐山地震的深部结构、构造等进行过多次探测和研究,提出了一些独到的地震理论观点,如岩浆侵入导致地震(曾融生等,1985,1988,1991),唐山地震壳内高导层的形成与地壳深部富卤流体的富集和封存有关(徐常芳,2003)等。

a.房屋被摧毁

b.塌陷坑

c.地裂缝

d.铁路被破坏

图 4-165 唐山大地震造成的破坏

a.塌的厂房

b.烟囱成套筒式结构

c.变形的铁轨

d.唐山地震博物馆

图 4-166 唐山机车车辆厂地震遗址

1959年5月建成的唐山机车车辆厂铸钢车间总建筑面积23 800m², 现保存的遗迹是南北走向的3个横梁的厂房。地震时, 3跨厂房除部分中间立柱扭曲、倾斜外, 四周墙柱全部倒塌, 屋架落地, 一座高35m的烟囱, 因受地震强烈颠簸变成了套筒式结构, 仅存19m。厂区内铁道铁轨变形严重

a.地下排水管道错动

b.地震遗址现状

图 4-167　唐山十中地震遗址

唐山十中地震遗址位于唐山市路南区原十中学校院内。1976 年唐山 7.8 级地震后,十中院内的房基、小路分别被两条相互平行、方向为北东 50°的裂缝错断,水平错距 1m,垂直错距 0.5m。地下排水管和厕所,被另一条方向为北东 40°的裂缝错开,水平错距 1m,直错距 0.3m。该处遗迹是地表及地下公用设施受震损失的代表

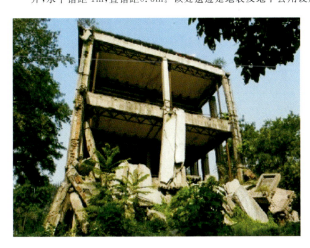
a.倒塌的图书馆阅览室

b.书库

图 4-168　河北矿冶学院原图书馆楼地震遗址

河北矿冶学院图书馆建于 1976 年 7 月,建筑面积 4 049m^2,地震后阅览室西部倒塌,东部震裂,书库长 25m,宽 12m,高 9.30m,共 4 层,全部是钢筋水泥结构,由于地震居然向东北方向移动约 1m,底层全部破碎,但二至四层仍为一整体。2006 年 4 月经国务院公布为全国重点文物保护单位

图 4-169　新唐山风貌

2. 隆尧 1966 年里氏 6.8 级地震遗址(邢台大地震)

1966 年 3 月 8 日 5 时 29 分,在河北省邢台地区隆尧县东,发生了 6.8 级强烈地震,震源深度 10km,震中烈度 9 度,从 3 月 8 日至 29 日 21 天的时间里,邢台地区连续发生了 5 次 6 级以上地震(图 4-170)。邢台地震的破坏范围很大,出现了大量地裂缝、滑坡、崩塌、错动、涌泉、水位变化、地面沉陷等现象,尤以地裂缝和喷水冒砂为主,地裂缝沿滏阳河、古宁晋泊、古河道范围呈带状分布,喷水冒砂多分布在古河道、地形低洼和土质疏松地区。隆尧地震是中华人民共和国成立以来,首次发生在人口稠密地区、造成严重破坏和人员伤亡的大地震。

a. 震后的隆尧县城

b. 桥梁损毁

c. 房屋倒塌

图 4-170　邢台大地震造成的破坏

邢台地震纪念碑、邢台地震资料陈列馆(图 4-171),经河北省人民政府批准,于 1986 年 9 月 12 日在隆尧县城奠基动工,占地面积 7 770km²,建筑面积 2 640km²。1987 年 3 月 8 日国务院、全国政协、国家地震局、河北省政府、河北省地震局、邢台地区行署在邢台地震纪念碑广场举行了隆重的落成典礼仪式,从此向社会开放。

a. 邢台地震纪念碑

b. 邢台地震资料陈列馆

图 4-171　邢台大地震后遗址

二、地质灾害遗迹

河北省自然环境和地质环境条件复杂多样,人类工程经济活动剧烈,造就了地质灾害的多样性(《河北省地质灾害调查与区划报告》),燕山、太行山地区主要分布有泥石流、崩塌、滑坡、泥石流、地面塌陷等突发性地质灾害,平原区主要分布有地面沉降、地裂缝、地面塌陷(采空塌陷)、土地沙漠化等地质灾害。沿海地区主要分布有地面沉降、软土触变、海(咸)水入侵、海岸蚀退、风暴潮等,坝上高原主要为土地沙漠化等。地质灾害频发,直接威胁着人民生命财产安全,重灾年经济损失达数十亿元,影响和制约着社会经济可持续发展。河北省主要的地质灾害遗迹有唐山路南区采煤塌陷(南湖公园)、武安西石门铁矿采矿塌陷。

1. 唐山路南区采煤塌陷(南湖公园)

唐山是一个以采煤起家的重工业城市,由于一百余年的开采,在市区周边形成了采煤下沉区。唐山南湖城市中央生态公园改造前是经过开滦集团对开滦煤田130多年开采形成的采煤沉降区,垃圾成山、污水横流、杂草丛生、人迹罕至的城市疮疤和废墟地,严重影响了城市的环境和整体形象,制约了城市的发展,影响了市民的工作和生活,浪费了大量的土地资源。1996年底唐山市委、市政府本着"变劣势为优势、化腐朽为神奇"的方针,决定实施大面积生态绿化工程。经过9年多的建设南部采沉地已初具规模,昔日脏乱荒芜的采沉地,经过化腐朽为神奇、变废为宝的生态建设,发生了质的变化,给市民创造一个休闲、娱乐的场所。南湖公园的建成为广大游人提供了休闲娱乐的良好去处,从而成为可持续发展自然资源的典范。

唐山南湖公园全称唐山南湖城市中央生态公园,国家AAAA级景区,位于市中心的南部,距市中心仅1km,是唐山四大主体功能区之一南湖生态城的核心区,总体规划面积30km²,是融自然生态、历史文化和现代文化为一体的大型城市中央生态公园(图4-172)。公园现辖有爱尚庄园、小南湖公园、南湖国家城市湿地公园、地震遗址公园、南湖运动绿地、国家体育休闲基地、南湖紫天鹅庄、凤凰台公园、植物园等大小公园。"好玩南湖、生态南湖、神奇南湖、文化南湖"准确地概括了南湖的特色。湖水、绿地、城市森林、花草组合成了天然的生态景观,置身于优美的意境中,如江南水乡,烟波如幻,任人遐想。

a. 改造前　　　　　　　　　　　　　　b. 改造后

图4-172　南湖公园的前世今生

【地学小知识】开滦煤田为中国华北聚煤区著名的石炭二叠纪煤田,盛产优质炼焦煤,开采方式主要为井工开采,在煤矿开采过程,需要将地下煤炭资源的开采运走,随着煤炭资源的不断运出,地下形成了采空区。当地下煤层采空后,顶部岩体失去支撑,应力平衡发生改变,在重力作用下,顶板向下变形、弯曲、垮塌,直至延至地表形成塌陷坑,塌陷坑内积水,造成农田无法耕种。

2. 西石门铁矿采矿塌陷

西石门铁矿位于河北省邯郸市武安市,为大型隐伏矿体,是我国最大的矽卡岩型铁矿矿集区之一,是邯邢式铁矿的主要代表矿床。西石门铁矿在为我国钢铁工业发展做出重大贡献的同时,也带来了一系列的矿山环境问题。

西石门铁矿矿床类型主要为接触交代型(矽卡岩型)铁矿,以斜井及竖井开采为主,开采形成的采空区造成了大面积的地表塌陷,在西石门铁矿采空区出现的塌陷坑中尤以中区规模最大,采矿诱发的塌陷坑直径450m,周边壁高40~60m,面积达65 500m^2;地裂缝发育带宽30~100m,坑深壁陡,并伴有滑坡及周围的地裂缝群,险、特颇具观赏价值、科普价值和科考价值(图4-173)。北区塌陷坑已初步进行了治理,中区塌陷坑南侧及南区塌陷坑仍在利用之中。

图4-173 西石门铁矿采矿引起的塌陷坑

第五章 地质遗迹分类与评价

DIZHI YIJI FENLEI YU PINGJIA

第一节 地质遗迹分类

一、国内外地质遗迹分类方法

地质遗迹资源的多样性、稀缺性和不可再生性的特点决定其价值独特、宝贵，应该在合理保护的前提下，加强科学研究和开发利用。科学合理的地质遗迹分类体系将会使地质遗迹的保护、研究和利用规范化、科学化，也便于对地质遗迹的统一规划和管理。地质遗迹的分类是一个十分复杂的问题，目前国内外对地质遗迹的分类方法不一，形成多种分类方案。

1. 国际组织的划分

国际地质科学联合会地质遗产工作组于1993年对地质遗产类型提出了一个分类方案（潘江，1995），该方案把地质遗产分为古生物、地貌、古环境、岩石、地层、矿物、构造、经济地质、具有历史意义的地质景点、陆块构造、陨石坑、大陆和海洋尺度的地质特征、海底地貌共13大类，每一类又分为若干类型。

2003年5月联合国教科文组织地学部公布了世界地质公园网络工作指南，对地质遗迹作了如下划分：经济地质与采矿、工程地质、地球历史、地貌、冰川地质、水文地质、矿物、古生物、岩相学、沉积学、土壤科学、地层学、构造地质学和火山学，同时还列出了地理学、考古学、人类学及教学基地等。

2006年11月，在联合国教科文组织世界地质公园局会议上通过的世界地质公园网络标准和指南中再次强调了地质学科特征，如代表性岩石、矿物、矿产、化石和地形等几方面能反映的固体地球科学，经济地质与采矿，工程地质学，地貌学，冰川地质学，自然地理学，水文学，矿物学，古生物学，岩石学，沉积学，土壤科学，洞穴学，地层学，构造地质学和火山学等学科分支相关的地质遗迹。另外，联合国教科文组织2006年提出的最新分类中已基本上进入学科分类的层次了（赵汀等，2009）。

2. 英国自然保护委员会的划分

英国自然保护委员会1990年研拟了一套地质遗迹保护分类方法，分为出露性景点（exposur site）和完整性景点（integrity site）两大类。前者指人工开挖或自然侵蚀暴露出来的地质遗迹露头，后者指地表或近地表地质作用形成的地质景观。对于出露性景点，如果开挖和侵蚀处于进行中，可能会出现新的剖面，而不影响遗迹价值，保护原则是维持露头；而完整性景点一旦破坏就无法再生，其保护原则就是保护资源。另外该分类将地质遗迹按用途分为研究与教育两类。

3. 美国内政部国土局的划分

美国内政部国土局的地质遗迹分类强调各类地质现象的典型性和其发现研究历史，把地质遗迹划分为15类：地质特征、岩石类型和标准化石，首次发现、描述和命名地；重要地质过程或原理首次发现和研究地区；地学教科书范例依据的野外实例地区；古生物演化阶段的重要化石记录区域；由风、水、冰、风化及大规模毁灭性作用产生的典型特征;洞穴和岩溶地形;热泉、自流泉水和含水层;能提供典型研究和教育机会的地质特征;地球演化史中的重要阶段的突出范例;有众多各类重要地质特征的集中分布,即使其中某些个体不十分重要,但其集合体却具有不一般的重要意义;具有重要地质或历史意义的矿山或矿区;奇异地貌景观,如漂砾、陨石、火山口、峰林等;奇特的岩石或矿物产地;地质特征及组合,地质景观具有自然美学性并具有休闲价值;具休闲和教育价值的岩矿石标本采集地。

4. 我国行政管理部门的划分

(1)《地质遗迹保护管理规定》分类。1995年5月4日地质矿产部第21号令发布的《地质遗迹保护管理规定》明确提出了地质遗迹保护的7种类型:①对追溯地质历史具有重大科学研究价值的典型层型剖面(含副层型剖面)、生物化石组合带地层剖面,岩性岩相建造剖面及典型地质构造剖面和构造行迹;②对地质演化和生物进行具有重要科学文化价值的古人类与古脊椎动物、无脊椎动物、微体古生物、古植物等化石与产地以及重要古生物活动遗迹;③具有重大科学研究和观赏价值的岩溶、丹霞、黄土、雅丹、花岗岩奇峰、石英砂岩峰林、火山、冰山、陨石、鸣沙、海岸等奇特地质景观;④具有特殊学科研究和观赏价值的岩石、矿物、宝玉石及其他典型产地;⑤有独特医疗、保健作用或科学研究价值和温泉、矿泉、矿泥、地下水活动痕迹以及有特殊地质意义的瀑布、湖泊、奇泉;⑥具有科学研究意义的典型地震、地裂、塌陷、沉降、崩塌、滑坡、泥石流等地质灾害遗迹;⑦需要保护的其他地质遗迹。该分类方案基本涵盖了地质遗迹的所有类别,分类方法也相对合理,但仅进行了地质遗迹大类的粗略划分。

(2)《国家地质公园(地质遗迹)调查技术要求》分类。2002年国土资源部地质环境司编写的《国家地质公园(地质遗迹)调查技术要求》(讨论稿)(2002),依据造成遗迹的动力因素、主体物质组成及成因把地质遗迹分为10大类,分别为:①地层类;②构造遗迹类;③岩石遗迹类;④矿床(产)遗迹类;⑤矿物遗迹类;⑥化石遗迹类;⑦史前人类遗存类;⑧地质作用遗迹类;⑨地质灾害遗迹类;⑩地貌遗迹类。大类下面共分出68个小类,该分类存在部分小类之间内涵重叠及小类归属大类上欠合理的现象。

(3)《中国国家地质公园建设技术要求和工作指南》(试行)分类。2002年国土资源部地质环境司编写的《中国国家地质公园建设技术要求和工作指南》(试行)(2002),为了便于国家地质公园内地质景观的标示说明和保护利用,从较直观的景观自然分类出发,避免过分的专业化,把地质景观分为7个大类:①典型地质剖面;②古生物景观;③地质地貌景观;④水体景观;⑤地质灾害遗迹景观;⑥地质工程景观;⑦典型矿床及采矿遗址景观。大类下面又分出40个小类。该分类系统引入了英国自然保护委员会提出的出露性景点和完整性景点两大类概念,从地质景观的角度出发,把类别进行了归并缩减,扩大了大类的容量,主要是作为地质公园建设中地质遗迹调查评价的参考。

(4)《国家地质公园规划编制技术要求》分类。2016年国土资源部为加强地质公园管理,进一步规范我国的地质公园规划建设,指导国家地质公园规划编制,国土资发〔2016〕83号通知发布的《国家地质公园规划编制技术要求》将地质遗迹划分为7大类:地质(体、层)剖面、地质构造、古生物、矿物与矿床、地貌景观、水体景观、环境地质遗迹景观。大类又分25类,56亚类。该分类方案存在分类依据不统一、亚类重叠和遗漏等现象。

(5)《重要地质遗迹调查技术要求》分类。将地质遗迹分为基础地质、地貌景观和地质灾害3大类,下面又分为13类,46亚类。该分类方案存在亚类不全,部分亚类成因重叠等现象。

5. 我国一些机构和学者的划分

20 世纪 90 年代以来，国内一些机构和学者从不同角度对地质遗迹或地质地貌景观资源也进行了分类研究，为地质遗迹的调查、保护与开发工作打下了基础，具代表性的有以下几个方面。

陈安泽(1991)从地质旅游学的角度，将地质地貌景观(地景)资源分为 4 大类：地质构造大类、古生物大类、环境地质(地质灾害)现象大类、风景地貌大类。大类又分出 19 个类，53 个亚类。该分类基本涵盖了所有地质遗迹类别，得到多数专家认可，但也存在部分亚类的归属欠妥当等问题。

根据《中国旅游地质资源图说明书》(1992)，李京森等(1999)以旅游地质资源的旅游价值为基础，以其地质特点为依据，突出旅游地质资源的地质环境特点进行了分类，将我国重要旅游地质资源(包括地质遗迹资源)划分为 35 类。此分类方案基本涵盖了所有类型的地质遗迹，分类较细，但该分类方案未进行大类归并，有大小类同档、分类尺度不一致的问题。另外，把石窟、岩画及摩崖题刻按旅游地质资源处理也有些不妥(齐岩辛等，2004)。

郭威等(2001)认为地质旅游资源是自然旅游资源的核心，以其成因、物质基础、空间分布为基础，结合形态特征、社会经济特征等因素，将地质旅游资源分为 8 大类：山岳峡谷旅游资源、岩溶、洞穴旅游资源、水景观旅游资源、海岸、海岛旅游资源、冰川旅游资源。每一大类再划分为若干个基本类型，但它仅对部分大类进行了小类的划分(仅划分了 9 小类)。

陶奎元等(2002)依据地质遗迹的成因把地质遗迹分为 10 大类：地层类、构造类、岩石类、矿床类、矿物类、化石类、古人类文化遗址、地质灾变、地形地貌类、在地质发展史具有重要意义的遗址。大类下又划分出 49 个小类，并按顺序给出了大类和小类代号。该分类方案最大的特点是可以清楚地显示各区域的地质演化过程及其留下的典例与特色，方便区域之间地质遗产的横向对比，便于优选出最佳的、最值得保护的地质遗产，具有较大的合理性(许涛等，2010)。但也有小类涵盖不全，部分小类之间内涵重叠的现象。

齐岩辛等(2004)依据地质遗迹的物质组成、成因综合分类法，把地质遗迹总体分为 9 大类：地层类、构造类、岩石类、矿物类、矿产类、古生物类、地质灾害类、地质地貌类及水体类。大类进一步划分为 51 类，并确定了统一的地质遗迹类型代码。但一些大类划分过细给实际应用带来不便，如地层大类划分了 7 类，实际同一地层剖面可能同时包含(或属于)岩石、年代、生物地层等，在这种情况下，具体划归哪一类就成了问题。

赵汀等(2009)以系统地球科学为指导的地质学科分类为基础，对地质遗迹进行了分类研究，按照地球科学学科大类划分为 3 大类：核心基础学科、扩展交叉学科、地学技术，并依据地球科学学科分类把地质遗迹进一步划分为 22 类。这一划分方案地质遗迹类别完全与地球科学学科分类一致。

董颖等(2010)在收集国内外 18 种地质遗迹分类方案的基础上，结合我国地质遗迹管理现状，遵循科学性、自然性、全面性、可操作性的原则，经过多次与专家咨询研讨，制订了地质遗迹分类方案，将地质遗迹分为 3 大类，13 类，25 小类。第一大类为基础地质类地质遗迹，是以地质科学研究为基础的地质遗迹，是开展国内外对比研究的基地，是教学、生产、科研的基地；第二大类为地貌景观类地质遗迹，是以观赏为主并开展地学研究的科普、教学基地；第三大类为地质灾害类地质遗迹，是以科学普及和教育为主的基地，并指出 3 大类地质遗迹不论是在调查内容、方法以及评价方面都不相同，各具特点，需要区别对待。该分类方案为 2009 年以后陆续开展的全国地质遗迹调查的全国地质遗迹调查工作提供了指导，并在工作实践中逐步得到完善。

许涛等(2011)认为对于研究地球发展史、区域地质发展史和重大地质事件具有一定的科学价值，具有特殊保护意义的具体的不可再生的地质、地貌遗迹应称为地质遗产，地质遗产是地质遗迹的一部分。它在对国内外代表性的地质遗产分类体系研究的基础上,提出了基于成因-可保护属性为分类依据的地质遗产分类方案,按照地质遗产保护价值主导原则将地质遗产分为地层、构造、岩石、矿物、矿床、古生物、地质灾害、地貌、水体9个主类,48个亚类。另外,指出各地根据情况可以进行三四级分类,可以用基本类型、类元表示。

6.《地质遗迹调查规范》的划分方案

上述国内外对地质遗迹类型的划分,由于各自的用途不一,涵盖的专业领域不同,加上认识上的差异,造成划分方法多样、分类方案多种,但都抓住了地质遗迹的基本特征,具有一定的合理性和科学性,为我国地质遗迹分类研究奠定了基础,对形成统一的分类方案具有很大的借鉴和参考价值。在全国开展地质遗迹调查实践的基础上,国土资源部中国地质调查局制定了《地质遗迹调查规范》(DZ/T 0303—2017),依据地质遗迹的学科和成因、管理和保护、科学价值和美学价值等因素划分为基础地质、地貌景观和地质灾害3大类,13类和46亚类,分类方案见5-1。作为我国首个《地质遗迹调查规范》行业标准,推动了全国地质遗迹调查的规范化和标准化。

表 5-1 地质遗迹分类

大类（Ⅰ）	类（Ⅱ）	亚类（Ⅲ）	备注
基础地质	地层剖面	全球层型剖面	
		层型（典型剖面）	
		地质事件剖面	
	岩石剖面	侵入岩剖面	
		火山岩剖面	
		变质岩剖面	
	构造剖面	不整合面	
		褶皱与变形	
		断裂	
	重要化石产地	古人类化石产地	
		古生物群化石产地	集中产地
		古植物化石产地	植物实体
		古动物化石产地	骨骼等
		古生物遗迹化石产地	足迹
	重要岩矿石产地	典型矿床类露头	
		典型矿物岩石命名地	
		矿业遗址	
		陨石坑和陨石体	

续表 5-1

大类（Ⅰ）	类（Ⅱ）	亚类（Ⅲ）	备注
地貌景观	岩土体地貌	碳酸盐岩地貌（岩溶地貌）	
		侵入岩地貌	
		变质岩地貌	
		碎屑岩地貌	丹霞、雅丹地貌及岩峰林地貌等
		黄土地貌	土林、沟、塬、梁、峁
		沙漠地貌	
		戈壁地貌	
	水体地貌	河流（景观带）	
		湖泊、潭	
		湿地-沼泽	
		瀑布	
		泉	
	火山地貌	火山机构	火山锥、火山口
		火山岩地貌	柱状节理、熔岩流等
	冰川地貌	古冰川遗迹	冰蚀地貌、冰碛地貌
		现代冰川遗迹	冰蚀地貌、冰碛地貌
	构造地貌	飞来峰	
		构造窗	
		峡谷（崖）	
	海岸地貌	海蚀地貌	海蚀崖、柱
		海积地貌	
地质灾害	地震遗迹	地裂缝	
		地面变形	
	地质灾害遗迹	崩塌	
		滑坡	
		泥石流	
		地面塌陷	
		地面沉降	

二、河北省地质遗迹分类

河北省共有各类重要地质遗迹资源420处，类型丰富，涵盖了《地质遗迹调查规范》（DZ/T 0303—2017）划分方案中的3大类，13类。在此基础上，根据河北省地质遗迹资源类型特征，参照《地质遗迹调查规范》（DZ/T 0303—2017）的地质遗迹划分方案，将河北省重要地质遗迹再划分为39个亚类，其中对"基础地质"大类地质遗迹中的"构造剖面"类重新命名为"构造地质与大地构造行迹"类，同时在该类中新增"大地构造行迹"亚类（如古海底构造、蛇绿岩等）1个；"地貌景观"大类地质遗迹中的"岩土体地貌"类中新增"古湖泊-古河道地貌"亚类1个,将"火山地貌"类中的"火山岩亚"类重新划分为"火山熔岩流地貌"和"火山碎屑岩地貌"两个亚类(表5-2)。

表5-2 河北省重要地质遗迹分类统计表

地质遗迹分类			分类统计数量(单位/处)			总计/处
大类(Ⅰ)	类(Ⅱ)	亚类(Ⅲ)	亚类(Ⅲ)	类(Ⅱ)	大类(Ⅰ)	
基础地质	地层剖面	层型(典型剖面)	70	73	252	
		地质事件剖面	3			
	岩石剖面	侵入岩剖面	24	45		
		火山岩剖面	5			
		变质岩剖面	16			
	构造地质与大地构造行迹(新修订)	不整合面	13	49		
		褶皱与变形	13			
		断裂	20			
		大地构造行迹(新增)	3			
	重要化石产地	古人类化石产地	4	61		
		古生物群化石产地	15			
		古植物化石产地	14			
		古动物化石产地	24			
		古生物遗迹化石产地	4			
	重要岩矿石产地	典型矿床类露头	17	24		
		典型矿物岩石命名地	4			
		矿业遗址	3			
地貌景观	岩土体地貌	碳酸盐岩地貌(岩溶地貌)	22	60	164	420
		侵入岩地貌	10			
		变质岩地貌	7			
		碎屑岩地貌	8			
		沙漠地貌	4			
		古湖泊-古河道地貌(新增)	9			
	水体地貌	河流(景观带)	1	44		
		湖泊、潭	7			
		湿地-沼泽	17			
		瀑布	5			
		泉	14			
	火山地貌	火山机构	12	25		
		火山熔岩流地貌(新划分)	8			
		火山碎屑岩地貌(新划分)	5			
	冰川地貌	古冰川遗迹	11	11		
	构造-地貌	飞来峰	2	16		
		夷平面	9			
		峡谷	3			
		断层崖和断层三角面	2			
	海岸地貌	海蚀地貌	2	8		
		海积地貌	6			
地质灾害	地震遗迹	地面变形	2	2	4	
	地质灾害	地面塌陷	2	2		

三、对河北省地质遗迹分类中部分问题的说明

1. 对"构造剖面"类重新命名并新增"大地构造行迹"亚类

美国在学科分类中把大地构造学（geotectonics）与构造地质学（structural geology）并列在一起，我国一般把大地构造学作为构造地质学的一个分支。构造地质学堪称"地质学中的哲学"，可分为中小尺度的"狭义"构造地质学和大地构造学（贾承造等，2014）。大地构造学是研究地球物质在时间和空间演化的学问，是构造地质学的一门重要的分支学科，是 20 世纪 30 年代由苏联学者最早提出来的。当时，其基本学术观点还是槽台假说，之后"大地构造学"这一术语被欧美和我国学者所赞同。槽台假说是一种过时的认识，陆块构造学说起源于海洋地球物理调查，它是一个仍在继续发展中的大地构造学说，强调各个岩石圈陆块是以水平运移为主的，但是其动力学机制则至今尚未完全解决，仍在探索之中（万天丰，2019）。20 世纪 70 年代板块构造学说出现引发了全球性地学革命，很多学者才开始运用陆块构造学说来重新探讨大地构造学问题。

构造地质学本质是研究岩石或陆块的"变位与变形"（万天丰，2011），在一个小区域研究构造问题时，的确经常碰到的都是"变形"问题，如果以大区域来考虑问题时，仅仅研究"变形"是不够的，还必须研究"变位"，这就是板块位置变化。从总体上来讲，构造变位（大地构造为主）控制构造变形（以中小构造为主）（万天丰，2013）。大地构造学要求综合来自地质、地球物理和地球化学各分支学科的观测和研究成果，所以在地球科学中它明显具有上层建筑性质。它的研究成果往往反映出不同时期地球科学主导的学术思潮，乃至整个地球科学发展的水平。新的大地构造理论或学说的出现反过来也会对地球科学各分支学科产生深远的影响。因此有必要把与研究大地构造直接相关的地质遗迹进行单独分类。

为了区分中小尺度和大地构造尺度的构造地质遗迹，把不整合面、褶皱与变形、断裂等中小构造变形形成的地质遗迹归属构造变形（构造地质）。河北省内的蛇绿岩（套）、古海底构造（黑烟囱等）等大地构造尺度的地质遗迹归属大地构造行迹，与研究区域大地构造相关，故新增"大地构造行迹"亚类。与此同时把《地质遗迹调查规范》（DZ/T 0303—2017）划分方案"基础地质"大类地质遗迹中的"构造剖面"类，重新命名为"构造地质与大地构造行迹"类。

2. "岩土体地貌"类中新增"古湖泊—古河道"亚类

古河道是河流变迁后遗留下来的旧河道。古湖泊是历史上曾经存在、现在已经消亡的湖泊。晚更新世末期以来，河北平原主要由黄河、漳河、滹沱河、永定河、滦河等河流洪积、冲积形成，因而古河道密集分布。同时与频繁河流改道相关联的湖泊生消也是泛滥平原发育的重要过程。河北平原在历史上曾经湖泊众多，永年洼、大陆泽、宁晋泊等曾经是河北平原南部三大湖泊，明清时期还曾经水草丰美，现在已经消亡或成为湿地沼泽。冀北山间盆地也留下了众多的第四纪古湖泊。这些地质历史上曾经存在的河流和古河道虽然作为一种陆地水体和地貌形态已经不存在，但其沉积物有部分或大部分以岩土体的形式保留下来。这些古湖泊-古河道遗迹的形成与演化和地质及古地理环境变迁息息相关。研究其形成与演变过程，对于恢复古地理环境具有十分重要的意义。因此，在"岩土体地貌"类中新增"古湖泊-古河道"地貌亚类。

3. 将"火山地貌"类中的"火山岩地貌"亚类划分为"火山熔岩流地貌"和"火山碎屑岩地貌"两个亚类

岩浆从地下喷出至地表（或水中）所形成的各种岩石统称为火山岩。如果岩浆喷出的方式比较平

静溢流出地表,冷却凝固的岩石称为火山熔岩,常由细粒或隐晶质矿物或非晶质的玻璃组成,如流纹岩、安山岩、玄武岩和科马提岩;如果岩浆以猛烈爆发的方式喷出,除了细粒或隐晶质矿物或玻璃外,还有各种火山碎屑物经搬运、沉积固结而成岩石,称为火山碎屑岩。火山熔岩与火山碎屑岩在成景的岩石、地层、形态、空间分布结构乃至演化过程上均有自身的特性。火山熔岩一般形成熔岩台地、柱状节理(石柱)群、熔岩通道(熔岩洞)、熔岩瀑布、熔岩被、熔岩湖等大型熔岩地貌,以及绳状熔岩、枕状熔岩、喷气碟、熔岩刺、熔岩钟乳等熔岩特有的微地貌景观。火山碎屑岩一般形成锥状火山、峡谷、崩塌洞穴、天生桥、象形石等地貌景观,因此有必要将火山熔岩与火山碎屑岩地貌进行区分。

4. 缺少"全球层型剖面""陨石坑和陨石体"亚类地质遗迹的问题

河北省目前还没有全球层型剖面。冀西北的泥河湾地区是中国北方第四系发育较好的典型地区,泥河湾组(或称泥河湾层)一直被视为中国北方第四纪早期(更新世)的代表性地层,国内外知名,深受中外地质学家的关注。泥河湾盆地的台儿沟露头剖面是中国第四纪标准层型剖面的代表,泥河湾阶是中国陆相第四系更新统下部的一个阶,位于新近系顶部麻则沟阶之上,阶名由全国地层委员会第四系工作组,于1999年12月第三届全国地层会议为建立《中国区域年代地层(地质年代)表》时提出,阶名源自同名岩石地层单位泥河湾组,是中国代表第四纪更新世年代地层的1个阶级单位。全国地层委员会主持的"中国主要断代地层建阶研究"课题,一直在推进泥河湾盆地的台儿沟等露头剖面作为第四纪更新世年代地层(建阶剖面)的研究,随着新技术方法手段在研究中的应用,泥河湾阶的研究成熟度有了较大的提高,未来有可能成为全球层型剖面的点位(金钉子)之一。阳原台儿沟早更新世泥河湾组地层正层型剖面(泥河湾阶建阶剖面)作为世界级的基础地质类地质遗迹之一,将体现出其应有的价值。

目前河北尚无经过科学论证的陨石坑存在,仅有一些关于陨石体存在的记载。我国古代正史中关于流星雨的记录至少有180次。这些记录对研究流星群轨道的演变具有重要价值。北京天文台天象资料小组用了十几年时间,收集了十几万卷史书、地方志和其他文献,1979年整理出《中国古代天象记录总表·陨石》部分,该书共计收录从公元前2133年夏朝到1911年365项陨石记录,其中明确记载陨落地点在河北省范围内的有33次。据河北学者梁勇(2013)的研究,地方志中曾记载河北省石家庄市东良厢落星台、曲阳北岳庙飞石殿、赵州等地,在历史上曾经有陨石实物存在或有保存陨石的遗址,但现在因各种原因陨石实物均已无存。曲阳北岳庙是封建帝王祭祀北岳恒山的庙祠,与东岳泰山的岱庙、中岳嵩山的中岳庙、西岳华山的西岳庙、南岳衡山的南岳庙同为古代帝王祭祀五岳的大庙。在曲阳县北岳庙内有一座古老的大殿遗址,原为"飞石殿",相传有陨石降于曲阳,当地人认为陨石是天神撒入人间的圣物,遂将陨石存放于北岳庙中,并且建殿祭拜。清代著名学者王士禛著《池北偶谈》记载:"相传舜望于山川,北至大茂山,大雪不能前,飞石坠,遂祀焉,即今曲阳庙。"清道光《定州志》和清光绪本《曲阳县志》中,都记载"虞舜及唐贞观中,曾前后两次有陨石坠于曲阳,被称为神石,飞石,因建殿以祭之"。这座飞石殿内正中供奉着一块巨大的陨石,可惜宣统元年飞石殿烧毁,后来这块陨石不知去向了,如今仅剩这座祭祀陨石的大殿遗址还在。近年有报道在曲阳北岳庙飞石殿附近的古北岳恒山有人捡到过陨石,并请北京天文馆高级工程师、陨石专家张宝林先生和山西陨石学会专家王三虎先生,对这块陨石进行了理化检测,化验结果证明是硅铝包体的古陨石,其中成分、石碳质球粒相关数据和南极陨石科考的石陨石数据非常接近,属于国际上划分的CV组vigarano陨石三型。但这些均缺少严谨的科学论证和相关文献资料证据,目前河北省还没发现有确证的重要陨石坑和陨石体亚类地质遗迹。

5. 缺少"戈壁地貌""现代冰川遗迹""黄土地貌""构造窗"亚类地质遗迹的说明

河北省无戈壁地貌和现代冰川亚类地质遗迹。

河北省位于我国重要黄土分布区的东缘,在太行山区及其东麓山前地带、冀北的坝源及山间盆地边缘有厚层黄土堆积。除黄土塬外(无面积较大的黄土塬,存在呈指状的"破碎塬"),发育黄土冲沟、黄土梁、黄土峁、黄土墹、黄土坪等流水侵蚀和重力剥蚀地貌,也有黄土碟、黄土陷穴、黄土桥、黄土柱等黄土潜蚀地貌,在坝上及坝源一带的黄土中还可见到风力吹蚀作用和冰融作用留下的地貌遗迹。本书因没有进行专门的调查研究,缺少系统的资料支撑,故在黄土地貌亚类中暂没有列入重要地质遗迹点,需要在未来工作中补充。

构造窗是推覆体或逆冲岩席被侵蚀切穿后露出断层面下伏原地岩体的部位,通常表现为外来岩体包围、四周为断层线圈闭的下盘岩体露头。有时断层线部分圈闭盖层被侵蚀掉而与外部原地岩体沟通,则称为半构造窗。构造窗、飞来峰等与低缓角度的大型推覆构造密切相关。河北省燕山地区,中生代燕山期构造活动强烈,大规模造山运动时期的挤压作用,造成地壳的大规模水平运动,形成了许多逆冲推覆构造,留下许多飞来峰等构造地貌遗迹,也有与之伴随的构造窗,如承德鹰手营子逆冲推覆构造下面压覆了部分煤系地层,在煤系地层出露的鹰手营子盆地应该是一个构造窗(或半构造窗)。目前,这些构造窗或缺少详实的文献资料,或还没有被识别,因此构造窗亚类中暂没有重要地质遗迹列入,需要在今后加强该方面的调查与研究工作。

6. "地质灾害"大类地质遗迹列入较少的原因

地质灾害遗迹顾名思义即地质灾害事故产生的地质遗迹,因同时具有地质遗迹和地质灾害的要素,越来越受到社会的关注(曹晓娟,2019)。河北省由西北部坝上高原、北部和西部燕山及太行山山地、东南部河北平原3部分组成。境内有大小河流300余条,雨量集中7—8月多暴雨、山区水土流失严重;冬季多风、土地沙化发展迅速;地质构造复杂、新构造运动强烈、地下岩溶发育、地震活动频繁、地裂缝屡见不鲜,也是我国地质灾害严重区之一。河北省的地质灾害包括地震(1976年唐山地震是20世纪世界上最大的一场震灾)、地裂缝、岩溶地面塌陷、岩溶突水(1984年唐山开滦煤矿范各庄岩溶陷落柱特大突水灾害为世界采矿史上所罕见)、水库渗漏、水土流失、滑坡、泥石流、土地沙化和沙漠化、土地盐碱化、水污染和地方病。另外地下水下降和地面沉降、海岸侵蚀、海水入侵、河口淤积等地质灾害也较严重。

这些地质灾害由于与人类的生产生活关系紧密,很多典型现象因灾害工程治理所需而未完整保存下来,或其行迹不够典型,或缺少资料,本书中"地质灾害"大类地质遗迹列入较少,还需在今后工作中发现和补充。随着经济社会发展水平的提高,社会大众渴望对所赖以生存的地球有深入的了解,渴望了解防灾减灾知识。地质灾害遗迹不仅是对地质灾害现象的展示,更是对人与自然如何和谐相处这个基本命题的思考。灾害遗迹开发得当不仅可以"变废为宝",为防灾减灾研究和灾区人民灾后重建积累资金,还可以在普及防灾减灾知识、丰富旅游活动内容、预防灾害事故、构建灾害应急系统等方面起到积极的作用。

第二节 地质遗迹评价

地质遗迹评价是对地质遗迹点的科学价值、观赏价值、经济价值与环境价值进行客观评价。地质遗迹评价工作是地质遗迹调查工作中一项非常重要的内容,与调查工作同等重要,都是实现保护与科学利用遗迹的前提条件,通过地质遗迹评价来确定重要地质遗迹的级别。

一、评价原则

1. 分类评价原则

地质遗迹类型不同,评价指标的标准、侧重点不同。从地质遗迹大类上来看:基础类地质遗迹侧重科学性、稀有性、完整性和系统性;地貌景观类地质遗迹侧重观赏性、稀有性、完整性和系统性;地质灾害类地质遗迹侧重保存现状、地学科学意义与科普教育意义,以及经济和社会价值。

2. 对比评价原则

对比评价原则,即相同地质遗迹亚类进行对比。相同地质遗迹亚类的基本特征和描述内容是相同的,根据其相对重要性进行对比评价,确定遗迹等级。对比评价的范围可以是世界的、国内的、省内的。

3. 点面评价相结合原则

点面评价相结合原则就是首先以地质遗迹点评价为基础,然后再结合区域内所有地质遗迹点的组合关系、成因演化特点、地质事件的发生发展等,进行最终的整体评价。

4. 定性评价和定量评价相结合原则

定性评价和定量评价相结合原则指的是在定性评价的基础上,给予量化指标进行定量评价。

5. 单因素评价和综合评价相结合原则

地质遗迹的每个评价指标(科学性、稀有性、完整性、系统性、观赏性、通达性、可保护性等)都可以单独进行评价定出级别,但多数情况下需要全部评价因子都参与,即综合评价。在确定地质遗迹级别时,必须坚持单因素评价和综合评价相结合的原则。

二、评价依据及标准

地质遗迹评价的主要内容及主要指标、其他指标及对应标准、不同类型地质遗迹科学性和观赏性指标及对应标准参照《地质遗迹调查规范》(DZ/T 0303—2017)中的要求。

地质遗迹重要性等级分为世界级(Ⅰ级)、国家级(Ⅱ级)、省级(Ⅲ级)及省级以下,对地质遗迹重要性等级的划分依据及标准如下。

1. 世界级地质遗迹点

(1)能为全球演化过程中的某一重大地质历史事件或演化阶段提供重要地质证据的地质遗迹。
(2)具有国际地层(构造)对比意义的典型剖面、化石及产地。
(3)具有国际典型地学意义的地质地貌景观或现象。

2. 国家级地质遗迹点

(1)能为一个大区域演化过程中的某一重大地质历史事件或演化阶段提供重要地质证据的地质遗迹。
(2)具有国内大区域地层(构造)对比意义的典型剖面、化石及产地。
(3)具有国内典型地学意义的地质地貌景观或现象。

3. 省级地质遗迹点

(1) 能为区域地质历史演化阶段提供重要地质证据的地质遗迹。
(2) 有区域地层（构造）对比意义的典型剖面、化石及产地。
(3) 在地学分区及分类上，具有代表性或较高历史、文化、旅游价值的地质地貌景观。

上述之外的为省级以下地质遗迹点。

三、评价方法

在地质遗迹资源调查的基础上，通过对地质遗迹的综合分析研究，全面总结各类地质遗迹的分布规律、成因以及演化发展规律，开展地质遗迹资源评价工作。地质遗迹评价以其保护价值和开发利用价值为目的，以科学价值和美学价值为主要评价指标，评定地质遗迹的价值等级。

地质遗迹评价方法分为定性评价和定量评价两种方法（王凯铭，2013），本书采用定性与定量相结合的评价方法，定性评价采用分专业组织专家集体座谈的会议鉴评方法和按照专业领域分别找专家送审阅读地质遗迹鉴评材料的单独方法，对某些争议较大的评级困难的地质遗迹采用了单独咨询鉴评的方法进行了地质遗迹鉴评工作。

定量评价分为价值评价和条件评价两个方面的评价因子，用数学加权的方法对地质遗迹点的价值综合评价因子和条件评价因子做出数值判断，依据数值确定等级。地质遗迹点评价满分100分，其中价值综合评价因子权重占80%，满分80分；条件综合评价因子权重占20%，满分20分。价值综合评价因子中对基础地质大类及地质灾害大类地质遗迹点科学价值评价权重占30%，满分30分，观赏价值评价权重占10%，满分10分；对地貌景观大类地质遗迹点科学价值评价权重占10%，满分10分，观赏价值权重占30%，满分30分（表5-3）。

表5-3 地质遗迹定量评价赋值表

综合评价	权重/%	评价因子	满分得分/分	等级赋分值			
				Ⅰ	Ⅱ	Ⅲ	Ⅳ
价值综合评价	80	科学价值（科学研究、教学实习、科普）	30(10)	30.00~25.5 (10.0~8.5)	25.5~21.0 (8.5~7.0)	21.0~16.5 (7.0~5.5)	<16.5 (<5.5)
		稀有性、典型性	10	10.0~8.5	8.5~7.0	7.0~5.5	<5.5
		完整性	10	10.0~8.5	8.5~7.0	7.0~5.5	<5.5
		观赏价值	10(30)	10.0~8.5 (30.00~25.5)	8.5~7.0 (25.5~21.0)	7.0~5.5 (21.0~16.5)	<5.5 (<16.5)
		历史文化价值	10	10.0~8.5	8.5~7.0	7.0~5.5	<5.5
		环境优美性	10	10.0~8.5	8.5~7.0	7.0~5.5	<5.5
		小计	80	80~68	68~56	56~44	<44
条件综合评价	20	保存程度	5	5.0~4.25	4.25~3.5	3.5~2.75	<2.75
		执行保护的可能性	5	5.0~4.25	4.25~3.5	3.5~2.75	<2.75
		通达性	5	5.0~4.25	4.25~3.5	3.5~2.75	<2.75
		安全性	5	5.0~4.25	4.25~3.5	3.5~2.75	<2.75
		小计	20	20~17	17~14	14~11	<11

注：表格括号内数值为地貌景观大类地质遗迹点满分分值和等级赋分值。

四、定级标准

地质遗迹分为世界级（Ⅰ级）、国家级（Ⅱ级）、省级（Ⅲ级），具体划分标准如下：Ⅰ级地质遗迹价值极为突出，具有全球性意义，可列入世界级地质遗产，综合得分85～100；Ⅱ级地质遗迹价值突出，具有全国性或大区域性（跨省区）意义，可列入国家级地质遗迹，综合得分70～85；Ⅲ级地质遗迹价值比较突出，具有省区域性意义，可列入省级地质遗迹，综合得分55～70（张兆祎等，2017）。

五、评价结果

通过单因素评价、对比分析和综合评价及专家评鉴，河北省有世界级地质遗迹9处、国家级地质遗迹143处、省级地质遗迹268处，总计420处（表5-4）。总体来看河北省地质遗迹资源类型齐全、丰富多样；地质遗迹分布广泛、分块集中、规模大；地质遗迹资源的科学性、典型性、稀有性突出；地质遗迹资源的系统完整性较好、保存程度高、可保护性强；许多地质遗迹资源品位高、特色鲜明、美学价值高、开发利用潜力大。

表5-4 河北省重要地质遗迹鉴评结果统计表

大类（Ⅰ）	类（Ⅱ）	亚类（Ⅲ）	世界级/处	国家级/处	省级/处	合计/处
基础地质	地层剖面	层型（典型剖面）	2	16	52	70
		地质事件剖面	0	1	2	3
	岩石剖面	侵入岩剖面	1	6	17	24
		火山岩	0	4	1	5
		变质岩剖面	0	4	12	16
	断裂构造与大地构造行迹	不整合面	0	5	8	13
		褶皱与变形	0	5	8	13
		断裂	0	7	13	20
		大地构造行迹（新增）	0	2	1	3
	重要化石产地	古人类化石产地	1	1	2	4
		古生物群化石产地	1	8	6	15
		古植物化石产地	0	1	13	14
		古动物化石产地	0	6	18	24
		古生物遗迹化石产地	0	3	1	4
	重要岩矿石产地	典型矿床类露头	0	10	7	17
		典型矿物岩石命名地	0	2	2	4
		矿业遗址	0	1	2	3

续表 5-4

大类（Ⅰ）	类（Ⅱ）	亚类（Ⅲ）	世界级/处	国家级/处	省级/处	合计/处
地貌景观	岩土体地貌	碳酸盐岩地貌（岩溶地貌）	1	8	13	22
		侵入岩地貌	0	4	6	10
		变质岩地貌	0	1	6	7
		碎屑岩地貌	2	3	3	8
		沙漠地貌	0	2	2	4
		古湖泊-古河道地貌（新增）	0	3	6	9
	水体地貌	河流（景观带）	0	0	1	1
		湖泊、潭	0	4	3	7
		湿地—沼泽	0	5	12	17
		瀑布	0	2	3	5
		泉	0	7	7	14
	火山地貌	火山机构	0	4	8	12
		火山熔岩流地貌（新划分）	0	4	4	8
		火山碎屑岩地貌（新划分）	0	1	4	5
	冰川地貌	古冰川遗迹	0	2	9	11
	构造-地貌	飞来峰	0	1	1	2
		夷平面	0	4	5	9
		峡谷	1	1	1	3
		断层崖和断层三角面	0	0	2	2
	海岸地貌	海蚀地貌	0	1	1	2
		海积地貌	0	3	3	6
地质灾害	地震遗迹	地面变形	0	1	1	2
	地质灾害	地面塌陷	0	0	2	2
合计			9	143	268	420

第六章 地质遗迹区划与空间分布特征

DIZHI YIJI QIHUA YU KONGJIAN FENBU TEZHENG

第一节　区划原则与方法

一、地质遗迹自然区划原则

地质遗迹的分布受区域地质构造背景和区域地貌的影响，不同的地质构造背景和地貌条件形成不同类型的地质遗迹，因此地质遗迹自然区划按照地质遗迹出露所在的地貌单元、构造单元，结合遗迹分布规律，依据地域聚集性、成因相关性和组合关系等条件，按照层次原则、空间连续性原则进行地质遗迹自然区划。将河北省地质遗迹区划分为地质遗迹区、地质遗迹分区、地质遗迹小区3个层次。特别对地质遗迹小区的划分原则作如下说明。

（1）有利于地质遗迹保护原则：对最典型的、具有科学价值的、最易受破坏的地质遗迹，需要特别保护，作为重点划入地质遗迹小区范围内。

（2）体现完整性和有利于未来建设地质公园或保护区的原则：体现拟建地质公园地质特征，为研究地质遗迹完整性必须划入地质遗迹小区。

（3）有利于旅游开发的原则：对典型的、有一定科学价值的，同时具有较高旅游价值的地质遗迹点或景观，划入地质遗迹小区范围内。

（4）与原有各类规划衔接协调原则：在建立地质公园之前，相关区域已经批准建立了各级地质公园、风景名胜区、自然保护区、森林公园或其他旅游区，有的甚至已经列入了世界遗产名录，这些大都编制了相应的规划。划分地质遗迹小区时，应根据实际情况，尽可能与原有规划衔接协调。

二、地质遗迹区划方法

1. 地质遗迹区的划分

地质遗迹区的划分是参照河北省大地构造单元、区域地质地貌背景、地质事件等从宏观的尺度上分割全省的地质遗迹分区，突出全省地质遗迹的总体特征与形成背景的差异，其界线与地貌区划或河北省大地构造（中元古代—中三叠世）分区的二级区或多个三级区划相当。每个大区分别用一个罗马字序号表示，全省划分为内蒙古高原南缘（坝上高原）地质遗迹区（Ⅰ）、阴山-燕山地质遗迹区（Ⅱ）、太行山地质遗迹区（Ⅲ）、华北平原（河北平原）地质遗迹区（Ⅳ）4个地质遗迹区，对应代号用Ⅰ、Ⅱ、Ⅲ、Ⅳ表示。

2. 地质遗迹分区的划分

地质遗迹分区是在地质遗迹区的基础上，根据全省地质遗迹的宏观分布规律，对地质遗迹区域作进一步的划分，主要考虑地理相邻原则与系统发生学原则，其界线大致与河北省地貌区划或大地构造（晚三叠世—古新世）分区的三级或多个四级区划相当。地质遗迹分区的划分突出反映全省地质遗迹资源的区域集中分布规律，分区代号在大区代号的右下角按顺序加阿拉伯数字，如I_1、I_2等。

3. 地质遗迹小区的划分

地质遗迹小区主要是在地质遗迹分区的基础上，综合考虑地质遗迹的空间分布特点和分布规律，并利用现有各类地质公园、矿山公园和自然保护区对地质遗迹分区作进一步的划分。地质遗迹小区的划分突出了全省地质遗迹资源的具体特征与价值,以及这些具有特定特征的地质遗迹资源的自然分布特征。在相同或不同类型地质遗迹点相对集中分布区,且具有一定规模的区域划分地质遗迹小区,其规模有利于与地质遗迹保护措施类型相对应,可满足建立地质遗迹保护区或地质公园的需要(原则上不打破县级行政区界线)。小区界线用白色线表示,小区代号在分区代号之后加阿拉伯数字右上角标,如 I_1^1、I_1^2 等。

第二节 地质遗迹自然区划

依据上述原则和方法将河北省地质遗迹自然分区划分为内蒙古高原南缘(坝上高原)地质遗迹区(Ⅰ)、阴山-燕山地质遗迹区(Ⅱ)、太行山地质遗迹区(Ⅲ)、华北(河北)平原地质遗迹区(Ⅳ)4个地质遗迹区;每个地质遗迹区又划分为不同的地质遗迹分区;地质遗迹分区再进一步划分为地质遗迹小区(表6-1,图6-1)。

表6-1 河北省地质遗迹区划表

地质遗迹区	地质遗迹分区	地质遗迹小区
内蒙古高原南缘(坝上高原)地质遗迹区(Ⅰ)	张北-沽源剥蚀丘陵及玄武岩台地地质遗迹分区(I_1)	康保(晚第四纪哺乳动物化石、古人类遗存及层型剖面)地质遗迹小区(I_1^1)
		张北汉诺坝(渐新世—中新世古火山及高原湖泊)地质遗迹小区(I_1^2)
		张北大囫囵(晚第四纪哺乳动物化石、古人类遗存及重要矿石产地)地质遗迹小区(I_1^3)
		沽源闪电河(高原湖泊、河源)地质遗迹小区(I_1^4)
		沽源大石砬(早白垩世热河生物群化石及古火山熔岩地貌)地质遗迹小区(I_1^5)
	丰宁四岔口-围场御道口剥蚀丘陵-堆积盆地地质遗迹分区(I_2)	围场塞罕坝-御道口(高原湖群、河源及沙漠地貌)地质遗迹小区(I_2^1)
		丰宁四岔口-森吉图(早白垩世热河生物群化石)地质遗迹小区(I_2^2)
阴山-燕山地质遗迹区(Ⅱ)	尚义-赤城侵剥蚀低中山地质遗迹分区(II_1)	尚义侏罗纪化石(早—中侏罗世古植物化石、晚侏罗世恐龙足印等)地质遗迹小区(II_1^1)
		崇礼(层型剖面、侵入岩剖面)地质遗迹小区(II_1^2)
		赤城冰山梁-东猴顶(古冰川遗迹、花岗岩地貌)地质遗迹小区(II_1^3)
		赤城侏罗地质公园(侏罗纪化石、恐龙足迹及重要构造行迹)地质遗迹小区(II_1^4)
		赤城大海陀(花岗岩地貌及层型剖面)地质遗迹小区(II_1^5)
	洋河-桑干河侵剥蚀中低山-断陷盆地地质遗迹分区(II_2)	宣化侏罗纪化石(聂氏宣化龙)及上谷战国红玛瑙产地地质遗迹小区(II_2^1)
		下花园(早—中侏罗世古植物化石、构造-地貌及层型剖面)地质遗迹小区(II_2^2)
		阳原(泥河湾动物群化石、古人类文化遗址群及层型剖面)地质遗迹小区(II_2^3)
		涿鹿矾山(黄帝泉、重要矿石产地、古溶蚀面)地质遗迹小区(II_2^4)
		怀来(沙漠、古湖泊)地质遗迹小区(II_2^5)

续表 6-1

地质遗迹区	地质遗迹分区	地质遗迹小区
阴山-燕山地质遗迹区（Ⅱ）	围场-承德侵剥蚀中低山-断陷盆地地质遗迹分区（Ⅱ$_3$）	围场西龙头-棋盘山（早白垩世热河生物群化石、古火山机构及构造行迹）地质遗迹小区（Ⅱ$_3^1$）
		围场山湾子-清泉（早白垩世热河生物群化石）地质遗迹小区（Ⅱ$_3^2$）
		丰宁窟窿山-小坝子（花岗岩、沙漠地貌及古冰川遗迹）地质遗迹小区（Ⅱ$_3^3$）
		丰宁平顶山-化吉营（古冰川遗迹及早白垩世热河生物群化石及构造行迹）地质遗迹小区（Ⅱ$_3^4$）
		丰宁云雾沟-凤山（热河生物群化石、古冰川遗迹、铂矿产地、地质剖面）地质遗迹小区（Ⅱ$_3^5$）
		隆化张三营-韩麻营（早白垩世热河生物群化石及侵入岩剖面）地质遗迹小区（Ⅱ$_3^6$）
		滦平井上-碧霞山[侏罗纪（滦平龙等）—早白垩世热河生物群化石及丹霞地貌]地质遗迹小区（Ⅱ$_3^7$）
		承德大庙-高寺台（典型矿床、热河生物群化石、地质剖面及构造行迹）地质遗迹小区（Ⅱ$_3^8$）
		承德丹霞地质公园及外围（丹霞地貌、侏罗纪化石、构造剖面、古火山机构等）地质遗迹小区（Ⅱ$_3^9$）
		承德北大山（花岗岩石海-冰缘地貌）地质遗迹小区（Ⅱ$_3^{10}$）
		平泉辽河源（湿地地貌及岩石剖面）地质遗迹小区（Ⅱ$_3^{11}$）
		平泉茅兰沟（早白垩世热河生物群化石及重要构造行迹）地质遗迹小区（Ⅱ$_3^{12}$）
	燕山北麓侵剥蚀中低山地质遗迹分区（Ⅱ$_4$）	兴隆国家地质公园及外围（岩溶溶洞、花岗岩地貌等）地质遗迹小区（Ⅱ$_4^1$）
		承德鹰手营子-寿王坟（矿业遗址、侏罗纪古植物化石、岩溶地貌及古人类文化遗存）地质遗迹小区（Ⅱ$_4^2$）
		承德下板城（寒武纪—奥陶纪古生物化石、古火山机构、构造行迹及地质剖面）地质遗迹小区（Ⅱ$_4^3$）
		平泉山湾子-松树台（二叠纪—三叠纪层型剖面）地质遗迹小区（Ⅱ$_4^4$）
		宽城峪耳崖-东湾子（金矿产地、中元古代微古植物化石、大地构造行迹及层型剖面）地质遗迹小区（Ⅱ$_4^5$）
	燕山南麓侵剥蚀低山-丘陵地质遗迹分区（Ⅱ$_5$）	遵化省级地质公园及外围（大地构造行迹、重要构造运动及温泉）地质遗迹小区（Ⅱ$_5^1$）
		迁西国家地质公园-金厂峪国家矿山公园及外围（太古宙构造变形和层型剖面、金矿产地）地质遗迹小区（Ⅱ$_5^2$）
		青龙都山（花岗岩地貌及重要侵入岩剖面）地质遗迹小区（Ⅱ$_5^3$）
		青龙双山子-木头凳（晚侏罗世燕辽生物群化石、太古宙构造变形和层型剖面）地质遗迹小区（Ⅱ$_5^4$）
		迁安国家地质公园及外围（太古宙构造变形、古—中太古代层型剖面及晚更新世哺乳动物化石）地质遗迹小区（Ⅱ$_5^5$）
		秦皇岛柳江国家地质公园及外围（古生代—中生代化石产地、花岗岩地貌、地质剖面等）地质遗迹小区（Ⅱ$_5^6$）
		秦皇岛山海关-北戴河（海蚀-海积地貌、潟湖湿地）地质遗迹小区（Ⅱ$_5^7$）
		唐山开滦国家矿山公园-古冶（地震遗址群、矿业遗址、古生代化石及层型剖面）地质遗迹小区（Ⅱ$_5^8$）
		滦县司家营-马城-长凝（太古宙构造变形、重要断裂构造）地质遗迹小区（Ⅱ$_5^9$）

续表 6-1

地质遗迹区	地质遗迹分区	地质遗迹小区
太行山地质遗迹区（Ⅲ）	太行山东麓北段侵剥蚀低中山地质遗迹分区（Ⅲ$_1$）	蔚县小五台-茶山（古夷平面）地质遗迹小区（Ⅲ$_1^1$）
		蔚县飞狐峪-西甸子梁（空中草原）（古夷平面、岩溶峡谷峰林及断层崖等构造-地貌）地质遗迹小区（Ⅲ$_1^2$）
		涞水野三坡国家（世界）地质公园及外围地质遗迹小区（Ⅲ$_1^3$）
		涞源白石山国家（世界）地质公园及外围（大理岩构造峰林地貌）地质遗迹小区（Ⅲ$_1^4$）
		易县紫荆关-摩天岭（侵入岩、岩溶地貌及断裂构造）地质遗迹小区（Ⅲ$_1^5$）
		易县狼牙山（火山岩、岩溶地貌及滑覆构造）地质遗迹小区（Ⅲ$_1^6$）
		阜平大茂山（岩溶溶洞群、火山岩地貌、变质岩剖面及推覆构造）地质遗迹小区（Ⅲ$_1^7$）
		阜平天生桥国家地质公园及外围（变质岩地貌、瀑布群、古冰川遗迹及构造行迹）地质遗迹小区（Ⅲ$_1^8$）
		阜平大沙河（温泉、地质剖面、构造行迹及重要矿产地）地质遗迹小区（Ⅲ$_1^9$）
		顺平白银坨-唐县全胜峡（古冰川遗迹、瀑布群、河流景观带及宝玉石）地质遗迹小区（Ⅲ$_1^{10}$）
		曲阳虎山-灵山聚龙洞（岩溶地貌、中生代硅化木化石及古矿业遗址）地质遗迹小区（Ⅲ$_1^{11}$）
		灵寿五岳寨省级地质公园及外围（岩溶地貌、古冰川遗迹）地质遗迹小区（Ⅲ$_1^{12}$）
		平山驼梁-黑山大峡谷（古夷平面及变质岩地貌）地质遗迹小区（Ⅲ$_1^{13}$）
		平山西柏坡-大台（太古宙构造变形、地质剖面及古夷平面）地质遗迹小区（Ⅲ$_1^{14}$）
	太行山东麓中段侵剥蚀中低山-丘陵地质遗迹分区（Ⅲ$_2$）	平山天桂山-汤汤水-温塘（岩溶地貌、晚更新世哺乳动物化石、层型剖面及温泉）地质遗迹小区（Ⅲ$_2^1$）
		井陉仙台山（岩溶峰林地貌）地质遗迹小区（Ⅲ$_2^2$）
		井陉雪花山-挂云山（奥陶纪古生物化石、古冰川遗迹、岩溶泉及地质剖面）地质遗迹小区（Ⅲ$_2^3$）
		井陉苍岩山（嶂石岩地貌及层型剖面）地质遗迹小区（Ⅲ$_2^4$）
		赞皇嶂石岩国家地质公园及外围（嶂石岩地貌、构造运动行迹及地质剖面）地质遗迹小区（Ⅲ$_2^5$）
		临城国家地质公园及外围（岩溶地貌、碎屑岩地貌、构造运动行迹及地质剖面）地质遗迹小区（Ⅲ$_2^6$）
		内丘太子岩（变质岩地貌及地质剖面）地质遗迹小区（Ⅲ$_2^7$）
		邢台峡谷群国家地质公园及外围（构造峡谷、岩溶峡谷及古冰川地貌）地质遗迹小区（Ⅲ$_2^8$）
		武安国家地质公园及外围（岩溶、碎屑岩、火山熔岩地貌）地质遗迹小区（Ⅲ$_2^9$）
		武安国家矿山公园及外围（古生代古生物化石、矿业遗址、岩矿石产地）地质遗迹小区（Ⅲ$_2^{10}$）
		峰峰黑龙洞-磁县虎皮垴（岩溶泉及寒武纪—奥陶纪古生物化石）地质遗迹小区（Ⅲ$_2^{11}$）

续表 6-1

地质遗迹区	地质遗迹分区	地质遗迹小区
华北(河北)平原地质遗迹区(Ⅳ)	滦河冲积平原地质遗迹分区(Ⅳ$_1$)	昌黎黄金海岸-翡翠岛(海积地貌及潟湖湿地)地质遗迹小区(Ⅳ$_1^1$)
		曹妃甸(滨海湿地地貌)地质遗迹小区(Ⅳ$_1^2$)
		乐亭菩提岛-滦河口(海岛地貌及滦河入海口三角洲地貌)地质遗迹小区(Ⅳ$_1^3$)
	海河冲积平原地质遗迹分区(Ⅳ$_2$)	雄安新区白洋淀(湿地、湖泊地貌及地热)地质遗迹小区(Ⅳ$_2^1$)
		任丘华北油田国家矿山公园(石油矿业遗址)地质遗迹小区(Ⅳ$_2^2$)
		黄骅南大港-张巨河-黄骅港(滨海湿地及古贝壳堤)地质遗迹小区(Ⅳ$_2^3$)
		海兴小山-杨埕(第四纪古火山及滨海湿地)地质遗迹小区(Ⅳ$_2^4$)
		衡水市衡水湖及周边(湖泊、黄河古河道及重要断裂构造)地质遗迹小区(Ⅳ$_2^5$)
		宁晋-隆尧宁晋泊(古湖泊)地质遗迹小区(Ⅳ$_2^6$)
		任县大陆泽(古湖泊)地质遗迹小区(Ⅳ$_2^7$)
		邯郸永年洼(古湖泊、沼泽湿地)地质遗迹小区(Ⅳ$_2^8$)

一、内蒙古高原南缘(坝上高原)地质遗迹区(Ⅰ)

内蒙古高原南缘(坝上高原)地质遗迹区(Ⅰ)北界为河北省与内蒙古自治区或与山西省分界线,南或南东部以尚义-隆化断裂带(尚义—赤城段)和上黄旗-乌龙沟断裂带为界与阴山-燕山地质遗迹区(Ⅱ)相邻。地貌上属内蒙古高原南缘,区域大地构造位置属华北陆块(中太古代晚期—第四纪)(二级构造单元),以康保-围场区域断裂为界跨华北北缘沉降(活动)带(中元古代—中三叠世)和华北北缘隆起带(中元古代—中三叠世)两个三级构造单元。华北北缘沉降(活动)带在中元古代时期该带处于内蒙古裂陷海槽盆地南缘地区,区内有潟湖-浅海陆棚相沉积的化德群;新元古代—中泥盆世期间,海水向北退出,本区处于隆起状态,缺失该时期的地质建造记录,晚泥盆世—中三叠世期间,由于西伯利亚陆块沿西拉木伦地壳对接带逐步向华北陆块之下俯冲、碰撞拼接的作用,该带处于活动状态,属于弧前盆地构造环境。华北北缘隆起带位于张北—沽源—围场一带,夹持于康保-围场区域断裂与尚义-隆化区域断裂之间,呈东西向带状展布。该带自古元古代晚期基底形成以来,长期处于裸露的正性状态,阻隔了中新元古代及古生代的南、北两侧海水的沟通。它主要由早前寒武纪变质基底组成,可见中元古代与早志留世裂谷型(非造山型)、晚泥盆世—中三叠世早期岛弧型岩体侵入,因后期改造基底出露不连续。在晚泥盆世—中三叠世期间,由于西伯利亚陆块沿西拉木伦地壳对接带逐步向华北陆块之下俯冲、碰撞拼接的作用,本区处于陆缘岩浆弧构造环境。晚三叠世—古新世(燕山旋回),在该区的沽源和围场棋盘山一带发育沉积-火山盆地(中侏罗世晚期—早白垩世断陷盆地),由侏罗纪—白垩纪地质体组成,以早白垩世地质体为主,发育火山机构、断裂及继承火山构造形成的宽缓褶皱构造。

始新世早中期,尚义-平泉断裂带复活,沿断裂带首先发生玄武岩喷发,随后发生断块垂直升降运动,使坝缘以北及北西地区缓慢抬升,早期形成的北台期准平原面被抬高、切割。始新世中晚期—渐新世,地壳运动微弱,全区再度遭受风化夷平,形成甸子梁期准平原面。渐新世末期—中新世,尚义-平泉区域断裂强烈活动,首先导致本区南部的坝缘北侧发生了强烈的汉诺坝组玄武岩喷发事件,喷发次数至少有13次之多,喷发范围基本被限制于断裂带以北,明显受坝缘断裂(尚义-赤城深断裂及上

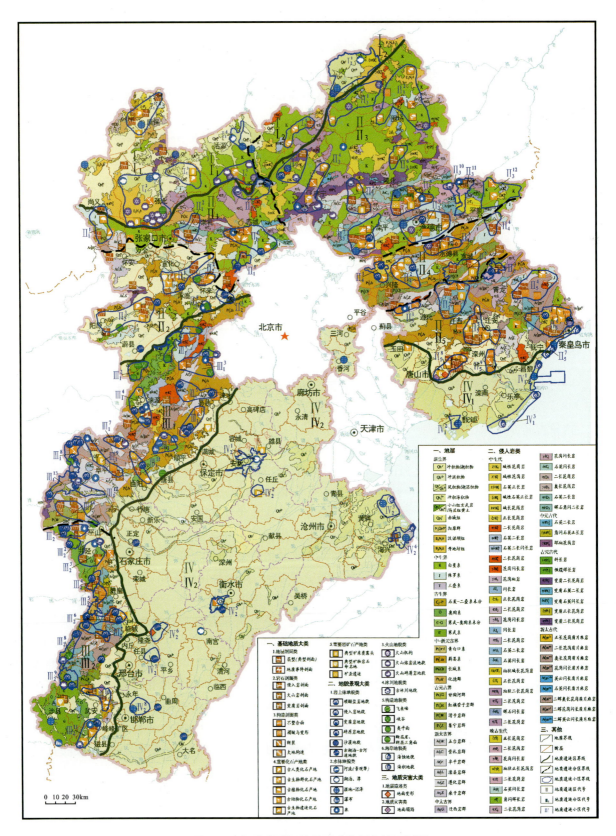

图 6-1 河北省重要地质遗迹资源自然区划图

黄旗-乌龙沟深断裂北段)控制。中新世晚期,坝上、坝下两大断块发生差异性垂直升降运动,坝上地区被整体抬升,在抬升过程中唐县期准平原面被切割形成夷平面。

内蒙古高原南缘(坝上高原)地质遗迹区(I)可进一步划分为张北-沽源剥蚀丘陵及玄武岩台地地质遗迹分区(I_1)和丰宁四岔口-围场御道口剥蚀丘陵-堆积盆地地质遗迹分区(I_2)两个分区。

1. 张北-沽源剥蚀丘陵及玄武岩台地地质遗迹分区(I_1)

张北-沽源剥蚀丘陵及玄武岩台地地质遗迹分区(I_1)位于内蒙古高原南缘(坝上高原)地质遗迹区(I)的西部,包括康保县、张北县、沽源县、尚义县北部、万全县北部和崇礼县北部。该分区北部康保一带为剥蚀丘陵区,由变质岩、火山岩、沉积岩组成,山脊多呈平缓馒头状,河谷平缓开阔,多滞留成水淖或沼泽湿地,谷坡呈直线或凹形;中南部为风力流水堆积盆地,地貌盆地形态不规则,主要受北东向隐伏断裂控制,盆地内属封闭式内陆水系,河流短浅,季节性水淖密布,盆地南部有一大湖(安固里淖);南部主要为玄武岩台地,台地沟谷稀疏宽浅,台面平坦,由玄武岩组成,微向北缓倾,台面上分布有石海和10多个火山口小盆,有的内部积水成湖,直径60~200m,高15~25m,沿坝沿有许多锥形火山口。可进一步划分为康保(晚第四纪哺乳动物化石、古人类遗存及层型剖面)地质遗迹小区(I_1^1)、张北汉诺坝(渐新世-中新世古火山及高原湖泊)地质遗迹小区(I_1^2)、张北大囫囵(晚第四纪哺乳动物化石、古人类遗存及重要矿石产地)地质遗迹小区(I_1^3)、沽源闪电河(高原湖泊、河源)地质遗迹小区(I_1^4)、沽源大石砬(早白垩世 热河生物群化石及古火山熔岩地貌)地质遗迹小区(I_1^5)共5个地质遗迹小区。

2. 丰宁四岔口-围场御道口剥蚀丘陵-堆积盆地地质遗迹分区(I_2)

丰宁四岔口-围场御道口剥蚀丘陵-堆积盆地地质遗迹分区(I_2)位于内蒙古高原南缘(坝上高原)地质遗迹区(I)的东部,包括丰宁县北部和围场县北部。该分区主要为风力流水堆积盆地地貌,兼有基岩残丘点缀其中,盆地形态不规则,长轴呈北北东向展布,主要受北北东向隐伏断裂控制,盆地内有季节性沼泽湿地及风成沙丘,有水淖、残丘、冰川终碛堤、古冰楔、融冻褶皱等微地貌。它又可进一步划分为围场塞罕坝-御道口(高原湖群、河源及沙漠地貌)地质遗迹小区(I_2^1)和丰宁四岔口-森吉图(早白垩世热河生物群化石)地质遗迹小区(I_2^2)两个地质遗迹小区。

二、阴山-燕山地质遗迹区(II)

阴山-燕山地质遗迹区(II)北部大致以尚义-平泉断裂带(尚义-赤城段)及上黄旗-乌龙沟断裂带(北段)为界与内蒙古高原南缘(坝上高原)地质遗迹区(I)相邻;南部(西段)大致以南口-青龙断裂带(沿蔚县—南口—密云—兴隆—喜峰口—青龙一带呈近东西向蛇曲状展布)(蔚县-南口段)为界与太行山地质遗迹区(III)相邻,南部(中段)边界为河北省与北京市的分界线,南部(东段)大致以固安-昌黎断裂带为界与华北(河北)平原地质遗迹区(IV)相邻;西部边界为河北省与山西省的分界线;东部边界为河北省与辽宁省的分界线。区域大地构造位置属(中太古代晚期—第四纪)华北陆块(二级构造单元)、(中元古代—中三叠世)燕山-辽西裂陷带(三级构造单元),跨(中元古代—中三叠世)宣化-易县盆地(北部)、承德北盆地、蓟县-唐山裂谷盆地秦皇岛盆地4个四级构造单元。

该区地质特点是古元古代末期结晶基底形成后,中元古代—古生代基本处于东西向沉降带-海槽。在中元古代—中奥陶世为间歇性裂陷海槽盆地,沉积了浅海陆棚碎屑-碳酸盐岩沉积,晚石炭世—中三叠世叠加了海陆交互相-陆相盆地沉积。

晚三叠世—古新世(燕山旋回),在该区形成张家口-宣化火山-沉积盆地、赤城县龙关火山-沉积盆地、阳原-蔚县沉积-火山盆地、凤山-汤河口沉积-火山盆地、滦平-承德火山-沉积盆地、平泉-新城子沉积-火山盆、新集沉积盆地、燕河营火山-沉积盆地等多个中生代断陷盆地,各个盆地由晚三叠世—早白垩世的不同地质体组成。发育火山机构、断裂及继承火山构造形成的宽缓褶皱构造。晚白垩世—古近纪始新世初,本区一直处于剥蚀夷平状态。

喜马拉雅旋回开始了强烈的差异升降,形成了以多级夷平面为特征的层状地貌景观。上新世末期再次遭受准平原化,形成准平原面。随着抬升加剧沿北北东向断裂产生断陷,层状地貌解体,沉积物加厚,区内盆-岭地貌雏形呈现。早更新世末期—中更新世地壳差异上升再次加剧,导致了盆地及外围山区发生了强烈的垂直分异,一方面盆地下降、范围扩大、沉积厚度加大,另一方面盆地周边山区抬升、剥蚀加剧,被抬升的上新世末期准平原面切割,形成唐县期古夷平面。

阴山-燕山地质遗迹区（Ⅱ）进一步划分为尚义-赤城侵剥蚀低中山地质遗迹分区（Ⅱ$_1$）、洋河-桑干河侵剥蚀中低山-断陷盆地地质遗迹分区（Ⅱ$_2$）、围场-承德侵剥蚀中低山-断陷盆地地质遗迹分区（Ⅱ$_3$）、燕山北麓侵剥蚀中低山地质遗迹分区（Ⅱ$_4$）、燕山南麓侵剥蚀低山-丘陵地质遗迹分区（Ⅱ$_5$）共5个分区。

1. 尚义-赤城侵剥蚀低中山地质遗迹分区（Ⅱ$_1$）

尚义-赤城侵剥蚀低中山地质遗迹分区（Ⅱ$_1$）位于阴山-燕山地质遗迹区（Ⅱ）的北西部,包括尚义县南部、万全县中南部、张家口市北部、崇礼县中南部、赤城县和怀来县北部。该分区主要为侵剥蚀构造中山地貌区,最高海拔2 400m,总地势北高南低、西高东低,由于岩石抗蚀性强,山脊多为鱼脊状,多陡崖峭壁,沟谷狭窄呈直线型,发育季节性瀑布,有温泉、滑坡体、冰臼、冰斗、"U"形谷、终碛堤等。该分区可进一步划分为尚义侏罗纪化石(早—中侏罗世古植物化石、晚侏罗世恐龙足印等)地质遗迹小区（Ⅱ$_1^1$）、崇礼(层型剖面、侵入岩剖面)地质遗迹小区（Ⅱ$_1^2$）、赤城冰山梁-东猴顶(古冰川遗迹、花岗岩地貌)地质遗迹小区（Ⅱ$_1^3$）、赤城侏罗纪地质公园(侏罗纪化石、恐龙足迹及重要构造行迹)地质遗迹小区（Ⅱ$_1^4$）、赤城大海陀(花岗岩地貌及层型剖面)地质遗迹小区（Ⅱ$_1^5$）共5个地质遗迹小区。

2. 洋河-桑干河侵剥蚀中低山-断陷盆地地质遗迹分区（Ⅱ$_2$）

洋河-桑干河侵剥蚀中低山-断陷盆地地质遗迹分区（Ⅱ$_2$）位于阴山-燕山地质遗迹区（Ⅱ）的南西部,包括怀安县、张家口市南部、宣化县、涿鹿县北部、怀来县南西部、阳原县和蔚县中北部。该分区为侵剥蚀中低山-断陷盆地地貌区,主要有张家口-宣化、怀安、阳原-蔚县、怀来等断陷流水堆积(山间)盆地,独特的盆-岭地貌组合是新生代构造运动的最终结果,属于汾渭地堑系的北延部分。北部的张家口-宣化盆地,长轴呈北西西向不规则状展布,主要受北西西向隐伏断裂控制,南北地形较陡,发育洪积扇,有洋河流过盆地;怀安、阳原-蔚县、怀来等盆地,长轴均呈北东向不规则状展布,主要受盆缘隐伏断裂控制,四周地形较陡,发育洪积扇、温泉、古融冻褶皱。该分区可进一步划分为宣化侏罗纪化石(聂氏宣化龙)及上谷战国红玛瑙产地地质遗迹小区（Ⅱ$_2^1$）、下花园(早—中侏罗世古植物化石、构造-地貌及层型剖面)地质遗迹小区（Ⅱ$_2^2$）、阳原(泥河湾动物群化石、古人类文化遗址群及层型剖面)地质遗迹小区（Ⅱ$_2^3$）、涿鹿矾山(黄帝泉、重要矿石产地、古溶蚀面)地质遗迹小区（Ⅱ$_2^4$）、怀来(沙漠、古湖泊)地质遗迹小区（Ⅱ$_2^5$）共5个地质遗迹小区。

3. 围场-承德侵剥蚀中低山-断陷盆地地质遗迹分区（Ⅱ$_3$）

围场-承德侵剥蚀中低山-断陷盆地地质遗迹分区（Ⅱ$_3$）位于阴山-燕山地质遗迹区（Ⅱ）的北东部,包括丰宁县南部、围场县中南部、隆化县、滦平县、承德市、承德县北部和平泉县北部。该分区为侵剥蚀中低山-断陷盆地地貌区,可进一步划分为围场西龙头-棋盘山(早白垩世热河生物群化石、古火山机构及构造行迹)地质遗迹小区(II_3^1)、围场山湾子-清泉(早白垩世热河生物群化石)地质遗迹小区(II_3^2)、丰宁窟窿山-小坝子(花岗岩、沙漠地貌及古冰川遗迹)地质遗迹小区(II_3^3)、丰宁平顶山-化吉营(古冰川遗迹及早白垩世热河生物群化石及构造行迹)地质遗迹小区(II_3^4)、丰宁云雾沟-凤山(热河生物群化石、古冰川遗迹、铂矿产地、地质剖面)地质遗迹小区(II_3^5)、隆化张三营-韩麻营(早白垩世热河生物群化石及侵入岩剖面)地质遗迹小区(II_3^6)、滦平井上-碧霞山[侏罗纪(滦平龙等)—早白垩世热河生物群化石及丹霞地貌]地质遗迹小区(II_3^7)、承德大庙-高寺台(典型矿床、热河生物群化石、地质剖面及构造行迹)地质遗迹小区(II_3^8)、承德丹霞地质公园及外围(丹霞地貌、侏罗纪化石、构造剖面、古火山机构等)地质遗迹小区(II_3^9)、承德北大山(花岗岩石海-冰缘地貌)地质遗迹小区(II_3^{10})、平泉辽河源(湿地地貌及岩石剖面)地质遗迹小区(II_3^{11})、平泉茅兰沟(早白垩世热河生物群化石及重要构造行迹)地质遗迹小区(II_3^{12})共12个地质遗迹小区。

4. 燕山北麓侵剥蚀中低山地质遗迹分区(II_4)

燕山北麓侵剥蚀中低山地质遗迹分区(II_4)位于阴山-燕山地质遗迹区(II)的中东部,包括承德县南部和平泉县南部、兴隆县、承德市鹰手营子矿区和宽城县。该分区主要为为侵剥蚀构造中低山地貌,南部兴隆—宽城一带为侵蚀构造中山区,山形宏伟挺拔,森林密布。其中以中、新元古代的碳酸岩、碎屑岩为主的山脉山脊多呈长条状,北东东方向展布,峰脊突起明显,河谷深切,且曲流河发育。以中、新生代侵入岩为主组成的山体,呈高大的块状山地,一般呈球状风化地貌,如雾灵山、千层背山等,其中雾灵山是燕山山脉的最高峰。该分区中北部地形相对较缓,为侵蚀构造低山或山间盆地,主要岩石为变质岩、侵入岩和火山岩,尤以火山熔岩和火山碎屑岩地貌较为典型,其中中生代火山碎屑岩和陆相碎屑岩分布区,山区低缓,山脊长短不一,谷地较宽,分割密度大,可形成陡峭地貌和平缓地貌,呈现似层状地貌。由浅成岩组成的锥状山地,山脊呈放射状,地势下缓上陡,形成奇峰突起,可呈现古火山的侵蚀地貌和浅成侵入岩体组成的穹状山。该分区可进一步划分为兴隆国家地质公园及外围(岩溶溶洞、花岗岩地貌等)地质遗迹小区(II_4^1)、承德鹰手营子-寿王坟(矿业遗址、侏罗纪古植物化石、岩溶地貌及古人类文化遗存)地质遗迹小区(II_4^2)、承德下板城(寒武纪—奥陶纪古生物化石、古火山机构、构造行迹及地质剖面)地质遗迹小区(II_4^3)、平泉山湾子-松树台(二叠纪—三叠纪层型剖面)地质遗迹小区(II_4^4)、宽城峪耳崖-东湾子(金矿产地、中元古代微古植物化石、大地构造行迹及层型剖面)地质遗迹小区(II_4^5)共5个地质遗迹小区。

5. 燕山南麓侵剥蚀低山-丘陵地质遗迹分区(II_5)

燕山南麓侵剥蚀低山-丘陵地质遗迹分区(II_5)位于阴山-燕山地质遗迹区(II)的南东部,包括遵化市、迁西县、青龙县、玉田县北部、丰润县北部、唐山市北部、滦县、迁安市、卢龙县、抚宁县大部、昌黎县北部和秦皇岛市。该分区北部遵化—迁西—青龙一带,山地海拔在700m左右,主要岩石为变质岩和侵入岩,地形起伏小,山脊和沟谷一般短而直,分割密度大,断裂较为发育,可见山脊或沟谷常呈直线状或折线状,一般南坡为剥蚀坡,可形成陡壁;中南部为低山丘陵区,山脊多呈浑圆状、馒头状,谷坡多呈凸形,河谷多为曲流河,发育III级阶地。该分区可进一步划分为遵化省级地质公园及外围(大地构造行迹、重要构造运动及温泉)地质遗迹小区(II_5^1)、迁西国家地质公园-金厂峪国家矿山公园及外围(太古宙构造变形和层型剖面、金矿产地)地质遗迹小区(II_5^2)、青龙都山(花岗岩地貌及重要侵入岩剖面)地质遗迹小区(II_5^3)、青龙双山子-木头凳(晚侏罗世燕辽生物群化石、太古宙构造变形和层型剖面)地质遗迹小区(II_5^4)、迁安国家地质公园及外围(太古宙构造变形、古太古代—中太古代层型剖面及晚更新世哺乳动物化石)地质遗迹小区(II_5^5)、秦皇岛柳江国家地质公园及外围(古生代—中生代化石产地、花岗岩地貌、地质剖面等)地质遗迹小区(II_5^6)、秦皇岛山海关-北戴河(海蚀-海积地貌、潟湖湿地)地质遗迹小区(II_5^7)、唐山开滦国家矿山公园-古冶(地震遗址群、矿业遗址、古生代化石及层型剖面)地质遗迹小区(II_5^8)、滦县司家营-马城-长凝(太古宙构造变形、重要断裂构造)地质遗迹小区(II_5^9)共9个地质遗迹小区。

三、太行山地质遗迹区(III)

太行山地质遗迹区(III)北西大致以南口-青龙断裂带(沿蔚县—南口—密云—兴隆—喜峰口—青龙一带呈近东西向蛇曲状展布)(蔚县-南口段)为界与阴山-燕山地质遗迹区(II)相邻,北东边界为河北省与北京市的边界线,东部大致以太行山山前断裂带为界与华北(河北)平原地质遗迹区(IV)相邻,西部边界为河北省与山西省的分界线,南部边界为河北省与河南省的分界线。区域大地构造位置属(中太古代晚期—第四纪)华北陆块(二级构造单元),跨(中元古代—中三叠世)燕山-辽西裂陷带和晋中南-邢台沉降(坳陷)区两个三级构造单元。它的基底由太古宇及下元古界组成,中元古代—中奥陶世为间歇性裂陷海槽盆地,晚石炭世—中三叠世叠加了海陆交互相-陆相盆地沉积。该区特点是古元古代末期结晶基底形成后,有北北东向狭长海湾,沉积了中元古代长城纪和古生代海相和海陆交互相地层。中生代燕山运动,地壳处于整体抬升、大部地区没有沉积,左行扭压斜滑断裂的作用,不仅切穿了地幔,而且可能与下地壳局部的熔融物质沟通,形成混合岩浆房,斜向上升侵位于地壳浅层,该区出现岩浆侵入,形成了太行山陆内造山带,造山带内发育有众多次级褶皱和逆冲断层,多呈雁列式展布。新生代以来在总体拉张体制下形成的断裂断块格局构成了本区基本构造格架,本区隆升为雄伟的太行山。这里主要地质遗迹是变质岩山岳地貌中元古界形成的石英砂岩峰林地貌、岩溶峰林地貌及碳酸盐岩中的岩溶洞穴景观。太行山地质遗迹区(III)可进一步划分为太行山东麓北段侵剥蚀低中山地质遗迹分区(III_1)和太行山东麓中段侵剥蚀中低山-丘陵地质遗迹分区(III_2)两个分区。

1. 太行山东麓北段侵剥蚀低中山地质遗迹分区(III_1)

太行山东麓北段侵剥蚀低中山地质遗迹分区(III_1)位于太行山地质遗迹区(III)的北部,包括蔚县南部、涿鹿县南部、怀来县南部、涞源县、涞水县、阜平县、满城县北西部、顺平县北西部、唐县北西部、曲阳县北西部、灵寿县大部、行唐县大部和平山县中北部。本分区以紫荆关-灵山断裂带为界,可分成两种地貌景观。紫荆关灵山断裂带以西,是太行山主要隆起区,隆起幅度最大,其中有很多山峰海拔达2 000m左右,如本区西南部白石山(2 057m)、神仙山(1 870m)、太白维山(2 234m),以及本区中北部边缘的小五台山(2 882m)、凤凰山(2 083m)、甸子梁(2 155m)、青天背(2 045m)等著名山峰。该区山脉的总体走向呈北东,在以隆起为主的新构造运动作用下,呈北东走向为主的高大山峰山势险峻、宏伟壮观,局部地段形成断崖峭壁。断裂以东为太行山东坡低山丘陵地貌区,是太行山主隆起区与河北平原区的过渡地带。该区地形由东向西渐渐升高,其中也有为数不多的高峰隆起,如狼牙山主峰及周围地区海拔达1 000m以上。

区内北台期夷平面由海拔1 750~2 882m的诸峰顶山顶面构成,呈北东向展布,在本区北部的臭水盆—草驼一带海拔超过2 000m的较大面积山顶夷平面构成了局部的高原地貌景观。唐县期古夷平面比较发育,由海拔950~1 250m的一系列山顶面构成。穿越太行山深山峡谷的湍急河流经此区域形成水势平缓的较宽河谷。本区穿越太行山的河流自北向南主要有壶流河、拒马河、唐河,这些河流总体走向呈北西—南东向,垂直深切山脉,形成峡谷地形,河流两岸形成等级不同的阶地地貌。

该分区可进一步划分为蔚县小五台-茶山(古夷平面)地质遗迹小区(III_1^1)、蔚县飞狐峪-西甸子梁(空中草原)(古夷平面、岩溶峡谷峰林及断层崖等构造-地貌)地质遗迹小区(III_1^2)、涞水野三坡国家(世界)地质公园及外围地质遗迹小区(III_1^3)、涞源白石山国家(世界)地质公园及外围(大理岩构造峰林地貌)地质遗迹小区(III_1^4)、易县紫荆关-摩天岭(侵入岩、岩溶地貌及断裂构造)地质遗迹小区(III_1^5)、易县狼牙山(火山岩、岩溶地貌及滑覆构造)地质遗迹小区(III_1^6)、阜平大茂山(岩溶溶洞群、火山岩地貌、变质岩剖面及推覆构造)地质遗迹小区(III_1^7)、阜平天生桥国家地质公园及外围(变质岩地貌、瀑布群、古冰川遗迹及构造行迹)地质遗迹小区(III_1^8)、阜平大沙河(温泉、地质剖面、构造行迹及重要矿产地)地质遗迹小区(III_1^9)、顺平白银坨-唐县全胜峡(古冰川遗迹、瀑布群、河流景观带及宝玉石)地质遗迹小区(III_1^{10})、曲阳虎山-灵山聚龙洞(岩溶地貌、中生代硅化木化石及古矿业遗址)地质遗迹小区(III_1^{11})、灵寿五岳寨省级地质公园及外围(岩溶地貌、古冰川遗迹)地质遗迹小区(III_1^{12})、平山驼梁-黑山大峡谷(古夷平面及变质岩地貌)地质遗迹小区(III_1^{13})、平山西柏坡-大台(太古宙构造运动行迹、地质剖面及古夷平面)地质遗迹小区(III_1^{14})共14个地质遗迹小区。

2. 太行山东麓中段侵剥蚀中低山-丘陵地质遗迹分区(III_2)

太行山东麓中段侵剥蚀中低山-丘陵地质遗迹分区(III_2)位于太行山地质遗迹区(III)的南部,包括平山县南部、井陉县、石家庄市西部、元氏县西部、赞皇县、临城县、内丘县中西部、邢台县中西部、沙河市中西部、武安市、涉县、邯郸市峰峰矿区和磁县中西部。该分区西部河北省与山西省交界处为侵蚀构造中山地貌,海拔多在1 000m以上,相对高度为500~700m,岩性以中元古代长城纪碎屑岩和碳酸盐岩为主,少量新太古代变质岩山体陡峭,山顶尖峭,山脊呈锯齿状,经构造运动形成断块山、断层三角面、单面山等,常呈嶂谷或"V"字形谷,切割深度500~700m,由于碎屑岩垂直节理发育,多形成悬崖、陡壁。该分区中部海拔500~1 000m,相对高度200~500m,岩性以碳酸盐岩、火成岩、变质岩和碎屑岩为主,褶皱强烈,形成背斜山、向斜山及单面山,山顶尖峭,山脊呈锯齿状,凸形山坡或直坡,碳酸盐岩区局部发育溶沟、溶穴、溶槽。该分区东部为侵剥蚀丘陵地貌,海拔200~500m,相对高度小于200m,山势低矮,山顶圆滑,河谷宽阔呈河川谷地。

该分区可进一步划分为平山天桂山-沕沕水-温塘(岩溶地貌、晚更新世哺乳动物化石、层型剖面及温泉)地质遗迹小区(III_2^1)、井陉仙台山(岩溶峰林地貌)地质遗迹小区(III_2^2)、井陉雪花山-挂云山(奥陶纪古生物化石、古冰川遗迹、岩溶泉及地质剖面)地质遗迹小区(III_2^3)、井陉苍岩山(嶂石岩地貌及层型剖面)地质遗迹小区(III_2^4)、赞皇嶂石岩国家地质公园及外围(嶂石岩地貌、构造运动行迹及地质剖面)地质遗迹小区(III_2^5)、临城国家地质公园及外围(岩溶地貌、碎屑岩地貌、构造运动行迹及地质剖面)地质遗迹小区(III_2^6)、内丘太子岩(变质岩地貌及地质剖面)地质遗迹小区(III_2^7)、邢台峡谷群国家地质公园及外围(构造峡谷、岩溶峡谷及古冰川地貌)地质遗迹小区(III_2^8)、武安国家地质公园及外围(岩溶、碎屑岩、火山熔岩地貌)地质遗迹小区(III_2^9)、武安国家矿山公园及外围(古生代古生物化石、矿业遗址、岩矿石产地)地质遗迹小区(III_2^{10})、峰峰黑龙洞-磁县虎皮垴(岩溶泉及寒武纪—奥陶纪古生物化石)地质遗迹小区(III_2^{11})共11个地质遗迹小区。

四、华北(河北)平原地质遗迹区(IV)

华北(河北)平原地质遗迹区(IV)北东大致以固安-昌黎断裂带为界与阴山-燕山地质遗迹区(II)相邻,西大致以太行山山前断裂带为界与太行山地质遗迹区(III)相邻,中部和北西部为河北省与北京市或天津市的边界线,东到渤海,南东部边界为河北省与山东省的分界线,南部边界为河北省与河南省的分界线(部分)。区域大地构造位置属(中太古代晚期—第四纪)华北陆块(二级构造单元),(始新世—第四纪)华北盆地(三级构造单元)。该区为新生代以来的断(裂)陷区,受喜马拉雅运动影响,发生阶梯式断裂活动和第四纪玄武岩喷发,总体表现出西升东降趋势,区内(隐伏)断裂以北北东向、北西西向两组为主,其次是北东向、北西向和近东西向,前两组断裂基本控制了本区的构造格局,造成本区构造格局有南北分块、东西分带的特点,并与其他3组断裂共同作用,把本区分割成大小不等、形状各异、新生界埋藏深度不等的众多断块。地表全被第四系覆盖,在平原区地下形成多处热异常,形成白洋淀、衡水湖等地表水体和湿地,环渤海湾形成海岸沙滩、海岸侵蚀地貌或反映海进海退的贝壳堤等地质遗迹景观。该地质遗迹区可进一步划分为滦河冲积平原地质遗迹分区($Ⅳ_1$)和海河冲积平原地质遗迹分区($Ⅳ_2$)两个分区。

1. 滦河冲积平原地质遗迹分区($Ⅳ_1$)

滦河冲积平原地质遗迹分区($Ⅳ_1$)位于华北(河北)平原地质遗迹区($Ⅳ$)的北东部,包括玉田县南部、唐山市南部(丰润区南部、丰南区、曹妃甸区)、滦南县、乐亭县、抚宁县、昌黎县中南部和抚宁县南部。该分区北部为滦河、陡河等自流出山区所形成的扇形堆积平原地貌,南部为冲海积平原,呈弧带状分布于渤海湾北岸。该分区可进一步划分为昌黎黄金海岸-翡翠岛(海积地貌及潟湖湿地)地质遗迹小区($Ⅳ_1^1$)、曹妃甸(滨海湿地地貌)地质遗迹小区($Ⅳ_1^2$)、乐亭菩提岛-滦河口(海岛地貌及滦河入海口三角洲地貌)地质遗迹小区($Ⅳ_1^3$)3个地质遗迹小区。

2. 海河冲积平原地质遗迹分区($Ⅳ_2$)

海河冲积平原地质遗迹分区($Ⅳ_2$)指太行山山前断裂带控制的太行山东麓黄土分布界线以东,现代海河流域地区,是华北平原北部的一部分,包括廊坊市及其所辖各县、沧州市及其所辖、衡水市及其所辖保定市及其东部各县、石家庄市及其东部各县、邢台市及其东部各县和邯郸市及其东部各县。西部为出太行山河流形成的山前冲洪积扇区,紧邻丘陵台地,地势平坦,地形略有起伏,以3°~5°的倾角向渤海湾缓倾,河道和冲洪积扇发育,近山边缘地形有2~11m高差起伏。中东部为泛滥平原区,地势西南高东北低,海拔高度由50m逐渐降到20m,上游坡降一般为1/2 500~1/1 000,下游坡降一般为1/10 000~1/2 500,倾向渤海湾,古有"南四湖北五湖"的说法,目前由于过量抽取地下水,仅剩晋州湖、白洋淀和衡水湖。东部为冲海积平原,呈弧带状分布于渤海湾西岸,以1°的倾角倾向渤海,沿海分布有十多条不同年代的贝壳堤。

该分区可进一步划分为雄安新区白洋淀(湿地、湖泊地貌及地热)地质遗迹小区($Ⅳ_2^1$)、任丘华北油田国家矿山公园(石油矿业遗址)地质遗迹小区($Ⅳ_2^2$)、黄骅南大港-张巨河-黄骅港(滨海湿地及古贝壳堤)地质遗迹小区($Ⅳ_2^3$)、海兴小山-杨埕(第四纪古火山及滨海湿地)地质遗迹小区($Ⅳ_2^4$)、衡水市衡水湖及周边(湖泊、黄河古河道及重要断裂构造)地质遗迹小区($Ⅳ_2^5$)、宁晋-隆尧宁晋泊(古湖泊)地质遗迹小区($Ⅳ_2^6$)、任县大陆泽(古湖泊)地质遗迹小区($Ⅳ_2^7$)、邯郸永年洼(古湖泊、沼泽湿地)地质遗迹小区($Ⅳ_2^8$)共8个地质遗迹小区。

第三节　地质遗迹空间分布特征

地质遗迹以一定的物质和形态反映漫长地质历史时期地球物质运动、生物进化及内外动力地质作用特征。地质遗迹的形成和演化受到地质背景和地理环境的影响与制约(李烈荣等,2002),地质遗迹的空间分布具有一定的规律和特征。河北大地经历了漫长的地质发展历史,多阶段的大地构造演化、多旋回的岩浆活动、复杂多样的构造运动尤其是新构造运动,形成了河北独特的地质地貌环境,造就了河北盆-山耦合的阶梯状地貌格局,使河北拥有大量独特、典型地质遗迹(地貌景观)和丰富齐全的地质遗迹类型,各类地质遗迹具有明显的分区分布特征(图6-2~图6-5)。

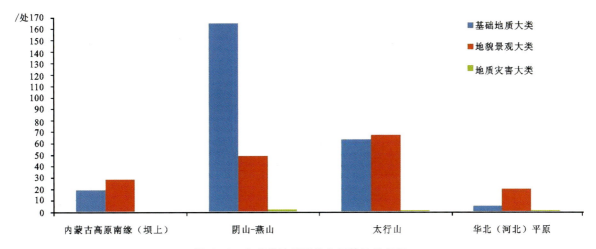

图 6-2 各大类地质遗迹分区统计柱状图

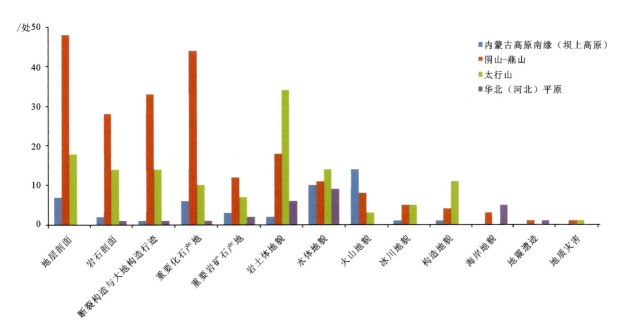

图 6-3 各类地质遗迹分区统计柱状图

内蒙古高原南缘(坝上高原)地质遗迹区(Ⅰ):分布有重要地质遗迹 47 处(占全省重要地质遗迹的 11.19%),其中基础地质大类地质遗迹 19 处(世界级 1 处,国家级 5 处,省级 13 处),地貌景观大类地质遗迹 28 处(国家级 10 处,省级 18 处)。主要基础地质类地质遗迹,是早白垩世热河生物群化石重要分布区之一(丰宁森吉图西土窑早白垩世花吉营组产的华美金凤鸟化石产地为世界级地质遗迹),是河北省重要的晚第四纪哺乳动物化石、古人类遗存地质遗迹分布区,分布着与新生代汉诺坝玄武岩相关的岩石剖面类及重要的多金属岩矿石产地(蔡家营铅锌矿等)。地貌景观大类地质遗迹主要以高原湖泊、河源湿地等水体地貌类(10 处),以及新生代古火山机构、古火山熔岩地貌亚类等火山地貌类(14 处)为特色,另分布沙漠、古冰川遗迹和古夷平面等地貌景观(图 6-3~图 6-5)。

阴山-燕山地质遗迹区(Ⅱ):分布有重要地质遗迹 216 处(占全省重要地质遗迹的 51.43%),其中基础地质类地质遗迹占绝对优势,共计 165 处(世界级 4 处,国家级 59 处,省级 102 处);地貌景观大类地质遗迹 49 处(世界级 1 处,国家级 18 处,省级 30 处);地质灾害类地质遗迹 2 处(国家级 1 处,省

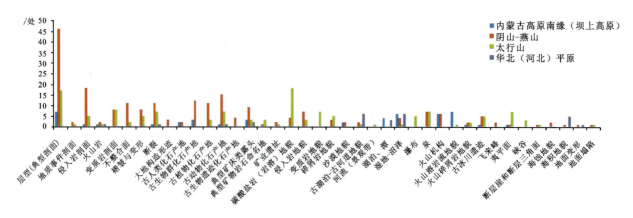

图 6-4 各亚类地质遗迹分区统计柱状图

级1处)。全省65%的基础地质类地质遗迹分布在该区,类型齐全,数量丰富,有从太古宙到新生代的各类地层剖面类地质遗迹48处,如迁安黄柏峪古太古代曹庄岩组地层代表性剖面、阳原台儿沟早更新世泥河湾组地层正层型剖面(泥河湾阶建阶剖面),在地质时代上一老一新2个世界级地层剖面类地质遗迹;侵入岩、变质岩和火山岩亚类等岩石剖面类地质遗迹28处,包括1处世界级地质遗迹——承德大庙中元古代岩体型斜长岩,是中国唯一的独立岩体型斜长岩,有着极高的地学研究价值和意义;构造地质与大地构造类地质遗迹类型齐全(33处),不整合面、褶皱与变形、断裂和大地构造行迹亚类,如遵化毛家厂和宽城东湾子新太古代蛇绿岩(最古老蛇绿岩套)、兴隆高板河中元古代古海底黑烟囱构造古海底构造等均有分布;化石产地类地质遗迹丰富,分布着从元古宙到新生代各个重要生物演化时期的重要化石类地质遗迹44处,该区北东部的围场-承德侵剥蚀中低山-断陷盆地地质遗迹分区(Ⅱ₃)是早白垩世热河生物群化石产地集中区,有11处热河生物群化石产地。该区北西部的洋河-桑干河侵剥蚀中低山-断陷盆地地质遗迹分区(Ⅱ₂)的泥河湾盆地是泥河湾动物群化石产地及古人类(古文化)遗址群是世界级的化石产地及古人类(古文化)类地质遗迹,是河北省典型矿床类型和数量最多的地区,有金矿(迁西金厂峪金矿、宽城峪耳崖金矿)、铂矿(丰宁红石砬铂矿)、铁矿(迁安水厂沉积变质型铁矿、宣化庞家堡赤铁矿、承德大庙黑山岩浆岩型铁矿)、磷矿和煤等岩矿石产地10处,重要矿业遗址2处(唐山开滦煤田国家矿山公园、迁西金厂峪金矿国家矿山公园)。地貌景观大类地质遗迹有岩土体地貌类景观18处,丹霞地貌(承德丹霞地貌国家地质公园、滦平碧霞山丹霞和赤城后城四十里长嵯丹霞地貌)最为著名,以侵入岩地貌和沙漠地貌亚类为特色,岩溶地貌主要为溶洞和岩溶峡谷;水体地貌类地质遗迹11处,主要为沿海潟湖湿地、河源湿地和温泉亚类;火山岩类地貌景观8处,以中生代古火山机构、古火山碎屑岩地貌亚类为主;构造地貌以飞来峰、断层崖亚类为特色;分布着5处古冰川地貌遗迹(图6-3~图6-5)。

太行山地质遗迹区(Ⅲ):分布有重要地质遗迹131处(占全省重要地质遗迹的25%),基础地质类地质遗迹63处(国家级15处,省级48处);地貌景观大类地质遗迹67处(世界级3处,国家级23处,省级41处);地质灾害大类地质遗迹1处(省级)。该区地貌景观大类地质遗迹类型齐全、数量最多,占全省的41%,其中又以岩土体地貌类景观(34处)最为丰富,该区中南部的太行山主体以中元古代砂岩为主,塑造了嶂石岩地貌(世界级)等碎屑岩地貌景观,井陉以北和涞水以南的太行山区中、上元古界和下古生界碳酸盐岩连片分布,岩溶地貌亚类地质遗迹丰富,有著名的白石山大理岩构造峰林地貌(世界级)景观,为河北省独具特色的两处世界级岩土体地貌类地质遗迹;水体地貌类地质遗迹以瀑布和泉(岩溶泉、温泉等)亚类为特色,全省重要的瀑布亚类地质遗迹均分布在该区,且绝大多数分布在太行山北段的阜平—涞源一带;火山岩类地貌景观8处,以中生代古火山机构、古火山碎屑岩地貌亚类为主；构造-地貌以层状夷平面地貌和构造峡谷地貌亚类为特色，该区自北而南分布着华北地区北台期、甸子梁期、唐县期三级山地夷平面和1个山麓夷平面（平山西大吾平山期山麓夷平面），是研究和讲述新生代构造-地貌的天然课堂，太行山中段邢台西部的邢台峡谷群与山西陵川锡崖沟峡谷相接，集中连片分布，是世界级的构造峡谷地貌景观；分布着5处古冰川地貌和少量火山岩地貌类地质遗迹。基础地质类地质遗迹有地层剖面类地质遗迹18处，是河北省古元古代地层剖面的重要分布区，有少量新太古代、早古生代层型（典型）剖面和古地震等事件剖面亚类分布；岩石剖面类地质遗迹14处，以前寒武纪变质岩（TTG和基性岩墙群）和中生代侵入岩亚类为主；构造地质与大地构造行迹类地质遗迹14处，以褶皱变形（如赞皇隆起、阜平隆起）和断裂构造（如紫荆关-灵山深断裂、易县西陵-尧舜口和狼牙山滑覆体）亚类为主；重要化石产地类地质遗迹10处，以早古生代古动物化石和晚古生代古植物化石为特色；重要岩矿石产地7处，以非金属类（雪浪石、唐河彩玉、易砚石、符山石）岩矿石为主，有1处国家矿山公园（武安西石门矽卡岩型铁矿），1处古采矿遗址（曲阳虎山金矿元代古采矿遗址）（图6-3～图6-5）。

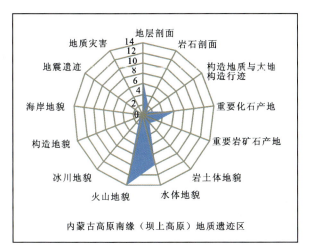
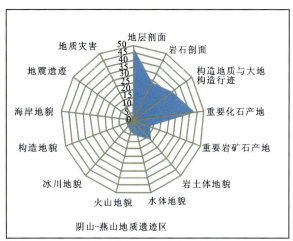
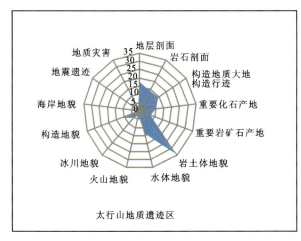
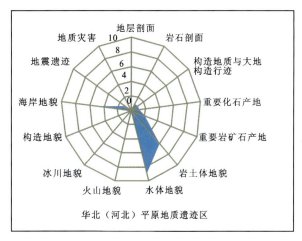

图6-5 各类地质遗迹分区统计雷达图

华北（河北）平原地质遗迹区（Ⅳ）：分布有重要地质遗迹26处（占全省重要地质遗迹的6.19%），以地貌景观大类地质遗迹为主，有20处（国家级10处，省级10处），其中岩土体地貌6处，以古湖泊-古河道亚类为主，水体地貌9处，主要为滨海湿地和太行山山前平原古洼地形成的湿地地貌亚类和湖泊-潭亚类（白洋淀、衡水湖和南宫夏代—宋代古水潭），海岸地貌5处，均为海积地貌亚类；基础地质类地质遗迹仅 5 处(国家级 3 处,省级 2 处),其中岩石剖面类 1 处(海兴小山晚更新世玄武岩),构造地质与大地构造行迹类地质遗迹 1 处(无极-衡水隐伏大断裂),重要化石产地类地质遗迹 1 处(玉田石庄晚更新世山顶洞动物群化石产地及旧石器时代文化遗址),重要岩矿石产地和矿业遗址各 1 处(雄县牛驼镇地热田、任丘南马辛庄华北油田国家矿山公园);地质灾害大类地质遗迹1处(省级),如隆尧1966 年里氏 6.8 级地震遗址(邢台大地震)(图 6-3～图 6-5)。

第七章 地质遗迹保护与利用

DIZHI YIJI BAOHU YU LIYONG

第七章 地质遗迹保护与利用

人类的历史与地球的历史紧密相连。地球的外观和地貌是人类生活的环境。地质遗迹是人类的共同遗产,保护好这些遗迹是人类的责任。正如人的生命只有一次一样,我们必须认识到地球只有一个,了解地质环境的过去、现在,正是为了预测未来,科学合理保护与利用地质遗迹则是这种探索的基础。地质遗迹属不可再生的自然资源,地质遗迹保护与开发利用需要以科学发展观和生态文明建设的思想为指导,树立和践行"绿水青山就是金山银山"的理念。河北省地质遗迹资源分布地域广阔、种类齐全、特色鲜明,极具美学和科研价值,需要科学合理地保护和利用,为促进地方经济发展,特别是为乡村振兴提供契机和动力,为构建人与自然和谐发展之美丽河北添彩。

第一节 河北省地质遗迹保护现状

河北省地质遗迹保护形式主要以设立地质公园、矿山公园和专门的地质遗迹自然保护区等方式实现保护和利用的目的,并取得了显著的成效。另外一些其他类型的自然保护区、(国家)风景名胜区、(国家)森林公园、湿地保护区等区域内也有重要地质遗迹,对地质遗迹保护工作也起到了积极的作用。

一、地质公园

地质公园是以具有特殊地质科学意义、稀有的自然属性、较高的美学观赏价值、一定规模和分布范围的地质遗迹景观为主体,融合其他自然景观与人文景观而构成的一种特殊的自然区域。

1989 年联合国教科文组织、国际地科联、国际地质对比计划及国际自然保护联盟在华盛顿成立了"全球地质及古生物遗址名录"计划,目的是选择适当的地质遗址作为纳入世界遗产的候选名录。1996 年改名为"地质景点计划"。1997 年联合国大会通过了教科文组织提出的"促使各地具有特殊地质现象的景点形成全球性网络"计划,即从各国(地区)推荐的地质遗产地中遴选出具有代表性、特殊性的地区纳入地质公园,目的是使这些地区的社会、经济得到持续发展。1999 年,联合国教科文组织正式提出了"创建具有独特地质特征的地质遗址全球网络,将重要地质环境作为各地区可持续发展战略不可分割的一部分予以保护"的地质公园计划,并创立了 Geopark(Geological park)地质公园这一名称,目标是在全球建立 500 个世界地质公园,其中每年拟建 20 个。欧洲地质公园走出了建立国际性世界地质公园的第一步(F Wolfgang Eder,1999)。

我国是世界上地质遗迹资源最丰富、分布最广阔、种类最齐全的国家之一,也是世界地质公园的创始国之一。中国从地质遗迹保护到地质公园建立,一直与联合国教科文组织、国际地质科学联合会密切合作,在国际上为推动地质公园工作做出了贡献,走在世界前列(赵逊等,2002)。截至 2019 年 9 月,在全球 147 处世界地质公园中,中国世界地质公园达 39 处,位居第一。我国已正式命名国家地质公园的有 214 处,授予国家地质公园资格有 56 处,批准建立省级地质公园有 300 余处,形成了地质遗迹类型齐全,遍及 31 个省、直辖市、自治区和香港特别行政区的地质公园建设发展体系。据统计,地质公园年接待游客超过 5 亿人次,已成为我国重要的自然教育基地(资料来源:光明日报,2019 年 09 月 11 日),为全球地质遗产保护做出了杰出贡献。

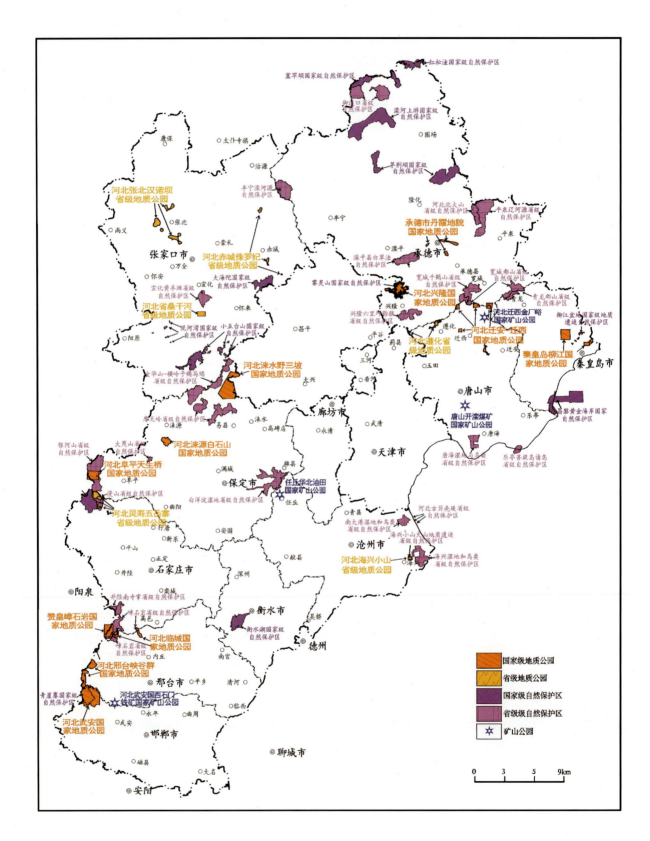

图 7-1　河北省地质公园、矿山公园、自然保护区（含地质遗迹自然保护区）分布图

第七章 地质遗迹保护与利用

建立地质公园是保护地质遗迹的重要手段。目前,河北省已建立国家级地质公园11处(表7-1),省级地质公园6处(表7-2)。河北涞水野三坡、涞源白石山与北京房山的石花洞、周口店、十渡等景区联合建立世界地质公园1处(房山世界地质公园)。这些地质公园都有合理的地质公园保护规划,设立地质遗迹保护区,将珍贵、易损的地质遗迹保护起来。目前,在地质公园中得到妥善保护的重要地质遗迹有74处。地质公园内拥有的地质景观和地质建造,是地球演化历史的重要见证,是地球科学研究和科学普及的重要场所。通过建立地质公园保护了一批重要地质遗迹及其环境,促进了科普教育和科学研究的开展,为合理开发地质遗迹资源,促进经济、文化和自然环境的可持续发展做出了积极贡献。

表7-1 河北省国家级地质公园(含世界地质公园园区)一览表

序号	名称	所在行政区	面积/km²	主要保护的地质遗迹等内容	批复日期
1	河北秦皇岛柳江国家地质公园	抚宁县	650	奥陶系亮甲山组层型剖面,寒武纪、奥陶纪、石炭纪—二叠纪及侏罗纪化石,古火山机构,悬阳洞(花岗岩巨型穿透洞),长寿山和角山花岗岩景观及燕寨湖等	2001年12月
2	河北涞源白石山国家地质公园(房山世界地质公园园区)	涞源县	60	大理岩峰林地貌、十瀑峡瀑布景观、古地震遗迹、叠层石化石及古寺、古塔、长城、关隘等	2002年3月
3	河北阜平天生桥国家地质公园	阜平县	50	变质岩天生桥、瑶台瀑布等瀑布群、古冰川遗迹、五台期构造运动行迹及新太古代地质剖面等	2002年3月
4	河北赞皇嶂石岩国家地质公园	赞皇县	43.50	典型嶂石岩地貌、世界最大的天然回音壁、长崖、垂沟、岩洞、方山、断墙、障谷、排峰、石柱、"U"形谷、残丘、岩崖等经典的嶂石岩地貌景观	2004年3月
5	河北涞水野三坡国家地质公园(房山世界地质公园园区)	涞水县	498.50	百里峡构造峡谷、洪崖山碳酸盐岩峰林、龙门天关花岗岩山岳地貌景观,鱼子洞岩溶泉、龙门天关花岗岩摩崖(断层崖)雕刻、景儿峪组层型剖面等	2004年3月
6	河北临城国家地质公园	临城县	298	崆山白云洞岩溶等地貌、天台山嶂石岩地貌、构造运动行迹及地质剖面等	2005年8月
7	河北武安国家地质公园	武安市	412	吕梁不整合面、柏草坪第四系火山地貌,古武当山、七步沟、京娘湖等嶂石岩地貌,莲花洞岩溶洞穴,古生代古生物化石、矿业遗址、岩矿石产地等	2005年8月
8	河北兴隆国家地质公园	兴隆县	187.20	雾灵山花岗岩地貌、兴隆溶洞岩溶洞穴、中元古代海底"黑烟囱"等	2009年8月
9	河北迁安-迁西国家地质公园	迁安市、迁西县	46.57	迁安黄柏峪古太古代曹庄岩组地层剖面;迁安孟庄紫苏花岗岩片麻岩穹隆(迁西运动),长城纪迁西岩群或太古宙片麻岩的不整合;迁安组地层剖面及生物化石、迁安灵山五彩石矿产地等	2009年8月
10	河北邢台峡谷群国家地质公园	邢台县	18	天河山、九龙峡、贺家坪嶂石岩峡谷群等构造峡谷地貌,瀑布景观、岩溶峡谷及古冰川地貌等	2011年11月
11	河北承德丹霞地貌国家地质公园	承德市	48.76	峡谷陡崖、石墙、奇峰、怪石、洞穴、石拱等典型的丹霞景观,侏罗纪化石、构造剖面、古火山机构等	2011年11月

表7-2　河北省省级地质公园一览表

序号	名称	所在行政区	面积/km²	主要保护内容	批复日期
1	河北海兴小山火山省级地质公园	海兴县	13.81	海兴小山更新世中心式喷发的玄武岩剖面、埋藏火山口、晶屑火山堆等	2003年7月
2	河北赤城侏罗纪省级地质公园	赤城县	22.97	土城子组次层型剖面、古子房硅化木、样田张浩村恐龙足迹、大海陀等花岗岩地貌,赤城汤泉、东万口温泉等	2005年1月
3	河北灵寿五岳寨省级地质公园	灵寿县	88	变质岩山岳地貌、岩溶地貌、壶穴等古冰川遗迹、瀑布群等	2006年3月
4	河北张北汉诺坝省级地质公园	张北县	115.31	汉诺坝组地层剖面、十字街等古火山口群、石柱群、熔岩洞,橄榄岩深源包体熔岩塞、橄榄石绿宝石,高原湖泊、古冰川遗迹、哺乳动物化石产地及古人类文化遗址等	2012年6月
5	河北桑干河省级地质公园	宣化县	37.10	岩溶峡谷、构造峡谷(隘)地貌,壶穴、黄土地貌,太古宙地层剖面、叠层石化石、断裂构造等	2014年11月
6	河北遵化省级地质公园	遵化市	28.90	遵化毛家厂新太古代蛇绿岩(25亿年前最古老的古大洋遗迹,最古老蛇绿岩套)、马兰峪复试背斜构造、温泉等,与古长城、清东陵等世界文化遗产等,共同构成以皇家文化、长城文化、红色文化、温泉养生文化等为特色文化元素相融合的"百里长城黄金旅游线"	2018年7月

二、矿山公园

矿山公园是以展示人类矿业遗迹(主要指矿产地质遗迹和矿业生产过程中探、采、选、冶等活动的遗迹和遗址)景观为主体,体现矿业发展历史内涵,具备研究价值和教育功能,可供人们游览观赏、进行科学考察与科学知识普及的特定的空间地域。矿山公园的建立,一是保护矿业遗迹,使不可再生的重要矿业遗迹资源得到永续利用;二是促进科学研究和科学知识普及,弘扬矿业文化,通过矿业遗迹,充分展示我国社会文明史的和客观轨迹和灿烂文化,同时可以将矿山生产建设中发生的矿山事故、造成的地质灾害和对生态环境的破坏作为生动的教材,对游客和后代进行生态环境教育;三是促进当地经济发展,矿山公园作为一种旅游资源,是资源枯竭城市转向旅游城市的重要举措,可以促进当地就业,带动相关产业的发展。

矿山公园的建立是促进矿业遗迹保护的重要手段。2005年以来,河北省以科学发展观为指导,融入人文景观与自然景观为一体,采用环境更新、生态恢复和文化重现等手段陆续建设了4处国家级矿山公园:唐山开滦煤矿国家矿业公园、迁西金厂峪国家矿山公园、任丘华北油田国家矿业公园和武安西石门铁矿国家矿山公园(表7-3)。它们成为展示河北省工业文明和矿业文化的重要窗口,对保护和有效利用矿山开采遗留下来的各类矿业遗迹资源、改善矿区生态地质环境、推动资源枯竭型城市经济转型、促进矿山工作人员再就业、推进矿区经济可持续发展具有积极作用和重要意义。

表7-3 河北省国家级矿山公园一览表

序号	名称	地理位置	面积/km²	主要保护内容	批复日期
1	唐山开滦煤矿国家矿山公园	唐山市路南区	0.70	以唐山矿一号井、唐胥铁路肇始等矿业开采遗迹为基础建设,依托开滦丰厚的矿业文化底蕴,集旅游、休闲、历史文化与科普展示等为一体。展示了煤炭的生成与由来、古代采煤史拾萃、开滦煤田地质构造及赋存、煤炭开采流程及煤炭开采史、电的使用、电学知识与电力发展史、蒸气机车史和中国铁路运输史、井下探秘游、采煤塌陷知识等	2005年
2	迁西金厂峪国家矿山公园	迁西县	4.50	主要包括代表性的岩石矿物、找矿标志、成矿模式、采矿存留、选冶工艺及设备、废矿堆、尾矿堆积区等;主要矿产地质遗迹包括典型的金矿岩石、矿物、地质剖面、指示性矿带等。金厂峪特大型金矿床素有"金场"之称,有悠久的采金历史	2006年
3	武安西石门铁矿国家矿山公园	武安市	6.50	是西石门铁矿石邯邢式接触交代型矿床的典型代表。武安西石门铁矿国家矿山公园是一座以矿业遗迹为主体,集地质遗迹、自然生态、人文历史于一体的综合性矿山公园;展示了西石门铁矿的开发历史及先进的采选工艺、地面塌陷、地裂缝等地质灾害遗迹。公园分为4个景域、13个景区,其中5个矿业景点处在公园的核心部位,生态景观、人文景观和自然景观贯穿其中	2005年
4	任丘华北油田国家矿山公园	任丘市西环南路	78.44	以石油矿业开采的各种开采工艺和技术的雕塑景观作为矿山公园主题,是集深奥的石油知识、先进的开采工艺、优美的自然风光、悠久的历史文化于一体的综合型矿山公园;展示了石油勘探、开发、冶炼、运输及相关的机械装备等,重现古潜山油田在地下的真实状态。公园共有3个主题景区,雁翎主题公园(石油科技展览区)、任四井石油开采区(采油科普区)、白洋淀景区(生态观光区)	2005年

三、自然保护区(含地质遗迹自然保护区)

根据《自然保护区类型与级别划分原则》(GB/T 14529—1993),我国自然保护区按照主要保护对象划分为自然生态系统、野生生物和自然遗迹三大类,其中将自然遗迹进一步分为古生物遗迹和地质遗迹2个类型作为保护对象。目前对于自然遗迹学术界尚没有公认的定义,许多学者将其等同于自然遗产。钱者东等(2016)认为,我国自然保护区管理中所指的自然遗迹范畴要小于《保护世界文化和自然遗产公约》中自然遗产的概念,而与国土部门提出的地质遗迹在内容上大致等同。不管保护区的类型如何,总体要求是以保护为主,在不影响保护的前提下,把科学研究、教育、生产和旅游等活动有机地结合起来,使它的生态效益、社会效益和经济效益都得到充分的展示。

河北省自1988年建立第一个自然保护区以来,自然保护区的建设得到不断发展,取得了巨大的成就,无论是现有自然保护区的数量,还是保护区面积都已位居我国前列,奠定了河北省以自然保护为核心的生态文明建设工作基础。截至2018年5月,全省共有国家级自然保护区13处(雾灵山、红松洼、滦河上游、塞罕坝、茅荆坝、小五台山、泥河湾、大海陀、昌黎黄金海岸、柳江盆地地质遗迹、衡水湖、驼梁、青崖寨)(表7-4);省级26处(表7-5);市级2处;县级5处(据河北省文化和旅游厅官网)。基本形成了布局较为合理、类型较为齐全、功能较为完备的自然保护区网络,成为河北省生态保护和建设的主体,在保护生物多样性、维护生态平衡和推动生态建设的同时,也在地质遗迹的保护方面发挥了巨大的作用。

表7-4 河北省国家级自然保护区一览表

序号	名称	地理位置	面积/km²	主要保护内容	主要地质遗迹	主要特色	批复日期
1	雾灵山国家级自然保护区	兴隆县	143.37	主要保护温带森林生态系统和猕猴,是华北地区植物资源丰富地区之一,有"天然植物园""绿色宝库"和"天然物种基因库"之称	花岗岩地貌、岩溶地貌、潭、断裂构造、古动物化石、古夷平面等地质遗迹,是理想的科学研究、教学实习、科普教育基地	雾灵山雄、奇、秀、美,誉为"京东第一高峰"。清朝为清东陵后的"皇家风水宝地",封禁长达200多年,形成了草木丛生,古树参天,野猴成群,遍地涌泉的原始森林景象	1988年5月
2	红松洼国家级自然保护区	围场满族蒙古族自治县的东北部	73	以塞罕坝曼甸山地草甸生态系统及珍稀野生动植物多样性和滦河、西辽河河源湿地景观生境为主要保护对象	高原湖泊、湿地、沙漠地貌及古夷平面等地质遗迹,草原景观壮丽,是不可多得的旅游观赏和科研教学基地	是清代皇家猎苑——木兰围场的一部分,山地高原交相呼应,丘陵曼甸连绵起伏,河流湖泊星罗棋布,森林草原交错相连,尤其是浩瀚的林海与大片的天然草原浑然一体,优美壮观	1998年8月
3	滦河上游国家级自然保护区	围场满族蒙古族自治县境内的接坝地区	506.37	滦河上游的森林、草原生态系统及其生物多样性和珍稀濒危的野生动植物物种,是融典型森林生态系统及野生动植物保护于一身的生态系统类大型自然保护区	重要的早白垩世热河生物群化石产地、花岗岩地貌、中生代古火山机构、地层剖面、变质岩剖面,及河源湿地、沙漠地貌等地质遗迹,具有较高的科研价值,是理想的旅游观赏和科研教学基地	保护区内山、石、林、草、水处处皆风景,不仅有独特的自然景观,而且有身后的历史文化底蕴和浓郁的民族特色,是休闲度假、狩猎体验、观光摄影的最佳场所	2008年1月

续表 7-4

序号	名称	地理位置	面积/km²	主要保护内容	主要地质遗迹	主要特色	批复日期
4	塞罕坝国家级自然保护区	围场满族蒙古族自治县境内	200.30	森林-草原交错带生态系统，滦河、辽河水源地，黑鹳、金雕等珍稀濒危动植物物种，是三北防护林环北京、天津区段的主要组成部分，对保护该地区森林及动植物资源、维护京津及华北地区生态安全意义重大	高原湖群、河源、沙漠及新生代火山地貌等地质遗迹。塞罕坝是蒙汉混合语古语被译为"塞罕达巴罕色钦"，意思是美丽的高岭。古时便是一处水草丰沛、森林茂密、珍禽异兽聚集的天然名苑。这里是理想的旅游观赏和科研教学基地	塞罕坝地处典型的森林-草原交错带和高原-丘陵-曼-接坝山地移行地段，既有森林，又有草原；既有河流，又有湖泊；既有山地，又有高原；既有丘陵，又有曼甸。同时，它也是滦河与辽河的发源地之一，因此被誉为"河的源头、云的故乡、花的世界、林的海洋"，有着"中国绿色明珠"和"华北绿宝石"的美誉	2007年5月
5	茅荆坝国家级自然保护区	隆化县茅荆坝国营林场	400.38	主要保护对象是森林生态系统及其生物多样性、珍稀濒危物种及其栖息地、自然生态环境和滦河上游水源地	重要的是早白垩世热河生物群化石产地、古冰川遗迹、花岗岩、沙漠地貌、温泉及构造行迹地质遗迹，具有较高的科研价值，是理想的旅游观赏和科研教学基地	这里四季分明，每个季节都有独特的美丽。尤其是夏季，茅荆坝林海翻波，百鸟啼鸣，凉爽宜人。金代称"枭岭"，陷泉大战就发生在此。清朝是木兰围场的重要组成部分，康熙、乾隆等都曾在这里围猎	2008年1月
6	小五台山国家级自然保护区	蔚县与涿鹿县交界处	218.33	主要保护对象是暖温带森林生态系统和褐马鸡等国家重点保护野生动植物	是河北最高处，华北第一、第二级古夷平面（北台期、甸子梁期）构造、古风化壳、火山岩地貌及疑似古冰川遗迹等地质遗迹。它保留了最原始的高山草甸，是研究古地理及新生代构造的理想之地	小五台山峦林密，怪石林立，水草丰盛，洞穴棋布。崇山峻岭之中，珍禽异兽，名花异草，古刹名寺，清泉怪石，林海雪峰，应有尽有。山中主要山谷皆有溪流，常常形成激流瀑布，极为壮观，更有峰峦如削，极少旅游开发的痕迹，是京津冀地区户外驴友心目中的圣地	2002年7月

续表 7-4

序号	名称	地理位置	面积/km²	主要保护内容	主要地质遗迹	主要特色	批复日期
7	泥河湾国家级自然保护区	阳原县	10.15	主要保护对象为晚新生代典型地层剖面、晚新生代地层中的哺乳动物化石及其主要发掘遗址、地层中的人类文化遗迹和古人类活动遗址等地质遗迹	泥河湾动物群化石、古人类文化遗址群（泥河湾遗址群没有年代断层），国际公认的第四纪标准地层剖面（建阶剖面）保存最完好，均是世界级的地质遗迹。它是第四纪地质与古人类学的科研前沿阵地，是科普、教学的最佳之地	泥河湾地质遗迹被称为研究远古人类的百科全书。这里埋藏着丰富的哺乳动物化石和大量旧石器时代考古遗迹，世界上其剖面最多、保存最完好、国际地质考古界公认的第四纪标准地层，是世界上绝无仅有的早更新世石器时代的遗地	2002年7月
8	大海陀国家级自然保护区	赤城县西南与北京市交界	112.25	主要保护森林生态系统，自然生态环境复杂多样，植被垂直分布明显，包罗了从温带到寒温带的自然景象，是欧亚大陆从温带到寒温带主要植被类型的缩影	花岗岩地貌及层型剖面等地质遗迹	基本保持了原始森林、原始次生林的自然景观，深得户外爱好者的厚爱。大海陀南侧断裂升降显著，山势险峻，截云断雾，夏季时有骤雨如飞，古称"海陀飞雨"。这里生态环境保存较好，是候鸟迁徙的必居之地，也是野生动物的乐土，理想的野游和避暑胜地	2003年6月
9	昌黎黄金海岸国家自然保护区	昌黎县东南渤海岸边	300.00	为海洋类型自然保护区，主要保护对象是沙丘、沙堤、潟湖、林带和海洋生物等构成的沙质海岸自然景观、沿岸海洋生态系统	七里海湿地是中国典型的封闭式现代潟湖，具有重要的保护价值和科研价值；黄金海岸海积地貌保存完好，是我国北方最优质海滩，是研究古海岸变迁及古气候演化及避暑游览的理想场所	海岸线全长52.1km，沙质松软，色黄如金，故被称为"黄金海岸"。由于沙细、滩缓、水清、潮平，即使入海远达50多米处，水深也不过腰部，是绝佳的天然浴场。该保护区也是中国文昌鱼分布密度最高的地区之一，"世界珍禽"黑嘴鸥的主要栖息繁殖地之一	2002年5月

续表 7-4

序号	名称	地理位置	面积/km²	主要保护内容	主要地质遗迹	主要特色	批复日期
10	柳江盆地地质遗迹国家级自然保护区	秦皇岛市北部抚宁县	13.95	主要保护对象为地质遗迹，是中国最早开展地质调查研究工作的地区之一，其研究历史达100多年，素来享有地学研究"天然实验室"和"地质学家成长摇篮"之称	古生代—中生代化石产地、花岗岩地貌、地层层型剖面、变质岩剖面、古火山机构、断裂构造等地质遗迹十分丰富，是理想的教学科普基地	柳江盆地保存了太古宙、元古宙、古生代、中生代、新生代5个地质时代留下的地质遗迹。各种地质现象、各地质时代、各种沉积环境的地层出露齐全、层次完整，地层单位界线清楚，化石丰富，是华北地区地质构造的缩影，被地学界誉为"地学百科全书"	2005年7月
11	衡水湖国家级自然保护区	衡水市桃城区和冀州区内	187.87	以内陆淡水湿地生态系统和国家一、二级鸟类为主要保护对象，属淡水湿地生态系统类型自然保护区	湖泊、衡水老盐河（宋代）黄河故道、大型断裂构造行迹等地质遗迹。它是研究湖泊与古河道变迁及构造与地貌关系的重要场所。从环境演变的阶段来看，衡水湖形成今日的湿地生态环境，具有自然性、稀有性、典型性和生态脆弱等特点	自然风光优美的衡水湖，素有"北方江南""燕赵最美湿地"之称。吸引着大量的珍稀鸟类在这里繁殖、栖息。丛丛吐翠的芦苇、片片泛绿的蒲草、声声鸟儿的啼鸣、阵阵风儿的柔情、层层欢快的涟漪、点点晚归的渔舟……让游客在烟波浩渺中感受大自然的风情	2003年6月
12	驼梁国家级自然保护区	晋冀两省交界处平山县	213.12	主要保护对象为森林生态系统和珍稀濒危野生动植物物种。对太行山区生物群落演替规律研究，对太行山区植被恢复与生态建设有较高的科学研究价值和保护价值	百草坨-驼梁甸子梁期（太行期）垛状夷平面及变质岩地貌等地质遗迹	驼梁与佛教圣地五台山遥遥相望，因山顶恰似驼峰而得名。区内层峦叠翠，万瀑齐飞，幽峡如画；云顶草原上，草碧花香，云雾飘渺，万千景色引人入胜。驼梁以凉爽的气候著称，夏季平均气温只有19℃。山含岚气，云带雨露，有着"清凉极地"的美誉	2011年4月

续表 7-4

序号	名称	地理位置	面积/km²	主要保护内容	主要地质遗迹	主要特色	批复日期
13	青崖寨国家级自然保护区	武安市西北部	216.00	主要保护南北植物分布交会区生物多样性和极小种群物种,是第三纪孑遗植物"领春木"分布的北界,珍稀濒危植物"缘毛太行花"仅在青崖寨附近发现,数量稀少。保护区在极小种群物种保护及研究植物起源进化方面具有重要意义	嶂石岩等碎屑岩地貌、火山熔岩地貌,以及构造峡谷、岩溶峡谷地貌等地质遗迹	青崖寨因四周石崖且峰顶林茂青郁而得名。它的山势雄伟,登得越高,山形越美,极受驴友们的喜爱。青崖寨植被良好,有完整的暖温带森林生态系统,而且生长有罕见的"缘毛太行花"、第三纪孑遗植物"领春木"等珍稀濒危植物,另外还有白头鸭、山噪雀鹛、黄腹山雀等珍禽	2012年1月

表 7-5 河北省省级自然保护区一览表

序号	名称	地理位置	面积/km²	主要保护内容	主要地质遗迹	批复日期
1	井陉南寺掌省级自然保护区	井陉县	30.59	森林生态系统、生物多样性	地层层型剖面	2011年7月
3	漫山省级自然保护区	灵寿县	120.28	森林生态系统和野生动植物		2001年3月
4	嶂石岩省级自然保护区	赞皇县	237.72	嶂石岩地貌和森林生态系统	嶂石岩地貌	2005年9月
5	乐亭菩提岛诸岛省级自然保护区	乐亭县	37.75	由海岛及周边海域自然生态环境、鸟陆及海洋生物共同组成的海岛生态系统	乐亭月坨岛、菩提岛砂质海积海岛地貌	2002年5月
6	唐海湿地与鸟类省级自然保护区	唐海县	110.64	湿地生态系统、鸟类	滨海湿地地貌	2005年9月
7	青龙都山省级自然保护区	青龙县	47.06	自然生态环境和野生动植物资源	花岗岩地貌、古冰川遗迹等	2013年
8	金华山-横岭子褐马鸡省级自然保护区	涞水县、涞源县	339.40	褐马鸡、野生动植物		2003年12月
9	银河山省级自然保护区	阜平县	360	银河山地区自然生态环境、森林生态系统及其生物多样性和珍稀濒危物种	变质岩峡谷地貌	2014年4月
10	大茂山省级自然保护区	唐县	13.53	森林生态、珍稀野生植物、自然文化遗产	南庄旺变质岩象形山石(仙人石)地貌	2012年1月

续表 7-5

序号	名称	地理位置	面积/km²	主要保护内容	主要地质遗迹	批复日期
11	白洋淀湿地省级自然保护区	安新县	312	湿地生态系统、水生动植物	湖泊、典型地热资源	2002年11月
12	摩天岭省级自然保护区	易县	351	温带森林生态系统及其生物多样性	花岗岩地貌	2012年1月
13	宣化黄羊滩省级自然保护区	宣化县	110.35	湿地生态系统、鸟类		2011年3月
14	临城三峰山省级自然保护区	临城县	54.64	森林生态系统、珍稀、濒危野生动植物	构造运动（不整合面）、碎屑岩地貌	2012年1月
15	河北北大山省级自然保护区	承德县	101.85	华北典型天然阔叶次生林生态系统	石海景观-冰缘地貌遗迹	2009年8月
16	兴隆六里坪猕猴省级自然保护区	兴隆县	160.88	温带森林生态系统和猕猴生存环境		2007年11月
17	平泉辽河源省级自然保护区	平泉	452.25	森林生态系统和野生动物资源	河源湿地地貌	2004年3月
18	滦平县白草洼省级自然保护区	滦平县	176.80	森林草原		2007年11月
19	丰宁滦河源省级自然保护区	丰宁县	215	草原湿地生态	河源湿地地貌	1997年1月
20	宽城都山省级自然保护区	宽城县	196.48	森林生态系统和野生动物	花岗岩地貌	2006年6月
21	宽城千鹤山省级自然保护区	宽城县	140.38	森林生态系统和野生动物	地层剖面	2006年8月
22	御道口省级自然保护区	围场县	326.20	湿地、草原生态系统	高原湖群	2002年5月
23	海兴湿地和鸟类省级自然保护区	海兴县	168	湿地生态系统、迁徙鸟类	滨海湿地地貌	2005年11月
24	海兴小山火山地质遗迹省级自然保护区	海兴县	13.81	火山地质遗迹	平原区少见的第四纪古火山地貌	2003年7月
25	南大港湿地和鸟类省级自然保护区	黄骅市	98	湿地生态系统、迁徙鸟类	滨海湿地地貌	2002年5月
26	河北古贝壳堤省级自然保护区	黄骅市	1.17	古贝壳堤	海积地貌（古贝壳堤）	1998年9月

  河北省以地质遗迹为主要保护对象的国家级自然保护区共2个（柳江盆地、泥河湾）、省级自然保护区2个（海兴小山、黄骅古贝壳堤）。除此之外，其他类型的自然保护区中也有地质遗迹分布，虽然未将其作为主要保护对象，但在自然保护区内也得到了一定的保护。

  目前统计有90处重要地质遗迹分布在各类自然保护区内，有效地保护了河北省约22%的重要地质遗迹。可见,建立自然保护区是各种方法中最为直接有效的方法之一,是推进生态文明、构建国家生态安全屏障、建设美丽河北的重要载体。自然保护区内有大自然的五彩缤纷,有让人惊艳的邂逅,更有神奇的地质遗迹让你无限神思。

四、森林公园、风景名胜区、湿地公园中的地质遗迹

1. 森林公园

森林公园是以森林自然环境为依托,具有优美的景色和科学教育、游览休息价值的一定规模的地域,经科学保护和适度建设,为人们提供旅游、观光、休闲和科学教育活动的特定场所。河北省有国家级森林公园 27 处(茅荆坝、塞罕坝、天生桥、秦皇岛海滨、磐槌峰、翔云岛、清东陵、辽河源、山海关、五岳寨、白草洼、黄羊山、响堂山、野三坡、六里坪、白石山、易州、古北岳、武安、前南峪、驼梁山、木兰围场、蝎子沟、仙台山、丰宁、黑龙山、大青山)。根据《中国森林公园风景资源质量等级评定》(GB/T 18005—1999),森林公园风景资源分为地文资源、水文资源、生物资源、人文资源和天象资源五大类。其中地文资源包括包括典型地质构造、标准地层剖面、生物化石点、自然灾变遗迹、名山、火山熔岩景观、蚀余景观、奇特与像形山石、沙(砾石)地、沙(砾石)滩、岛屿、洞穴及其他地文景观;水文资源包括风景河段、漂流河段、湖泊、瀑布、泉、冰川及其他水文景观。构成这两类资源的大多属于地质资源,其中许多都是重要的地质遗迹。据统计河北省这些国家级森林公园中绝大多数都有重要地质遗迹分布。

2. 风景名胜区

河北省有国家级风景名胜区 10 处(承德避暑山庄-外八庙、秦皇岛-北戴河、野三坡、苍岩山、嶂石岩、西柏坡-天桂山、崆山白云洞、太行大峡谷、响堂山、娲皇宫),省级风景名胜区 41 处(截至 2018 年,据河北省文化和旅游厅官网)。这些风景名胜区许多是以名山、名湖、河流峡谷、岩溶洞穴、瀑布泉水、海滨海岛等为主体命名,与地质遗迹密切相关,大多数风景名胜区都含重要地质遗迹。这些风景名胜区不仅环境优美,而且自然景观和人文景观比较集中,除供人们观赏、游览之外,它还具有文化和科学价值,是进行科学研究、科学普及和文化活动的重要区域。

3. 湿地公园

国家湿地公园是以保护湿地生态系统完整性、维护湿地生态过程和生态服务功能并在此基础上以充分发挥湿地的多种功能效益、开展湿地合理利用为宗旨,可供公众游览、休闲或进行科学、文化和教育活动的特定湿地区域。湿地被称为"地球之肾",与森林、海洋并列为全球三大生态系统类型。河北省湿地类型多样,从沿海到内陆、从平原到高原均有自然或人工湿地分布,可分为滨海湿地、河流湿地、湖泊湿地、沼泽湿地、人工湿地五大类。目前,河北省有国家级湿地公园 20 处,相对集中分布在沿海、坝上地区、平原地区,山区也有零星分布。其中许多湿地公园是在天然湖泊或河流湿地上建立的,坝上高原和太行山前平原的许多湿地就是由原来的湖泊萎缩后形成的,例如坝上地区的康保康巴诺尔湿地(公园)、张北二泉井黄盖淖湿地(公园)、太行山前平原上的邯郸永年洼湿地(公园)等。湖泊作为人类生存发展的重要自然资源,其新生、消亡、扩张与萎缩都是对地区环境变化的反映,在内陆生态系统中(尤其是干旱区内陆生态系统中),湖泊更是湖区气候变化与环境变迁的指示器,这些由湖泊萎缩形成的湿地类地质遗迹,其本身就是重要的水体类地质遗迹资源,具有生态功能的同时,也是研究过去与未来气候与生态环境演化的重要场所。另外渤海沿岸的昌黎七里海潟湖湿地、唐山曹妃甸区唐海湿地、黄骅南大港湿地等地质遗迹也是研究海岸变迁与古气候演化的重要场所。

4. 世界文化遗产地中的地质遗迹

河北省有 4 个世界文化遗产,涉及 8 处:万里长城(山海关、金山岭),承德避暑山庄及周围寺庙,明清皇家陵寝(清东陵、清西陵),中国大运河(衡水景县华家口夯土险工、沧州东光县连镇谢家坝、沧州至山东德州段运河河道)。这些独特、稀有或绝妙的文化遗产与河北省的地形地貌及自然环境相映成景,涵盖了人文地理、地质地貌和自然美等多重价值,是人类文明与自然环境和谐关系的突出例证。其中许多文化遗产地涉及到地质遗迹,如承德避暑山庄及周围寺庙与丹霞地貌相映成趣,甚至避暑山庄内就有侏罗纪恐龙足迹化石遗迹,周边还有大量中生代岩石剖面、地层剖面等重要地质遗迹;许多基础类或景观类地质遗迹都与古长城相伴;位于唐山遵化的明清皇家陵寝清东陵就坐落在马兰峪复背斜的核心区,附近还有著名的遵化汤泉温泉遗迹和地球早期陆块构造活动的遗迹(遵化新太古代蛇绿岩)。

我国经过 70 多年的努力,已建立数量众多、类型丰富、功能多样的各级各类自然保护地,在保护生物多样性、保存自然遗产、改善生态环境质量和维护国家生态安全方面发挥了重要作用,但仍然存在重叠设置、多头管理、边界不清、权责不明、保护与发展矛盾突出等问题。根据《关于建立以国家地质公园为主的自然保护地体系的指导意见》,我国将加快建立以国家公园为主体的自然保护地体系。地质公园、矿山公园、森林公园、湿地公园和自然保护区等,很可能作为国家公园的一种类型而存在,其中的地质遗迹作为自然资源的重要组成部分,必将会得到更加严格的保护和科学利用,地质遗迹保护的目的将更加明确,开发利用的区域也将更加清晰,从而可以更好地"提供人类追求的健康环境、美的环境、安全环境以及充满只是泉源的环境,这种环境提供人们健康、美丽、安全及充满智慧泉源的生态系统和景观"。

第二节 地质遗迹保护规划建议

地质遗迹保护规划的制定要注重与社会经济、城乡建设、环境保护等规划相协调,统筹开展地质遗迹保护工作。正确处理地质遗迹长期保护与开发利用的关系,保持地质遗迹的自然演化和周边生态环境,真正做到"在保护中开发、在开发中保护",实现资源的可持续利用。同时要面向社会公众深入浅出地揭示地质遗迹的科学内涵,通俗易懂地传播地质遗迹科普知识,满足人们对地学知识的求知解惑需要,增强社会各界参与保护资源、保护生态环境的意识。

为了有效保护和科学合理利用河北省地质遗迹资源,促进资源、环境与社会经济的协调发展,依据《中华人民共和国矿产资源法》《中华人民共和国环境保护法》《中华人民共和国自然保护区条例》《地质遗迹保护管理规定》《中国国家地质公园建设技术要求和工作指南》《古生物化石管理办法》,以及《河北生态省建设规划纲要》《河北省地质环境管理条例》《河北省矿产资源管理条例》《河北省环境保护条例》《河北省旅游业"十三五"发展规划》等法律、法规、规划和相关文件,在摸清地质遗迹现状的基础上,按照地质遗迹的评价级别、重要性和急迫性,提出河北省地质遗迹保护规划建议。

一、地质遗迹保护规划的原则和方法

1. 规划指导思想

全面落实科学发展观,以保护地质遗迹和生态环境为根本出发点,摸清地质遗迹资源的家底,逐步完善地质遗迹资源保护和管理体系,促进地质遗迹保护、地质遗迹知识普及、旅游经济发展,为河北省积极转变发展模式,加快生态河北和文化大省建设构筑坚实的资源基础。

2. 规划原则

坚持保护优先、可持续利用的原则:大力推进地质遗迹的保护工作,协调好地质遗迹保护与利用的关系,做到"在保护中利用,在利用中保护",实现地质遗迹资源的可持续利用。

坚持与河北省社会经济发展相协调的原则:围绕推动河北省经济、资源与环境系统优化,与各地发展规划、相关行业规划相协调,在和谐运作中开展地质遗迹的保护。

坚持面向大众、科学普及的原则:运用通俗的语言宣传地质遗迹的保护意义和科普知识,提高大众参与保护资源、保护生态环境的意识,尤其是对青少年的知识普及和教育。

坚持政府引导、规范管理的原则:政府加大投入,强化监管,积极引导,提供良好的政策环境,发挥企业和社会组织的积极性与创造性,共同开展保护工作。

坚持统筹规划,突出重点,分期、分批建设,量力而行的原则:根据河北省地质遗迹的特点,对全省地质遗迹保护工作进行统筹规划,制定切实可行的分阶段实施方案,突出重点,分清缓急,量力而行,逐步平稳推进地质遗迹的保护。

3. 规划方法

以河北省地貌地质条件、地质遗迹资源类型、分布特征和分布规律为基础,依据地质遗迹的等级,结合各地地质遗迹保存现状和可保护性等因素,保护、开发和利用水平,并考虑县(市、区)行政区的相对完整性,划分重要地质遗迹规划保护区。利用地质遗迹的分布特点、等级、保存现状、利用前景,以及可保护性等综合因素,保护区级别分为特级保护区、重点保护区和一般保护区。世界级地质遗迹分布区可划分为特级保护区,国家级地质遗迹分布区一般划分为重点保护区,省级地质遗迹分布区一般划分为一般保护区。保护区划遵循自然属地和行政区划分原则,有利于各级政府管理辖区内的重要地质遗迹,并根据不同级别保护区的特点分别提出地质遗迹保护规划建议。

二、地质遗迹分级、分区保护规划建议

1. 地质遗迹分级保护建议

1995年中华人民共和国地质矿产部发布了《地质遗迹保护管理规定》,该《规定》第九条从宏上对地质遗迹保护区分三级:国家级、省级、县级。《规定》第十一条还对保护区内的地质遗迹按保护程度也分为三级:一级保护、二级保护、三级保护。

一级保护:对国际或国内具有极为罕见和重要科学价值的地质遗迹实施一级保护,非经批准不得入内。经设立该级地质遗迹保护区的人民政府地质矿产行政主管部门批准,可组织进行参观、科研或国际间交往。

二级保护:对大区域范围内具有重要科学价值的地质遗迹实施二级保护。经设立该级地质遗迹保护区的人民政府地质矿产行政主管部门批准,可有组织地进行科研、教学、学术交流及适当的旅游活动。

三级保护:对具一定价值的地质遗迹实施三级保护。经设立该级地质遗迹保护区的人民政府地质矿产行政主管部门批准,可组织开展旅游活动。

根据河北省重要地质遗迹的评价结果,参照《地质遗迹保护管理规定》(1995),建议将河北省地质遗迹按保护程度划分为三级:对国际或国内具有极为罕见和重要科学价值的世界级地质遗迹实施一

级保护;对大区域范围内具有重要科学价值的国家级地质遗迹实施二级保护;对具一定价值的省级地质遗迹实施三级保护。

2. 地质遗迹分(行政)区保护规划建议

为有利于各级政府进行地质遗迹保护,把河北省地质遗迹保护区划分为冀北地质遗迹保护大区(A)、冀东地质遗迹保护大区(B)、冀中南地质遗迹保护大区(C)、河北东部平原地质遗迹保护大区(D) 4个地质遗迹保护大区。以市级行政区所在地域为基本单元,把冀北地质遗迹保护大区(A)进一步划分为张家口地质遗迹保护分区(A_1)和承德地质遗迹保护分区(A_2)2个地质遗迹分区;冀东地质遗迹保护大区(B)划分为唐山地质遗迹保护分区(B_1)和秦皇岛地质遗迹保护分区(B_2)2个地质遗迹分区;冀中南地质遗迹保护大区(C)划分为保定地质遗迹保护分区(C_1)、石家庄地质遗迹保护分区(C_2)、邢台地质遗迹保护分区(C_3)和邯郸地质遗迹保护分区(C_4)4个地质遗迹分区;河北东部平原地质遗迹保护大区(D)划分为沧州地质遗迹保护分区(D_1)和衡水地质遗迹保护分区(D_2)2个地质遗迹分区。再以地质遗迹数量较丰富的县、区级行政区为基本单元,并与地质遗迹自然区划所划分的地质遗迹小区基本对应,再进一步划分地质遗迹保护小区,全省共计划分79个地质遗迹保护小区(表7-6,图7-2)。

表7-6 河北省地质遗迹保护区划一览表

地质遗迹保护大区	地质遗迹保护分区	地质遗迹保护小区	县区级行政区
冀北地质遗迹保护大区(A)	张家口地质遗迹保护分区(A_1)	康保(晚第四纪哺乳动物化石、古人类遗存及层型剖面)地质遗迹保护小区(A_1^1)	康保县
		张北汉诺坝(渐新世—中新世古火山及高原湖泊)地质遗迹保护小区(A_1^2)	张北县
		张北大囫囵(晚第四纪哺乳动物化石、古人类遗存及重要矿石产地)地质遗迹保护小区(A_1^3)	
		沽源闪电河(高原湖泊、河源)地质遗迹保护小区(A_1^4)	沽源县
		沽源大石砬(早白垩世 热河生物群化石及古火山熔岩地貌)地质遗迹保护小区(A_1^5)	
		尚义侏罗纪化石(早—中侏罗世古植物化石、晚侏罗世恐龙足印等)地质遗迹保护小区(A_1^6)	尚义县
		崇礼(层型剖面、侵入岩剖面)地质遗迹保护小区(A_1^7)	崇礼县
		赤城冰山梁-东猴顶(古冰川遗迹、花岗岩地貌)地质遗迹保护小区(A_1^8)	赤城县
		赤城侏罗纪地质公园(侏罗纪化石、恐龙足迹及重要构造行迹)地质遗迹保护小区(A_1^9)	
		赤城大海陀(花岗岩地貌及层型剖面)地质遗迹保护小区(A_1^{10})	
		宣化侏罗纪化石(聂氏宣化龙)及上谷战国红(玛瑙)产地地质遗迹保护小区(A_1^{11})	宣化县
		下花园(早—中侏罗世古植物化石、构造-地貌及层型剖面)地质遗迹保护小区(A_1^{12})	下花园区
		阳原(泥河湾动物群化石、古人类文化遗址群及层型剖面)地质遗迹保护小区(A_1^{13})	阳原县
		涿鹿矾山(黄帝泉、重要矿石产地、古溶蚀面)地质遗迹保护小区(A_1^{14})	涿鹿县
		怀来(沙漠、古湖泊)地质遗迹保护小区(A_1^{15})	怀来县
		蔚县小五台-茶山(古夷平面)地质遗迹保护小区(A_1^{16})	蔚县
		蔚县飞狐峪-西甸子梁(空中草原)(古夷平面、岩溶峡谷峰林及断层崖等构造-地貌)地质遗迹保护小区(A_1^{17})	

续表 7-6

地质遗迹保护大区	地质遗迹保护分区	地质遗迹保护小区	县区级行政区
冀北地质遗迹保护大区（A）	承德地质遗迹保护分区（A_2）	围场塞罕坝-御道口（高原湖群、河源及沙漠地貌）地质遗迹保护小区（A_2^1）	围场县
		围场西龙头-棋盘山（早白垩世热河生物群化石、古火山机构及构造行迹）地质遗迹保护小区（A_2^2）	
		围场山湾子-清泉（早白垩世热河生物群化石）地质遗迹保护小区（A_2^3）	
		丰宁四岔口-森吉图（早白垩世热河生物群化石）地质遗迹保护小区（A_2^4）	丰宁县
		丰宁窟隆山-小坝子（花岗岩、沙漠地貌及古冰川遗迹）地质遗迹保护小区（A_2^5）	
		丰宁平顶山-化吉营（古冰川遗迹及早白垩世热河生物群化石及构造行迹）地质遗迹保护小区（A_2^6）	
		丰宁云雾沟-凤山（热河生物群化石、古冰川遗迹、铂矿产地、地质剖面）地质遗迹保护小区（A_2^7）	
		隆化张三营-韩麻营（早白垩世热河生物群化石及侵入岩剖面）地质遗迹保护小区（A_2^8）	隆化县
		滦平井上-碧霞山［侏罗纪（滦平龙等）—早白垩世热河生物群化石及丹霞地貌］地质遗迹保护小区（A_2^9）	滦平县
		承德大庙-高寺台（典型矿床、热河生物群化石、地质剖面及构造行迹）地质遗迹保护小区（A_2^{10}）	承德市、承德县、滦平县
		承德丹霞地质公园及外围（丹霞地貌、侏罗纪化石、构造剖面、古火山机构等）地质遗迹保护小区（A_2^{11}）	
		承德北大山（花岗岩石海-冰缘地貌）地质遗迹保护小区（A_2^{12}）	承德县
		承德下板城（寒武纪—奥陶纪古生物化石、古火山机构、构造行迹及地质剖面）地质遗迹保护小区（A_2^{13}）	
		平泉辽河源（湿地地貌及岩石剖面）地质遗迹保护小区（A_2^{14}）	平泉县
		平泉茅兰沟（早白垩世热河生物群化石及重要构造行迹）地质遗迹保护小区（A_2^{15}）	
		平泉山湾子-松树台（二叠纪—三叠纪层型剖面）地质遗迹保护小区（A_2^{16}）	
		兴隆国家地质公园及外围（岩溶溶洞、花岗岩地貌等）地质遗迹保护小区（A_2^{17}）	兴隆县
		承德鹰手营子-寿王坟（矿业遗址、侏罗纪古植物化石、岩溶地貌及古人类文化遗存）地质遗迹保护小区（A_2^{18}）	鹰手营子矿区
		宽城峪耳崖-东湾子（金矿产地、中元古代微古植物化石、大地构造行迹及层型剖面）地质遗迹保护小区（A_2^{19}）	宽城县
冀东地质遗迹保护大区（B）	唐山地质遗迹保护分区（B_1）	遵化省级地质公园及外围（大地构造行迹、重要构造运动及温泉）地质遗迹保护小区（B_1^1）	遵化市
		迁西国家地质公园-金厂峪国家矿山公园及外围（太古宙构造变形和层型剖面、金矿产地）地质遗迹保护小区（B_1^2）	迁西县
		迁安国家地质公园及外围（太古宙构造变形、古—中太古代层型剖面及晚更新世哺乳动物化石）地质遗迹保护小区（B_1^3）	迁安市
		唐山开滦国家矿山公园-古冶（地震遗址群、矿业遗址、古生代化石及层型剖面）地质遗迹保护小区（B_1^4）	唐山市（路南区、开平区、古冶区）

续表 7-6

地质遗迹保护大区	地质遗迹保护分区	地质遗迹保护小区	县区级行政区
冀东地质遗迹保护大区(B)	唐山地质遗迹保护分区(B_1)	滦县司家营-马城-长凝(太古宙构造变形、重要断裂构造)地质遗迹保护小区(B_1^5)	滦县
		曹妃甸(滨海湿地地貌)地质遗迹保护小区(B_1^6)	曹妃甸区
		乐亭菩提岛-滦河口(海岛地貌及滦河入海口三角洲地貌)地质遗迹保护小区(B_1^7)	乐亭县
	秦皇岛地质遗迹保护分区(B_2)	青龙都山(花岗岩地貌及重要侵入岩剖面)地质遗迹保护小区(B_2^1)	青龙县
		青龙双山子-木头凳(晚侏罗世燕辽生物群化石、太古构造变形和层型剖面)地质遗迹保护小区(B_2^2)	
		秦皇岛柳江国家地质公园及外围(古生代—中生代化石产地、花岗岩地貌、地质剖面等)地质遗迹保护小区(B_2^3)	抚宁县
		秦皇岛山海关-北戴河(海蚀-海积地貌、潟湖湿地)地质遗迹保护小区(B_2^4)	秦皇岛市(山海关区、海港区、北戴河区)
		昌黎黄金海岸-翡翠岛(海积地貌及潟湖湿地)地质遗迹保护小区(B_2^5)	昌黎县
冀中南地质遗迹保护大区(C)	保定地质遗迹保护分区(C_1)	涞水野三坡国家(世界)地质公园及外围地质遗迹保护小区(C_1^1)	涞水县
		涞源白石山国家(世界)地质公园及外围(大理岩构造峰林地貌)地质遗迹保护小区(C_1^2)	涞源县
		易县紫荆关-摩天岭(侵入岩、岩溶地貌及断裂构造)地质遗迹保护小区(C_1^3)	易县
		易县狼牙山(火山岩、岩溶地貌及滑覆构造)地质遗迹保护小区(C_1^4)	
		阜平大茂山(岩溶溶洞群、火山岩地貌、变质岩剖面及推覆构造)地质遗迹保护小区(C_1^5)	阜平县
		阜平天生桥国家地质公园及外围(变质岩地貌、瀑布群、古冰川遗迹及构造行迹)地质遗迹保护小区(C_1^6)	
		阜平大沙河(温泉、地质剖面、构造行迹及重要矿产地)地质遗迹保护小区(C_1^7)	
		顺平白银坨-唐县全胜峡(古冰川遗迹、瀑布群、河流景观带及宝玉石)地质遗迹保护小区(C_1^8)	顺平县
		曲阳虎山-灵山聚龙洞(岩溶地貌、中生代硅化木化石及古矿业遗址)地质遗迹保护小区(C_1^9)	曲阳县
		雄安新区白洋淀(湿地、湖泊地貌及地热)地质遗迹保护小区(C_1^{10})	雄安新区
	石家庄遗迹保护分区(C_2)	灵寿五岳寨省级地质公园及外围(岩溶地貌、古冰川遗迹)地质遗迹保护小区(C_2^1)	灵寿县
		平山驼梁-黑山大峡谷(古夷平面及变质岩地貌)地质遗迹保护小区(C_2^2)	平山县
		平山西柏坡-大台(太古宙构造运动行迹、地质剖面及古夷平面)地质遗迹保护小区(C_2^3)	
		平山天桂山-汹汹水-温塘(岩溶地貌、晚更新世哺乳动物化石、层型剖面及温泉)地质遗迹保护小区(C_2^4)	
		井陉仙台山(岩溶峰林地貌)地质遗迹保护小区(C_2^5)	井陉县
		井陉雪花山-挂云山(奥陶纪古生物化石、古冰川遗迹、岩溶泉及地质剖面)地质遗迹保护小区(C_2^6)	
		井陉苍岩山(嶂石岩地貌及层型剖面)地质遗迹保护小区(C_2^7)	
		赞皇嶂石岩国家地质公园及外围(嶂石岩地貌、构造运动行迹及地质剖面)地质遗迹保护小区(C_2^8)	赞皇县

续表 7-6

地质遗迹保护大区	地质遗迹保护分区	地质遗迹保护小区	县区级行政区
冀中南地质遗迹保护大区（C）	邢台地质遗迹保护分区（C_3）	临城国家地质公园及外围（岩溶地貌、碎屑岩地貌、构造运动行迹及地质剖面）地质遗迹保护小区（C_3^1）	临城县
		内丘太子岩（变质岩地貌及地质剖面）地质遗迹保护小区（C_3^2）	内丘县
		邢台峡谷群国家地质公园及外围（构造峡谷、岩溶峡谷及古冰川地貌）地质遗迹保护小区（C_3^3）	邢台县
		宁晋-隆尧宁晋泊（古湖泊）地质遗迹保护小区（C_3^4）	宁晋市、隆尧县
		任县大陆泽（古湖泊）地质遗迹保护小区（C_3^5）	任县
	邯郸地质遗迹保护分区（C_4）	武安国家地质公园及外围（岩溶、碎屑岩、火山熔岩地貌）地质遗迹保护小区（C_4^1）	武安市
		武安国家矿山公园及外围（古生代古生物化石、矿业遗址、岩矿石产地）地质遗迹保护小区（C_4^2）	武安市
		邯郸永年洼（古湖泊、沼泽湿地）地质遗迹保护小区（C_4^3）	永年区
		峰峰黑龙洞-磁县虎皮塆（岩溶泉及寒武纪—奥陶纪古生物化石）地质遗迹保护小区（C_4^4）	峰峰区
河北东部平原地质遗迹保护大区（D）	沧州地质遗迹保护分区（D_1）	任丘华北油田国家矿山公园（石油矿业遗址）地质遗迹保护小区（D_1^1）	任丘市
		黄骅南大港-张巨河-黄骅港（滨海湿地及古贝壳堤）地质遗迹保护小区（D_1^2）	黄骅市
		海兴小山-杨埕（第四纪古火山及滨海湿地）地质遗迹保护小区（D_1^3）	海兴县
	衡水地质遗迹保护分区（D_2）	衡水市衡水湖及周边（湖泊、黄河古河道及重要断裂构造）地质遗迹保护小区（D_2^1）	衡水市（桃城区、冀州区）

河北省省辖 11 个地级市，除廊坊市仅有 1 处重要地质遗迹未做规划外，其他 10 个地级市均进行了规划建议。其中，张家口市规划建议建立地质遗迹保护小区 17 处、承德市 19 处、唐山市 7 处、秦皇岛市 5 处、保定市 10 处（含雄安新区 1 处）、石家庄市 8 处、邢台市 5 处、邯郸市 4 处、沧州市 3 处、衡水市 1 处。对一些分散在保护规划区外的地质遗迹，可根据地质遗迹的类型特征等制定单独的保护措施进行保护。

3. 设立地质遗迹保护区的具体建议

(1) 地质遗迹保护区应由地质专家和规划人员共同实地考察后，再结合其他因素综合考虑最后确定：地质遗迹是地球在地质演化中遗留下来的纪录，它包含面极广，人类为了生存总会自觉或不自觉地不断破坏着这些遗迹，也不可能完全原样保留地球所有表面不受改变。列入所要保护的地质遗迹区是具有特殊科学意义、稀有性和美学价值的，能够代表某一地区的地质历史、地质事件和地质作用的地质遗迹。这些地质遗迹可以用来作为科学研究和对公众进行科普教育，使其认识公园所在地区大地变迁历史及其他知识难得的实物证据。应保护的地质遗迹区的选择应由地质专家和规划人员合作，一同实际考察初步划定，再结合其他因素综合考虑最后确定。

(2) 地质景观区应尽可能划入地质遗迹保护区范围：地质景观区指对游客具有吸引力、观赏性的地质景观、景点集中分布区。由地质作用形成的相对完整的地貌形态总是呈现一定区域范围的分布，如果这种地貌形态优美，或者壮观，或者奇特，引人入胜，不管分布在地表或地下（洞穴），具有景观价值的，都应列入地质遗迹保护区。地质景观区常常也是生态环境保护区，地质景观常与生态景观伴

第七章 地质遗迹保护与利用

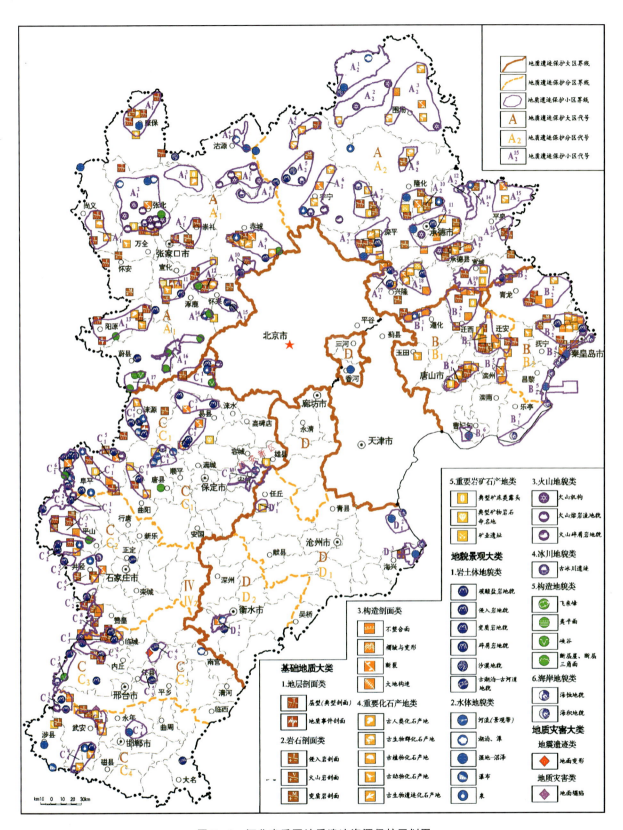

图7-2 河北省重要地质遗迹资源保护区划图

生,相互衬托,互为背景,构成优美、奇特观光景观,有的能成为提供游客体验的自然环境。这类区域都应划入地质遗迹保护区范围。

(3)其他有旅游价值的地质资源区域或其他景点(景区)应尽可能地划入地质遗迹保护区范围,如温泉分布区域,地热不仅是热能资源,不言而喻也是宝贵的旅游资源,如果在地质遗迹紧邻区域发现温泉,应划入公园区内进行合理利用,又如有保健医疗作用的矿泥、矿泉、盐池等分布区域也可划入地质遗迹保护区内。对于生态自然景区和历史人文景点,生态自然景区往往是与地质地貌景区重叠、相依相存的;历史人文景点可丰富地质公园的旅游景观,增加游览项目。

(4)地质遗迹保护区的范围应避开人口稠密的居民点:针对河北省是一个人口密度很高的省份,要特别注意在选择确定地质遗迹保护区范围时避开人口稠密的居民点(城镇或大村落)。

(5)在地质景观较分散时不刻意追求连成片而加大公园范围:在地质遗迹分布广而分散的区域(如热河生物群化石分布区),不可能为了将这些遗迹都划入公园内,而将其附近的成片区域都纳入园区内,从而加大公园的范围。从保护地质遗迹角度而言,只有重点保护、分级保护才能使最有科学价值的遗迹得到真正保护。科学的做法是有些远离主景区的重要地质遗迹区可以用建立"非地"的措施,单独设园区保护。

(6)需要时设立地质遗迹保护区的外围保护区:实践中,有些区域地质遗迹分布广而分散,且不宜被破坏。较好的解决措施就是将这些区域划为外围保护区或外围控制区,在这些区内由当地政府按照科学发展观,对群众进行宣传教育,保护生态环境,禁止生产性采石、采矿,区内居民照常生产、生活。同时,按照国家相关的保护自然生态环境的政策对当地居民给予适当合理补偿。通常的做法是按照地质遗迹分类,将一级、二级地质遗迹分布纳入地质遗迹保护区范围,而将其三级分布区划入外围保护区。设立外围保护区(或外围控制区)是解决地质遗迹保护区范围过大带来的一系列难题的较好策略。

三、地质遗迹分类保护建议

地质遗迹在地球上的分布规模大小不同、存在形态不同、遭受损坏的难易性不同、科学价值和景观价值不同,因此保护方法和措施也有很大差异。对地质遗迹的保护应该从实际出发,针对不同的情况,提出切实可行的措施,保护宝贵的地质遗产。现有地质遗迹分类是基于地质遗迹成因因素分类的方法而建立起来的分类体系,李同德(2007a,2007b)提出了按地质遗迹分布特征分类的构想,这种分类有利于与地质遗迹保护措施类型相对应。参照李同德的地质遗迹保护分类方法,结合河北省重要地质遗迹的类型特点,提出地质遗迹分类保护建议。

1. 地质遗迹保护分类

以地质遗迹分布的规模、形态等特征为主(这些特征常常与其科学价值和景观价值相联系,因而影响了对其保护的方式),综合其他因素,从保护地质遗迹和有利于安排保护措施的角度,对地质遗迹进行归纳分类。

(1)点状或线状出露并易受损坏(如典型地面剖面、古生物化石等)的地质遗迹:一般具有典型性、稀缺性,并易受破坏的地质遗迹都呈点状分布,少量呈线状分布,这些遗迹有的具有极高的科学价值,如重要地质剖面(建阶剖面)就是具有全球或区域对比标准价值的典型层型剖面点(如阳原泥河湾阶建阶剖面等);稀缺的生物化石(含人类化石)产地点(如阳原泥河湾古人类和古动物化石埋藏点、赤城县恐龙足迹出露点、丰宁县四岔口和森吉图早白垩世热河古生物群化石出露点等);贵重矿物〔如宣化上谷战国红玛瑙宝石、张家口橄榄(绿)宝石等贵重矿石〕及其典型产地;有的具有特别科学研究价值的地质现象,如兴隆高板河中元古代海底"黑烟囱"等。

(2)局部分布、具有典型特征(如石林、石蛋、地震遗址、火山机构、瀑布、古冰川、古贝壳堤等)的地质遗迹:这类地质遗迹分布范围中等(数平方千米以内),岩性较硬,处于天然缓慢风化或沉积生长中,除非人为故意破坏一般尚能保存,并具有较高的科研、科普价值和能给游客一种特特殊的体验,或能启迪人们认识地质灾害和防护自救知识。如各类石林、石蛋、石笋;典型的地震遗迹、火山、地裂、塌陷、沉降、崩塌、滑坡、泥石流等地质灾害遗迹;有特殊地质意义的瀑布、湖泊、古冰川、海岸等。唐山市里氏7.8级地震遗址、张北十字街(大岳岱、小岳岱、中华)渐新世—中新世古火山口群、崇礼接砂坝渐新世—中新世橄榄岩深源包体熔岩塞、赞皇县嶂石岩冻凌背玉瀑、灵寿县下彩虹瀑布、秦皇岛市北戴河鸽子窝岩质海岸地貌、昌黎县黄金海岸砂质海积地貌、黄骅张巨河古贝壳堤海积地貌、大名刘堤口-黄金堤(汉代)黄河古堤等,是此类地质遗迹的典型代表。

(3)分布范围宽广的(如山岳型地貌、湿地地貌等)地质遗迹:这类地质遗迹的分布范围大于数平方千米,有时达数百平方千米,地质地貌景观十分壮观,很有观赏价值,如丹霞、雅丹、岩溶、峰丛、峰林、黄土、湿地(潟湖)等地质景观。这类地貌除非人为大规模采石破坏,一般较易保护,但其生态环境脆弱,因人类不恰当的活动或过度开发可能造成对其生态环境和景观的破坏。在河北省的国家地质公园、自然保护区中,这类占的比例最大,如涞源白石山大理岩构造峰林地貌、承德丹霞地貌、赞皇嶂石岩地貌、易县狼牙山狼牙峰林、阜平县东下关天生桥变质岩地貌、平山县天桂山岩溶峰林地貌、昌黎七里海潟湖湿地、沽源县闪电河湿地等。

(4)形态空间相对完整(有一定空间范围,如溶洞洞穴、天生桥、峡谷等)的地质遗迹:由天然岩壁构成相对完整的空间,具有较高的科学价值、地质景观价值,如天坑、峡谷、溶洞及其他洞穴(穿洞、熔岩通道)等。这类地质地貌景观好区分,在各类地质公园或自然保护区中数量不少,如兴隆陶家台溶洞、易县狼牙山蚕姑坨岩溶穿洞、阜平东下关变质岩天生桥、涞水野三坡百里峡等。

(5)其他地质遗迹:主要是指具有保健价值的资源及产地,如温泉、矿泉等,具体的如遵化汤泉温泉、赤城温泉等。

2. 地质遗迹分类保护措施

现有的分级保护措施大体上是针对地质公园、风景名胜区或自然生态保护区的宏观保护措施,还没有具体针对地质遗迹和地质景观的具体措施,根据前述按地质遗迹分类提出各自相应的保护措施。

(1)点状或线状出露的地质遗迹:这类地质遗迹或地质景观一般价值很高,属最高保护等级,其最有效保护措施是与游客隔离,绝对不让进入、触摸。可用玻璃罩与游客完全隔离,游客在隔离设施外可看不可摸,只能在隔离设施外观看拍照,禁止游客进入造成对其损害。对重要化石等(如产于丰宁的华北金凤鸟化石等),可收入博物馆保护,特大无法搬运者(如赤城侏罗纪恐龙足迹等)可就地用隔离保护,允许游客在隔离设施外参观;对宝玉石、水晶、贵重矿石等,可收集样品陈列于博物馆保护,其产地应隔离,严格保护,严禁偷盗开采、破坏。

(2)局部分布的中小型地质景观:包括典型的石林、石蛋、瀑布、奇泉,以及典型地震、崩塌、泥石流和冰川遗迹等,这类局部分布的地质景观,一般不让游客进入,或排除危险后,有控制地允许游客进入考察、观光;规划可在附近安全地带安排指定线路或平台让游客观光。该类型景观保护方式是在景区内禁止采石、取土等以及其他对保护对象有损害的活动。

(3)呈大面积分布的地质景观:包括丹霞地貌、嶂石岩地貌、岩溶地貌、火山地貌等,这些地质景观允许游客进入观光,在规划核心区外可安排建设必要的旅游设施,如道路停车场、少量服务接待建筑等。保护方式是划出保护范围,作为地质公园园区,区内禁止采石、取土、开矿、放牧、砍伐以及其他对保护对象有损害的活动。

(4)形态空间相对完整空间的地质遗迹:这类空间一般是由较坚硬的岩石围成,包括各类洞穴、峡谷等。在保证其完整性的前提下,游客通过规划建设安排的步道进入其空间内观光,有时(如峡谷河流)游客可在规划的航道上漂流,体验大自然的神奇。该类地质遗迹保护方式是所有车行道路、建筑都不得进入其保护的空间内,更不得采石、取土等以及对构成空间的岩石有损害的活动。

(5)其他地质遗迹:如温泉、矿泉是重要的保健资源,在旅游业产品中是发展休闲健身娱乐建立度假村的重要资源条件。保护的方式是科学核定开采量,度假村的规模由允许的开采量来控制,以保证这些资源的永续利用;对资源产地的地形地貌严格保护不被破坏、环境不受污染,特别是对泉水水质严格保护不被污染。

以上5类地质遗迹又可分为易损地质遗迹和非易损地质遗迹两类,应根据其特征采取有针对性的措施,使地质遗迹得到真正切实有效的保护。对于具有典型、稀缺、极高科学价值并易受破坏的地质遗迹,如典型(建阶)剖面、稀缺的生物化石(含人类化石)产地点、贵重矿物(如陨石、宝石、玉石、水晶、贵重矿石等)及其典型产地,具有特别观赏价值的微型地质遗迹或地貌景观(如承德丹霞地质公园的棒槌山、双塔山;赤城、尚义、滦平等地的晚侏罗世恐龙足印遗迹出露点等)。它的保护措施是与游客隔离,禁止进入、触摸,也就是"特级保护";非易损地质遗迹除非人为破坏或采石采矿,一般的人类观光活动不会对其产生破坏性影响。保护方式是划出保护范围,范围内禁止采石、取土、开矿、开垦、砍伐以及其他对保护对象有直接损害的活动。对有景观价值的地质遗迹最好的保护方式是划定范围,禁止上述人为破坏活动,建立地质公园将其展示出来,从而得到真正有效保护。在对易损地质遗迹作出特殊的隔离保护措施后,可以将更多其他优美的地质景观展示给游客。但是不应该像建设城市公园那样,建设大量不适当的人工景观,从而破坏了自然视觉环境。

第三节　地质遗迹开发与利用建议

保护地质遗迹的有效方式之一就是合理而科学地开发、利用地质遗迹资源。地质遗迹要在保护的基础上实现合理利用,要科学划定保护区范围,在允许利用的区域内科学制定地质遗迹利用规划,建立与河北地方特色相适宜的开发利用模式。

一、河北省世界级地质遗迹的开发利用

1. 开展迁西古陆核地质遗迹专项调查和立典性研究,为提升迁安-迁西国家地质公园品级

如迁安-迁西国家地质公园内的迁西古陆核,是华北陆块上最古老的古陆核之一,太古宙地质体出露规模大、类型复杂;迁安市黄柏峪古太古代曹庄岩组、中太古代迁西岩群剖面、新太古代滦县岩群和朱杖子岩群等代表性剖面;太古宙至元古宙多期次的复杂岩浆活动(古老的TTG等)及其原始侵入接触关系等,是揭示地球早期地质作用的珍贵遗迹。广泛分布的中元古代长城系与太古宙片麻岩的不整合面(如迁安灵山五彩石是长城系的底砾岩,不仅具有观赏性强,科学研究价值更大),是太古宙向元古宙转换的珍贵地质记录。因此,依托迁安-迁西国家地质公园,联合中国地质科学院及相关大学建立前寒武纪地质研究基地,进行长期的"立典性"研究,以充分发挥其在国际前寒武纪地质科学研究中的重要作用,为提升迁安-迁西国家地质公园为世界地质公园提供条件。

2. 依托"泥河湾国家考古遗址公园"推动申报"泥河湾世界自然和文化双遗产地"

泥河湾是世界少有的研究新生代晚期各类地质事件和人类起源的天然博物馆,是一颗璀璨夺目的科学明珠。这里晚新生代(特别是第四纪)地层齐全,化石丰富,露头良好,为科学家研究距今3~2Ma以来地球演化、生物与人类进化的历史提供了丰富的"文物"。1924年在这里发现了著名的泥

河湾动物群和泥河湾层,1948年国际地质大会建议将泥河湾层和欧洲维拉弗朗层作为第四系下限,是国际标定的第四纪地层代表地点。目前,发现的遗址有百万年前、数十万年前、几万年前、一万年前的,是中国第四纪地质学、古人类学、旧石器考古学的圣地。在中国目前已经发现的25处距今100万年以上的早期人类文化遗迹中,泥河湾遗址群就占了21处。特别是2001年马圈沟遗址的发掘,首次发现距今约200万年前人类进餐的遗迹,把中国乃至亚洲人类历史推进至今200多万年前,其研究价值可与世界公认的人类起源地——东非的奥杜维峡谷相媲美。泥河湾记录了新近纪晚期至第四纪地球演化和生物、人类进化的历史是寻找早期人类化石的一处重要地区。泥河湾留下的这些地质遗迹资源珍稀、独特、罕见,在国内甚至在世界上都有着不可替代的重要自然和远古文化遗产,因此具备申报世界自然和文化双遗产的基础。

虽然泥河湾发掘研究工作取得了举世瞩目的成绩,在国内外产生着越来越大的影响,但是无论在考古调查发掘研究,还是在遗址群保护管理、宣传教育以及基础设施建设等方面,与泥河湾遗址群应有的地位和影响仍存在很大的差距。泥河湾的研究涉及第四纪地质及其环境演变研究和东方人类探源等重大学术问题,应该从地方眼光向世界视野转变(谢飞,2012),开放、提升,由国家级研究机构牵头,吸引国内外相关领域的顶尖队伍,提高其研究层次和水平,让泥河湾研究真正成为国际热点,尽快形成整体和规模效应,泥河湾所蕴含的人类起源及其文化内涵、生物进化、地质演变、气候变化等方面进行全方位揭示和系统研究。以建设"泥河湾国家考古遗址公园"为契机,由国家级层面牵头推动泥河湾申报世界自然和文化双遗产地工作。

3. 与辽宁省联合推动申报热河生物群世界自然遗产地和热河生物群世界地质公园

河北省承德北部、张家口东北部地区和辽西一带是热河生物群命名地及其化石的重要产地。白垩纪时期,这里特殊的地质环境使许多生物被定格在死亡的瞬间并得以保存,化石种类极其丰富,很多化石栩栩如生,20世纪初被国际地学界发现,称为热河生物群,是一个世界级的化石宝库,也被喻称为"中生代的庞贝城",为我们保存了1亿多年前生命的起源、繁盛与灭绝的演化历史。热河生物群化石及其产地作为世界级的地质遗迹,其重大科学价值无庸置疑,具备世界自然遗产地的条件。辽西一带的热河生物群重要化石的发现较多、影响较大,开发利用工作做的也较好;近年,冀北丰宁县一带,一些重要热河生物群化石也被陆续发现,如河北丰宁鸟、华美金凤鸟、阿氏燕兽等,开始引起国内外的关注。目前,冀北和辽西热河生物群化石发现和研究取得了一些重要进展,在国际上产生了较大的影响,但对热河生物群的研究工作来说才刚刚开始,新的化石还在不断地被发现,已经发现的许多重要化石的生物学和地质学意义,还等待国内外科学家去进一步探索。辽宁省辽西地区热河生物群化石产地也被评价为世界级地质遗迹(郭冬梅等,2018),并依此建立了朝阳鸟化石国家地质公园、辽宁锦州古生物化石和花岗岩国家地质公园、建昌省级地质公园,河北省也对热河生物群化石进行了保护规划等研究。冀辽两省应该联合加强与国家级相关研究机构的合作,共同推动热河生物群化石及其产地申报世界地质公园和世界自然遗产地。热河生物群不仅属于中国,更应该属于世界。

4. 深入挖掘大理岩构造峰林地貌的独特科学价值,提升国际知名度,推动其作为世界自然遗产的研究和申报工作

涞源白石山大理岩构造峰林地貌,以其独特的成因类型和地质地貌景观明显有别于其他峰林,是全国唯一的大理岩构造峰林地貌,也是一种新的地质地貌景观类型。该地貌形成的构造环境独特,整个山体呈现"双层结构":峰林下部为肉红色的燕山期花岗岩(距今约1.4亿年)基座;中、上部的中元古界蓟县系雾迷山组深灰色含燧石条带白云岩(距今约10亿年前形成),因受底部燕山期花岗岩侵入影响,发生接触热变质作用,经过重结晶和退色而成为大理岩,通体呈现白色,极为罕见。之后又在内外力作用下形成大理岩构造峰林地貌,岩峰奇异,千姿百态,集黄山之奇、华山之险、张家界之秀于一

身。研究认为,在如此独特构造环境下形成的白石山大理岩构造峰林,目前来看属国内仅有,在世界上也是少见的(聂泽同等,2002)。目前,白石山大理岩构造峰林地貌景观保存完好,核心区基本保持自然状态,集地质、森林、生态、人文历史于一体,岩石中还保存有古生物遗迹及古地震遗迹,有很高的科学、科普、美学价值。作为我国诸种峰林(如砂岩峰林、花岗岩峰林、土林、岩溶峰林等)中一种新的峰林类型,应吸引国内外地学界的广泛关注,进行深入研究。涞源白石山、涞水野三坡国家地质公园与北京房山国家地质公园联合申报成为世界地质公园,填补了河北省世界地质公园空白,但其在世界地质公园和广大游客中的存在感还不强,认知度也不高,应充分利用世界地质公园组织搭建的世界级交流平台,发挥世界地质公园在国际地质科学研究中的重要作用,加强国际交流合作,提升国际知名度,推动涞源白石山大理岩构造峰林地貌作为世界自然遗产的研究和申报工作。

5. 对太行山中段嶂石岩地貌、邢台峡谷群开展统一的立典性调查、研究,申报世界自然遗产;与山西省联合申报"中太行世界地质公园"

河北省石家庄西南和邢台西部与山西省晋城、长治、晋中一带接壤的太行山中段,发育独特的嶂石岩地貌、邢台峡谷群等地貌景观。山西省内黎城县黄崖洞嶂石岩地貌(评价为世界级)、左权麻田嶂石岩地貌与河北省内赞皇嶂石岩地貌(世界级)景观相连成片;山西省内的陵川锡崖沟峡谷(评价为世界级)、阳城析城山杨柏大峡谷、昔阳龙岩大峡谷与河北省邢台西部的贺家坪"邢台大峡谷(峡谷群)"(世界级)相接。

嶂石岩地貌作为一种红色碎屑岩地貌类型,气势磅礴、造型独特,河北省科学院地理研究所郭康1992年首次在赞皇县嶂石岩村一带发现并给予命名的。1993年,中国地理学会旅游地理专业委员会与嶂石岩风景名胜区等单位邀请著名地貌学家、地质学家、旅游地理学家,如罗来兴、崔之久、陈传康、杨逸畴、陈安泽、黄进、张林源、孙文昌、吴忱等十几位学者专门召开了嶂石岩地貌考察研讨会,专家们认为嶂石岩地貌可与丹霞地貌、张家界地貌并列为二三级地貌类型(郭康,1993)。陈安泽(1998)将嶂石岩地貌归为风景地貌大类中的层状硅铝质岩石景观类型。邢台峡谷群(可重新命名为中太行峡谷群)与嶂石岩地貌均发育在太行山中段的长城系常州沟组红色长石石英砂为主的岩层中,二者相伴而生。目前,嶂石岩地貌作为与丹霞地貌、张家界地貌并列的地貌类型被发现和揭示出来,在我国地貌学中的位置已经初步建立,对邢台峡谷群的研究还很少。嶂石岩地貌和邢台峡谷群可能代表了碎屑岩地貌的不同发展阶段,或因遭受地质作用不同造就了地貌类型的差异,二者之间是否存在成生关系,其深刻的地质内涵还有待揭示,因此需要对其发现地及典型地貌集中发育地区,统一开展多学科参与的"立典性"调查与研究,进一步揭示嶂石岩地貌和邢台峡谷群的科学价值、环境价值。在此基础上,整合太行山中段冀晋两省特色地质遗迹资源,联合推动中太行世界地质公园申报工作。千百年来嶂石岩地貌为人类提供了特殊的生存环境,也创造着别具特色的地方文化(郭康,2008),同时要进一步研究嶂石岩地貌和邢台峡谷群所在中太行地区独特的人文与自然的和谐之美,将其推向世界,提高其知名度,争取申报为世界自然遗产。

二、河北省地质公园、矿山公园的发展与开发利用

地质公园作为地质遗迹资源的一种重要利用方式,在保护地质遗迹与生态环境、发展地方经济与助力脱贫攻坚、推动地学科学研究与知识普及、提升国际交流深度与水平、宣传美丽地球故事等方面作用巨大。国家地质公园和世界地质公园的建立,为进一步加强地质遗迹的研究、保护和开发利用搭建了国家级和世界级交流平台,在开拓新的旅游资源、提高旅游业的科学含量、丰富旅游产品、提高旅游档次和提升地方知名度等方面起到了重要作用。

第七章 地质遗迹保护与利用

1. 以国家公园建设为契机,统筹规划地质公园的发展模式、提升级别,推进特色地质公园建设

河北省许多地质公园都有各自独特的地质遗迹类型,加强这些特色地质遗迹的立典性调查,与国内外同类型地质遗迹进行对比研究,科学、合理的确定地质遗迹的综合价值、特色,以提升地质公园的品级。同时以国家公园建设为契机,统筹规划地质公园的发展模式,提升级别,推进特色地质公园建设。

1)建议整合渤海西岸海岸带(秦皇岛-唐山-沧州,包括天津)各类地质遗迹等自然和人文资源要素,建立渤海西岸海洋(海岸带)国家(地质)公园

河北是一个资源大省、经济大省,但很多人或许并没有意识到,河北还是一个海洋大省,有约9 000 km^{2}的管辖海域总面积和占全国2.7%的海岸线长度。沿渤海西岸海岸带(秦皇岛-唐山-沧州,包括天津),砂岛(大蒲河口诸岛、滦河口诸岛、曹妃甸诸岛和大口河口诸岛等)、滨海潟湖湿地众多,保存有多道古贝壳堤遗迹(形成于高潮线附近,为古海岸的可靠地貌标志)和反映古黄河、海河、滦河等河流历史变迁的多处古三角洲,下面还埋藏着更新世晚期以来渤海数次海侵留下的遗迹(最大海侵层延伸到了雄安新区白洋淀附近)。渤海西岸这些曾经的沧海桑田,记录着更新世晚期以来渤海的变迁和古气候环境演变信息,众多滨海潟湖湿地的形成、砂岛的演变与海进和海退有密切关系。同时它是正在发生的气候环境变化及人类与自然关系的忠实记录者,其新生、消亡、扩张与退缩都是对地区环境变化的反映,是研究过去气候变化、环境演化历程和未来演化方向指示器。

随着海洋开发强度加大,人为因素对海岸带,尤其是潮间带的影响也越来越显著,局部岸段甚至超过了自然因素,成为影响海岸带特别是潮间带地貌变迁和沉积物运移的首要因素。如大口河外的多个贝壳砂岛受到严重破坏,有的已经消失。若不及时采取保护措施,这种学术上有很高价值、发育较为典型的贝壳砂岛将不复存在(顾建清,2005)。建议整合渤海西岸海岸带(秦皇岛-唐山-沧州,包括天津)各类地质遗迹等自然和人文等资源要素,建立渤海西岸海洋(海岸带)国家(地质)公园。科学有效地对海洋资源进行管理、保护与利用,充分展示河北作为沿海省份的天然禀赋。

2)推动承德城市国家(地质)公园建设

承德市位于燕山北侧的山间盆地和沟谷之中,环绕城市的山峦大多由红层砾岩(被地质学家命名为承德砾岩)构成,面积约400 km^2,属丹霞地貌,奇峰异石,自然形成,千姿百态,形成著名的磬锤峰、罗汉山、天桥山、双塔山等独特的丹霞地貌景观(评价为世界级地质遗迹),是我国北方丹霞地貌的代表。承德市城市周边除承德丹霞地貌外,还有1处世界级地质遗迹——承德大庙中元古代岩体型斜长岩,是中国唯一的独立岩体型斜长岩,有着极高的地学研究价值和意义。另外还有众多国家级地质遗迹资源,如早白垩世热河生物群化石及恐龙足印等古生物遗迹化石产地、著名的承德大庙黑山岩浆岩型铁矿、侏罗纪化石、构造剖面、古火山机构等。

承德市有两组规模宏大而又和谐统一的建筑组群,即闻名中外的避暑山庄和外八庙,是这一特定的自然地质、地理环境里的世界文化遗产。雄、险、奇、秀的山峰,遥相呼应,远近对景成众星拱月、百川归海之势。这种大自然和人共同构成的天地人合一、自然和谐的空域视廊关系恰似中华民族大团结、大一统的缩影。这一自然景观与人文艺术有机融合的朦胧美个性特征在中国南北方丹霞地貌之林里独树一帜,具有唯一性(陈宝森,2007)。承德市森林覆盖率达57.67%,居华北地区之首,形成了以皇家古典园林为品牌,以山体园林景观为特色的点、线、面结合,青山环绕,林城相彰,林水相依,林路相衬,林居相宜的城市森林生态系统,为国家园林城市。承德还是中国普通话标准音采集地,有中国摄影之乡、中国剪纸之乡的美誉。

承德市的地质遗迹资源丰富、品级高,名胜古迹荟萃,自然风光秀丽,四季气候皆宜,而且集首批世界文化遗产地、中国优秀旅游城市、首批中国历史文化名城之一等诸多桂冠于一身,构成了人类与

自然和谐相依的关系,是"地学·人居·生态"的典范。充分利用承德市的各种自然与人文资源,在地质、地理、环境、生态、历史、文物与考古、园林、建筑、民族、宗教、美学等多学科的深入研究与融合,以国家公园建设为契机,把自然、生态与人文等要素机地给合起来,统筹规划地质公园的发展模式、提升级别,推进特色城市国家(地质)公园建设,把承德市打造成一座立体化的具有山城特色的国家公园城市。

2. 加强地质公园在地学科研中的平台作用

对旅游开发相对比较成熟的地质公园,如涞水野三坡、涞源白石山、赞皇嶂石岩、承德丹霞、柳江盆地等国家地质公园或世界地质公园园区,要着眼地质公园的长远发展,在地质公园旅游收入中,设立专项地质等科学研究基金,根据各地质公园内蕴含的地质遗迹特点,建立特色地学科研基地,追踪相关学科的国际前沿,进行地质遗迹的基础理论和应用研究,提高我国地质科学研究水平和在国际地质学界地位,同时也为提升地质公园级别提供支撑。

3. 充分发挥地质公园、矿山公园在和科学普及中的重要作用

河北省的地质公园、矿山公园种类众多,留下了许多内涵丰富的珍贵地质遗迹,是人们了解地球家园历史、认识人类生存环境的重要平台,是开展研学旅游和科学普及的绝佳场所。如大众最为熟悉的恐龙在1.5~1亿年前是地球上的霸主,它为什么灭绝了,是陨石撞击?还是火山爆发?河北省北部,特别是丰宁一带,就有一个天然的课堂。需要思考如何利用这些地质遗迹,把其中蕴含的海陆变迁、沧海桑田的地球演化故事传播给大众,把地球环境变化与生物兴衰、演替的历史告诉人们。真正发挥地质公园、矿山公园科普功能,提高人们的环境意识,真正认识到青山绿水是无尽的财富,从而更好地保护地球家园。这些地质公园需要利用现代科技手段,改善研学环境和科普设施,实现地学知识通俗化;利用多种科普工具,加强受众的视觉、听觉等体验,加深受众对地质现象和地理过程的深刻认识;联合相关高校、科研院所的相关科研团体设计研学主题及线路和科普课程,请相关领域的专家或研究生作为志愿者参与其中,从而充分体现地质公园、矿山公园在科学普及中的价值。

三、引导推广创建地质文化村(镇)

地质文化村作为一个新生事物,创新了地质遗迹及其环境在保护利用中的共建、共享新方式,是地质遗迹资源保护与利用的新途径,也是地质工作服务经济社会发展的新方向,更是地质工作服务乡村振兴的大胆尝试。

2019年自然资源部中国地质调查局编制了《推进地质文化村(镇)建设总体工作方案(2019—2021年)》,对推动地质文化村(镇)建设进行了总体部署。提出按照"地质为基、文化为魂、融合为要、惠民为本"的基本定位,将地球故事与村民故事融合、农业地质与农耕文化融合、环境地质与村民生活融合,建设"空间开放、产业鲜明、生态宜居、文化丰富"的地质文化示范村(镇)。在建设模式上提出,根据乡村资源禀赋条件、社会经济发展水平以及产业发展特点,坚持"因地制宜、突出特色"的基本原则,秉承差异化的建设内容和发展方向,现阶段地质文化村(镇)建设可分为"地质+生态农业""地质+生态旅游""地质+生态康养""地质+自然教育""地质特色产业""地质+综合"6种类型。

阜平县不老台村作为河北省的第一个地质文化村建设示范项目将在2020年启动,应以此为起点,引导燕山、太行山区及坝上部分地区,选择既赋存丰富地质资源条件,又有地方特色文化的村(镇),因地制宜,依托乡村地质资源禀赋,深度挖掘地质作用与生态环境变迁、人类活动、特色农作物、特色资源等之间的关系,将地质科学、地方文化与乡村建设有机融合,建设人与自然和谐的地质文化村(镇)。推进地质文化村(镇)建设,要有整体观和可持续发展观,要防止千村一面,突出河北省的地

域特色与乡村文化的差异,紧跟时代形成各具特色的产业和经济发展模式,真正提升乡村生活品质和文化内涵,让地质文化村(镇)成为宜居、宜业、宜游。建设地质文化村(镇)是贯彻落实习近平生态文明思想的具体实践和探索,是实现乡村振兴和脱贫攻坚目标、建设美丽乡村、促进经济高质量发展的新途径,是普及地球科学知识、提高全民文化素质的新窗口。

主要参考文献

安广义,王桂霞,高献计,等.秦皇岛柳江盆地国家级地质公园旅游资源研究[J].河北林果研究,2005,20(3):305-308.

白瑾,黄学光,戴凤岩,等.中国前寒武纪地壳演化[M].北京:地质出版社,1993.

布莱恩·费根.世界史前史[M].杨宁,周幸,冯国雄,译.北京:北京联合出版公司,2017.

曹瑞骥,袁训来.叠层石[M].合肥:中国科学技术大学出版社,2006.

曹现志,李三忠,刘鑫,等.太行山东麓断裂带板内构造地貌反转与机制[J].地学前缘,2013,20(4):88-103.

曹现志.华北陆块中部新生代构造地貌演变过程与机制[D].青岛:中国海洋大学,2014.

曹正民,朱红.一种巨晶符山石的矿物学研究[J].岩石矿物学杂志,2000,19(1):69-77.

常利伟.白洋淀湖群的演变研究[D].长春:东北师范大学,2014.

陈安泽,卢云亭.旅游地质概论[M].北京:北京大学出版社,1991.

陈安泽.中国国家地质公园建设的若干问题[J].资源与产业,2003,5(1):58-64.

陈安泽,卢云亭,张尔匡,等.旅游地学大辞典[M].北京:科学出版社,2013.

陈斌,田伟,刘安坤,等.冀北小张家口基性—超基性杂岩的成因:岩石学、地球化学和 Nd-Sr 同位素证据[J].高校地质通报,2008,14(3):295-303.

陈晋镳,张惠民,朱士兴,等.蓟县震旦亚界研究[M]//中国震旦亚界.天津:天津科学技术出版社,1980.

陈利江,徐全洪,赵燕霞,等.嶂石岩地貌的演化特点与地貌年龄[J].地理科学,2011,31(8):964-968.

陈丽红,张璞,武法东,等.河北承德丹霞地貌国家地质公园地质遗迹景观及其旅游地学意义[J].地球学报,2015,36(4):500-506.

陈望和,倪明云.河北第四纪地质[M].北京:地质出版社,1987.

陈世悦,刘焕杰.华北晚古生代海平面变化研究[J].岩相古地理,1995,15(5):14-21.

陈琢.河北省天桂山地区喀斯特地貌形成演化[D].石家庄:河北师范大学,2010.

陈呈,於晓晋,王时麒.河北唐河透闪石玉的宝石学特征及矿床成因[J].宝石及宝石学杂志,2014,16(3):1-11.

陈婷.河北省赤城县和丰宁县温泉研究[D].北京:中国地质大学(北京),2014.

初航,王惠初,荣桂林,等.冀东地区含大量始太古代碎屑锆石的太古代铬云母石英岩再次发现及地质意义[J].科学通报,2016,61(20):2 299-2 308.

崔之久,李洪江,南凌,等.内蒙古、河北巨型壶穴与赤峰风道的发现[J].科学通报,1999,44(13):1 429-1 434.

崔之久,李德文,冯金良,等.夷平面研究的再评述[J].科学通报,2001,46(21):1 761-1 768.

崔之久,陈艺鑫,张威,等.中国第四纪冰期历史、特征及成因探讨[J].第四纪研究,2011,31(5):750-759.

崔之久.混杂堆积与环境[M].石家庄:河北科学技术出版社,2013.

大港油田地质研究所.滦河冲积扇-三角洲沉积体系[M].北京:地质出版社,1985.

邓晋福,赵国春,苏尚国,等.燕山造山带燕山期构造叠加及其大地构造背景[J].大地构造与成矿学,2005,29(2):157-165.

邓晋福,苏尚国,刘翠,等.关于华北克拉通燕山期岩石圈减薄的机制与过程的讨论:是拆沉,还是热侵蚀和化学交代[J].地学前缘,2006,13(2):105-119.

邓晋福,苏尚国,刘翠,等.华北太行—燕山—辽西地区燕山期(J—K)造山过程与成矿作用[J].现代地质,2007,21(2):232-240.

邓运川.河北任丘石油地质矿山公园将建成开园[J].中国花卉园艺,2012(14):10.

丁志礼,郭延强,秦亚维,等.武安市西石门铁矿矿床成矿环境及矿床成因浅析[J].河北地质,2014,3:17-19.

丁文君,陈正乐,陈柏林,等.河北迁安杏山铁矿床地球化学特征及其对成矿物质来源的指示[J].地质力学学报,2009,15(4):363-373.

董瑞杰.沙漠旅游资源评价及风沙地貌地质公园开发与保护研究[D].西安:陕西师范大学,2013.

董颖,曹晓娟,郭湘艳.中国地质遗迹资源保护[J].中国地质灾害与防治学报,2010(6):114-117.

董颖,曹晓娟.贵州黔东南苗岭国家地质公园地质遗迹特征[J].中国地质灾害与防治学报,2010,2(2):129-132.

董玉祥,黄德全.河北昌黎翡翠岛海岸沙丘移动的初步观测[J].中国沙漠,2013,33(2):486-492.

杜汝霖,李培菊.燕山西段震旦亚界[M]//中国震旦亚界.天津:天津科学技术出版社,1980.

杜汝霖,李凤臣,李培菊,等.冀西北长城纪宣龙式铁矿层中微体化石的发现及其意义[J].地质评论,1992,38(2):184-190.

段吉业,刘鹏举,夏德馨.浅析华北陆块中元古代—古生代构造格局及其演化[J].现代地质,2002,16(4):331-338.

段永侯.渤海海岸带变迁及其环境地质效应[J].水文地质工程地质,2000(3):1-5.

地质矿产部.地质遗迹保护管理规定[Z].北京:地质矿产部,1995.

樊克锋,杨东潮.论太行山地貌系统[J].长春工程学院学报(自然科学版),2006,7(1):51-53.

范文博.华北克拉通中元古代下马岭组地质特征及研究进展[J].地质评论,2015,61(6):1 383-1 406.

范兴利.海底黑烟囱成矿过程及其与生命起源研究评述[J].中山大学研究生学刊(自然科学、医学版),2013,34(1):54-60.

范颖,潘林,陈诗越.历史时期黄河下游洪泛与河道变迁[J].江苏师范大学学报(自然科学版),2016,34(4):7-10.

冯金良,崔之久,朱立平,等.夷平面研究评述[J].山地学报,2005,23(1):1-13.

冯石岗,梁思远.桑干河流域人类文明起源价值探索[J].湖南人文科技学院学报,2015(5):78-83.

冯增昭,王英华,刘焕杰,等.中国沉积学[M].北京:石油工业出版社,1994.

冯家麟,谢漫泽,张红,等.汉诺坝玄武岩及其深源包体[J].河北地质学院学报,1982(1/2):45-63.

冯军,李江海,陈征,等."海底黑烟囱"与生命起源述评[J].北京大学学报(自然科学版),2004,40(2):318-325.

高林志,丁孝忠,庞维华,等.中国中—新元古代地层年表的修正-锆石U-Pb年龄对年代地层的制约[J].地层学杂志,2011,35(1):1-7.

高润,路紫.河北省太行山区景观地貌与旅游资源分布关系[J].山东师范大学学报(自然科学版),2008,23(4):90-95.

高亚峰,焦慧元.太行山嶂石岩地貌与云台山地貌特征[J].城市地质,2007,2(4):44-48.

高善明,李元芳,安凤桐,等.滦河三角洲滨岸沙体的形成和海岸线变迁[J].海洋学报,1980,2(4):102-114.

高善明.滦河口北岸海岸沙丘的形成时代[J].海洋湖沼迅报,1983,3:29-32.

高素改.河北坝上高原湖淖时空演化规律及其驱动力分析[D].石家庄:河北师范大学,2018.

葛肖虹,王敏沛.西去泥河湾——解读古人类与燕山隆升的历史[J].自然杂志,2010,32(5):294-299.

耿元生,沈其韩,任留东.华北克拉通晚太古代末—古元古代初的岩浆事件及构造热体制[J].岩石学报,2010,26(7):1 945-1 966.

耿元生,陆松年.中国前寒武纪地层年代学研究的进展和相关问题[J].地学前缘,2014,21(2):102-118.

耿秀山.黄渤海地貌特征及形成因素探讨[J].地理学报,1981,36(4):423-434.

宫进忠.华北地区人类文化遗址的地球化学环境演变[J].地球科学进展,2012,27(10):1153-1160.

顾建清.河北省海岛动力地貌分析[J].河北省科学院学报,1997,2:26-34.

关晓锋,徐云富,王朝辉,等.水厂铁矿绿色矿山建设实践及绿色发展规划[J].现代矿业,2018,12:52-55.

郭康.嶂石岩地貌之发现及其旅游开发价值[J].地理学报,1992,47(5):461-471.

郭康,吴忱,许清海,等.嶂石岩地貌及持续利用问题[J].地理学与国土研究,1999,15(4):31-35.

郭康,邸明慧.嶂石岩地貌的理论研究与开发利用[J].地理与地理信息科学,2008,24(3):79-82.

郭盛乔,曹家栋,张静,等.宁晋泊地区全新世温暖期以来气候与环境变化研究[J].地球学报,1998,19(4):364-369.

郭盛乔,王苏民,杨丽娟.末次盛冰期华北平原古气候古环境演化[J].地质论评,2005,51(4):423-427.

郭冬梅,宋超,贾旭,等.辽宁省重要地质遗迹[M].武汉:中国地质大学出版社,2017.

郭威,丁华.论地质旅游资源[J].西安工程学院学报,2001,23(3):60-63.

郭建强.初论地质遗迹景观调查与评价[J].四川地质学报,2005,2(3):102-109.

国土资源部地质环境司.中国国家地质公园建设技术要求和工作指南(试行)[M].北京:地质出版社,2002.

管康林.生命起源与演化[M].杭州:浙江大学出版社,2012.

韩慕康.中国夷平面研究的新进展[J].地理学报,2001,56(6):741-742.

韩同林,劳雄,郭克毅.河北省丰宁县喇嘛山冰臼群的发现及意义[J].中国区域地质,1998,1:102.

韩同林.驳施雅风"冰臼""负球状风化"成因论[J].地质论评,2010,56(4):538-542.

韩宝福.河北平泉光头山碱性花岗岩的时代、Nd-Sr同位素特征及其对华北早中生代壳幔相互作用的意义[J].岩石学报,2004,20(6):1 375-1 388.

和政军,宋天锐,丁孝忠,等.北京及邻区长城纪火山事件的沉积记录[J].沉积学报,2000,18(4):510-520.

和政军,牛宝贵,张新元,等.北京密云元古宙常州沟组之下环斑花岗岩古风化壳岩石的发现及其碎屑锆石年龄[J].地质通报,2011,30(5):798-802.

河北省地质矿产局.河北第四纪地质[M].北京:地质出版社,1987.

河北省地质矿产局.河北省北京市天津市区域地质志[M].北京:地质出版社,1989.

河北省区域地质矿产调查研究所.中国区域地质志(河北志)[M].北京:地质出版社,2017.

河南省地质矿产局.河南省区域地质志[M].北京:地质出版社,1989.

河北省地质矿产勘查开发局.河北省地质·矿产·环境[M].北京:地质出版社,2006.

河北地质职工大学,河北省国土资源厅.柳江盆地——神奇的地质景观[M].北京:地质出版社,2014.

郝奕玮,骆满生,徐增连,等.华北陆块新元古代—中生代沉积盆地划分及其构造演化[J].地球科学,2014,39(8):1 230-1 242.

候贵延,钱祥麟,宋新民.渤海湾盆地形成机制研究[J].北京大学学报(自然科学版),1998,34(4):503-509.

候贵延.华北基性岩墙群的古地磁极及其哥伦比亚超大陆重建意义[J].岩石学报,2009,25(3):650-658.

候贵延.华北基性岩墙群[M].北京:科学出版社,2012.

候奎,陈志明,于洁.宣龙式铁矿矿石组构特征及蓝藻对铁的富集作用[J].地质科学,1983,3:246-251.

候绪恩,王彦文.浅谈旅游景点祖山地理地貌的景观因素[J].中学地理教学参考,2014,3:72.

胡桂明,王守伦,谢坤一,等.华北陆台北缘陆块构造与金铁矿产[M].北京:地质出版社,1998.

胡俊良,赵太平,徐勇航,等.华北克拉通大红峪组高钾火山岩的地球化学特征及其岩石成因[J].矿物岩石,2007,27(4):70-77.

胡静梅.河北宣化"战国红"玛瑙的宝石学特征研究[D].北京:中国地质大学(北京),2015.

胡醒民,班长勇.中华人民共和国区域地质调查报告(1:250 000张北县幅)[R].石家庄:河北省地质调查院,2004.

洪作民.试论辽宁地壳运动[J].辽宁地质,1984(1):1-14.

洪光.河北丰宁地区白垩纪热河生物群自然保护区规划研究[D].沈阳:东北大学,2011.

黄汲清.中国大地构造及其演化(1:400万中国大地构造图说明书)[M].北京:科学出版社,1980.

黄学光.燕山中、新元古代沉积盆地构造演化[J].地质调查与研究,2006,29(4):263-270.

黄雄南,李江海,陈征,等.冀东遵化新太古代蛇绿混杂岩带岩石学与构造特征[J].北京大学学报(自然科学版),2003,39(2):200-209.

霍延安,苏尚国,杨誉博,等.中生代华北克拉通岩石圈减薄的证据—以河北武安固镇杂岩体为例[J].岩石学报,2019,35(4).889-1 014.

吉云平,王贵玲.泥河湾盆地第四纪古湖最终消亡过程研究[J].地球学报,2017,38(增刊1):38-42.

江娃利,聂宗笙.太行山山前断裂带活动特征及地震危险性讨论[J].华北地震科学,1984,2(3):21-27.

姜焰凌.我国丹霞地貌旅游资源的空间分布及特点[J].中学地理教学参考,2015,10:67-68.

姜锋,李志忠,靳建辉,等.河北昌黎典型海岸沙丘的沉积构造及其发育模式[J].海洋学报,2016,38(7):107-116.

姜加明,吴敬禄,沈吉.安固里淖沉积物记录的气候环境变迁[J].地理科学,2004,24(3):346-351.

贾丽云,张绪教,杨东潮,等.河南云台山世界地质公园红石峡谷形成年代研究[J].地球学报,2014,35(5):635-642.

贾承造,雷永良,陈竹新.构造地质学的进展与学科发展特点[J].地质论评,2014,60(4):709-720.

康玉柱.中国古大陆形成及古生代演化特征[J].天然气工业,2010,30(3):1-7.

康志娟,韦金玉,雷玮琰,等."唐河玉"的宝石学特征[J].宝石及宝石学杂志,2019,21(6):50-57.

康子林,李树琳,池映梅,等.丰宁满族自治县森吉图-四岔口盆地省级自然保护区热河生物群化石资源详查[R].廊坊:河北省区域地质矿产调查研究所,2009.

康子林,李树琳,池映梅,等.围场清泉盆地古生物化石资源详查与保护[R].廊坊:河北省区域地质矿产调查研究所,2010.

康子林,李树琳,池映梅,等.丰宁凤山盆地热河生物群化石资源详查[R].廊坊:河北省区域地质矿产调查研究所,2011.

康子林,李树琳,池映梅,等.青龙县木头凳地区化石资源调查[R].廊坊:河北省区域地质矿产调查研究所,2012.

孔源,宋凯,郝晓圆.浅谈邯邢式铁矿铁的来源[J].科技视界,2013,7:157-158,189.

雷世和,胡胜军,赵占元,等.河北阜平、赞皇变质核杂岩构造及成因模式[J].河北地质学院学报,1994,17(1):54-64.

雷庆,刘定坤,李圣,等.太行山的地貌特征及成因分析——以太行山中、南段嶂石岩地貌为例[J].科技创新与应用,2019,9:7-79.

李重阳,廖雨竹,万玉亭,等.河北省崆山白云洞喀斯特景观保护研究[J].地球科学前沿,2018,8(1):68-79.

李国权,高丽萍,张毅杰,等.河北丰宁云雾山森林公园种子植物区系统研究[J].林业与生态科学,2018,33(4):387-394.

李潘,刘海峰,潜伟,等.GIS在北京延庆大庄科辽代冶铁遗址群景观考古研究中的初步应用[J].文物保护与考古科学,2016,28(3):86-92.

李鹏举,邱骏挺,陈一君,等.遥感技术在地质公园与地质遗迹调查评价中的应用——以川南地区为例[J].资源开发与市场,2016,32(5):513-517,539.

李明辉,郑光琳.河北曲阳灵山溶洞成因浅析[J].科技资讯,2007,24:218.

李延祥,杨巍,王峰.河北承德寿王坟古铜矿冶遗址考察[J].有色金属,2007,59(3):120-124.

李三忠,索艳慧,戴黎明,等.渤海湾盆地形成与华北克拉通破坏[J].地学前缘,2010,17(4):64-89.

李三忠,李玺瑶,戴黎明,等.前寒武纪地球动力学(Ⅵ):华北克拉通形成[J].地学前缘,2015,22(6):77-96.

李江海,T KUSKY,黄雄南,等.冀东新太古代蛇绿岩套基本特征的初步报道[J].岩石学报,2001,11(3):422-424.

李江海,冯军,牛向龙,等.华北中元古代硫化物黑烟囱发现的初步报道[J].岩石学报,2003,19(1):167-168.

李江海,初凤友,牛向龙,等.河北兴隆中元古代硫化物黑烟囱群发现及其地质成因[J].自然科学进展,2005,15(2):179-191.

李江海,牛向龙,程素华,等.大陆克拉通早期构造演化历史探讨:以华北为例[J].地球科学,2006,31(3):285-293.

李俊建,罗镇宽,燕长海,等.华北陆块的构造格局及其演化[J].地质找矿论丛,2010,25(2):89-100.

李君文.环渤海湾地区下古生界层序岩相古地理特征及演化[D].成都:成都理工大学,2007.

李颖,陈遒刚,郭友钊,等.岩浆活动在太行山地区对峰林、嶂谷地貌形成过程的控制作用[J].长春工程学院学报(自然科学版),2009,10(1):81-84.

李培英,徐兴永,赵松龄.中国海岸带黄土与冰川遗迹[M].北京:海洋出版社,2008.

李建芬,商志文,王福,等.渤海湾西岸全新世海面变化[J].第四纪研究,2015,35(2):243-264.

李京森,康宏达.中国旅游地质资源分类、分区与编图[J].第四纪研究,1999(3):246-253.

李中如.《关于保护开发泥河湾遗址群的建议》提出前后[J].文史精华,2010,增(1/2):99-102.

李同德.地质公园规划概论[M].北京:中国建筑出版社,2007a.

李同德.地质遗迹保护分类及其保护措施[C]//旅游地学论文集第十三集.北京:中国林业出版社,2007b.

李怀坤,蔡云龙.地调局天津中心地球早期多细胞真核生物起源和演化研究取得突破性进展[J].地质调查与研究,2016,39(2):94-95.

李绍炳,刘德林,许建恩,等.华北几个地震带内强震迁移活动与断块掀斜运动[J].华北地震科学,1984,2(4):15-24.

李永项,张云翔,孙博阳,等.泥河湾新发现的早更新世真马化石[J].中国科学:地球科学,2015,45(10):1 457-1 468.

李立兴,李厚民,崔艳合,等.河北高寺台含铬超基性岩杂岩体成岩成矿时代及岩石成因[J].岩石学报,2012,28(11):3 757-3 771.

李小伟,莫宣学,黄丹峰,等.河北兴隆王坪石正长花岗岩地球化学特及成因研究[J].地质学报,2010,84(5):682-693.

李晓峰.河北野三坡国家地质公园开发潜力评价研究[D].北京:中国地质大学(北京),2014.

李长民,邓晋福,苏尚国,等.冀北水泉沟岩体西段锆石U-Pb年代学及Hf同位素研究[J].岩石学报,2014,30(10):3 301-3 314.

李伦,杨永强,杨崇辉,等.赞皇地区~2.5Ga A型花岗岩的成因及构造背景:以黄岔岩体为例[J].岩石学报,2017,33(9):2 850-2 866.

李燕.荒漠化动态变化及驱动机制对比研究——以张家口坝上和都阳山山区为例[D].南宁:广西师范学院,2017.

李攻科,王卫星,杨峰田,等.河北遵化汤泉地热田成因模式[J].现代地质,2015,29(1):221-228.

李霄汉,张天才,张振荣,等.河北省海岸带资源及开发利用研究[J].中国农业资源与区划,2015,36(4):104-112.

李世瑜.古代渤海湾西部海岸遗迹及地下文物的初步调查研究[J].考古,1962(12):652-657.

李屹峰,雷勇,张炜,等.山西省重要地质遗迹[M].武汉:中国地质大学出版社,2017.

李洪江,崔之久,赵亮.内蒙、河北山区壶穴的成因探讨[J].地理学报,2001,56(3):192-199.

梁定益,赵崇贺,聂泽同,等.河北省涞水县野三坡国家地质公园:地质遗迹的地质意义和4期节理的导控作用[J].地质通报,2005,24(2):189-195.

梁登,李明路,夏柏如,等.中国矿业遗迹研究综述[J].中国矿业,2013,22(12):64-67.

梁清玲,江思宏,刘翼飞.冀西北猴顶A型花岗岩成因:岩石地球化学、锆石U-Pb年代学及Sr-Nd-Pb-Hf同位素制约[J].地质论评,2013,59(6):1 119-1 130.

梁瑞,张秀云,赵军,等."宣龙式"铁矿地质特征及其成因分析[J].国土资源,2013(1):135-140.

梁瑞,杨恒学,徐超.河北省康保县肉形石地质特征及成因分析[J].河北地质,2017(2):25-26.

梁彦霞.野三坡国家地质公园地质遗迹资源评价及可持续发展研究[D].北京:中国地质大学(北京),2014.

刘东升.黄土与环境[M].北京:科学出版社,1985.

刘东升.介绍《中国第四纪冰川与环境变化》[J].第四纪研究,2007,27(3):474.

刘敦一,Nutman A P,Williams I S 中国鞍山和冀东地区老于3.8Ga地质记录的发现[A]//中国地质科学院地质研究所论文集,1992,23:8-98.

刘敦一,万渝生,伍家善,等.华北克拉通太古宙地壳演化和最古老的岩石[J].地质通报,2007,26(9):1 131-1 138.

刘芳圆,崔俊辉,陈立江,等.华北平原地貌区划新见[J].地理与地理信息科学,2009,25(4):100-103.

刘武旭.中国冀东麻粒岩相片麻岩的35.6亿年年龄[J].科学通报,1992(7):631-632.

刘树文,梁海华,赵国春,等.太行山早前寒武纪杂岩的同位素年代学和地质事件[J].中国科学(D辑),2000,30(1):18-24.

刘艳霞,黄海军,董慧君,等.渤海西南岸全新世最大海侵界线及其地貌特征[J].第四纪研究,2015,35(2):340-353.

刘健,赵越,柳小明.冀北承德盆地髫髻山组火山岩的时代[J].岩石学报,2006,22(11):2 617-2 630.

刘海坤,王法岗,徐建明,等.华北地区晚新生代几个地层单元的讨论[J].地球学报,2009,30(5):571-580.

刘海松.地貌学及第四纪地质学[M].北京:地质出版社,2013.

刘晓波,刘少峰,林成发.冀西北赤城-宣化盆地土城子组沉积特征及盆缘构造分析[J].吉林大学学报(地球科学版),2016,46(5):1 297-1 311.

刘岩,钟宁宁,田永晶,等.中国最老古油藏——中元古界下马岭组沥青砂岩古油藏[J].石油勘探与开发,2011,38(4):503-512.

刘振锋.河北省赤城县温泉环斑花岗岩的地质特征及形成时代[J].中国地质,2006,33(5):1 052-1 057.

刘源,江思宏,陈春良,等.河北承德甲山正长岩成因的Sr-Nd-Pb-Hf同位素制约[J].岩石矿物学杂志,2015,34(1):14-34.

刘富,郭敬辉,路孝平,等.华北克拉通2.5Ga地壳生长事件的Nd-Hf同位素证据:以怀安片麻岩地体为例[J].科学通报,2009,54(17):2 517-2 526.

刘福珍.河北滦平盆地丹霞地貌特征及成景因素研究[D].北京:中国地质大学(北京),2018.

刘福寿.滦河下游冲积扇三角洲发育与构造特征的关系[J].海岸工程,1989,8(4):44-49.

刘硕,朱晓敬,王蕾.平泉县地质遗迹景观资源类型与空间分布及成因浅析[J].河北企业,2014(4):53-54.

刘扬正,郭友钊.涞源白石山[M].石家庄:河北美术出版社,2015.

刘光,李俊录,程海峰,等.张家口西北坝沿一带晚更新世冰川遗迹的首次发现及地质意义[R].石家庄:河北省地矿局,2019.

刘林敬,李长安,介冬梅,等.中—晚全新世以来安固里淖气候演变的植硅体记录[J].地球科学,2018,43(11):4 138-4 148.

刘振杰.河北衡水湖湿地水环境分析及综合防治对策[D].北京:中国农业大学,2005.

刘超.基于旅游生态学的湿地保护与开发研究——以北戴河新区七里海湿地为例[D].邯郸:河北工程大学,2011.

柳汉丰,尹国胜.地层古生物基础[M].北京:地质出版社,2014.

林玉祥,孟彩,韩继雷,等.华北陆块区古近纪—新近纪岩相古地理特征[J].中国地质,2015,42(4):1 058-1 067.

林畅松,夏庆龙,施和生,等.地貌演化、源-汇过程与盆地分析[J].地学前缘,2015,22(1):9-19.

凌存华.建设开滦国家矿山公园,全力发展文化创意产业[J].文化视窗,2013(2):156.

龙梅雪.中国三大砂岩地貌[J].科技信息,2010(21):46.

陆景冈,等.旅游地质学[M].北京:中国环境科学出版社,2003.

陆松年,杨春亮,李怀坤.华北古大陆与哥伦比亚超大陆[J].地学前缘,2002,9(4):225-233.

陆松年,李怀坤,陈志宏,等.新元古时期中国古大陆与罗迪尼亚超大陆的关系[J].地学前缘,2004,11(2):515-523.

陆松年,李怀坤,相振群,等.中国中元古代同位素地质年代学研究进展述评[J].中国地质,2010,37(4):1 002-1 013.

陆松年,郝国杰,相振群.前寒武纪重大地质事件[J].地学前缘,2016,23(6):109-124.

路增龙,宋会侠,杜利林,等.华北克拉通阜平杂岩中~2.7Ga TTG片麻岩的厘定及其地质意义[J].岩石学报,2014,30(10):2 872-2 884.

鲁艳明,李广栋,高尚,等.河北省古生物化石资源调查评价与保护规划编制(2015—2025年)[R].廊坊:河北省区域地质矿产调查研究所,2016.

罗增智,肖松,王立新.古生物地史学[M].北京:地质出版社,2007.

罗镇宽,苗来成,关康,等.冀东都山花岗岩基及相关花岗岩脉SHRIMP锆石U-Pb定年及其意义[J].地球化学,2003,32(2):173-180.

罗镇宽,苗来成,关康,等.河北张家口水泉沟岩体SHRIMP年代学研究及其意义[J].地球化学,2001,30(2):116-122.

罗成德,王付军.中国丹霞地貌的区域差异[J].乐山师范学院学报,2013,28(9):67-71+102.

吕大炜,李增学,刘海燕.华北陆块晚古生代海侵事件古地理研究[J].湖南科技大学学报(自然科学版),2009,24(3):16-22.

吕洪波,章雨旭.壶穴、锅穴、冰臼、岩臼等术语的辨析与使用建议[J].地质通报,2008,27(6):917-922.

马寅生.燕山东段—下辽河地区中新生代盆山构造演化[J].地质力学学报,2001,7(1):79-91.

马旭,陈斌,陈家富.华北克拉通北缘晚古生代岩体的成因和意义:岩石学、锆石U-Pb年龄、Nd-Sr同位素及锆石原位Hf同位素证据[J].中国科学:地球科学,2012,42(12):1 830-1 850.

孟元库,汪新文,陈杰.太行山新生代构造隆升的地质学证据——来自沁水盆地沁参1井的磷灰石裂变径迹证据[J].桂林理工大学学报,2015,35(1):15-28.

孟世凯."涿鹿之战"中的蚩尤[J].重庆文理学院学报(社会科学版),2011,30(4):1-3.

孟庆鹏,贺元凯,张文,等.华北陆块北缘古大洋闭合时间的限定[J].地质通报,2013,32(11):1 749-1 759.

孟宪岐.承德北大山[J].绿色文苑,2004(11):46.

闵隆瑞,迟振卿,朱关祥,等.河北阳原盆地南缘第四纪晚期活动断裂的确定及其意义——纪念黄汲清教授诞辰100周年[J].第四纪研究,2004,24(4):409-412.

闵隆瑞,张宗祜,王喜生,等.河北阳原台儿沟剖面泥河湾组底界的确定[J].地层学杂志,2006,30(2):103-108.

牛树银.太行山阜平、赞皇隆起是中新生代变质核杂岩[J].地质科技情报,1994,13(2):15-16.

牛树银,孙爱群,张建珍.华北陆块的形成与构造演化史[J].地学前缘,1997,4(3/4):291-298.

牛宝贵,和政军,宋彪,等.张家口组火山岩SHRIMP定年及其重大意义[J].地质通报,2003,22(2):140-141.

牛树银,真允庆,张福祥,等.华北克拉通复合地幔柱构造与成矿成藏作用[J].河北地质大学学报,2018,41(1):1-33.

牛平山,刘金峰,李建英,等.泥河湾国家级自然保护区资源保护与开发研究[J].石家庄经济学院学报,2004,27(5):538-551.

牛平山,宋雪林,李凯清.泥河湾自然资源保护区资源与环境保护[M].北京:地震出版社,2007.

潘建国,曲永强,马瑞,等.华北陆块北缘中新元古界沉积构造演化[J].高校地质学报,2013,19(1):109-122.

潘桂堂,肖庆辉,等.中国大地构造[M].北京:地质出版社,2017.

潘江.中国的世界文化与自然遗产[M].北京:地质出版社,1995.

裴艳东.黄骅古贝壳堤的近代地质意义[J].北京地质,2002,14(3):26-28.

彭传圣,林会喜,刘华,等.渤海湾盆地构造演化与古生界原生油气成藏[J].高校地质学报,2008,14(2):206-216.

彭澎,翟明国,张华锋,等.华北克拉通1.8Ga镁铁质岩墙群的地球化学特征及其地质意义:以晋冀蒙交界地区为例[J].岩石学报,2004,20(3):439-456.

彭泽海,周正柱,李飞,等.承德地区宝玉石找矿方向探讨[J].河北地质,2016(2):10-12.

全国地层委员会.中国地层指南及中国地层指南说明书[S].北京:地质出版社,2001.

全国地层委员会.中国区域年代地层(地质年代)说明书[S].北京:地质出版社,2002.

齐岩辛,许红根,江隆武,等.地质遗迹分类体系[J].资源产业,2004,6(3):55-58.

乔秀夫.青白口群地层学研究[J].地质科学,1976(3):246-264.

乔秀夫,马丽芳,张惠民,等.中国末前寒武纪古地理格局[J].地质学报,1988(4):290-300.

乔秀夫,王成述,马丽芳,等.中国地质图集[M].北京:地质出版社,2001.

乔秀夫,宋天锐,高林志,等.地层中地震记录(古地震)[M].北京:地质出版社,2006.

乔秀夫,高林志.燕辽裂陷槽中元古代古地震与古地理[J].古地理学报,2007,9(4):337-352.

乔秀夫,王彦斌.华北克拉通中元古界底界年龄与盆地性质讨论[J].2014,88(9):1 623-1 637.

乔彭年.中国河口演变概论[M].北京:科学出版社,1994.

覃祚焕.冀北滦平盆地榆树下剖面大北沟组层型剖面及介形类生物地层[D].北京:中国地质大学(北京),2016.

覃祚焕,席党鹏,徐延康,等.冀北滦平盆地榆树下剖面大北沟组岩石地层、生物地层及其地质年代探讨[J].地学前缘,2017,24(1):78-105.

邱若峰,邢容容,刘修锦,等.唐山市海岛沙滩受损海岸整治修复方案探讨[J].海洋开发与管理,2019(5):41-47.

邱维理,翟秋敏,扈海波,等.安固里淖全新世湖面变化及其环境意义[J].北京师范大学学报(自然科学版),1999,35(4):542-548.

邱家骧,李昌年,马昌前.汉诺坝玄武岩陆块构造环境及岩浆成因机理的分析[J].岩石学报,1986,2(3):1-12.

曲永强,孟庆任,马收先,等.华北陆块北缘中元古界几个重要不整合面的地质特征及构造意义[J].地学前缘,2010,17(4):112-125.

曲永强,潘建国,梁利东,等.燕辽裂陷槽中元古界不整合面的性质[J].沉积与特提斯地质,2012,32(2):11-22.

任纪舜.《软沉积物变形构造—地震与古地震记录》—献给地质调查和相关地学工作者的一本好书[J].地质通报,2018,37(11):1-2.

任雪梅,陈忠,罗丽霞,等.夷平面研究综述[J].地理科学,2003,23(1):107-111.

任树祥,贾正海,张贵宝,等.河北省铁矿成矿规律研究及资源潜力预测[J].矿床地质,2010,29(2):103-104.

桑树勋,陈世悦,刘焕杰.华北晚古生代成煤环境与成煤模式多样性研究[J].地质科学,2001,36(2):212-221.

宋鸿林.变质核杂岩研究进展、基本特征及成因探讨[J].地学前缘,1995,2(1/2):103-111.

宋会侠,杨崇辉,杜利林.河北赞皇杂岩中2.7GaTTG片麻岩的厘定及其地质意义[J].岩石学报,2018,34(6):1 599-1 611.

宋志敏,聂泽同,赵崇贺,等.华北峡谷珍品—河北野三坡"百里峡构造冲蚀-嶂谷"的成因[J].地质通报,2005,24(6):582-587.

宋超.河北大海陀自然保护区山地草甸植被变化及影响因素研究[D].北京:北京林业大学,2016.

沈其韩,徐惠芬,张宗清,等.中国前寒武纪麻粒岩[M].北京:地质出版社,1992.

沈其韩,耿元生,宋会侠,等.华北克拉通的组成及其变质演化[J].地质学报,2016,37(4):387-406.

邵时雄,张玉芳,韩书华.河北平原第四纪火山堆积及火山活动分期特征[J].海洋地质与第四纪地质,1983,3(2):87-94.

邵时雄,郭盛乔,韩书华.黄淮海平原地貌结构特征及其演化[J].地理学报,1989,44(3):314-322.

邵济安,翟明国,张履桥,等.晋冀蒙交界地区五期岩墙群的界定及其构造意义[J].地质学报,2005,79(1):56-67.

商宏宽,吕梦林.晋冀鲁豫交界地区地震地质条件[J].华北地震科学,1985,3(3):1-15.

施雅风,崔之久,李吉军,等.中国东部第四纪冰川与环境变化[M].北京:科学出版社,1989.

施雅风,于革.40~30ka中国暖湿气候和海侵的特征及成因探讨[J].第四纪研究,2003,23(1):1-11.

施雅风,崔之久,苏珍.中国第四纪冰川与环境变化[M].石家庄:河北科学技术出版社,2006.

施林峰,翟子梅,王强,等.从天津CQJ4孔探讨中国东部海侵层的年代问题[J].地质论评,2009,55(3):275-384.

石超艺.明代以来大陆泽与宁晋泊的演变过程[J].地理科学,2007,27(3):414-418.

孙美静.深海秘境——奇特的海底黑烟囱[J].国土资源科普与文化,1999(3):20-23.

孙立新,赵凤清,王惠初,等.燕山地区土城子组划分、时代与盆地性质探讨[J].地质学报,2007,81(4):445-453.

孙淑芬,朱士兴,黄学光,等.燕山长城系串岭沟组Parachuaria化石的发现及其意义[J].地质学报,2004,78(6):721-725.

孙淑云.中国古代矿冶文化的传承和发展[J].黄石理工学院学报(人文社会科学版),2010,27(6):1-5.

孙会一,颉颃强,刘守偈,等.冀东黄柏峪—羊崖山地区太古宙岩浆作用和变质作用[J].地质通报,2016,35(1):27-42.

孙会一,高林志,包创,等.河北宽城中元古代串岭沟组凝灰岩SHRIMP锆石U-Pb年龄及其地质意义[J].地质学报,2013,87(4):591-596.

孙洪艳,李志祥,田明中.第四纪测年研究新进展[J].地质力学学报,2003,9(4):371-378.

孙红艳.河北省坝上土地荒漠化机制及生态环境评价[D].北京:中国地质大学(北京),2005.

孙武.近50a坝上后山地区人畜压力与沙漠化景观界线之间的互动关系[J].中国沙漠,2000,20(2):154-158.

孙静,杜维河,王德忠,等.河北承德大庙黑山钒钛磁铁矿床地质特征与成因探讨[J].地质学报,2009,83(9):1 344-1 364.

苏德辰,李春旺,孙爱萍,等.太行山北缘中元古界发现泥火山群[J].中国地质,2017,44(2):399-400.

谭永杰,邱瑞照,肖庆辉,等.中国及邻区印支运动特征及其意义[J].中国煤炭地质,2014,26(8):1 674-1 803.

陶奎元,杨祝良,沈加林.地质遗迹登录评价体系的研究[M]//陈安泽,卢云亭,陈兆棉.国家地质公园建设与旅游资源开发——旅游地学论文集第八集.北京:中国林业出版社,2002.

陶奎元.火山地质遗迹与地质公园研究[M].南京:东南大学出版社,2015.

田明中.第四纪地质学与地貌学[M].北京:地质出版社,2009.

万渝生.中国最老岩石和锆石[J].岩石学报,2009,25(8):1 807-1 993.

万渝生,董春艳,颉颃强,等.华北克拉通太古宙研究若干进展[J].地球学报,2015a,36(6):685-700.

万渝生,董春艳,任鹏,等.华北克拉通太古宙TTG岩石的形成和演化[J].地质学报,2015b,89(增刊):304.

万渝生,董春艳,任鹏,等.华北克拉通太古宙TTG岩石的时空分布、组成特征及形成演化:综述[J].岩石学报,2017,33(5):1 405-1 419.

万天丰.中国大地构造学纲要[M].北京:地质出版社,2004.

万天丰.中国早古生代构造演化[J].地学前缘,2006,13(6):30-42.

万天丰.中国大地构造学[M].北京:地质出版社,2011.

万天丰.论构造地质学和大地构造学的几个重要问题[J].地学前缘,2013,20(5):1-18.

万天丰.地球起源以及大陆的生长与破坏[J].自然杂志,2017,39(3):201-209.

万天丰.论大地构造学发展[J].地球科学,2019,44(5):1 526-1 536.

王大有.三皇五帝时代[M].北京:中国社会出版社,2000.

王清利,常捷.地质旅游资源分类及开发利用初探[J].河南大学学报(自然科学版),2003,32(2):63-66.

王德强,张正平,潘志民,等.河北省涿鹿县大河南岩体中A型花岗岩特征及构造意义[J].地质调查与研究,2017,40(1):22-28.

王辉,李江海,吴桐雯.太行山地质遗迹特征与成因分析[J].北京大学学报(自然科学版),2018,54(3):546-554.

王惠初,赵凤清,李惠民,等.冀北闪长质岩石的锆石SHRIMP U-Pb年龄:晚古生代岩浆弧的地质记录[J].岩石学报,2007,23(3):597-604.

王惠初,于海峰,苗培森,等.前寒武纪地质学研究进展与前景[J].地质调查与研究,2011,34(4):241-312.

王会娟.浅谈河北阜平天生桥的自然景观审美[J].旅游教育管理,2011(7):106-108.

王平格.滦河三角洲演变过程及趋势分析[D].石家庄:河北师范大学,2006.

王苏民,窦鸿身.中国湖泊志[M].北京:科学出版社,1998.

王强,李凤林.渤海湾西岸第四纪海陆变迁[J].海洋地质与第四纪地质,1983,3(4):83-89.

王强,李凤林,李玉德,等.十五万年来渤海湾西、南岸平原海岸线变迁[M]//赵松龄,苍树溪.中国海平面变化.北京:海洋出版社,1986.

王强,田国强.中国东部晚第四纪海侵的新构造背景[J].地质力学学报,1999,5(4):41-47.

王强,袁桂邦,张熟,等.渤海湾西岸贝壳堤堆积与海陆相互作用[J].第四纪研究,2007,27(5):775-785.

王荃.中朝陆块的解体与华北、华泰二克拉通的确立[J].地质学报,2012,86(10):1 553-1 568.

王宏,李建芬,裴艳东,等.渤海湾西岸海岸带第四纪地质研究成果综述[J].地质调查与研究,2011,35(2):83-86.

王乃梁,韩慕康,朱之杰,等.太行山东麓滹沱河出山处新生代沉积相与地貌结构[J].中国第四纪研究,1985,6(1):44-60.

王成敏,郭盛乔.华北平原石家庄东南部宁晋泊地区湖相地层的年龄测定[J].地质通报,2005,24(7):654-659.

王艳君.泥河湾盆地,新生代发育史的辉煌一页——第11期地景沙龙系列报告会举行[J].地质论评,2015(5):193-194.

王颖.渤海湾西部贝壳堤与古海岸线问题[J].南京大学学报(自然科学),1964,8(3):424-440.

王颖,傅光翮,张永战.河海交互作用沉积与平原地貌发育[J].第四纪研究,2007,27(5):674-688.

王月霄,胡镜荣.河北省海岛地貌及其形成[J].河北省科学院学报,1993,20(3):20-26.

王鸿祯.关于国际(年代)地层表与中国地层区划[J].现代地质,1999,13(2):190-193.

王克冰,杨红宾,赵保强,等.太行山中南段古元古代甘陶河群沉积环境分析及盆地演化[J].地质资源与勘察,2018,41(3):7-14.

王克冰,耿晓磊,张兆祎,等.太行山深处的香格里拉-河北阜平地质遗迹赏析[M].北京:地质出版社,2019.

王思恩.热河生物群起源、演化及机制[J].地质学报,1990(4):350-360.

王思恩,季强.中国陆相上侏罗统大北沟阶综合研究报告[J].中国地质调查局专报,2008(5):97-104.

王思恩,季强.冀北张家口组、大北沟组的岩石地层学、生物地层学特征及其在东北亚地层划分对比中的意义[J].地质通报,2009,28(7):821-828.

王思恩,高林志,万晓樵,等.辽西—冀北地区土城子组的地质时代、年龄及其国际地层对比[J].地质通报,2013,32(11):1 673-1 690.

王行军,关晓燕,张德生,等.冀西北张北—康保一带新生代红层的地质特征[J].地质研究与调查,2005,28(1):39-46.

王行军.冀西北坝上地区新生代地层层序与环境研究[D].北京:中国地质大学(北京),2006.

王泽九,李继江,姚建新,等.地层剖面保护的规范化[J].地层学杂志,2016,40(2):113-119.

王章俊.热河生物群[M].北京:地质出版社,2016.

王伟,刘树文,白翔,等.前寒武纪地球动力学(Ⅷ):华北克拉通太古宙末期地壳生长方式[J].地学前缘,2015,22(6):109-124.

王健,黄华芳,王振海.河北省天桂山银河洞旅游资源特征[J].安徽农业科学,2008,36(28):12 394-12 397.

王健,陈琢,张梅平,等.河北省天桂山典型溶洞景观成因类型[J].山地学报,2011,29(2):188-194.

王启立,潜伟.燕山地带部分辽代冶铁遗址的初步调查[J].广西民族大学学报(自然科学版),2014,20(1):44-52.

王守敬,卞孝东,张艳娇,等.宣龙式鲕状赤铁矿工艺矿物学研究[J].金属矿山,2013(10):76-79.

卫奇,裴树文,贾真秀,等.东亚最早人类活动的新证据[J].河北北方学院学报(社会科学版),2015,31(5):28-32.

吴忱.河北平原的地面古河道[J].地理学报,1984,39(3):268-276.

吴忱,王子惠,许清海.河北平原的浅埋古河道[J].地理学报,1986,41(4):332-340.

吴忱,朱宣清,何乃华,等.华北平原古河道的形成研究[J].中国科学(B辑化学生命科学地学),1991(2):188-196.

吴忱.华北平原四万年来自然环境演变[M].北京:中国科学技术出版社,1992.

吴忱,张秀清,马永红.华北山地地貌面与新生代构造运动[J].华北地震科学,1996,14(4):40-50.

吴忱,张秀清,马永红.再论华北山地甸子梁期夷平面及早第三纪地文期[J].地理学与国土研究,1997,13(3):39-46.

吴忱,许清海."演变阶段"与"成因"不能混为一谈-也谈白洋淀的成因[J].湖泊科学,1998,10(3):91-96.

吴忱,张秀清.太行山燕山主要隆起于第四纪[J].华北地震科学,1999,17(3):1-7.

吴忱,张秀清,马永红.河北山地的次生层状地貌与新构造分区[J].华北地震科学,2000,18(3):1-8.

吴忱.论太行山地区旅游风景地貌资源[J].地理学与国土研究,2001,17(4):6-10.

吴忱,张聪.张家界风景区地貌的形成与演化[J].地理学与国土研究,2002a,18(2):52-55.

吴忱,许清海,阳小兰.河北省嶂石岩风景区的造景地貌及其演化[J].地理研究,2002b,21(2):195-200.

吴忱.对华北山地低山麓面形成时代之新认识[J].地理与地理信息科学,2004,20(2):105-108.

吴忱."冰臼"是古地貌面上的流水侵蚀遗迹——壶穴——就韩同林《发现冰臼》一书中的资料谈华北北部的"冰臼"[J].地理与地理信息科学,2007,23(3):74-77.

吴忱.华北地貌环境及其形成演化[M].北京:科学出版社,2008a.

吴忱.地貌面、地文期与地貌演化——从华北地貌演化研究看地貌学的一些基本理论[J].地理与地理信息科学,2008b,24(3):75-78.

吴忱,徐全洪,赵艳霞等.华北山地多成因壶穴初步研究——对华北山地"冰臼"等"冰川地貌"的讨论[J].地质评论,2012,58(2):319-328.

吴忱,张秀清,王然,等.华北山地夷平面研究[J].地理与地理信息科学,2017,33(1):24-26.

吴福元,李献华,郑永飞,等.Lu-Hf同位素体系及其岩石学应用[J].岩石学报,2007,23(2):185-220.

吴福元,徐义刚,高山,等.华北岩石圈减薄与克拉通破坏研究的主要学术争论[J].岩石学报,2008,24(6):1 145-1 174.

吴福元,徐义刚,朱日祥,等.克拉通岩石圈减薄与破坏[J].中国科学:地球科学,2014,44(11):2 358-2 372.

吴建杰,吕士英,张岩,等.河北省宝石成矿地质条件与找矿方向[J].矿产与地质,2011,25(6):519-528.

吴景峰.衡水湖水位变化特征及其影响因素分析[J].海河水利,2019(2):42-47.

吴加敏,王润生,姚建华.黄河银川平原段河道演变的遥感监测与研究[J].国土资源遥感,2006(4):36-40.

吴顺福,郜洪强,南贵军,等.浅谈京津冀地区国家矿山公园的建设特色[J].西部探矿工程,2018,12(2):99-102.

吴珍汉,吴中海,江万,等.中国大陆及邻区新生代构造-地貌演化过程及机理[M].北京:地质出版社,2001.

武智勇,张治河,张娜,等.承德丹霞地貌的自然属性与地质美学特征[J].中国矿业,2016,25(1):354-359.

武红梅,武法东.河北迁安-迁西国家地质公园地质遗迹资源类型划分及评价[J].地球学报,2011,32(5):632-640.

夏正楷,刘锡清.泥河湾层古地理环境的初步认识[J].海洋地质与第四纪地质,1984,4(3):101-110.

夏正楷.大同-阳原盆地古泥河湾湖的岸线变化[J].地理研究,1992,11(2):52-55.

夏东兴,吴桑云,郁彰.末次冰期以来黄河变迁[J].海洋地质与第四纪地质,1993,13(2):83-88.

胥勤勉,袁桂邦,张金起,等.渤海湾沿岸晚第四纪地层划分及地质意义[J].地质学报,2011,85(8):1 352-1 367.

肖玲玲,刘福来.华北克拉通中部造山带早前寒武纪变质演化历史评述[J].岩石学报,2015,31(10):3 012-3 044.

肖桂珍,魏风华,赵逊,等.河北省地质旅游资源形成背景和开发保护研究[M].北京:地质出版社,2007.

肖飞,汪建国,吴和源,等.华北地区中北部寒武系层序地层格架[J].石油学报,2017,38(10):1 144-1 167.

颉顽强,刘敦一,殷小艳,等.甘陶河群形成时代和构造环境:地质、地球化学和锆石SHRIMP定年[J].科学通报,2013,58(1):75-85.

谢小康.从"南国冰臼公园"谈地质遗迹的旅游开发问题[J].旅游学刊,2005(6):10.

谢静.河北野三坡国家地质公园地质遗迹景观特征及保护[D].北京:中国地质大学(北京),2014.

谢飞.泥河湾[M].北京:文物出版社,2006.

许涛,孙洪艳,田明中.地质遗产的概念及其分类体系[J].地球学报,2010,32(2):211-216.

许欢,柳永清,旷红伟,等.华北北部土城子组时代及中国陆相侏罗系—白垩系界线探讨[J].地学前缘,2014,21(2):203-215.

许欢.华北北部侏罗纪—白垩纪过渡期陆相红层及其古地理、古生态和构造演化[D].北京:中国地质科学院,2016.

许洪才,石晓兰,姚宝刚,等.河北省平泉县光头山岩体地质特征及地质意义[J].河北地质,2007(4):18-20.

许宝良.雾灵山A型花岗岩系的矿物学特征及其成因意义[J].北京大学学报(自然科学版),1994,30(6):703-716.

徐家声.渤海湾黄骅沿海贝壳堤与海平面变化[J].海洋学报,1994,16(1):68-77.

徐杰,高战武,宋长青,等.太行山山前断裂的构造特征[J].地震地质,2000,22(2):111-122.

徐杰,高战武,孙建宝,等.区域伸展体制下盆-山构造耦合关系的探讨——以渤海湾盆地和太行山为例[J].地震地质,2001,75(2):165-174.

徐杰,计凤桔.渤海湾盆地构造及其演化[M].北京:地震出版社,2015.

徐晓达,曹志敏,张志珣,等.渤海地貌类型及分布特征[J].海洋地质与第四纪地质,2014,34(6):171-179.

徐宁,王然.矿业遗址的生态休闲旅游开发研究[J].中国集体经济,2016(1):130.

徐媛媛.地质遗迹景观资源的空间分布与形成演化过程——以河北邢台峡谷群国家地质公园为例[J].城市旅游规划,2015,8(2):106-107.

徐永利,张兆祎,耿晓磊,等.河北省地质遗迹资源评价与保护利用研究[A]//河北省地矿局.2019年河北省地矿局科技创新大会论文集.北京:地质出版社,2019.

徐常芳.中国壳内与上地幔高导层成因及唐山地震机理研究[J].地学前缘,2003,10(特刊):101-111.

许婧.河北平原古大陆泽中颗粒水成沉积物光释光测年及实验条件研究[D].石家庄:河北地质大学,2017.

许志琴,杨经绥,嵇少丞,等.中国构造及动力学若干问题的认识[J].地质学报,2010,84(1):1-29.

薛春汀.渤海西岸自然保护区内贝壳堤现状和应对措施[J].海洋地质动态,2010,26(1):41-44.

颜明.我国砂岩地貌研究进展综述[J].安徽农业科学,2013,8:11 069-11 086.

殷鸿福.中国古生物地理学[M].武汉:中国地质大学出版社,1988.

袁宝印,岳峰,张家富,等.华北新生代晚期地质发育史的辉煌一页[C]//中国地质学会旅游地学与地质公园研究分会第30届年会暨芒砀山地质公园建设与地质旅游发展研讨会论文集.2015.

袁立,姚君波,温宏雷,等.渤海及周边地区早古生代岩相古地理[J].海相油气地质,2019,24(3):55-64.

叶青超.华北平原地貌体系与环境演化趋势[J].地理研究,1989,8(3):10-20.

叶连俊.华北陆块沉积建造[M].北京:科学出版社,1983.

叶浩,张拴宏,赵越,等.燕山褶断带晚三叠世都山复式岩基成因及侵位变形:华北北缘中生代早期构造背景的制约[J].地学前缘,2014,21(4):275-292.

杨崇辉,杜利林,任留东,等.河北赞皇地区许亭花岗岩的时代及成因:对华北克拉通中部带构造演化的制约[J].岩石学报,2011a,27(4):1 003-1 016.

杨崇辉,杜利林,任留东,等.赞皇杂岩中太古宙末期营等钾质花岗岩的成因及动力学背景[J].地学前缘,2011b,18(2):62-78.

杨崇辉,杜利林,耿元生,等.冀东古元古代基性岩墙群的年龄及地球化学:约2.1Ga伸展及约1.8Ga变质[J].岩石学报,2017,33(9):2 827-2 849.

杨崇辉,杜利林,宋会侠,等.华北克拉通古元古代地层划分与对比[J].岩石学报,2018,34(4):1 019-1 057.

杨付领,牛宝贵,任纪舜,等.马兰峪背斜核部中生代侵入岩体锆石U-Pb年龄、地球化学特征及其构造意义[J].地球学报,2015,36(4):455-465.

杨红宾,张兆祎,李锋,等.中华人民共和国区域地质调查报告(1:250 000邯郸市幅)[R].石家庄:河北省地质调查院,2014.

杨晓强,李华梅.泥河湾盆地典型剖面沉积物磁化率特征及其意义[J].海洋地质与第四纪地质,1999,19(1):75-83.

杨小荟,牛平山,温学友,等.国家地质公园教学资源的开发利用——以秦皇岛柳江国家地质公园为例[J].地质与资源,2005,14(2):157-160.

杨秀丽.冀西北地区汉诺坝玄武岩宝石地质特征[J].西部资源,2017(5):63-67.

杨立斌.沙漠公园生态旅游产品体系规划思路——以河北丰宁小坝子国家国家沙漠公园为例[J].林业经济,2018(7):60-62.

杨静,曾昭爽.昌黎黄金海岸七里海潟湖的历史演变和生态修复[J].海洋湖沼通报,2007(2):34-39.

杨洋.河北平原地裂缝与地震活动特征及其相关性研究[D].西安:长安大学,2017.

阳小兰,陈辉,张茹春,等.河北省坝上内陆湖盆湿地退化原因分析[J].安徽农业科学,2010,38(35):20257-20259.

易亮,姜兴钰,田立柱,等.渤海盆地演化的年代学研究[J].第四纪研究,2016,36(5):1 075-1 087.

易先进.河北白洋淀地区晚更新世以来环境演变研究[D].北京:中国地质大学(北京),2015.

易朝路,崔之久,熊黑钢.中国第四纪冰期数值年表初步划分[J].第四纪研究,2005,25(5):609-619.

岳军,Dong yue,张宝华,等.渤海湾西岸的几道贝壳堤[J].地质学报,2012,86(3):522-534.

袁宝印,同号文,温锐林,等.泥河湾古湖的形成机制及其与早期古人类生存环境的关系[J].地质力学学报,2009,15(1):77-87.

叶连俊.华北陆块沉积建造[M].北京:科学出版社,1983.

叶张煌,尹斌,刘嘉麒,等.江西省"三清山式"花岗岩地貌景观发育机制探讨[J].地球学报,2014,35(6):769-775.

贠杰,高尚,周明兴,等.河北省恐龙足迹化石研究[C].廊坊:河北省区域地质矿产调查研究所,2016.

尹健梅.唐山旧石器时代遗址中的古环境信息[J].唐山师范学院学报,2008,30(4):102-104.

尹业长,郝立波,赵玉岩,等.冀东高家店和蛇盘兔花岗岩体:年代学、地球化学及地质意义[J].吉林大学学报(地球科学版),2018,48(2):574-586.

于红梅,赵波,魏费翔,等.华北东部海兴一带第四纪火山岩岩石学及地球化学特征[J].地震地质,2015,37(4):1 070-1 083.

于坤.秦皇岛国家地质公园地质旅游资源研究[D].大庆:大庆石油学院,2008.

臧文学,郝文辉,贡长青,等.柳江国家地质公园的科学价值与地质环境保护[J].中国环境管理干部学院学报,2012,22(1):19-21.

曾克峰,刘超,程璜鑫.地貌学及第四纪地质学教程[M].武汉:中国地质大学出版社,2014.

曾融生,陆涵行,丁志峰.从地震折射和反射剖面结果讨论唐山地震成因[J].地球物理学报,1988(4):23-38.

邹思远,赵佩佩,王兴企,等.太行山地区地质旅游资源现状及开发前景探讨[J].地下水,2019,41(1):89-91.

赵保强,王克冰,徐永利,等.中华人民共和国区域地质调查报告(1∶50 000古冶幅、唐山幅、范各庄煤矿幅)[R].石家庄:河北省地质调查院,2019.

赵国春,孙敏.华北克拉通基底构造单元特征及古元古代拼合[J].中国科学:地球科学,2002,32(7):538-549.

赵国春,孙敏,Wilde S A.早—中元古代Columbia超级大陆研究进展[J].科学通报,2002,47(18):1 361-1 364.

赵国春,刘树文,孙敏,等.华北中部造山带在2 560~1 850Ma期间发生了什么地质事件[J].地球学报,2006,80(6):1 966.

赵佩心.承德丹霞地貌及其旅游资源的开发与利用[J].地域研究与开发,1988,7(3):43-47.

赵太平,陈福坤,翟明国,等.河北大庙斜长岩杂岩体锆石U-Pb年龄及其地质意义[J].岩石学报,2004,20(3):685-690.

赵太平,邓小芹,胡国辉,等.华北克拉通古/中元古代界线和相关地质问题讨论[J].岩石学报,2015,31(6):1 495-1 508.

赵晓川,王时麟.河北易水砚石的矿物岩石学特征研究[J].岩石矿物学杂志,2016,35(5):165-168.

赵汀,赵逊.地质遗迹分类学及其应用[J].地球学报,2009,30(3):309-324.

赵永纯,宋书利.中国最古老岩石的发现及其意义[J].资源与人居环境,2007(3):27-28.

赵越,陈斌,张拴宏,等.华北克拉通北缘及邻区前燕山期主要地质事件[J].中国地质,2010,37(4):900-915.

赵越,翟明国,陈虹,等.华北克拉通及相邻造山带古生代—侏罗纪早期大地构造演化[J].中国地质,2017,44(1):44-60.

赵艳霞,徐全洪,刘芳圆,等.近20年来中国古河道研究进展[J].地理科学进展,2013,32(1):3-17.

赵振华.地质历史中陆块构造启动时间[J].大地构造与成矿学,2017,41(1):1-22.

赵宗溥.中朝准陆块前寒武纪地壳演化[M].北京:科学出版社,1993.

翟明国,郭敬辉,赵太平.新太古代——古元古代华北陆块构造演化的研究进展[J].前寒武纪研究进展,2001,24(1):17-27.

翟明国,彭澎.华北克拉通古元古代构造事件[J].岩石学报,2007,23(11):2 665-2 682.

翟明国.华北克拉通两类早前寒武纪麻粒岩(HT-HP和HT-UHT)及其相关问题[J].岩石学报,2009,25(8):1 753-1 771.

翟明国.华北克拉通的形成演化与成矿作用[J].矿床地质,2010,29(1):24-36.

翟明国.克拉通化与华北陆块的形成[J].中国科学:地球科学D辑,2011,41(8):1 037-1 046.

翟明国.华北克拉通的形成以及早期陆块构造[J].地质学报,2012,86(9):1 335-1 349.

翟明国.中国主要陆块与联合大陆的形成——综述与展望[J].中国科学D辑:地球科学,2013,43(1):1 583-1 606.

翟明国.早期大陆的形成和演化-固体地球科学的前沿科学[J].中国热点论文分析,2014a,9(6):33-34.

翟明国,胡波,彭澎,等.华北中-新元古代的岩浆作用与多期裂谷事件[J].地学前缘,2014b,21(1):100-119.

翟明国.华北克拉通构造演化[J].地质力学学报,2019,25(5):722-745.

翟秋敏.坝上高原安固里淖全新世湖泊沉积与环境[M].北京:科学出版社,2011.

翟艳,高欣欣,段丽.矿山公园建设经验对金厂峪矿山改造和发展的启迪[J].工业建筑,2017,47(6):53-57.

张宏仁.燕山事件[J].地质学报,1998,72(2):103-111.

张宏仁,张永康,蔡向民,等.燕山运动的"绪动"——燕山事件[J].地质学报,2013,87(12):1 779-1 790.

张宏仁."燕山运动"的分期及几个关键问题[J].地质学报,2016,90(9):2 176-2 180.

张蒙,李鹏霄.太行山南段主要隆升时期探讨[J].国土与自然资源研究,2014(4):55-57.

张丽云,蔡湛,李庆辰.河北省蔚县甸子梁夷平面的科学价值与开发保护[J].安徽农业科学,2011,39(11):6 661-6 664.

张兰生,方修琦.中国古地理—中国自然环境的形成[M].北京:科学出版社,2012.

张渝昌.中国含油气盆地原型分析[M].南京:南京大学出版社,1997.

张旗,王焰,金惟俊,等.早中生代华北北部山脉[J].地质通报,2008,27(9):1 391-1 403.

张瑞成,田级生.古环境对河北古岩溶发育影响[J].中国岩溶,1989,8(3):213-221.

张家声,徐杰,王景林,等.太行山山前中—新生代伸展拆离构造和年代学[J].地质通报,2002,21(4/5):207-210.

张长厚,吴淦国,徐德斌,等.燕山板内造山带中段中生代构造格局与构造演化[J].地质通报,2004,23(9/10):864-875.

张长厚.燕山-太行山北段中生代收缩变形与华北克拉通破坏[J].中国科学:地球科学,2011,41(5):593-617.

张长生.河北省兴隆煤田及邻区厚皮式逆冲覆构造与隐田问题[J].现代地质,1997,11(3):305-312.

张海东,刘建朝,王金雅,等.太行山北段王安镇杂岩体岩石学、年代学、地球化学特征及地质意义[J].矿床地质,2016,32(3):727-745.

张旗.蛇绿岩与地球动力学研究[M].北京:地质出版社,1996.

张旗,周国庆.中国蛇绿岩[M].北京:科学出版社,2001.

张旗,金惟俊,李承东,等.中国东部燕山期大规模岩浆活动与岩石圈减薄与大火成岩省的关系[J].地学前缘,2009,16(2):21-51.

张琪琪,张拴宏.华北陆块北缘泥盆纪岩浆活动及其构造背景[J].地质力学学报,2019,25(1):125-138.

张和.中国古生物化石[M].北京:地质出版社,2010.

张昀.生物进化[M].北京:北京大学出版社,1998.

詹艳,赵国泽,王立凤,等.河北石家庄地区深部结构大地电磁探测[J].地震地质,2011,33(4):913-926.

詹仁斌,靳吉锁,刘建波.奥陶纪生物大辐射研究:回顾与展望[J].科学通报,2013,58(33):3 357-3 371.

张丽云、蔡湛、李庆辰.河北省蔚县甸子梁夷平面的科学价值与开发保护[J].安徽农业科学,2011,39(11):6 661-6 664.

张路锁.河北东北部兴隆煤田区逆冲构造的特征及其区域构造意义[J].地质通报,2006,25(7):850-857.

张拴宏,赵越,刘健,等.华北陆块北缘晚古生代—中生代花岗岩体侵位深度及其构造意义[J].岩石学报,2007,23(3):625-638.

张拴宏,赵越,刘健民,等.华北陆块北缘晚古生代—早中生代岩浆活动期次、特征及构造背景[J].岩石矿物学杂志,2010,29(6):824-842.

张拴宏,赵越.华北克拉通北部13.3~13.0亿年基性大火成岩省与稀土-铌成矿事件[J].地学前缘,2018,25(5):34-49.

张拴宏,裴军令,胡国辉,等.大火成岩省与大规模黑色页岩沉积的成因联系及其意义[J].地质力学学报,2019,25(5):920-931.

张国庆,贺秋梅,田明中,等.河北兴隆地质遗迹类型、成因及其价值评价[J].资源与产业,2009,11(2):41-45.

张洪,陈方伦.河北红石砬铂矿床铂、钯地球化学异常特征[J].长春科技大学学报,1998,28(4):386-392.

张锦瑞,宁屏平,时力华.矿山公园建设与对策研究——以唐山开滦矿山公园建设为例[J].现代矿业,2009(3):1-3.

张丽茜,陈茜,阴秀琦.以金厂裕矿山公园为例浅议资源型矿城转型发展[J].中国矿业,2013,22(5):61-65.

张萍萍,马天意.河北承德黑山铁矿矿床成因及找矿标志[J].找矿技术,2017,16(2):110-111.

张璞,黄志英,刘三乐,等.丹霞地貌开发对承德旅游空间结构、形象影响研究[J].石家庄经济学院学报,2010,33(3):40-44.

张瑞英,孙勇.华北克拉通南部早前寒武纪基底形成与演化[J].岩石学报,2017,33(10):3 027-3 041.

张永胜.太行山的千米抬升及其亚热带动物化石群的发现[J].河北地质矿产信息,2001(3):30-31.

张兆祎,杨红宾,徐永利,等.中华人民共和国区域地质调查报告(1∶250 000邢台市幅)[R].石家庄:河北省地质调查院,2014a.

张兆祎,王强,王克冰,等.华北平原海侵区外晚更新世以来古季风环境效应[G]//上海:第三届地球系统科学大会会议日程及论文摘要集,2014b.

张兆祎,樊延恩,靳松,等.河北平原中西部中更新世非海相沉积体系魏县组的建立[J].地质调查与研究,2015,38(2):89-97.

张兆祎,靳松,王建武,等.基于元素地球化学场研究第四纪地貌地质单元的方法[J].物探与化探,2016a,40(1):1-9.

张兆祎,赵保强,徐永利,等.中华人民共和国区域地质调查报告(1:50 000石家庄、正定、藁城、永壁、栾城幅)[R].石家庄:河北省地质调查院,2016b.

张兆祎,赵保强,徐永利,等.石家庄市构造地质特征及滹沱河的形成与演化研究[M].石家庄:河北科学技术出版社,2017a.

张兆祎,徐永利,杨红宾,等.河北平原中西部第四纪地层结构与古环境气候演变[M].石家庄:河北科学技术出版社,2017b.

张兆祎,徐永利,杨红宾,等.河北省重要地质遗迹调查报告[R].石家庄:河北省地质调查院,2018.

张宗祜,郭盛乔,李虎侯,等.华北平原宁晋泊第四纪全新世标准剖面[R].石家庄:中国地质科学院水文地质环境地质研究所,2002.

郑倩华.河北省曲阳聚龙洞地貌特征及成因[D].石家庄:河北师范大学,2014.

郑和荣,胡宗全,周小进,等.中国前中生代海相储层发育的构造-沉积条件[J].石油与天然气地质,2008,29(5):574-581.

周慕林,闵隆瑞,王淑芳,等.中国地层典·第四系[M].北京:地质出版社,2000.

周琦.秦皇岛市的海岸类型与功能区划研究[J].海岸工程,2013,32(1):28-34.

周尚哲,李吉均.第四纪冰川测年研究新进展[J].冰川冻土,2003,25(6):660-666.

周尚哲.锅穴一定是第四纪冰川的标志吗?[J].第四纪研究,2006,26(1):117-125.

周小进,倪春华,杨帆.华北古生界原型-变形构造演化及其控油气作用[J].石油与天然气地质,2010,31(6):779-794.

周廷儒,李华章,刘清泗,等.泥河湾盆地新生代古地理研究[M].北京:科学出版社,1991.

周忠和.热河生物群——探索中生代生命演化的世界级化石宝库[J].科技和产业,2003,3(11):36-44.

钟长汀,邓晋福,万渝生,等.华北克拉通北缘中段古元古代造山作用的岩浆记录S型花岗岩地球化学特征及锆石SHRIMP年龄[J].地球化学,2007,36(6):585-600.

中国地质科学院.中国地质调查局、中国地质科学院2014年度地质科技十大进展新鲜出炉[J].地球学报,2015,36(1):1-5.

中国地质环境监测院.全国地质遗迹资源区划与保护规划研究[R].北京:中国地质环境监测院,2012.

中国地理百科丛书编委会.中国地理百科——燕山山脉[M].广州:世界图书出版广州有限公司,2016.

中国地理百科丛书编委会.中国地理百科——太行东麓[M].广州:世界图书出版广州有限公司,2016.

邹逸麟.中国自然地理.历史自然地理[M].北京:科学出版社,1982.

朱士兴,黄学光,孙淑芬.华北燕山中元古界长城系研究的新进展[J].地层学杂志,2005,19(增刊):437-449.

朱祥坤,张衍,张飞飞,等.蓟县中元古界下马岭组中菱铁矿的发现及其意义[J].地质评论,2013,59(5):816-822.

朱日祥."华北克拉通破坏"重大研究计划结题综述[J].中国科学基金,2018(3):282-290.

朱志澄.构造地质学[M].2版.武汉:中国地质大学出版社,1999.

MIALL A D. A review of the braided river depositional environment[J]. Earth - Science Reviews,1977(13):1-62.

BAKSI A K,HSU V,MCWILLIAMS M O,et al. $^{40}Ar/^{39}Ar$ dating of the Brunhes - Matuyama geomagnetic field reversal[J]. Science,1992,256(8):356-357.

CONDIE K C,DES MARAIS D J,ABBOT D. Precambrian superpiumes and supercontinents:A reeord in black shales,earbon isotopes and paleoclimates[J]. Precambrian Res,2001,106(5):239-260.

CONDIE K C,KRÖNER A. When did plate tecytonicsbegin? Evidence from the geologic record[J]. Geological Society America Special paper,2008,440(8):281-294.

FAURE M,TRAP P,LIN W,et al. Polyorogenic evolution of the Paleoproterozoic Trans - North China Belt,new insights from the Lüliangshan - Hengshan - Wutaishan and Fupingmassifs[J]. Episodes,2007,30(10):1-12.

LIU D Y,NUTMAN A P,COMPSTON W,et al. Remnants of 3800 Ma crust in the Chinese part of the Sino - Korean Craton[J]. Geology,1992,20(6):339-342.

LIU S J,WAN Y S,SUN H Y,et al. Paleo - to Eoarchean crustal materials in eastern Hebei,North China Craton:New evidence from SHRIMP U - Pb dating and in - situ Hf isotopic studies in detrital zircons of supracrustal rocks[J]. Journal of Asian Earth Sciences,2013a,78(1):4-17.

MARUYAMA S,ISONO T. Orogeny and relative plate motions:example of the Japanese Islands[J]. Tectonophysics,1986,127(3):306-329.

NUTMAN A P,WAN Y S,DU L L,et al. Ultistage late Neoarchaean crustal evolution of the North China Craton, eastern Hebei[J]. Precambrian Re-search,2011,189(1/2):43-65.

NUTMAN A P,MACIEJOWSKI R,WAN Y S. Proto-liths of enigmatic Archaean gneisses established from zircon inclusion studies:Case study of the Caozhuang quartzite,E. Hebei,China[J]. Geoscience Frontiers,2014,5(4):445-455.

PENG P,Richard E E et al. Dyke swarms:keys to paleogeographic reconstructions[J]. Cross Mark,2016,1(21):1 669-1 672.

ROGERS J J W,SANTOSH M. Configuration of Columbia,a Me-soproterozoic supercontinent[J]. Gondwana Research,2002(5):5-22.

ROGERS J J W,Santosh M. Supercontinents in Earth History[J]. Gondwana Research,2003,6(3):357-368.

SONG BIAO,NUTMAN A P,LIU DUNYI,et al. 3800 to 2500 Ma crustal evolution in the Anshan area of Liaoning Province,northeastern China[J]. Precambrian Research,1996,78(1/3):79-94.

SANTOSH M,WILDE S A,LI J H. Timing of Paleoproterozoic ultrahigh-temperature metam orphism in the North China Craton:Evidence from SHRIMP U-Pb zircon geochronology[J]. Precambrian Res,2007,159:178-196.

TRAP P,FAURE M,LIN W,et al. Paleoproterozoic tectonic evolution of the Trans-North China Orogen:Toward a comprehensive model[J]. Precambrian Research,2012,222(2):191-211.

WAN Y S,LIU D Y,Song B,et al. Geochemical and Nd isotopic compositions of 3.8 Ga meta-quartz dioritic and trondhjemitic rocks from the Anshan area and their geological significance[J]. Journal of Asian Earth Science,2005,24(5):563-575.

WAN Y S,LIU D Y,Nutman A P,et al. Multiple 3.8~3.1 Ga tectono-magmatic events in a newly discovered area of ancient rocks (the Shengousi Complex),Anshan,North China Craton[J]. Journal of Asian Earth Sciences,2012,(54/55):18-30.

WAN Y S,MA M Z,DONG C Y,et al. Widespread lateNeoarchean reworking of Meso-to Paleoarchean continentalcrust in the Anshan-Benxi area,North China Craton,as docu-mented by U-Pb-Nd-Hf-O isotopes[J]. American Journal of Science(in press),2015(3):108-122.

WILDE S A,Valley J W,Kita N T,et al. SHRIMP U-Pb and CAMECA 1280 Oxygen isotope re-sults from ancient detrital zircons in the Caozhuang Quartzite,Eastern Hebei,North China Craton:evidence for crustal re-working 3.8 Ga ago[J]. American Journal of Science,2008,308(1):185-199.

WU F Y,YANG J H,LIU X M,et al. Hf isotopes of the 3.8 Ga zircons in eastern Hebei Province,China:implications for early crustal evolution of the North China Craton[J]. Chinese Science Bulletin,2005a,50(8):2 473-2 480.

YI L,DENG C,TIAN L. Plio-Pleistocene evolution of Bohai basin(East Asia):Demise of Bohai Paleolake and transition to marine environment[J]. Scientific Reports,2016(6):29-403.

ZHAI M G,SANTOSH M. The early Precambrian odyssey of North China Craton:A synoptic overview[J]. Gondwana Res,2011,20(1):6-25.

ZHAO G C,GAWOOD P A. Precambrian geology of China[J]. Precambrian Research,2012(222-223):13-54.

ZHAO G,SUN M,WILDE S A,et al. Assembly,accretion and breakup of the Paleo-Mesoproterozoic Columbia supercont-inent:Records in the North China Craton[J]. Gondwana Re-search,2003,6(3):417-434.

ZHAO S L. Transgression and coastal changes in Bohai Sea and its vicinities since the Late Pleistocene. In: Qin Yunshan,Zhao Songlineds. Late Quarternary Sea-Level Changes[M]. Beijing:China Ocean Press,1986.

ZHAO T P,CHEN W,ZHOU M F. Geochemical an Nf-Hf iso-topic constraints on the origin of the ~1.74Ga Damiaoanorthsite complex,North China Craton[J]. Lithos,2009,113(3/4):673-690.

附 表

河北省重要地质遗迹名录

大类	类	亚类	编号	地质遗迹名称	地层或岩石时代	评价级别
基础地质	地层剖面	层型（典型剖面）	JC01	康保三面井早二叠世三面井组地层正层型剖面	早二叠世	省级
			JC02	康保戈家营中元古代戈家营组地层正层型剖面	中元古代	省级
			JC03	康保三夏天中元古代三夏天组地层正层型剖面	中元古代	省级
			JC04	康保万隆店古元古代红旗营子岩群东井子岩组代表性剖面	古元古代	省级
			JC05	尚义黄土窑新太古代崇礼下岩群黄土窑岩组地层代表性剖面	新太古代	省级
			JC06	尚义沙卜窑古元古代集宁岩群下白窑岩组地层代表性剖面	古元古代	省级
			JC07	张北开地坊渐新世—中新世开地坊组地层正层型剖面	渐新世—中新世	省级
			JC08	崇礼太平庄古元古代红旗营子岩群太平庄岩组地层代表性剖面	古元古代	省级
			JC09	崇礼红泥湾—元宝山早白垩世张家口组地层正层型剖面	早白垩世	国家级
			JC10	崇礼谷咀子新太古代崇礼下岩群谷咀子岩组地层代表性剖面	新太古代	省级
			JC11	赤城扬水站中更新世赤城组地层正层型剖面	中更新世	国家级
			JC12	赤城雕鹗晚侏罗世土城子组地层次层型剖面	晚侏罗世	省级
			JC13	万全黄家堡晚白垩世南天门组地层正层型剖面	晚白垩世	省级
			JC14	怀安瓦沟台中太古代桑干岩群地层代表性剖面	中太古代	省级
			JC15	下花园崔家庄早侏罗世下花园组地层正层型剖面	早侏罗世	省级
			JC16	下花园贾家庄中侏罗世九龙山组地层次层型剖面	中侏罗世	省级
			JC17	怀来赵家山中元古代下马岭组地层次层型剖面	中元古代	省级
			JC18	怀来龙凤山青白口纪龙山组地层次层型剖面	青白口纪	省级
			JC19	阳原灰泉堡渐新世蔚县组地层正层型剖面	渐新世	省级
			JC20	阳原下沙沟早更新世泥河湾组地层次层型剖面	早更新世	国家级
			JC21	阳原台儿沟早更新世泥河湾组地层正层型剖面（泥河湾阶建阶剖面）	早更新世	世界级
			JC22	阳原红崖上新世石匣组地层正层型剖面	上新世	国家级
			JC23	丰宁外沟门早白垩世青石砬组地层正层型剖面	早白垩世	省级
			JC24	丰宁团榆树新太古代崇礼上岩群艾家沟岩组地层代表性剖面	新太古代晚期	省级
			JC25	滦平小营新太古代崇礼上岩群杨营岩组地层代表性剖面	新太古代晚期	省级
			JC26	滦平张家沟早白垩世义县组地层正层型剖面（义县阶建阶剖面）	早白垩世	国家级
			JC27	滦平西台早白垩世九佛堂组地层次层型剖面	早白垩世	省级
			JC28	滦平榆树下早白垩世大北沟组地层正层型剖面（大北沟阶建阶剖面）	早白垩世	国家级
			JC29	承德小郭杖子侏罗纪髽髻山组地层次层型剖面	侏罗纪	省级
			JC30	承德下板城中三叠世二马营组地层次层型剖面	中三叠世	省级
			JC31	承德武家厂晚三叠世杏石口组、早侏罗世南大岭组地层次层型剖面	晚三叠世—早侏罗世	省级
			JC32	平泉松树台早三叠世刘家沟组、和尚沟组地层次层型剖面	早三叠世	省级
			JC33	平泉山湾子晚二叠世孙家沟组地层次层型剖面	晚二叠世	省级
			JC34	兴隆三道沟新太古代遵化岩群马兰峪岩组地层代表性剖面	新太古代	省级
			JC35	宽城三道河蓟县纪洪水庄组、铁岭组地层次层型剖面	蓟县纪	省级
			JC36	宽城崖门子长城纪、蓟县纪地层次层型剖面	长城纪、蓟县纪	国家级
			JC37	迁西东营新太古代遵化岩群滦阳岩组地层代表性剖面	新太古代	省级
			JC38	迁安黄官营—六道沟中太古代迁西岩群平林镇岩组地层代表性剖面	中太古代	省级

续附表

大类	类	亚类	编号	地质遗迹名称	地层或岩石时代	评价级别
基础地质	地层剖面	层型（典型剖面）	JC39	迁安水厂中太古代迁西岩群水厂岩组地层代表性剖面	中太古代	省级
			JC40	迁安黄柏峪古太古代曹庄岩组地层代表性剖面	古太古代	世界级
			JC41	迁安爪村晚更新世迁安组地层正层型剖面	晚更新世	国家级
			JC42	唐山古冶狼尾沟晚石炭世本溪组地层次层型剖面	晚石炭世	省级
			JC43	唐山古冶寒武纪凤山组地层层型剖面（凤山阶建阶剖面）	寒武纪芙蓉世	国家级
			JC44	唐山古冶赵各庄寒武纪第二世昌平组地层次层型剖面	寒武纪芙蓉世	省级
			JC45	唐山古冶赵各庄奥陶纪冶里组、亮甲山组、北庵庄组、马家沟组地层正层型剖面	奥陶纪	国家级
			JC46	唐山古冶赵各庄寒武纪馒头组、张夏组地层次层型剖面	寒武世第二世—第三世	省级
			JC47	唐山古冶赵各庄寒武纪芙蓉世崮山组、炒米店组地层次层型剖面	寒武纪芙蓉世	省级
			JC48	青龙王杖子新太古代朱杖子岩群梓罗台岩组地层代表性剖面	新太古代	省级
			JC49	青龙小狮子沟新太古代双山子岩群岩组地层代表性剖面	新太古代	省级
			JC50	青龙鲁杖子新太古代朱杖子岩群张家沟岩组地层典型剖面	新太古代	省级
			JC51	卢龙大英窝新太古代滦县岩群大英窝岩组地层代表性剖面	新太古代中期	国家级
			JC52	抚宁北庄河新太古代滦县岩群阳山岩组地层代表性剖面	新太古代中期	国家级
			JC53	抚宁亮甲山早奥陶世亮甲山组地层命名剖面	早奥陶世	省级
			JC54	涞源龙家庄新太古代五台岩群上堡岩组、龙家庄岩组地层代表性剖面	新太古代	省级
			JC55	涞水紫石口青白口纪景儿峪组地层次层型剖面	青白口纪	省级
			JC56	阜平叠卜安村新太古代阜平岩群叠卜安岩组地层正层型剖面	新太古代	省级
			JC57	阜平北辛庄新太古代五台岩群板峪口岩组地层代表性剖面	新太古代	省级
			JC58	曲阳西坡里始新世西坡里组、渐新世灵山组地层正层型剖面	古近纪	省级
			JC59	平山占路崖古元古代湾子岩群地层代表性剖面	古元古代	省级
			JC60	平山元坊新太古代阜平岩群元坊岩组地层正层型剖面	新太古代	省级
			JC61	平山刘家南沟新太古代阜平岩群城子沟岩组地层正层型剖面	新太古代	省级
			JC62	平山下宅晚更新世马兰组下段砾石层	晚更新世	省级
			JC63	井陉北良都芙蓉世—早奥陶世三山子组地层次层型剖面	寒武纪—早奥陶世	省级
			JC64	井陉测鱼古元古代甘陶河群南寺掌组、南寺组地层正层型剖面	古元古代	省级
			JC65	井陉南蒿亭古元古代甘陶河群蒿亭组地层正层型剖面	古元古代	省级
			JC66	赞皇赵家庄中元古代赵家庄组地层正层型剖面	中元古代	国家级
			JC67	临城官都古元古代官都群地层正层型剖面	古元古代	国家级
			JC68	内丘大和庄新太古代赞皇岩群地层正层型剖面	新太古代	国家级
			JC69	武安紫山二叠纪地层次层型剖面	二叠纪	省级
			JC70	邯郸峰峰矿区中奥陶世峰峰组地层正层型剖面	中奥陶世	国家级
		事件剖面	JC71	张家口宣化崞村古地震崩积楔	全新世	省级
			JC72	阳原六棱山古地震崩积楔	全新世	省级
			JC73	涞源白石山中元古代蓟县纪古地震震积岩	蓟县纪	国家级
	岩石剖面	侵入岩剖面	JY01	康保满德堂晚二叠世二长花岗岩	晚二叠世	省级
			JY02	崇礼水泉沟中泥盆世碱性杂岩	中泥盆世	省级
			JY03	赤城小张家口晚三叠世辉石岩	晚三叠世	国家级
			JY04	赤城小赵家沟中元古代环斑花岗岩	中元古代	省级

附　表

续附表

大类	类	亚类	编号	地质遗迹名称	地层或岩石时代	评价级别
基础地质	岩石剖面	侵入岩剖面	JY05	万全羊窑沟新元古代辉绿岩	新元古代	省级
			JY06	涿鹿大河南早白垩世石英二长岩	早白垩世	省级
			JY07	怀来大海坨早白垩世二长花岗岩	早白垩世	省级
			JY08	丰宁红石砬泥盆纪辉石岩	泥盆纪	国家级
			JY09	丰宁大光顶—波罗诺晚石炭世石英闪长岩	晚石炭世	省级
			JY10	丰宁窟隆山早白垩世石英二长岩	早白垩世	省级
			JY11	隆化韩麻营中元古代石英二长岩	中元古代	省级
			JY12	滦平千层背早白垩世碱性花岗岩	早白垩世	省级
			JY13	承德高寺台中元古代橄榄岩	中元古代	国家级
			JY14	承德大庙中元古代岩体型斜长岩	中元古代	世界级
			JY15	承德大庙孤山泥盆纪二长闪长岩	泥盆纪	省级
			JY16	承德乌龙矶中元古代下马岭组晚期辉绿岩	中元古代	国家级
			JY17	平泉光头山晚三叠世碱性花岗岩	晚三叠世	省级
			JY18	兴隆王坪石中侏罗世正长花岗岩	中侏罗世	省级
			JY19	青龙肖营子早侏罗世闪长岩—正长花岗岩	早侏罗世	省级
			JY20	青龙都山晚三叠世复式花岗岩杂岩	晚三叠世	国家级
			JY21	涞源王安镇早白垩世碱性花岗岩	早白垩世	国家级
			JY22	涉县符山中侏罗世角闪闪长岩	中侏罗世	省级
			JY23	武安矿山村早白垩世闪长岩—二长岩	早白垩世	省级
			JY24	永年洪山早白垩世正长岩	早白垩世	省级
		火山岩剖面	JY25	张北汉诺坝渐新世—中新世玄武岩	渐新世—中新世	国家级
			JY26	宣化赵家山中元古代下马岭组钾质凝灰岩	中元古代	省级
			JY27	遵化梁各庄中元古代大红峪组富钾粗面岩	中元古代	国家级
			JY28	井陉雪花山渐新世玄武岩	渐新世	国家级
			JY29	海兴小山晚更新世玄武岩	晚更新世	国家级
		变质岩剖面	JY30	怀安瓦窑口新太古代晚期英云闪长质片麻岩	新太古代晚期	省级
			JY31	丰宁韩家窝铺古元古代晚期变质斑状二长花岗岩	古元古代晚期	省级
			JY32	遵化小关庄新太古代晚期花岗闪长质片麻岩	新太古代晚期	省级
			JY33	迁西石门古元古代中期变质辉绿岩	古元古代中期	省级
			JY34	迁安黄柏峪古太古代—中太古代石英闪长岩、英云闪长岩	古太古代—中太古代	国家级
			JY35	迁安老爷门新太古代晚期超镁铁质—正长岩岩脉	新太古代晚期	省级
			JY36	秦皇岛望海店新太古代晚期钾质花岗岩	新太古代晚期	省级
			JY37	秦皇岛界岭口新太古代晚期闪长岩	新太古代晚期	国家级
			JY38	阜平扣子头古元古代变质辉绿岩墙	古元古代	省级
			JY39	阜平东城铺新太古代早期英云闪长岩	新太古代早期	省级
			JY40	平山下寺新太古代晚期变质辉绿岩墙群	新太古代晚期	国家级
			JY41	赞皇菅等新太古代变质二长—钾长花岗岩	新太古代	省级
			JY42	赞皇许亭古元古代中期变质斑状花岗岩	古元古代中期	省级
			JY43	赞皇娄底古元古代末期—中元古代初期变质辉绿岩	古元古代	国家级
			JY44	赞皇小觉古元古代晚期变质二长花岗岩	古元古代晚期	省级
			JY45	内丘黄岔新太古代晚期钾长花岗岩	新太古代晚期	省级

续附表

大类	类	亚类	编号	地质遗迹名称	构造、化石或矿产形成时代	评价级别
基础地质	构造地质与大地构造行迹	不整合面	JG01	怀来赵家山青白口纪龙山组与待建纪下马岭组平行不整合接触（蔚县上升）	中元古代待建纪	国家级
			JG02	承德上板城鸡冠山早白垩世张家口组与晚侏罗世土城子组角度不整合接触面（燕山Ⅱ期）	晚侏罗世	国家级
			JG03	承德西尤家沟中侏罗世九龙山组与早侏罗世下花园组角度不整合面	早侏罗世	省级
			JG04	承德悖锣树东山晚三叠世杏口山组与早侏罗世南大岭组微角度不整合接触（燕山Ⅰ期）	晚三叠世	省级
			JG05	平泉黄杖子榆树沟中三叠世二马营组与晚三叠世杏石口组角度不整合面（印支晚期）	中三叠世	省级
			JG06	迁西喜峰口长城纪大红峪组与新太古代栾阳岩组角度不整合面	古元古代	省级
			JG07	迁西马蹄峪蓟县纪高于庄组与长城纪大红峪组平行不整合接触（青龙上升）	中元古代长城纪	国家级
			JG08	迁安挂云山中元古代常州沟组与中太古代迁西岩群角度不整合面	古元古代	省级
			JG09	抚宁东部落山中寒武世昌平组和青白口纪景儿峪组平行不整合面（蓟县运动）	新元古代青白口纪	省级
			JG10	抚宁张崖子青白口纪龙山组和新太古代变质花岗岩角度不整合面	古元古代	省级
			JG11	滦县桃园中元古代杨庄组与高于庄组平行不整合接触（滦县上升）	中元古代蓟县纪	国家级
			JG12	易县马头待建纪下马岭组与蓟县纪铁岭组平行不整合面（芹峪上升）	中元古代蓟县纪	省级
			JG13	赞皇嶂石岩中元古代长城系与古元古代甘陶河群角度不整合面（吕梁运动）	古元古代	国家级
		褶皱与变形	JG14	围场小扣花营-石桌子白垩纪复式背向斜	白垩纪	省级
			JG15	遵化马兰峪迁西岩群铁矿层变形包络面（阜平运动）	新太古代中期	省级
			JG16	遵化市马兰峪复式背斜	印支期—燕山期	国家级
			JG17	迁西东荒峪紫苏花岗片麻岩-混合花岗岩穹隆（迁西运动）	中太古代	国家级
			JG18	迁安孟庄紫苏花岗片麻岩穹隆（迁西运动）	中太古代	国家级
			JG19	滦县司家营-马城-长凝紧密同斜倒转褶皱（阜平运动）	新太古代中期	国家级
			JG20	青龙双山子-朱杖子新太古代紧密同斜倒转褶皱（五台运动）	新太古代晚期	省级
			JG21	青龙安子岭紫苏花岗片麻岩-混合花岗岩穹隆（迁西运动）	中太古代	国家级
			JG22	阜平王林口中新生代阜平隆起	中生代—新生代	省级
			JG23	平山大台-西柏坡燕山期宽缓背斜	白垩纪	省级
			JG24	赞皇县土门赞皇隆起	中生代—新生代	省级
			JG25	赞皇许亭-台虎庄宽缓背斜（燕山运动）	白垩纪	省级
			JG26	临城双石铺古元古代复向斜（吕梁运动）	古元古代晚期	省级
		断裂构造	JG27	沽源-张北大断裂	古元古代晚期	省级
			JG28	赤城大岭堡燕山期逆冲推覆构造	白垩纪	省级
			JG29	尚义-平泉深断裂	新太古代晚期	国家级
			JG30	上黄旗-乌龙沟深断裂	古元古代	国家级
			JG31	康保-围场深断裂	新太古代晚期	国家级
			JG32	丰宁-隆化深断裂	新太古代晚期	省级
			JG33	大庙-娘娘庙深断裂	新太古代晚期	国家级
			JG34	平坊-桑园大断裂	侏罗纪	省级
			JG35	密云古北口-平泉杨树岭逆冲推覆构造	侏罗纪—白垩纪	省级
			JG36	承德鹰手营子逆冲推覆构造	侏罗纪—白垩纪	国家级

续附表

大类	类	亚类	编号	地质遗迹名称	构造、化石或矿产形成时代	评价级别
基础地质	重要化石产地	断裂构造	JG37	密云-喜峰口大断裂	古元古代晚期	省级
			JG38	青龙-滦县大断裂	新太古代晚期	省级
			JG39	固安-昌黎大断裂	晚古生代—中生代	省级
			JG40	紫荆关-灵山深断裂	古元古代	省级
			JG41	易县西陵-尧舜口滑覆体	白垩纪	省级
			JG42	易县狼牙山滑覆构造	白垩纪	省级
			JG43	阜平神仙山逆冲推覆构造	白垩纪	省级
			JG44	阜平龙泉关韧性剪切带	新太古代晚期	国家级
			JG45	太行山山前深断裂	新太古代晚期	国家级
			JG46	无极-衡水隐伏大断裂	新太古代晚期	省级
		大地构造行迹	JG47	兴隆高板河中元古代古海底黑烟囱构造古海底构造	蓟县纪	国家级
			JG48	宽城东湾子新太古代蛇绿岩(最古老蛇绿岩套)	新太古代	省级
			JG49	遵化毛家厂新太古代蛇绿岩(最古老蛇绿岩套)	新太古代	国家级
		古人类化石产地	JH01	康保满德堂晚更新世—中全新世哺乳动物化石产地及古人类文化遗址	晚更新世—中全新世	省级
			JH02	张北大囫囵晚更新世—中全新世哺乳动物化石产地及古人类文化遗址	晚更新世—中全新世	国家级
			JH03	阳原"泥河湾动物群"化石产地及古人类(古文化)遗址群	第四纪	世界级
			JH04	承德鹰手营子矿区四方洞古人类(古文化)遗址	第四纪	省级
		古生物群化石产地(集中产地)	JH05	沽源小厂早白垩世热河生物群化石产地	早白垩世	省级
			JH06	围场山湾子早白垩世热河生物群化石产地	早白垩世	省级
			JH07	围场西龙头早白垩世热河生物群化石产地	早白垩世	省级
			JH08	围场半截塔早白垩世热河生物群化石产地	早白垩世	国家级
			JH09	围场清泉早白垩世热河生物群化石产地	早白垩世	国家级
			JH10	丰宁森吉图—四岔口早白垩世热河生物群化石产地	早白垩世	国家级
			JH11	丰宁西土窑早白垩世热河生物群(华美金凤鸟)化石产地	早白垩世	世界级
			JH12	丰宁花吉营早白垩世热河生物群化石产地	早白垩世	国家级
			JH13	丰宁大阁早白垩世热河生物群化石产地	早白垩世	省级
			JH14	丰宁凤山早白垩世热河生物群化石产地	早白垩世	国家级
			JH15	隆化张三营早白垩世热河生物群化石产地	早白垩世	国家级
			JH16	滦平早白垩世热河生物群化石产地	早白垩世	国家级
			JH17	承德高寺台早白垩世热河生物群化石产地	早白垩世	省级
			JH18	平泉茅兰沟早白垩世热河生物群化石产地	早白垩世	省级
			JH19	青龙木头凳早白垩世"燕辽生物群"化石产地	早白垩世	国家级
		古植物化石产地(植物实体)	JH20	尚义红土梁早侏罗世古植物化石产地	早侏罗世	省级
			JH21	赤城古子房硅化木化石产地	早侏罗世	省级
			JH22	宣化小化家营村晚侏罗世大型硅化木化石产地	晚侏罗世	省级
			JH23	怀来八宝山早侏罗世古植物化石产地	早侏罗世	省级
			JH24	滦平长山峪早侏罗世古植物化石产地	早侏罗世	省级
			JH25	承德双峰寺中侏罗世古植物化石产地	中侏罗世	省级
			JH26	承德寿王坟中侏罗世古植物化石产地	中侏罗世	省级

河北省重要地质遗迹

续附表

大类	类	亚类	编号	地质遗迹名称	构造、化石或矿产形成时代	评价级别
基础地质	重要化石产地	古植物化石产地（植物实体）	JH27	宽城崖门子长城纪—蓟县纪微古植物化石产地	长城纪—蓟县纪	国家级
			JH28	唐山古冶狼尾沟晚石炭世古植物化石产地	晚石炭世	省级
			JH29	抚宁柳江早侏罗世古植物化石产地	早侏罗世	省级
			JH30	抚宁石门寨二叠纪古植物化石产地	二叠纪	省级
			JH31	曲阳下河硅化木化石产地	中生代	省级
			JH32	武安紫山晚二叠世"华夏植物群"化石产地	晚二叠世	省级
			JH33	武安康二城中二叠世古植物化石产地	中二叠世	省级
		古动物化石产地（骨骼等）	JH34	赤城南沟岭中更新世"周口店动物群"化石产地	中更新世	省级
			JH35	万全黄家堡晚白垩世鸟龙类、鸭嘴龙类爬行动物化石产地	晚白垩世	省级
			JH36	万全洗马林镇晚白垩世鸭嘴龙科化石产地	晚白垩世	省级
			JH37	宣化堰家沟晚侏罗世聂氏宣化龙化石产地	晚侏罗世	国家级
			JH38	阳原红崖村上新世石匣组"三趾马动物群"化石产地	上新世	国家级
			JH39	滦平井上早白垩世九佛堂组滦平龙化石产地	早白垩世	国家级
			JH40	承德下板城寒武纪—奥陶纪古动物化石产地	寒武纪—奥陶纪	省级
			JH41	兴隆北马圈子寒武纪—奥陶纪古动物化石产地	寒武纪—奥陶纪	省级
			JH42	迁安小河庄晚更新世迁安组大象门牙化石产地	晚更新世	省级
			JH43	迁安爪村晚更新世迁安组原始牛-赤鹿动物群化石产地	晚更新世	国家级
			JH44	迁安杨家坡晚更新世迁安组水牛角化石产地	晚更新世	省级
			JH45	玉田石庄晚更新世"山顶洞动物群"化石产地及旧石器时代文化遗址	晚更新世	国家级
			JH46	唐山古冶长山奥陶纪头足类化石产地	奥陶纪	省级
			JH47	唐山古冶域山寒武纪三叶虫化石产地	寒武纪	省级
			JH48	卢龙燕河营晚白垩世恐龙化石产地	晚白垩世	国家级
			JH49	抚宁驻操营寒武纪—奥陶纪古动物化石产地	寒武纪—奥陶纪	省级
			JH50	抚宁石门寨早奥陶世笔石化石产地	早奥陶世	省级
			JH51	涞源留家庄寒武纪—奥陶纪古动物化石产地	寒武纪—奥陶纪	省级
			JH52	平山下宅晚更新世披毛犀、斑鹿化石产地	晚更新世	省级
			JH53	井陉良都早奥陶世笔石化石产地	寒武纪—奥陶纪	省级
			JH54	临城祁村晚二叠世蟹科和珊瑚化石产地	晚二叠世	省级
			JH55	武安魏家庄晚寒武世三叶虫化石产地	晚寒武世	省级
			JH56	邯郸峰峰矿区中奥陶世峰峰期头足类、腕足类化石产地	中奥陶世	省级
			JH57	邯郸磁县虎皮塆中奥陶世(峰峰组)牙形虫、角石和螺类化石	中奥陶世	省级
		古生物遗迹化石产地	JH58	尚义小蒜沟村晚侏罗世恐龙足印	晚侏罗世	省级
			JH59	赤城杨家坟村、张浩村晚侏罗世恐龙足印	晚侏罗世	国家级
			JH60	滦平小荞麦沟早白垩世九佛堂组恐龙足印	早白垩世	国家级
			JH61	承德六沟晚侏罗世土城子组的沙氏热河足印	晚侏罗世	国家级
	重要矿石产地	典型矿床类露头	JK01	张北蔡家营铅锌银多金属矿	燕山晚期	国家级
			JK02	万全大麻坪橄榄石(宝石)产地	渐新世—中新世	国家级
			JK03	康保满意村肉形石产地	燕山期	省级
			JK04	宣化庞家堡赤铁矿	长城纪串岭沟期	国家级

续附表

大类	类	亚类	编号	地质遗迹名称	矿产(或造貌地质体)形成时代	评价级别
基础地质	重要矿石产地	典型矿床类露头	JK05	涿鹿矾山铁磷矿(岩浆型磷灰石矿床)	晚古生代	国家级
			JK06	丰宁红石砬铂矿产地	晚古生代	省级
			JK07	承德大庙黑山岩浆岩型铁矿	晚古生代	国家级
			JK08	宽城峪耳崖金矿	中侏罗世	省级
			JK09	迁西金厂峪金矿(国家矿山公园)	燕山早期	国家级
			JK10	迁安灵山五彩石产地	长城纪常州沟期	国家级
			JK11	迁安水厂(沉积变质型)铁矿	新太古代	省级
			JK12	唐山开滦煤田(国家矿山公园)	石炭纪—二叠纪	国家级
			JK13	阜平沙窝古元古代辉绿岩(中国黑)产地	古元古代	省级
			JK14	阜平大沙河雪浪石(观赏石)	新太古代	省级
			JK15	雄县牛驼镇地热田	第四纪	省级
			JK16	任丘南马辛庄华北油田(国家矿山公园)	古近纪	国家级
			JK17	武安西石门(矽卡岩型)铁矿(国家矿山公园)	燕山早期	国家级
		典型矿物岩石命名地	JK18	宣化滴水崖上谷战国红(玛瑙)宝石命名地(产地)	中侏罗世	国家级
			JK19	易县台坛易砚石命名地(产地)	寒武纪	国家级
			JK20	唐县唐河彩玉石命名地(产地)	燕山期	省级
			JK21	涉县符山符山石命名地(产地)	燕山期	省级
		矿业遗址	JK22	滦平东沟辽代渤海古冶铁遗址	晚古生代	省级
			JK23	承德鹰寿王坟铜矿遗址	晚侏罗世	国家级
			JK24	曲阳虎山金矿元代古采矿遗址	燕山期	省级
地貌景观	岩土体地貌	碳酸盐(岩溶)地貌	MY01	涿鹿黄羊山溶洞	蓟县纪	省级
			MY02	宣化桑干河岩溶大峡谷(省级地质公园)	蓟县纪	省级
			MY03	兴隆陶家台溶洞(国家地质公园)	蓟县纪	国家级
			MY04	承德鹰手营子神龙山岩溶峡谷地貌	蓟县纪	省级
			MY05	涞源仙人峪岩溶峡谷、峰林地貌	蓟县纪	省级
			MY06	涞源白石山大理岩峰林地貌(世界地质公园)	蓟县纪	世界级
			MY07	易县洪崖山岩溶峰丛地貌	蓟县纪	省级
			MY08	易县狼牙山红玛瑙、猫尔岩溶洞	蓟县纪	省级
			MY09	易县狼牙山狼牙状("山"字形)构造峰丛地貌	蓟县纪	国家级
			MY10	易县狼牙山蚕姑坨岩溶穿洞	蓟县纪	省级
			MY11	阜平金龙洞-神仙洞溶洞群	寒武纪—奥陶纪	国家级
			MY12	曲阳灵山聚龙洞溶洞	中奥陶世	省级
			MY13	平山汹汹水岩溶峰林、峡谷地貌	寒武纪	省级
			MY14	平山天桂山岩溶峰林地貌	寒武纪	国家级
			MY15	平山天桂山岩溶穿洞	寒武纪	国家级
			MY16	灵寿南营神仙洞溶洞(省级地质公园)	古元古代	省级
			MY17	井陉仙台山岩溶峰丛地貌	寒武纪	省级
			MY18	临城崆山白云洞溶洞(国家地质公园)	寒武纪	国家级
			MY19	邢台云梦山岩溶峡谷地貌	寒武纪	省级
			MY20	邢台天梯山金水洞溶洞(水洞)	寒武纪	国家级
			MY21	武安莲花洞溶洞(国家地质公园)	寒武纪	国家级
			MY22	武安市仙人峡岩溶峡谷地貌	中奥陶世	省级

续附表

大类	类	亚类	编号	地质遗迹名称	造貌地质体形成时代	评价级别
地貌景观	岩土体地貌	侵入岩地貌	MY23	赤城大海陀圆顶峰长岭脊型花岗岩地貌	早白垩世	省级
			MY24	赤城东猴顶圆顶峰长岭脊型花岗岩地貌	早白垩世	省级
			MY25	丰宁窟窿山花岗岩石窗	早白垩世	省级
			MY26	兴隆雾灵山花岗岩山岳地貌（国家地质公园）	燕山期	国家级
			MY27	宽城都山花岗岩山岳地貌	燕山期	省级
			MY28	青龙祖山花岗岩山岳及第四纪冰蚀地貌（国家地质公园）	早白垩世	国家级
			MY29	山海关长寿山悬阳古洞（花岗岩巨型穿透洞）（国家地质公园）	早白垩世	国家级
			MY30	易县摩天岭花岗岩山岳地貌	早白垩世	省级
			MY31	涞水龙门天关花岗岩峡谷地貌（断层峡谷）（世界地质公园）	晚侏罗世	世界级
			MY32	阜平铁贯山花岗岩圆顶峰、石柱地貌	燕山期	省级
		变质岩地貌	MY33	阜平歪头山变质岩山岳地貌	新太古代	省级
			MY34	阜平东下关变质岩天生桥（国家地质公园）	新太古代	国家级
			MY35	阜平银河山-千峰山变质岩峰林地貌	新太古代	省级
			MY36	阜平南庄旺变质岩象形山石（仙人石）地貌	新太古代	省级
			MY37	平山黑山大峡谷变质岩峡谷地貌	新太古代	省级
			MY38	灵寿五岳寨变质岩峰林、峡谷及第四纪冰蚀地貌（省级地质公园）	新太古代	省级
			MY39	内丘太子岩变质岩山岳地貌	新太古代	省级
		碎屑岩地貌	MY40	赤城后城四十里长嵯丹霞地貌	侏罗纪	国家级
			MY41	滦平碧霞山丹霞地貌	晚侏罗世	省级
			MY42	承德丹霞地貌（国家地质公园）	晚侏罗世	世界级
			MY43	井陉苍岩山嶂石岩地貌	长城纪	国家级
			MY44	赞皇嶂石岩村嶂石岩地貌（国家地质公园）	长城纪	世界级
			MY45	临城天台山嶂石岩地貌（国家地质公园）	长城纪	省级
			MY46	内丘寒山一半个瓮嶂石岩地貌	长城纪	省级
			MY47	武安碎屑岩峰林峡谷地貌（国家地质公园）	长城纪	国家级
		沙漠地貌	MY48	沽源九连城沙漠（国家沙漠公园）	第四纪	省级
			MY49	怀来龙宝山沙漠（京西天漠）	第四纪	国家级
			MY50	围场阿鲁布拉克沙漠（国家沙漠公园）	第四纪	国家级
			MY51	丰宁小坝子沙漠（国家沙漠公园）	第四纪	省级
		古湖泊-古河道地貌	MY52	阳原-蔚县古湖泊	早中更新世	国家级
			MY53	涿鹿-（北京市）延庆古湖泊	早中更新世	省级
			MY54	涞源斗军湾古湖泊	古近纪	省级
			MY55	正定园博园滹沱河全新世早、中期高地古河道	全新世早、中期	省级
			MY56	衡水老盐河（宋代）黄河故道	晚全新世（宋代）	省级
			MY57	滏阳河（曲周段）黄河故道	中全新世	国家级
			MY58	大名刘堤口-黄金堤（汉代）黄河古堤	晚全新世（汉代）	省级
			MY69	隆尧南王庄宁晋泊古湖泊	晚更新世	国家级
			MY60	邯郸大陆泽古湖泊	晚更新世	省级

附 表

续附表

大类	类	亚类	编号	地质遗迹名称	形成时代	评价级别
地貌景观	水体地貌	河流	MS01	顺平唐河湾（河流景观带）	第四纪	省级
		湖泊、潭	MS02	沽源天鹅湖	第四纪	省级
			MS03	张北大西湾安固里淖	第四纪	国家级
			MS04	张北二泉井张飞淖	第四纪	省级
			MS05	围场塞罕坝滦河源头及高原湖群（桃山湖、泰丰湖、七星湖、月亮湖）	第四纪	国家级
			MS06	雄安新区白洋淀	全新世	国家级
			MS07	衡水市衡水湖	第四纪	国家级
			MS08	南宫（夏代—宋代）古水潭	晚全新世	省级
		湿地-沼泽	MS09	康保康巴诺尔湿地（公园）	第四纪	国家级
			MS10	沽源闪电河湿地（公园）	第四纪	国家级
			MS11	尚义大营盘察汗淖尔湿地（公园）	第四纪	省级
			MS12	张北二泉井黄盖淖湿地（公园）	第四纪	省级
			MS13	围场木兰围场小滦河湿地（公园）	第四纪	省级
			MS14	丰宁海流图湿地（公园）	第四纪	省级
			MS15	隆化伊逊河湿地（公园）	第四纪	省级
			MS16	滦平潮河湿地（公园）	第四纪	省级
			MS17	承德双塔山滦河湿地（公园）	第四纪	省级
			MS18	香河县潮白河大运河湿地（公园）	第四纪	省级
			MS19	唐山曹妃甸区唐海湿地	晚更新世	国家级
			MS20	秦皇岛市北戴河区湿地（公园）	全新世	省级
			MS21	昌黎七里海潟湖湿地	全新世	国家级
			MS22	黄骅南大港湿地	晚更新世	省级
			MS23	海兴海丰杨埕湿地	晚更新世	省级
			MS24	涉县清漳河湿地（公园）	第四纪	省级
			MS25	邯郸永年洼湿地（公园）	第四纪	国家级
		瀑布	MS26	涞源十瀑峡瀑布群	第四纪	省级
			MS27	阜平天生桥瀑布群	第四纪	国家级
			MS28	唐县全胜峡瀑布群	第四纪	国家级
			MS29	满城九龙居瀑布群	第四纪	省级
			MS30	涉县合漳天桥断瀑布（小壶口瀑布）	第四纪	省级
		泉	MS31	赤城温泉	第四纪	国家级
			MS32	涿鹿黄帝泉（阪泉）	第四纪	国家级
			MS33	丰宁洪汤寺温泉	第四纪	省级
			MS34	隆化三道营温泉	第四纪	省级
			MS35	承德头沟汤山温泉	第四纪	省级
			MS36	平泉黄土梁子辽河源头泉群	第四纪	国家级
			MS37	遵化汤泉温泉	第四纪	国家级
			MS38	涞源拒马河源头泉群	第四纪	国家级
			MS39	涞水紫石口鱼谷洞泉	第四纪	省级
			MS40	阜平吴王口温泉	第四纪	省级

续附表

大类	类	亚类	编号	地质遗迹名称	形成时代	评价级别
地貌景观	水体地貌	泉	MS41	阜平城南庄温泉	第四纪	省级
			MS42	平山温塘温泉	第四纪	国家级
			MS43	井陉威州岩溶泉	第四纪	省级
			MS44	邯郸峰峰黑龙洞滏阳河源头泉群（滏阳河湿地公园）	第四纪	国家级
	火山地貌	火山机构	MH01	沽源庞家营早白垩世火山残颈山	早白垩世	省级
			MH02	沽源丰源店早白垩世火山穹隆	早白垩世	省级
			MH03	张北十字街（大岳岱、小岳岱、中华）渐新世—中新世古火山口群	渐新世—中新世	国家级
			MH04	张北绿脑包渐新世—中新世熔岩穹丘	渐新世—中新世	省级
			MH05	张北县二道边渐新世—中新世古火山口	渐新世—中新世	省级
			MH06	崇礼接沙坝渐新世—中新世橄榄岩深源包体熔岩塞	渐新世—中新世	国家级
			MH07	围场大顶子渐新世—中新世盾状火山	渐新世—中新世	省级
			MH08	围场上伏房渐新世—中新世寄生古火山口	渐新世—中新世	省级
			MH09	围场哈字早白垩世破火山口	早白垩世	省级
			MH10	承德牦牛窖月牙山层状火山	早白垩世	省级
			MH11	承德大贵口早白垩世隐爆角砾岩筒	早白垩世	国家级
			MH12	秦皇岛后石湖山早白垩世火山根部构造	早白垩世	国家级
		火山熔岩流地貌	MH13	沽源大石砬安山质玄武岩石柱群	早白垩世	国家级
			MH14	沽源喇嘛洞渐新世—中新世火山熔岩洞	渐新世—中新世	省级
			MH15	张北大疙瘩玄武岩石柱群	渐新世—中新世	国家级
			MH16	张北接沙坝渐新世—中新世熔岩洞	渐新世—中新世	省级
			MH17	张北下四渐新世—中新世火山熔岩楔、熔岩流	渐新世—中新世	省级
			MH18	崇礼骆驼窑子渐新世—中新世石柱群	渐新世—中新世	省级
			MH19	万全白龙洞渐新世—中新世火山熔岩洞	渐新世—中新世	国家级
			MH20	武安柏草坪渐新世—中新世火山熔岩流	渐新世—中新世	国家级
		火山碎屑岩地貌	MH21	沽源大石门早白垩世火山岩天生桥	早白垩世	省级
			MH22	丰宁云雾山中侏罗世火山岩峰林地貌	中侏罗世	省级
			MH23	丰宁白云古洞早白垩世火山岩崩塌洞穴	早白垩世	国家级
			MH24	涞水白草畔早白垩世火山岩峰林地貌	早白垩世	省级
			MH25	阜平神仙山早白垩世火山岩峰林、峡谷、象形石地貌	早白垩世	省级
	冰川地貌	古冰川遗迹	MB01	张北晚更新世古冰川遗迹	晚更新世	省级
			MB02	赤城冰山梁冰蚀夷平面	第四纪	国家级
			MB03	丰宁喇嘛山古冰川遗迹	第四纪	省级
			MB04	丰宁平顶山古冰川遗迹	第四纪	省级
			MB05	丰宁云雾沟冰臼遗迹	第四纪	省级
			MB06	承德北大山石海景观-冰缘地貌	第四纪	省级
			MB07	顺平白银坨古冰川遗迹	第四纪	国家级
			MB08	灵寿横岭冰臼遗迹	第四纪	省级
			MB09	井陉挂云山冰臼遗迹	第四纪	省级
			MB10	邢台县天河山冰臼遗迹	第四纪	省级
			MB11	磁县五合冰臼遗迹	第四纪	省级

续附表

大类	类	亚类	编号	地质遗迹名称	形成时代	评价级别
地貌景观		飞来峰	MG01	赤城万泉寺飞来峰	侏罗纪	省级
			MG02	下花园鸡鸣山飞来峰	侏罗纪	国家级
		夷平面	MG03	张北野狐岭唐县期塬状夷平面	上新世	省级
			MG04	蔚县小五台山北台期崌状夷平面	白垩纪末—古新世	国家级
			MG05	蔚县茶山北台期崌状夷平面	白垩纪末—古新世	省级
			MG06	蔚县西甸子梁(空中草原)甸子梁期(太行期)塬状夷平面	渐新世	国家级
			MG07	涿鹿灵山北台期崌状夷平面	白垩纪末—古新世	省级
			MG08	涿鹿矾山矾山期山地溶蚀面	中新世末—上新世	省级
			MG09	阜平百草坨-驼梁甸子梁期(太行期)塬状夷平面	渐新世	省级
			MG10	唐县狼山唐县期夷平面	上新世	国家级
			MG11	平山西大吾平山期山麓夷平面	中更新世	国家级
		峡谷	MG12	蔚县飞狐峪大峡谷	第四纪	省级
			MG13	涞水野三坡百里峡	第四纪	国家级
			MG14	邢台贺家坪邢台大峡谷(峡谷群)	第四纪	世界级
		断层崖	MG15	阳原龙马庄断层崖、断层三角面	第四纪	省级
			MG16	蔚县北口村断层崖、断层三角面	第四纪	省级
		海蚀地貌	MA01	秦皇岛北戴河区鸽子窝-联峰山变质岩海蚀地貌及砂质海积地貌	第四纪	国家级
			MA02	秦皇岛山海关区老龙头变质岩海蚀地貌	第四纪	省级
		海积地貌	MA03	乐亭月坨岛、菩提岛砂质海积海岛地貌	全新世	国家级
			MA04	乐亭县姜各庄滦河入海口三角洲地貌	全新世晚期	省级
			MA05	昌黎黄金海岸砂质海积地貌	全新世	国家级
			MA06	秦皇岛南戴河区洋河口入海口三角洲地貌	全新世	省级
			MA07	黄骅张巨河古贝壳堤海积地貌	全新世	国家级
			MA08	黄骅黄骅港三角洲型砂泥质海积地貌	全新世	省级
地质灾害	地震遗迹	地面变形	ZZ01	唐山1976年里氏7.8级地震遗址群(唐山大地震)	1976年7月28日	国家级
			ZZ02	隆尧1966年里氏6.8级地震遗址(邢台大地震)	1966年3月8日	省级
	地质灾害	地面塌陷	ZH01	唐山路南区采煤塌陷(南湖公园)	现代	省级
			ZH02	武安西石门铁矿采矿塌陷	现代	省级

注：地层剖面类、岩石剖面类，地质时代指地层或岩石的形成时代；构造地质与大地构造行迹类、重要化石产地类、火山地貌类，地质时代指构造行迹或化石的形成时代；岩土体地貌类，地质时代指造貌母岩的形成时代，这类地貌形成比较复杂，有的与岩土体形成时代一致，但更多的地貌景观塑造于新生代特别是第四纪时期；水体地貌类、冰川地貌类、构造地貌类、海岸地貌类、地震遗迹类、地质灾害类，地质时代均指其形成时代。